Risiko, Katastrophen und Resilienz

Alexander Fekete

Risiko, Katastrophen und Resilienz

Eine Einführung in Methoden, Konzepte und Themen

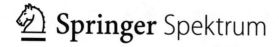 Springer Spektrum

Alexander Fekete
Institut für Rettungsingenieurwesen und
Gefahrenabwehr
Technische Hochschule Köln
Köln, Deutschland

ISBN 978-3-662-68380-4   ISBN 978-3-662-68381-1   (eBook)
https://doi.org/10.1007/978-3-662-68381-1

Die Deutsche Nationalbibliothek verzeichnet diese Publikation in der Deutschen Nationalbibliografie;
detaillierte bibliografische Daten sind im Internet über https://portal.dnb.de abrufbar.

Planung/Lektorat: Simon Shah-Rohlfs
Springer Spektrum ist ein Imprint der eingetragenen Gesellschaft Springer-Verlag GmbH, DE und ist
ein Teil von Springer Nature.
Die Anschrift der Gesellschaft ist: Heidelberger Platz 3, 14197 Berlin, Germany

Das Papier dieses Produkts ist recycelbar.

Vorwort

Dieses Buch richtet sich an fachlich Interessierte und Studierende, die sich mit Risiko, Katastrophenforschung und Resilienz befassen. Dies betrifft eine große Bandbreite bekannter Disziplinen; Anthropologie, Geographie und Geowissenschaften, Geoinformation und Geodäsie, Ökosystemforschung, Politikwissenschaften, Soziologie, Stadt- und Raumplanung, neuerer fachlicher Richtungen im Bereich Mensch-Umwelt-Forschung, Rettungsingenieurwesen, Risiko- und Katastrophenmanagement, Sicherheitsforschung sowie Umweltwissenschaften und viele weitere. Insbesondere adressiert es aber all jene, die inter- und transdisziplinär forschen und arbeiten, ganz gleich, wie man das jeweils genau definiert.

Es wird versucht, eine wissenschaftliche Arbeitsweise in diesem Bereich insbesondere im Zusammenhang mit Risikoanalysen als Einführung darzustellen. Es ist ein erklärendes und kommentierendes Buch, das eine Art erweitertes Skript für Vorlesungen darstellt. Aber auch Fortgeschrittene können einige Ansätze und Anmerkungen nutzen, um über das Thema zu reflektieren. Es wurde auch versucht, einige bekannte konzeptionelle Rahmenwerke aus dem englischsprachigen Raum ins Deutsche zu übersetzen. Der Autor freut sich über hilfreiche Kommentare und Verbesserungsvorschläge.

Es handelt sich um ein breites und interdisziplinäres Themenfeld, aus dem bewusst nur einige thematische Bereiche adressiert werden, in denen der Autor arbeitet und lehrt. Es wird auf andere Lehrbücher und Quellen in den Bereichen Bevölkerungsschutz, geographische Risikoforschung und Risikomanagement verwiesen. Das Buch beginnt mit einfachen Einführungen in das Thema und Buch. Dann folgen methodische Anleitungen und Themenbereiche. Im letzten Teil werden wissenschaftliche Erweiterungen und einige spezielle Ansätze vorgestellt und diskutiert.

Alexander Fekete

V

Inhaltsverzeichnis

Teil III   Risikothemen

Teil I
Einleitung

Einleitung: Risiko, Katastrophen und Resilienz

Zusammenfassung

Was beinhaltet das Thema „Risiko-, Katastrophen und Resilienz", und warum sollte man sich damit befassen? In diesem Kapitel werden grundsätzliche Bereiche und Begriffe sowie Dimensionen von Krisen, Katastrophen, Gefahren und Auswirkungen kurz dargestellt. Dabei wird auch über die Grenzen von Sicherheitsforschung reflektiert. Katastrophen und Krisen erhalten aktuell eine hohe Aufmerksamkeit durch vielerlei Naturgefahren, Extremereignisse oder Ausfälle kritischer Infrastruktur. Hierbei werden die Forderungen nach besseren Sicherheitsvorkehrungen und besserem Management immer lauter. Auch der Begriff „Resilienz" ist inzwischen in aller Munde, wird jedoch in der Forschung und Praxis noch sehr heterogen aufgegriffen und verstanden. Dieses Kapitel soll sowohl wissenschaftlich Interessierten als auch Fachfremden einen grundsätzlichen Einstieg und Interesse am Thema vermitteln.

Dieses Buch wendet sich sowohl an Einsteiger/innen als auch an Fortgeschrittene, denn auch Einsteiger/innen in eine Methodik stoßen auf Fragen, die auch Erfahrene schnell an ihre Grenzen bringen. Daher werden in diesem Buch sowohl Einführungsbeispiele zur Anwendung von Methoden einfach dargestellt als auch einige Hinweise auf die Erörterung von zugehörigen schwierigeren wissenschaftlichen Fragestellungen gegeben. Die nächste Herausforderung ist die unterschiedliche Art und Weise, wie Leser/innen und Zuhörer/innen jeweils denken und lernen. In einer Vorlesung findet man nach einigen Jahren Erfahrung heraus, dass manche am liebsten erst klare einfache Schritte hören und dann die Probleme erörtert haben möchten. Andere hingegen möchten zuerst einmal verstehen, wofür das Ganze gut ist, und ausführlicher über Probleme und Einschränkungen diskutieren. Aus diesem Grund wurden in diesem Lehrbuch die Kapitel stringent in einer Art Anleitungsmanier verfasst. So werden zum Beispiel zu Risiko-

A. Fekete, *Risiko, Katastrophen und Resilienz,*
https://doi.org/10.1007/978-3-662-68381-1_1

analysen zunächst einfache klare Schritte dargestellt, wie man eine solche Analyse grundsätzlich durchführen kann. Damit das nachvollziehbar bleibt, werden diese Beschreibungen nicht gleich durch Darstellung von Problemen oder weiteren Erläuterungen unterbrochen. Dadurch , und durch die Verwendung einfacher Sprache, wirken diese Anleitungen möglicherweise etwas zu stark vereinfachend. Dafür folgen dann eingehendere Erläuterungen. Thematisch ziehen sich die Themenbereiche Verwundbarkeit, kritische Infrastruktur und Systemtheorie durch die meisten Kapitel hindurch, was dem Hintergrund des Autors geschuldet ist. Durch das Wiederaufgreifen dieser Themen werden Zusammenhänge zwischen den vielen Aspekten des Buches aber möglicherweise auch deutlicher. Es werden bewusst Wiederholungen bestimmter Erklärungen eingebaut, damit einzelne Kapitel auch unabhängig voneinander gelesen werden können. Es fließen Kommentare und Sichtweisen des Autors mit ein, und es wird keine wissenschaftliche Sprache verwendet, um das Verständnis zu erleichtern.

Das Lehrbuch ist dabei so angelegt, dass man viele Kapitel überblättern kann und auch soll. Es ist kein Lesebuch von A nach Z. Dennoch ist der Aufbau der einzelnen Kapitel so gewählt, dass ein Überblick von A (Aufgabenstellungen) bis Z (Zusammenfassung) geliefert wird.

Der wichtigste Teil, der an diejenigen gerichtet ist, die einfach loslegen wollen, sind die Methodenanleitungen. Anschließend werden einzelne Verfahrensweisen beschrieben, wie man methodisch vorgehen kann. Die Erläuterungen dazu richten sich eher an jene, die zunächst einmal verstehen wollen, was das gesamte Aufgabenfeld und seine Herausforderungen sind. Der letzte Teil des Buches ist eher für die Fortgeschrittenen, die Anregungen zu einigen tiefergehenden methodischen Erläuterungen suchen oder darüber nachdenken, was das Fachgebiet ausmacht.

Das Lehrbuch wurde aus der Erfahrung der vergangenen Jahre geschrieben, die vor allem durch die Arbeit des Autors im Bereich Rettungsingenieurwesen geprägt wurden. Es fließen dann weitere Inhalte ein, die durch die jeweilige berufliche Erfahrung zuvor, im Bevölkerungsschutz und im Kontext der menschlichen Sicherheit der Vereinten Nationen sowie im Geographiestudium gewonnen wurden.

Das vorliegende Buch ist in der Form eines einführenden Lehrbuches verfasst, wobei möglichst viele Literaturhinweise zum Einstieg für Interessierte gegeben werden. Um jedoch größere Zusammenhänge aufzuzeigen, wird im Gegensatz zu einem wissenschaftlichen Fachaufsatz an vielen Stellen auf detaillierte Zitierung verzichtet, sondern ein Sachverhalt zusammengefasst dargestellt. Es wird auch wissenschaftlicher Jargon verwendet, damit Lesende sich mit der fachlichen Terminologie vertraut machen können. Es wird zwar versucht, die Fachtermini beim ersten Auftreten zu erklären, es kann jedoch durchaus vorkommen, dass nicht alle erklärt werden, was für Fachfremde bedeutet, dass sie bestimmte Begriffe nachschlagen müssen. Sicherlich wäre ein Wörterbuch in diesem Fachbereich sehr hilfreich.

Im Grunde genommen geht es bei der Befassung mit Risiken und Katastrophen um den Umgang mit Unsicherheiten und möglichen negativen Auswirkungen. Schon die Begriffe „Sicherheit" und „Unsicherheit", „Risiko" und „Restrisiko" oder Resilienz werden in den einzelnen Fachbereichen unterschiedlich betrachtet und bewertet. In diesem Buch soll die Bandbreite der Themen und der methodischen Ansätze dargestellt werden, ohne Anspruch auf Vollständigkeit, denn die Auswahl der Themen und der Darstellung sind durch die subjektive Erfahrungsbrille des Autors geprägt. Es gibt bereits Einführungen, gerade im internationalen und englischsprachigen Raum und auch einige Werke auf Deutsch. Im vorliegenden Buch wird auf spezielle Sichtweisen eingegangen, die aus der Erfahrung in der Arbeit im Kontext von geographischer Risikoforschung, Umwelt und menschlicher Sicherheit, Bevölkerung und Katastrophenschutz, Klimawandelanpassung und kritischer Infrastruktur und im Bereich Rettungsingenieurwesen entstanden sind.

Für viele Einzelbereiche, die in diesem Buch behandelt werden, gibt es bereits hervorragende Lehrbücher. Auf diese wird am Ende der Kapitel unter „Literaturempfehlungen" verwiesen. Einige der genannten Quellen sind als Lehrbücher sehr gut gegliedert und erlauben ein grundsätzliches Verständnis. Das vorliegende Buch hingegen umfasst überwiegend Erläuterungen und Ergänzungen zu Bereichen, die in diesen Lehrbüchern nicht so detailliert ausgearbeitet sind oder die es in dieser Zusammenstellung vor dem Hintergrund der geographischen Risikoforschung und im Rettungsingenieurwesen so noch nicht gibt.

1.1   Risiko- und Katastrophenforschung

Der Begriff **Risiko** wird in den verschiedenen Fachrichtungen vollkommen unterschiedlich behandelt. Ein finanzielles Risiko im Versicherungsbereich benutzt andere Inhalte und Berechnungsmethoden als ein Risiko für eine einzelne Person, die einschätzen möchte, ob sie sicher über eine Straße gehen kann oder nicht. Risiken unterscheiden sich außerdem hinsichtlich ihrer Dimension, also zum Beispiel in der Größe des zu erwartenden Schadens. All diesen Beispielen ist gemeinsam, dass man sich auf ein mögliches Ereignis vorbereitet, indem man mögliche Auswirkungen abschätzen möchte. Damit ist allen Risikobetrachtungen auch gemein, dass sie sich mit einer Form von Unsicherheit der Voraussage befassen. Ein tatsächlich eintretendes Ereignis zeigt auf, ob sich das Risiko realisiert oder nicht, zum Beispiel in der Form eines Schadens. Wird der Schaden als unwichtig erkannt, ist es möglicherweise nur eine Bagatelle. Erreicht der Schaden aber eine extreme Form, so kann dies als **Katastrophe** bezeichnet werden. Als Katastrophen werden eintretende Ereignisse oder auch mögliche zukünftige betrachtet, die derart negativ sind, dass sie als außergewöhnlich wahrgenommen werden. Eine Katastrophe kann dabei aber vollkommen unterschiedlich wahrgenommen werden. Für einzelne Personen ist zum Beispiel der Verlust einer geschätzten nahestehenden Person eindeutig eine Katastrophe. Für die gesamte Gesellschaft in einem Land ist dieser Todesfall aber nur unter bestimmten Bedingungen eine Katastrophe, wenn es sich zum Beispiel um einen ungewöhnlichen Unfall oder eine besondere Person handelt.

Von allen Spektren der Risiko- und Katastrophenforschung und damit auch der Sicherheitsforschung behandelt dieses Buch hauptsächlich Risiken hinsichtlich **extremer Folgen,** also der Katastrophenforschung. Diese umfasst viele Bereiche, wobei in diesem Buch der Schwerpunkt auf der Ermittlung möglicher Risiken und Kenntnisse im Vorfeld von Katastrophen liegt. Es werden also beispielsweise weniger Reaktionsmaßnahmen wie Rettungsmaßnahmen oder Einsatzorganisationen dargestellt. Tendenziell werden in diesem Buch auch größere Schadenslagen oder unbekannte Risikoformen durchgenommen. Es geht zum Beispiel um Hochwasser, die weder alltäglich noch etwa alle zehn Jahre vorkommen und Menschen durch das Ausmaß und die Unvorhersehbarkeit überraschen.

Beispiel: Das Hochwasser 2021 im Ahrtal hat viele Menschenleben gekostet und zerstörte Brücken und Infrastruktur hinterlassen, deren Wiederaufbau teilweise noch Jahre andauern wird. Das Ereignis der „Flut" hat neben vielen Problemen in der Koordination und Kommunikation aber auch eine große Solidarität und Willen zum Wiederaufbau gezeigt (Abb. 1.1, 1.2, 1.3, 1.4, 1.5 and 1.6).

Es gibt viele andere Bereiche der Risikoforschung wie etwa die Unfall- oder Anlagensicherheitsforschung oder den Brandschutz, die hier aber nur angeschnitten werden, denn für mehr oder weniger alltäglich vorkommende Risiken wie etwa Autounfälle oder auch für Vorgänge im Rettungsdienst gibt es etablierte Methoden der Versicherungsprämienberechnung. Risiko- und Katastrophenforschung befasst sich im Vergleich zu vielen anderen Disziplinen und auch disziplinenübergreifend mit verschiedenen Dimensionen der Gesellschaft, Umwelt und weiterer Systeme. Daher liegt das Augenmerk immer auf dem Themenbereich der seltenen, aber extremen und tendenziell negativen Auswirkungen von sogenannten Gefahren oder Stressoren auf andere Elemente. Ein weiteres Kennzeichen ist auch der starke Bezug zur Alltagserfahrung und zum realen Leben. Im Gegensatz zu

Abb. 1.1 Lokale Notfallinfrastruktur in Schuld (2021)

Abb. 1.2 Zerstörte Stromversorgung in Schuld (2021)

etablierten Disziplinen gibt es wenige etablierte Methoden oder Theorien. Die ersten bekannten Doktorarbeiten in diesem Themenbereich entstanden zum Beispiel 1945 in den USA zu Hochwasserrisiken (Peters & Kelman, 2020; White, 1945) oder zur Explosion von Düngemittel auf einem Schiff 1917 in Halifax, Kanada (Prince, 1920). Die Geschichte der Untersuchung von Katastrophen entspann sich in den USA aber bereits weitaus früher, und seit 1900 nach dem Hurrikan in Galveston und dem Erdbeben von San Francisco im Jahr 1906 werden Katastrophen noch intensiver erforscht (Rubin, 2012).

Konferenzen in den USA in der Nachkriegszeit hatten großen Einfluss auf die Begründung vieler Forschungsrichtungen. So hat sich zum Beispiel 1952 die Conference on Field Studies of Reactions to Disasters (University of Chicago, 29.–30. Januar) zum Umgang mit nuklearen Bedrohungen interessanterweise hauptsächlich mit der Frage der gesellschaftlichen Reaktion, des Verhaltens und der Psychologie befasst. Damals war der Begriff „Katastrophe" auch eine bewusst gewählte Alternative zum Wort „Krieg", wobei man aber aus dem Weltkrieg durchaus lernen und sich auf ähnliche Zivilschutzlagen vorbereiten wollte.

„Die sozialpsychologische Katastrophenforschung sollte sich an den praktischen Zielen orientieren, um zu verstehen, wie Menschen auf Katastrophen reagieren, um Informationen über die wahrscheinlichen Auswirkungen einer Katastrophe auf die Funktionsfähigkeit einer Gemeinschaft und ihrer Bewohner sowie über Mittel zur Minimierung möglicher Funktionsbeeinträchtigungen liefern zu können." (Aus NORC, 1953)

Abb. 1.3 Brücke und Versorgungsleitungen in Sinzig (2021)

Abb. 1.4 Zerstörte Brücke im Ahrtal (2022)

Abb. 1.5 Solidarität durch eine Spendenwanderung (2022)

Abb. 1.6 Solidaritätsbekundungen an einer Kreisverwaltung (2022)

Unter anderem hat dies 1963 zur Gründung des Forschungsinstituts Disaster Research Center in Ohio, später Delaware, geführt, wo einige der führenden Katastrophenforscher der 1960er- und 1970er-Jahre Grundsteine für spätere wissenschaftliche Theorie, Methodik und Empirie gelegt haben, insbesondere in der Risiko- und Katastrophensoziologie, aber auch im Notfallmanagement (Mileti et al., 1975; Quarantelli, 1998).

In benachbarten Feldern wie der Kybernetik gab es ähnliche Konferenzen in den USA, die ganze Forschungsrichtungen mitbegründeten, wie etwa eine Vortragsreihe über Rückkopplungsschleifen, die 1946 gestartet und dann in Kybernetik umbenannt wurde. Diese Richtung hat generell mit der Entwicklung der Systemtheorie und der Erforschung der Steuerbarkeit von Gesellschaften wie Maschinen zu tun. Jedoch ergaben sich später viele Wechselwirkungen der Nutzung der Systemtheorie, zum Beispiel in der Katastrophenforschung oder im Klimawandelbereich. Auch die Luft- und Weltraumaufklärung in der Zeit des Kalten Krieges trugen entscheidend zu den Grundlagen heutiger Daten wie etwa Satellitendaten, Wettermessung, Klimadaten oder Karten bei. Die damals geheimen Satellitenaufklärungsmissionen wie etwa CORONA und HEXAGON trugen zur genaueren Vermessung der Erdoberfläche bei, schufen mit dem Weltweiten Geodätischen System (World Geodetic System, WGS) aber auch die bis heute gebräuchliche Grundlage (z. B. WGS84) für Geoinformationssysteme und damit auch für die Navigation (Day et al., 1998). Als Nebeneffekt sozusagen wurden geologische und andere Forschungseinrichtungen massiv aufgebaut (z. B. Geologischer Dienst der USA; USGS), die auch im zivilen Bereich vielfältige Grundlagen für Landnutzungsmonitoring, Naturgefahren wie Erdbeben usw. schufen.

In Deutschland hat die Risiko- und Katastrophenforschung überwiegend vereinzelt in den einzelnen akademischen Disziplinen stattgefunden; so wurden beispielsweise ein Erdbeben im Friaul in Italien und der langjährige Aufbau durch einen Geographen untersucht (Geipel, 1977). An der Bergischen Universität Wuppertal wurde 1975 der eigenständige Fachbereich Sicherheitstechnik gegründet und befasste sich damals zunächst mit dem Fachgebiet Allgemeine Sicherheitstechnik, dann Arbeitssicherheitstechnik, Brandschutz sowie Verkehrssicherheitstechnik. 1987 wurde in Kiel die Katastrophenforschungsstelle gegründet, zog 2011 nach Berlin um und untersucht das Thema „Krise und Katastrophe" seitens der Soziologie. Es gibt eine Reihe weiterer Forschungseinrichtungen in Deutschland, die sich insbesondere aus natur- und ingenieurwissenschaftlicher Perspektive schon früh auch mit Risiken und Sicherheitsthemen aller Art befassten.

In Deutschland sind diese Entwicklungsschritte historisch auch gut hinsichtlich der Behörden nachvollziehbar. In den 1950er-Jahren übernahm das Technische Hilfswerk (THW) operative Luft- und Zivilschutzaufgaben und das Bundesamt für zivilen Bevölkerungsschutz planerische Aufgaben. 1953 war das THW bereits in den Niederlanden bei der verheerenden Sturmflut im Einsatz. Das Bundesministerium für Atomfragen wurde 1955 gegründet und war die Basis für das spätere Bildungs- und Forschungsministerium. Aus der Umweltbewegung und der Diskussion der Gesellschaft um die Nutzung von Atomenergie heraus entstand 1986, kurz nach dem Reaktorunfall in Tschernobyl, das Umweltministerium.

Weltweit bekannt ist Deutschland auch durch seine Nachhaltigkeitspolitik und den Umgang mit Atomenergie geworden. Ulrich Beck ist ein bekannter Autor, der die Umweltbewegung und den Umgang mit Risiken in unserer Gesellschaft beschrieben und als Risikogesellschaft bezeichnet hat (Beck, 1986). Der Wissenschaftliche Beirat der Bundesregierung Globale Umweltveränderungen (WBGU) hat mit der "Welt im Wandel" seit den 1980er-Jahren Gutachten erstellt, die Umweltrisiken, Klimawandel und Transformation dokumentiert haben. In einigen Bereichen wie der Nachhaltigkeit und dem Umstieg auf erneuerbare Energien ist Deutschland international als Vorreiter hoch angesehen. Eine schleppende Umsetzung gerade beim Thema „Klimawandel", aber auch bei der Digitalisierung und anderen Technologien zeigt auf der anderen Seite ein Merkmal der Gesellschaft auf, die Dinge eher bedacht und zögerlich anzugehen. Das hat bei der berühmt-berüchtigten Bürokratie in Deutschland einerseits Vorteile, weil die Prozesse durch viele Betrachtungsbrillen überprüft werden und so zum Beispiel Nachteile für Bevölkerungsgruppen oder Umwelt mitbedacht werden. Auffällig ist im Bereich der Katastrophenforschung jedoch eine große Verzögerung hinsichtlich der Aufnahme internationaler Konzepte wie zum Beispiel der Resilienz. Wie beim Thema „Kritische Infrastrukturen" lässt sich hier durchgehend eine Verzögerung von 10 bis 20 Jahren deutlich erkennen. Dazu gehört auch, dass in etlichen Bereichen viele der darin neu enthaltenen Aspekte bereits mitbedacht werden, gewisse Begriffe wie „Verwundbarkeit" und „Resilienz" durchaus sehr sperrig sind und sich auch nicht so leicht in deutschen Alltagsgebrauch übersetzen lassen. In vielen Teilbereichen sind deutsche Wissenschaftler/innen sowie Praktiker/innen auch Vorreiter/innen, und einige Gremien haben im Bereich der Klimawandelanpassung wie auch in der Katastrophenforschung international eine Vorreiterrolle gespielt. Es gilt in Zukunft einerseits, mehr Tempo zu machen bei der Übernahme international längst bekannter Konzepte und Maßnahmen, nicht nur beim Klimawandel, sondern auch bei der Katastrophenvorsorge oder bei der Abhängigkeit digitaler und physischer Infrastrukturen. Andererseits muss die Bedachtsamkeit der Gesellschaft besser verstanden werden, und entsprechend langsame Prozesse der Veränderung müssen der Bevölkerung kommuniziert und erklärt werden.

Viele der Risiko-, Krisen- oder Katastrophenthemen wurden schon früh gesellschaftlich diskutiert, so zum Beispiel die Grenzen des wirtschaftlichen Wachstums im Zuge der Ölkrise in den 1970er-Jahren und 1972, im Club of Rome. Ulrich Beck beschrieb den Zeitgeist der Umweltbewegung in seinem Buch *Risikogesellschaft*. Im Kino lief 1983 der Film *Koyaanisqatsi*, der die Grenzen und Probleme des Wachstums und der Technologiesicherung thematisierte. Die beiden Sequels von *Koyaanisqatsi* thematisierten bereits das Thema „Transformation", lange bevor es wieder einmal ein Trend im Zuge der Klimawandelfolgenforschung in jüngster Zeit wurde.

Dass bei einer Katastrophe eine Vielzahl unterschiedlichster Elemente betroffen ist, die verschiedenster fachlicher Disziplinen bedürfen und oft weitreichende Auswirkungen auf Bereiche weit außerhalb haben, zum Beispiel allein durch die mediale Wahrnehmung, zeichnet Risiko- und Katastrophenthemen besonders aus.

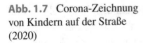

Abb. 1.7 Corona-Zeichnung von Kindern auf der Straße (2020)

Während der Corona-Pandemie (COVID-19) musste die gesamte Gesellschaft lernen, mit einer neuen Unsicherheit umzugehen. Sowohl im Inland als auch im Ausland gab es unterschiedliche Perspektiven und Erfahrungen, und ihre Interpretation ändert sich noch heute (Abb. 1.7, 1.8, 1.9, und 1.10).

1.2   Dimensionen von Krisen, Katastrophen und Grenzen der Sicherheitsforschung

Auswirkungen werden in ihrem Ausmaß unter verschiedenen Begriffen zusammengefasst; zunächst erscheinen manche Begriffe wie zum Beispiel „Krise" und „Katastrophe" synonym. Für die Praxis im operativen Geschäft macht es vermutlich auch wenig Sinn, akademische Unterschiede herauszuarbeiten, für die planerische oder rechtliche Tätigkeit ist dies jedoch hilfreich, um Größenordnungen von Auswirkungen auseinanderzuhalten.

Notfälle sind „nicht vorhergesehene, aber erwartbare Vorfälle, die regelmäßig vorkommen, eingrenzbar sind und rasch bewältigt werden können" (Perry & Lindell, 2006, S. 29, zitiert in und erweitert nach Boin & McConnell, 2007, S. 51).

Abb. 1.8 Durch "Hamsterkäufe" leergefegtes Regal im Supermarkt (2020)

Abb. 1.9 Plakat der Stadt Würzburg, um dafür zu sensibilisieren, Kontakte im privaten Umfeld nachzuverfolgen (2021)

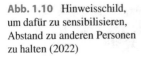

Abb. 1.10 Hinweisschild, um dafür zu sensibilisieren, Abstand zu anderen Personen zu halten (2022)

Krisen enthalten dagegen eine Bedrohung der Grundwerte oder des Funktionierens eines lebenserhaltenden Systems und müssen dringend bewältigt werden, auch unter großen Unsicherheiten (Rosenthal et al., 2001, zitiert in Boin & McConnell, 2007, S. 51).

Desaster beinhalten Verlust von Menschenleben und ernste, lang anhaltende Schäden an Besitz und Infrastrukturen. Desaster sind Krisen mit einem negativen Ausgang (Boin, 2005, S. 163, zitiert in Boin & McConnell, 2007, S. 51).

Häufig wird für Desaster synonym das Wort „Katastrophe" benutzt. **Katastrophen** sind Vorfälle, die sehr unwahrscheinlich eingeschätzt werden und ein Unheil verursachen, das so groß ist und plötzlich eintritt, dass es gegen den Lauf der Dinge erscheint (Posner, 2004, S. 6, zitiert in Boin & McConnell, 2007, S. 51).

Der mehrtägige Stromausfall im Münsterland 2005 war für einige Ortschaften zwar seht belastend, jedoch waren die öffentlichen Strukturen der Rettungsdienste und des THW vorhanden und die Kapazitäten für Notstrom ausreichend. Da diese Krise normale Notfälle überstieg, wurden Einsatzkräfte aus anderen Landkreisen herbeigezogen. Für einzelne Bereiche und Branchen wie etwa die Viehzucht waren teilweise massive Verluste zu beklagen . Die Abgrenzung, wo persönliche Betroffenheit aufhört und die Krise beginnt, machen eine Festlegung schwierig.

Das bedeutet aber auch, dass Katastrophenplanung sich auf solche Ereignisse bezieht, die so noch nicht vorgekommen sind. Damit müssen die sogenannten neuen Bedrohungen wie etwa Klimawandel oder Terrorismus neu bewertet werden (BBK, 2010). Zu Recht bemerken Boin und McConnell (2007), dass gewisse Bedrohungen erfolgreich bewältigt werden konnten (z. B. Terroranschläge durch Flugzeugkontrollen), da man inzwischen darauf vorbereitet war. Die Entführung mehrerer Flugzeuge als fliegende Bomben war ein Novum und daher so erschreckend. Ein neuerlicher Anschlag wie am 11. September 2001 auf eine x-beliebige Stadt auf der Welt wäre zwar ein Schock, aber in der medial vernetzten Welt keine unbekannte Größe mehr. Ähnlich verhält es sich mit dem Tsunami 2004. Tsunami gab es zwar schon vorher, jedoch war sich das „globale Dorf" eines solchen Ereignisses noch nicht bewusst.

Wo ist die **Grenze** dessen, was wir in einer Sicherheitsforschung untersuchen wollen? Dass eine Katze in eine Mikrowelle gesteckt wird – ist das ein Risiko, das wir bearbeiten wollen? Wo ist die Grenze zwischen Dummheit und fehlenden Informationen? Man muss daher immer wieder definieren, aber auch gliedern, welche Stufe von Sicherheit und Fragen von Unsicherheit man bearbeiten möchte. Beim Beispiel der Mikrowelle können Informationen fehlen für Personen, die den Umgang damit nicht gewohnt sind. Es kann also eine vernünftige Sicherheitsmaßnahme sein, außen am Gerät Informationen aufzukleben. In einem anderen Beispiel kann es sein, dass es einem selbstverständlich vorkommt, dass Menschen, die unterhalb eines Deiches oder Staudammes leben, damit rechnen müssen, dass er irgendwann bricht und überspült wird. Es ist genauso verständlich, dass Menschen glauben, dass so etwas niemals vorkommen kann. Es liegt nicht nur am Vertrauen in die Technologie, sondern auch am Vorstellungsvermögen und an den Informationen, die man hat. Wenn man zum Beispiel weiß, dass es im Prinzip Erdbeben geben kann, hat man vielleicht ein anderes Gefühl dafür, ob ein Zusammenbruch eines Staudammes möglich ist. Oder es geschehen vorher ähnliche Ereignisse, die aufrütteln und die Wahrnehmung zumindest kurzzeitig erhöhen.

Sicherheitsforschung ist dann sinnvoll, wenn man im bisherigen Handeln oder im Wissen eine Lücke entdeckt. Es kann also vielen so gehen, dass sie einem Thema zuhören und denken, das ist doch schon alles bekannt und gelöst und interessiert mich nicht. Andere hingegen entdecken etwas, was scheinbar für selbstverständlich angenommen wird, aber auch nicht gelöst ist. Es ist also immer die Frage, ob es nur an der Summe der Teile fehlt, also an der Summe von Informationen, oder ob bestimmte Schlussfolgerungen oder Grundannahmen möglicherweise überdacht werden müssen.

Am Beispiel **Waldbrand** soll das veranschaulicht werden. Dass ein Wald brennen kann, scheint selbstverständlich. Aber erst bestimmte Bedingungen wie Trockenheit, Vegetationstypen oder Topographie begünstigen Waldbrände. Verbunden damit ist die Frage, was bei dem Waldbrand eigentlich passieren kann. Steht zum Beispiel ein Holzhaus nebenan, ist die normale Annahme, dass Holzhäuser leichter brennen als andere Häuser. Das ist jedoch möglicherweise unzutreffend, zum Beispiel wenn das Holz entsprechend behandelt oder eingekleidet ist. Es gibt zudem weitere Faktoren, die zu einem Waldbrand beitragen, etwa die Nähe zu Straßen. Aber es bleibt oft lange unklar, ob es jeweils menschliche oder natürliche Ursachen sind, die einen Waldbrand auslösen. Hierzu gibt es vollkommen widerstreitende Ansichten und Studien. Einige Studien finden zum Beispiel heraus, dass es eine Korrelation gibt zwischen Waldbrandgefahr und der Nähe zu Siedlungen, andere hingegen, dass es vor allem verlassene Siedlungen und periphere Gebiete sind, in denen menschliches Entzünden durch Nachlässigkeit oder Absicht häufiger geschieht. Ist ein Waldbrandrisiko nun dort höher, wo es viele Siedlungen gibt, oder dort, wo es eben Siedlungen gibt, die aber nur spärlich besiedelt sind? An diesem Beispiel sehen wir bereits, dass es vermeintlich sichere Informationen und Bestandteile gibt, wie zum Beispiel Wald, Holz und Brandfaktoren. Andere Faktoren, wie zum Beispiel die Verwundbarkeit und die Rolle der Entzündung durch menschliches Zutun scheinen weniger geklärt. Man kann also verleitet sein, sich für einen der Sachverhalte besonders zu interessieren und diesen dann erforschen. Insgesamt geht es hierbei, abstrakt betrachtet, um die Frage, welches Zusammentreffen von Faktoren ein gewisses Risikopotenzial beschreibt. Darum geht es auch hauptsächlich in diesem Buch.

1.3   Krisen-, Risiko- und Resilienzmanagement

Hinter vielen Begriffen und Konzepten, die sich mit Krisen, Risiken und Katastrophen befassen, steht explizit oder indirekt der Glaube, es irgendwie behandeln oder beeinflussen zu können. Ein passender Oberbegriff ist evtl. **Risikobehandlung**. Das Management ist darunter nur eine der Möglichkeiten, steht aber recht übergreifend für eine Breite an Themen und Handlungsweisen, die typisch sind und auch viele andere umfassen. Was weniger im allgemeinen Risikomanagement betrachtet wird, sind beispielsweise psychologische Faktoren, die Angstforschung und die Entwicklungszusammenarbeit.

Risiko- und Krisenmanagement wird in vielen Bereichen der Wirtschaft und bei Behörden im Kontext der Sicherheitsforschung verstanden als Bereich, der sich sowohl mit der Phase vor einem Ereignis, genannt **Risikomanagement**, als auch mit der Phase ab einem Ereignis, dem **Krisenmanagement**, befasst. Das Wort „Management" drückt eine Nähe zur in der Wirtschaft bekannten Terminologie aus. Damit ist gemeint, dass eine Handlungsfähigkeit entsteht, und suggeriert damit auch implizit, dass es eine Einflussmöglichkeit gibt, ein Problem zu lösen. Sowohl in der Sprachwahl als auch in der methodischen Ausarbeitung sind daher viele Konzepte und Handlungsleitfäden aus dem behördlichen Bereich in Deutschland im Bevölkerungsschutz stark angelehnt an Denkweisen und Konzepte aus der Industrie und der Wirtschaft. Ein benachbarter Bereich zum Beispiel ist das **Business Continuity Management (BCM)**. Auch die ISO 31000, die häufig als Grundlage verwendet wird, bildet ein solches Grundverständnis ab (ISO, 2018), das vor allem auf Handlungsmöglichkeiten der organisatorischen, teilweise technischen Planung hinausläuft. Ähnlich wie bei anderen alltäglichen

Prozessen werden manchmal auch Bezüge zum **agilen Management** hergeleitet. Beim agilen Management steht noch mehr die Auffassung im Vordergrund, relativ flexibel auf jedwede Ereignislage eingehen zu können, und sich rasch und flexibel im Team zu formieren, um eine Katastrophe wie auch jedes andere Problem zu bewältigen. Im Gegensatz dazu gibt es im Risiko- und Krisenmanagement auch Ansätze, die stärkere und vorgegebene hierarchische Strukturen benötigen, zum Beispiel die Stabsarbeit oder aber auch die Abarbeitung von Prozessen entlang von strukturierten Handlungsleitfäden. Zudem werden die Begriffe „Risikomanagement" und „Krisenmanagement" häufig synonym verwendet; der Begriff „Krisenmanagement" ist in der Praxis möglicherweise sogar noch stärker verbreitet. Grundsätzlich vermischt sich hier vieles; auch unter Krisenmanagement kann durchaus das Gesamtverständnis bereits existieren, die Phasen vor, während und nach einer Krise bewältigen zu müssen.n

Wichtiger noch als eine terminologische Unterscheidung wäre jedoch die Grundhaltung, zu integrieren und sich grundsätzlich immer um alle Phasen zu kümmern. „Risiko- und Krisenmanagement" wird aktuell im Bevölkerungsschutz als Oberbegriff verwendet für alle Arten von Risiken und Krisen und deren Bewältigungsspektrum. Es sind auch alle Formen von Dimensionen von Krisen beinhaltet, jedoch mit einem tendenziellen Schwerpunkt hin zu den extremen Ereignissen wie Katastrophen, aber durchaus bewusst mit einer Verknüpfung zu Alltagsunfällen und Sicherheitsfragen. Dies hat den Zweck, die Akzeptanz aufseiten der Wirtschaft und der Behörden zu erhöhen, da Investitionen in Sicherheitsmaßnahmen sehr kostspielig sind und sich sowohl gesellschaftlich wie auch betrieblich oder behördlich schlechter rechtfertigen lassen, wenn sie selten oder noch gar nicht aufgetreten sind. Ein geschicktes Beispiel, diese Ansätze zu integrieren, ist im Leitfaden des Bundesamt für Bevölkerungsschutz und Katastrophenhilfe (BBK) zur Risikoanalyse zu finden, der empfiehlt, drei Szenarien zu bearbeiten (BBK, 2015). Ein Szenario darin ist, dass es Gefahren und Vorfälle in einem bekannten, machbaren Bereich beinhaltet, da sich damit bereits alle auskennen und wohlfühlen. Dann folgt ein Szenario, das bereits an die Grenzen dessen geht, was bekannt ist, und in dem bereits erste Problemstellungen deutlich werden können. Wichtig ist hier jedoch auch noch das dritte Szenario: ein extremer Fall, der eindeutig alle Vorkehrungen und Maßnahmen übersteigen kann. Dieses letzte Beispiel ermöglicht es vielen, aus ihrer Verpflichtungs- und Erfüllungsrolle herauszukommen und sich statt mit der Rechtfertigung der vorhandenen Maßnahmen stärker mit neuen Möglichkeiten zu befassen.

Empfehlungen für die Erstellung von Szenarien:

- Skalierung der Dimension: Gering (ist geprobter Alltag), mittel (geht an die Grenze der Vorbereitung), hoch (übersteigt die Vorbereitungen)
- Mix aus Wirkmechanismen: Natürlich (und eher zufällig), menschlich (ggf. bewusst, gerichtet), epidemisch (rasch verbreitend, über bestimmte Agenten/ Gruppen)

Zusammengefasst ist Risiko- und Krisenmanagement sehr umfassend und kann daher auch als Oberbegriff für eine Vielzahl von Aspekten dienen. In diesem Buch wird jedoch stärker nur auf die extreme Form der Katastrophenrisiken eingegangen. Zudem werden tendenziell die Phasen während einer Krise und nach einer Krise weniger behandelt als die Möglichkeiten der Risikobehandlung und -bewertung vor einem Ereignis.

Vor allem im praktischen Umgang gibt es bestimmte Sichtweisen, welche Phasen und Aufgabenbereiche sich auf Krisenmanagement und welche sich auf Risikomanagement beziehen. Krisenmanagement befasst sich zum Beispiel im Behördenverständnis im Bevölkerungsschutz tendenziell eher mit der Einsatzseite, der operationellen Kräfte und Ressourcen, während und unmittelbar nach einer Krise. Ist diese Festlegung durch den Sprachgebrauch und die alltägliche Verwendung in den Rettungsdiensten und anderen Kräften und Institutionen des Bevölkerungsschutzes geprägt, so ist sie auch durch politische Vorgaben, Historie und verwaltungstechnische wie organisatorische Festlegungsweisen bestimmt.

Zu einer besseren Einordung werden zentrale Begriffe nun noch einmal wiederholt: **Krisenmanagement** bezieht sich auf das Management von Krisen, das heißt, es befasst sich vorwiegend mit (konkreten) Krisenereignissen und ihrer Bewältigung. Dazu ist es auch nötig, bereits im Vorfeld Ressourcen und Fähigkeiten aufzubauen, um die Krise bewältigen zu können. **Risikomanagement** bezieht sich auf das Management von Risiken, das heißt, es behandelt bzw. begrenzt vorwiegend die möglichen Auswirkungen von Krisen bereits aus den Erwägungen vor einer Krise heraus. Es ist ein kompliziertes Unterfangen, über unsichere und mögliche Entwicklungsstränge eine Voraussage zu treffen. Daher beziehen sich sowohl das Risikomanagement als auch das Krisenmanagement auf mehrere Phasen vor, während und nach einer Krise. Tendenziell sind die Aktivitäten eines Risikomanagements im Hauptumfang jedoch eher vor einer Krise angesiedelt. Risikomanagement bereitet Risikountersuchungen vor, baut auf ihren Ergebnissen auf, leitet daraus mögliche Maßnahmen ab, bezieht alle Akteure/Akteurinnen mit ein und bindet dies alles in ein ganzheitliches Konzept ein. Risikomanagement ist damit einerseits der Überbegriff auch für Risikountersuchungen und andererseits der praktische und theoretische Anwendungsteil gegenüber der Risikountersuchung.

Risikoanalysen/Risikountersuchungen

Man kann die reine Untersuchung von Aussagen über vergangene oder vermutete zukünftige Risiken als Risikountersuchung bezeichnen. „Risikountersuchung" ist in diesem Buch der Sammelbegriff für alle Arten von Analysen, Einschätzungen oder Abschätzungen von Risiken. Risikountersuchungen können aus groben Schätzungen „aus dem Bauch heraus" oder aus detaillierten wissenschaftlichen Untersuchungen bestehen. Sie umfassen alle Arten von Methoden und Theorien, sozial-, natur- oder ingenieurwissenschaftliche, und können auch nichtwissenschaftlich sein.

Im Prinzip geht es bei allen Risikountersuchungen um eine Voreinschätzung von möglichen Auswirkungen. Es stehen dabei Auswirkungen (*impacts, effects, damages)* und die Einschätzung ihrer Wahrscheinlichkeit im Zentrum vieler Untersuchungen.

Für einen Oberbegriff der Risikohandlung gibt es mehrere Ansätze, jedoch noch keine Einigung oder ein klares Bild. Man kann entweder die Krise oder das Risiko als Oberbegriff verstehen, oder man kann beide verbinden (Risiko- und Krisenmanagement) . Es gibt international Versuche, Risikosteuerung (Risk Governance) oder Resilienz als Oberbegriff zu verwenden.

Risk Governance betont die Steuerung oder Regulierungsintention und implizit auch die Beherrschbarkeit von Risiken, genau wie der Begriff „Management". Der International Risk Governance Council (IRGC) hat ein Schaubild (Abb. 1.12) entworfen, welches dem Risikomanagementschaubild der ISO 31010 (Abb. 1.11) ähnelt (IRGC, 2017; ISO, 2018).

Resilienzmanagement bezieht sich auf das Management der Resilienz, also des Gesamtzustands eines untersuchten Systems. Resilienz kommt aus verschiedenen Richtungen, im Bereich Katastrophenforschung vorwiegend aus der Ökologie (Holling, 1973), wird aber auch in der Technikfolgenforschung (Feynman, 2007) und in vielen anderen Bereichen wie etwa der Psychologie verwendet. Aus der Verwendung in der Forschung zu Mensch-Umwelt Systemen lässt sich ein ähnlicher Schwerpunkt wie in der Risikoforschung ausmachen; oft wird Resilienz auch mit den Fähigkeiten in der Verwundbarkeitsforschung gleichgesetzt. Dies spräche für eine Verortung in der Phase vor einer Krise. Andere widersprechen dem, und Resilienz wird in der Panarchietheorie (Gunderson & Holling, 2002) als Gesamtstabilitätszustand und -dynamik eines Systems betrachtet. Dies spricht für eine Verortung für alle Bereiche vor, während und nach einer Krise. Resilienz bezieht sich jedoch auch sehr stark auf den ursprünglichen Begriff der Übersetzung

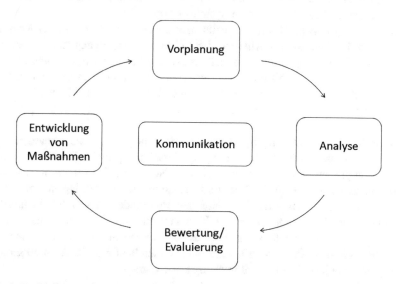

Abb. 1.11 Risikomanagementzyklus. (Zusammengestellt aus ISO 31010 und IRGC-Rahmenwerk)

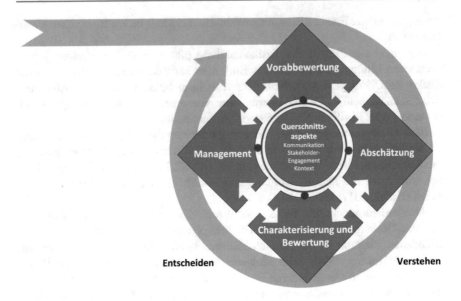

Abb. 1.12 Rahmenwerk des International Risk Governance Council. (IRGC, 2017)

aus dem Lateinischen („zurückspringen") und damit auf die Phase unmittelbar während der Krise und danach. Abschließend kann man feststellen, dass die Debatte über den Begriff „Resilienz" noch im Gange ist, er sich jedoch tendenziell als Oberbegriff für Krisen- und Risikomanagement eignet, da er sich nicht nur auf den krisenhaften Zustand oder auf die Vorhersagbarkeit von Auswirkungen, sondern auf den Zustand des gesamten Systems bezieht.

Mit einem Risikomanagement glaubt man an die Steuerbarkeit oder Regulierbarkeit von Risiken. Man möchte aus der Erfahrung aus vergangenen Krisen oder anhand von Vermutungen über mögliche maximale Schäden Voraussagen über zukünftige mögliche Krisen treffen. Eng verwoben damit sind Wahrscheinlichkeitsaussagen, da man wissen möchte, wann eine Krise eintreffen könnte. Weiterhin möchte man noch weiter unterscheiden können, wann wie stark ein Ereignis stattfinden kann.

Viele Risikountersuchungen, aber auch Einführungen von Risikomanagementkonzepten in einem Betrieb oder in einem Forschungsprojekt, bauen auf historischen Ereignissen von bereits geschehenen Notfällen, Störfällen, Krisen oder Katastrophen auf. Die Aufnahme und Dokumentation von bekannten Beeinträchtigungen, Schäden, Ausfällen oder der Magnituden von Gefahren und Bedrohungen, der Frequenz, Dauer usw. birgt ihre eigenen Schwierigkeiten. Jedoch sind diese Aussagen weitaus einfacher zu bestimmen als Voraussagen über zukünftige Ereignisse. Punktuelle Katastrophen haben häufig große Aufmerksamkeit erzeugt und die jeweilige Risikoforschung stark geprägt.

„Es ist nicht wichtig, die Zukunft vorhersagen zu können, aber, darauf vorbereitet zu sein." (Perikles 500 v. Chr.)

Zunehmend wächst die Erkenntnis, dass eine **Voraussage** über zukünftige Risiken schwierig bis problematisch ist, insbesondere, was die Eintrittswahrscheinlichkeit angeht. Das gilt besonders für seltene, aber große Katastrophen. Für ständig wiederkehrende Fehler oder kleinere Unfälle ist es dagegen möglich, sich in der Aussagefähigkeit durch die Masse an Beobachtungsmöglichkeiten gut realen künftigen Ereignissen anzunähern.

Für katastrophalen Ereignisse ist dies keine neue Erkenntnis (siehe Zitat von Perikles), jedoch haben insbesondere die Ereignisse in Japan 2011 die Grenzen der Vorhersagefähigkeit von Erdbeben in dieser Magnitude und an dieser geographischen Küstenstelle aufgezeigt.

Schon länger umstritten in der öffentlichen Wahrnehmung war die Nutzbarkeit von quantitativen Berechnungen der prognostizierten statistischen Seltenheit von atomaren Unfällen in Atomkraftwerken. Jedoch hat auch hier die Reaktorkrise von Fukushima 2011 infolge von Erdbeben und Tsunami die Öffentlichkeit in Deutschland derart bewegt, dass der Druck auf die Politik groß genug wurde, die Atompolitik zu überdenken. Die Ereignisse von Fukushima veranlassten jedoch auch Experten/Expertinnen, die Nutzbarkeit der Eintrittswahrscheinlichkeit für die Risikoforschung zu überdenken.

Am Beispiel der Entwicklung der Binnenschifffahrtswege kann der Bedarf für **ganzheitliches Denken** gezeigt werden. Vor mehr als 100 Jahren wurde die Begradigung des Rheins nur aus einer Perspektive betrachtet: als Mehrwert für die Binnenschifffahrt und damit für die Wirtschaft. Als Nebeneffekt wurden teilweise Bedingungen für Hochwasser und Sedimentation verstärkt. Auf der anderen Seite wurde Malaria ausgerottet sowie der LKW-Verkehr und damit die Umweltbelastung verringert. Es ist also ein vielschichtiges Problem mit vielschichtigen Chancen, die man gegenüberstellen und abwägen sollte, wenn man ein Gesamturteil abgeben möchte.

Literaturempfehlungen

Bevölkerungs- und Katastrophenschutz: Karutz et al. (2016)
Naturgefahren: Dikau und Weichselgartner (2005)
Risikoanalysen im Ingenieurbereich: Preiss (2009)
Erläuterungen zur Risikoforschung: Felgentreff und Glade (2008)
Alltagsrisiken: Renn (2014)
Risken und Entscheidungen: Gigerenzer (2013)
Definitionen von Risiko, Katastrophe oder Resilienz: Webseiten: BBK Glossar, UNDRR Terminology

Auf Englisch:
Natural Disasters: Alexander (1993)
Emergency Management: Alexander (2002)
Measuring Vulnerability: Birkmann (2013)
Normal Accidents: Perrow (1999)

Disaster Medicine: Ciottone (2016)
International Disaster Risk Management: Coppola (2021)
Einführung zum Thema Risiko: Ale (2009)
Einführung zum Thema Katastrophenmanagement: Jachs (2011)
Verhalten von Menschen bei Katastrophen: Ripley (2009)

Literatur

Ale, B. (2009). *Risk: An introduction: The concepts of risk, danger and chance*. Routledge.
Alexander, D. (1993). *Natural disasters*. UCL Press.
Alexander, D. (2002). *Principles of emergency planning and management*. Dunedin Academic Press.
BBK (Bundesamt für Bevölkerungsschutz und Katastrophenhilfe). (2010). *Neue Strategie zum Schutz der Bevölkerung in Deutschland*. Bonn: Bundesamt für Bevölkerungsschutz und Katastrophenhilfe.
BBK (Bundesamt für Bevölkerungsschutz und Katastrophenhilfe). (2015). *Risikoanalyse im Bevölkerungsschutz. Ein Stresstest für die Allgemeine Gefahrenabwehr und den Katastrophenschutz*.
Beck, U. (1986). *Risikogesellschaft. Auf dem Weg in eine andere Moderne*. Suhrkamp.
Birkmann, J. (2013). *Measuring Vulnerability to Natural Hazards: towards disaster resilient societies* (2. Aufl.). United Nations University Press.
Boin, R.A. (2005), 'From Crisis to Disaster: Toward an Integrative Perspective', in Perry, R. and Quarantelli, E.L. (Eds), What is a Disaster? New Answers to Old Questions, Xlibris Press, Philadelphia, pp. 153–172.
Boin, A., & McConnell, A. (2007). Preparing for critical infrastructure breakdowns: The limits of crisis management and the need for resilience. *Journal of Contingencies and Crisis Management, 15*(1), 50–59.
Ciottone, G. R. (2016). *Ciottone's Disaster Medicine* (2. Aufl.). Elsevier.
Coppola, D. P. (2021). *Introduction to international disaster management* (4. Aufl.). Butterworth-Heinemann.
Day, D. A., Logsdon, J. M., & Latell, B. (1998). *Eye in the sky: The story of the CORONA spy satellites*. Smithsonian Institution.
Dikau, R., & Weichselgartner, J. (2005). *Der unruhige Planet. Der Mensch und die Naturgewalten*. WBG.
Felgentreff, C., & Glade, T. (Eds.). (2008). *Naturrisiken und Sozialkatastrophen*. Spektrum Akademischer Verlag.
Feynman, R. P. (2007). *The meaning of it all*. Penguin.
Geipel, R. (1977). Friaul: sozialgeographische Aspekte einer Erdbebenkatastrophe. *Münchener Geographische Hefte, 40*, 212.
Gigerenzer, G. (2013). *Risiko: Wie man die richtigen Entscheidungen trifft*. C. Bertelsmann Verlag.
Gunderson, L. H., & Holling, C. S. (2002). *Panarchy. Understanding transformations in human and natural systems*. Island Press.
Holling, C. S. (1973). Resilience and stability of ecological systems. *Annual Review of Ecology and Systematics, 4*, 1–23.
IRGC (International Risk Governance Council). (2017). *An introduction to the IRGC risk governance framework. Revised version 2017*.
ISO (International Organization for Standardization). (2018). *ISO/IEC 31000:2018. Risk management – Principles and guidelines*.
Jachs, S. (2011). *Einführung in das Katastrophenmanagement*. Tredition.

Karutz, H., Geier, W., & Mitschke, T. (2016). *Bevölkerungsschutz. Notfallvorsorge und Krisenmanagement in Theorie und Praxis.* Springer.

Mileti, D. S., Drabek, T. E., & Haas, J. E. (1975). *Human systems in extreme environments: A sociological perspective.* Institute of Behavioral Science, University of Colorado.

NORC (National Opinion Research Center). (1953). *Conference on Field Studies of Reactions to Disasters.* Paper presented at the Held at the University of Chicago. January 29-30, 1952 under Contract DA18-108-CML-2275 PO # 1-11311, Chicago.

Perrow, C. (1999). *Normal accidents: Living with high risk technologies.* Princeton University Press.

Perry, R.W. and Lindell, M.K. (2006), Emergency Planning, John Wiley & Sons, Hoboken, NJ.

Peters, L. E., & Kelman, I. (2020). Critiquing and joining intersections of disaster, conflict, and peace research. *International Journal of Disaster Risk Science, 11,* 555–567.

Posner, R.A. (2004), Catastrophe: Risk and Response, Oxford University Press, Oxford.

Preiss, R. (2009). *Methoden der Risikoanalyse in der Technik: Systematische Analyse komplexer Systeme.* TÜV Austria.

Prince, S. H. (1920). *Catastrophe and social change: Based upon a sociological study if the Halifax Disaster.* King and Son.

Quarantelli, E. L. (Ed.) (1998). *What is a disaster? Perspectives on the question.* Routledge.

Renn, O. (2014). *Das Risikoparadox: Warum wir uns vor dem Falschen fürchten* (3. Aufl.). Fischer Taschenbuch.

Ripley, A. (2009). *The Unthinkable: Who survives when disaster strikes – and why.* Arrow.

Rosenthal, U., Boin, R.A. and Comfort, L.K. (2001), 'The Changing World of Crisis and Crisis Management', in Rosenthal, U., Boin, R.A. and Comfort, L.K. (Eds), Managing Crises: Threats, Dilemmas and Opportunities, Charles C. Thomas, Springfield, pp. 5–27.

Rubin, C. B. (2012). *Emergency management: The American experience 1900–2010* (2. Aufl.). CRC Press.

White, G. F. (1945). *Human adjustment to floods. A geographical approach to the flood problem in the United States.* Doctoral thesis, The University of Chicago, Chicago, IL.

Teil II
Methoden

Wissenschaftliches Arbeiten

2

Zusammenfassung

Welche Methodengrundkenntnisse braucht man, um Risiko und Katastrophenforschung zu betreiben? Wissenschaftliche Grundlagen wie Literaturarbeit, Zitierkompetenz, logische Schlussfolgerung und wissenschaftliche Dokumentation sind zwar in allen Wissenschaftsbereichen üblich. Die Risiko- und Katastrophenforschung ist aber noch sehr jung, und insbesondere in vielen speziellen Studiengängen dazu fehlen grundlegende Traditionen und eine wissenschaftliche Grundlagenlehre, wie es in anderen Disziplinen üblich ist. Auch fehlt es überhaupt an empirischen Grundlagen und Informationen. Mit diesem Kapitel lernen Studierende, wie sie wissenschaftliche Grundlagen zur Erkenntnisgewinnung und Dokumentation einsetzen können. Es richtet sich aber auch an Wissenschaftler/innen anderer Disziplinen, die hiermit besser einordnen können, in welcher Weise wissenschaftliche Grundlagen in diesem Feld angepasst und verwendet werden können.

In diesem Buch wird von Wissenschaft und wissenschaftlichem Arbeiten gesprochen. Es ist ein Ziel dieses Buches, Wege aufzuzeigen, wie wissenschaftliches Arbeiten und Denken mit dem Themenbereich der Risiko- und Katastrophenforschung und Resilienz verbunden werden können. Etwas breiter und auch zutreffender wäre vermutlich die Verwendung des Begriffs **Forschung** statt Wissenschaft, denn es fehlt in diesem sich noch entwickelnden Bereich sowohl an theoretischen Konzepten und Grundlagen als auch an eigenen Methoden oder empirischen Datengrundlagen, um im klassischen Verständnis bereits von Wissenschaft zu sprechen. Auch handelt es sich um keine etablierte Disziplin an einer Universität und auch noch nicht um einen eigenständigen Fachbereich. Das spiegelt sich zum Beispiel darin wider, dass sich zwar immer mehr Studiengänge mit Themen der Sicherheit und des Risikos befassen, jedoch noch sehr unterschiedlich benannt werden. So gibt es in Deutschland zum Beispiel Studiengänge zu

Sicherheitsforschung, Rettungsingenieurwesen, Katastrophenvorsorge und viele andere im Bereich Risiko- und Krisenmanagement.

Forschung und damit auch Forschungsansätze für Studierende an Hochschulen wie auch in der Praxis gliedert sich in drei Hauptfelder: Forschung im Kontext der Wissenschaft, Forschung im Kontext der Praxis und Forschung innerhalb der und über die Lehre. Häufig hört man auch den Begriff **anwendungsbezogene Forschung**, und Anwendungsbezüge finden sich in diesem Themenbereich durch die große Nähe zur Realität in all diesen drei Bereichen. **Transfer** ist ein Begriff in diesem Buch, der Übertragung von Wissen in beide Richtungen zwischen Wissenschaft und Praxis, Wissenschaft und Lehre, Lehre und Praxis ausdrückt. **Didaktik** ist ein Überbegriff, der hier genutzt wird für alle Aspekte des Lernens und der Lehre. Wissenschaft wird in diesem Buch immer dann verwendet, wenn es um das fernere Ziel geht, die angesprochenen Themen hin zu einer Wissenschaftlichkeit zu entwickeln. Der Autor ist sich bewusst, dass dieses Buch und die beschriebenen Wege dahin noch einer Weiterentwicklung bedürfen.

Forschung an Hochschulen zu:

- Wissenschaft
- Lehre
- Praxis

Und dazwischen verbindend: Transfer

Eindeutig wissenschaftliche Anteile einer Arbeit:

- Empirische Forschung
- Literaturanalyse
- Theoriearbeit und Reflexion
- Anerkannte wissenschaftliche Fächer und Methoden: Mathematik, Experiment …

Studierende müssen sich orientieren können, wie man in einem solch anwendungsorientierten Thema eindeutig zu einer wissenschaftlichen Bearbeitung eines Themas bei einer Haus- oder Abschlussarbeit gelangt. Woran erkennt man also eine Hausarbeit, die genügend Bezug zum Anspruch einer Hochschule an einen wissenschaftlichen Abschluss hat?

Empirische Erhebungen und damit verbundene wissenschaftliche Methoden der Bearbeitung sind ein klares Merkmal einer wissenschaftlich orientierten Arbeit. Eine **Literaturanalyse** unter Nutzung wissenschaftlicher Methodik ist ebenfalls eine wissenschaftliche Arbeit. Arbeiten, die einen hohen **Theorieanteil** haben oder konzeptionell zur Erarbeitung einer Theorie beitragen, sind eine weitere Art. **Experimente** und andere eindeutig wissenschaftliche Methoden können ebenfalls eine Arbeit als wissenschaftlich prägen. Schließlich werden viele Arbeiten als wissenschaftlich anerkannt, wenn sie mathematische oder ähnlich naturwissenschaftliche Analyseteile oder Bearbeitungswege enthalten. Je nach Wissenschaftsdisziplinen können es andere fachliche Ansichten oder Bausteine sein, die sie in der jeweiligen Disziplin als wissenschaftlich anerkennen lassen. Im Bereich der Risiko- und Katastrophenforschung hat man es häufig mit interdisziplinären Arbeiten zu tun, bei denen es nicht einfach ist, entsprechende Betreuer/innen zu finden, die über ein disziplinübergreifendes Verständnis und Akzeptanz verfügen. Es gibt immer noch große Vorbehalte innerhalb der etablierten Disziplinen, wenn eine Arbeit versucht, interdisziplinär in dem Sinne zu arbeiten, dass nicht nur Anteile aus der einen Disziplin, sondern auch aus der anderen Disziplin adäquat enthalten sein müssen und darüber hinaus auch noch ein zusätzlicher Mehrwert durch die Verknüpfung entsteht. Damit Gutachter/innen und Betreuer/innen bei solchen Themen Bewertungen durchführen können, empfiehlt es sich daher, einige der oben genannten klassischen Anteile wissenschaftlichen Arbeitens in solche Abschlussarbeiten einzubringen.

Dazu zählen insbesondere die Zitierweise und Literaturanalyse, die Methodenverwendung und Beschreibung. Quantitative Berechnungen und Mathematik erhöhen generell die Akzeptanz und Anerkennung der Wissenschaftlichkeit. Jedoch ist hier zu beachten, dass gerade bei interdisziplinären Arbeiten verstärkt auf deren Sinnhaftigkeit geachtet wird. Es gibt große Akzeptanzprobleme innerhalb der Natur- und Ingenieurwissenschaften hinsichtlich wissenschaftlicher Arbeiten, die überwiegend aus Texten bestehen und keine Zahlen verwenden. Dabei können beide Arten von Arbeiten, rein qualitative oder rein quantitative, sich durch besondere Wissenschaftlichkeit auszeichnen oder eben auch nicht. In diesem Buch sollen daher Wege für interdisziplinäre Ansätze aufgezeigt werden, die beide Seiten zufriedenstellen und eine Integration statt Trennung in qualitativ oder quantitativ anstreben. Es gibt viele Netzwerke und Tagungen, die genau diese interdisziplinäre Denkweise leben und fördern, jedoch ist in vielen anderen Disziplinen und Themenbereichen, die sich nur am Rande mit dem Thema „Risiko- und Katastrophenforschung" beschäftigen, noch eine starke Skepsis hinsichtlich der Wissenschaftlichkeit des Themas und einer grundsätzlichen Bereitschaft für interdisziplinäre Zusammenarbeit zu spüren.

2.1 Literaturquellenkompetenz und wissenschaftliches Schreiben

Eine grundlegende wissenschaftliche Fähigkeit ist es, mit **Quellen** umgehen zu können. Das ist ein längerer Prozess, und vielen fehlt es anfangs an dem Grundwissen, welche Quellen welche Wertigkeit haben und wie sie verwendet werden können. Es gibt hierzu viele grundsätzliche Lehrbücher, auf die verwiesen wird.

Sicherlich gibt es genügend grundlegende Einführungsliteratur zu wissenschaftlichem Arbeiten, jedoch noch nicht zu Studiengängen im Rettungsingenieurwesen und in ähnlichen Feldern . Aus eigener Erfahrung werden einige Quellen und Verwendungsweisen erläutert, insbesondere um das Schreiben wissenschaftlicher Aufsätze und Hausarbeiten zu unterstützen. Darüber hinaus hat diese Befähigung aber noch weitreichendere Konsequenzen, um auch im beruflichen Kontext verschiedene Arten von Aussagen und Quellen später richtig einordnen und gezielt einsetzen zu können. Zumindest ein Hauptunterschied wissenschaftlicher Ausbildung und Arbeit ist es, Aussagen mit Argumenten zu belegen, die teilweise durch Sekundärquellen oder eigene primäre Quellen begründet werden. Das unterscheidet eine wissenschaftliche Aussage bereits von Stammtischbehauptungen oder anderen Aussagen, die ohne Beleg, Begründung oder Beweis aufgestellt werden. Während diese Art der Argumentationsform bereits in der Schule im Deutschunterricht durchgenommen wird, ist es bei wissenschaftlichen Texten noch einmal wichtig, bestimmte Quellengattungen und ihre wissenschaftliche Wertigkeit zu kennen.

Angesichts immer häufigerer Rückmeldung von Arbeitgebern/Arbeitgeberinnen, dass den Absolventen/Absolventinnen grundlegende Rechtschreib- und Formulierungsfähigkeiten fehlen, scheint dies ebenfalls notwendig zu sein. Aber auch andere Faktoren beeinflussen , wie ausgeprägt eine Daten- und Medienkompetenz (Data Literacy) ist und sich im Kontext der Gesellschaft gerade ändert. So entstehen durch soziale Medien, aber auch durch die Kommentierungsmöglichkeiten und Darstellungsformen von Texten im Internet bereits neue Schreibgewohnheiten, die einerseits zu Verkürzungen und andererseits zu Verlinkungen und Assoziationen in der Schreibweise führen. Interessant ist auch, dass eher natur- und ingenieurwissenschaftlich geprägte Studierende auch in anderen Nachbarbereichen im Ingenieurwesen durch stark verkürzte Sätze und sogar Auslassung von Wörtern auffallen. In Ingenieurfachtexten sind zudem kurze und prägnante Abhandlungen, kurze Textabschnitte und Behauptungssätze häufig. Es ist wichtig, auch Ingenieuren beizubringen, längere Argumentationssätze schreiben und Aussagen mit Quellen zu belegen zu können. Für Ingenieure wie auch Geographen ist es wichtig, logische Reihenfolgen von Folgesätzen und Argumentationsketten sowie Strukturierung gesamter Texte zu beherrschen.

Es gibt noch weitere Faktoren, die nicht gleich offensichtlich sind und die auch zur Veränderung der Schreibgewohnheiten führen. Auffällig viele Fehler bei Groß- und Kleinschreibung, die in den letzten Jahren häufiger aufgetreten sind, liegen möglicherweise daran, dass selbst die gängigen Rechtschreibprogramme diese Fehler noch nicht erkennen. Aber auch das Aufkommen der Nutzung von Diktiermöglichkeiten verstärkt diese Art von Fehler, genauso wie Auslassungen einzelner Wörter, falsche Verwendung von Plural und andere Grammatikfehler. Weder in diesem Lehrbuch noch in Vorlesungen können im fachlichen Bereich Dozenten/Dozentinnen Studierende in korrektem Deutsch ausbilden. Man kann jedoch Hinweise geben, wie Studierende ihre eigenen Texte besser korrigieren können. Ein Tipp ist, die Texte unbedingt jemanden gegenlesen zu lassen, und zwar am besten nicht von den Studienkollegen/-kolleginnen oder besten Freunden/Freundinnen. Im Studienalltag ist es jedoch häufig eine große Herausforderung, die Texte so rechtzeitig fertig zu haben, dass dann noch eine Woche Zeit bleibt, um den Text von jemandem Korrektur lesen zu lassen. Daher wird empfohlen, die zunehmenden Möglichkeiten von Online-Textüberprüfungen zu nutzen. Gerade hinsichtlich der Übersetzungssoftware und generativer KI hat sich in den vergangenen Jahren einiges verbessert. So muss man sich von alten Denkgewohnheiten lösen, dass Übersetzungssoftware bisher immer eher schlecht als recht funktioniert hat. Berücksichtigt werden müssen auch neue Formen der Eingaben und Recherche. So werden zum Beispiel beim Diktieren von Text per Sprachfunktion typische Fehler in der Groß- und Kleinschreibung erzeugt. Bei der Nutzung von Chatbots werden Satzteile aus bestehenden Texten zusammenkopiert und müssen überprüft werden, ebenso wie die zitierten Quellenangaben. Da deutsche Rechtschreibung und Grammatik aber nicht Teil der Aufgabe hier sind, wird nun auf spezielle Anforderungen und Fähigkeiten im wissenschaftlichen Schreiben eingegangen.

Wissenschaftliches Schreiben ist zunächst einmal nüchtern und langweilig. Es zeichnet sich durch Vermeidung der Ich-Sprache aus. Es geht darum, Texte sachlich darzustellen und die eigene Person zurückzustellen. Es ist an einigen Stellen aber wichtig, offenzulegen, dass nun die Meinung des Autors oder der Autorin dargestellt wird. Das ist möglichst kurz und elegant zu lösen, indem zum Beispiel auf Nennungen von „der Autor/die Autorin meint" verzichtet wird. Im Grunde genommen kommen wissenschaftliche Fachaufsätze vollständig ohne Bezug auf den Autor/die Autorin aus – außer an der Stelle der Diskussion, an der die Ergebnisse interpretiert werden. Dies kann aber gut textlich gelöst werden, indem man nach einem Satz der sachlichen Darstellung des Ergebnisses einen neuen Satz beginnt und ihn zum Beispiel einführt mit „Interpretiert werden können diese Ergebnisse so, dass …". Im amerikanischen Englisch ist es jedoch auch üblich, Formulierungen wie „We have …" zu verwenden, um passive und damit umständliche Sprache zu vermeiden. Letztlich ist es eine Stil- und Geschmacksfrage, im Gegensatz zu einem Deutschaufsatz in der Schule muss jedoch häufig das neutrale Schreiben erst noch antrainiert werden.

Die Vermeidung der Nennung des Autors/der Autorin hat auch eine lange wissenschaftliche Tradition, in der William Occam bereits dargestellt hat, dass ein Text für sich allein steht und möglicherweise nur eine Meinung und einen momentanen Stand des Wissens eines Autors/einer Autorin ausdrückt. Man sollte also nicht, wie es häufig üblich ist, den Text mit der Meinung des Autors/der Autorin gleichsetzen, denn ein Autor/eine Autorin kann durchaus in einem Jahr zu einem Thema und Aspekt verschiedene Aufsätze publizieret und darin sogar unterschiedliche logische Argumentationsfolgen dargelegt haben. Diese könnten sich im Extremfall sogar widersprechen. Daher ist zu empfehlen, dass auch bei der Nennung anderer Autoren/Autorinnen und Quellen darauf verzichtet wird, zum Beispiel zu schreiben: „Herr Schwarz meint, dass …" Besser ist es, dieses sachlicher zu formulieren, etwa: „Der Aspekt XY wird einerseits so aufgefasst, dass … (Autor/Autorin Jahr)."

Beispiel:

Die Meinung der Person ist nicht gleich der Meinung eines Aufsatzes der Person. So kann ein Autor/eine Autorin eine Risikoanalyse für ein Gebiet erstellen, in der herauskommt, dass das Risiko für Hochwasser höher ist als in umliegenden Gemeinden. Noch im gleichen Jahr kann der Autor/die Autorin über das gleiche Gebiet mit einer anderen Risikoanalyse und anderen Kriterien zu einem anderen Ergebnis kommen. Daher wäre eine Beschreibung in der Form „Autor/Autorin XY meint, das Risiko in Gemeinde AB ist höher als in umliegenden Gemeinden" nicht generell richtig. Besser wäre: „Das Risiko in Gemeinde AB ist höher als in umliegenden Gemeinden (Autor/Autorin XY)."

Auf **Adjektive** sollte in wissenschaftlichen Arbeiten in der Regel verzichtet werden. Man sollte also zum Beispiel nicht schreiben: „Diese sehr anerkannte und sehr gut geeignete Software wurde benutzt, um zu …", es sei denn, es gibt hierzu eine Quelle oder die Aussage kann mit Beispielen belegt werden.

Begründungssätze sind immer wieder im Text anzugeben. Natürlich gibt es auch immer wieder reine Darstellungen. Jedoch muss vermieden werden, dass ganze Absätze nur reine Wiedergaben sind. Damit ist auch der erzählerische Stil zu vermeiden. Im Grunde genommen muss fast jedes Unterkapitel eines wissenschaftlichen Aufsatzes einer analytischen Aufgabe nachkommen, zum Beispiel über Begründungssätze. Begründungssätze enthalten Wörter wie „da", „weil" und „sowie". Auch sind Abweichungen im wissenschaftlichen Kontext wichtig; „einerseits und andererseits" sowie Vor- und Nachteile sind gegenüberzustellen. Es ist darauf zu achten, dass man immer wieder Begründungssätze einfügt, die nach dem klassischen Muster „These, Argument und Beleg oder Beweis" aufgebaut sind. Beweise können durch eigene empirische Arbeiten oder Messergebnisse , durch Dokumentationen oder auch durch ausführliche Erläuterungen an der Stelle dargestellt werden. Man kann Belege, aber auch durch Sekundärquellen, also Literaturquellen, angeben.

Nach einem Argumentsatz sollte man mit einem Beleg auch ein **Gegenargument** erwägen. Das führt zu einer ausgewogeneren Darstellung. Es erschwert aber häufig das Verständnis für andere, die nicht wissenschaftlich arbeiten, aus dem Für und Wider klare eindeutige Aussagen zu erhalten. Außerhalb der Wissenschaft möchte man gerne klare eindeutige Aussagen. Man will wissen, was falsch und was richtig ist. Häufig müssen Entscheidungen direkt getroffen werden. Aufgabe der Wissenschaft ist es jedoch, Informationen aufzubereiten und Entscheidungswege vorzubereiten. Wer von einer Aussage und einem Fachgebiet vollkommen überzeugt ist, kann dazu gerne mehrere Sätze schreiben und Detailwissen liefern, damit andere nachvollziehen können, warum es so ist und auch funktioniert. Genauso wichtig sind aber gelegentliche Gegendarstellungen, um zu zeigen, dass man sich auch mit Alternativen befasst hat und sich der Grenzen des Ganzen bewusst ist. Im Duktus, dem sogenannten Stil eines gesamten wissenschaftlichen Aufsatzes, ist es also notwendig, immer wieder auch kritisch zu reflektieren und eine gewisse Distanz zu einer Argumentation aufzuzeigen.

Das ist gerade im ingenieur- und naturwissenschaftlichen Bereich durchaus unüblich. Meist fehlen dort jegliche Gegendarstellungen, Kritik oder Zweifel. Im Gegensatz zu vielen sozialwissenschaftlichen Aufsätzen fehlen in naturwissenschaftlichen Aufsätzen auch häufig jegliche Interpretations- oder Diskussionskapitel. Dies ist ein

Mangel vieler wissenschaftlicher Arbeiten. Sie sind häufig in ihrer Argumentationsform dem Zwang unterworfen, alles so darzustellen, als sei es stringent logisch aufgebaut und von vornherein so geplant gewesen und als seien das Ergebnis und der
Bearbeitungsweg das bzw. der einzig gültige und richtige. Es ist eine Frage des Stils,
und es soll hier nicht behauptet werden, dass das vollkommen falsch ist. Es ist jedoch hilfreicher, wenn auch auf Probleme und Alternativen gleich hingewiesen wird,
denn der größte Teil wissenschaftlicher Denkarbeit ist häufig in den Aufsätzen nicht
mehr sichtbar, wenn am Ende nur dargestellt wird, was von all den Überlegungen am
Schluss auch funktioniert hat. Die Alternativen und Problemdarstellungen können
aber anderen sehr helfen, ähnliche Fehler zu vermeiden und insgesamt im Thema
weiterzukommen, was ja das eigentliche Ziel wissenschaftlicher Veröffentlichung ist.
Es geht darum, durch verschiedene Untersuchungen und Sichtweisen einen Untersuchungsgegenstand insgesamt weiterzutreiben, und dazu sind Veröffentlichungen
vieler Parteien notwendig.

Es ist außerdem notwendig zu überprüfen, ob der ganze Absatz sowie die
Reihenfolge der einzelnen Unterkapitel in sich eine **Logik** aufweisen. Man muss
auch darauf achten, ob der Satz davor und danach mit dem Mittelsatz schlüssig zusammenpassen. Viele verfallen besonders im Ingenieurwesen darauf, solche logischen Brüche durch neue Absätze zu kennzeichnen. Das ist im Grunde genommen
richtig gedacht, stört jedoch den Lesefluss. Es sollen daher einzelne, kurze Absätze
von nur ein oder zwei Sätzen vermieden werden, damit nicht der Eindruck entsteht, es sei nur eine Behauptung niedergeschrieben oder ein Gegenstand zu kurz
abgehandelt oder vielleicht gar nicht notwendig.

Einige Wissenschaftler/innen heben Probleme in der gängigen Verwendung
zu kurz greifender Einzeluntersuchungen beispielsweise in der Statistik hervor
(Shepherd, 2021). Dies geschieht, wenn nur einzelne Merkmale auf Häufigkeit
und Muster untersucht, jedoch nicht in einem Gesamtzusammenhang betrachtet
werden. Durch den reinen Fokus auf Mustererkennung wird ein Problem zwar
strukturell erklärt, aber die **kausalen** oder **funktionalen** Beziehungen werden
vernachlässigt. Das Gleiche kann man auf wissenschaftliche Schreibweise insgesamt übertragen; es geht auch immer darum, alle Bestandteile in einer Arbeit in
den Zusammenhang zu bringen. Damit können und müssen einzelne Kapitel oder
Untersuchungsvariablen kritisch hinterfragt werden, ob und wie sie tatsächlich in
eine Gesamterklärungskette passen oder nur interessantes, aber unverbundenes
Beiwerk sind. Ein Wissenschaftler schlägt daher vor, **Storylines**, also Geschichts-
stränge darzustellen (Shepherd et al., 2018): Worum geht es, und wie kann man
das zusammenhängend darstellen? Ähnlich ist die Aufgabe „Erzähle deine ganze
Arbeit in einem einzigen Satz". Storylines sind wie narrative Pathways nur eine
Möglichkeit, neben Flussdiagrammen etc. den roten Faden klarzustellen. Storylines werden aktuell in der Darstellung komplexer Probleme wie dem Klimawandel
vorgeschlagen und können Argumentationsketten und Argumentationsgeschichte,
Alternativhypothesen, Annahmen und Annahmenketten darlegen.

2.2   Medien- und Literaturquellenarten

Es gibt eine große Bandbreite veröffentlichter Quellen, von Text-, Bild- und Video- bis hin zu Audioquellen. Grundsätzlich sind sie alle für wissenschaftliche Arbeiten und Argumentation geeignet. In vielen akademischen Kreisen werden sie aber äußerst unterschiedlich ernst genommen, was auch damit zu tun hat, inwiefern diese Quellen den wissenschaftlichen Qualitätsansprüchen genügen. Es wird an dieser Stelle auf Lehrbücher verwiesen, die Literaturgattungen und Kriterien wissenschaftlicher Qualität ausführlich erläutern.

Das kann hier in der Kürze nicht erfolgen. Jedoch kann man sich leicht vorstellen, dass kurze Textschnipsel in sozialen Medien für wissenschaftliche **Qualitätsanforderungen** einiges vermissen lassen. Erstens verfolgen diese Quellen möglicherweise vollkommen andere Ziele als die einer wissenschaftlichen Arbeit. Zweitens fehlen weitere Sätze, die das Ganze in einen Kontext einbetten und Argumentationsketten nachvollziehbar machen. Drittens fehlen Angaben und genauere Hinweise, woher diese Aussage stammt und wie sie zustande kam. Damit ist eine kurze Textmitteilung in den sozialen Medien für die Wissenschaft aber nicht vollkommen wertlos. Diese Textschnipsel können wie auch Videoquellen oder Zeitungsartikel aus der Boulevardpresse durchaus sehr nützlich sein, um zum Beispiel bestimmte Meinungsbilder aufzunehmen. Rein wissenschaftlich gesehen kann man solche Textgattungen systematisch sammeln, auswerten und daraus Schlüsse ziehen.

Für die Verwendung von Belegen in wissenschaftlichen Aufsätzen sind jedoch andere Literaturformen relevanter und einfacher. Da wissenschaftliche Qualität nicht einfach nachzuweisen ist, sind viele traditionelle Disziplinen und damit auch Dozent/innen darauf verfallen, wissenschaftlich standardisierte und überprüfte Fachquellen zu nutzen. In studentischen Hausarbeiten und in sogenannten Fachzeitschriften, die praxisnah für eine Berufsgruppe wissenschaftlich schreiben, werden grundsätzlich bereits vielfältige Belegquellen verwendet. In wissenschaftlichen Fachaufsätzen, die begutachtet und in etablierten Fachzeitschriften veröffentlicht werden, wird jedoch auf eine bestimmte Auswahl von Quellen geachtet. Diese letztgenannte Form von Literaturquellen ist die wissenschaftlich anerkannteste und soll im Folgenden kurz erläutert werden.

Es gibt sehr viele Verlage, die sich auf wissenschaftliche Veröffentlichungen spezialisiert haben. Man kann mit ein wenig Erfahrung bereits bei der Nennung des Verlags erkennen, ob es sich um eine solche wissenschaftliche Zeitschrift handeln könnte. Das wirklich eindeutige Merkmal zur Qualitätssicherung ist aber die Fachbegutachtung durch unabhängige Gutachter/innen. Dieses sogenannte **Peer-Review-Verfahren** erfordert es, dass der Aufsatz zunächst eingereicht wird und dann von den Herausgebern/Herausgeberinnen der Fachzeitschrift auf Eignung geprüft wird. Die Herausgeber/Herausgeberinnen überprüfen dann, ob der Aufsatz grundsätzlich zur fachlichen Themenausrichtung der Zeitschrift passt und ob der Aufsatz den vorher angegebenen Voraussetzungen zu Schreibweise und Aufbau entspricht. Häufig sind damit die Kapitel- und generelle Struktur des Textes wie auch Zitierweise vorgegeben. Das unterscheidet diese Form von wissenschaftlichen Fachzeitschriftenbeiträgen bereits von anderen Aufsätzen. Ist der Aufsatz dann soweit passend, wird er zur Begutachtung an zwei oder mehrere externe Fachgutachter/innen verschickt, damit diese den Artikel auf Qualitätskriterien hin prüfen und ein Gutachten verfassen. In den meisten Fällen erfolgt dies in einem sogenannten Doppelblindverfahren, bei dem die Gutachter/innen nicht die Namen der Autoren/Autorinnen erhalten und umgekehrt. Davon kann es Abweichungen geben, wichtig ist jedoch, dass die Gutachter/innen angeben müssen, ob ein Interessenkonflikt vorliegt, weil sie zum Beispiel mit den Autoren/Autorinnen (sofern ihre Namen angegeben werden) in den letzten fünf Jahren zusammen publiziert oder gemeinsame Projekte oder Ähnliches bearbeitet haben.

Im nächsten Schritt erhalten die Autoren/Autorinnen die Rückmeldung der Gutachter/innen, sofern die Aufsätze eine gewisse Qualitätsschwelle bestanden haben. Aufsätze können an dieser Stelle bereits zurückgewiesen werden, wenn sie nach Meinung des Gutachters/der Gutachterin entweder nicht die nötige Qualität aufweisen oder nicht zur Fachzeitschrift passen. Die Herausgeber/innen der Zeitschrift überprüfen diese Gutachtermeldungen, bevor sie an die Autoren/Autorinnen gehen. Nun gibt es verschiedene Möglichkeiten: Der Aufsatz wird nach einer Überarbeitung bereits zur Veröffentlichung weitergeleitet, oder er geht noch einmal an die Gutachter/innen zurück, und die Autoren/Autorinnen müssen möglicherweise noch eine oder mehrere Überarbeitungsrunden durchführen. Bei vielen Fachzeitschriften erfolgt heutzutage kein echtes Lektorat mehr, vereinzelt wird der Text noch sprachlich korrigiert (editiert). Oft wird das Überprüfen den Autoren/Autorinnen überlassen, und wenn der Text nicht den sprachlichen Standards entspricht, müssen sie selbst dafür sorgen, zum Beispiel mit professioneller Hilfe, die sie oft selbst bezahlen müssen. Man erkennt an diesem Prozess, dass er mehrstufig ist und es eine ernsthafte Überprüfung der Qualität der Aufsätze gibt.

Insgesamt werden **Fachzeitschriftenbeiträge** als wissenschaftlich seriös eingestuft, weil sie ein öffentliches Begutachtungsverfahren beinhalten. Daher sind solche Literaturquellen die erste Wahl bei wissenschaftlichen Veröffentlichungen und bei studentischen Arbeiten. Studierende sollten möglichst früh lernen, insbesondere diese Quellengattung als Standard zu nutzen, auch wenn es häufig bedeutet, die Aufsätze auf Englisch lesen zu müssen, denn die meisten Beiträge liegen auf Englisch vor, damit sie auch international gelesen werden können. Es gibt jedoch auch viele deutschsprachige Fachzeitschriften, gerade im Bereich der Medizin oder Gesundheitswissenschaften und auch der Raumplanung, in denen man zum Thema „Risiko- und Katastrophenforschung" Beiträge finden kann.

Für Studierende ist es häufig schwierig, solche Fachzeitschriftenbeiträge als fachbegutachtet (peer-reviewed) zu erkennen. Entweder man findet auf dem veröffentlichten Aufsatz bereits den Hinweis, dass das Manuskript zu einem bestimmten Datum überarbeitet und dann am Schluss angenommen wurde – das ist schon der erste Hinweis auf ein **Begutachtungsverfahren** –, oder man sucht im Internet die Zeitschrift und liest dort nach, was unter ihrer Selbstbeschreibung steht, oder man findet Hinweise zum Begutachtungsverfahren unter den Anweisungen an die Autoren. Viele Suchmaschinen sind auf wissenschaftliche Beiträge dieser Art spezialisiert und führen fast ausschließlich oder überwiegend zu solchen begutachteten Quellen (z. B. Scopus oder Web of Science). Darunter können vereinzelt auch Beiträge von Fachkonferenzen sein; dann muss überprüft werden, ob darin auch ein solches Begutachtungsverfahren stattfand. Es gibt auch Bücher in wissenschaftlichen Verlagen, die eine Fachbegutachtung erfahren. Buch- und Konferenzbeiträge werden jedoch auch häufig im gegenseitigen Begutachtungsverfahren (cross-review) von denjenigen als Gutachter/innen überprüft, die selbst einen Beitrag eingereicht haben. Dies steht in der Wertigkeit eine Stufe hinter den an öffentliche Experten/Expertinnen verteilten Fachgutachten, ist jedoch ebenfalls wissenschaftlich anerkannt. Bachelor- und Master- und sogar Doktorarbeiten werden dagegen unterschiedlich eingeschätzt und in manchen Bibliotheken nicht als wissenschaftlich anerkannte Quellen eingestuft. Das liegt u. a. daran, dass in Deutschland zumindest solche Abschlussarbeiten häufig von jenen bewertet wurden, die auch die Betreuer/innen waren. Im Prinzip fand hier eine Fachbegutachtung statt, und die Betreuer/innen bürgen mit ihrem Namen auch für die Qualität. Jedoch erfolgte keine unabhängige öffentliche Überprüfung zum Beispiel durch externe Gutachter/innen. Das ist im Ausland und in Deutschland bei Promotionen und Abschlussarbeiten jedoch zunehmend der Fall.

Empfehlenswerte Suchportale für wissenschaftliche Fachzeitschriftenbeiträge für den Einstieg sind:

- Google Scholar
- PubMed
- Scopus
- Web of Science

Die Online-Portale vieler Bibliotheken von Hochschulen und Universitäten bieten eine komfortable Suchmöglichkeit an, um solche Fachzeitschriften zu erkennen. Auch listen sie andere hilfreiche Quellen auf; einige haben sogar wissenschaftliche Datenbanken, die enorm hilfreich sind, um bestimmte Datenarten zu finden.

Wie oben angesprochen, sollte man auch hier die Vor- und Nachteile deutlich machen. Es gibt einige mögliche Problemstellen, aber insgesamt ist das System der Peer Reviews seit vielen Jahrzehnten etabliert und funktioniert. Bekannte Probleme sind zum Beispiel, dass sich Autoren/Autorinnen und Gutachter/innen evtl. untereinander kennen und somit dann doch Interessenkonflikte unterlaufen werden. Es gibt auch einige Fachzeitschriften, die Verfahrensweisen anwenden, die von den etablierten Zeitschriften oder Wissenschaftlern/Wissenschaftlerinnen nicht als seriös angesehen werden. Daher gibt es inzwischen eine Liste sogenannter räuberischer Fachzeitschriften (list of predatory journals) und Fachkonferenzen, die man zum Beispiel daran erkennen kann, dass Autoren/Autorinnen oder Vortragende mit Geld oder Unterkunft gelockt werden können oder dass die Fachbegutachtung so viel kürzer und einfacher ausfällt, dass eine tatsächlich seriöse Überprüfung der Qualität nicht ganz gegeben scheint. Jedoch ist auch diese Art von Einordnung in seriöse und räuberische Fachzeitschriften oder Konferenzen nicht so ganz einfach.

Zu den Eigenarten und Nachteilen wissenschaftlicher Zeitschriften muss noch ergänzt werden, dass es auch zwischen den Verlagen und Zeitschriften Unterschiede gibt. So finden sich in den Listen über **räuberische Zeitschriften** (ehemals Beall's Liste, nun andere im Internet) einige Verlage, die durch bestimmte Geschäftspraktiken aufgefallen waren, indem sie zum Beispiel Gutachter/innen einen Gutschein für künftige Veröffentlichungen ihrer Arbeit ausstellen oder auffällig viele Artikel in schneller Zeit veröffentlichen. Manche dieser Verlage haben jedoch stark nachgebessert und werden nun in manchen akademischen Kreisen besser, in anderen schlechter akzeptiert.

Es gibt jedoch auch Probleme mit den traditionellen Zeitschriften und Verlagen, von denen einige bereits mit Hochschulen und Forschungseinrichtungen in Konflikt geraten sind, da sie sehr hohe monatliche Abonnementpreise verlangen, die von Hochschulen und Bibliotheken nicht mehr bezahlt werden können. Weiterhin dominieren einzelne Fachverlage den Markt so stark, dass sie auch viele Angebote wie Suchportale anbieten, die wissenschaftlich hoch anerkannt und in Gebrauch sind. Bei einigen dieser Suchportale muss man wissen, dass diese nur Zeitschriften ihrer eigenen Verlage in der Suche anbieten. Es ist daher ratsam, sich bei einer Literaturanalyse nicht nur auf diese oder einzelne Suchportale zu verlassen.

Manche Studierende gerade im Ingenieurwesen wundern sich sehr, wie es sein kann, dass Zeitschriften auch noch Geld von den Autoren/Autorinnen verlangen. Die sogenannte Veröffentlichungsgebühr entfällt zunehmend für die traditionelle Publikationsform, die gedruckte Version. Dafür ist es inzwischen ein gängiges Geschäftsmodell, für die offene Veröffentlichung (Open Access) im Internet (ohne Abonnement der Zeitschrift) mehrere Tausend Euro pro Artikel zu verlangen. Das führt zu einer Verzerrung, da sich viele Autoren/Autorinnen solche Beträge nicht leisten können. Auch gibt es große Unterschiede zwischen den Disziplinen, ob für einen Vortrag zum Beispiel ein Honorar bezahlt wird oder stattdessen die Vortragenden sogar alle Kosten für Anreise und so weiter selbst tragen müssen. Das ist sicherlich auch eine Anschauungs- und Selbstverständnisfrage und abhängig von der jeweiligen Kultur in einer Disziplin.

Für viele Studierende ist es zum Einstieg verwirrend, dass es unterschiedliche Arten wissenschaftlicher Artikel gibt. Die am weitesten verbreitete Art wird als **originaler Forschungsaufsatz** bezeichnet. Hier werden Forschungsergebnisse oft in einer typischen Abfolge der einzelnen Kapitel, wie in dem vorliegenden Buch, durchgeführt. Es sind meist längere Aufsätze, die eine Berechnung oder qualitative Analyse beinhalten. In den Sozialwissenschaften und weiteren Bereichen gibt es auch andere Arten von Gliederungen, die sich nicht an die Reihenfolge von Einleitung, Methoden, Ergebnis und Diskussion halten müssen.

Zudem gibt es die Form kurzer **Meinungsaufsätze, Kommentare** oder **Buchbesprechungen.** Ebenfalls wichtig ist der wissenschaftliche Übersichtsartikel, eine Art Literaturanalyseaufsatz, und **Review Paper** genannt. Er bietet einen Überblick über den aktuellen Stand der Forschung und veröffentlichte Literatur in einem abzugrenzenden Feld. Damit sind diese Arten von Aufsätzen hervorragende Einstiegsmöglichkeiten in ein Thema, da es die Aufgabe ist, den Stand des Wis-

sens möglichst so klar aufzuarbeiten, dass andere ihn leicht nachvollziehen können. Es gibt unterschiedliche Art und Weisen, wie so eine Literaturanalyse selbst
methodisch durchgeführt wird; diese finden sich in vielen wissenschaftlich methodischen Lehrbüchern.

Dennoch soll kurz einführend dargestellt werden, welche grundsätzlichen
Arten von Literaturanalysen es gibt, da diese auch für Haus- und Abschlussarbeiten und wissenschaftliche Fachaufsätze aller Art wichtig sind.

Literaturanalysen werden oft unausgesprochen inzwischen in fast allen Disziplinen erwartet, mit Ausnahme einiger naturwissenschaftlicher Fachbereiche und
der Mathematik. In den meisten Veröffentlichungen wird diese Literaturanalyse
recht unstrukturiert durchgeführt. Die Literatur wird einfach an entsprechender
Stelle zitiert. Wenn ein ganzer Aufsatz aus solch einer nicht stark strukturierten
Literaturanalyse besteht, wird dies als **narrative Inhaltsanalyse** bezeichnet. Es
werden nacheinander verschiedene, thematisch zusammenhängende Literaturstellen erläutert. Narrativ deutet bereits darauf hin, dass es überwiegend erzählend
und kurz zusammenfassend ist. Besser noch ist es, wenn eigene Schlüsse oder Beobachtungen zu fehlenden Aspekten ergänzt werden. Eine typische Suchstrategie
besteht darin, nach einem ersten Fund weitere Quellen zu finden, zum Beispiel
im Literaturverzeichnis. Eine solche schneeballartige Suche (Goodman, 1961) ist
vollkommen in Ordnung und sollte als solche gekennzeichnet werden.

Es gibt auch Formen der **strukturierten Literaturanalyse**, die sich insbesondere für Ingenieurwissenschaften eignen, da sie besser nachvollziehbar dokumentieren und strukturieren. Ein gutes Vorbild ist das **PRISMA-Statement**
(PRISMA = Preferred Reporting Items for Systematic Reviews and Meta-Analyses; Abb. 2.1), auf das sich verschiedene Wissenschaftler/innen geeinigt haben
(Moher et al., 2009, 2011). Jedoch wurde er einerseits im Fachbereich der Medizin entwickelt und zum anderen mit dem Anspruch, klinische Studien in auf-
wendigeren wissenschaftlichen Untersuchungen standardisiert zu untersuchen.
Dennoch wird empfohlen, einzelne Elemente daraus als Anregung für einen vereinfachten strukturieren Literaturanalyseansatz auszuwählen. Insbesondere hilfreich und empfehlenswert ist es, in einer Übersichtsdarstellung als Flussdiagramm
zum Beispiel die einzelnen genutzten Suchportale und jeweiligen Ergebnisse auch
quantitativ darzustellen.

Es gibt noch weitere ähnliche Checklisten oder Anleitungen, Literaturanalysen
zu systematisieren, zum Beispiel AMSTAR oder QUOROM. Empfehlenswert ist
es, im Diagramm oder in einer separaten Tabelle die dabei benutzten Suchwörter
exakt anzugeben. Suchwörter werden in Suchportalen unterschiedlich verwendet,
und die genaue Schreibweise sollte beachtet werden. So findet man zum Beispiel
in Datenbanken wie Scopus und Web of Science Angaben darüber, wie man die
Suche auf die Überschriften der Aufsätze oder die Abstracts und Schlüsselwörter
reduziert. Dies wird gemacht, da davon ausgegangen wird, dass, sobald ein Such-
begriff im Titel eines Aufsatzes auftaucht oder auch als Schlüsselwort und im Abstrakt, es auch im gesamten Aufsatz tiefergehend um diese Begrifflichkeit geht.
Taucht ein Begriff bei der Suche dagegen nur irgendwo im Text auf, ist die Wahrscheinlichkeit höher, dass nur darauf verwiesen wird, dieser aber nicht selbst im

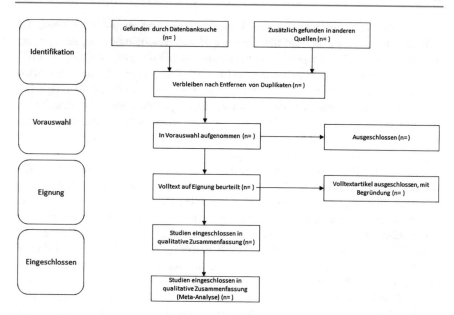

Abb. 2.1 Bevorzugte Report Items für systematische Übersichten und Metaanalysen: das PRISMA-Statement. (Das Schema kann auf Deutsch für wissenschaftliche Zwecke heruntergeladen werden: https://www.thieme-connect.com/products/ejournals/html/ https://doi.org/10.1055/s-0031-1.272.978.)

Zentrum der Untersuchung steht. Eine typische Suchabfrage sieht zum Beispiel so aus: Waldbrand OR wild fire AND vuln*

Hilfreich ist zu wissen, dass man die Suchbegriffe auf Deutsch und Englisch dokumentieren sollte und man mögliche Schreibweisenvarianten zum Beispiel mit dem Asterisk (*) löst, das dann alle Varianten dieses Begriffs mit allen Endungen und Schreibweisen sucht. Suchportale wie Google Scholar eignen sich ebenfalls sehr gut, vor allem wenn man keine Registrierung oder Zeitschriftenabonnements hat oder von unterwegs sucht und sie haben ebenfalls die Möglichkeit unter den erweiterten Optionen nur in den Titeln zu suchen. Je nach Suchportal und auch bei Bibliothekssuchmaschinen ist es mal mehr, mal weniger komfortabel, auch direkt Hinweise auf frei veröffentlichte PDF-Versionen zu finden.

2.3 Andere Literaturquellen

Es muss noch einmal betont werden, dass in einer wissenschaftlichen Arbeit natürlich auch andere Literaturarten als Belege sehr wichtig sein können, beispielsweise Bücher von bekannten Wissenschaftlern/Wissenschaftlerinnen, Sachbücher oder Abschlussarbeiten. Auch in fachbegutachteten wissenschaftlichen Aufsätzen tauchen nicht nur wissenschaftliche Aufsätze als Belege auf. Es geht jedoch darum, das Mischungsverhältnis so zu halten, dass insgesamt wissenschaftlich begutachtete Aufsätze zumindest in Fachzeitschriften überwiegen. In studentischen

Hausarbeiten und Abschlussarbeiten kann das insgesamt auch der geringere Teil sein; dabei kommt es sehr auf das Thema und den Bearbeitungsweg an. Sammelt man sehr viele Sekundärquellen, um sie dann quantitativ auszuwerten, zum Beispiel die Häufigkeit der Funde eines bestimmten Themenbereichs oder von Stichwörtern, dann ist natürlich die Literaturliste viel länger und enthält möglicherweise nicht nur wissenschaftliche Aufsätze. Es ist jedoch notwendig, dass bereits ab dem ersten oder zweiten Semester gelernt wird, welche unterschiedlichen wissenschaftlichen Quellen es gibt, welchen Qualitätsanforderungen sie unterliegen und sie in eigene Beiträge einfügt.

Ein anderer Punkt ist für Studierende die Frage, an welchen Stellen im Text wissenschaftliche Aufsätze überhaupt notwendig sind und an welchen Stellen man was überhaupt belegen muss. Die nun folgende Darstellung ist nur aus der Erfahrung des Autors entstanden und lässt sich in anderen Lehrbüchern möglicherweise viel besser und fundierter nachvollziehen. Wissenschaftliche Aufsätze sollten insbesondere gleich in der **Einleitung** bei der Begründung der generellen Relevanz des Themas auftauchen. Sie sollten auch verwendet werden, um die Hauptstoßrichtungen der Untersuchung und Ziele zu untermauern. Aus diesen Quellen können möglicherweise bereits bekannte Forschungslücken zitiert werden, um die Bedeutung der Bearbeitung des Themas zu unterstreichen. In wissenschaftlichen Aufsätzen folgt häufig ein einzelnes Kapitel zum Stand der Forschung. Im Ingenieurbereich wird dies sehr gerne als Stand von Forschung und Technik bezeichnet und besteht überwiegend aus Gesetzestexten, Normen und Behördenveröffentlichungen, die dann ausführlich als Quellen genutzt werden. Dies ist für viele anwendungsorientierte Arbeiten nicht vollkommen falsch. In wissenschaftlichen Aufsätzen ist es jedoch wichtiger, diese Quellengattungen in einem solchen Kapitel erst nachgeordnet zu bearbeiten und den Schwerpunkt insgesamt auf den wissenschaftlichen Stand des Wissens anhand von wissenschaftlichen Fachbeiträgen zu legen. In höheren Semestern sowohl im Bachelor als auch im Master sollten wissenschaftliche Aufsätze dann überwiegen. In einem **State-of-the-Art**-Kapitel wird vor allem dargestellt, welche Arbeiten es zu diesem Themenbereich bereits gibt, und man führt dann recht schnell zu den speziellen Untersuchungsfragen hin. Auch können existierende Alternativen und Gegenmeinungen oder bereits erkannte Probleme und Forschungslücken anhand dieser wissenschaftlichen Aufsätze in diesem Kapitel dargestellt und belegt werden.

Im **Methodenkapitel** sind insbesondere im Theoriebereich, sofern es ihn gibt, Belege über wissenschaftliche Fachaufsätze notwendig. Über die einzelnen Schritte der Methodik genügen häufig Lehrbücher, es kann aber auch auf wissenschaftliche Fachaufsätze zurückgegriffen werden, wenn diese entweder die methodischen Schritte sehr gut beschreiben oder wenn es sich um neuere methodische Schritte handelt, die in Büchern noch nicht zu finden sind.

Im **Ergebnisteil** sind Belege aus Sekundärquellen unüblich, es sei denn, man ergänzt hier nach der Darstellung der einzelnen Ergebnisse aus den Messungen oder anderen empirischen Methoden unmittelbar einen weiteren Absatz zur Interpretation und Einordnung der Ergebnisse. Für diese Interpretation und Einordnung sollte man am besten auf wissenschaftliche Fachaufsätze zurückgreifen.

Im **Diskussionskapitel** sollte auf jeden Fall immer wieder auf wissenschaftliche Fachaufsätze zurückgegriffen werden, um die Ergebnisse einzuordnen und mit anderen Studien zu vergleichen. Grundsätzlich eignen sich auch wissenschaftliche Projektberichte und Ähnliches, gerade zur neueren Forschung, wo andere Quellen noch fehlen. Jedoch sollte bei jedem wissenschaftlichen Projekt recherchiert werden, ob es nicht bereits Veröffentlichungen in wissenschaftlichen Fachaufsätzen gibt oder ob die gleichen Autoren/Autorinnen im Projekt dazu bereits früher veröffentlicht haben.

Im Fazit, in der **Conclusio** kann auch wieder vereinzelt auf wissenschaftliche Fachaufsätze verwiesen werden, wenn diese zum Beispiel auf den Ausblick und die Einordnung in größere wissenschaftliche Forschungsrichtungen oder Anwendungsprobleme eingehen.

Wo sind wissenschaftliche Belege überhaupt notwendig? Viele Studierende tun sich schwer, wissenschaftliche Fachaufsätze überhaupt zu finden. Hier hilft es zu verstehen, an welchen Arten von Stellen sie überhaupt gebraucht werden. Wissenschaftliche Fachaufsätze werden nicht gebraucht, um in der Fallstudie oder für eine bestimmte Messreihe Ergebnisse zu belegen, denn es ist ja die Aufgabe einer studentischen oder wissenschaftlichen Arbeit, anfangs zu belegen, was neu an der Untersuchung ist. Und sehr häufig ist das Neue an der Untersuchung, dass es in diesem speziellen Untersuchungsraum oder mit diesen und jenen speziellen Methoden noch nicht untersucht wurde. Somit kann man dazu auch keine wissenschaftlichen Veröffentlichungen finden. Ereignisse wie zum Beispiel ein Waldbrand oder ein Hochwasserereignis müssen ebenfalls durch Quellen belegt werden. Hier können auch andere Medienquellen wie Zeitungsberichte verwendet werden. In wissenschaftlichen Fachzeitschriftenbeiträgen sollten diese Quellen allerdings nur dann verwendet werden, wenn es keine Fachzeitschriftenbeiträge dazu gibt. Eine weitere Alternative sind natürlich eigene Dokumentationen vor Ort, wie zum Beispiel bei Hochwasser, das in Deutschland ja eines der häufigsten Naturgefahrenphänomene ist (Abb. 2.2, 2.3, 2.4, und 2.5).

Normen werden unterschiedlich als Literaturquellengattung in ihrer wissenschaftlichen Eignung eingeschätzt. Sie stellen einerseits eine Form der durch Fachgremien begutachteten Quellen dar; allerdings sind diese Fachgremien häufig nicht wissenschaftlich breit (z. B. durch alle Disziplinen) besetzt und vom Prinzip her auch nicht wissenschaftlich ausgerichtet. Normen und Standards stellen zudem einen sehr lange überprüften und damit zum Teil veralteten Stand des Wissens dar. Man muss entgegenhalten, dass es ja durchaus wünschenswert und notwendig ist, dass hier, ähnlich wie in einem Lexikon, Wissen gründlich überprüft wird, bevor es veröffentlicht wird. Daher sind Normen schon grundsätzlich geeignet und haben in Ländern wie Deutschland einen hohen Anerkennungsgrad. Ein weiteres Problem mit Normen und Standards besteht darin, dass sie häufig nur kostenpflichtig verfügbar und somit schlecht nutzbar für eine öffentliche Überprüfung sind, auch für eine Leserschaft im Ausland. Aus diesem Grund sind wissenschaftliche Fachaufsätze gegenüber Normen und Standards zu bevorzugen. Es ist jedoch

Abb. 2.2 Flusshochwasser mit überschwemmtem Straßenzug an der Elbe (2006)

Abb. 2.3 Überschwemmter Fußgängerweg (2006)

hilfreich, auf eine Norm hinzuweisen, da dies für viele Anwendungsbezüge eine hohe Relevanz hat.

Aktuell sind **Chatbots** mit künstlicher Intelligenz stark im Aufwind und ermöglichen es inzwischen sogar, ganze Texte aufgrund geschickt gestellter Fragen zu erstellen. Dadurch erscheint es momentan, als ob eine **Zeitenwende** anstünde

Abb. 2.4   Sandsackverbauung einer Unterführung (2006)

Abb. 2.5   Ein Keller wird als Folge des Hochwassers leer gepumpt (2006)

und möglicherweise das Schreiben von Berichten oder Hausarbeiten obsolet werden könnte. Man kann den Chatbots mitgeben, welche Quellenarten ausgewählt werden sollen oder dass es im Rahmen einer Hausarbeit stattfinden soll und man auch Plagiate vermeiden soll (McMillan & Weyers, 2013). **Plagiate** sind jede Art von fehlender Referenzierung von Textteilen , auch wenn man sie selbst übersetzt oder Teilstücke aus Sätzen neu kombiniert hat. Was beim Einsatz von Chatbots extra ausgeschlossen und noch einmal überprüft werden muss. Bestimmte aktuelle Probleme der Software werden sicherlich in kürzester Zeit behoben sein, zum Beispiel, dass einige Textzusammenstellungen für geschulte Augen eher zufällig aussehen oder dass Quellenangaben sogar erfunden werden. Aber entfällt dadurch tatsächlich die Notwendigkeit, wissenschaftliche Arbeiten selbst schreiben oder sie beurteilen zu können? Nach aktuellem Stand kann man davon ausgehen, dass es weiterhin Sinn macht, die Qualität und auch Kreativität solcher Texte, ebenso aber ihre handwerkliche Struktur und dadurch Vergleichbarkeit mit anderen Texten und rasche Erfassbarkeit zum Lesen zu erkennen und zu beherrschen. Wie auch bei den anderen hier vorgestellten Methoden wie etwa Umfragen oder Kartographie wird es den meisten im späteren Berufsleben nicht darum gehen, sie selbstständig auszuführen, sondern darum, sie bei hinsichtlich ihrer Qualität und Verwendbarkeit rasch beurteilen zu können. Das Lernen und Beherrschen des Schreibens wissenschaftlicher Texte oder fachlich hochwertiger Berichte ist aktuell immer noch anzustreben; es muss aber von nun an fortlaufend kritisch infrage gestellt werden, wo und in welcher Form es jeweils noch Sinn macht, von Menschen durchgeführt werden, denn sicherlich können standardisierbare Aufgabenstellungen und langweilige Berichte an Maschinen abgegeben werden. Wünschenswert wäre es, dass alle, die einen Text verfassen, angeben, mit welchem Werkzeug sie ihn erstellt oder übersetzt haben. Somit könnten sich erstens Dozenten wie Gutachter die Mühe ersparen, den Text sprachlich wie auch inhaltlich/ strukturell zu korrigieren und zu bewerten, und zweitens könnte man sich sowohl als Verfasser/in als auch Leser/in auf den Inhalt konzentrieren.

Die Wertigkeit wissenschaftlicher Literaturquellen hat sich im Lauf der Zeit stark geändert. So waren in einigen Bereichen deutschsprachige Quellen aus den Reihen einiger Institute oder bestimmte Tagungsbeiträge viel höher im Ansehen als heutzutage. Und wir befinden uns aktuell möglicherweise in einem Zwischenstadium, denn durch die Verbreitung automatisch generierter Texte kann es in Zukunft auch sein, dass die aktuell hochwertigen Fachaufsätze ihre Bedeutung ebenfalls verlieren.

Wie angedeutet, sind auch die Nachteile bestimmter Literaturgattungen zu nennen. Ein gedrucktes Buch ist wie ein wissenschaftlicher Aufsatz im wissenschaftlichen Kontext häufig sehr linear und strukturiert aufgebaut. Dies ist bedingt durch die **Buchform**, bei der man vorn zu lesen anfängt und am Ende aufhört. Auch in einem wissenschaftlichen Aufsatz werden Untersuchungen als stringent und logische Reihenfolge dargestellt. In Wirklichkeit ist es jedoch ein gedankliches Hin und Her, und es gibt viele Überlegungen, Assoziationen und Querverweise, die diese Form der Publikation nicht ermöglichen kann. Dafür sind Internetquellen wie Webseiten oder auch Wikis hervorragend geeignet. Sie haben den Vorzug, dass sie beliebig erweiter,t aktualisiert und Querverweise nicht nur mittels Überschriften und Suchregister, sondern auch innerhalb des Textes an beliebigen Wortstellen eingefügt werden können. In gewisser Weise haben Wikis und gedruckte Bücher beide ihre Vorzüge und Nachteile. Bei einem Wiki ist die Recherche- und Lesereihenfolge jedem überlassen, und man entwickelt seinen eigenen Weg, in einem Lesevorgang Inhalte miteinander zu verknüpfen. Was möglicherweise gegenüber dem gedruckten Buch oft unbewusst fehlt, ist die Orientierung über den roten Faden, den man gewählt hat. In einem Buch ist man hingegen gezwungen, der vermeintlich logischen Reihenfolge des Autors/der Autorin folgen zu müssen (Bolter, 2011).

2.4 Denkweisen in der Wissenschaft

Die oben genannten Aspekte, welche Literaturquellen in der Wissenschaft gelten und wie sich ein Buch hinsichtlich der Aufbereitungsform bereits von einem Internettext unterscheidet, stellen eine Verbindung zu grundsätzlichen Fragen her: zum einen zu der Frage, wie wissenschaftliches Denken überhaupt funktioniert, und zum anderen zu der Frage, wie man überhaupt lernen kann und wie man was an einer Hochschule oder in einem Lehrbuch vermittelt.

Vermeintlich herrschen in der Wissenschaft logische Denkweisen vor. Es muss aber zunächst definiert werden, was man überhaupt mit **Wissenschaft** meint. Wissenschaft wird als Begriff sehr unterschiedlich verwendet; im englischsprachigen Raum werden eigentlich nur Bereiche aus der Naturwissenschaft als Science aufgenommen. Die anderen Künste werden aus der Entstehungsgeschichte des Mittelalters heraus grundsätzlich anders eingeordnet. In Deutschland scheint der Begriff „Wissenschaft" generell etwas weiter gefasst, jedoch gibt es auch hier Zuordnungen und typische Wahrnehmungen. Man könnte etwas weniger diplomatisch auch sagen: Es gibt stereotype Sichtweisen, was Wissenschaft ist und was nicht. Viele glauben zum Beispiel, dass nur jene Bereiche Wissenschaft sind, die Mathematik verwenden. In der Mathematik sind ebenfalls vermeintlich logische Denkweisen und deduktive Ansätze prägend. **Deduktive Ansätze** bauen auf fertigen Regeln oder Axiomen auf, und in einer Untersuchung werden diese lediglich überprüft und falsifiziert. Es gibt ein Gesetz, zum Beispiel ein mathematisches, das bestimmt, wie die Untersuchungsmethode abläuft, und die einzelnen Informationen werden als Daten darin nur eingefügt. Eine andere Art der wissenschaftlichen Denkweise ist die **induktive**, bei der aus Einzelbeobachtungen irgendwann Regeln und Muster erkannt und Gesetze erst abgeleitet werden. Im Grunde ist dies die prägende wissenschaftliche Ausrichtung, da sich auch deduktive Ableitungen erst aus induktiven Beobachtungen ergeben.

Klassische Beispiele verdeutlichen die Fallstricke bei induktiven Ansätzen. So wurde zum Beispiel in Europa über Jahrhunderte hinweg beobachtet, dass Schwäne überwiegend weiß gefedert sind. Beobachtungen in Australien führten im 18. Jahrhundert zu der Erkenntnis, dass dort auch schwarze Schwäne existieren. Daher musste die geltende Regel dahingehend korrigiert werden, dass es sowohl weiße als auch schwarze Schwäne gibt. Andersherum gibt es keine deduktive Möglichkeit, um vornherein aus Naturgesetzen ableiten zu können, dass es bestimmte Vögel nur in Weiß oder Schwarz gibt. Es existieren zwar logische Erklärungen, etwa dass weißes Gefieder Sonnenstrahlen anders reflektiert, aber auch sie sind nur vorläufig, die so lange gültig sind, bis das Gegenteil bewiesen ist. In der deduktiven Denkweise ist das Voraussetzen bestimmter Regeln wichtig, und es kann durchaus sein, dass die Gesetze, Regeln und Methoden entsprechend nachjustiert werden müssen. Es gibt noch einen dritten theoretischen Denkansatz: die Abduktion. Hier werden bereits Vorannahmen getroffen, die sich im Nachhinein teilweise bestätigen und die Sammlung der Annahmen ergänzen.

Ein **induktives Vorgehen** kann aber auch den gesamten Ansatz in einer Untersuchung darstellen. Wenn man zunächst einmal unbeeinflusst Beobachtungen machen möchte, um sich danach ein Bild zu machen, dann ist dies generell ein induktives Vorgehen. Die meisten Arbeiten werden jedoch eine Mischung von induktiven und deduktiven Anteilen haben, denn es ist deduktiv, wenn bereits bekannte Definitionen oder theoretische Konzepte genutzt werden, nach denen man dann anfängt, Informationen oder Daten zu sammeln und zusammenzustellen.

Ein Beispiel sind die Verwundbarkeitsindikatoren. Das Konzept der Verwundbarkeit und der theoretischen Komponenten der Exposition, Anfälligkeit und Bewältigungskapazitäten gibt bereits eine Anleitung, nach welchen Arten von Merkmalen und damit auch Variablen zu suchen ist. Ein induktiver Ansatz wäre es hier, zunächst einmal alle Merkmale zu sammeln, die man mit menschlichem Umgang mit Gefahren assoziiert. Diese können dann zum Beispiel auch in einem statistischen Verfahren wie der Faktorenanalyse auf inhaltliche Muster hin untersucht werden, woraus zusammengefasste Indikatoren allein aus diesen statistischen Ähnlichkeiten entstehen und nicht, weil man sie vorher aus anderen Arbeiten oder Konzepten so übernommen oder abgeleitet hat.

Im Grunde ist es aber dennoch typisch für wissenschaftliches Denken, dass versucht wird, es in eine logische und oft lineare Abfolge einzuteilen. Dies drückt sich dann durch die Veröffentlichungsweise in wissenschaftlichen Fachaufsätzen und anderen Werken aus, die dementsprechend schablonenartig aufgebaut sind. Es ist somit keine Überraschung, dass auch die Form der Wissensvermittlung und des Lernens im wissenschaftlichen Kontext überwiegend durch solche linearen und logischen Denkweisen und Informationsquellen geprägt ist. Nun ist aber ebenfalls bekannt, dass Menschen grundsätzlich nicht immer nur logisch denken, sondern auch viel über Assoziationen arbeiten, also induktiv an die Dinge herangehen. Dies ist ebenfalls ein wissenschaftliches Denkprinzip wie auch das **abduktive** Denken, bei dem zum Beispiel Heuristiken, also Vorannahmen und Denkabkürzungen, genutzt werden, im Alltagskontext wie auch in der Wissenschaft. Gerade Ingenieure gehen oft in gewisser Weise abduktiv vor, wenn sie zunächst mit dem eigenen Sachverstand und ihrer Einschätzung direkt loslegen und eine Lösung vor Augen haben und erst nach und nach den Hergang zur Lösung ergänzen, strukturieren oder überprüfen. Induktives und abduktives Denken werden jedoch durch die Veröffentlichungsformen des klassischen Buches wenig gefördert. Die moderne Form über Internetquellen mit gegenseitigen Verlinkungen kommt diesen Denkweisen schon näher.

Didaktik und Wissensvermittlung sind ebenfalls ein wichtiger Bereich, der viele Jahrzehnte und Jahrhunderte lang durch einen gewissen Stil geprägt wurde. Heutzutage wird dieser Stil der einseitigen Wissensvermittlung eines Dozenten/einer Dozentin an einem Stehpult in einem Hörsaal durchaus kritisiert, denn diese reine Wissenswiedergabe und Aufnahme durch Mitschreiben, Verstehen und Wiedergeben in Prüfungen spiegeln nur einen Teil menschlicher Denkweise wider. Man muss sich bewusst sein, dass es in der Entstehungsgeschichte zunächst einmal gar keine Bücher gab und daher in Klöstern und Kirchen Wissen zunächst mündlich weitergegeben wurde, wie auch am Lagerfeuer zuvor. Dann wurden Bücher handschriftlich kopiert und durch den Buchdruck massenhaft zur Verfügung gestellt, was die Art und Weise, wie Wissen weitergegeben wurde, stark veränderte. Es war nun nicht mehr mündlich und im Dialog, wie Wissen aufgenommen und dabei gegenseitig überprüft wurde, sondern Wissen wurde quasi externalisiert, also ausgelagert an Schreiber, die man nicht persönlich kannte (Bolter, 2011). Ein Autor oder eine Autorin hat etwas geschrieben, in einer vermeintlich logischen Reihenfolge. Alle Leser/innen sind extern und können dieses Wissen auch Hunderte Kilometer entfernt lesen und verarbeiten. Aber sie haben keine Möglichkeit, rückzufragen oder auf den Verlauf einzuwirken. Sie müssen es mehr oder weniger hinnehmen.

Anfangs waren Bücher auch noch nicht überall verfügbar, und nicht jeder wusste, wo man anfangen sollte, in ein Thema einzusteigen angesichts eines immer weiterwachsenden Wissensschatzes. Dieses Problem ist heutzutage ebenfalls vorhanden, und man spricht von einer **Informationsflut**, die es jedoch eigentlich bereits seit dem Mittelalter gibt. Zu dieser Zeit hat man Enzyklopädien erstellt, die anfangs logisch nach thematischen Bereichen sortiert wurden, die zum Beispiel heute noch in den klassischen Einteilungen der Wissenschaften und Künste zu finden sind. Dann wurde das Wissen aber bereits im Mittelalter zu viel, sodass man sich auf eine alphabetische oder numerische Sortierung von Einträgen in einem Lexikon geeinigt hat. Hier wird bereits deutlich, dass es mitunter in Lexika keine thematische Logik mehr gibt, nur noch eher zufällige thematische Ordnungen. **Thematische Ordnungen** kann man in wissenschaftlichen Disziplinen finden. Allerdings ist eine Disziplin heutzutage häufig bereits so umfassend, dass es für Studierende zum Einstieg einer Anleitung bedarf, um darzustellen, was das Themengebiet alles umfasst und wo es sich möglicherweise abgrenzt oder überschneidet. Überschneidungen und Grenzen sind fließender, wo neue Themengebiete auftauchen und zunehmend die interdisziplinäre Zusammenarbeit gefordert wird. Hier stellt sich für viele der etablierten Universitäten die Frage, inwiefern sie eine angestammte Disziplin in ihrer Abgrenzung weiterhin verteidigen wollen, um damit den erreichten Wissensstand erhalten, aber auch ihren eigenen Fortbestand rechtfertigen zu können. Wissenschaftlich angestammte Disziplinen machen Sinn, um einerseits Wissen zu erhalten und stringent einzuordnen und andererseits eine thematische und fachliche Identität zu schaffen. Studierende fühlen sich häufig verloren in der Breite der Möglichkeiten und der Themengebiete, und es half daher in klassischen Universitätsbereichen vor der Erfindung des Internets, hier klare Anlaufpunkte und gebündelt Expertisen vorfinden zu können. Auch heutzutage ist eine gewisse Art von Identitätsfindung durch ein Hochschulfach wichtig, um sich selbst mit seinen Zielen einordnen, aber auch für den Arbeitsmarkt das **Portfolio an Kompetenzen** zusammenfassen und darstellen zu können. Der Bereich Risiko- und Katastrophenforschung ist jedoch sehr stark anwendungsbezogen und interdisziplinär angelegt, da Risiken und Katastrophen in der Breite in ganz vielen verschiedenen Bereichen eintreten können. Anstatt nur auf bestimmte Themenbereiche oder Zuständigkeitsbereiche zu achten, ist daher eine fachungebundene und übergreifende Denkweise hilfreich, um mögliche Lücken aufzuzeigen und Scheuklappen zu vermeiden.

Es gibt also nicht nur didaktische und traditionelle Entstehungsmuster, inwieweit wissenschaftliche Denkweise erforderlich ist und sich über den Lauf der Zeit ändert, sondern auch Anforderungen aus den Themen selbst heraus, welche Denkweisen notwendig sind. Für den Bereich Risiko- und Katastrophenforschung ist es wichtiger, verschiedene wissenschaftliche Denkansätze zu nutzen, als sich nur einer Fachrichtung oder einer Denkweise unterzuordnen.

Die **Didaktik** beeinflusst die Art und Weise, wie Wissenschaft an Hochschulen und Universitäten, aber auch an Schulen unterrichtet wird, sehr stark. An Hochschulen ist in den vergangenen Jahren zumindest ein Paradigmenwechsel erkennbar, der eine Änderung der von der klassischen Lehrweise fordert. Es werden Erkenntnisse aus der Psychologie und ein Aufbau an Verstehensstufen, die oft Bloom (1956) zugeschrieben werden (Tab. 2.1), genutzt. Interessanterweise werden meist nur die kognitiven Stufen genutzt, nicht die affektiven oder psychomotorischen Ziele seiner Mitautoren. In den kognitiven Stufen gibt es eine qualitative Stufung von Wissen, von der reinen Wissensvermittlung hin zum selbstständigen Nutzen von Wissen.

In der kognitiven Stufe nach Bloom erhalten Studierende Informationen und können sie im Idealfall in der nächsten Stufe wiedergeben und dann auch ver-

Tab. 2.1 Taxonomie der erzieherischen Ziele. (Nach Bloom, 1956)

Kognitive Ziele	Affektive Ziele	Psychomotorische Ziele
Wissen	Aufmerksam werden, Beachten	Imitation
Verstehen	Reagieren	Manipulation
Anwenden	Werten	Präzision
Analyse	Strukturierter Aufbau eines Wertesystems	Handlungsgliederung
Synthese	Erfüllt sein durch einen Wert oder eine Wert-	Naturalisierung
Evaluation	struktur	

stehen und anderen erklären. In höheren Stufen können sie selbstständig analytisch arbeiten und dann sogar kreativ eigene Lösungsansätze entwickeln.

Über viele Jahrhunderte war es durch die Form der Veröffentlichungsarten und die Konzentration des Wissens auf wenige Orte wie Klöster oder Universitäten und auch wenige Experten/Expertinnen vorgegeben, dass das Wissen schriftlich und mündlich zunächst einmal gelernt und dann wiedergegeben werden musste. Es war auch eine Form der Wissenskonservierung und Weitergabe. Es lag aber auch daran, dass nicht überall jederzeit der Zugriff auf jedes Wissen möglich war. Man musste also das Wissen und auch das, was als Bildung bezeichnet wird, grundsätzlich mit sich herumtragen. In der heutigen Zeit jedoch scheint Wissen ubiquitär, also überall, und jederzeit zur Verfügung zu stehen. Wissen ist jederzeit im Internet abrufbar, und man kann sich das aktuellste Wissen aus vielen Quellen zusammenstellen. Dadurch scheint es eine Abkehr von der Notwendigkeit zu geben, Wissen aus Lehrbüchern über die Kanzel im Vorlesungshörsaal vermittelt zu bekommen. Es geht vielmehr darum, aus der Unmenge an Wissens- und Informationsquellen vor allem die richtigen gezielt auszuwählen und zusammenzustellen. Gerade bei der Katastrophenforschung stellt sich jedoch die Frage, ob man noch Zugriff auf elektronische Geräte und andere Auskunftsquellen hat, wenn man beispielsweise bei einem Erdbeben verschüttet oder vom Hochwasser eingeschlossen ist, und welches Wissen doch lohnt, internalisiert zu werden.

2.5 Wissenschaftlicher Vortrag, Poster und soziale Medien

Neben dem wissenschaftlichen Aufsatz oder der Abschlussarbeit/Thesis gibt es eine Reihe weiterer Veröffentlichungs- und Kommunikationsformate in der Wissenschaft, von denen im Folgenden einige ausgewählte kurz dargestellt werden.

Wissenschaftliche **Vorträge** werden vor einem öffentlichen oder fachlichen Publikum auf verschiedene Arten und Weisen gehalten. Zunächst ist es ein Merkmal, dass es auf dem Weg zu einem Vortrag häufig die Anforderung einer schriftlichen Zusammenfassung und der Nennung eines Arbeitstitels gibt. Bei der Nennung eines Titels eines Vortrags sind einerseits die W-Fragen zu empfehlen (siehe Abschn. 2.5), damit sich sowohl die Auswahlkommission als auch später die Zuhörenden ein klares Bild davon machen können, was sie erwartet. Außerdem sollte man sich an der Ausschreibung der Veranstaltung oder den Profilen der Einladenden orientieren, um das Thema darauf zuzuschneiden. Im Übrigen fällt auch bei Stellenbewerbungen immer positiv auf, wenn darin Bezug auf die Ausschreibung, die Webseite der Organisation, die Inhalte oder die Personen der Organisation genommen wird.

Häufig wird für einen Vortrag vorab eine kurze Zusammenfassung schriftlicher Art gefordert, zum Beispiel in Form eines **Abstracts** von einer halben oder ganzen Seite. In anderen Disziplinen und Bereichen wiederum wird man aufgefordert, den ausgearbeiteten Vortrag in Form eines Papiers einzureichen. Dieses

Papier kann als erweitertes Abstract (extended abstract) bezeichnet werden, wenn zum Beispiel nach der Annahme des Vortragstitels dazu aufgefordert wird, es weiter schriftlich ausarbeiten. Abstract und Extended Abstract werden zum Zeitpunkt des Vortrags oder danach veröffentlicht, sodass auch hier die üblichen Anforderungen an wissenschaftliche Arbeiten eingehalten werden müssen. Ursprünglich wurden Vortragende aufgrund bereits veröffentlichter Aufsätze eingeladen und gebeten, dieses Papier vorzutragen. Es kann sich also auch um Fachaufsätze handeln, die 10 oder 20 Seiten Text umfassen. Im Themenbereich „Risiko- und Katastrophenforschung" ist es aktuell üblicher, vor dem Vortrag nur ein Abstract einreichen zu müssen; häufig können Vorträge auch ohne vorheriges Abstract gehalten werden.

Der Vortrag selbst wird häufig durch PowerPoint-Folien unterstützt. Seltener werden Texte frei vorgetragen oder abgelesen, Flipcharts oder Ähnliches benutzt. Dies gilt vor allem für Vorträge in einzelnen Themensitzungen oder für sogenannte Leitvorträge, auch Keynotes oder Impulsvorträge genannt. Die Vorträge können von einer Minute bis über eine Stunde dauern. Abend- oder Festvorträge sind häufig länger und auch frei in der Gestaltung. Ein- bis dreiminütige Kurzvorträge, sogenannte Pitches, auch Elevator Speech genannt, sind auf Konferenzen üblich, auf denen es eine Vielzahl an Teilnehmenden gibt und mit dieser Kurzzusammenfassung auf eine Posterausstellung oder andere Möglichkeiten der Kontaktaufnahme hingewiesen und es ermöglicht wird, dass der Sprecher/die Sprecherin sich kurz vorstellt. Alle Formate, sowohl kurze als auch lange, haben ihre eigenen Herausforderungen. Im Berufsalltag ist man auch außerhalb der Wissenschaft häufig dazu gezwungen, seinen Vorgesetzten einen Sachverhalt in ein bis zwei Minuten darzustellen. Daher ist diese Form des Trainings nicht zu unterschätzen, und es muss eine Auswahl erfolgen, welche Botschaften die wichtigsten sind. Aus den W-Fragen sind üblicherweise vor allem die Ergebnisse und wichtigsten Bedarfe auszuwählen. Bei einem wissenschaftlichen Fachvortrag ist es außerdem üblich, auf die Methodik einzugehen, da die Arbeit häufig noch im Entstehen (work in progress) ist. Bei weiteren Formaten werden zum Beispiel nur einzelne Fotos gezeigt oder mittels Software und Videos unterstützend eingesetzt. Ein Medienmix ist didaktisch häufig erwünscht, indem man den Vortrag zum Beispiel auch mit Flipcharts oder Tafel kombiniert.

PowerPoint-Folien als aktuell gängigste Vortragsform haben den Vorzug, dass man die Folien teilen und teilweise auch im Nachgang, wenn man beispielsweise den Vortrag verpasst hat, sich zumindest anschauen kann. Wissenschaftliche PowerPoint-Vorträge haben andere Inhalte und Anforderungen als Vorträge für Marketingzwecke. Daher sind viele Anleitungen für PowerPoint-Vorträge aus dem nichtwissenschaftlichen Bereich nur begrenzt geeignet und können sogar zu Missverständnissen führen bei der Ausbildung an Hochschulen, wie so ein Vortrag aufgebaut sein sollte. Sicherlich ist es richtig, dass Absolventen/Absolventinnen auch mit der Vortragsform bereits auf das Berufsleben hin ausgebildet werden, und lernen, komplizierte Sachverhalte einfach und klar mit vielen Bildern und wenig Text darzustellen. Dies hängt auch von der Kultur eines Landes oder einer Disziplin ab. Vorträge von Wissenschaftlern/Wissenschaftlerinnen aus Asien können farblich und auch sonst in der Layoutgestaltung viel bunter sein als zum Beispiel in Europa. Ein Vortrag in der Anthropologie besteht möglicherweise nur aus einem einzelnen Foto auf einer PowerPoint-Folie, und der/die Vortragende erzählt dazu eine Stunde lang frei. In Geographie lernt man, wie wichtig Visualisierungen sind, und es wird viel mit Karten und raumerklärenden Abbildungen wie zum Beispiel Fotografien gearbeitet. Ein Bild sagt angeblich mehr als 1000 Worte, und man kann dies auch wissenschaftlich gezielt einsetzen.

Im Ingenieurbereich wie auch in der Industriepraxis sind Spiegelstriche (bullet points) mit möglichst wenigen Worten und in den gängigen Lehrbüchern zu PowerPoint als professionell anerkannt. Sicherlich sollten die in der Berufspraxis üblichen Sprechweisen auch für Vorträge in der Berufspraxis verwendet werden, und auch an Hochschulen und im universitären Bereich ist es wichtig, Folien und Vorträge nicht zu überfrachten. Jedoch gibt es gute Gründe, warum wissenschaftliche Fachvorträge und damit die Folien durchaus davon abweichen und das auch sollen.

Die Anforderungen an wissenschaftliche Folien bei Vorträgen beinhalten **Literaturangaben.** Durch die Zitierweise von Autor/in und Jahr können die Zuhörer/innen bei jeder Folie mitverfolgen, ob sich einzelne Aussagen rein aus der Meinung des Vortragenden oder abgesichert durch das Lesen von Quellen ergeben. In jeder wissenschaftlichen Veröffentlichungsart ist es ratsam, zuerst den Zuhörern/Zuhörerinnen oder Lesern/Leserinnen zu versichern, dass man sich im Kontext des Themas informiert hat, und nachvollziehbar zu machen, auf welchen Gedankengängen man das Ganze aufbaut. Danach ist es durchaus erwünscht, auch eigene Meinungen und Erkenntnisse einzubringen. Im vorderen Teil eines Vortrags wie auch in der Diskussion dazu empfiehlt es sich also, insbesondere wissenschaftliche, begutachtete Aufsätze oder andere anerkannte wissenschaftliche Arbeiten als Referenzen aufzuführen. Bei Vorträgen dürfen neben wissenschaftlichen Fachartikeln auch unveröffentlichte Arbeiten, die noch im Druck sind, andere wissenschaftliche Vorträge oder weitere Formen von Veröffentlichungen zitiert werden.

Ausnahmslos jede Abbildung und Grafik in einem Folienvortrag muss mit Quellen versehen werden, um keine Urheberrechte zu verletzen. Diesbezüglich hat sich die Rechtslage in den vergangenen Jahren verschärft. Da man nie genau wissen kann, ob die Folien nicht doch von jemandem abfotografiert werden oder der Foliensatz später vielleicht sogar veröffentlicht werden soll, ist es sehr ratsam, alle Quellen zu allen Abbildungen und Grafiken anzugeben. Man kann auch bestimmte Abbildungen nach dem Vortrag für eine Veröffentlichungsversion entfernen. Sofern man zum Beispiel Fotos oder Grafiken aus dem Internet verwendet und rein zur Visualisierung nutzt, sollte dies auf den einzelnen Abbildungen unten nur in sehr kleiner Schrift angegeben oder in einer Folie am Ende als Abbildungsverzeichnis ergänzt werden. Bei allen Abbildungen, Tabellen und Grafiken wissenschaftlichen Inhalts ist es jedoch wichtig, die genaue Quelle auf jeder Folie direkt anzugeben. In manchen Disziplinen werden dabei die Namen der wissenschaftlichen Zeitschriften angegeben.

Ein weiteres Merkmal wissenschaftlicher Folien ist es, dass sie viel Text enthalten. Je nach Einsatzzweck hat das verschiedene Hintergründe. Wissenschaftliche Folien können viel Text enthalten, damit Zuhörer/innen oder jene, die die Folien später lesen, genauer den Kontext und die Argumente nachvollziehen können.

Und im Gegensatz zu den Lehrbüchern aus der Praxis im Marketing enthalten wissenschaftliche Folien häufig nicht nur eine Abbildung, sondern mehrere Abbildungen oder auch komplexe Schaubilder. Folien sollten nicht überfrachtet sein, aber es kann sehr sinnvoll sein, komplexe Zusammenhänge auch komplex und damit ganzheitlich darzustellen. Bei wissenschaftlichen Vorträgen geht es auch um einen gewissen geistigen Anspruch, und da kann eine anspruchsvollere Darstellungsform üblich und normal sein.

Um die Zuhörer/innen abzuholen und den **roten Faden** deutlich zu machen, kann es helfen, dass man zum Beispiel zum Einstieg des Vortrags eine spannende These nennt oder ein Bild zeigt, auf die bzw. das man am Ende des Vortrags wieder zurückkommt. Es ist zudem empfehlenswert, dass ein Vortrag im wissenschaftlichen Bereich zwischen Breite und Tiefe ausgewogen ist. Eine Darstellung über alle Folien hinweg nur in Spiegelstrichen und bunten Fotos oder Clipart entspricht nicht den Anforderungen a n die wissenschaftliche Tiefe. Man muss beachten, dass im Publikum unterschiedliche Menschen sitzen, die Informationen unterschiedlich aufnehmen. So ist es empfehlenswert, einen Mix aus Abbildungen und Text sowie komplexen und vereinfachten Darstellungsformen zu wählen.

Zur formalen Darstellung empfiehlt es sich immer, in einer Fußzeile der Folien oder einem zweitem Flipchart den Titel und damit Inhalt des Vortrags oder der Hauptfrage sichtbar zu machen. Je nach Situation und Erfahrung ist ein weiterer Tipp, die Teilnehmer/innen der Veranstaltung vorher zu recherchieren oder zu erfragen. So kann man einerseits vermeiden, jemanden unbedacht anzugreifen oder zu vergessen. Auch muss man darauf achten, welches Vorwissen mitgebracht wird und dass man sowohl Informierte als auch Nichtinformierte abholt.

Ein wissenschaftliches **Poster** unterscheidet sich von Werbeplakaten oder anderen Ankündigungsformen. Obwohl inzwischen viele Posterausstellungen und Vorträge auch online stattfinden, ist die Form dieser Veröffentlichungsart erhalten geblieben. Es ist hilfreich für Studierende, diese Form wissenschaftlicher Arbeit und Kommunikation zu kennen, da ein Poster dazu veranlasst, wichtige Elemente einer Studie auszuwählen und zu visualisieren. Ein wissenschaftliches Poster enthält viel Text und oft auch viele komplexe Abbildungen. EinPoster ist häufig eine Chance, auf einer Konferenz teilnehmen zu können, wenn man nicht die Möglichkeit eines längeren Vortrags erhält. Ursprünglich ist das wissenschaftliche Poster möglicherweise als verkürzte Zusammenfassungsform eingereichter wissenschaftlicher Aufsätze entstanden. Es sollte eine übliche Gliederung von Titel, Einleitung, Methodik, Ergebnis, gegebenenfalls Diskussion und Zusammenfassung enthalten. Häufig wird hier noch laufende wissenschaftliche Arbeit dargestellt und daher auch ein Schwerpunkt zum Beispiel auf die Methodik und erwartete Ergebnisse gelegt. Zu lernen und zu beachten sind die Regeln für das Layout, zum Beispiel hinsichtlich Text und Überschriftgrößen, Abbildungen,

Farbwahl und Abstände. Die Abstände und damit der Weißraum zwischen Texten und Abbildungen sind wichtig, damit die Darstellung nicht überladen wird. Sehr empfehlenswert ist die Anordnung über ein Hintergrundraster, das ein Poster in verschiedene Textspalten einteilt. Auch hinsichtlich der Farbwahl aller Elemente sollte auf eine gewisse Einheitlichkeit geachtet werden. Solche Regeln zur Visualisierung finden sich aber auch in entsprechenden Praxishandbüchern wieder und können für wissenschaftliche Poster übernommen werden.

Wie ein Poster aufgebaut wird, wie groß es ist und welche Inhalte vorkommen, richtet sich beispielsweise nach der Art der Konferenz oder Tagung. Handelt es sich um eine kleine Tagung, in der fachlich intensiv diskutiert wird, stehen häufig 5 bis 15 Personen um ein Poster herum, während es vorgestellt wird. Das bedeutet möglicherweise bereits einen Leseabstand von 3–5 m. Auf sehr großen Konferenzen können es Tausende von Postern sein, die nummeriert angeordnet sind und an denen in Pausen Interessierte entlanggehen. Auch hier kann es Kurzvorträge geben, bei denen auch wieder die Leseabstände für die Planung bedacht werden müssen. Es empfiehlt sich, dass einzelne Textelemente und Abbildungen auf dem Poster so groß sind, dass sie ohne Probleme aus einer Entfernung von 5 m oder mehr erkannt werden können, also zum Beispiel eine große Überschrift und eine Abbildung als Eye Catcher, die Interessierte anzieht.

Andere **Textelemente** können auch kleiner gehalten werden, sodass man sie als Leser/in nur dann erfassen kann, wenn man in Ruhe und allein vor dem Poster steht. Empfehlenswert ist es, ein Poster so zu gestalten, dass man es auch in DIN-A4-Größe oder am Bildschirm noch lesen könnte, wenn es zum Beispiel als Handout angeboten wird. Das bewährt sich auch online, wenn man ein Poster so aufbaut, dass man es entweder zunächst in einem Kurzvortrag in der Gesamtübersicht zeigt und dann möglicherweise auf die halbe Postergröße hineinzoomt, um bestimmte Inhalte noch einmal beim Vortrag grafisch detaillierter zu zeigen. Ob Hoch- oder Querformat hängt davon ab, ob es auch ausgedruckt werden soll. Beim Ausdrucken sind häufig Stellwände im Hochformat angeordnet. Man kann aber auch dort teilweise ein Querformat verwenden, um etwas aus dem Rahmen zu fallen und Aufmerksamkeit zu erregen. In der Online-Darstellung haben zunächst querformatige Poster einen Vorteil, aber es hängt noch stärker davon ab, wie die Teile auf dem Poster angeordnet sind. Man kann zum Beispiel ein hochformatiges Poster online sehr gut präsentieren, wenn man hineinzoomt und jeweils in der oberen Hälfte Textteile zeigt, die sinngemäß gut zusammenpassen.

Bei Postern ist auch die Leserführung sehr wichtig, die man durch eindeutige Überschriften wie Einleitung, Methodik und Ergebnis, in diesem Fall durch wenige Titelwörter, gut steuern kann. Es kann sinnvoll sein, die Reihenfolge des Leseflusses durch Zahlen oder andere Elemente wie Pfeile zu steuern. Literaturangaben sind auch auf Postern wichtig, können aber sparsamer als zum Beispiel in einem wissenschaftlichen Aufsatz eingesetzt werden.

Beim Postervortrag muss die oft sehr knappe Zeit berücksichtigt und auf einen klaren Ein- und Ausstieg geachtet werden, das heißt, man sollte sich sowohl am Anfang als auch am Schluss knapp und klar halten und die wichtigste

Kernbotschaft des Posters herausarbeiten. Bei nur ein- bis zweiminütigen Vorträgen ist es zudem ratsam, stark auszuwählen und nicht alles hastig vorzutragen.

Wie auch bei anderen Vortragsformen ist es ratsam, sich auf die **Fragebeantwortung** vorzubereiten. Eine Möglichkeit besteht darin, sich Folien oder Antworten auf Reserve vorzubereiten. Man kann darauf Aspekte „parken", die man aus Zeitgründen nicht unterbringt. Gewisse Fragen kommen immer wieder vor, auf die man sich vorbereiten kann: Fragen nach Übertragbarkeit, was man im Anschluss weiter erforschen oder das nächste Mal anders machen würde, Anwendungsbeispiele usw. Außerdem empfiehlt es sich, bei der Beantwortung Literatur zu zitieren; das muss nicht in jeder Antwort enthalten sein, zeigt jedoch die Expertise. Wenn man gerne ausführlich bis ausschweifend antwortet, sollte man die Frage zunächst kurz und ganz konkret beantworten und anschließend mit ein bis zwei Sätzen ergänzen.

Fragen, die immer wieder vorkommen:

- Fragen nach Übertragbarkeit
- Was man im Anschluss weiter erforschen würde
- Was man das nächste Mal anders machen würde
- Anwendungsbeispiele
- Probleme oder bekannte Kritik
- Bezug zum Titel der Veranstaltung
- Leitfragen oder Kriterien der Veranstaltung

Tipps zur Beantwortung:

- Beweis („weil …") oder Beleg angeben („nach Literatur A …")
- Für und Wider („Literatur B sagt dagegen …")
- Knapp (nicht mehr als ca. 3 Sätze) und konkret bleiben

Zur Wissenschaftskommunikation gehört beispielsweise auch die Nutzung **sozialer Medien**, **Videos**, **Webseiten und Apps** (Crowe, 2012). Das Wissen um die Erstellung und den Umgang mit diesen kann man sich durch viele Anleitungen und Beispiele aus dem Internet selbst aneignen. Hierzu gibt auch Lehrbücher, auch im Bereich Risiko- und Katastrophenforschung zum Umgang mit sozialen Medien und interaktiven Inhalten.

Es ist empfehlenswert, bei wissenschaftlichen Inhalten immer zu überlegen, wie man die Wissenschaftlichkeit darin ausdrücken kann; anders gesagt, wie man auf Anhieb erkennen kann, dass diese **Quelle** von Wissenschaftlern/Wissenschaftlerinnen verfasst wurde und nicht von anderen. Was ist der Mehrwert, und wem kann man den für wissenschaftliche Arbeit hier darstellen? Zunächst einmal sollten alle Argumente sowie verwendeten Abbildungen und Textteile eindeutig zugeordnet werden und entweder klar kenntlich als Meinung und Behauptung der Autoren/Autorinnen erkennbar sein oder eben wiederum die üblichen wissenschaftlichen Arbeiten referenziert werden. In Online-Medien kann man sehr gut über die Eingabe von Links arbeiten und muss nicht unbedingt die Zitierweise

„(Autor/in, Jahr)" benutzen, die allerdings den Vorteil hat, dass sie auch dann noch sichtbar ist falls der jeweilige Hyperlink nicht mehr funktionieren sollte. Das gilt auch hier ganz insbesondere wieder für jegliche Form von Abbildungen und anderen Grafiken, und es zeichnet eine saubere wissenschaftliche Arbeitsweise aus. Auch in Videos ist es inzwischen üblich geworden, dass man die Quellen jeweils nachvollziehbar gestaltet und man kann dies zum Beispiel über die Verlaufsleiste oder sogar in Einblendungen der Quellenangaben auch bei einflussreichen Influencern sehen, die Sachthemen in ihren Videos darstellen.

Eine weitere Möglichkeit, eine Webseite eindeutig wissenschaftlich zu gestalten, ist es, Argumente für und gegen ein Produkt oder eine Sache klar darzustellen und den Lesern/Leserinnen zu ermöglichen, sich selbst eine Meinung zu bilden, statt nur einseitige Sachverhalte darzustellen. Eine weitere Möglichkeit ist es, an einigen Stellen auch mehr in die Tiefe zu gehen, das Wissen anzubieten und aufzuarbeiten. Es kann also vollkommen in Ordnung sein, zum Beispiel eine App mit sehr wenig Text zu gestalten und für den Einstieg in ein Wissensthema zunächst nur mit Bildern, Icons oder Videos zu arbeiten. Aber dafür kann eine App mit wissenschaftlichem Anspruch dann an anderen Stellen weiterführende und tiefgreifendere Erläuterung anbieten.

2.6 Leseführung und Lesefluss

Wann fügt man einen neuen Absatz oder eine Unterüberschrift ein, und wann hebt man etwas hervor? In einigen Anleitungen findet man Angaben dazu, wie ein Text richtig gelayoutet wird, aber nach welchen Kriterien man welche Begriffe in einem Text hervorhebt, wird oft nicht erwähnt.

Um Lesern/Leserinnen die Aufnahme eines Textes zu erleichtern, gibt es verschiedene Elemente. Überschriften und Absätze sind die gängigsten und verdienen daher besondere Beachtung. Anhand von **Unterüberschriften** können Leser/innen besser sehen, worum es in einem Kapitel geht. Die Überschrift beispielsweise zu einem Methodikkapitel sollte zumindest mit einem eindeutigen Begriff wie „Methodik" oder „Methode" beginnen. Während die einen eine sehr kurze Kapitelüberschrift, die zum Beispiel nur aus dem Wort „Methodik" besteht, bevorzugen, ergänzen andere weitere Fachbegriffe, damit auf den ersten Blick erkennbar ist, worum es schwerpunktmäßig geht: statt „Methodik" also zum Beispiel „Methodischer Ablauf der Untersuchung zu …" oder (wenn es sich um bestimmte Untersuchungsmethoden handelt) „Methoden der Risikoanalyse".

Absätze dienen dazu, den Text in sinnvolle Abschnitte einzuteilen. Diese Wahl zu treffen, ist möglicherweise eine der schwierigsten Aufgaben in einer wissenschaftlichen Arbeit. Man sollte immer überprüfen, ob die einzelnen Textabschnitte überhaupt notwendig und geeignet sind, um sich beispielsweise den Forschungsfragen oder Unterforschungsfragen aus der Einleitung eindeutig zuordnen zu lassen, oder ob es andere Kriterien gibt, nach denen man ein Gesamtkapitel einteilt. So kann man zum Beispiel ein Methodikkapitel in die methodischen Schritte der Auswahl, Vor- und Nachteile, Daten sowie Qualitätskriterien aufteilen.

Bei der Frage der Unterteilung von Textabschnitten hilft auch ein Stilmittel aus dem englischsprachigen Raum. Hier werden zusätzlich zu den Überschriften häufig die einzelnen Textabschnitte mit einem **Satz** oder **Satzteil** eingeführt, der den Lesern/Leserinnen bereits erklärt, worum es im gesamten Textabschnitt geht. Im Grunde genommen ist das eine Alternative zu einer weiteren Unterüberschrift und erlaubt es Lesern/Leserinnen, die einen Text noch einmal überfliegen, sich von der ersten Zeile eines Textabschnitts zur nächsten ersten Zeile des Folgetextabschnitts durchzuhangeln, um so rasch den Gesamtüberblick zu erfassen.

Eine weitere Möglichkeit, den Lesefluss zu verbessern oder zu steuern ist es, einzelne Wörter oder Sätze im Text hervorzuheben. In wissenschaftlichen begutachteten Aufsätzen ist es unüblich, einzelne Wörter hervorzuheben. Ausnahmen sind Erläuterungen von Fachbegriffen oder Übersetzungen. Auch weist man auf Fachbegriffe oder zitierte Satzteile durch Anführungsstriche hin. In anderen Veröffentlichungsformen wie zum Beispiel einem Buch werden auch kursive und fette **Hervorhebungen** verwendet. Anerkannter sind im klassischen Buchdruck die kursiv gesetzten Hervorhebungen einzelner Begriffe. Geht man jedoch in die Praxis und es handelt sich zum Beispiel um Texte, die Lesen mit wenig Zeit und Geduld ermöglichen sollen, so sind fette Hervorhebungen etwas verbreiteter. In jedem Falle sollte man die fetten Hervorhebungen in wissenschaftlichen Fachaufsätzen nicht nutzen und dort, wenn überhaupt, nur kursive Hervorhebungen anwenden. In Hausarbeiten oder auch in anderen Arbeiten, die zum Beispiel Auftraggebern vorgelegt werden oder für Gutachten kann jedoch überlegt werden, den Lesefluss durch fette Hervorhebungen zusätzlich zu steuern. Wichtig ist es aber, nicht zu übertreiben und in einem Absatz nicht mehr als eine oder zwei Hervorhebungen zu verwenden. Auch empfiehlt es sich, nicht ganze Sätze fett hervorzuheben, aber das ist möglicherweise bereits alles eine Stilfrage. Man kann zum Beispiel jene Sachverhalte fett hervorheben, die es erlauben, den gesamten Textabschnitt überwiegend zu repräsentieren. Oder aber jene Begriffe hervorheben, die zu den Forschungsfragen oder Ergebnissen direkt passen.

Weitere Formen der Hervorhebung in Texten, um die Aufmerksamkeit der Leser/innen zu lenken, sind einzelne Abschnitte in **Spiegelstrichen** und **Auflistungen** sowie Texte in Tabellenform. Anhand von **Tabellen** lassen sich beispielsweise die Ergebnisse eines ganzen Kapitels oder längerer Textabschnitte zusammenzufassen und nach bestimmten Kriterien ordnen. Diese Kriterien können sich aus dem theoretischen Rahmenwerk und damit zum Beispiel den Risikokomponenten ergeben. Oder es handelt sich um Kriterien der Literaturanalyse oder der Datenquellen, wo man bestimmte Suchkriterien oder andere Arten von Qualitätskriterien darstellt und zusammenfasst. Diese zusätzliche Mühe unterstreicht häufig noch den wissenschaftlichen Anspruch und ermöglicht den Lesern/Leserinnen, einen Text noch einmal zusammengefasst zu sehen und über das bereits Gelesene zu reflektieren.

Abbildungen aller Art, von Ergebnisgrafiken über Beispielvisualisierungen wie Fotos oder Bildschirmdrucke bis zu Flussdiagrammen für methodische Schritte, sind wichtige Mittel, um den Text noch weiter zu erläutern. Sowohl bei

Abbildungen als auch Tabellen muss die **Beschriftung** so ausführlich sein, dass Abbildung oder Tabelle auch unabhängig vom Haupttext verständlich ist. Auch hierzu gibt es unterschiedliche Sichtweisen, und manche benennen Tabellen und Abbildungen nur kurz und knapp mit wenigen Worten. Jedoch darf man nicht unterschätzen, dass häufig nur den Autoren/Autorinnen die vollständige Information aus dem gesamten Text klar vor Augen liegt und dass Außenstehende mehr Anleitung brauchen. Erstens kann es sein, dass der beschriebene Haupttext nicht verständlich genug ist. Weiterhin müssen auch die Abbildungen und Tabellen für sich allein verständlich sein, falls jemand einen Text nur überfliegt und sich auf Überschriften und Abbildungen stützt. Das kann zum Beispiel der Fall sein, wenn man Gutachten oder Sichtungen rasch überfliegt, um die einzelnen Dokumente zu vergleichen. In wissenschaftlichen Fachaufsätzen ist es zudem unbedingt notwendig, im Haupttext jeweils auf die Abbildungen direkt zu verweisen (z. B. „siehe Abb. 1.1") und die Abbildungen und Tabellen immer kurz nach diesem Verweis im Text einzufügen. Es muss also auch aus dem Haupttext des Manuskripts immer deutlich hervorgehen, wofür man genau diese Tabelle oder Abbildung zum Verständnis benötigt.

Zur gesamten Leseführung eines Aufsatzes oder einer Arbeit gehört es auch, dass unterschiedliche Kapitelteile unterschiedliche Funktionen erfüllen und ggf. nur einzelne davon gelesen werden. Ein Abstract oder eine Zusammenfassung erfüllt also ganz klar diesen Zweck und muss daher noch einmal auf eine möglichst umfassende Darstellung hin überprüft werden. Für ein **Abstract** empfiehlt es sich zum Beispiel, die W-Fragen abzuarbeiten und sowohl die Einordnung in einen größeren Gesamtkontext zu anfangs als auch die klare Darstellung der gewählten Methodik und vor allem der wichtigsten Ergebnisse und des Mehrwerts darzustellen. In manchen Hausarbeiten oder anderen Formaten entfällt die Form des vorab gestellten Abstracts oder der Zusammenfassung.

Ein weiteres sehr wichtiges Kapitel ist immer das zusammenfassende Kapitel am Schluss oder das Fazit. Viele Lesende ermüden beim Lesen der oft langen und komplizierten wissenschaftlichen Aufsätze und springen möglicherweise direkt zum Fazit Dieses ist ähnlich wie ein Abstract aufgebaut, enthält aber oft mehr Wörter und ermöglicht es auch, die Gesamtbedeutung der Ergebnisse noch einmal in einem größeren Kontext einzuordnen. Ähnlich wie Abstract und Fazit erfüllen auch die einzelnen anderen Kapitel bestimmte Anforderungen an die Erwartungen der Leser/innen. Daher sind andere Kapitel wie zum Beispiel Methodik oder Ergebnis nicht alle gleich aufgebaut und enthalten oft eine eigene Logik im Lesefluss. Auch ist es oft üblich, dass die Anzahl von Tabellen und Abbildungen in einzelnen Kapiteln vielfältiger ist als in anderen.

Bei **Abkürzungen** sollte generell überlegt werden, inwieweit sie wirklich notwendig sind. Schließlich müssen die Lesenden noch Seiten später wissen, was die Abkürzung bedeutet. Im Gefahrenabwehrbereich, Ingenieurwesen und in vielen Naturwissenschaften sind Abkürzungen generell sehr beliebt. Da es Abkürzungen gibt, die leicht zu verwechseln sind, wie etwa BMZ, sollte man sich bei jeder einzelnen Abkürzung gut überlegen, ob der ausgeschriebene Begriff nicht viel einfacher für alle zu verstehen ist. Auch sind es zwar teilweise offizielle behördliche Ausdrücke, wie etwa die Landeshauptstadt Hannover, abgekürzt als LHH, die man im Alltagsgebrauch zumindest überregional jedoch nicht kennt.

Literaturempfehlungen

Akteure und Materialien zu Katastrophenrisikomanagement und Bevölkerungsschutz: https://www.katrima.de/DE/Home/home_node.html

Übersicht über Studiengänge in Deutschland:

- Forschungsforum Öffentliche Sicherheit: https://www.sicherheit-forschung.de/forschungsforum/studienfuehrer_ubersicht/index.html

- Katastrophennetz e. V.: http://wordpress.katastrophennetz.de

Arbeitsmethoden in der Humangeographie: Meier Kruker und Rauh (2005)

Wissenschaftliches Arbeiten in der empirischen Sozialforschung: Diekmann (2010)

Qualitätsmerkmale und Arten in der Wissenschaft: Krimsky und Golding (1992)

Literatur

Bloom, B. S. (1956). *Taxonomy of educational objectives. The classification of educational goals. New impression.* Longmans.

Bolter, J. D. (2011). *Writing space. Computers, hypertext, and the remediation of print* (2. Aufl.). Routledge. http://site.ebrary.com/lib/alltitles/docDetail.action?docID=10287952.

Crowe, A. (2012): *Disasters 2.0. The application of social media systems for modern emergency management.* Taylor & Francis. https://www.taylorfrancis.com/books/9781439874431.

Diekmann, A. (2010). Empirische Sozialforschung: Grundlagen, Methoden, Anwendungen, 4te Auflage. Rowohlt Taschenbuch.

Goodman, L. A. (1961). Snowball sampling. *Annals of Mathematical Statistics, 32*(1), 148–170. https://doi.org/10.1214/aoms/1177705148.

Krimsky, S. and D. Golding. (1992). Social theories of risk. Westport/ London: Praeger.

McMillan, K., & Weyers, J. D. B. (2013). *How to cite, reference et avoid plagiarism at university.* Pearson (Smarter Study Skills).

Meier Kruker, V. and J. Rauh. (2005). Arbeitsmethoden der Humangeographie. Darmstadt: Wissenschaftliche Buchgesellschaft

Moher, D., Liberati, A., Tetzlaff, J., & Altman, D. G. (2009). Preferred reporting items for systematic reviews and meta-analyses: The PRISMA statement. *BMJ, 339,* b2535. https://doi.org/10.1136/bmj.b2535.

Moher, D., Liberati, A., Tetzlaff, J., & Altman, D. (2011): Bevorzugte Report Items für systematische Übersichten und Meta-Analysen: Das PRISMA-Statement. *Dtsch med Wochenschr, 136*(15), e25. https://doi.org/10.1055/s-0031-1272982.

Shepherd, T. G. (2021). Bringing physical reasoning into statistical practice in climate-change science. *Climatic Change, 169*(1–2), 1–19. https://doi.org/10.1007/s10584-021-03226-6.

Shepherd, T. G., Boyd, E., Calel, R. A., Chapman, S. C., Dessai, S., Dima-West, I. M., Fowler, H. J., James, R., Maraun, D., Martius, O., Senior, C. A., Sobel, A. H., Stainforth, D. A., Tett, S. F. B., Trenberth, K. E., van den Hurk, B. J. J. M., Watkins, N. W., & Wil, R. L. (2018). Storylines: An alternative approach to representing uncertainty in physical aspects of climate change. *Climatic Change, 151*(3), 555–571. https://doi.org/10.1007/s10584-018-2317-9.

Theorien und Konzepte in der Risiko-, Katastrophen- und Resilienzforschung

3

Zusammenfassung

Wie kann man Risiken und Katastrophen überhaupt wissenschaftlich begreifen? Und wie kann man Ordnung in das Chaos verschiedener Forschungsrichtungen bringen? Als noch junge Wissenschaftsrichtung fehlt es der Risiko- und Katastrophenforschung an theoretischen Grundlagen. Für Resilienz werden diese zwar in Einzelbereichen stark diskutiert, jedoch gibt es noch keine grundsätzliche Einordnung und Abgrenzung zu anderen Begriffen wie „Risiko", „Katastrophe" oder „Verwundbarkeit". In diesem Kapitel wird in grundsätzliche Konzepte und Anleihen aus Theorien aus Nachbargebieten eingeführt. So sind einerseits Prozessmodelle für zeitliche Phasen der Entwicklung einer Katastrophe wie auch das Projektmanagement wichtige Konzepte. Die Systemtheorie vermag einen Überbau zur wissenschaftlich fundierten Abgrenzung von Begriffen wie auch Untersuchungsgegenständen anzubieten. Wissensmanagement und Beteiligungsformate sind wichtige Grundlagen, um Kommunikations- und Organisationsprozesse theoretisch besser greifen zu können. Während es aktuell nur Konzepte und Bruchstücke gibt, zeichnen sich erste Bestandteile einer Risiko- und Katastrophentheorie ab.

Wie bereits dargestellt, gibt es die verschiedensten Arten von Methoden und Theorien, beispielsweise mathematische und philosophische, sowie eine Vielzahl davon in den einzelnen Disziplinen und Fachbereichen. Im Folgenden werden zunächst einige Merkmale von Theorien und dann einige Beispiele für Theorien in verschiedenen Disziplinen genannt. Auch die generellen Theorien in der Ökologie oder Wirtschaft und den Sozialwissenschaften sind wichtig, denn sie haben einen großen Einfluss auch auf die Theoriebildung in der Risiko- und Katastrophenforschung genommen. Daher sollten sie zumindest beachtet werden, und gegebenenfalls finden sich hier auch Grundlagen, um ein Theoriekapitel für eine Hausarbeit oder einen wissenschaftlichen Aufsatz zu nutzen. Theorien sind sehr umfassend und dadurch nicht einfach zu erfassen und zu verstehen. Dabei ist auch wichtig, die Kritik daran immer mitzulesen, um sich ein umfassendes Bild zu machen.

Problemstellung und Relevanz

Risiken und Katastrophen sind oft komplex, das heißt, sie bestehen aus multiplen Faktoren, die nicht immer nur linear oder deterministisch ablaufen. Daher ist eine Strukturierung notwendig. Die **Systemtheorie** bietet eine Struktur für verschiedenste wissenschaftliche Disziplinen an. In der Risiko- und Katastrophenforschung gibt es kaum echte wissenschaftliche Theorien. Daher werden oft Anleihen etwa aus der Systemtheorie gemacht. Diese hilft, Prozesse zu strukturieren und interdisziplinäre Anknüpfungspunkte zwischen benachbarten Bereichen zu finden. Dadurch erhalten beispielsweise Risikoanalysen eine Einordnung in Führungs- oder Managementkonzepte.

Was ist eine Theorie?

Arten von Theorien (Diekmann, 2010):

- Mathematische Modelle
- Philosophische Entwürfe
- Zukunftsszenarien

Typische Inhalte und Struktur (mathematischer Theorien = „Modelle"):

1. Grundannahmen (Axiome) = zentrale Annahmen, die empirisch oft schwer prüfbar sind
2. Hypothesen (Theoreme)
3. Empirische Prüfung

In eigenen Worten (nach Diekmann, 2010):

- Hintergrunderklärung oder Struktur für Vorgänge
- Diese ist oft umfassender als das, was man bislang zum Beispiel mittels bekannter Methoden darstellen (oder berechnen) kann

Arten von Theorien – eine Auswahl

Ökologie:

- Evolution (C. Darwin)
- Ökosysteme (z. B. E. P. Odum)

Ökonomie:

- Humankapital (z. B. A. Smith)
- Neoklassisches Wachstumsmodell (R. Solow)
- Ergänzung um soziales und kulturelles Kapital (P. Bourdieu)

Soziologie:

- Theorie kommunikativen Handelns (J. Habermas)
- Theorie der Individualisierung (U. Beck)
- Struktur-funktionalistische Theorie (T. Parsons)

Sozialwissenschaften:

- Grounded Theory (B. G. Glaser, A. L. Strauss)
- (induktiv/abduktiv, datengeleitet)

Etablierte Theorien, die zudem experimentell überprüft werden können, haben die höchste wissenschaftliche Aussagekraft und Anerkennung – vor Computermodellen, Statistiken oder Definitionen, die auf Schätzungen, Annahmen und reinen Festlegungen basieren (Funtowicz & Ravetz, 1990).

Es gibt einige Grundbegriffe für die Untersuchung von Aussagenart und -güte in der Wissenschaft, die als Kriterien hilfreich sind, um im ersten Ansatz Theorien überhaupt zu verstehen, aber auch, um eine Diskussion einer Hausarbeit oder eines Aufsatzes zu führen, wenn man diese grundsätzlich wissenschaftlich angehen möchte. In vielen eher anwendungsorientierten Arbeiten ist solch eine fundierte wissenschaftliche Kritikführung nicht notwendig, kann aber helfen, grundsätzliche, fehlende Aspekte zu erkennen.

Die häufigsten Lücken sind fehlendes Wissen, fehlende Informationen und deren Zusammenstellung. Diese werden in der Epistemologie untersucht. Wenn jedoch die Regeln und theoretischen Aspekte zu stark dominieren, kann man diese auch unter der Nomologie, also den Denkgesetzen, untersuchen.

Die Teleologie ist ein hilfreicher Begriff, um zu überlegen, ob das Konzept und die Arbeit zielgeleitet ausgeführt werden. Es ist dann zu stark zielgeleitet, wenn die Arbeitswege und sogar Ergebnisse quasi von vornherein schon feststehen. In einigen Bereichen wie der Mathematik kann dies sehr sinnvoll sein; Krisenstabsprozesse oder strategische andere Prozesse sind grundsätzlich auch so aufgebaut. Man kann dabei jedoch immer noch überprüfen, ob das dahinterstehende Ziel, zum Beispiel eines gesellschaftlichen Wertes oder Schutzzieles, alleinig bereits das richtige wäre. Hilfreich ist auch immer, den gesamten Ansatz daraufhin zu untersuchen, inwiefern er induktiv oder deduktiv aufgebaut ist.

Ist eine Arbeit **induktiv** aufgebaut, so drücken die Untersuchungen darin aus, dass man sich bewusst ist, dass man erst noch Beobachtungen und Informationen sammelt, bevor man Schlüsse daraus zieht. Bei einem **deduktiven** Ansatz werden bestimmte Regeln und Vorgänge lediglich ausgeführt oder geprüft. Beides hat Vor- und Nachteile, jedoch sollte überlegt werden, ob das jeweils überhaupt zum Untersuchungsgegenstand und zur Untersuchungsfrage passt.

Genereller wissenschaftlicher Umgang mit Kritik

- Skeptik und Differenziertheit sind Grundhaltungen der Wissenschaft
- „Das muss man grundsätzlich differenziert betrachten"
- Kritik ist unabdingbar als Feedback
- Jedoch soll es nicht nur zur Ablehnung führen, sondern zur Verbesserung

(„Dafür spricht …, dagegen spricht …, insgesamt wir nun der Ansatz … verwendet, weil …")

Grundbegriffe zur theoretischen Beschreibung von Kritik oder Grenze

Epistemische Lücken: Wissen fehlt.

Nomologie: Denkgesetze (wenn z. B. die Theorie zu stark dominiert).
Teleologie: Zielgeleitet, Endzustände stehen bereits fest.
Induktiver Ansatz: Man sammelt erst Eindrücke.
Deduktiver Ansatz: Regeln, Gesetze oder Theorie stehen bereits fest, werden durch Analysen nur noch bestätigt oder abgelehnt (**falsifiziert**).

Eine **Begrenzung** von Theorien besteht darin, dass sie häufig nur temporär gültig sind, da sie einen gewissen Zeitgeist zusammenfassen. Im Studium der Archäologie konnte man zum Beispiel beobachten, dass eine Zeit lang eine erklärende Theorie von Funden war, die man in ihrer Funktion nicht genau einordnen konnte, dass ein Bauwerk und Gegenstände vermutlich kultischen Riten dienten. Damit hat Religion als Ersatzerklärung oder Theorie gedient, wenn man Beobachtungen anderen Sachverhalten wie Verwaltung, Regierung, Behausung oder Verteidigungsbauwerke zuordnen konnte. In aktueller Zeit werden jedoch ähnliche Funde und auch Beobachtungen in ganz anderen gesellschaftlichen Bereichen häufiger mit dem Klimawandel in Zusammenhang gebracht. Findet man also Siedlungen, die aufgegeben wurden, oder Gesellschaften, die aufgehört haben zu existieren, so werden neben kriegerischen Handlungen oder religiösen Hintergründen nun als Erklärungsgröße häufiger die klimatischen Bedingungen in den Fokus gerückt. Es geht hier um keine Wertung, das muss nicht besser oder schlechter sein, aber es ist eben der Zeitgeist, der hier einen starken Einfluss darauf nehmen kann, welche theoretischen Ideen zur Erklärung größerer Zusammenhänge aktuell genutzt werden oder nicht.

3.1 Prozessmodelle – Katastrophenzyklus, Projektmanagementschritte

Eines der bekanntesten abstrakten Konzepte im Risiko- und Krisenmanagement ist der Katastrophenzyklus, dessen vereinfachende Darstellung inzwischen zwar international kritisiert wird, jedoch in der Praxis in seiner Einteilung in eine Phase vor, während und nach einer Krise immer noch stark verbreitet ist. Im Kontext des Risikomanagements finden sich verschiedene Arten von Prozessmodellen. Drei bedeutsame Prozessmodelle werden im Folgenden beschrieben: Krisen-Kreislaufmodelle, Untersuchungsschritte einer Risikoanalyse und ein Rahmenwerk zur Risikosteuerung.

Sehr verbreitet sind **Kreislaufmodelle**, die diverse zeitliche Phasen vor, während und nach einer Krise sowie meist auch Maßnahmen aufzeigen, die zu diesen Phasen getroffen werden können. Diesen Einteilungen unterliegen auch systemtheoretische Ansätzen (Coetzee & van Niekerk, 2012). Eine der frühen Formen einer kreislaufartigen Umsetzung eines zuvor auf einer Zeitachse aufgezeigten Ablaufs zeigt das Auftreten von Katastrophen innerhalb eines Systems aus Aktivitäten über die Zeit (Baird et al., 1975; Abb. 3.1).

Eine weitere frühe Form eines Diagramms, das Funktionsbeziehungen aufzeigt, weist die bekannten Phasen Mitigation (Minderung, z.B. von Schaden oder Risiko), Preparedness (Bereitschaft), Response (Reaktion) und Recovery (Erholung) aus (Whittaker, 1979; Abb. 3.2). Es wurde schon kurz nach Gründung der Bundeskatastrophenschutzbehörde (Federal Emergency Management Agency, FEMA) 1978 verwendet, um Zuständigkeiten und Maßnahmen für vier Gefahrenbereiche darzustellen: technologische und menschengemachte Gefahren, Naturkatastrophen (siehe Abb. 3.2), interne Störungen (Unruhen etc.), Energie- und materielle Mängellagen und Angriffe. Das Diagramm wurde noch nicht explizit Notfallmanagement-Zyklus genannt, wie später von der FEMA.

Kritik am Kreislaufmodell entstand nachfolgend grundsätzlich in der Beobachtung, dass ein Wiederaufbau zum Beispiel zerstörter Häuser nach einem Hochwasser wie auch das reine „Weitermachen wie bisher" von bestehenden Organisations- und anderen Strukturen nicht immer grundsätzlich richtig sind. Man muss zwar konstatieren, dass für alltägliche Notfälle etablierte Strukturen und damit auch sich wiederholende Abläufe und Routinen durchaus sinnvoll sind, bei größeren Dimensionen von Krisen und Katastrophen, wie zum Beispiel einem unerwarteten Hochwasser mit massiven Zerstörungen, jedoch im Prinzip überprüft werden muss, ob ein Wiederaufbauen oder eine Wiederherstellung des Status quo überhaupt sinnvoll ist.

Bei den Kreislaufmodellen wird inzwischen international darauf geachtet, sie nicht mehr nur als Kreislauf darzustellen, sondern auch Weiterentwicklungen nach der Krise abzubilden. So sind inzwischen spiralförmige Abbildungen bekannt oder solche, die explizit auf die Grenzen dieser kreislaufartigen Denkweise hinweisen. Daher wird in dem für die Katastrophenvorsorge international bedeutenden Rahmenwerk der Vereinten Nationen, dem **Sendai-Rahmenwerk für**

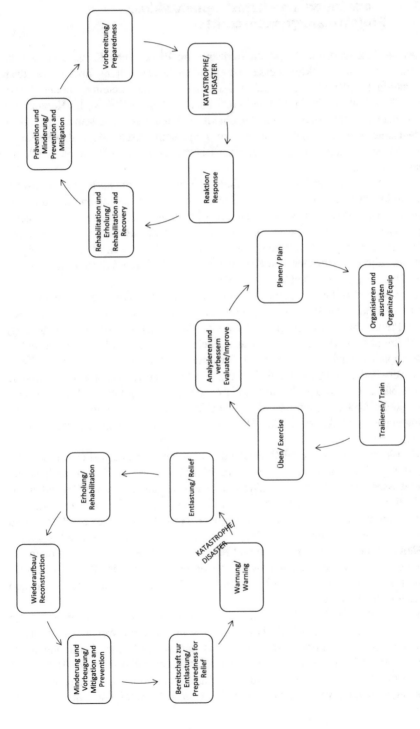

Abb. 3.1 Drei Beispiele für den sog. Katastrophenzyklus (Baird et al., 1975), (FEMA, 2010, UNSPIDER, 2023)

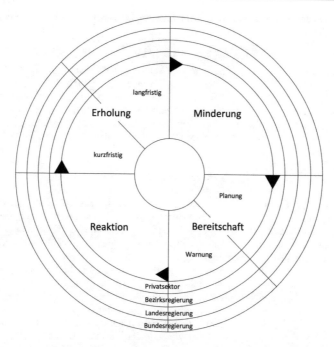

Abb. 3.2 Organisationelle Beteiligung bei Naturkatastrophen. (Whittaker, 1979)

Katastrophenvorsorge (NKS, 2019; United Nations, 2015) betont, dass man beim Wiederaufbau nach dem BBB-Prinzip (BBB = Build Back Better) verfahren, also man besser wiederaufbauen und beim Aufbau die Fehler der ursprünglichen Situationen vermeiden sollte (Tab. 3.1). Inzwischen wird dieser Zyklus auch als **Resilienzzyklus** bezeichnet (siehe das Kap. 7.3 zu Resilienz zur Umbenennung vieler Risikobereiche aktuell zu Resilienz). Es werden oft mehr als vier Phasen benannt, mitunter die Phasen Vermeiden, Vorsorge oder Vorbereitung vertauscht, auch Begriffe wie Anpassung oder Schutz eingebracht usw.

Neben der Darstellung der Phasen der Maßnahmen infolge eines Katastrophenereignisses gibt es noch weitere Zyklen, die generelle Schritte zur Vorbereitung und Planung darstellen, wie auch die in anderen Bereichen des Projektmanagements bekannten Phasen Plan, Do, Check und Act (PDCA-Zyklus; BSI, 2017) und andere. Auch das „Risiko- und Krisenmanagementkonzept in fünf Phasen" des Risiko- und Krisenmanagementleitfadens des Bundesministeriums des Innern (BMI, 2011, S. 12) hat diverse Vorläufer. Grundsätzlich wird in einem solchen prozessualen Ablaufdiagramm der Umgang mit Risiken in **Untersuchungsschritte** zerlegt. Die Begriffe variieren, jedoch wurden im Risikokontext zunächst „risk estimation" und „risk evaluation" getrennt (Otway, 1973). Es folgen weitere Unterteilungen dieser Begriffe, zum Beispiel in „risk identification", „risk estimation", „risk evaluation", „risk acceptance" und „risk aversion" (Rowe, 1975). Die Begriffe „Risikoanalyse", „Risiko-Assessment" sowie „Risikomanagement" wer-

Tab. 3.1 Ziele des Sendai-Rahmenwerks für Katastrophenvorsorge 2015–2030 (eigene Hervorhebungen in Fettdruck)

Handlungsprioritäten	Ziele
Priorität 1: Das Katastrophenrisiko verstehen Priorität 2: Die Institutionen der Katastrophenvorsorge stärken, um das Katastrophenrisiko zu steuern Priorität 3: In die Katastrophenvorsorge investieren, um die Resilienz zu stärken Priorität 4: Die Vorbereitung auf den Katastrophenfall verbessern, um wirksamer reagieren zu können, und bei Wiederherstellung, Rehabilitation und Wiederaufbau nach dem Prinzip „besser wiederaufbauen" vorgehen	1. Substanzielle Verringerung der weltweiten **Sterblichkeit** infolge von Katastrophen bis zum Jahr 2030 2. Substanzielle Verringerung der Anzahl der weltweit **betroffenen Menschen** bis zum Jahr 2030, mit dem Ziel, den weltweiten Durchschnittswert je 100.000 Menschen in der Dekade 2020–2030 gegenüber dem Zeitraum 2005–2015 zu senken 3. Verringerung der direkten durch Katastrophen verursachten **wirtschaftlichen Verluste** im Verhältnis zum Welt-Bruttoinlandsprodukt (BIP) bis zum Jahr 2030 4. Substanzielle Verringerung katastrophenbedingter Schäden an **kritischen Infrastrukturen** und Unterbrechungen der Grundversorgung, einschließlich Gesundheits- und Bildungseinrichtungen, auch durch die Erhöhung ihrer Resilienz bis zum Jahr 2030 5. Substanzielle Steigerung der Anzahl der Länder, die bis zum Jahr 2020 über **nationale und lokale Strategien** zur Katastrophenvorsorge verfügen 6. Substanzielle Stärkung **internationaler Zusammenarbeit** für die Entwicklungsländer durch geeignete und nachhaltige Unterstützung, um ihre einzelstaatlichen Maßnahmen für die Umsetzung dieses Rahmens bis 2030 zu ergänzen 7. Substanzielle Steigerung der Verfügbarkeit von gefahrenübergreifenden **Frühwarnsystemen** sowie von **Katastrophenrisikoinformationen** und -bewertungen und den Zugang dazu für die Menschen bis 2030 erheblich erhöhen

den in der Literatur unterschiedlich getrennt oder einander untergeordnet (ISO/IEC, 2019).

Der Ansatz des National Research Council (NRC) von 1983 für Risikountersuchungen im Gesundheitsbereich hat viele nachfolgende Ansätze stark beeinflusst. Darin werden regulierende Maßnahmen in zwei Elemente unterteilt: das **Risiko-Assessment** (risk assessment) und das **Risikomanagement** (risk management) (NRC, 1983, 1994). Das Risiko-Assessment (risk assessment) wird darin weiter in vier Schritte untergliedert (hazard identification, dose-response assessment, exposure assessment, risk characterisation). **Risikomanagement** besteht aus Optionen und aus Entscheidungen und Handlungen (Abb. 3.3).

Das Rahmenkonzept für das Risikomanagement umweltbedingter Gesundheitsrisiken der Kommission für Risiko-Assessment und Risikomanagement des Präsidenten und des Kongresses der USA aus dem Jahr 1996 (The Presidential/Congressional Commission on Risk Assessment and Risk Management, 1996) unterteilt den Risikomanagementprozess in sechs Phasen:

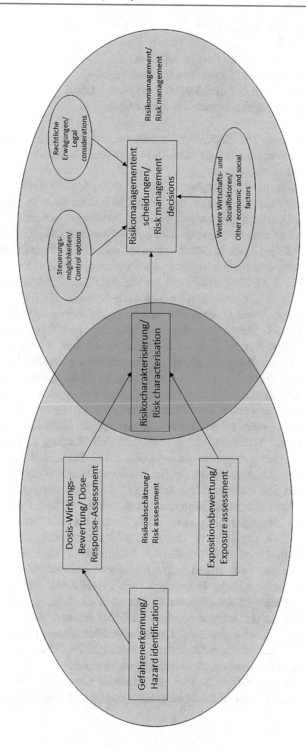

Abb. 3.3 Risiko-Assessment und Risikomanagement. (EPA, 2022)

1. 1. Problem und Kontexterfassung
2. 2. Risiko(analyse)
3. 3. Optionen, um sich mit Risiken zu befassen
4. 4. Entscheidungen über Optionen zur Implementierung
5. 5. Handlungen, um die Entscheidungen zu implementieren
6. 6. Evaluierung der Ergebnisse aus den Handlungen

Zusätzlich gibt es noch die Phase der Zusammenarbeit mit den Beteiligten während aller Phasen. Weiterhin wird betont, dass Iterationen nötig sind, sobald neue Informationen vorliegen.

Das Risiko- und Krisenmanagementkonzept des BMI 2008 (2011 aktualisiert) ist die Vorlage für die Projekte im Bereich Kritischer Infrastrukturen (KRITIS) des BBK, an der sich gegenwärtig einzelne Projekte orientieren. Es bezieht sich explizit auf den australisch-neuseeländischen Standard (AS/NZS: Risk Management 4360:2004). Dieser Standard war unter anderem Vorlage für eine internationale Standardisierung des Risikomanagementkonzepts, wie er heutzutage als ISO-Norm vorliegt (ISO, 2018). Die Bezeichnung der Prozessphasen des AS/NZS 4360 oder der ISO 31000 unterscheiden sich vom Konzept des BMI 2008 bzw. 2011 in sprachlichen Abwandlungen der Phasen, in der Reihenfolge sowie in einigen Unterpunkten, die nur im Konzept des BMI auftauchen. Das sind die Unterpunkte „Kritikalitätsanalyse", „Strategische Schutzziele" und „Operative Schutzziele" sowie die Unterteilung der Phase „Risikobehandlung" (ISO 31010: 10) in „Vorbeugende Maßnahmen" und „Krisenmanagement". Besonders interessant ist der Punkt „Kritikalitätsanalyse", der als eigenständige Untersuchung auch in anderen Ländern Verwendung findet, etwa in der Schweiz (VBS/BABS, 2007).

Das Rahmenkonzept des International Risk Governance Council (IRGC) ist ein weiteres Konzept zur Steuerung von Risiken, das den Oberbegriff **Risk Governance** statt „Risikomanagement" benutzt (IRGC, 2017). Tatsächlich unterscheidet es sich wenig vom Rahmenkonzept für das Risikomanagement umweltbedingter Gesundheitsrisiken der USA aus dem Jahr 1997. Die Veränderungen liegen im Detail: So steht darin die „Risikokommunikation" als Begriff im Zentrum, während es 1997 noch „Engage Stakeholders" hieß. Zudem sind die Unterpunkte ausführlicher beschrieben. Gegenwärtig ist das IRGC-Rahmenkonzept das aktuellste und umfassendste und wird in einigen Kreisen der Forschung angewandt, während das ISO-31000-Konzept und der Begriff „Risikomanagement" weiterhin große Verbreitung, insbesondere in der Industrie, finden. In der Praxis sind in der Wirtschaft und insbesondere in der IT-Branche aber auch die Leitfäden des Bundesamts für Sicherheit in der Informationstechnik (BSI) führend, um Grundschutz, Informationssicherheit oder **Business Continuity Management** **(BCM)** anzuleiten (BSI, 2017, 2022). Insbesondere der Leitfaden 200-4 für das BCM ist sehr ausführlich und empfehlenswert, da er viele Bestandteile einer Risikoanalyse und Maßnahmenplanung enthält, sich auch auf kritische Geschäftsprozesse bezieht und eine gute Vergleichsmöglichkeit beispielsweise mit Methoden des BBK ermöglicht.

Prozesse spielen eine große Rolle, auch innerhalb der Untersuchung der Gefahrenentstehung und ihren Ausbreitungen in (Abschn. 8.18.1). Dazu gibt es auch einige theoretische Anleihen, unter anderem die **Dosis-Wirkungs-Beziehungsmodelle** (dose-state response). Diese werden in vielen Bereichen der Medizin, aber auch übertragen auf Ökosysteme und wirtschaftliche Systeme hin untersucht. So hat das Dosis-Wirkungs-Konzept auch im Bereich Nachhaltigkeit starke Verwendung gefunden. Es wird zum Beispiel durch die Organisation für wirtschaftliche Zusammenarbeit und Entwicklung (OECD) seit den 1990er-Jahren benutzt (OECD, 1993), um auslösende Elemente oder Felder zu identifizieren, die unter besonderem Druck stehen (Abb. 3.4).

Dies können zum Beispiel Klimawandel, Veränderungen von Besiedlung und Infrastruktur durch Wachstum oder umgekehrt auch negativer Druck auf dem Arbeitsmarkt durch Arbeitslosigkeit sein. Diese Prozesse wirken dann auf Systeme oder Objekte ein, die in einem bestimmten Status, beispielsweise in einem gewissen Gleichgewichtszustand, sind. Ob Umwelt- oder Siedlungssysteme, auf sie wirken diese Prozesse ein, und aus der Gesellschaft heraus, aber auch aus der Umwelt entstehen gewisse Reaktionen darauf. So kümmern sich etwa Planungsbehörden um ausufernde und ungeplante Besiedlung. Gesellschaft und Politik reagieren auf Arbeitslosigkeit und auf extreme Ereignisse durch den Klimawandel, wozu dann auch Einsatzorganisationen und andere beitragen. Dieses Modell der Dosis-Wirkungs-Beziehungen kann auch entsprechend mit den Begriffen aus dem Erklärungsmodell der Risikoanalyse verglichen werden. Die auslösenden Prozesse sind die Gefahren, die auf ein verwundbares System einwirken und wo Maßnahmen wie Risikoanalyse und Bewältigung die Reaktionen darauf dar-

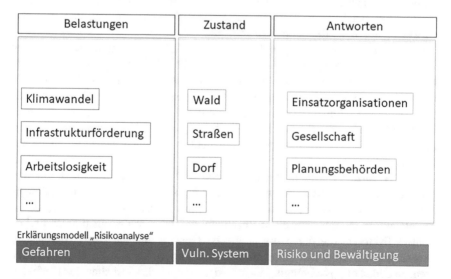

Abb. 3.4 Dosis-Wirkungs-Modell ergänzt um Beispielsthemen rund um den Klimawandel. (OECD, 1993)

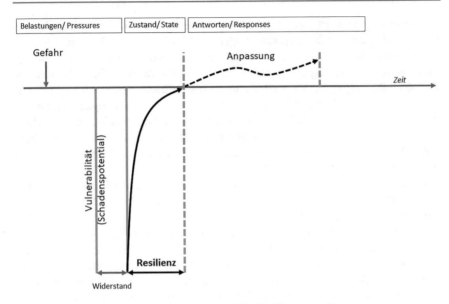

Abb. 3.5 Dosis-Wirkungs-Modell übertragen auf eine Resilienzdarstellung

stellen. Man kann es daher auch auf ein lineares Modell für den Prozess einer Gefahrenauswirkung und Reaktion eines Systems übertragen (Abb. 3.5). Nach der Einwirkung der Gefahr entsteht eine Zustandsänderung mit einem gewissen Schadenspotenzial, das durch die Verwundbarkeit und die Widerstandsfähigkeit entsprechend gebremst werden kann. Die Systeme versuchen meistens, dieses wieder auszugleichen und in einen Zustand der Wiederherstellung und dann der Anpassung durch die Reaktionen zu gelangen.

Dosis-Wirkungs-Beziehungen haben auch die frühsten Rahmenwerke in der Naturgefahrenforschung inspiriert und sind im Prinzip mit **Input**- und **Output-Modellen** stark verwandt. Das natürliche System wird in Interaktion mit dem menschlichen System dargestellt (Abb. 3.6). Beide wirken durch den Austausch von Ressourcen aufeinander ein. Gefahren sind ein Sonderfall der Interaktion zwischen natürlichen und menschlichen Systemen, der zu bestimmten Reaktionen drängt. Diese Reaktionen interagieren mit beiden Systemen, genau wie auch die Gefahren selbst.

Viele Ansätze versuchen, die räumlichen und physischen Faktoren mit den menschlichen Verhaltensfaktoren in Beziehung zu setzen. In einem Rahmenkonzept werden Gefahren, Wahrnehmungen und daraus folgende Reaktionen in der Interaktion mit der Umwelt in Beziehung gesetzt. Auf der einen Seite sind es situative Faktoren, die durch die physische Umwelt und die sozioökonomische Umwelt gegeben sind. Mit diesen situativen Faktoren interagieren kognitive Faktoren, zu denen das psychologische Umfeld, aber auch das Verhalten des Umfeldes beitragen. Die Interaktion zwischen diesen beiden Feldern erzeugt eine Reaktion im Umgang mit Gefahren (Abb. 3.7).

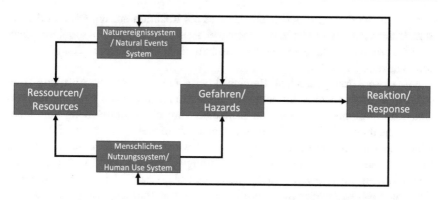

Abb. 3.6 Interaktion von natürlichem und menschlichem System. (Burton et al., 1978)

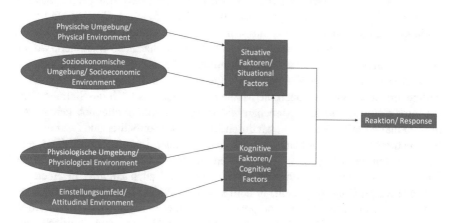

Abb. 3.7 Die Verbindung von situationsbezogenen und kognitiven Faktoren. (Tobin & Montz, 1997)

Auch im gesellschaftlichen Bereich gibt es viele Prozesse und Dynamiken, die bei der Analyse eines Risikos beachtet werden müssen. Dies sind zum einen gesamtgesellschaftliche oder auch Reaktionen von Gruppen von Menschen. Dazu gibt es eine Vielzahl von theoretischen Erklärungen und Untersuchungsmodellen, die an anderer Stelle in diesem Buch aufgearbeitet werden, zum Beispiel das PAR-Modell (siehe Kap. 6.2). Für die individuelle oder psychologische Ebene hat sich ebenfalls ein großer Strang der Forschung entwickelt, der schon seit den 1950er-Jahren in den USA systematisch versucht, gesellschaftliche und menschliche Reaktionen auf Kriege oder Katastrophen besser zu verstehen. Im Zuge der Sozialforschung haben dann auch einige Kolleginnen und Kollegen in den USA ein **Modell zur Untersuchung der gesellschaftlichen Verstärkung von Risikoprozessen** erstellt. In diesem Modell gibt es eine große Anzahl von Faktoren, die die Wahrnehmung und nachfolgende Reaktion auf Risiken erhöhen oder verringern. Im Modell wird dargestellt, dass es als Reaktion auf ein Risiko oder ein Schadensereignis zu einem Zusammenspiel zwischen Verstärkungseffekten, dann zu ausufernden Effekten in der Gesellschaft und schließlich zu Auswirkungen kommen kann (Abb. 3.8).

Mit diesen drei generellen Bereichen wird eine Art **gesellschaftliche Auswirkungskaskade** weiter differenziert. Insbesondere im ersten Feld greifen verschiedene Stationen und Faktoren ineinander, um die Wahrnehmung von Menschen gegenüber Risiken zu verstärken oder abzufedern. Zunächst gibt es verschiedene Informationsquellen, bei denen sowohl direkte, aber auch indirekte Kommunikation als auch persönliche Erfahrungen, um zu steuern, wie eine Person eine Information weiterverarbeitet, eine große Rolle spielen. Diese stehen in Interaktion und Rückkopplung mit verschiedenen Informationskanälen, die aus individuellen Sinneseindrücken und vielen informellen sozialen Netzwerken bestehen. Neben dem eigenen persönlichen Eindruck werden also Freunde und Verwandte sowie andere soziale Gruppen und Netzwerke bei der Bewertung eines Risikos einbezogen und befragt. Die professionellen oder offiziellen Quellen sind zwar wichtige Austauschpunkte, aber nur ein Teil des gesamten Informationskanals. Schließlich geht die Verarbeitung weiter über gesellschaftliche Stationen, wo sowohl Meinungsführer/innen als auch kulturelle und gesellschaftliche Gruppen das Gesamtkommunikationsgeschehen beeinflussen. Sowohl Regierungs- und Freiwilligenorganisationen als auch die Medien sind ebenfalls wichtige Stationen, um die Information weiter zu besprechen und zu verarbeiten. Schließlich geht es zurück zu individuellen Stationen, wo durch Aufmerksamkeitsfilter und Dekodierung Informationen weiterverarbeitet werden. Dabei spielen intuitive Heuristiken, also Abkürzungen im Umgang mit komplexen Informationen, eine wichtige Rolle. Informationen werden evaluiert und interpretiert und auch kognitiv in einen gesellschaftlichen Kontext gestellt, in dem sich jede Person bewegt. Schließlich resultiert dies in institutionellen und gesellschaftlichen Verhaltensweisen, die ihrerseits Änderungen von Einstellungen hinsichtlich Risiken erzeugen. Politische und soziale Maßnahmen und Aktivitäten, zu denen auch gesellschaftliche Proteste gehören, führen zu Reaktionen auf Organisationen auf institutioneller Ebene. Nach diesem Verstärkungsthemenfeld wirken die Informationen im Zentrum auf direkt betroffene Personen und darüber hinaus auch auf die lokale Gemeinschaft, auf weitere Berufsgruppen und weitere Beteiligte und schließlich auf die ganze Gesellschaft.

Die dritte Ebene der Auswirkungen auf die Gesellschaft ist ebenfalls vielfältig. Es ergeben sich wirtschaftliche und finanzielle Verluste, regulative und gesetzgeberische Aktivitäten, Organisationsveränderungen, Fragen der Rechtmäßigkeit, eine Ab- oder Zunahme des physischen feststellbaren Risikos, Betroffenheit und Verarbeitung der Gemeinschaft oder auch Vertrauensverlust in Institutionen. Insgesamt handelt es sich um ein komplexes Rahmenwerk für einen komplexen gesellschaftlichen Austausch von Informationen, Ressourcen, Einrichtungen und Werten, das aber dem tatsächlichen komplexen Bild einer Gesellschaft sehr gerecht wird. Es ist unumgänglich, darauf hinzuweisen, dass Risiken nicht nur allein technisch und mit physisch messbaren Werten gemessen werden sollten, sondern

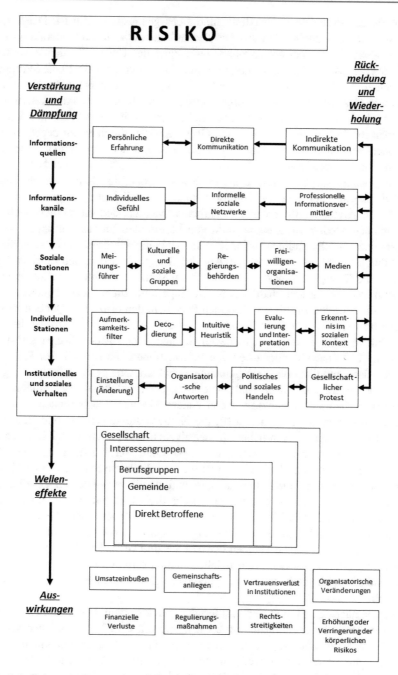

Abb. 3.8 Rahmenwerk zur sozialen Verstärkung eines Risikos. (Kasperson et al., 1988)

dass die gesellschaftliche Reaktion mindestens genauso wichtig ist. Dabei spielen sowohl individuelle als auch gesellschaftliche Aspekte und Interaktion eine große Rolle. Dies kann am Anwendungsbeispiel der Corona-Pandemie verdeutlicht werden (Abb. 3.9). Im Modell wird nun das Risiko COVID-19 als Startpunkt betrachtet. Im Verstärkungsfeld ergibt sich zunächst die persönliche Erfahrung, dass nun Gesichtsfiltermasken vorgeschrieben sind. In der Kommunikation wird dies mit verschiedenen Eindrücken verglichen, etwa mit den persönlichen Sinneseindrücken, die mit der ungewohnten Gesichtsmaske durchaus zu negativen Reaktionen bezüglich des Gefühls des Luftholens und anderem führen kann. Dadurch kann es sich ergeben, dass man in den informellen sozialen Netzwerken Gleichgesinnte sucht und findet, die die Masken ebenfalls als unangenehm empfinden. Es gibt aber auch Gegeninformationen, zum Beispiel aus professioneller Sicht von Ärzten/Ärztinnen und öffentlichen Medien. Jedoch werden auch die öffentlichen Medien im Meinungsbild von bestimmten Interessengruppen beeinflusst, und einzelne Influenzer/innen oder Meinungsführer/innen können dieses Bild durch Interaktion stark prägen. Aus der Gruppe der offiziellen Einrichtungen kommt die Bestärkung, dass diese Gesichtsmasken verpflichtend zu tragen sind; es wird also eine gesellschaftliche Norm eingeführt. Im weiteren Feedback gibt es nun die Möglichkeit für die einzelnen Personen, den offiziellen Quellen zu vertrauen oder sich bei der Dekodierung der verschiedenen Angaben aus den Medien zum Für und Wider aus verschiedenen Studien über solche Masken selbst ein Bild bilden. Je nach Verfügbarkeit von Informationen und persönlicher Präferenz werden dann möglicherweise sogenannte Echokammern gesucht, die die eigene Meinung bestätigen. Dabei sind viele Menschen gefährdet, bestimmten Verschwörungstheorien aufzusitzen, wenn andere Meinungsmacher/innen dies ausnutzen oder man auf Personen trifft, die ähnliche Ressentiments und Bedenken gegenüber solchen Masken haben. In der eigenen Interpretation und Evaluierung kann nun eine verkürzte Heuristik durch bestimmte Wertevorstellungen oder Anschauungen geschehen. Schließlich trifft dies auf die letzte Station von möglichen Verstärkungseffekten durch Institutionen und damit verbundenem gesellschaftlichem Verhalten. Einerseits kann gesellschaftliches Verhalten zur Konformität beitragen. Andererseits können bestimmte Protestgruppen auch die allgemeine politische und gesellschaftliche Stimmung beeinflussen, oder bestimmte politische Parteien schlachten solche Themen bewusst aus und versuchen, Meinungen zu beeinflussen. Die Reaktionen der offiziellen Stellen erfolgen meist von oben herab und sind somit einerseits wirksam, andererseits aber allein dadurch schon problematisch.

In der nächsten Station der ausufernden Effekte kann sich eine persönliche, unangenehme Sinneswahrnehmung im Umgang mit dem Tragen solcher Masken auf die gesamte Familiensituation auswirken und schließlich auf unzufriedene Gruppen ausweiten, um entweder bestimmte politische Parteien mit Meinungen zu unterstützen oder dies sogar im Untergrund mit verschiedenen Gruppen zu betreiben. Das Auswirkungsspektrum insgesamt ist ähnlich gelagert wie im generel-

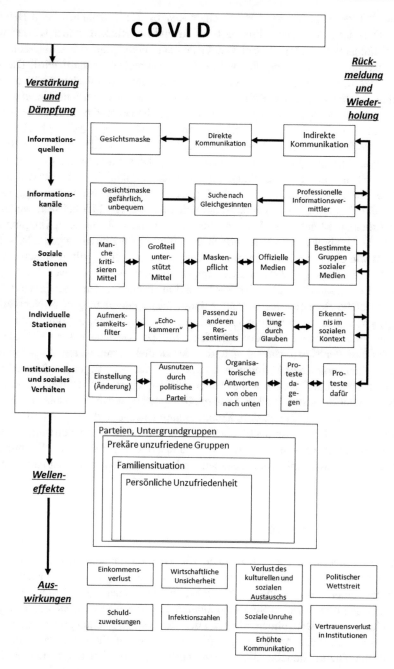

Abb. 3.9 Anwendung des Rahmenwerks zur sozialen Verstärkung eines Risikos auf die Corona-Pandemie und den Umgang mit Gesichtsmasken. (Nach Kasperson et al., 1988)

len Modell der sozialen Verstärkung eines Risikos. Hervorzuheben beim Beispiel COVID-19 ist jedoch der politische Konflikt und bei Risiken immer wieder auch das Schuldzuweisungsspiel, das von Gegenmeinungen und der Unklarheit von wissenschaftlichen Studien, die sich auch widersprechen, genährt wird. Die tatsächlichen Infektionsraten und damit die beobachtbaren physischen Größen eines Risikos spielen eine große Rolle, jedoch sind die gesellschaftliche Unzufriedenheit und wirtschaftliche Verluste ein mindestens ebenso starker Treiber der Kommunikation und auch der Entscheidungsfindung. Man kann das beobachten, da bestimmte Berufsgruppen als systemrelevant deklariert wurden und sogar Schulbildung als kritische Ressource diskutiert wurde. Dies hat teilweise mit der Frage zu tun, ob und inwiefern Bildungseinrichtungen tatsächlich eine kritische Infrastruktur sind. Aber zu einem anderen Teil ist so eine Diskussion auch aufgeladen durch die Frage, ob nicht Hintergrundinteressen wie die Möglichkeit, weiterhin zum Arbeitsplatz gehen zu können, hier eine De-facto-Rolle beim Umgang mit einem Risiko spielen. Das Vertrauen in die öffentlichen Einrichtungen wird durch Risiken wie einer Pandemie gefordert oder gar gespalten, es gibt politische Wettkämpfe um Meinungsführerschaften. Insgesamt gibt es als positiven Effekt eine höhere Kommunikation über das Risiko und auch über andere nachgelagerte gesellschaftliche Bereiche des Umgangs damit. Ein weiterer möglicher Nachteil ist ein gewisser Verlust an kulturellem und sozialem Austausch, der durch die Maßnahme des Maskentragens hervorgerufen wird. Die Gesichtsmasken sind sicherlich nur eine der vielen Maßnahmen, die hier zu diskutieren wären. Auch sind die dargestellten möglichen Meinungsschwankungen für oder gegen die Maßnahmen lediglich beispielhaft gemeint und sollen verdeutlichen, wie das Modell der sozialen Verstärkung von Risiken prinzipiell angewendet werden kann. Insgesamt lässt sich damit aber zeigen, dass Kommunikationswege und gesellschaftliche Reaktionen keinesfalls vereinfacht untersucht werden sollten, sondern immer auch die vielen Wechselspiele zwischen Individuen, ihren persönlichen Kenntnissen und ihrem Umfeld mit verschiedenen anderen sozialen Akteuren/Akteurinnen sowie Institutionen.

3.2   Systemtheorie

Die Systemtheorie ist vor dem Zweiten Weltkrieg entstanden, zunächst mathematisch und oft im Zusammenhang mit Computer- und Programmiersprachen innerhalb der Kybernetik, welche die Ähnlichkeiten der Steuerung von Maschinen mit biologischen oder sozialen Systemen untersucht (Wiener, 1952). Sie hat aber auch in vielen anderen Disziplinen wie etwa der Ökosystemforschung oder den Sozialwissenschaften breite Anwendung gefunden. Die Systemtheorie ist eines der verbreitetsten Theoriemodelle, die wissenschaftlich helfen, bestimmte Dinge abzugrenzen und zu strukturieren, und zwar in einer Weise, dass man sie sowohl für praktische Arbeiten als auch für logische Analysemodelle verwenden kann (Boulding, 1956). Systemtheorien haben in vielen Bereichen mit Bezügen zu Risiko, Katastrophen und Resilienz schon früh Verwendung gefunden, unter anderem im

Bereich von Infrastruktursystemen wie Wassertransport im Zusammenhang mit Nuklearangriffen (Andrews & Dixon, 1964), urbanen Systemen (Berry & Horton, 1970), physischen Prozessen und Kaskadeneffekten in der Umwelt wie zum Beispiel bei Erdrutschen oder Hochwasser (Chorley & Kennedy, 1971), in der Stabilität und Resilienz von Ökosystemen (Holling, 1973), Reaktionen von Gesellschaftssystemen auf Extremereignisse (Mileti et al., 1975) und generell in der Verknüpfung von Mensch-Umwelt Systemen mit einem räumlichen Blick (Chapman, 1977), oder als Systeme von Systemen (system of systems) ganz allgemein (Ackoff, 1971; Jackson, 1990). Daher wird im Folgenden von der Vielzahl möglicher Theorien die Systemtheorie genauer dargestellt und mit Beispielen im Zusammenhang mit Risiko- und Katastrophenforschung erläutert.

Die Kernmerkmale einer Systemtheorie sind, dass sie eine **Abgrenzung** von beschreibbaren Einheiten mit Eigenschaften und damit eine Unterteilung und Klassifizierung erlauben. Vorgängertheorien dazu sind die wissenschaftliche Klassifizierung, die in der Biologie zum Beispiel durch Beobachtungen und Sortierung von gesammelten Tier- und Pflanzenarten oder in der Geologie durch die Abfolge von Gesteinsfolgen in der Stratigraphie entwickelt wurden. Weitere Merkmale sind die Beschreibung von **Zusammenhängen innerhalb** dieser abgegrenzten Einheiten und ihre Abhängigkeiten und gegenseitigen Austauschprozesse. Außerdem wird mit einem systemtheoretischen Ansatz auch durch die Abgrenzung möglich, die **Interaktion mit externen anderen Systemen**, ihren Einflüssen und Austauschprozessen zu untersuchen (Abb. 3.10).

Im Grunde machen dies auch andere Theorien, diese stehen jedoch häufig auch im Zusammenhang mit der Systemtheorie. Weitere Aspekte, die insbesondere unter den **komplexen adaptiven Systemen** zusammengefasst wurden (Gell-Mann, 1994), sind Merkmale wie Emergenz – das Phänomen der Entwicklung

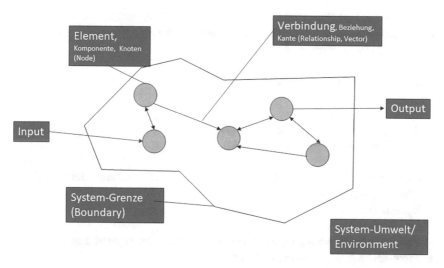

Abb. 3.10 Grundbestandteile eines Systems

aus der Summe der Elemente und Teile –, die Kommunikation mit gegenseitigem Austausch mit Rückkopplungseffekten, möglichen Fragen der Strukturierung und damit auch Steuerung und Regelung, aber auch Veränderungen und Anpassung. Die Historie und Entstehung der Systemtheorie sowie verschiedene Anwendungsfelder darin und Entwicklungen wie etwa der Komplexitätstheorie sind hinreichend in anderen Lehrbüchern dargestellt, und daher wird hier nur kurz darauf verwiesen.

Zusammengefasste Punkte und Anregungen

Was ist Systemtheorie?
Basis/Kernmerkmale:

- Abgrenzung von beschreibbaren Einheiten mit ähnlichen Eigenschaften
- Beschreibung von Zusammenhängen innerhalb von Einheiten
- Interaktion mit externen Einflüssen und Systemen

Weitere Aspekte:

- Entstehung (Emergenz)
- Kommunikation
- Kopplung und Rückkopplung
- Steuerung, Regelung
- Veränderung, Anpassung

Machen das die anderen Theorien nicht auch schon?
-> Anwendung insbesondere für

- sogenannte komplexe Probleme (siehe Komplexitätstheorie),
- Interaktion zwischen sehr diversen Systemen (Ökologie, Ökonomie usw.),
- Anwendung für Risiken, Katastrophen etc. hoch.

Was ist Systemtheorie? –Anwendungsbeispiele
Computer:

- Trennung von Sätzen in binäre Zeichen, Regeln, Interpreter
- Neue Zusammensetzung und Interaktion

Kommunikation (Niklas Luhmann): Verstehen, warum sich zum Beispiel Politik und Journalismus nicht „direkt verstehen":
System 1:

- Politik als System hat zum Beispiel das Ziel, Stimmen zu gewinnen
- Input–Output: Was Stimmen erbringt

System 2:

- Journalismus hat zum Beispiel das Ziel zu publizieren
- Input–Output: Was Informationen bringt und gesucht wird bei einer Zielgruppe

Begriff und Grundlagen der Systemtheorie wurden von Biologen/Biologinnen (Bertalanffy, 1968) geprägt, u.a. in der Darstellung eines dynamischen Austauschs mit der Umwelt.

Die Kybernetik, die Steuerung von Maschinen entstand unter anderem aus der Entwicklung von Computern und Programmiersprachen (Burks et al., 1946; Wiener, 1952), die auch mit der Semiotik (Peirce, 1868) und Rückkopplungsmechanismen (Maxwell, 1868) verbunden sind. Zelluläre Automaten (Von Neumann & Burks, 1966) simulieren Selbstreplikation. System Dynamics (Forrester, 1961) wird für die Analyse und Modellierung von Systemen und Untersuchungen in sich geschlossener Wirkungsketten (feedback loops) genutzt, heutzutage meist in der BWL und VWL eingesetzt (Club of Rome; Limits of Growth, World3 Modell – in Java oder Vensim).

Erweiterungen der 1970er-/1980er-Jahre waren unter anderem die Autopoeisis, die Selbsterschaffung- und erhaltung eines Systems (Maturana & Varela, 1987), Selbstorganisation und Komplexitätstheorie (Lewin, 1992; Waldrop, 1992), die auch die Entwicklung von Multiagentensystemen und Künstlicher Intelligenz vorantrieben.

Komplexe adaptive Systeme kennzeichnet (Gell-Mann, 1994; Holland, 2006; Kauffman, 1993):

- Anpassung (Homöostase)
- Emergenz
- Große Anzahl an Agenten/ Komponenten
- Interaktion
- Nichtlineare Zusammenhänge
- Selbstorganisation

Einflüsse der Systemtheorie ab den 1970er-/1980er-Jahren:
EyeCatcher
Risikoforschung – Soziologie: Erklärung von Gesellschaft und Kommunikation (Luhmann, 1984, 1993)

Ökosystemforschung: Resilienz (Gunderson & Holling, 2002; Holling, 1973), Nachhaltigkeit (Brundtland, 1987)

Systemtheorien und ihre Anwendung haben wie auch andere Theorien Vor- und Nachteile (Tab. 3.2). Vorteile liegen in dem Fokus und der Unterstützung der Argumentation für eine Abgrenzung des gesamten Systems oder seiner Elemente und damit auch die Bildung von Reihenfolgen und Struktur. Als Nachteil steht da-

Tab. 3.2 Vor- und Nachteile von Systemmodellen und Hierarchien

Vorteile	Nachteile
Abgrenzung und Reihenfolgen, Struktur	Oft nur statisches Bild, Dynamik fehlt
Deduktive Ansätze, logische Ketten	Inhalte folgen dem Gerüst
Reduziert Komplexität	Simplifizierend, wird der Komplexität nicht gerecht
Wird in vielen Disziplinen genutzt, ist wie eine gemeinsame Sprache	Je nach Disziplin gelten einige Modelle als veraltet (Kybernetik)

gegen, dass dies oft nur ein vereinfachtes und der Realität nicht entsprechendes Bild durch künstliche Abtrennungen aufweist und nur eine statische Momentaufnahme abbildet, wo die Dynamik nicht sichtbar genug wird. Ein weiterer Vorteil ist die Möglichkeit der Nutzung für deduktive Ansätze und damit logische Argumentationsketten. Als Nachteil ist hier das starre Befolgen eines Gerüsts zu nennen, das natürlich seinerseits seine Bewandtnis und Vorteile hat. Die Systemtheorie hat zudem den Vorteil, dass sie Komplexität reduziert, indem sie in bestimmte Elemente und Prozesse differenziert. Ein weiterer Vorteil ist die große Verbreitung in vielen Disziplinen; dadurch wirkt die Systemtheorie wie eine gemeinsame Sprache. Ein weiterer Nachteil ist, dass in einigen Disziplinen diese Modelle als veraltet gelten, zum Beispiel in der Kybernetik. Jedoch erfahren vermeintlich veraltete Modelle und Theorien häufig eine Renaissance oder eine verzögerte Entwicklung. Interessanterweise waren Verwundbarkeit und Resilienz als Konzepte in den 1970er-Jahren (weiter-)entwickelt worden und haben erst etwa eine Generation später in der Breite an Popularität gewonnen.

Ziel der Anwendung einer Systemtheorie ist es auch, Systeme besser zu verstehen und zu differenzieren. Man möchte mehr Licht ins Dunkle einer Black Box bringen, indem man Systembestandteile identifiziert und sichtbar macht, Subsysteme abgrenzt und im Idealfall auch Rückkopplungen und Austauschprozesse nach innen und außen erkennbar macht (Abb. 3.11).

Kritik und Grenzen der Systemtheorie

Eine Kritik am Anspruch einer „Theorie von allem" lautet, dass eine Universalität zu Oberflächlichkeit führen kann (Skyttner, 2005). Eine Kritik am mechanistischen Ansatz der Kybernetik ist, dass die Welt auf Artefakte reduziert wird, wie eine Dampfmaschine. Ziele (Teleologie), Information und Denken (mind) ebenfalls, und nur zielgerichtetes Verhalten wird gezählt (Jonas, 1953). Ähnliche Kritik gibt es auch in anderen Anwendungsbereichen wie „Smart Cities": Die Idee der effizienteren Steuerung von Städten durch IT ist nicht neu, es gab sie schon in den 1970ern als urban cybernetics. Gleichzeitig gab es eine Enttäuschung über Kybernetik in den 1970ern; wenige wirkliche Projekte entstanden und der Kontrollgedanke wird kritisiert („command and control') (Goodspeed, 2015). Eine weitere Kritik ist die reduzierende Betrachtung von Menschen: „Befunde: Bei Anwendung

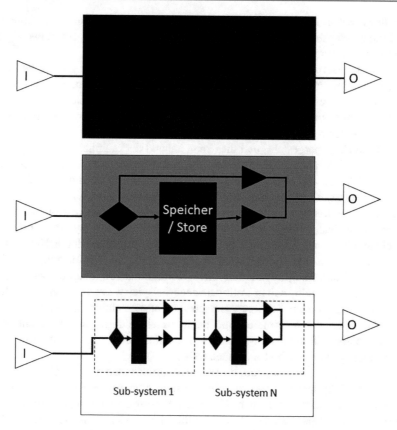

Abb. 3.11 Erweiterung der Black Box durch immer mehr erklärende Komponenten innerhalb von Subsystemen. (Chorley & Kennedy, 1971)

der Luhmannschen Systemtheorie wird die Soziale Arbeit **auf einen instrumentellen Prozess reduziert**". Das impliziert, dass weder ethische noch moralische Argumente von außen Einfluss auf die Arbeit nehmen können (Kihlström, 2012).

Zusammenfassung der generellen Anwendungsmöglichkeiten der Systemtheorie

1. Darstellung des **betroffenen Systems:** Gefahren (Input), betroffenes System, Verbindungen nach außen
2. Darstellung des **Prozessablaufs** der Untersuchung: Risikomanagementablauf, Risikozyklus, BIA usw.)
3. Darstellung eines **theoretischen Rahmenkonzepts:** Einbettung des Themas aus Punkt 1 und ggf. Punkt 2 in verwandte Konzepte oder theoretische Untersuchungsparameter (z. B. PAR-Modell; OECD 1993)

Für die Arbeit in der Risiko- und Katastrophenforschung und auch als Anleitung für Studierende dienen folgende drei grundsätzliche Beispiele für Anwendungsmöglichkeiten der Systemtheorie.

Als erstes Beispiel kann ein **reales Phänomen** in der Beobachtung und Messung in einem Prozessmodell abgebildet werden. Der Aufbau dieser Prozessmodelle, seien es Fehler- oder Ereignisbäume in der Risikoforschung oder Prozessbeschreibungen einer Massenbewegung, nutzen die oben genannten Kernmerkmale einer Systemtheorie. Es werden Bestandteile erkannt und abgegrenzt, Zusammenhänge hergestellt, und dies kann anhand der räumlichen, zeitlichen und weiterer Qualitätsparameter entstehen. Ein Kennzeichen hierfür ist die Nutzung unterschiedlicher Dimensionen und ihrer Verhältnisse, sogenannter Skalen, aber auch abgrenzbarer Untersuchungsräume oder -einheiten (Abb. 3.12).

Das zweite Beispiel ist, **Kommunikationsprozesse** und die Rollen von Beobachtern/Beobachterinnen und ihren Zielen mittels der Systemtheorie besser einzuteilen. Dies folgt den Überlegungen von Luhmann, durch Nutzung der Systemtheorie im sozialwissenschaftlichen Kontext die Abgrenzung der Ziele unterschiedlicher Zielgruppen und ihrer Kommunikation deutlich zu machen. Vereinfacht dargestellt, haben Politiker/innen beispielsweise im Dialog mit Journalisten/Journalistinnen bei ihren Botschaften hauptsächlich im Sinn, ob ihnen diese Aussagen Wählerstimmen und damit Macht einbringen oder nicht, während Journalisten/Journalistinnen als Zielvorstellung eine interessante Story oder Informationsgewinnung im Sinn haben (Abb. 3.13).

Dies ist wichtig zu erkennen, da Wissenschaftler/innen andere Ziele verfolgen als andere Zielgruppen, wenn sie zum Beispiel eine Arbeit verfassen oder eine Analyse durchführen. Aber auch Wissenschaftler/innen sind in mehreren Rollen vertreten; als Untersuchende, als Beobachter/innen oder auch als normale Teilnehmer/innen in der Gesellschaft. Diese Rollen und deren Interaktionen werden

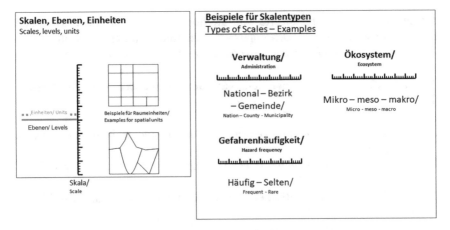

Abb. 3.12 Skalen-, Ebenenarten und Untersuchungseinheiten. (Cash et al., 2006; Cash & Moser, 2000; Fekete et al., 2010)

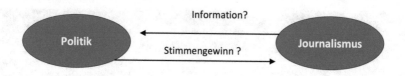

Abb. 3.13 Anwendungsbeispiel der Systemtheorie für die Kommunikation zwischen Politik und Journalismus

wissenschaftlich noch nicht in der Breite im Kontext zu Risiko- und Katastrophen-forschung untersucht. Beobachter/innen sind entscheidender Teil des untersuchten Systems, da sie nicht nur das System selbst festlegen und abgrenzen, sondern auch die Untersuchungsmethoden, Daten und jeweils betrachteten oder aus-geschlossenen Verknüpfungen zu weiteren Systemen (Abb. 3.14). Zudem sind sie jeweils durch ihre Perspektiven, Ziele, Fähigkeiten und Werte geprägt.

Ebenso ist die Darstellung des übergeordneten Verständnisses von Sicherheit als politisches Konstrukt ein systemtheoretisches Konzept. Aus der Verteilung von Ressourcen unterschiedlicher Systeme lassen sich dann Komponenten von Sicher-heit verknüpfen und ihre Interaktionen aufzeigen.

Als drittes Beispiel kann man Systemtheorie auch verwenden, um den gesam-ten Bearbeitungsprozess darzustellen, also um die **methodischen Schritte** der Untersuchung einer Risikoanalyse (Kap. 5) mittels der Systemtheorie darzustellen. Durch den Fokus, Vorgänge logisch darzustellen, wird die Hierarchietheorie hier gerne verwendet, und es werden Prozessmodelle genutzt, die zum Beispiel anhand von Durchflussdiagrammen visualisiert werden können. Andere Prozessmodelle, die nicht rein hierarchisch ablaufen, sind die theoretischen Rahmenwerke. Aber auch hier werden, wie in den gezeigten Beispielen, einzelne Bereiche oder Domä-nen mittels Kästchen konzeptionell voneinander getrennt und häufig durch Pfeile miteinander in Beziehung gesetzt. Diese Beziehungen können auch horizontal oder multilateral sein und müssen nicht rein hierarchisch aufgebaut sein.

Zusammengefasste Punkte und Anregungen

Anwendungsmöglichkeiten der Systemtheorie:

1. Beobachtung -> Prozessmodell

   - Bestandteile, Zusammenhänge, Abgrenzung = System (Systemtheorie)
   - Abgrenzung: Räumlich, zeitlich, Qualität (Skalen, Einheiten, Entitäten)

2. Beobachter und deren Ziele

   - Ziel (Teleologie)
   - Zielkonflikt bei Sicherheit
   - Ziele von Wissenschaft versus Ziele anderer

3. Vorgang strukturieren

   - Hierarchiemodell
   - Prozessmodelle

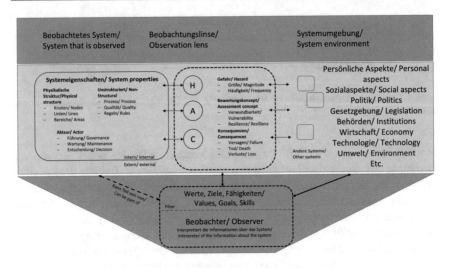

Abb. 3.14 Die Rolle des Beobachters in einem Untersuchungssystem. (Fekete, 2012)

- Theoretisch: Rahmenwerke
- Modellierung: Analysemethoden

Eignung der Systemtheorie:

- Anwendungsbezogen, oft planerisch, daher zielgerichtet
- Technisch, befasst sich oft mit mechanistischen Modellen
- Steuerung, Führung, Strategiedenken verbreitet
- Management drückt (wie auch Katastrophenminderung) bereits den Glauben aus, eingreifen, handeln zu können

Erweiterung:

- Mensch als handelnde Personen, mit Werten
- Kritik und mögliche Fehler gleich mitplanen
- Grenzen eines reduzierenden Modells wahrhaben

Die Systemtheorie kann auch angewendet werden, um Begriffe wie „Risiko", „Verwundbarkeit" und „Gefahr" klarer voneinander abzugrenzen und zu definieren. Ein Hauptproblem in der Risiko- und Katastrophenforschung ist eine fehlende Einigung auf Definitionen. Es gibt zum Beispiel Erweiterungen des Risikobegriffs um den Begriff „Verwundbarkeit" oder „Resilienz", doch die Ansichten, was davon jeweils ein Oberbegriff ist oder worum es dabei genau geht, sind widerstreitend.

Die Systemtheorie kann helfen, die einzelnen Begriffe voneinander zu trennen, und zwar durch eine Abgrenzung und Zusammenfassung gleicher oder ähnlicher Elemente und ihrer Beziehungen. Zweitens hilft die Systemtheorie in der

Trennung von Einwirkung und Auswirkungsfaktoren auf dieses System; dies soll im Folgenden an einem Beispiel verdeutlicht werden. Ein Risiko oder der eingetretene Fall einer Katastrophe kann als Funktion oder Abfolge bestimmter Komponenten verstanden werden. Diese Komponenten können in eine Reihenfolge entlang der Abfolge der Entstehung gebracht werden. Oft ist je nach Definition und Wissenschaftsrichtungen umstritten, was alles an Erklärungskomponenten hineingehört. Im Folgenden wird zunächst eine Vielzahl bekannter Komponenten in eine Reihenfolge gebracht und dargestellt:

Katastrophe = Auslöser, Gefahr, Gefahrenereignis, Exposition, Verwundbarkeit, Resilienz/Fähigkeiten, Risiko, Schadensausmaß
Einige dieser Begriffe können nun zusammengefasst werden. So fassen einige den ersten Bereich unter dem Begriff „Gefahr" zusammen und den zweiten Bereich unter dem Begriff „Schaden", „Verwundbarkeit" oder „Resilienz".

Um es an einem Beispiel darzustellen, nehmen wir ein Hochwasser, das durch Starkregen ausgelöst wird. Das Hochwasser ist ein Gefahrenereignis, das aus dem Zusammentreffen verschiedener auslösender Faktoren resultiert. Ein Fluss in einem Flussbett ist nur ein Fluss, aber sobald Regen einsetzt und weitere Faktoren dazukommen, kann das Wasser über die Ufer treten und eine Überflutung auslösen. Diese Faktoren lassen sich nun in einer Ereigniskette darstellen. Durch Verdunstung kommt es zu Wolkenbildung, durch Wolkenbildung zu Regen und durch Regen zu einem Ansteigen des Wasserstands im Flussbett. Man kann jeden einzelnen dieser Schritte in ein einzelnes sogenanntes Subsystem unterteilen. Jedes Subsystem hat abgrenzbare Elemente; so besteht der Regen aus Regentropfen, die sich um Kondensationskeime gebildet haben und die alle durch die Gravitation eine Fallrichtung zur Erdoberfläche haben. Der Regen ist dann einerseits ein eigenes Subsystem und andererseits der Einwirkungsfaktor auf das System Fluss (Tab. 3.3).

Der Fluss ist ein eigenes System, und das Wasser, das als Überflutung austritt, ist die Auswirkung. Und diese Auswirkung ist die Einwirkung für das, was man als Hochwasser bezeichnet. Das Ganze lässt sich beliebig mit den anderen Begriffen fortsetzen. Zusammenfassend lässt sich also sagen, dass jede einzelne Untersuchungskomponente voneinander getrennt und als ein Wirkungsfaktor auf das nächste Subsystem abgegrenzt werden kann. Das ist wichtig, da viele Menschen im Alltagsgebrauch einfach das Wort „Hochwasser" benutzen und damit gedanklich bereits die Hochwasserkatastrophe meinen. Im Alltagsfall ist es in Ordnung, für die Analyse ist es jedoch wichtig, das Hochwasser von Betroffenen, Häusern, Menschen oder anderen Werten abzugrenzen, denn schließlich kann ein Fluss über die Ufer treten und trotzdem keinen Schaden anrichten. Auch das Schadensausmaß muss durch einzelne Subsysteme genauer untersucht werden. Und es müssen die Ein- und Auswirkungen voneinander getrennt betrachtet werden, denn auch der Schaden an einem Gebäude kann zu weiteren Schäden an anderen Gebäuden führen. Handelt es sich zum Beispiel bei dem Gebäude um ein

Tab. 3.3 Anwendung der Systemtheorie auf die Begriffstrennung von Risikoelementen, hier Hochwasser

Einwirkung	Subsystem	Auswirkung & Einwirkung	Subsystem	Auswirkung & Einwirkung	Subsystem
Wolken	Starkregen	Wassermengen	Flussbett	Über-schwemmung	Siedlung

Kraftwerk, so fällt möglicherweise der Strom aus, was zu weiteren sogenannten Kaskadeneffekten führt.

Zusammenfassend lässt sich die Systemtheorie dort verwenden, wo Uneinigkeit oder Begriffsmischungen stattfinden. Man wird es nicht verhindern können, dass einzelne Organisationen oder Wissenschaftsrichtungen bei ihren Terminologien und Definitionen von Risiko oder Katastrophen bleiben und dass sich diese unterscheiden. Um sich gegenseitig besser zu verstehen, hilft die Systemtheorie jedoch, die Begriffe voneinander zu unterscheiden und abzugrenzen.

3.3   Wissensmanagement

Wissensmanagement befasst sich mit der Frage, welches Wissen dokumentiert, bewahrt, zur Verfügung gestellt und geteilt werden soll (Hufschmidt & Fekete, 2018; Weichselgartner, 2013). Es befasst sich in der Forschung vor allem mit den Fragen nach Handlungsmöglichkeiten, Wissen besser aufzubereiten und die Kommunikation unter Akteuren/Akteurinnen zu verbessern. Fragen der Wissensgenerierung und des Umgangs damit sind ja bereits originär wissenschaftliche Fragen. In vielen Praxisbereichen wie auch in der Wissenschaft kann jedoch festgestellt werden, dass Wissen häufig nicht ausreichend geteilt wird. Man muss zunächst einmal zwischen **Informationen** und **Wissen** unterscheiden. Meist ist es ein reines Informationsproblem, das heißt, es werden noch keine Informationen systematisch gesammelt oder geteilt. Zum Beispiel werden Beinahe-Störfälle oder auch andere Unglücke und Katastrophen selten in Organisationen dokumentiert, wenn sie entweder zu gering im Ausmaß sind und zu häufig vorkommen oder wenn sie so extrem sind, dass man mit der Wiederherstellung zurück zum Normalbetrieb so stark beschäftigt ist, dass für die Dokumentation keine Zeit bleibt. Häufig fehlt auch das Wissen, wie überhaupt Informationen erhoben werden können und wem das etwas bringt. Hierzu ist die Verknüpfung zu Forschung und Wissenschaft hilfreich, da dies deren originäre Aufgabe ist.

Aber auch in der Praxis hat dies eine große Relevanz. So verfügen Menschen oder ganze Personengruppen nach der Erfahrung einer Katastrophe über ein bestimmtes Wissen, und es ist die Frage, wie dieses verarbeitete und **implizite Wissen** mit anderen so geteilt werden kann, dass sie zur Handlung befähigt werden. Auch hier gibt es Anknüpfungspunkte zur Vermittlung von Wissen und Wissenschaftsdidaktik (siehe Kap. 2). In vielen Workshops und Projekten hat sich gezeigt, dass Wissen und Informationen in ganz vielen Bereichen unzureichend systematisch aufgenommen und geteilt werden. Darüber gibt es beispielsweise im Projektmanagement schon lange Erkenntnisse, und es existiert eine Vielzahl an Softwareprodukten, die den Austausch von Terminen, Adressen oder auch Datenbanken verbessern sollen. Diese Informationsmanagement-Software hat jedoch auch Nachteile; so muss sie auf vielen Geräten für viele Benutzergruppen kompatibel sein, und sie muss aktualisiert werden. So ähnlich ist es auch mit Wissensbeständen: Wenn Experten/Expertinnen in einem Projekt die Ergebnisse in einer Datenbank speichern, besteht oft das Problem, dass diese nach Projektende nicht mehr aufrechterhalten oder gepflegt wird. Damit geht ebenso Wissen verloren, wenn Mitarbeiter/innen eine Organisation verlassen. Gerade bei Katastrophenereignissen ist es wichtig, dass die Erfahrungen auch für künftige Mitarbeiter/innen oder gar Generationen aufgehoben werden. Hier stellt sich außerdem die Frage, wie überhaupt Erinnerungen und Wissen **explizit** gemacht, systematisiert und dauerhaft gespeichert werden können. Möglichkeiten sind die Mikroverfilmung, das Einscannen und die Speicherung von Dokumenten. Allerdings ist es wichtig, nicht nur die Informationen, sondern auch den Kontext, die Meinungen und Erfahrungen von Personen bei gewissen Katastrophenereignissen aufzubewahren. Dies kann in der Form von Protokollen öffentlicher Anhörungen erfolgen, wie es zum Beispiel in Großbritannien der Fall ist, wo große Unglücke systematisch protokolliert und öffentlich dokumentiert werden. Eine andere Möglichkeit besteht darin, **Erinnerungskulturen** zu schaffen, was über verschiedene Maßnahmen wie Museen, öffentliche Hochwassermarken oder öffentliche Übungen und Trainings erreicht werden kann. So gibt es zum Beispiel in der Region Friaul in Norditalien, die 1976 von einem starken Erdbeben betroffen war, in Orten wie beispielsweise Gemona, kleine Museen, in denen multimedial an die Ereignisse erinnert wird (Abb. 3.15, 3.16, und 3.17).

3.4　Beteiligungsformate

Innerhalb der Didaktik und auch in der internationalen Katastrophenrisikoforschung wird häufig die Erkenntnis geteilt, dass Menschen nur wirklich dann handlungsfähig in Krisensituationen sind, wenn sie vorher selbst an der Erstellung von Maßnahmen oder Informationsinhalten direkt beteiligt wurden. Es wurde vor allem beobachtet, dass das reine Verteilen von Informationsbroschüren oder von Projektergebnissen nach Projektende (sog. Pipeline-Modell des Wissenstransfers) oft ungenügend ist (Weichselgartner, 2013). Bessere Ergebnisse werden erzielt, so ist der Gedanke und häufig auch die Erfahrung, wenn die Menschen direkt von Projektbeginn an in die Erstellung der Produkte eingebunden werden. Dazu ist es, analog zur **Gemeinschafts-Resilienz** (community resilience), notwendig, Akteure

Abb. 3.15 Wiederaufgebaute historische Altstadt in Gemona, Norditalien (2017)

überhaupt in der Breite zu identifizieren und in einem inklusiven Ansatz möglichst
viele verschiedene Akteursgruppen einzuladen. Den Personen muss ermöglicht
werden, sich zu beteiligen, sie müssen ermuntert und informiert sowie möglicherweise vorab ausgebildet werden (Edwards, 2009).

Relevanz von Partizipation
Im Kontext der Risiko- und Katastrophenforschung ist die Relevanz der Beteiligungsformate insbesondere in der humanitären Hilfe und Entwicklungszusammenarbeit deutlich geworden und über die Denkweisen der Verwundbar-
keitskonzepte einiger Autoren/Autorinnen (Hewitt, Wisner) auch in die Natur-
gefahren- und Risikoforschung eingeflossen. Die Relevanz von partizipativen
oder Beteiligungsprozessen wird daher inzwischen von den Vereinten Nationen in
Rahmenwerken für die Bereiche Katastrophenvorsorge und Klimawandel verstärkt
betont.

Die Vereinten Nationen schlagen eine Reihe von Aktivitäten vor, darunter die
Ermutigung lokaler und betroffener Gemeinschaften, Maßnahmen zu ergreifen,
auch für die Finanzierung oder den Wiederaufbau (UNDRO, 1982):

Abb. 3.16 Museum zur Erinnerung an das Erdbeben 1976 (2017)

Yokohama-Strategie: „Präventivmaßnahmen sind am effektivsten, wenn sie eine Beteiligung auf allen Ebenen beinhalten …" (UN, 1994)

Hyogo Framework for Actio: „Förderung der Beteiligung der Gemeinschaft an der Katastrophenvorsorge ..." (UN/ISDR, 2005)

Sendai Framework: Bindet Partizipation in eine noch größere Vielfalt von Aktivitäten ein (UN, 2015)

Ziele und Rechtfertigung der Partizipation

Es werden insgesamt aus der Forschung und Praxis heraus Ziele und Rechtfertigung der Partizipation zusammengestellt,

1. um einen besseren Konsens und eine bessere Rechtfertigung (Affeltranger, 2001) bzw. Legitimation (Walker et al., 2002) zu erreichen,
2. um für Entscheidungsträger nützlich zu sein (Tapsell et al., 2010),
3. um einen Paradigmenwechsel vom Hochwasserschutz zum Hochwasserrisiko-management (HWRM) zu erreichen (Challies et al., 2016; Evers et al., 2016).

Abb. 3.17 Ausstellung zum
Erdbeben von 1976 (2017)

Hintergrund der Partizipation

Die Entstehung der Partizipation kann aber auch in anderen Bereichen, zum Beispiel in der Politikforschung, erkannt werden:

- Planung in der Politik kann entweder als „Instrument der zentralen Lenkung, Koordination und Kontrolle durch den Staat" durchgeführt werden.
- „Sie kann auf eine große Zahl relativ autonomer Akteure verteilt werden, die an enger definierten Problemen arbeiten" (Friedmann, 1988).
- Sie kann in einer Kombination aus beidem erfolgen, als „synoptische zentrale Planung und eine dezentrale Planung, die gegenseitige parteiliche Anpassungen unter den Akteuren beinhaltet" (Friedmann, 1988).

Theoretische Arbeiten und Begriffe zu Partizipation

Aus den Bürgerrechtsbewegungen heraus und im Kontext der Auseinandersetzung mit politischen Themen wurden die generellen Gedanken der **Partizipation** auch bekannt durch die Gliederung von Arnstein, die sogenannte Beteiligungsleiter (Arnstein, 1969). Es gibt verschiedene Stufen, die man zum Beispiel bei Verwaltung und staatlicher Führung erkennen kann, um eine Beteiligung nur zu behaupten oder auch tatsächlich ernst zu nehmen. Im negativen Fall ist eine Beteiligung nur vorgetäuscht und möglicherweise sogar eine Manipulation derer, die sie nur vortäuschen oder zur Legitimation benötigen. Man kann dies auch als reine Therapie oder im neutraleren Fall als Informationsverteilung bezeichnen. Höhere Wertigkeiten sind dann bei der Beratung oder sogar Platzierung und Partnerschaft möglich, und eine echte Beteiligung wird dann deutlich, wenn Macht abgegeben wird oder sogar die Kontrolle in Bürgerhand gegeben wird.

Andere Forscher/innen haben noch weitere Rollen der Partizipation dargestellt: von der reinen Informationsweitergabe oder einseitigen Kommunikation über die beratende Art der Zweiwegekommunikation. Dabei werden Akteure einbezogen und können gemeinsam entscheiden; in der höchsten Stufe dürfen sie sogar unabhängige Interessen der Gemeinschaft unterstützen.

Arnsteins (1969) Ladder of Citizen Participation:

1. Manipulation
2. Therapie
3. Informieren
4. Beratung
5. Platzierung
6. Partnerschaft
7. Delegierte Macht
8. Bürgerkontrolle

Creighton (2005) und Wilcox (1994):

1. Informieren – einseitige Kommunikation
2. Beratend – Zweiwegekommunikation
3. Einbeziehen – gemeinsam entscheiden
4. Befähigen – unabhängige Interessen der Gemeinschaft unterstützen

Methoden der Partizipation
Eyecatcher
Es gibt verschiedene Methoden der Beteiligungen, von denen nachfolgend nur einige bekannte und besonders typische aufgeführt werden:

Verbraucherorientierte Methoden: Beschwerde-/Vorschlagslisten und Umfragen zur Servicezufriedenheit

Traditionelle Methoden: Öffentliche Versammlungen, Einbindung von Bürgern/Bürgerinnen in kommunale Ausschüsse und Konsultationsdokumente, die zur Stellungnahme verschickt werden

Foren: Nachbarschaftsausschüsse oder Foren für junge Menschen oder für Bürger/innen schwarzer und ethnischer Minderheiten

Konsultative Innovationen: Zielen darauf ab, die Bürger in bestimmte Themen einzubeziehen (und nicht in einem anhaltenden Dialog), zum Beispiel interaktive Websites, Fokusgruppen, Bürgerpanels und Referenden

Deliberative Innovationen: Neue Methoden, die die Bürger/innen dazu ermutigen, über Themen, die sie und ihre Gemeinden betreffen, nachzudenken und zu diskutieren, beispielsweise durch Bürgerjurys, Visionsübungen, Gemeindeplanungsprogramme und Themenforen (Lowndes et al., 2006)

Partizipative ländliche Bestandsaufnahme (PRA)

Im Bereich der Risikoforschung, insbesondere im Kontext von Naturgefahren, ist auch die partizipative ländliche Bestandsaufnahme (Participatory Rural Appraisal, PRA) eine wichtige Methode. Diese beinhaltet bereits Beteiligungsprozesse wie beispielsweise die gemeinsame Kartierung und Modellierung sowie die Begehungen von Transekten, also einzelnen Querprofilen durch ein Untersuchungsgebiet. Kennzeichen ist vor allem, dass diese Beteiligungsprozesse von den Menschen vor Ort durchgeführt werden.

PRA umfasst die folgenden spezifische Methoden:

- Partizipative Kartierung und Modellierung
- Transektbegehungen
- Matrixbewertung
- Saisonale Kalender
- Trend- und Veränderungsanalyse
- Bewertung von Wohlbefinden und Wohlstand
- Analytische Diagramme

Sie werden alle von den Menschen vor Ort durchgeführt (Chambers, 1994a, b).

Spezifische Kartierungsmethoden sind **Participatory Geographical Information Systems** (PGISs; partizipative geographische Informationssysteme) (Pickles, 1995) oder **Volunteered Geographic Information** (VGI; „freiwillig erhobene geographische Information") (Albuquerque et al., 2016).

Tipps für Veranstaltungsplanungen

Für die Organisation von Workshops mit verschiedenen Akteuren/Akteurinnen lohnt es sich manchmal, eine externe Person einzuladen, wenn man zum Beispiel verschiedene Behördenvertreter/innen aus zwei oder mehreren benachbarten Kreisen zusammenbringt. Veranstaltet man einen Workshop mit Teilnehmern/Teilnehmerinnen aus Nordrhein-Westfalen, so lohnt es sich, z. B. jemanden aus Hamburg einzuladen.

Ein weiterer Tipp ist, im Bevölkerungsschutz in **drei Stufenszenarien** zu arbeiten: Das erste kann einfach bewältigt werden, das zweite geht schon an die Grenzen, und das dritte geht eindeutig über die Grenzen der Vorbereitungen hinaus. Gerade das letztere hat den großen Vorteil, dass sich dabei viele in ihrer Verantwortung entspannen und Probleme offener adressieren können.

Ein weiterer Tipp ist, daran zu denken, die Gegenpartei einzuladen. Insbesondere bei politischen Akteuren/Akteurinnen sollte man immer an jene denken, die gerade nicht an der Regierung sind. Häufig sind sie es, die sich zu einem Thema neu positionieren müssen; bei einem Regierungswechsel ist es außerdem wichtig, dass beide Parteien vorher einbezogen wurden.

Bei Firmen lohnt es sich, sowohl jene einzuladen, denen es wirtschaftlich sehr gut geht, als auch jene, bei denen es Spitz auf Knopf steht, denn bei letzteren ist häufig die Notwendigkeit größer, tatsächlich Risiko- und Sicherheitsmaßnahmen umzusetzen.

Analysemethoden und ihr Beteiligungscharakter
Auch in der Art der wissenschaftlichen Methodik können Beteiligungscharakteristika unterschiedlich ausfallen:

- Prozedural: Beteiligung von Anfang an oder nur als Datenlieferant
- Methodisch: Quantitativ oder qualitativ
- Ideologisch: Gesellschaftliche Zielvorstellungen und Haltung (sehr ähnlich zu prozedural)

Zu den **Phasen,** an denen lokale Akteure beteiligt sein können, gehören (Pelling, 2007):

- Initiierung der Bewertung
- Identifizierung dessen, was gefährdet ist
- Identifizierung der Quellen der Gefährdung, Verwundbarkeit oder Kapazität
- Entwurf von Bewertungsmethoden
- Sammeln von Daten
- Analysieren von Daten
- Ziehen von Schlussfolgerungen für Maßnahmen
- Handeln auf Basis der Ergebnisse
- Überprüfung der Nützlichkeit der Bewertung.

Lösungswege – Methoden
Im Kontext der Risiko- und Katastrophenforschungen, insbesondere mit Bezug zu den Themen in diesem Buch, können als Methoden auch folgende als Beispiel dienen:

- Befragung nach Risikowahrnehmung (Risk perception, awareness)
- Gruppenbefragungen (Focus Group Discussion)
- Standardisierte Verfahren zur Beteiligung (Participatory methods, crowd mapping, mental maps etc.)

Probleme – Herausforderungen
Es gibt immer typische Probleme und Herausforderungen bei Beteiligungsformaten, die auch hier wieder durch bestimmte Ws fragen untersucht werden können:

- Wen auswählen und beteiligen?
- Wie abstimmen?

- Wie motivieren, sich zu beteiligen?
- Balance zwischen Einspruchsrecht einzelner und dem Interesse der meisten
- Wie eine Interessensgemeinschaft über Jahre zusammenzuhalten?

Während die Vorteile dieser Verfahren auf der Hand liegen und es verschiedene methodische Ansätze gibt, ist es trotzdem wichtig, auf mögliche Nachteile von Beteiligungsverfahren hinzuweisen, da sie häufig nicht offen angesprochen und auch wissenschaftlich interessanterweise eher selten diskutiert werden. Beteiligungsprozesse sind zum einen hinsichtlich der Ressourcen sehr aufwendig, zum anderen hat sich in einer Untersuchung unter Teilnehmern/Teilnehmerinnen in verschiedenen Ländern gezeigt, dass der Erfolg von Beteiligungsprozessen von einer Anzahl von Faktoren abhängt, die sowohl regional zwischen verschiedenen Ländern als auch innerhalb eines Landes, zum Beispiel zwischen Stadt- und Landbewohnern/-bewohnerinnen, unterschiedlich ausfallen können (Fekete et al., 2021). So ist die Frage der Bereitschaft von Menschen einerseits abhängig davon, wie gut sie sich informiert oder eingebunden fühlen, und andererseits davon, ob sie bereits in Beteiligungsverfahren waren und damit gute Erfahrung gemacht haben. Es gibt politische Gründe und Regeln der Gesellschaft, die es den einen besser und den anderen schlechter ermöglichen, tatsächlich ernst genommen zu werden. Außerdem ist Freiwilligkeit wichtig; erzwungene Beteiligung oder sozial erwünschte Beteiligung kann sich ebenfalls nachteilig auswirken. Dann ist möglicherweise auch grundsätzlich zu untersuchen, ob und bei welchen Prozessen Beteiligungen wirklich jeweils sinnvoll sind und wann wiederum doch sogar das Gegenteil sehr sinnvoll sein kann, nämlich verordnete Studien oder Kommunikationsmaßnahmen im oft kritisierten Top-down-Verfahren. Top-down verbreitete Information kann auch Vorteile haben, wenn es auf kontrolliertem Weg von jenen durchgeführt wird, die sich mit dem Thema auskennen. Es gibt auch Erwartungshaltungen der Gesellschaft, dass genau solche Abläufe vorhanden sein sollten, doch nicht in allen Bereichen sind Menschen bereit, sich mit jeder Tätigkeit und jedem Problem ständig auseinanderzusetzen (siehe z. B. Arbeitsteilung).

Von diesen mehr oder weniger offensichtlichen Problemen abgesehen, sind in vielen Bereichen Beteiligungs- und **Bottom-up-Prozesse** jedoch genau das, was im Bereich Risiko- und Katastrophenmanagement noch fehlt. Sie sind deswegen eine wichtige Ergänzung, und es sollte lediglich beachtet werden, was aus der Forschung bereits bekannt ist, was daran gut funktioniert und was man an Kriterien möglicherweise noch untersuchen müsste, und wie man es besser macht. Beteiligungsprozesse wecken auch Erwartungen an fortlaufend weitere Eingebundenheit und Informiertwerden, die bedient werden müssen. Das muss mit bedacht werden, ebenso wie die Tatsache, dass nicht erwartete Gegenmeinungen, Kontroversen und Konflikte auftreten können, die nicht nur einen Aufwand bedeuten, sondern möglicherweise ganz neue Zielsetzungen erzwingen.

Im Zuge der sogenannten Transformationsforschung werden eine Beteiligung aller Akteure/Akteurinnen und echte fundamentale Änderungen gefordert. Am Beispiel der Transformationsforschung wie auch in anderen Bereichen kann man aber erkennen, dass man sich grundsätzlich die Frage stellen muss, ob man etwas wissenschaftlich neutral und unabhängig erforschen möchte oder ob man Wissenschaft als Beteiligung an gesellschaftlichen Prozessen versteht. Möchte man also **Transformation** nicht als reine neutrale Beobachtung der Transformationsprozesse verstehen, sondern als aktivierende Haltung, um auch in der Wissenschaft und in der Gesellschaft wirksam zu werden und tatsächlich etwas zum Beispiel hinsichtlich Katastrophenvorsorge oder Klimawandelanpassung fundamental zu verbessern, sind dies zwei unterschiedliche Bereiche. Bei der Form von gemeinsamen Projekten mit Akteuren/Akteurinnen aus der Anwendung ist dabei auch zu untersuchen, ob sich die Wissenschaft als Beobachterin oder Teil des Prozesses und damit auch als Dienstleistung versteht. Hier ist zu bedenken, dass Wissenschaft als großen Wert eine neutrale Beobachterrolle hat und keine Aufgaben übernehmen sollte, die gesellschaftlich zum Beispiel den Kommunen, der Wirtschaft oder Politik zu eigen sind, weil sie eben andere Aufgaben, Ziele und Ressourcen haben.

3.5 Bestandteile einer Risiko- und Katastrophentheorie

Insgesamt sollte die Nutzung einer Theorie einen wesentlichen Unterschied gegenüber der bisherigen Praxis oder Anwendung von Methoden darstellen. Daher könnte ein wesentliches Merkmal einer Theorie eine überzeugende Zusammenfassung und Abgrenzung eines Themengebiets sein. Analog zur Systemtheorie kann als genereller Bestandteil einer Theorie die Abgrenzung gelten, aber auch, dass es bestimmte Elemente gibt, die in dieser Theorie erklärt werden und deren gegenseitige Relationen. Ein weiteres Merkmal, das vielen Theorien zugeschrieben wird, ist eine kausale Erklärung statt nur einer Ansammlung von Indizien. Das ist aber bereits die Frage des Wissenschaftsansatzes, ob man hier Logik und damit den deduktiven Ansatz als Kausalerklärung meint und ob man einen induktiven Ansatz aus der Summe von noch nicht zusammenhängenden Beobachtungen zu einem Erklärungsmodell entwickelt , das man überprüfen kann. Eine kausale Erklärung beinhaltet meistens eine Erklärungskette, also Argumente, die aufeinander aufbauen. Damit beinhaltet eine Theorie eine Erklärungsebene, die sonst vorher nicht da gewesen wäre, die die Hintergründe zur Entstehung bestimmte Prozesse erklärt. Eine Katastrophentheorie benötigt zum Beispiel eine kausale Erklärung der Entstehungsprozesse eines Hochwassers oder der gesellschaftlichen Bedingungen, die es zu einer Katastrophe machen. Viele sozialwissenschaftliche Theorien behandeln kausale Ketten von Ursachen in der Gesellschaft wie etwa Armut oder Ungleichheit, die einige Personengruppen einem stärkeren Risiko aussetzen als andere Gesellschaftsgruppen.

Ein Gegenbeispiel zu einer Theorie wären reine Annahmensammlungen oder einzelne Beobachtungen, denen noch eine übergeordnete Erklärung fehlt. Ebenso würden statistische Analysen überwiegend keine Theorie darstellen, da sie nur Ähnlichkeiten, Wahrscheinlichkeiten und Muster modellieren, die aber ohne zusätzliche logische und kausale Erklärungen keine große Bedeutung haben, denn Muster kann man aus allem Möglichen erkennen, und solange bestimmte Grundgesamtheiten und damit Abgrenzungen der untersuchten Elemente und deren Relationen nicht schlüssig getroffen werden, sind solche Muster möglicherweise beliebig.

Eine Katastrophentheorie müsste also an Bestandteilen eine kausale Erklärung der Katastrophe in einem abgrenzbaren Untersuchungsraum mit Untersuchungskomponenten und Elementen beinhalten, deren Relationen untereinander helfen, das Risiko und die Katastrophe zu erklären. Dabei muss diese Theorie einen wesentlichen Unterschied gegenüber anderen Theorien oder aber Themen außer Katastrophen liefern. Wenn zum Beispiel eine Theorie über Katastrophen zu sehr einer Theorie über normal zu erwartende Unfälle oder Schäden entspricht, ist es keine eigenständige Katastrophentheorie.

Aktuell ist noch keine moderne Katastrophentheorie vorhanden. In der Geologie oder Mathematik gibt es Katastrophentheorien, die aber nicht der Ausrichtung und den Themen in diesem Buch entsprechen. Viele der hier gezeigten sogenannten Rahmenwerke stellen lediglich Zusammenstellungen wichtiger Erklärungskomponenten dar, zum Beispiel, wie ein Risiko aus den Komponenten Exposition, Gefahr, Anfälligkeit und Fähigkeiten besteht. Zwar sind einzelne kausale Zusammenhänge zwischen diesen Komponenten in einigen Rahmenwerken wie dem PAR-Rahmenwerk bereits vorhanden (Abschn. 6.2). Auf der Ebene der einzelnen Faktoren jedoch fehlen noch die kausalen und bereits hinreichend empirisch überprüften Zusammenhänge, die belegen, welche dieser Faktoren belegbar dazu geführt haben, dass zum Beispiel mehr Todesopfer oder Schäden entstanden sind. Das allein ist sehr schwierig, da sowohl die Anzahl an Todesopfern als auch die Anzahl an wirtschaftlichen Schäden schwer korrekt zu erheben sind. Außerdem variieren Katastrophenereignisse in ihrer Art und im Kontext zu stark, als dass man hier genügend große, vergleichbare Beobachtungen, wie etwa bei kleineren Unfällen im Alltag, hätte. Vor allem aber fehlt es an kausalen und belegbaren Zusammenhängen zwischen den einzelnen Faktoren, also zum Beispiel zwischen Alter und Einkommen und der Katastrophe. Andere Rahmenwerke sind noch mehr nur konzeptioneller Natur und müssen erst operationalisiert, das heißt mit Methoden und konkreten Daten ausgestattet und analysiert werden. Beispiele hierfür sind viele der Resilienz-Rahmenwerke, die zunächst eine vermutete theoretische Zusammenstellung von Erklärungskomponenten und Faktoren darstellen, die aber entweder noch nie oder sehr selten in Fallstudien untersucht wurden. Andere Rahmenwerke hingegen wurden mit bestimmten quantitativen Methoden, etwa mit Indikatoren und Statistik, untersucht. Jedoch fehlt es diesen Statistiken und Untersuchungen an den oben genannten kausalen Erklärungen der Zusammenhänge zwischen einzelnen Faktoren oder Indikatoren. Daher variieren viele Indikatorenansätze auch stark, je nach Fallstudie, Untersuchungsgruppe und Anzahl der Variablen, denn sowohl die Anzahl der einzelnen Variablen pro Indikator als auch die Benennung und Deutung der aggregierten Indikatoren variieren. So ist ein Indikatorenansatz mit zum Beispiel vier Erklärungskomponenten und darin je vier bis acht Variablen pro Komponente bereits nicht einheitlich. Und ein anderer Ansatz hat möglicherweise nur drei Erklärungskomponenten, da er Exposition und Verwundbarkeit zusammenfasst. Oder aber es sind in der Erklärungskomponente

„Fähigkeiten" nicht vier, sondern nur drei Variablen enthalten . Auf dem Gebiet der Theorieentwicklung in der Katastrophen- und Risikoforschung entstand in den letzten Jahrzehnten viel konzeptionelles Interesse , um das komplexe Phänomen besser zu verstehen. Gleichzeitig fehlt es aber noch an einer überzeugenden umspannenden Theorie, die eigenständig ist und sich zum Beispiel von anderen Handlungstheorien unterscheidet, die in der Soziologie für Alltagsprobleme oder generellen Entwicklung der Gesellschaft verwendet werden. Hier müsste es eine überzeugende Trennung dessen geben, was eine Katastrophe im Gegensatz zu anderen alltäglichen Veränderungen oder Verlusten angeht. Die Systemtheorie wurde in der Soziologie zum Beispiel von Niklas Luhmann bereits umfassend theoretisch erläutert und speziell auf das Thema „Risiko" hin weiterentwickelt (Luhmann, 1984, 1993). Jedoch ist diese Theorie eher beschreibend und konzeptionell und wird überwiegend qualitativ methodisch eingesetzt. Daher hat sie viele quantitative Bereiche nicht erreichen können.

In den Sozialwissenschaften gab es auch in Deutschland weitere Versuche zu einer Theorieentwicklung. Im Bereich der Entwicklung sogenannter Risikotypen wie der Archetypen gibt es daher bestimmte charakteristische Risikoarten, die entweder wie ein Damoklesschwert über einer Gesellschaft schweben oder schnell und plötzlich vorkommen (Renn, 2008b). Andere Typen hingegen sind viel sichtbarer für die Gesellschaft und treten auch häufiger auf. Solche Typisierungen Risiken sind zwar auch hilfreich, werden jedoch noch zu wenig mit kausalen Erklärungen der einzelnen Faktoren verknüpft.

In den soziologischen Katastrophentheorien herrschen gesellschaftliche Entwicklungen und ein Fokus auf institutionelle und politische Entscheidungsstrukturen vor, zum Beispiel bei Jared Diamond (2005) oder Ulrich Beck (2008). Andere Theorien oder Modelle beinhalten überwiegend Kommunikationsformen, zum Beispiel die Systemtheorie nach Niklas Luhmann. Auch die Katastrophensoziologie aus Kiel nach Lars Clausen und Wolf Dombrowsky hat Ablaufmodelle entwickelt, die überwiegend Kommunikationsaspekte ausdrücken. Das sogenannte Stadienmodell FAKKEL beschreibt die verschiedenen Phasen, in der aus einer Ruhephase heraus Vorbereitungen und Absprachen oder auch Trennungen zwischen Experten/Expertinnen und Nichtexperten/-expertinnen eintreten und was schließlich als Kommunikationskatastrophe und Vertrauensverlust hauptsächlich untersucht wird (Clausen, 1983). Auch beim Ablaufmodell LIDPAR von Wolf Dombrowsky geht es um den Umgang mit ungewissen Zeiten, Warnungen und schließlich einer Phase der Schuldzuweisung und befasst sich hauptsächlich mit Kommunikationsaspekten (Clausen & Dombrowsky, 1983). Dies ist ähnlich auch zum Begriff der zweiten Katastrophe, wie in den USA nach Erkenntnissen der Forschung bei Wirbelstürmen oder Hochwasser beobachtet wurde (Raphael, 1986). Diese katastrophensoziologischen Theorien befassen sich also überwiegend mit Reaktionsmustern der Gesellschaft, die anhand von Kommunikation untersucht werden. Dies ist für qualitative Untersuchungen sehr hilfreich und behandelt einen sehr relevanten Bereich gesellschaftlichen Handelns. Jedoch fehlt die Verknüpfung mit anderen empirischen Untersuchungen und Aspekten von verschiedenen Akteuren/Akteurinnen und Gesellschaftsdimensionen ebenso wie verschiedene Gefahrenwirkungsketten, und damit fehlt auch eine Verknüpfung zwischen quantitativen und qualitativen Untersuchungsmöglichkeiten und Perspektiven. Aktuell fehlt es also weiterhin an einer integrativen und Gefahren- wie Auswirkungsdimensionen und Methoden übergreifenden eigenständigen Risiko- oder Katastrophentheorie.

Was können bisherige Theorien erklären, und was fehlt möglicherweise noch für eine eigenständige Theorie für Risiko- und Katastrophenforschung? Mittels der Systemtheorie kann man schon sehr gut beschreiben, dass Risiken und Katastrophen entweder auf Veränderungsmöglichkeiten hindeuten oder sogar deren Realisierung aufzeigen. Man kann zum Beispiel einzelne Elemente oder Objekte im System verlieren und auslöschen. Ebenso können Verbindungen verschwinden oder verändert werden. Zudem werden möglicherweise die Systemgrenzen stark verändert. In anderen Theorien wie der Handlungstheorie wird dagegen nur auf die Interaktion durch realisierte Handlungen geachtet. Hier ist eine Katastrophe das Ende aller Handlungsoptionen. Wenn eine Person stirbt, kann man mit ihr nicht mehr interagieren, und es verbleiben nur die Erinnerungen und dadurch Platzhalter an Eindrücken über diese Person.

Interessant ist, dass Risiken nur existieren, sofern man ein Bewusstsein dafür hat. Risiken existieren damit auch nur so lange, solange jemand zum Beispiel darüber nachdenkt oder lebt. Interessant ist auch, dass Risiken entweder im Bewusstsein existieren oder auch real für eine Person sind, selbst wenn diese die Risiken nicht wahrnimmt. Katastrophen haben schließlich auch noch etwas Besonderes, da sie sowohl als Bezeichnung eines sich anbahnenden Ereignisses oder auch als Ausdruck für etwas real Passiertes existieren. Die alten Seefahrer nutzten den Begriff „Katastrophe" vermutlich für sich drehenden Wind, der sowohl real erlebt als auch als Zeichen vorab erkannt werden konnte. Damit hat Katastrophe auch etwas mit dem Begriff „Desaster" gemein; Desaster bezeichnet einen negativen oder dunklen Stern am Himmel als negatives Vorzeichen.

Was fehlt nun an einer Theorie speziell für Risiko- und Katastrophenforschung? Eigentlich nichts, denn alle Aspekte sind bereits in anderen Theorien enthalten, mit Ausnahme der Betonung auf die extremen Werte. Bei Katastrophen geht es speziell um große Schadensausmaße oder massive Veränderungen, die das ursprüngliche System oder die ursprüngliche Handlung massiv verändern. Jedoch sind alle Spannbreiten von geringen bis extremen Auswirkungen in den anderen Theorien bereits enthalten, nur werden sie nicht durch den Begriff „Katastrophe" geprägt.

Literaturempfehlungen

Komplexitätstheorie: Waldrop, 1992

    Systemtheorie: Chorley & Kennedy, 1971

    Risiko-Konzepte: Renn, 2008a

    Soziale Theorien des Risikos: Krimsky & Golding, 1992

    Wissensmanagement: Hufschmidt & Fekete, 2018; Weichselgartner, 2013

    Partizipation: Chambers, 1994a; Friedmann, 1988

Literatur

Ackoff, R. L. (1971). Towards a system of systems concepts. *Management Science, 17*(11), 661–671.

Affeltranger, B. (2001). Public participation in the design of local strategies for flood mitigation and control. In International Hydrological Programme. IHP-V. Technical Documents in Hydrology. No. 48: UNESCO.

Albuquerque, J., Herfort, B., & Eckle, M. (2016). The tasks of the crowd: A typology of tasks in geographic information crowdsourcing and a case study in humanitarian mapping. *Remote Sensing, 8*(10), 859.

Andrews, B.V. and H.L. Dixon. 1964. Vulnerability to Nuclear Attack of the Water Transportation Systems of the Contiguous United States: Stanford Research Inst Menlo Park Calif.

Arnstein, S. R. (1969). A ladder of citizen participation. *Journal of the American Institute of Planners, 35*(4), 216–224.

Baird, A., O'Keefe, P., Westgate, K. N., & Wisner, B. (1975). *Towards an explanation and reduction of disaster proneness.* Occasional paper no.11, University of Bradford, Disaster Research Unit.

Beck, U. (2008). *Weltrisikogesellschaft. Auf der Suche nach der verlorenen Sicherheit.* Suhrkamp.

Berry, B. J. L., & Horton, F. E. (Hrsg.). (1970). *Geographic perspectives of urban systems. With integrated readings.* Prentice-Hall.

Bertalanffy, K. L. v. (1968). *General system theory: Foundations, development, applications.* George Braziller Revised edition (2006).

BMI (Bundesministerium des Innern). (2011). *Schutz Kritischer Infrastrukturen - Risiko- und Krisenmanagement.* Leitfaden für Unternehmen und Behörden. Berlin: Bundesministerium des Innern.

Boulding, K. E. (1956). General systems theory – The skeleton of science. *Management Science, 2*(3), 197–208.

Brundtland, G. H. 1987. Our common future: World Commission on Environment and Development (WCED).

BSI (Bundesamt für Sicherheit in der Informationstechnik). (2017). BSI-Standard 200-1. Managementsysteme für Informationssicherheit (ISMS), 48. Bundesamt für Sicherheit in der Informationstechnik

BSI (Bundesamt für Sicherheit in der Informationstechnik). (2022). BSI-Standard 200–4 Business Continuity Management - CD 2.0, 234. Bundesamt für Sicherheit in der Informationstechnik

Burks, A. W.; H. H. Goldstine; and J. Von Neumann. (1946). Preliminary discussion of the logical design of an electronic computer instrument. The Institute for Advanced Study, Princeton

Burton, I., Kates, R. W., & White, G. F. (1978). *The environment as hazard.* Oxford University Press.

Cash, D. W., Adger, W. N., Berkes, F., Garden, P., Lebel, L., Olsson, P., Pritchard, L., & Young, O. (2006). Scale and cross-scale dynamics: Governance and information in a multilevel world. *Ecology and Society, 11*(2), 8. http://www.ecologyandsociety.org/vol11/iss2/art8/.

Cash, D. W., & Moser, S. C. (2000). Linking global and local scales: Designing dynamic assessment and management processes. *Global Environmental Change, 10,* 109–120.

Challies, E., Newig, J., Thaler, T., Kochskämper, E., & Levin-Keitel, M. (2016). Participatory and collaborative governance for sustainable flood risk management: An emerging research agenda. *Environmental Science and Policy, 55,* 275–280.

Chambers, R. (1994a). The origins and practice of participatory rural appraisal. *World Development, 22*(7), 953–969.

Chambers, R. (1994b). Participatory rural appraisal (PRA): Challenges, potentials and paradigm. *World Development, 22*(10), 1437–1454.

Chapman, G. P. (1977). *Human and environmental systems. A geographer's appraisal.* Academic Press.

Chorley, R. J., & Kennedy, B. A. (1971). *Physical geography. A systems approach.* Prentice-Hall.

Clausen, L. and W.R. Dombrowsky. (1983). Einführung in die Soziologie der Katastrophen. Zivilschutzforschung, Band 14, Bonn. Bundesamt für Zivilschutz

Clausen, L., & Dombrowsky, W. R. (1983). *Einführung in die Soziologie der Katastrophen: Zivilschutzforschung* (Bd. 14).

Coetzee, C., & van Niekerk, D. (2012). Tracking the evolution of the disaster management cycle: A general system theory approach. *Jàmbá: Journal of Disaster Risk Studies, 4*(1), 9. https://doi.org/10.4102/jamba.v4i1.54

Creighton, J. L. (2005). *The public participation handbook: Making better decisions through citizen involvement.* John Wiley & Sons.

Diamond, J. (2005). *Collapse – How societies choose to fail or survice*: Penguin Books.

Edwards, C. (2009). *Resilient nation.* Demos.

EPA (Environmental Protection Agency). (2022). *The NRC Risk Assessment Paradigm.* United States Environmental Protection Agency.

Evers, M., Jonoski, A., Almoradie, A., & Lange, L. (2016). Collaborative decision making in sustainable flood risk management: A socio-technical approach and tools for participatory governance. *Environmental Science & Policy, 55,* 335–344.

Fekete, A. (2012). Safety and security target levels: Opportunities and challenges for risk management and risk communication. *International Journal of Disaster Risk Reduction, 2,* 67–76. https://doi.org/10.1016/j.ijdrr.2012.09.001.

Fekete, A., Aslam, A. B., de Brito, M. M., Dominguez, I., Fernando, N., Illing, C. J., Apil, K. K. C., Mahdavian, F., Norf, C., Platt, S., Santi, P. A., & Tempels, B. (2021). Increasing flood risk awareness and warning readiness by participation – But who understands what under ‚participation'? *International Journal of Disaster Risk Reduction, 57,* 102157.

Fekete, A., Damm, M., & Birkmann, J. (2010). Scales as a challenge for vulnerability assessment. *Natural Hazards, 55,* 729–747. https://doi.org/10.1007/s11069-009-9445-5

FEMA. (2010). *Developing and Maintaining Emergency Operations Plans.* Comprehensive Preparedness Guide (CPG) 101 Version 2.0, 17: Federal Emergency Management Agency.

Forrester, J. W. (1961). *Industrial dynamics.* MIT Press.

Friedmann, J. (1988). Reviewing two centuries. *Society, 26*(1), 7–15.

Funtowicz, S. O., & Ravetz, J. R. (1990). *Uncertainty and quality in science for policy* (Bd. 15). Springer Science & Business Media.

Gell-Mann, M. (1994). *Complex adaptive systems.* Addison-Wesley

Goodspeed, R. (2015). Smart cities: Moving beyond urban cybernetics to tackle wicked problems. *Cambridge Journal of Regions, Economy and Society, 8*(1), 79–92.

Gunderson, L. H., & Holling, C. S. (2002). *Panarchy. Understanding transformations in human and natural systems.* Island Press.

Holland, J. H. (2006). Studying complex adaptive systems. *Journal of Systems Science and Complexity, 19*(1), 1–8.

Holling, C. S. (1973). Resilience and stability of ecological systems. *Annual Review of Ecology and Systematics, 4,* 1–23. www.jstor.org.

Hufschmidt, G. and A. Fekete. (2018). *Machbarkeitsstudie für einen Atlas der Verwundbarkeit und Resilienz (Atlas VR) – Wissensmanagement im Bevölkerungsschutz.* TH Köln, Universität Bonn.

IRGC - International Risk Governance Council. (2017). *An introduction to the IRGC risk governance framework.* Revised version 2017. Geneva: International Risk Governance Council.

ISO - International Organization for Standardization. (2018). ISO/IEC 31000:2018. *Risk management—Principles and guidelines.* Geneva. International Organization for Standardization

ISO.IEC. (2019). ISO/IEC 31010:2019. *Risk management—risk assessment techniques.* Geneva: International Organization for Standardization.

Jackson, M. C. (1990). Beyond a system of systems methodologies. *Journal of the Operational Research Society, 41*(8), 657–668.

Jonas, H. (1953). A critique of cybernetics. *Social Research, 20,* 172–192.

Kasperson, R. E., Renn, O., Slovic, P., Brown, H. S., Emel, J., Goble, R., Kasperson, J. X., & Ratick, S. (1988). The social amplification of risk: A conceptual framework. *Risk Analysis, 8*(2), 177–187.

Kauffman, S. (1993). *The origins of order: Self-organization and selection in evolution.* Oxford University Press,.

Kihlström, A. (2012). Luhmann's system theory in social work: Criticism and reflections. *Journal of Social Work, 12*(3), 287–299.

Krimsky, S., & Golding, D. (1992). *Social theories of risk.* Praeger.

Lewin, R. (1992). *Complexity: Life at the edge of chaos.* Chicago The University of Chicago Press.

Lowndes, V., Pratchett, L., & Stoker, G. (2006). Diagnosing and remedying the failings of official participation schemes: The CLEAR framework. *Social policy and Society, 5*(2), 281.

Luhmann, N. (1984). *Soziale Systeme. Grundriß einer allgemeinen Theorie.* Suhrkamp

Luhmann, N. (1993). *Risk: A sociological theory.* de Gruyter.

Maturana, H. R., & Varela, F. J. (1987). *Der Baum der Erkenntnis: Die biologischen Wurzeln der menschlichen Erkenntnis.* Scherz.

Maxwell, J. C. (1868). I. On governors. *Proceedings of the Royal Society of London, 16,* 270–283.

Mileti, D. S., Drabek, T. E., & Haas, J. E. (1975). *Human systems in extreme environments: A sociological perspective*: Institute of Behavioral Science, University of Colorado.

Von Neumann, J., & Burks, A. W. (1966). Theory of self-reproducing automata. *IEEE Transactions on Neural Networks, 5*(1), 3–14.

NKS (Nationale Kontaktstelle für das Sendai Rahmenwerk). (2019) S*endai Rahmenwerk für Katastrophenvorsorge 2015 - 2030.* Primus International Printing.

NRC (National Research Council). (1983). *Risk assessment in the federal government. Managing the process.* National Academy Press.

NRC (National Research Council). (1994). *Science and judgment in risk assessment.* National Academy Press.

OECD (Organisation for Economic Co-operation and Development). (1993). OECD core set of indicators for environmental performance reviews. *OECD Environment Monographs, 83* 39 Seiten.

Otway, H. J. (1973). *Risk estimation and evaluation.* Paper presented at the Proceedings of the IIASA Planning Conference on Energy Systems.

Peirce, C. S. (1868). On a new list of categories. *Proceedings of the American Academy of Arts and Sciences, 7,* 287–298.

Pelling, M. (2007). Learning from others: The scope and challenges for participatory disaster risk assessment. *Disasters, 31*(4), 373–385.

Pickles, J. (1995). *Ground truth: The social implications of geographic information systems.* Guilford Press.

Raphael, B. (1986). *When disaster strikes. A handbook for the caring professions.* Century Hutchinson.

Renn, O. (2008a). Concepts of risk: An interdisciplinary review. Part 1: Disciplinary risk concepts. *GAIA, 17*(1), 50–66.

Renn, O. (2008b). *Risk governance. Coping with uncertainty in a complex world.* Earthscan.

Rowe, W. D. (1975). *An „Anatomy" of risk*: Environmental Protection Agency.

Skyttner, L. (2005). *General systems theory: Problems, perspectives, practice*: World Scientific.

Tapsell, S.; S. McCarthy; H. Faulkner; and M. Alexander. (2010). *Social vulnerability to natural hazards.* CapHaz-Net WP4 Report, ed. M.U. Flood Hazard Research Centre – FHRC, London.

Tobin, G. A., & Montz, B. E. (1997). *Natural hazards. Explanation and integration.* The Guilford Press.

UN/ISDR. (2005). Hyogo Framework for Action 2005-2015: Building the resilience of nations and communities to disasters (HFA), ed. UN/ISDR - *Inter-Agency Secretariat of the International Strategy for Disaster Reduction.* Geneva: United Nations.

UNDRO. (1982). *Shelter after disaster: Guidelines for assistance.* United Nations.

UN (United Nations). (1994). *Yokohama Strategy and Plan of Action for a Safer World. Guidelines for Natural Disaster Prevention, Preparedness and Mitigation.* World Conference on Natural Disaster Reduction. Yokohama, Japan, 23–27 May 1994.

UN (United Nations). (2015). *Sendai framework for disaster risk reduction 2015–2030.* United Nations Office for Disaster Risk Reduction.

UNSPIDER. 2023. Risk and Disaster. Available from https://www.un-spider.org/risks-and-disasters; Zugegriffen: 3. April 2024

US Government. (1996). *The President's Commission on Critical Infrastructure Protection (PCCIP), executive order 13010.* Washington DC. US Government

VBS/BABS (Eidgenössisches Departement für Verteidigung, Bevölkerungsschutz und Sport/ Bundesamt für Bevölkerungsschutz). (2007) Erster Bericht an den Bundesrat zum Schutz Kritischer Infrastrukturen, 20.06.2007. http://www.news-service.admin.ch/NSBSubscriber/ message/attachments/9039.pdf Zugriff: 3. April 2024

Waldrop, M. M. (1992). *Complexity. The emerging science at the edge of order and chaos* (Edition of 1994). Penguin Books.

Walker, B., Carpenter, S. R., Anderies, J., Abel, N., Cumming, G., Janssen, M., Lebel, L., Norberg, J., Peterson, G. D., & Pritchard, R. (2002). Resilience management in social-ecological systems: A working hypothesis for a participatory approach. *Conservation Ecology, 6*(1), 14.

Weichselgartner, J. (2013). *Risiko – Wissen – Wandel. Strukturen und Diskurse problemorientierter Umweltforschung.* Oekom.

Whittaker, H. (1979). *Comprehensive emergency management. A Governor's Guide.* National Governors' Association.

Wiener, N. (1952). *Mensch und Menschmaschine. Kybernetik und Gesellschaft*: Alfred Metzner Verlag.

Wilcox, D. (1994). *The guide to effective participation.* Partnership Brighton.

Methoden der Risikoanalyse

4

Zusammenfassung

Wie kann man Risiken nun konkret mit welchen Methoden analysieren? Es gibt eine Vielzahl von Methoden der Risikoanalyse, und je nach Einsatzbereich werden sie unterschiedlich verstanden und verwendet. Typisch sind jedoch die Spezialisierung und damit vollkommen unterschiedliche Verwendungen von entweder qualitativen oder quantitativen Methoden. Es gibt inzwischen erste übergreifende Konzepte, die einzelne Phasen in der Bearbeitung von Risiken beschreiben. Dieses Kapitel richtet sich vor allem an jene, die Schritt für Schritt eine Risikoanalyse von der Identifizierung des Problems bis hin zu einer umfassenden Analyse untersuchen wollen. Dazu werden zunächst Grundverständnisse dargestellt, wie im Kontext von Bevölkerungsschutz solch eine Methode aufgebaut ist. Auch aus benachbarten Bereichen der Arbeits- und Anlagensicherheit werden bekannte Methoden vorgestellt, um eine Bandbreite zur Auswahl und Vergleichsmöglichkeit zu erhalten. Häufig geht es bei Risiken um komplexe Zusammenhänge, und daher müssen multiple Kriterien identifiziert und zusammengebracht werden. Schließlich benötigt man für die Erhebung empirischer Daten häufig erst Grundlagendaten, die zum Beispiel aus Befragungen gewonnen werden müssen. Damit steht ein breites Instrumentarium sowohl qualitativer als auch quantitativer Methoden für Risikoanalysen bereit.

In der Risikoforschung wurde lange zwischen der Risikowahrnehmung von Experten/Expertinnen und der Risikowahrnehmung von Laien/Laiinnen unterschieden (Barton, 1969). Man hat jedoch die Problematik dieser Kluft und die Grenzen der probabilistischen Bemessung von Magnituden und Frequenzen erkannt, mit denen sich auch Experten/Expertinnen schwertun (Gigerenzer, 2013). Zur rein expertenbezogenen Berechnung von Risikoanalysen kam die Forschung der Risikowahrnehmung und der Verhaltensforschung hinzu. Die Erkenntnisse waren,

dass Menschen Risiken besonders gravierend bewerten, wenn sie unerwartet auftreten oder tödlich sind (Kahneman et al., 1982; Tversky & Kahneman, 1974).
Auch für Gruppen von Menschen oder Kulturen wurden Unterschiede im Umgang von Risiken beobachtet (Douglas & Wildavsky, 1983). Ab den 1990er-Jah-
ren wurde zunehmend eine Integration der verschiedenen Ansätze verfolgt. Die
Internationale Dekade der Naturrisikoforschung der Vereinten Nationen strebte
integrative Ansätze an, die multiple Gefahren, Schadensarten, Disziplinen und An-
wendungssektoren verbinden sollten (UN, 1987, 1999). Dieser Impuls erhielt im
Nachgang auch Kritik, zum Beispiel dass sozialwissenschaftliche Ansätze noch
zu wenig eingebunden waren (Wisner et al., 2004). Das Hyogo-Rahmenwerk
(UN/ISDR, 2005) und das nachfolgende Sendai-Rahmenwerk (NKS, 2019; UN,
2015) vertieften den integrativen Anspruch an die Risikoforschung und betonten
die bestehende Notwendigkeit, Risikoanalysen durchzuführen. Moderne Risikomanagementkonzepte binden daher sowohl qualitative als auch quantitative Ansätze der Risikoanalysen ein, beachten Risikokommunikation sowie die Risikowahrnehmung der Akteure (IRGC, 2017).

Risikoanalysen gibt es, um mögliche Schäden, Veränderungen, aber auch
Chancen vorab einordnen oder abschätzen zu können. Dazu gibt es verschiedene
wissenschaftliche Methoden, die helfen, Risikoanalysen besser vergleichbar zu
machen. Diese Vergleichbarkeit beinhaltet eine bessere Strukturierung und Nach-
vollziehbarkeit, aber auch Wiederholbarkeit und Dokumentation.

Der **Mehrwert** gegenüber nichtwissenschaftlicher Methodik besteht in einem
genau beschriebenen Ablauf und aus Bearbeitungsschritten, die sich aus der vor-
hergehenden Erfahrung ergeben haben. Es gibt wenige rein auf das Risiko bezogene Methoden, sondern sie sind häufig aus ähnlichen Themenbereichen abgeleitet worden. Jedoch sind konzeptionelle methodische Unterteilungen wie etwa
in Risiko, Gefahr, Exposition, Verwundbarkeit und Resilienz bereits Merkmale,
die sie von anderen Untersuchungen, zum Beispiel im Bereich der Nachhaltigkeit,
unterscheidet (Abb. 4.1).

Im Folgenden werden nur einzelne ausgewählte Beispiele von Risikoanalysen
dargestellt. Es gibt eine große Bandbreite an **Alternativen**, die zum Beispiel
im Bereich der Technikuntersuchungen, Unfallanalysen oder Versicherungs-
mathematik vorliegen. Jedoch befassen sich diese meist mehr mit alltäglichen und
wiederkehrenden Unfällen, was sich methodisch nicht immer leicht auf Katastrophen und größere Krisen übertragen lässt, da es hier meist an Datengrundlagen
fehlt.

Die vorgestellten Beispiele sind im **Kontext** von Begriffen und lokalen und regionalen Gegebenheiten in Deutschland entstanden. Risikomethoden wurden generell überwiegend aus dem englischsprachigen Raum, insbesondere den USA,
nach Deutschland übertragen. Es gibt kleine Unterschiede in Details, zum Beispiel
in der Auswahl der jeweiligen zu untersuchenden Variablen und Parameter. Hier
kommt es durch den regionalen Kontext und die unterschiedlichen Kulturen in
den USA, zum Beispiel bei der Betrachtung der sogenannten sozialen Verwundbarkeit, zu einem stärkeren Fokus auf ethnische Gruppen und Konflikte hinsichtlich Rassismus. Dies wird in der deutschsprachigen Forschung zum Teil anders

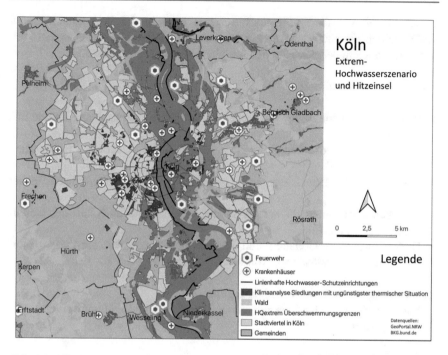

Abb. 4.1 Mittels geographischer Informationssysteme (GIS) können Informationen über die Gefahren (Hochwasserfläche) mit bedrohten, exponierten Siedlungsflächen und speziell interessanten Objekten wie Krankenhäusern oder Standorten der Feuerwehr zusammen dargestellt werden. Informationen zu gegenüber Hitze besonders exponierter Gebäude können ergänzt werden, um zum Beispiel zwei Gefahrenarten zu vergleichen. Die Kombination aus Informationen über Gefahren, exponierte Objekte und Zusatzinformationen über Verwundbarkeiten und Fähigkeiten (hier z. B. Hochwasserschutzeinrichtungen) machen eine Risikoanalyse aus

betrachtet oder auch gewichtet. Bei technischen Ausstattungen, Geräten oder der Nutzung von Standards unterscheiden sich Methoden zudem zwischen den Ländern .

Risikoanalysen können bei quantitativen Darstellungen fälschlicherweise suggerieren, dass sie eine bestimmte Genauigkeit haben oder eine absolute Aussage treffen. Auch bei der Visualisierung zum Beispiel in Form von Karten oder Diagrammen entstehen mögliche Verzerrungsfaktoren für jene, die mit dem Umgang fachlich nicht vertraut sind. Grundsätzlich weisen Risiken nur auf potenzielle Möglichkeitsbandbreiten hin. Dies führt mitunter zu dem Missverständnis, dass ein Risiko genauso eintreten könnte wie zuvor berechnet. Risikoanalysen haben viele **Grenzen**, die vor allem durch die vielen Annahmen und den Zeitpunkt der Erhebung vor einem realen Ereignis begründet sind.

Für Risikoanalysemethoden gelten die gleichen **Qualitätsanforderungen** wie für übliche wissenschaftliche Methoden. Zusätzliche Qualitätskriterien könnte man bezüglich der konzeptionellen Vollständigkeit fordern: Ein zusätzlicher Anspruch an die Vollständigkeit eines Ansatzes kann in der Betrachtung sowohl von Gefahren als auch der Auswirkungsseite zu gleichen Teilen gefordert werden – oder auch in der Betrachtung multipler Akteure und Zeitphasen.

Ziele von Risikoanalysen

- Relevanz und Verbreitung von Gefahren, Risiken (in Deutschland, in der EU, weltweit)
- Gefahren, Verwundbarkeiten, Resilienz und Risiko konzeptionell trennen und analytisch anwenden
- Ursachen und Maßnahmen von individueller bis gesamtgesellschaftlicher Ebene
- Ursachenketten innerhalb der Gefahrenentstehung und innerhalb der Gesellschaft/Verwundbarkeit
- Dimensionen von Gefahren und Risiken/ihren Auswirkungen (von Beeinträchtigung bis Auslöschung; von Individuum bis Zivilisation)

Zusammengefasste Punkte und Anregungen
Warum befassen sich Menschen mit Gefahren? Welche Gefahren werden als relevant eingestuft?

Erkenntnisse der Angstforschung:
Wenn Gefahren

- tödlich sein können,
- unkontrollierbar erscheinen,
- unsichtbar sind,
- einen persönlich betreffen können.

Literatur: Slovic, 1987; Renn, 2008
Wann werden Gefahren kollektiv ernst genommen? Faktoren sind: Abb. 4.2

- Todesopfer
- Betroffene
- Wirtschaftliche Schäden
- Vertragliche Verpflichtungen
- Unruhen und Ängste
- Medienberichte, politischer Handlungsdruck

Nicht nur Ängste und Gefahren, auch die Auswirkungen und Schäden sind sehr vielfältig. Am Beispiel Hochwasserschäden kann man erkennen, dass sich diese in direkte und indirekte Schäden, sowie diverse greifbare (tangible) und weniger physisch festzumachende Auswirkungen, z. B. psychologischer Art, unterteilen (Abb. 4.2).

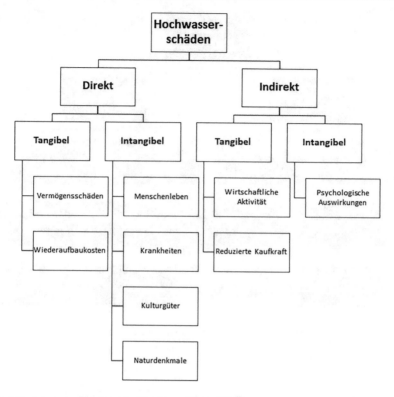

Abb. 4.2 Arten von (Hochwasser-)Schäden. (Merz, 2006)

4.1 Einsatzbereiche und Arten von Risikoanalysen

Risikoanalysen werden in den verschiedensten Bereichen eingesetzt und auch unterschiedlich verstanden. Gemein ist ihnen das Grundverständnis, dass es um eine Einschätzung ex ante (also vor einem Ereignis) potenzieller Auswirkungen geht. Auch hat die Grundformel, dass Risiko aus dem Zusammenhang zwischen Eintrittswahrscheinlichkeit und Schadensausmaß besteht, eine große Verbreitung (Renn, 2008). Die Geschichte der Risikoanalyse und die unterschiedliche Ausprägung im Finanzwesen können an anderer Stelle nachgelesen werden (Ale, 2009; Jacks, 2011). Es ist relevant, diese unterschiedlichen Grundhaltungen zu kennen, da die sektorenübergreifende Arbeit es erfordert, andere Denk- und Sprechweisen, Formeln und Konzepte zu verstehen (Abb. 4.3). Ein Beispiel ist die Aufgabe, neue Arten von Risiken fachlich einschätzen zu können, zum Beispiel als Gutachter/in (das kann z. B. der Bereich Deponiebrände sein, für die ein Portfolio für eine Versicherung erstellt werden soll). Dabei wird erwartet, eine anwendbare Risikoeinschätzungsmethode zu entwickeln oder abzuleiten und die Ergebnisse daraus so zu übersetzen, dass sie auch eine Finanzcontrollingabteilung versteht.

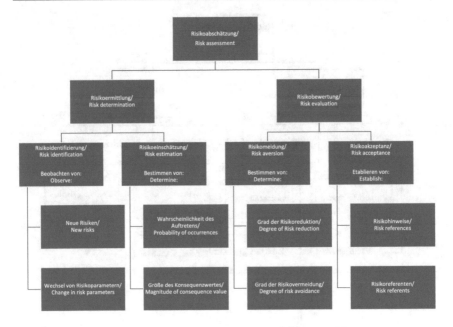

Abb. 4.3 Hierarchische Darstellung von Risikoanalysearten. (Rowe, 1975)

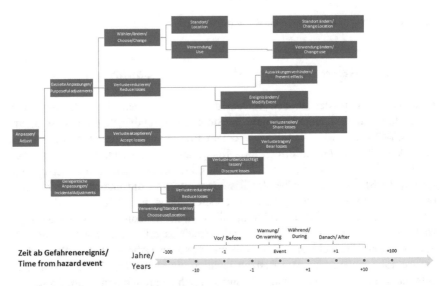

Abb. 4.4 Bandbreite der Anpassungsmöglichkeiten zu einer Gefahr in einem Entscheidungsbaum von kurz- bis langfristig. (Burton et al., 1978)

Es gibt eine Vielzahl von Möglichkeiten, mit einem Risiko umzugehen, zum Beispiel vermeiden, verhüten, abwälzen, begrenzen oder sogar (aus-)nutzen. Diese Bandbreite wird auch von Naturgefahrenforschern für kurz- bis langfristige Hochwasseranpassungen aufgezeigt (Abb. 4.4). Die menschliche Anpassung (adjustment) an die Umwelt beginnt bereits mit der Wahl des Wohnortes, den Lebensbedingungen und den Ressourcen, die man nutzt. Burton et al., 1978 weisen darauf hin, dass es eine Vielzahl an weiteren Entscheidungs- und Anpassungsmöglichkeiten an einem Ort gibt, dass aber die radikalste Maßnahme die Aufgabe des Wohnortes wäre.

Zusammengefasste Punkte und Anregungen
Ausgangspunkte für Risikoanalysen
Eigenes Interesse:

- Um potenzielle Schäden vorab einzuschätzen (-> Schadenspotenzial)
- Um potenzielle Vorfälle einzuschätzen (-> Eintrittswahrscheinlichkeit)

Fremdes Interesse:

- Um Auflagen oder Erwartungen nach einem Vorfall zu befriedigen (-> Gesetze/ Normen, -> Compliance, -> Reputation, -> Service Level Agreements usw.)

Risikoanalysearten (Beispiele)

- Arbeitsschutz :   Nutzt den Begriff „Gefährdungsbeurteilung"
- Bevölkerungsschutz :   Bedient sich der Verfahren aus dem Bereich Disaster Risk Management, Natural Hazards und vereinfacht diese stark (z. B. Risikoanalyse Bevölkerungsschutz des BBK)
- Brandschutz :   Nutzt andere Begriffe wie „Bedarfsplanung" und „Gefahrenanalyse"
- Technische Risikoanalyse , Anlagensicherheit :   Siehe ISO 31010
- Wirtschaftliche Risikoanalyse: Siehe z. T. ISO 31010, aber noch viele weitere, insbesondere aus der Versicherungswirtschaft, aber auch aus dem Business Continuity Management (BCM), der Lieferkettenlogistik, VWL, z. B. input–output, value of lost load (VOLL)

Zusammenfassung – Kerninhalte von Risikoanalysen

- Risikoanalysen liefern Planungsgrundlagen.
- Informationen fehlen oft (z. B. Eintrittswahrscheinlichkeiten, Schadensausmaße).
- Daten können durch empirische Forschung erhoben werden.

- Empirische Forschung erfasst zuvor unbekannte oder so an dieser Stelle noch nicht erhobene Daten.
- Methoden der empirischen Datenerhebung sind beispielsweise qualitative Methoden (z. B. Umfragen) oder quantitative Methoden (z. B. Beobachtungen/ Messungen).

Im Arbeitsschutz sind **Gefährdungsbeurteilungen** oder -abschätzungen gebräuchlich und bereits relativ standardisiert. Zumindest bestehen die Abläufe meist aus den gleichen Schritten, mit leichten Abweichungen zwischen so verschiedenen Bereichen wie Landwirtschaft, Lärmmessung, Maschinenbau (BAuA, 2016). Gefährdungsabschätzungen oder -beurteilungen (GBU) wurden sogar für die Bedarfe der Feuerwehr angepasst. In den Ingenieurwissenschaften sind **Kennzahlenberechnungen** gängig, und es gibt eine große Bandbreite (Preiss, 2009). Im Grunde genommen sind die meisten dieser Analysemethoden im Bereich der Industrie und Technikuntersuchung oder Unfallanalyse entstanden und finden sich heutzutage zum Beispiel auch bei Themen des Arbeitsschutzes oder im Qualitätsmanagement. Sie haben eine hohe Verbreitung und Akzeptanz erfahren und sind relativ standardisiert. Ein Merkmal ist auch ihre semiquantitativ Ausgestaltung in der Form, dass subjektive Beobachtungen in Tabellen oder Fehlerbäume eingetragen werden. Die Vor- und Nachteile wurden bezüglich der Abhängigkeit von regelmäßig erhobenen Daten oben bereits erläutert. Diese Methoden eignen sich vorwiegend für häufiger vorkommende Vorfälle sowie für bekannte technische und damit häufig auch direkt beobachtbare Phänomene. Bei selteneren oder unbekannten Risiken treten Schwierigkeiten auf, insbesondere im Vergleich zum alltäglichen Gebrauch, wo es im Bereich des Arbeitsschutzes und im Unfallbereich eine Unmenge an Dokumentationen und Arbeitshilfen und Vorgaben gibt, die helfen, die Werte und die zu treffenden Maßnahmen auszuwählen.

4.2   Methode der Risikoanalyse im Bevölkerungsschutz

Verwandt mit dieser Art der Methoden sind **semiquantitative** Risikoanalysearten wie zum Beispiel die des BBK zur **Risikoanalyse im Bevölkerungsschutz** (BBK, 2010, 2015). Da diese Risikoanalyse besonders zutreffend für den Bereich Zivil- und Katastrophenschutz ist, wird sie hier beispielhaft ausgeführt. Diese Methode besteht aus Tabellen, in die zu erwartende Schadensspektren in verschiedenen Klassenstufen eingetragen werden können, zum Beispiel zu erwartende Todesfolgen in sich steigernden Stufen. Auch hier (wie bei Kennzahlen) werden die Eintragungen durch Zuteilung in eine bestimmte Risikoklasse durch subjektive Einschätzungen vorgenommen. Die Methode kann sowohl von Einzelpersonen als auch in Gruppendiskussionen angewendet werden, um die einzelnen Kategorien auszufüllen. Häufig fehlt hier noch eine **Dokumentation** darüber, welche Personen welche der Kategorien ausgefüllt haben. Auch fehlt häufig, welche Entscheidung und Daten zugrunde lagen, um die jeweilige Entscheidung zu treffen. Am Schluss lässt sich auch hier eine aggregierte Gesamtzahl errechnen, die dann einen Wert für das gesamte Risiko bildet. Dieses Ergebnis kann in einer sogenannten Risikomatrix visualisiert werden, wie sie zum Beispiel aus dem Arbeitsschutz oder der Naturgefahrenforschung bekannt ist. Die hier zugrunde liegende **Risikodefinition** setzt das Gefahrenausmaß mit dem möglichen Schadensausmaß mittels einer X- und Y-Koordinate in Beziehung. Dadurch wird konzeptionell das Risiko auf nur zwei Elemente reduziert. Im Vergleich zu einer anderen Risikodefinition, die noch weitere Komponenten der Exposition oder Anfälligkeit enthält, entfällt diese Detailtiefe. Der Vorzug ist jedoch, dass für Entscheidungsträger/innen verschiedene Risiken in Beziehung gesetzt und somit direkt visuell verglichen werden können. Ein Hochwasser kann in einer Gemeinde zwar mehr Todesopfer fordern als zum Beispiel ein Hagelschauer, jedoch ist die Eintrittswahrscheinlichkeit eines extremen Hochwassers geringer, sodass das Risiko auf der X- und Y- Achse anders einsortiert wird als das Hagelrisiko.

Es gibt weitere Fallstricke in der Darstellung, die einerseits in der oft recht willkürlichen Einteilung der **Risikoklassen** in drei, vier oder fünf Klassen auf der X- oder Y-Achse liegen und andererseits in den zumindest verbal recht unscharfen Trennungen der Klassen, indem das Risiko zum Beispiel in hoch, mittel und niedrig eingeteilt wird. Das kann aber ausgeglichen werden, und das BBK stellt Arbeitshilfen wie Tabellen mit numerischen und beschreibenden Risikoklassen online bereit. Ein größeres Problem ist die Frage, welches Risiko als relevanter eingeschätzt wird: ein wahrscheinlicheres oder ein weniger wahrscheinliches? Auf den Risikomatrizen werden üblicherweise die höchsten Risiken dargestellt, wenn es eine Kombination aus höchstem Schadensausmaß und höchster Wahrscheinlichkeit gibt. Jedoch kann es genau umgekehrt sein, das heißt, ein Risiko für eine Gemeinde oder ein Land ist dann viel höher, wenn es selten auftritt und dann mit einem Überraschungseffekt kommt. Hier muss man sich entscheiden, wie man eine solche **Risikomatrix** aufbaut, und beim Vergleich sehr darauf achten, sie richtig zu lesen (Abb. 4.5, 4.6, 4.7, 4.8, 4.9 und 4.10).

Ein großer Vorteil dieser Methode liegt in ihrer Einfachheit und dem relativ hohen Verbreitungsgrad durch die Schulungen und Arbeiten des BBK. Obwohl sie simplifizierend ist, gerade im Vergleich zu anderen wissenschaftlich entstandenen Risikoanalysemethoden, kann sie trotzdem sehr aufwendig in der Bearbeitung sein. Um alle Risiken für alle Gefahrenarten in einer Gemeinde einordnen zu können, kann es viel Aufwand und Vorarbeit bedeuten, um an alle notwendigen Informationen und damit verbunden Daten zu gelangen. Ein weiterer Vorzug dieser Methode ist jedoch, dass sie seit 2012 dem Bundestag inzwischen in einer Berichtsform vorgelegt wird. Darin werden zunehmend auch verschiedenste Behörden und wissenschaftliche Einrichtungen eingebunden, um zu den einzelnen Werten in den Risikotabellen zu kommen. Es wird immer transparenter dokumentiert, welche Datengrundlagen es dafür gibt, aufgrund welcher Mischung von Messdaten und anderen Datenquellen man zur Entscheidung der Eintragung in eine Klasse gelangt. Das ist sehr begrüßenswert, und dadurch wird auch eine weitere wissenschaftliche Nutzung der Analyse zum Beispiel für Vergleichsanalysen ermöglicht. Natürlich sind die Eintragungen heterogen – zu einigen Parametern gibt es detaillierte Messreihen, während es zu anderen eher Einschätzungen gibt –, aber es werden zumindest die Arbeitsschritte und die Begründungen dokumentiert, die in vielen anderen Risikoanalysearten fehlen.

	Keine	Reversibel		Irreversibel	
	Keine Folgen	Bagatell-folgen	Verletzungs-/Erkrankungs-folgen	Leichter bleibender Gesundheits-schaden	Schwerer bleibender Gesundheits-schaden, Tod
Nicht vorstellbar	0	0	0	1	1
Äußerst gering	0	0	1	3	4
Vorstellbar	0	1	2	5	7
Sehr hoch	0	1	3	7	10

Abb. 4.5   Beispiel einer Risikomatrix aus dem Arbeitsschutz und Gesundheitswesen (Thieme-cke & Nohl, 1987)

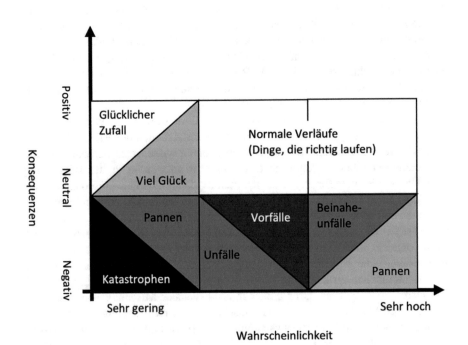

Abb. 4.6   Beispiel einer Risikomatrix im Ingenieruwesen (Hollnagel et al., 2013)

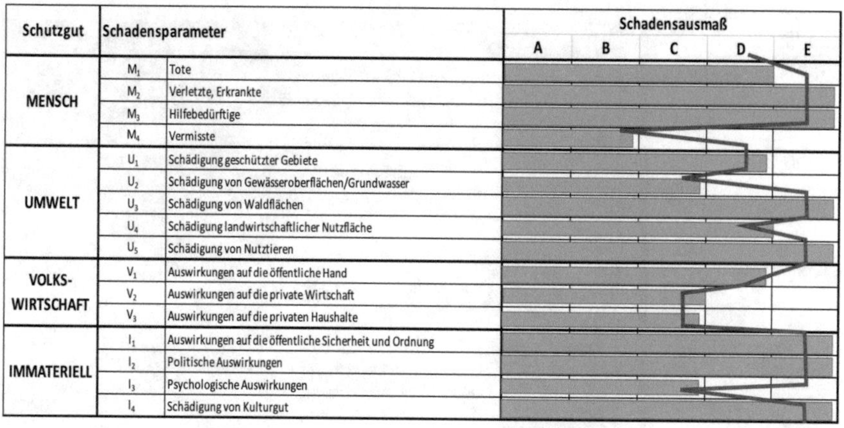

Schutzgut	Schadensparameter		Schadensausmaß				
			A	B	C	D	E
MENSCH	M₁	Tote					
	M₂	Verletzte, Erkrankte					
	M₃	Hilfebedürftige					
	M₄	Vermisste					
UMWELT	U₁	Schädigung geschützter Gebiete					
	U₂	Schädigung von Gewässeroberflächen/Grundwasser					
	U₃	Schädigung von Waldflächen					
	U₄	Schädigung landwirtschaftlicher Nutzfläche					
	U₅	Schädigung von Nutztieren					
VOLKS-WIRTSCHAFT	V₁	Auswirkungen auf die öffentliche Hand					
	V₂	Auswirkungen auf die private Wirtschaft					
	V₃	Auswirkungen auf die privaten Haushalte					
IMMATERIELL	I₁	Auswirkungen auf die öffentliche Sicherheit und Ordnung					
	I₂	Politische Auswirkungen					
	I₃	Psychologische Auswirkungen					
	I₄	Schädigung von Kulturgut					

Abb. 4.7 Beispiel einer Tabelle mit Schadensausmaßbalken und -linie im Bevölkerungsschutz (BBK, 2015)

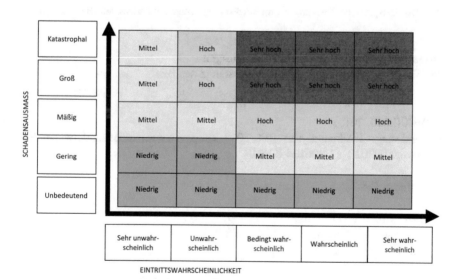

Abb. 4.8 Beispiel einer Risikomatrix im Bevölkerungsschutz (BBK, 2010)

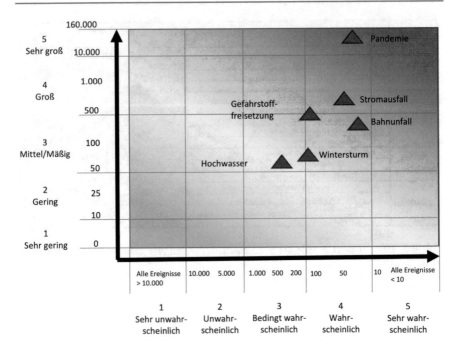

Zusammengefasste Punkte und Anregungen
Beispiel der Risikoanalyse Bevölkerungsschutz des BBK
  Literatur:

- BBK (2010, 2015)
- Bundestag: Risikoanalysen seit 2012 (https://www.bundestag.de/webarchiv/
  presse/hib/2020_11/806104-806104

Vorläufer, z. B.:

- USA: Militär und Raumfahrt (US DoD, 1980)
- Arbeitsschutz (Thiemecke & Nohl, 1987)
- Schweiz (KATAPLAN u. a.)

Es gibt eine Vielzahl weiterer Risikoanalysen, auf die hier nur hingewiesen wird.
Schadenskurven sind zum Beispiel bei Erdbebenschadensbemessungen von Ge-
bäuden gebräuchlich. Auch in der Hydrologie finden diese häufig Anwendung.
  Seit Ende der 1990er-Jahre haben sich Weiterentwicklungen innerhalb der
Risikodefinitionen und damit auch der Risikoanalysen ergeben:

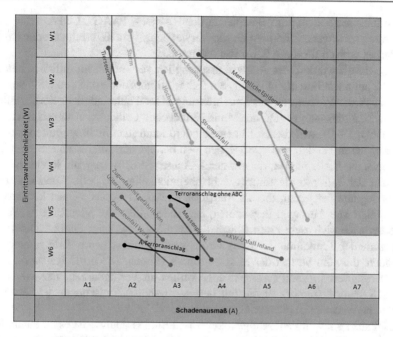

Abb. 4.10 Beispiel einer Risikomatrix mit zeitlichen Veränderungslinien (BABS (Bundesamt für Bevölkerungsschutz) 2008). Leitfaden KATAPLAN - Gefährdungsanalyse und Vorbeugung. Bern.Bundesamt für Bevölkerungsschutz

- Verwundbarkeit: Erweitert den Blick und die Risikoformeln; nicht nur auf die Gefahren und die Wahrscheinlichkeiten achten
- Resilienz: Fokus auf Bewältigungsfähigkeiten der Gesellschaft und der Systeme stärken, nicht nur auf die Schwächen
- Integrative Konzepte: Den gesamten Krisenkreislauf (disaster cycle) und die Risikoanalysen in ein Gesamtsystem einbetten (Risikomanagement, Governance)

4.3   Fehlermöglichkeits- und Einflussanalyse (FMEA)

Die FMEA (Failure Mode and Effects Analysis) ist eine **Fehlermöglichkeit- und Einflussanalyse**. Es handelt sich um eine der verbreitetsten Analysen im Kontext von Unfällen und Sicherheit . Sie ist in ihren Bestandteilen ausführlicher, umfassender und mit mehr Anwendungsbeispielen und Unterlagen ausgestattet als alle anderen Methoden zu Verwundbarkeit oder Methoden der Risikoanalyse im Bevölkerungsschutz und in benachbarten Bereichen. Während es eine lange Liste weiterer quantitativer Verfahren gibt, die man zum Beispiel in der ISO 31000 nachlesen kann, finden sich Bestandteile der FMEA in vielen weiteren Gefahrenbewertungsmethoden, zum Beispiel in der HAZOP-, PAAG-, LOPA- oder Bow-Tie-Analyse (Preiss, 2009). Auch die Verwendung von Kennzahlen oder Risikozahlen ist typisch für diese Form von Analysen.

Entwickelt wurde diese Analyse ursprünglich vermutlich im militärischen Bereich. Zumindest beschreibt bereits ein früher Militärstandard in den USA aus dem Jahr 1949 die Prozeduren zur Durchführung einer Fehlermöglichkeits-, Einfluss- und Kritikalitätsanalyse (Failure Mode, Effects and Criticality Analysis, FMECA) (US DoD, 1980). Auf diesen frühen Standard kann man nicht zugreifen, doch in einer späteren Version von 1980 finden sich bereits sehr interessante Bestandteile wie etwa die Risikomatrix, die auf der X-Achse die Schweregrade in vier Klassen und auf der Y-Achse die Eintrittswahrscheinlichkeiten darstellt. Auch sind darin Schweregrade festgelegt, die als Kategorie eins (katastrophal) einen katastrophalen Fehler oder Versagen bezeichnen, der Todesopfer oder Verluste des Waffensystems nach sich zieht, zum Beispiel eines Flugzeugs oder Schiffs. Die zweite Kategorie der Kritikalität (kritisch) wird bestimmt über schwere Verletzungen oder Schäden, die zum Verlust der Mission führen können. Die dritte Kategorie (marginal) resultiert in Verzögerungen oder Verlust an Verfügbarkeit. Die vierte und letzte Kategorie (minor) ist die mit den geringsten Auswirkungen wie etwa ungeplanten Wartungsarbeiten oder Reparaturen.

Ziel einer solchen Fehlermöglichkeits- und Einflussanalyse ist es, in einem System die einzelnen Möglichkeiten von Auswirkungen und Fehlerzuständen entlang von Schweregraden zu klassifizieren. Bei größeren Unfällen wie der Explosion des Space Shuttle Challenger im Jahr 1986 wurde diese Methode auch angewendet, um im Nachgang in den Untersuchungskommissionen die Fehlerursache zu bestimmen. In der Nacht vor dem geplanten Startermin herrschten niedrige Temperaturen vor, und den Ingenieuren/Ingenieurinnen war bekannt, dass ein bestimmter Dichtungsring (O-Ring) in einer der seitlichen Antriebsraketen, eine Komponente der Kritikalitätsstufe eins darstellt, also bei einem Versagen zu einem Verlust von Menschenleben oder der Raumfähre führen würde. Die Ingenieure/Ingenieurinnen besprachen sich mit den Managern der NASA und zogen irgendwann ihre Entscheidung zurück. Am nächsten Tag traten genau an diesem Dichtungsring Dampf und Gas aus, was zum Verlust der Raumfähre und ihrer Besatzung führte. Bei dem Unglück des Space Shuttle Columbia im Jahr 2003 konnte mit dieser Methode nachgewiesen werden, dass bestimmte Schaumstoffteile der Trägerrakete das Hitzeschild beim Start beschädigt hatten. Beim Wiedereintritt in die Atmosphäre verglühte das Hitzeschild, und die Besatzung kam ums Leben. Die Schaumstoffteile und Hitzeschilder waren mittels der Methodik nicht eindeutig genug erkennbar, da es sehr viele kleinere Teile waren, die in einer geringeren Kritikalitätskategorie einsortiert wurden. Dennoch hat sich die FMEA, die einer Fehlerbaum- oder Ereignisbaumanalyse sehr ähnlich ist, in vielen anderen Anwendungen bewährt. Anhand dieser Methode können prinzipiell die verschiedensten Kriterien miteinander verglichen und priorisiert werden. Es gibt unzählige Beispiele aus der Automobilindustrie oder bei anderen Industrieunfällen, wo diese Methode verwendet wird.

Eine FMEA wird häufig in Tabellenblättern als eine Art Checkliste geführt. Die Formblätter variieren, gemein ist den meisten jedoch der grundsätzliche Aufbau, der auch dem Namen entspricht. Zunächst werden mögliche **Fehlerfolgen** untersucht und dann mögliche **Auswirkungen**. Es werden weitere Zwischenschritte ergänzt, die zum Beispiel Vermeidungs-, Entdeckungsmaßnahmen und in einem Folgeschritt getroffene zusätzliche Maßnahmen beinhalten können. Durch diesen grundsätzlichen Aufbau ergänzt die FMEA eine Fehlerbaumanalyse um zusätzliche Maßnahmen, die das gesamte Risiko verringern können. So lassen sich Probleme oder Fehler darstellen, und das gesamte Risiko kann am Ende wieder heruntergerechnet werden, wenn entsprechende Maßnahmen zumindest eingeplant werden. Damit ist diese Methode der Bow-Tie-Analyse ähnlich, in der die Barrieren im Fehlerbaum auch diesen Maßnahmen der Korrektur und Verbesserung entsprechen. In Abb. 4.11 sind beispielhaft typische Untersuchungsschritte einer FMEA zusammengestellt .

Zunächst werden im Tabellenblatt verschiedene technische Elemente eines Systems und für einzelne Elemente mögliche Fehlerfolgen aufgelistet. Dann werden Fehlerursachen und Fehlfunktionen dargestellt. Schließlich folgen Vermeidungsmaßnahmen, die im derzeitigen Zustand bereits getroffen sind, und mögliche Entdeckungsmaßnahmen solcher Fehler. In diesem Bereich werden häufig drei Kriterien verwendet:

1. Bedeutung oder Schadensschwere (S = Severity)
2. Auftreten oder Häufigkeit (O = Occurence) im derzeitigen Zustand der Gegenmaßnahmen
3. Entdeckungswahrscheinlichkeit (D = Detection)

Diese drei Kriterien werden mit Kennzahlen belegt, häufig zwischen 1 und 10 oder 1 und 100. Daraus wird eine **Risiko-Prioritätszahl** entweder addiert oder multipliziert. Einige FMEA-Formblätter haben noch einen weiteren Teil, in dem die Veränderung vom derzeitigen Zustand zu einem überprüften oder verbesserten Zustand dargestellt wird. Außerdem werden hier empfohlene Maßnahmen sowie verantwortliche Personen und Termine kurz notiert. Die getroffenen Maßnahmen werden ebenfalls kurz notiert, und dann wird der verbesserte Zustand wieder mittels der drei Kriterien „Severity", „Occurence" und „Detection" auch numerisch bewertet. Daraus wird eine neue Risiko-Prioritätszahl gebildet, die mit der ursprünglichen Kennzahl verglichen werden kann. Die **Kennzahlen** können zur besseren Übersichtlichkeit in drei Kategorien und in die drei Ampelfarben Grün, Gelb und Rot eingeteilt werden. Dies erlaubt eine schnelle visuelle Erkennung auch für Personen, die die Methode nicht selbst durchgeführt haben.

Woher bekommt man weitere Informationen über die Zahlenwerte für eine FMEA? Dies wird unterschiedlich gehandhabt, jedoch wird die Eintragung der Punkte und der Zahlenwerte häufig einzelnen Personen überlassen, die durch Begehung einer Industrieanlage oder durch Befragung von Arbeitern/Arbeiterinnen, Managern/Managerinnen oder Kunden/Kundinnen diese Werte erheben können. Möglich ist es auch, solche Zahlen aus Vergleichsstudien zu ziehen. Ein Vorteil der

Element / Funktion	Mögliche Fehlerfolgen	Bedeutung	Möglicher Fehler / Fehlfunktion	Mögliche Fehlerursachen	Derzeitiger Zustand					Empfohlene Abstell-maßnahmen	Verant-wortlichkeit / Termin	Verbesserter Zustand				
					Vermeidungs-maßnahmen	Auftreten	Entdeckungs-maßnahmen	Entdeckung	RPZ Risiko-prioritäts-zahl			Getroffene Maßnahmen	Bedeu-tung	Auf-treten	Ent-deck ung	RPZ Risikoprioritäts-zahl
1																
1.1																
Funktion																
									0							
									0							
									0							
									0							
									0							
									0							
									0							

Abb. 4.11 Beispiel für ein Formblatt einer FMEA

Methode ist sicherlich die einfache und übersichtlich strukturierte Anwendbarkeit. Eine Kritik ist mitunter, dass die Eintragungen sehr kurz und knapp und somit für andere nicht nachvollziehbar sind. Vor allem die Einteilung in die verschiedenen Kriterien mit Zahlenwerten ist häufig nicht weiter dokumentiert und damit nicht nachvollziehbar. Eine weiteres Problem besteht, wenn unterschiedliche Menschen die Methode durchgeführt und jeweils auch überprüft oder abgezeichnet haben. Schließlich verbleibt auch das Problem, dass auch bei geringer Datenlage oder seltenen Wiederholungen eines Vorfalls Daten in die Tabellenblätter eingetragen werden müssen. Das heißt, dass sich diese Methode besser für häufig vorkommende Fehler und weniger für seltene Krisen oder Katastrophen eignet. Bei den Maßnahmen hängt es davon ab, welche erstens bekannt sind und zweitens hier aufgenommen werden. Schließlich ist noch zu beachten, dass hohe Risikowerte zwar teilweise existieren können, jedoch gerade Industriebetriebe und andere Organisationen im Sicherheitsbereich verpflichtet sind, viele Schutzmaßnahmen einzuführen. Das hilft, bestimmte Risiken zu senken, jedoch erfolgt das oft recht pauschal, weil eben die eine Maßnahme vorhanden ist; ob sie tatsächlich vollumfänglich eingesetzt wird und wirkt, ist eine eventuell zu überprüfende Frage. Trotz der Nachteile ist der Vorzug aber die große Verbreitung und Vergleichbarkeit.

4.4 Multikriterielle Analysen

Wie funktionieren und wie helfen Analysen, vollkommen unterschiedliche Kriterien zu vergleichen? Nehmen wir bewusst einmal ein Beispiel aus dem Alltagsbereich, um die grundsätzliche Denkweise zu erläutern. Viele, die sich über ein neues Produkt informieren wollen, lesen sich die Produktbeschreibung verschiedener Hersteller, Testberichte oder Fachbeiträge zu diesem Thema durch. Diese gehen zwar nicht grundsätzlich wissenschaftlich vor, sind aber in vielen Bereichen technischer Produkte vor allem auch mit Messverfahren und Produktbeschreibung nach verschiedenen Kriterien versehen. Kauft man sich zum Beispiel ein neues Fahrrad, kann man auf verschiedene Kriterien achten, etwa den Preis, das Gewicht, die Ausstattung oder die Garantie. Die Kriterien sind nicht unbedingt direkt miteinander vergleichbar, weil sie in anderen Skalen und Datenarten angeordnet sind oder auch unterschiedlich wichtig bewertet werden, sowohl von den Verkäufern/Verkäuferinnen als auch den Käufern/Käuferinnen. Dahinter stecken also auch immer wieder wie bei den Schutzzielen unterschiedliche Wertevorstellungen. Dennoch kann man diese Kriterien grundsätzlich wie auch Äpfel und Birnen miteinander vergleichen, solange man sich bewusst ist, dass es eben unterschiedliche Kriterien in unterschiedlichen Skalenbereichen sind.

Als weiteres Anwendungsbeispiel nehmen wir Computer. Ein Computer wird von unterschiedlichen Zielgruppen vollkommen unterschiedlich bewertet, wofür er da ist und was er an Ausstattungsmerkmalen haben soll. Ein Computer kann wie ein Fahrrad nach Größe, Gewicht, Preis und vielen weiteren Merkmalen bewertet werden. Es mag absurd vorkommen, einen Computer nach Gewicht zu bemessen, jedoch ist das in der aktuellen Zeit bei Mobilgeräten immer wichtiger geworden und kann ein Hauptentscheidungskriterium sein. Interessant ist, dass man die Bewertung eines Computers in verschiedenen Jahrzehnten vollkommen unterschiedlich eingeschätzt hätte. Es sind neue Kriterien dazugekommen oder weggefallen, oder die Skalenbandbreite eines Kriteriums hat sich in seiner Bewertung verändert. .

Nehmen wir noch ein Beispiel aus dem **Rettungsbereich**: Anfahrtswege. Es gibt viele Kriterien für Anfahrtswege, und sicherlich ist schnelle Erreichbarkeit das augenscheinlich wichtigste, aber auch die Breite der Straße, das Autogewicht und, Fahrbahnbelag und vieles weitere zählen zu den Kriterien. Hinzu kommen dann auch noch Faktoren wie Ampeln und die Verkehrslage. Auch hier kann es vorkommen, dass bestimmte Hintergrundvariablen gar nicht wirklich bekannt sind. So gibt es mitunter eine einzige Ampel in einem Straßendorf. Es ist wenig Verkehr, und man wundert sich, warum dort eine Ampel steht. Hintergrund kann sein, dass für den Fahrprüfungsverlauf der Fahrschule eine Ampel vorgeschrieben ist oder dass eine Ampelanlage für eine Kommune mehr Förderzulage einbringt als ein Kreisverkehr. Es gibt also immer eine Vielzahl von Kriterien, von denen möglicherweise viele unbekannt sind, die aber die eigentliche Nutzbarkeit beeinflussen.

Im Grunde genommen sind **multikriterielle Indikatoren** (composite indicators) (Nardo et al., 2005; Saisana & Tarantola, 2002) in einer Vielzahl von Risikoanalysearten enthalten, zu denen die zuvor vorgestellten Kennzahlen und tabellarischen Risikoklassen ebenfalls teilweise zählen. Es gibt einen großen Bereich an Risikoanalysen, die innerhalb der Forschung recht anerkannt sind und alle zum Ziel haben, möglichst verschiedene Aspekte eines Risikos aufzunehmen und zu untersuchen. Das sind Modelle der sogenannten Indikatoren, die zum Beispiel in Verwundbarkeitsanalysen weit verbreitet sind. In vielen der anderen Modelle werden lediglich Parameter eingetragen. Indikatoren hingegen sind eine höhere Verarbeitungsstufe als Daten, indem sie aggregiert und als Proxy für die Erklärung weiterer Kriterien dienen, die sie zusammenfassen (Abb. 4.12).

Am Beispiel der **sozialen Verwundbarkeitsindikatoren** kann dargestellt werden, wie unterschiedlich Menschen auf Naturgefahren reagieren (Birkmann, 2013; Cutter et al., 2003). Es gibt verschiedene Erkenntnisse und Anzeichen, dass hier unterschiedliche Altersmerkmale, körperliche Konstitution, soziale Netzwerke und eigene Fähigkeiten sowie die Abhängigkeit von fremden Ressourcen eine Rolle spielen. **Indikatoren** sind jedoch lediglich Anzeiger, ähnlich wie ein Blinker beim Auto; sie weisen in eine mögliche Richtung. Indikatoren spiegeln nicht die Realität wider, sondern deuten eben nur darauf hin. Bei Hochwasser ist zum Beispiel das Alter von Menschen nur ein Indikator. Sehr alte Menschen weisen im Vergleich zu jungen Erwachsenen höhere Erkrankungsraten und Mobilitätseinbußen auf. Sie haben also eine generelle potenzielle Disposition, in der Realität kann das ganz anders sein. So kann ein sehr fitter 80-Jähriger einen Triathlon machen, den 40-Jährige nicht schaffen. Die Indikatorenmodelle sind häufig semiquantitativ. Es stehen zwar unterschiedliche Datenquellenarten zur Verfügung, jedoch werden

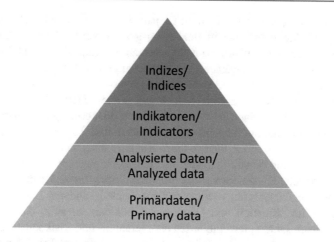

Abb. 4.12 Indikatorenpyramide

in der Praxis nur einige davon genutzt. Typisch sind zum Beispiel Werte aus Befragungen oder aus bereits vorhandenen sekundären Daten, insbesondere Zensusdaten und demographischen Statistiken. Diese Indikatoren können und werden auch häufig in der Form von **Karten** visualisiert, da durch die Befragung oder die statistischen Daten häufig auch ein Ortsbezug aller Datenquellen möglich ist.

Die Kartendarstellung hat eigene Vor- und Nachteile. Einerseits zeigen sie ein einfach zu visualisierendes Ergebnis, und auch Indikatoren können in einem aggregierten Wert als Kartensignatur (Punkt, Linie oder Fläche) dargestellt werden. Die Darstellungsarten als Zahl und als Karte scheinen besonders geeignet, um auch die Öffentlichkeit oder Entscheidungsträger einfach über wissenschaftliche Zusammenhänge zu informieren. In der Realität stellt sich jedoch häufig heraus, dass Ungelernte Karten missverstehen; so werden zum Beispiel Indikatoren nicht als indirekte Anzeiger und Repräsentanten, sondern als reale Werte wahrgenommen. Zahlen an sich werden häufig als besonders wissenschaftlich glaubwürdig angesehen, die Unsicherheiten beim Erstellungsweg sind der Öffentlichkeit dabei aber oft nicht bewusst. Man kennt die Generalisierung auf Karten nicht oder kann mit den Farbdarstellungen auf sogenannten thematischen Karten nicht umgehen. Eine Autobahn ist auf einer Straßenkarte zum Beispiel viel breiter dargestellt, als sie in der Realität ist. Thematische Karten zeigen Themengebiete wie soziale Verwundbarkeit mittels einer Farbcodierung an, indem zum Beispiel Gemeinden in Ampelfarben eingefärbt werden, je nach hohem, mittlerem oder niedrigem Risiko.

Da man solche Kartendarstellungen nicht aus dem Alltag kennt, sind sie bereits erklärungsbedürftig. Probleme mit Kartendarstellungen und auch Manipulation sind in der Kartographie bekannt, in Fachgebieten wie der sozialen Verwundbarkeit ebenfalls; in anderen Gebieten mangelt es noch an solch kritischer Untersuchung und am Hinweis auf „Risiken und Nebenwirkungen".

Der große **Vorteil** von Indikatoren ist jedoch, dass viele unterschiedliche Be-
obachtungsaspekte zueinander in Beziehung gesetzt werden können. Damit können insbesondere unterschiedliche Komponenten wie Exposition, Anfälligkeit und
Bewältigungsfähigkeiten jeweils eigens bearbeitet und auch separat dargestellt und
trotzdem aggregiert werden. Gerade die Aggregation von Zahlen in Form einer
einzelnen gesamten Risikokarte ist jedoch eine weitere Herausforderung. Kritiker
bemängeln, dass durch einen einzelnen Mittelwert oder einen gemittelten Farbwert
eines Risikos die dahinterliegenden Bandbreiten und Extremwerte verschleiert
werden. Wie auch in einer FMEA- und Kennzahlendarstellung heben sich die
Problembereiche und Bewältigungsfähigkeiten häufig gegenseitig auf.

Eine besondere **Herausforderung** im deutschsprachigen Raum ist, dass der
Umgang mit Risikoanalysen weniger präsent ist als in anderen Ländern. Das gilt
sogar bereits im Vergleich von Deutschland mit der Schweiz, da die Schweiz
schon seit vielen Jahren eine etablierte Naturgefahren- und Risikoanalysemethodik
hat. Sie hat aufgrund von Lawinen und weiteren Naturgefahren durch die ge-
birgige Topographie bereits seit vielen Jahren eine detaillierte Anleitung zur Ermittlung des Risikos. In einigen Bereichen ist dies der tabellarischen Risikoanalyse des BBK sehr ähnlich. Auch die Niederlande haben eine große akzeptierte
Risikoanalysemethodik, dort insbesondere wegen der sehr flachen Topographie
und der damit verbundenen Gefahr für Sturmfluten und Hochwasser.

Verwundbarkeitsindikatoren und zugehörigen Kartierungen sind in den USA
entstanden und werden dort inzwischen auch von Gesundheits- und Umwelt-
behörden systematisch eingesetzt. In Deutschland dagegen gibt es vergleichsweise
wenige wissenschaftliche Experten oder Behörden, die diese Methodik kennen
und bereits verwenden. Im Einzelnen führt dies aber auch dazu, dass auf nationaler Ebene von Behörden bestehende Methoden aus dem Ausland aufgegriffen
werden, zum Beispiel im Umweltbundesamt oder BBK. Auffällig ist noch, dass
im BBK eine angepasste und stark vereinfachte Form der Verwundbarkeitsanalyse inzwischen in vielen Bereichen des Katastrophenschutzes und der kritischen
Infrastrukturen Anwendung findet. Diese vereinfachte Methode soll es auch kommunalen Behörden mit wenig Erfahrung ermöglichen, eine erste Abschätzung zu
erhalten. Sie hat die Vorzüge von wenigen Durchführungsschritten und kann im
Prinzip auch wieder mit subjektiver Einschätzung einzelner Personen wie auch
mit zusätzlichen Messdaten ausgeführt werden. Bei dieser Methode wie auch anderen, die als vereinfachte Versionen in Behördenleitfäden auftauchen, besteht jedoch grundsätzlich das Problem, dass von der Bandbreite an Möglichkeiten, die
eine FMEA, Verwundbarkeitsanalyse oder andere Analysemethoden bieten, nur
eine Auswahl genutzt wird. Daher eignet sich diese Verwundbarkeitsanalyse des
BBK wie auch die Risikoanalyse des BBK für erste einfache Anwendungen, in
der wissenschaftlichen Arbeit jedoch müssen zusätzlich andere internationale Verfahren betrachtet werden, die die Bandbreite der Möglichkeiten von Exposition,
Verwundbarkeit und Bewältigungsfähigkeiten breiter und mit weiteren Kriterien
untersuchen.

Verwundbarkeits- und Bewältigungsfähigkeitsanalysen können aber auch ohne
Indikatoren durch qualitative Methoden untersucht werden. So bietet zum Beispiel
eine aus der Entwicklungshilfe entwickelte Vulnerabilitäts- und Fähigkeitsmatrix

ein grobes konzeptionelles Gerüst, um bei Befragungen und ähnlichen Methoden nach diesen Komponenten Daten aufzunehmen (Anderson & Woodrow, 1998).

4.5   Umfragen und Interviews im Kontext von Risikoanalysen

Umfragen und Interviews sind gute Beispiele für wissenschaftliche Grundlagenmethoden oder auch Hilfsmittel, um empirische Daten zu erbringen, die von Laien häufig als Methoden stark unterschätzt werden. Studierende im Ingenieurwesen und in anderen Fächern kennen Umfragen bereits von der Anwenderseite. Im Bereich der Risiko- und Katastrophenforschung sind sie häufig nötig, um erstmalig überhaupt Informationen zu einem Thema oder im Nachgang einer Katastrophe zu erhalten. Es gibt eine Vielzahl an Lehrbüchern zu Umfragen, Interviews aller Art, die tiefgründig auf die Methodik eingehen, hier sollen nur einige Merkmale hervorgehoben werden, die besonders zu beachten sind.

Vor der Erstellung von Fragen für eine Umfrage ist es wichtig, wissenschaftlich abgeleitete **Forschungsfragen** zu haben, die das Ganze leiten, damit es keine unsystematische Sammlung von Fragen wird. Hierfür sollten Studierende zuerst einmal ein paar sinnvoll erscheinende Fragen aufschreiben. Dieser Brainstorming-Prozess ist ganz im Sinne einer abduktiven Vorgehensweise. Neben einem eigenen Brainstorming oder einem Brainstorming mit Mitgliedern aus einer Gruppe kann es sich auch anbieten, die Fragen für eine Umfrage vorab aus Gesprächen etwa Experten oder Betroffenen oder anderen Gruppen zu erstellen. Nachdem man eine erste Sammlung an Fragen hat, lohnt es sich aber, zu den ursprünglichen Forschungsfragen zurückzukehren und zu überprüfen, ob sie möglicherweise in anderen Studien schon gelöst wurden. Dann hilft es auch, sich eine Struktur zu erarbeiten, indem man zum Beispiel auf ein theoretisches Rahmenwerk zurückgreift. Dadurch lassen sich die einzelnen Fragen im Fragebogen oder Interview dann auch entsprechend in theoretische Komponenten gliedern. Dies hilft später ungemein, wenn man die Ergebnisse auswertet, und um sie im Diskussionskapitel in einen Gesamtkontext einzuordnen. Viele sozialwissenschaftliche Lehrbücher empfehlen oder verlangen sogar, zu jeder einzelnen Frage eines Fragebogens eine entsprechende Forschungshypothese vorzuformulieren. Je nach Anwendungsform, seien es quantitative oder qualitative Fragen, kann das unterschiedlich ausfallen und mehr oder weniger sinnvoll sein.

Zusammengefasst soll für den Anwendungsbereich des Buches vor allem dazu ermutigt werden, mit eigenen Ideen zu starten und dann die meist unstrukturiert erfolgten Fragelisten noch einmal zu sortieren, zu strukturieren und gegebenenfalls auch auszusortieren.

Im Risiko- und Katastrophenkontext eignen sich verschiedene Formen der **empirischen Sozialforschung**. Gerade Studierende verwenden häufig Online-Fragebögen, da sie einfach und unabhängig zu erstellen sind und sich so eine erste Datenmenge relativ leicht erzeugen lässt. Zu dieser Form der Umfrage wie auch zu anderen müssen sich die Studierenden selbstständig Lehrbücher der empirischen Sozialforschung besorgen und die entsprechenden methodischen Schritte und Fehler erkennen, dokumentieren und darstellen. Im Folgenden werden hierzu nur einige kurze Tipps gegeben, die keinesfalls vollständig sind. Zu den vielen anderen Formen der Befragungen, persönlichen Haushaltsbefragungen oder Gruppen, Diskussionen und Ähnlichem sei auch an dieser Stelle lediglich auf die Fülle an Lehrbücher verwiesen. Die wichtigste Botschaft ist sicherlich, dass auch nicht rein rechnerische Methoden oder quantitativen Modelle wissenschaftliche Methoden und auch bei vermeintlich leichteren Methoden wie Umfragen viele Merkmale zu beachten sind. So sind zum Beispiel **Suggestivfragen** zu vermeiden, und es kann Sinn machen, bestimmte **Kreuzfragen** zu stellen, um die wichtigsten Punkte noch einmal zu überprüfen. Gleich am Anfang nach persönlichen Merkmalen und sensiblen Daten wie Einkommen etc. zu fragen, kann zu einer hohen Ablehnungsquote führen. Auch muss bedacht werden, wo geschlossene und wo offene Fragen sinnvoll und machbar sind. Außerdem sollten die gesamte Zeitdauer zur Beantwortung wie auch die Verständlichkeit der Fragen unbedingt vorher in einer **Pre-Test**-Gruppe getestet werden. Diese sollte nicht nur aus guten Freunden aus demselben Studiengang bestehen. Bei öffentlichen Umfragen außerhalb des Studiums ist bei der Befragung von Personen inzwischen meist ein Ethikgremium zu befragen.

Insgesamt bieten Umfragen und Interviews eine niedrigschwellige Möglichkeit, in die wissenschaftliche Methodik einzutauchen und auch innerhalb eines Semesters selbst bereits empirische Daten zu erzeugen. Gerade im Kontext selten auftauchender Ereignisse wie Risiken und Katastrophen eignet sich diese Methodik daher hervorragend, um überhaupt zu Daten in einer sehr datenarmen Umgebung zu gelangen.

Sicherlich weichen Umfragen und Interviews, wie hier verkürzt dargestellt, nicht nur von der thematischen Ausrichtung, sondern auch von der Art und Weise der Inhalte der Fragen von typischen sozialwissenschaftlichen Untersuchungen teilweise ab. Daher soll hier auch eine gewisse Freiheit bestehen, die Methodik aus verschiedenen Quellen zusammenzusuchen oder leicht abzuwandeln. Zum Beispiel empfiehlt es sich, **Transkriptionen** und Dokumentationen mit den Dozenten abzusprechen. Eine Audioaufnahme von Gesprächsinhalten kann vollkommen ausreichend sein; sie ist vor allem dann von Bedeutung, wenn besonders wichtige Aussagen in einer Umfrage oder einem Interview in den Kontext der Sätze davor und danach gesetzt werden müssen. Besonders entscheidende Aussagen sollten dann auch transkribiert und im Anhang ergänzt werden. Eine schriftliche Transkription stundenlanger Interviews hingegen ist (nur) für bestimmte Zwecke unerlässlich, was aber jeweils sowohl mit den Befragten als auch mit denen, die die Ergebnisse weiter benutzen möchten, also den Dozenten/Dozentinnen und möglichen Nutzergruppen, abgesprochen werden muss.

Beliebt und oft sinnvoll ist es, verschiedene Erhebungsmethoden zu kombinieren. Dies wird nach dem auch als **Triangulation** oder **Mixed Methods** bezeichnet. Man ergänzt zum Beispiel eine Online-Umfrage um eine persönliche Befragung, eine Literaturauswertung, eine teilnehmende Beobachtung oder Feldbegehung. Dabei muss man gewisse Mindestanforderungen beachten, zum Beispiel bei Experteninterviews mehr als zwei Personen mit möglichst unterschiedlichen Hintergründen hinsichtlich Qualifikation und Arbeitgeber befragen. Bei zwei Personen kann man bei unterschiedlichen Organisationen davon ausgehen, dass man eine gewisse Bandbreite an Aussagen erhält. Wenn es keine gute Grundlage gibt, um Mindestgrößen festzulegen, sollten es jedoch mindestens drei Personen sein. Wählt man Experteninterviews als alleinige Methode aus, so genügt es für Hausarbeiten im Bachelor zum Erlernen der Methode, wenn man die Erfahrungen mit drei bis fünf Personen macht. Je nach Betätigungsfeld ist es sehr schwer, genügend Personen zusammen zu bekommen. Dabei empfiehlt es sich wie auch bei anderen Befragungen immer, auch Personen aus anderen Gruppen zu befragen, also zum Beispiel bei der Befragung von Berufsfeuerwehren auch freiwillige Feuerwehren, Hilfsorganisation oder ganz andere Gruppen aus der Bevölkerung zu befragen. Es sollten auch widerstreitende oder Gegenmeinungen aufgegriffen werden, sofern das sinnvoll ist.

Bei der Mischung von Methoden ist zudem zu beachten, dass die Personen doppelt auftauchen könnten. Also sollte man bei einer Expertenbefragung zusätzlich zu einer Online-Umfrage zum Beispiel abfragen, ob die Experten/Expertinnen die Online-Umfrage bereits beantwortet haben, da das ihre Antworten beeinflussen konnte.

Es gibt sehr viele Formen von Umfragen und Interviews. Es soll noch eine Methode hervorgehoben werden: die **Delphi-Methode**. Hierbei handelt es sich um strukturierte Workshops oder Befragungen von Experten/Expertinnen. Kennzeichnend ist, dass diese dieselben Fragen vorgelegt bekommen und man entweder in einer Gruppendiskussion oder einzeln die Meinungen sammelt, danach zu-

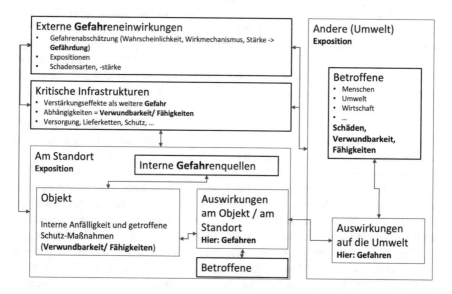

Abb. 4.13 Überblicksschema über die möglichen Schritte einer Risikoanalyse

sammenstellt und den Experten/Expertinnen die gesammelten Meinungen zur Verfügung stellt. In einer weiteren Runde erhalten sie die Möglichkeit, darauf noch einmal zu reagieren, evtl. die Aussagen zu ergänzen oder angesichts der Gesamtrückmeldungen zu überprüfen.

Tipps für Umfragen: Die **Herleitung** der Fragen ist besonders wichtig und sollte daher gut dokumentiert werden. Warum hat man bestimmte Fragen ausgewählt? Und was verspricht man sich davon? Das ist überhaupt eine gute Herangehensweise auch zur Findung der Fragen, denn wenn am Ende nur etwas herauskommt, was einem ohnehin selbstverständlich erscheint, so hat das nur einen begrenzten Wert, zum Beispiel dann, wenn man etwas eindeutig bestätigen möchte.

Auf der Seite des **Anschreibens** sollten der Name und die Erreichbarkeit des Interviewers/der Interviewerin eingetragen werden. Es sollte auch beschrieben sein, ob eine Anonymisierung gewährleistet ist. Nach aktuellen Standards sind ein Hinweis dazu, dass die Umfrage freiwillig erfolgt, und eine Ankreuzmöglichkeit, dass die Personen mit der Erfassung einverstanden sind, erforderlich.

Es empfiehlt sich immer, zuerst eine Rechtschreibprüfung durchzuführen, und den Fragebogen dann in einer Testgruppe (Vorabtest oder **Pre-Test**) auf Inhalt, Form und Dauer überprüfen zu lassen.

Ein genereller Tipp für alle Fragen ist eine **alphabetische Sortierung** , da man sonst einen Verzerrungseffekt haben wird, weil es nach einer Gewichtung aussieht. Bei manchen Fragen kann es jedoch sinnvoll sein, bestimmte Antwortmöglichkeiten nicht alphabetisch zu sortieren. Man sollte bei Kategorien wie Geschlecht und eigentlich am besten in allen Fragen auch die Antwortmöglichkeit „**keine Angabe**" ermöglichen.

Zusammengefasste Punkte und Anregungen

Eine Risikoanalyse lässt sich in verschiedene Erklärungskomponenten einteilen (Abb. 4.13). Je nach Fragestellung und Auswahl kann man einzelne, mehrere oder alle diese Komponenten bearbeiten. Die Komponenten zur Erklärung eines Risikos unterteilen sich in Ein- und Auswirkungen, die je nach Fachbereich auch unterschiedlich bezeichnet werden. Einwirkungen sind Gefahren oder Gefährdungen. Auswirkungen können wiederum Gefahren für weitere exponierte Komponenten sein. Die Betroffenheit wird mit Fachbegriffen wie Verwundbarkeitsanalyse oder Analyse der Fähigkeiten, Kapazitäten, oder Resilienz bezeichnet. Kritische Infrastrukturen sind ein Sonderfall und können sowohl selbst betroffen sein als durch ihren Ausfall wiederum eine zusätzliche Gefahr darstellen.

Eine Risikoanalyse lässt sich in verschiedene Erklärungskomponenten einteilen (Abb. 4.13). Je nach Fragestellung und Auswahl kann man einzelne, mehrere oder alle diese Komponenten bearbeiten. Die Komponenten zur Erklärung eines Risikos unterteilen sich in Ein- und Auswirkungen, die je nach Fachbereich auch unterschiedlich bezeichnet werden. Einwirkungen sind Gefahren oder Gefährdungen. Auswirkungen können wiederum Gefahren für weitere exponierte Komponenten sein. Die Betroffenheit wird mit Fachbegriffen wie Verwundbarkeitsanalyse oder Analyse der Fähigkeiten, Kapazitäten, oder Resilienz bezeichnet.

Kritische Infrastrukturen sind ein Sonderfall und können sowohl selbst betroffen sein als durch ihren Ausfall wiederum eine zusätzliche Gefahr darstellen.

Beispiel 1: „Formel" für die Methode Risikoanalyse Bevölkerungsschutz

Risiko = f(Eintrittswahrscheinlichkeit;

Schadensausmaß)
Beispiele:
Schadensausmaß, z. B.

- Tote
- Wirtschaftliche Schäden

Eintrittswahrscheinlichkeit

- Historische Ereignisse – Messungen
- Prognosen, Modelle

Beispiel 2: Medizin

- Prävalenz: Anzahl der zum Untersuchungszeitpunkt Kranken
- Inzidenz: Anzahl der neu Erkrankten in e. betrachteten Zeitspanne

Unfallforschung, Arbeitsschutz
Fatal Accident Rate (FAR)

Eintrittswahrscheinlichkeitsarten bei Massenbewegungen (BUWAL, 1999b)

- Eintretenshäufigkeit: Relative Häufigkeit pro Jahr, mit der ein Ereignis mit der Wiederkehrperiode eintritt (Wiederkehrperiode)
- Räumliche Auftretenswahrscheinlichkeit: Wahrscheinlichkeit, dass bei Eintritt eines Gefahrenprozesses dieser einen bestimmten Punkt des Untersuchungsgebiets erreicht
- Präsenzwahrscheinlichkeit: Wahrscheinlichkeit, dass sich die Personen in der untersuchten Fläche befinden. Die geschätzte mittlere Aufenthaltszeit der Personen im Objekt in Stunden pro Tag (Person pro Zeiteinheit in einer Fläche)

Fallbeispiele, zum Beispiel für das Risiko beim Autofahren, von einem Gefahrenereignis (z. B. Erdrutsch) betroffen zu sein (BUWAL, 1999a, 1999b)

Beispiel Risikoformel bei einer erweiterten Risikoanalyse mit Verwundbarkeits- und Resilienzanalyse

Risiko = f(Gefahr, Exposition, Verwundbarkeit (Anfälligkeit, Resilienz/Fähigkeiten und Ressourcen))

Mögliche Erkenntnisse aus einer Risikoanalyse bei der Betrachtung

- der Art und Stärke der Gefahr,
- der Wirkmechanismen, wie diese Gefahr auf Menschen wirkt,
- und der Exposition, also der Anzahl der Menschen pro Fläche.

Beispiel NUKEMAP (Online-Tool zur Simulation von Bombenwirkungen)
Erkenntnisse (Gefahr):

- Es gibt unterschiedliche Wirkmechanismen/Gefährdungen, die aus einer Gefahr (Bombe) resultieren: Hitze, Druckwelle, Verstrahlung.

Erkenntnisse (Verwundbarkeit):

- Die Betroffenheit variiert je nach Besiedlungsdichte, Entfernung und Windrichtung.
- Nicht alle Einwohner sterben sofort.

Zusammenfassung der Unterschiede von Formeln
Stufen der Komplexität von Risikoanalyseparametern:

1. Häufigkeiten der Beobachtungsfälle (z. B. Brände, Krankheitsfälle) pro Zeiteinheit oder Raumeinheit
2. Häufigkeiten pro Zeit und Raum
3. Beobachtete Häufigkeiten und erwartete Wahrscheinlichkeiten und Schadensausmaße
4. Differenzierungen von Schadensausmaßfaktoren (sog. Verwundbarkeit) und Bewältigungs- und Anpassungsfähigkeiten (Resilienz)

Literaturempfehlungen
Forschungsdesign, Forschungsfrage und Fragebogen: Blaikie (2009)
Multikriterielle Indikatoren: Nardo et al. (2005)
Risiko und Verwundbarkeit: Birkmann (2013)
Risikoanalyse Naturgefahren: BUWAL (1998)
Risikoanalyse Bevölkerungsschutz: BBK (2010); BABS (2008)
Wissenschaftliche Methodik und Empirische Sozialforschung: Diekmann (2010)
Qualitative Inhaltsanalyse: Mayring (2023)
Fragebogen: Porst (2013); Raab-Steiner und Bensch (2010)
Klinische Studien und Statistik: Bensch und Raab-Steiner (2018)

Literatur

Ale, B. (2009). *Risk: An Introduction: The Concepts of Risk, Danger and Chance.* Routledge.
Anderson, M. B., & Woodrow, P. J. (1998). *Rising from the ashes: Development strategies in times of disaster* (2. Aufl.). Rienner.
BABS (Bundesamt für Bevölkerungsschutz). (2008). *Leitfaden KATAPLAN - Gefährdungsanalyse und Vorbeugung.* Bern. Bundesamt für Bevölkerungsschutz

Barton, A. H. (1969). *Communities in Disaster. A Sociological Analysis of Collective Stress Situations*. Doubleday.

BAuA (Bundesanstalt für Arbeitsschutz und Arbeitsmedizin). (2016). *Ratgeber zur Gefährdungsbeurteilung. Handbuch für Arbeitsschutzfachleute* (3. Aufl.). Dortmund.

BBK (Bundesamt für Bevölkerungsschutz und Katastrophenhilfe). 2010. *Methode für die Risikoanalyse im Bevölkerungsschutz.* In Wissenschaftsforum. Bonn: Bundesamt für Bevölkerungsschutz und Katastrophenhilfe.

BBK (Bundesamt für Bevölkerungsschutz und Katastrophenhilfe). 2015. *Risikoanalyse im Bevölkerungsschutz. Ein Stresstest für die Allgemeine Gefahrenabwehr und den Katastrophenschutz.* In Praxis im Bevölkerungsschutz, 154. Bonn. Bundesamt für Bevölkerungsschutz und Katastrophenhilfe.

Bensch, M., & Raab-Steiner, E. (2018). *Klinische Studien lesen und verstehen UTB.*

Birkmann, J. (2013). *Measuring Vulnerability to Natural Hazards: Towards disaster resilient societies.* (2. Aufl.). United Nations University Press.

Blaikie, N. (2009). *Designing social research* (2. Aufl.). Wiley-Blackwell.

Burton, I., Kates, R. W., & White, G. F. (1978). *The Environment as Hazard.* Oxford University Press.

BUWAL (Bundesamt für Umwelt Wald und Landschaft). 1998. *Methoden zur Analyse und Bewertung von Naturgefahren.* Eine risikoorientierte Betrachtungsweise. Bundesamt für Umwelt Wald und Landschaft.

BUWAL (Bundesamt für Umwelt Wald und Landschaft). 1999a. *Risikoanalyse bei gravitativen Naturgefahren.* Fallbeispiele und Daten. Bundesamt für Umwelt Wald und Landschaft.

BUWAL (Bundesamt für Umwelt Wald und Landschaft). 1999b. *Risikoanalyse bei gravitativen Naturgefahren.* Methode. Bundesamt für Umwelt Wald und Landschaft.

Cutter, S. L., Boruff, B. J., & Shirley, W. L. (2003). Social Vulnerability to Environmental Hazards. *Social Science Quarterly, 84*(2), 242–261.

Diekmann, A. (2010). *Empirische Sozialforschung: Grundlagen, Methoden, Anwendungen* (4. Aufl.). Rowohlt Taschenbuch.

Douglas, M., & Wildavsky, A. (1983). *Risk and culture: An essay on the selection of technological and environmental dangers.* Univ of California Press.

Gigerenzer, G. (2013). *Risiko: Wie man die richtigen Entscheidungen trifft.* C. Bertelsmann Verlag.

Hollnagel, E., Paries, J., Woods, D. D., & Wreathall, J. (Eds.). (2013). *Resilience engineering in practice: A guidebook.* Ashgate Publishing, Ltd.

IRGC (International Risk Governance Council). 2017. *An introduction to the IRGC risk governance framework.* Revised version 2017. Geneva: International Risk Governance Council.

Jacks, S. (2011). *Einführung in das Katastrophenmanagement.* Tredition.

Kahneman, D., Slovic, S. P., Slovic, P., & Tversky, A. (1982). *Judgment under uncertainty: Heuristics and biases.* Cambridge University Press.

Mayring, P. 2023. *Einführung in die qualitative Sozialforschung.* Beltz.

Merz, B. (2006). *Hochwasserrisiken. Grenzen und Möglichkeiten der Risikoabschätzung.* Schweizerbart'sche Verlagsbuchhandlung.

Nardo, M.; M. Saisana; A. Saltelli; S. Tarantola; A. Hoffman; and E. Giovannini. 2005. *Handbook on constructing composite indicators: methodology and user guide.* OECD Statistics Working Paper. OECD

NKS (Nationale Kontaktstelle für das Sendai Rahmenwerk). (2019). *Sendai Rahmenwerk für Katastrophenvorsorge 2015-2030.* Primus International Printing.

Porst, R. (2013). *Fragebogen: Ein Arbeitsbuch* (4. Aufl.). Springer VS.

Preiss, R. (2009). *Methoden der Risikoanalyse in der Technik: Systematische Analyse komplexer Systeme.* TÜV Austria.

Raab-Steiner, E., & Bensch, M. (2010). *Der Fragebogen: Von der Forschungsidee zur SPSS/PASW-Auswertung* (2. Aufl.). UTB.

Renn, O. (2008). Concepts of risk: An interdisciplinary review. Part 1: Disciplinary risk concepts. *GAIA, 17*(1), 50–66.
Rowe, W. D. (1975). *An „Anatomy" of risk.* Environmental Protection Agency.
Slovic, P. 1987. *Perception of Risk.* Science 236:280–285.
State-of-the-art Report on Current Methodologies and Practices for Composite Indicator Development. Ispra: JRC - Joint Research Centre. European Commission.
Thiemecke, H., & Nohl, J. r. (1987). Systematik zur Durchführung von Gefährdungsanalysen, Forschungsbericht 536, Bundesanstalt für Arbeitsschutz.
Tversky, A., & Kahneman, D. (1974). Judgment under Uncertainty: Heuristics and Biases: Biases in judgments reveal some heuristics of thinking under uncertainty. *Science, 185*(4157), 1124–1131.
UN (United Nations). 1987. *International Decade for Natural Disaster Reduction.* A/RES/42/169 C.F.R. United Nations
UN (United Nations). 1987. *International Decade for Natural Disaster Reduction.* United Nations
UN (United Nations). (1999). International Decade for Natural Disaster Reduction (IDNDR) Proceedings. Programme Forum, 5–9 July 1999, Geneva, Switzerland.
UN (United Nations). (2015). *Sendai framework for disaster risk reduction 2015–2030.* United Nations Office for Disaster Risk Reduction.
UN/ISDR. (2005). *Hyogo Framework for Action 2005–2015: Building the resilience of nations and communities to disasters (HFA).*
US DoD (United States Department of Defense). 1980. MIL-STA-1629A. *Military Standard. Procedures for performing a Failure Mode, Effects, and Criticality Analysis.* United States Department of Defense
Wisner, B., Blaikie, P., Cannon, T., & Davis, I. (2004). *At Risk – Natural hazards, people's vulnerability and disasters* (2. Aufl.). Routledge.

Schritte einer Risikoanalyse erklärt und kommentiert

5

Zusammenfassung

Wie kann man sich ganz konkret den Ablauf einer Risikoanalyse Schritt für Schritt vorstellen? Entlang des Gesamtablaufs einer Risikoanalyse, von der Vorstudie bis hin zur detaillierten Untersuchung einzelner Schritte, und von der Gefahr über die Verwundbarkeit und Fähigkeiten hin bis zum Gesamtrisiko geht man in diesem Kapitel Schritt für Schritt durch eine Anleitung. Die oft unterschätzte Vorüberlegung vor Beginn einer Studie wird durch die Abgrenzung des Themas und hierfür nützliche Hilfestellungen strukturiert. Es werden auch Konkretisierungen für Kontexte durch Abgrenzung der Untersuchungsräume dargestellt, die für Geographen/Geographinnen und Raumwissenschaftler/innen selbstverständlich sind, in anderen Fachrichtungen jedoch kaum verwendet werden. In konkreten Bearbeitungsbeispielen für eine Risikoanalyse für Starkregen in einer Kommune und einer Verwundbarkeitsanalyse bei Hochwasser werden die generellen Untersuchungsschritte mit konkreten Beispielen ergänzt, denn gerade die Verwundbarkeitsanalyse ist zwar international sehr bekannt, wird in Deutschland bislang jedoch kaum angewandt.

5.1 Vorstudie

Bevor man eine Analyse anfängt, stehen eigentlich immer erst Vorüberlegungen an, sei es im Rahmen einer Hausarbeit oder aber im Rahmen eines Projekts in Kontakt mit anderen Akteuren. In der Forschung wird auf die Bedeutung dieser Vorphase hingewiesen, zum Beispiel im Rahmen des IRGC-Rahmenwerks (IRGC, 2017; Abb. 1.11 und **1.12**). Insbesondere in einem Projekt mit anderen Beteiligten, den Akteuren/Akteurinnen oder Stakeholdern/Stakeholderinnen, ist es besonders wichtig, sich vor der Bearbeitung einer Analyse eingehend mit Fragen zu beschäftigen, wie mit wem warum wo und mit welchen Ressourcen das Projekt der Analyse durchgeführt werden wird.

Leider wird diese Phase oft unterschätzt, sowohl hinsichtlich des Zeitbedarfs als auch des **Vorbereitungsaufwands;** außerdem wird sie in wissenschaftlichen Arbeiten oft viel zu kurz dargestellt oder gar ausgelassen. Auch in einer Hausarbeit an der Hochschule oder in einer einzelnen wissenschaftlichen Arbeit ist es wichtig, sich noch einmal klarzumachen, welche Ziele verfolgt werden sollen. Dadurch wird dokumentiert, warum man sich für eine bestimmte Analysemethode und einen Weg entschieden hat, und man zeigt, dass man sich der **Alternativen** bewusst ist.

W-Fragen: Wie, mit wem, warum, wo und mit welchen Ressourcen wird das Projekt durchgeführt?

Nehmen wir das Beispiel, dass die Bevölkerung in einer Stadt zu wenig auf Hochwasser oder Stromausfälle oder Ähnliches vorbereitet ist. Es ist möglicherweise naheliegend, eine Umfrage unter der Bevölkerung durchzuführen, um den Vorbereitungsgrad zu bestimmen. Möchte man jetzt mit einer solchen Analyse und Methode direkt beginnen, übersieht man vielleicht, dass es bereits parallel laufende Untersuchungen der genau gleichen Art oder bereits längst abgeschlossene Untersuchungen zum genau gleichen Thema gibt. Man muss also auf jeden Fall zuerst eine Recherche und Literatursichtung machen und sich darum kümmern, ob ähnliche Umfragen bereits laufen. Weiterhin muss man sich die Frage stellen, ob eine bestimmte Form der Umfrage, zum Beispiel mittels Online-Fragebogen, überhaupt geeignet ist. Möglicherweise ist eine direkte Interviewsituation mit wenigen Personen, dafür aber ausführlich, viel geeigneter, um herauszufinden, warum Menschen sich entsprechend vorbereiten und verhalten oder auch nicht.

Durch diese Frage, welche Methode geeigneter ist, um wirklich hilfreiche Aussagen zu bekommen, kommt man stärker zum Ausgangspunkt der Analyse zurück: Was ist das eigentlich inhaltliche **Ziel?** In rein wissenschaftlichen Arbeiten, in denen man eine Analyse selbstständig erstellt, genügt es im Prinzip, sich hauptsächlich dieser Frage zu widmen. In anderen Kontexten, wenn man zum Beispiel in einem Projekt oder für einen Arbeitgeber/eine Arbeitgeberin arbeitet, kann es noch wichtiger sein, vorher das Ziel der späteren Nutzung dieser Analyse zu kennen. In einer Vorstudi klärt man, ; was wird für wen, warum, wo, wann und wie geplant, zu untersuchen?

Welche Akteure/Akteurinnen verfolgen welche Ziele mit dieser Analyse? Hier empfiehlt es sich, zunächst eine **Akteursbefragung** durchzuführen. Herauskommen kann zum Beispiel, dass eine bestimmte Behörde damit eine Aufklärungskampagne starten möchte. Eine Firma hat möglicherweise Interesse, eine Kommunikationssoftware dafür zu vermarkten, beteiligte Wissenschaftler/innen möchten möglicherweise eine Studie dazu veröffentlichen, usw.

Diese unterschiedlichen Ziele können, müssen aber nicht unbedingt, auch die Inhalte und die Auswahl der Methode der Analyse beeinflussen. In der Wissenschaft ist das Ziel die reine Erkenntnisgewinnung. Jedoch kann es auch sehr hilfreich sein, Menschen direkt zu helfen, indem zum Beispiel eine Nichtregierungsorganisation oder eine Behörde beteiligt ist, die dann auch tatsächlich Maßnahmen umsetzt. Oder es kann sehr effektiv sein, dass eine Firma eine bessere Kommunikationssoftware bereitstellt, wenn Kommunikation auf technischer Ebene ein reales Hauptproblem darstellt. Welche Intention die Akteure/Akteurinnen haben oder was sie genau herausfinden möchten, zum Beispiel technische Kommunikationsdetails oder Probleme in der Zusammenarbeit mit Behörden, kann in einer Vorstudie durch solche Abfragen herausgefunden werden, was die Ausgestaltung der Analyseinhalte und damit auch der Methodik stark beeinflussen kann.

Ein weiterer Faktor in einer Vorstudie ist die Abfrage der vorhandenen **Ressourcen**, also beispielsweise Zeit, Personal und Budget. Die Methodenauswahl sollte rein wissenschaftlich gesehen eigentlich nur nach dem Erkenntnisgewinn erfolgen. In der Realität beeinflussen aber sowohl Abgabezeitraum einer Hausarbeit für Studierende als auch verfügbares Budget für die Bezahlung von Personen, die helfen, Umfragen durchzuführen, sowie die Verfügbarkeit bestimmter proprietärer Software oder andere Ressourcen die Auswahl von Methoden und damit des gesamten Bearbeitungsweges. Es ist zwar wissenschaftlich verpönt, de facto richten sich viele Methoden jedoch entweder ganz einfach daran aus, welche Vorkenntnisse die durchführende Person der Analyse bereits hat oder was sich aus der Vorüberlegung zu vorhandenen Ressourcen ergibt.

In einer Vorstudie sollte auch bereits darüber nachgedacht werden, in welcher Form die Analyse schließlich **dokumentiert** und **veröffentlicht** wird, denn dadurch wird klar, welche Hürden möglicherweise bestehen, falls zwar wichtige Ergebnisse vorliegen, sie jedoch aus Vertraulichkeitsgründen oder wegen langer Abstimmungsverfahren monatelang verzögert oder gar nicht geteilt werden dürfen. In einer wissenschaftlich idealen Welt sollten die Ergebnisse frei verfügbar vorliegen und die Datensätze, wie auch die Fragestellung, online offen veröffentlicht werden. Das hat sowohl den Vorzug für die Befragten, dass sie jederzeit einsehen können, was gefragt wird, was herauskommt und was mit ihren Daten geschieht. Es hat auch den großen Vorteil für die Gemeinschaft der Wissenschaft, dass auch andere drauf zugreifen können und eben diesen Punkt, der oben angesprochen wurde, welche Umfragen bereits laufen, leichter bearbeiten können. Es werden nicht nur Doppelarbeiten vermieden, sondern es ergeben sich auch hervorragende Möglichkeiten, Vergleiche mit anderen Studien durchzuführen, sie über mehrere Jahre zu wiederholen oder sie für Überprüfungen und Validierungen in andere Studien zu nutzen. Für die Zwecke von Behörden oder Wirtschaftsbetrieben hat es jedoch viele Vorteile, **Daten** nicht zu veröffentlichen, sondern sie zu kontrollieren und gezielt für eigene Zwecke einzusetzen. Aus diesem Grund ist es sehr wichtig, dass man sich sowohl in gemeinsamen Projekten als auch in einer einzelnen Hausarbeit bereits vor der Analyse klar wird, was mit der Analyse danach geschehen soll. Viele Hausarbeiten kamen zu unglaublich spannenden Ergebnissen von Umfragen, Berechnungen oder Kartierungen, die zum Teil erstmalig erstellt wurden und für eine größere Öffentlichkeit interessant sind. Wenn die Umfrage dementsprechend sauber methodisch gestaltet wurde, ist es auch möglich, eine Hausarbeit oder Abschlussarbeit später zu veröffentlichen. Aus diesem Grund sollte man sich sogar in eigenständigen Projektarbeiten ohne externe Akteure/Akteurinnen der

Dokumentation einer Vorstudie widmen. Dadurch wird oft deutlich, ob es Auftraggeber/innen oder geplante Nutzer/innen gibt und welche Gründe zur Auswahl des Ziels geführt haben. Natürlich kann dies auch rein aus wissenschaftlichen Überlegungen, zum Beispiel aus der Literaturanalyse heraus, geschehen.

In einigen Quellen wird empfohlen, die gegenseitige **Kommunikation** unter allen Akteuren/Akteurinnen bereits in der Vorstudie zu initiieren und während der Analyse bis in die Phasen nach der Analyse kontinuierlich beizubehalten, denn so wird vermieden, dass von eine Analyse durchgeführt und erst danach überlegt wird, wie und wo man die Ergebnisse veröffentlichen kann. Dies führt häufig zu folgenden Problemen: Es fehlt die Beteiligungsmöglichkeit der zu befragenden Personen oder anderer Akteure/Akteurinnen, die mit den Ergebnissen etwas anfangen können. Oder man übersieht, dass es ähnliche Untersuchungen bereits gibt oder in Vorbereitung sind, wodurch der Wert der fertigen Analyse am Schluss geringer wird oder sogar infrage gestellt werden kann.

Zusammenfassend lassen sich folgende Punkte für eine Vorstudie empfehlen:

- Abfrage des Ziels einer Analyse
- Abfrage der Ziele der Akteure
- Aufstellung und Abwägung der vorhandenen Ressourcen

Folgendes Überprüfungsschema ist zudem hilfreich bei der Vorauswahl einer geeigneten Analysemethode: Was fehlt überhaupt bislang?

1. Überhaupt belegbare (empirische) Informationen?
2. Zugang zu Daten?
3. Erklärungskomponenten (z.B. zu Resilienz)?
4. Zusammenführung (Methodisch oder Management)

Es kann viele Gründe geben, die Phase der Vorstudie und der Dokumentation sehr kurz zu halten oder auszulassen, zum Beispiel wenn eine Analyse nur eine Wiederholung und Routinearbeit ist. Viele Studierende, die erstmalig eine solche Hausarbeit schreiben, werden einige der oben gestellten Fragen abkürzen, um erst einmal eine solche Analyse zu erstellen und ein Gefühl dafür zu bekommen. Jedoch stellt sich in der Arbeitspraxis immer wieder heraus, welche Nachteile es hat, wenn die klaren Ziele und Verwendungszwecke einer Analyse erst im Nachhinein erarbeitet werden. Ein Beispiel dafür sind wissenschaftliche Projekte, die nach drei Jahren abgeschlossen werden, dann ihre fertigen Produkte anbieten und es dann keine Nutzer gibt. Dies wurde inzwischen wissenschaftstheoretisch erkannt und in Form von **Beteiligungsverfahren** oder auch Co-Design-Ansätzen aufgearbeitet. Darin werden die Vorzüge der frühzeitigen Einbindung und Kommunikation zwischen verschiedenen Akteuren betont. Auch in der täglichen Praxis stellt es sich als förderlich heraus, wenn die Kunden/Kundinnen bereits von Anfang an mit eingebunden werden.

5.1.1 Auswahl des Themas

- Eigener Einfall/ggf. Erlebnis: Ist okay, muss aber durch externe Belege ergänzt werden (Literaturstellen oder Interviews)
- Externe Belege (Medienquellen): Müssen durch Belege aus der Fachliteratur (Fachartikel, Lehrbücher) ergänzt werden
- Probleme und Lücken, die bereits in der Forschung erkannt und benannt werden (z. B. aus Fachartikeln oder Forschungsprojekten)
- Vorhandene Daten (z. B. Statistiken, Karten, Surveys, Messdaten)

In jedem Falle ist in der Einleitung neben der Darstellung der Relevanz in eigenen Worten viel Literaturarbeit notwendig. Aus dieser lässt sich das Thema ableiten und weiter eingrenzen. Wichtig ist noch, dass generell das Problem aufgrund einer Relevanz, und nicht nach reiner Datenverfügbarkeit ausgewählt werden sollte (jedenfalls muss das in der Arbeit am Schluss so dargestellt werden).

5.1.2 Abgrenzung des Themas

Die W-Fragen können hervorragend genutzt werden, um die oft in wissenschaftlichen Arbeiten geforderte Neuigkeit oder Innovation herauszustellen oder zu beschreiben, denn jede Arbeit soll etwas Neues beinhalten und keine Wiederholung sein. Das Neue kann sowohl in der Anwendung des gleichen Verfahrens, aber zu einem neuen Zeitraum, in einer neuen Region, mit einem neuen Datensatz oder mit einer neuen Methode erfolgen. Diese Beispiele spiegeln bereits die W-Fragen Wann?, Wo? und Wie? wider. Natürlich können auch neue Gründe wie etwa neue Krisenvorfälle oder Fallbeispiele, Rahmenveränderungen (Klima, Politik usw.) aufkommen. Kombinationen von Vorfällen, Datensätzen, Methoden etc. sind ebenfalls einfache Möglichkeiten, etwas neu zu untersuchen.

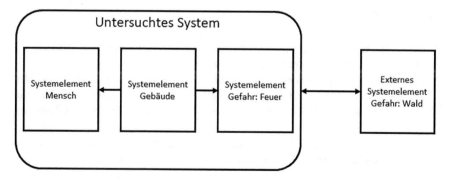

Abb. 5.1 Beispielskizze für ein zu untersuchendes System

Durch die (gerne auch indirekte) Beantwortung der **W-Fragen** kann man konkretisieren, was, wo, wie, wann, mit welchen Methoden und Daten warum und für wen gemacht wird. Die Abgrenzung erfolgt über den **Untersuchungsgegenstand** (Thema), die Einengung über den **Stand der Forschung** und Konkretisierung des Bedarfs, hier weiter zu untersuchen, und schließlich über den **Untersuchungsraum** (Abb. 5.1).

Beispiel: In der Krankenhausalarmplanung gibt es international vereinheitlichte Konzepte (Quellen 1, 2, 3), darin jedoch auch die Lücken X, Y, Z (Quellen 2, 4, 5). In Deutschland gibt es zwar KKH-Alarmpläne (Quellen 6, 7), jedoch wird das Thema KRITIS darin noch nur vereinzelt sektoral behandelt (Quelle 8). Daher wird die Kleinstadt ABC mit einem Regelversorgungs-KKH ausgewählt, da dort …

Untersuchungsgegenstand – eine Systemabgrenzung

Das **untersuchte System** besteht aus Elementen, Prozessen und ihren Verbindungen, die es von anderen Systemen abgrenzen. Der Untersuchungsgegenstand besteht aus diesem System und dem Problem. Das untersuchte System ist zu definieren und abzugrenzen. Neben den W-Fragen hilft hier auch die Abgrenzung (Abb. 5.1)

- des Untersuchungsraumes (z. B. Verwaltungsgebiet, Stadt, Flusseinzugsgebiet, Gebäude),

- der Untersuchungseinheit(en) (z. B. Menschen, Geräte, Gebäude, Städte),

- des Untersuchungszeitraumes.

Beispiel: Die Untersuchung wird vom 1.5. bis 1.7.20XX an Feuerwachen in Köln durchgeführt und erhebt Daten von Angehörigen der …

Aufbau eines Titels einer Arbeit

Aus der ersten Abgrenzungsarbeit heraus lässt sich der Titel nach und nach konkretisieren. Wichtige Inhalte sind:

- W-Fragen im Titel möglichst bereits beantworten, zumindest: Was wird wo mit welcher Methodik (ggf. noch für wen) untersucht?
- Der Untersuchungsraum ist dabei möglichst gut abzugrenzen, ebenso die Zielgruppe. Zu vermeiden ist ein zu genereller Titel, da man zum Beispiel ohne Nennung eines Untersuchungsraumes erwartet, dass alle Länder des Globus abgehandelt werden.
- Bei einem langen Titel oder mit Untertitel: Die zuerst genannten Titelwörter erwartet man besonders tief untersucht.

- Schlagwörter (keywords) sollten so genannt werden, dass sie mit der Stichwortsuche gefunden werden können. Daher Fachbegriffe nutzen und zum Beispiel auch Methodik und Untersuchungsraum nennen. Fachbegriffe sind kurz in der Arbeit mit mindestens zwei Referenzen zu belegen/erläutern.

Die Skale des Untersuchungsraumes ist anhand des Problems und des Untersuchungsinteresses auszuwählen, zum Beispiel:

- Individuum
- Haushalt
- Objekt (z. B. Gebäude)
- Stadtteil
- Kreis
- Bundesland

Zu ergänzen ist die Frage der relevanten Interaktionen mit der Systemumwelt: Wo wird abgegrenzt?

Beispiel: Es wird ein Objekt für die Gefahr Gebäudebrand ausgewählt. Problemgegenstand soll die Evakuierung sein. Dabei stellt man in der ersten Recherche gegebenenfalls fest, dass innerhalb eines Gebäudes schon alles geregelt/erforscht ist, jedoch die Zufahrtswege zum Gebäude kaum in Planungen berücksichtigt werden. Also erweitert man den Untersuchungsraum, hier um die Systemelemente Zufahrtswege, Stellflächen usw. (Abb. 5.2).

Abb. 5.3 Zufahrtswege, Entfernungen zum Nachbetanken (Island 2002) Abb. 5.4 Stellflächen für Container oder Abrollbehälter für Notstrom sind elementar für eine Notversorgung oder Evakuierung (Erftstadt 2021). Abb. 5.5 Bei einem Hochwasser (Ahrweiler 2021) müssen manche Zufahrtswege zudem durch Sandsäcke geschützt werden, was ihre Nutzung wiederum einschränkt. Abb. 5.6 Die Stellflächen für Notstrombehälter sind zudem möglichst nahe ans Gebäude zu bringen und gleichzeitig vor Wassermassen zu schützen (Ahrweiler 2021).

Beispiele für räumliche Abgrenzungsmöglichkeiten

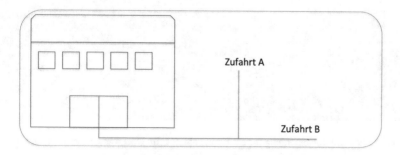

Abb. 5.2 Skizze für das Untersuchungsobjekt und fehlende Untersuchungen zu Zufahrtswegen

Abb. 5.3 Lange Distanzen zur nächsten Tankstelle (Island, 2002)

Abb. 5.4 Ersatzstromversorgung für ein Krankenhaus beim Hochwasser (Erftstadt, 2021)

Abb. 5.5 Sandsäcke in einer Zufahrt zu einem Krankenhaus (Bad Neuenahr, 2022)

Abb. 5.6 Abstellflächen für Aufräumarbeiten nach dem Hochwasser (Bad Neuenahr, 2022)

- Administrative Grenzen: Stadt, Kommune, Bundesland usw.
- Gefahrenzone: Hochwassergebiet usw.
- Landnutzung: Ackerland, Forst usw.
- Naturräumliche Grenzen: Flusslauf, Wassereinzugsgebiet usw.
- Untersuchungszellen:Parzellen usw. oder andere menschlich festgelegte Untersuchungsgrößen
- Verbindungen:Straßen, Trassen usw.

Welche Gefahren oder Skalen von Gefahren sind wie auszuwählen?
Relevanz vor Ort: Bereits aufgetreten, aber keine Studien/Planung/Maßnahmen
Woanders aufgetreten, könnte auch hier auftreten
Wie „groß" muss das Szenario sein?
Jede Skale hat ihre eigenen Herausforderungen:

- **Alltäglicher Notfall:** Routinen, Gewöhnung auch an Fehler im System, ggf. mangelnde Flexibilität für unvorhergesehene Lagen
- **Mittelschwere Krise:** Übungshäufigkeit, Zuständigkeiten, Perfektionserwartungen
- **Außergewöhnliche Krise:** Überforderung, fehlende Planung

Lesetipp: Das BBK empfiehlt in seinem Handbuch *Risikoanalyse im Bevölkerungsschutz* (BBK, 2015) die Kombination aus solchen Szenarien.

Eine weitere Eskalationsstufe: Die Kombination von Risiken

- Kumulative Risiken (Häufung)
- Multiple Risiken: Zu einem Risiko, einer Lage, kommt ein weiteres hinzu. Beispiel: Sturm fällt Bäume und bringt erhöhten Niederschlag, Hochwasser und Erdrutsche.
- Kaskadeneffekte: Durch Gefahrenereignis 1 (Hochwasser) kommt es zu 2, Stromausfall.

Nutzung für Risikoanalysen: Kombination, z. B. Auswahl verschiedener **Wirkmechanismen** der Gefahren: ein Szenario Naturgefahr (räumlich oder zeitlich schlecht planbar), eine Epidemie (betrifft vor allem das Systemelement Mensch) und ein Sabotageakt (gerichtete, intelligente Gefahr).
Beispiel für eine Kombination von Ereignissen: Epidemie und Bahnunglück
Bei einer Epidemie ist das Besondere, dass Menschen betroffen sind, die sich über Kontaktwege infizieren.
Bei einer Epidemie sind Krankenhäuser und Rettungsdienste bereits ausgelastet. Bei einer weiteren Lage, z. B. einem ICE-Unglück, gibt es gegebenenfalls Versorgungsengpässe. Zudem wirkt das Bahnunglück anders.

Auf der anderen Seite sind bei einer längeren Quarantäne weniger Bahnen unterwegs, was das Schadenspotenzial verändert und gegebenenfalls verringert. In einer Risikoanalyse wäre hier also die Möglichkeit, die Verknüpfung beider Ereignisse in ihrer Wechselwirkung zu untersuchen.

5.1.3 Beispiele für Untersuchungsräume

Ein Untersuchungsraum kann vollkommen unterschiedlich ausgewählt werden. Es hängt von der W-Frage ab, an welche Zielgruppe sich eine Analyse richtet. Richtet sie sich zum Beispiel an Entscheidungsträger, so sind Verwaltungen und Kommunen gefragt. Diese nutzen üblicherweise Verwaltungsgrenzen, um ihre Zuständigkeit und Aufgaben auszurichten, also empfehlen sich auch diese Verwaltungsgrenzen als Untersuchungsraum. Auf der anderen Seite kann es beispielsweise bei Naturgefahren Sinn machen, andere Untersuchungsräume auszuwählen, zum Beispiel Ausbreitungsräume oder Hochwassergebiete. Im Wasserbereich werden daher häufig Einzugsgebiete von Flüssen und ihren Zuflüssen in der fachlichen Arbeit einiger Fachabteilungen ausgewählt. Einsatzkräfte wie Feuerwehr und Rettungsdienst wiederum denken und planen häufig einerseits für die Verwaltungsgrenzen und andererseits für intern eingeführte Unterteilungen, die nach dem Erreichungsgrad oder den Hilfsfristen ausgerichtet sein können. Viele Einsatzkräfte, die ganz konkret an Orte fahren, haben dann wiederum einzelne Objekte wie Häuser oder Grundstücke im Sinn, also eignen sich daher solche kleinen Untersuchungsräume auch für Analysen für diese Zielgruppe. Häufig werden auch sogenannte objektbasierte Gefährdungsabschätzungen in der Arbeits- oder Anlagensicherheit eingesetzt und prägen den Bereich der Risikoanalysen. Empirische Untersuchungen der Betroffenheit von Menschen, von Vorsorgemaßnahmen oder Versicherungen wiederum beziehen sich meist noch kleinräumiger auf einzelne Wohneinheiten oder Haushalte. Möchte man einzelne Menschen besser einschätzen können, kommt man sogar auf die Ebene einzelner Personen oder Personengruppen.

Auf der anderen Seite gibt es auch Gründe, noch stärker, sozusagen herauszuzoomen, und größere Zusammenhänge zu analysieren. So hat bereits eine Kreisverwaltung oder ein Regierungsbezirk einen größeren Untersuchungsraum vor Augen, und auch Bundesländer oder Staaten haben dann ihre eigenen größeren Verwaltungsgrenzen im Sinn. Schließlich gibt es überregionale und staatenübergreifende Themen wie Pandemie und Klimawandel oder Logistik und Lieferketten, die eigene Untersuchungsräume entlang von Klimazonen, Vernetzungen von Verkehrswegen oder anderen Knotenpunkten hin aufbauen. Es gibt also eine fast schon unübersichtliche Vielzahl von Möglichkeiten, einen Untersuchungsraum auszuwählen. Daher sollen für den Einstieg im Folgenden einfache und thematische Beispiele genutzt werden, die den Bereich der üblichen Untersuchungen im Katastrophen- und Risikobereich abbilden.

In der Detailtiefe möchten viele Studien bei Befragungen von Einzelpersonen oder Haushalten den Untersuchungsraum gerne möglichst auf einzelne Wohneinheiten oder Straßenzüge eingrenzen. Dabei ergibt sich bereits die erste Möglichkeit, ein Gebäude oder mehrere Gebäude als Untersuchungsraum auszuwählen und abzugrenzen. Gebäude können dabei vollkommen unterschiedlich sein, und es können auch mehrere Personen darin wohnen. Im folgenden Beispiel wird ein Mehrparteienhaus dargestellt, da es einen Vergleich verschiedener Merkmale erlaubt. Ebenso wäre es jedoch möglich, mehrere Einfamilienhäuser oder Zufallsstichproben aus verschiedenen Gebäuden ähnlich miteinander zu vergleichen. Das Mehrparteienhaus ist zunächst einmal verschiedenen Gefahren an verschiedenen Stellen ausgesetzt (Abb. 5.7).

Thematisch wird hier ein Hochwasser als räumliche **Exposition** dargestellt, das typischerweise die unteren Stockwerke oder Kellerräume erreicht. Die darüberliegenden Wohnungen sind einerseits zwar trocken, die Bewohner/innen also nicht direkt betroffen, andererseits bieten sie Fluchtmöglichkeiten für die Bewohner/innen darunter, die indirekt selbst betroffen sind, wenn durch das Hochwasser zum Beispiel Wasser, Abwasser, Strom und Heizung, aber auch Zugangsmöglichkeiten zum Gebäude entfallen. Damit ist ein Hochwasser bereits eine flächenhafte, aber auch eine sogenannte sich vertikal auswirkende Exposition und damit eine Gefährdung, die tendenziell an niedrigster Stelle im Gebäude häufiger ist und nach oben hin abnimmt.

Als zweites Beispiel soll ein Küchenbrand dienen, bei dem die Rauchwolke das hauptsächliche Risiko auch für die Bewohner/innen der darüberliegenden und danebenliegenden Wohnungen darstellt. Hier nimmt die Vertikalexposition, wie beim Hochwasser, nach oben hin leicht ab, ist jedoch im Vergleich zum Hochwasser stärker in der vertikalen Streckung ausgeprägt.

Als drittes Beispiel dienen hier der Blitzeinschlag und Hagel, der umgekehrt vertikal die oberen Stockwerke und Dachwohnungen zuerst betrifft. Neben der räumlichen Exposition gibt es auch die **zeitliche Exposition**, die unterschiedlich ausfällt, je nach Tag und Nacht und Aufenthaltsgewohnheiten der Einwohner/innen.

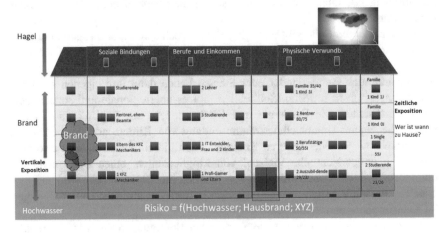

Abb. 5.7 Risikoanalyse von Gebäuden/Straßenzügen in der Seitenansicht

An diesen Beispielen lassen sich bereits verschiedene Merkmale der **Anfällig-keit**, aber auch **Fähigkeiten** der Einwohner/innen thematisch darstellen. Soziale Bindungen sind zum Beispiel ein Faktor, der zwischen Studierenden anders ausfallen kann als zwischen anderen Mitbewohnern/-bewohnerinnen des Mehrparteienhauses. Einige Wohnanlagen haben inzwischen soziale Mediengruppen gebildet oder können sich im Haus durch Zuruf oder Aushänge gegenseitig informieren. Bei einem akuten Gefahrenereignis wie einem Hochwasser könnte ein Bewohner/eine Bewohnerin auch kurzzeitig in das höhere Stockwerk zu seinen/ihren Eltern ziehen und dort unterkommen. Hier ist also eine gegenseitige Unterstützung in vielen Weisen denkbar. Bei einem Wohnungsbrand kann es auch dazu führen, dass sich ein Familienmitglied einem höheren Risiko aussetzt, weil es zuerst seine eigenen Eltern warnen oder retten möchte. Rentner/innen und andere ältere Personen können im Haus gute Kontakte aufgebaut oder diese in geringerem Maße haben, wenn sie nicht mehr so mobil sind.

Einen weiteren Untersuchungsfaktor können Berufe und damit verknüpfte Einkommen darstellen. So können Menschen mit festen Berufen und höherem Einkommen kleinere Schäden durch ein Hochwasser oder einen Hausbrand finanziell besser bewältigen. Das wiederum hängt von der Jobsituation und der Versorgung anderer Angehöriger ab. Berufe haben auch damit zu tun, wer sich zeitlich wann in dem Gebäude aufhält. So haben zum Beispiel Personen, die im Homeoffice arbeiten, eine höhere Anwesenheit und damit auch höhere Anfälligkeit, einen Schaden zu erleiden. Auf der anderen Seite sind sie länger und häufiger im Gebäude und bekommen ein Hochwasser oder einen Brand vermutlich frühzeitiger mit als solche, die gerade im Urlaub oder länger unterwegs sind.

Als dritter Faktor für Anfälligkeit soll die physische Anfälligkeit dargestellt werden. Ältere Menschen haben höhere generelle Risiken, weniger mobil zu sein oder bei einer Stresssituation gesundheitliche Schäden wie einen Herzinfarkt zu erleiden. Auch sind junge Kinder stärker betreuungsbedürftig. Einerseits bedeuten solche Analysen für die Betroffenen eine bessere Unterscheidung der eigenen Anfälligkeit und Betroffenheit. Andererseits können solche Analysen auch Rettern Hinweise liefern, wo sie mit mehr Aufwand rechnen müssen, um zum Beispiel ein Gebäude bei einem Brand zu erkunden oder Personen aus dem Gebäude zu retten. Das Gesamtrisiko setzt sich dann aus allen betrachteten Gefahrenarten, Expositionen, Anfälligkeiten und Fähigkeiten zusammen.

In einem weiteren Beispiel wird ebenfalls der Zusammenhang zwischen Gefahren, Exposition und Anfälligkeitsmerkmalen deutlich. Hier wird die Risikoanalyse in der Aufsicht oder der sogenannten Vogelperspektive auf mehrere Einfamilienhäuser und zwei Hochhäuser an einer Straßenkreuzung dargestellt (Abb. 5.8).

Rein schematisch ergeben sich hier bereits Unterschiede an Rettungsausgängen für die Bewohner/innen. Bei einem Flusshochwasser ist einerseits nur der linke Straßenabschnitt betroffen. Bei einem Starkregen dagegen ist diese Fläche auf der linken Seite nur teilweise betroffen, dafür aber auch andere Gebäude und damit Eingänge und Stellflächen auf der rechten Straßenhälfte. Für die Bewohner/innen

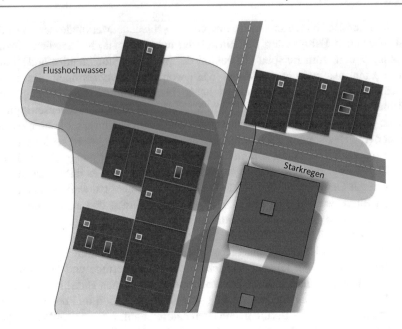

Abb. 5.8 Risikoanalyse von Gebäuden in der Aufsicht/Vogelperspektive

bedeutet dies unter anderem, dass sie sich nicht auf allen Seiten des Hauses trockenen Fußes retten können. Das ist aber auch von der Anzahl und Lage der Haustüren, Hintertüren oder Terrassentüren abhängig, die wichtig sind, um größere Gegenstände oder Personen in einem Pflegebett bzw. Rollstuhl leichter evakuieren zu können. Es gibt viele weitere Faktoren, die Rettungsmöglichkeiten bei steigendem Hochwasser ermöglichen oder einschränken. Dachfenster beispielsweise, die groß genug sind, dass eine Person hinausklettern kann, können bei einem extremen Hochwasser wie im Ahrtal 2021 lebensrettend sein. Dort mussten viele Personen sich nachts aufs Dach retten. Einige Dächer hatten kein Dachfenster, und man musste eine Öffnung im Dach heraussägen (Abb. 5.9).

Das Vorhandensein und die Verteilung der Dachfenster lassen somit eine Unterscheidung der Fluchtmöglichkeiten zu. Auch die Anordnung der Dächer kann darüber entscheiden, ob man bei einem Hochwasser notfalls von einem Dach direkt auf das andere flüchten kann. Gibt es einen größeren Abstand zwischen den Gebäuden, ist eine Rettung erschwert oder nicht möglich. Schließlich ist eine solche Analyse in der Aufsicht auch für die Rettungskräfte hilfreich, um Anfahrtswege und Stellflächen zu bedenken. Diese müssen für bestimmte Geräte und Fahrzeuge wie etwa Drehleiterfahrzeuge breit genug und standsicher sein. Das ist bei der in Abb. 5.9 dargestellten Straßenkreuzung bereits im Normalfall nur eingeschränkt möglich, und bei Hochwasser sind möglicherweise Gartenböden nicht standsicher genug. An diesem Beispiel könnte man auch eine Risikoanalyse entlang der unterschiedlichen Expositionen von Flusshochwasser und Starkregen unterscheiden. Ebenfalls kann man Kennzahlen für die Anzahl an Redundanzen von Ausgängen

Abb. 5.9 Haus im Ahrtal mit Sichtbarkeit der Überflutungshöhe an der Hauswand und einem Loch im Dach. (Foto: Stefan Klose 2021)

und Türen sowie Dachfenstern berechnen. Diese zwei Faktoren, Redundanzen der Ausgänge und Exposition, bilden dann im Gesamtrisiko nur zwei Faktoren ab, sind aber eine wichtige Annäherung (Abb. 5.10).

Rettungsausgänge:

- Haus-/Hinter-/Terrassentüren HAT
- Dachfenster D
- Fluchtredundanzen: $FR = n(Hat) + n(D)$

Exposition:

- Flusshochwasser
- Starkregen
- Beides

Gesamtrisiko: $R = f(Redundanzen, Exposition)$

Ein drittes Beispiel ist der Lageplan eines Krankenhauses, das 2021 beim Hochwasser betroffen war (Abb. 5.11). In der Aufsicht sind verschiedene Landnutzungsklassen ersichtlich, zum einen das Krankenhausgebäude im Zentrum und zum anderen grüne Flächen, die für die Standflächenauswahl für Einsatzfahrzeuge bei Durchfeuchtung gegebenenfalls nicht gut geeignet sind.

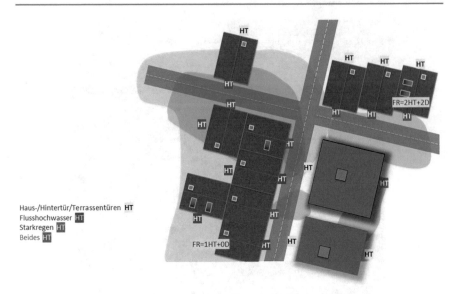

Abb. 5.10 Risikoanalyse von Gebäuden in der Aufsicht/Vogelperspektive mit Kennzahlen für die unterschiedliche Exposition der Ausgänge

In der rechten Hälfte von Abb. 5.11 sind eine weitere Wohnsiedlung und zwischen ihr und dem Krankenhaus ein kleiner Bach erkennbar, der beim Hochwasser 2021 anschwoll. Der Hubschrauberlandeplatz im Süden ist ebenerdig, nicht auf dem Dach und war damit nicht nutzbar. Der einzige Zugangsweg zum Krankenhaus aus Nordwest ist recht schmal und war ebenfalls nicht gut zugänglich, da Bäume auf dem Gelände umkippten und zusätzlich die Zufahrt erschwerten. Diese Information ist auf einem Satellitenbild besser zu erkennen als auf der gewählten Kartendarstellung. Man benötigt Zusatzinformationen, zum Beispiel aus dem Satellitenbild oder Fotos vom Krankenhaus, um zu erkennen, dass das Gebäude überwiegend einstöckig mit einem weiteren Dachgeschoss ist, was nur beschränkte vertikale Fluchtmöglichkeiten für die Patienten/Patientinnen bedeutet. Ebenso sind weitere Informationen zum Beispiel aus dem Lageplan des Krankenhauses zu ziehen, um besonders empfindliche Stellen wie die Notaufnahme oder Intensivabteilung oder die Unterbringung von Personen mit Gehbehinderungen zu erkennen. Einspeisepunkte sind wichtig für die Einsatzkräfte, die eine Notversorgung für Strom und Wasser hinter dem Gebäude legen mussten, was durch die enge Zufahrtsstraße erschwert wurde. Auch eine radiologische Abteilung ist als Sekundärgefahr sehr wichtig, da aufschwimmende Röntgengeräte eine zusätzliche Gefahrenquelle darstellen können.

Wenn man aus dem Untersuchungsraum noch weiter herauszoomt, kann man auch flächenhaft verschiedene Landnutzungselemente miteinander vergleichen. In Abb. 5.12 erkennt man Natur- und Umweltflächen, die man von Siedlungs- und landwirtschaftlichen Flächen unterscheiden kann.

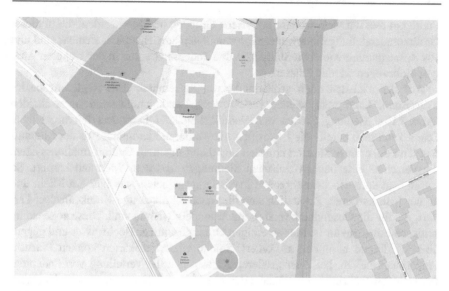

Abb. 5.11 Kartenausschnitt eines Krankenhausgeländes mit Umgebung (OSM contributors)

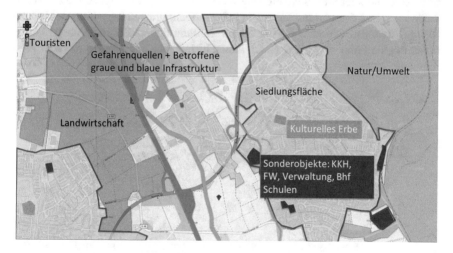

Abb. 5.12 Ausschnitt einer Stadt mit Umgebung und Kartierung unterschiedlicher Landnutzung und Sonderobjekte. (Datengrundlage: OSM)

Blaue Linien stellen die Flüsse und Bäche als mögliche Gefahrenquellen dar. Möglicherweise ist es wichtig, Objekte wie Krankenhäuser (KKH), Feuerwehren (FW), Verwaltung, Bahnhof (Bhf) oder Schulen innerhalb des Untersuchungsraumes gesondert zu kartieren. Auch kulturelles Erbe muss möglicherweise durch besondere Schutzmaßnahmen berücksichtigt werden. Vielleicht halten sich dort Touristen auf, die besondere Betreuung brauchen. Neben Tieren etwa auf einem

Pferdehof müssen viele weitere betroffene Gruppen beachtet werden, die in dieser Großraumdarstellung ohne weitere Informationen zunächst nicht sichtbar sind und aus Zusatzquellen wie etwa Statistiken und anderen Quellen in der weiteren Analyse einbezogen werden müssen.

Auf der nächsten noch größeren Verwaltungseinheit, dem Regierungsbezirk Köln/Bonn, kann man wieder verschiedene Landnutzungsarten unterscheiden (Abb. 5.13). Siedlungsflächen und Waldflächen sind besonders hervorgehoben. Damit kann man bereits die Exposition für Waldbrand kartieren. Aus der Literatur wurden Funkenflugdistanzen ermittelt und damit in einem Geoinformationssystem die Verschneidungsflächen zwischen Siedlungen und dem Waldrand kartiert. So lassen sich auch Hochwasserzonen in Siedlungsgebieten, wie hier am Rhein und an der Erft, kartieren. Zusätzlich sind hier auch Kliniken und Krankenhäuser kartiert, die für die Gesundheitsversorgung besonders wichtig sind. Diese sogenannte kritische Infrastruktur ist hier an einigen Orten gegenüber Hochwasser und gegenüber Waldbrand besonders exponiert. Solche Überblickskarten können Planern/ Planerinnen helfen, bei einer größeren Katastrophe die Verteilung von Patienten/ Patientinnen frühzeitig zu planen oder aber bei der Neuplanung von Krankenhäusern geeignete Standorte zu finden.

Man kann Zusatzinformation hinzufügen. So sind z. B. ältere Menschen bei Hitze einer höheren Sterblichkeit ausgesetzt, oder beim Hochwasser durch höhere Raten an Herzinfarkten und Gesundheitsbeeinträchtigungen betroffen. Auch dazu liegen Daten vor, wie zum Beispiel die Verteilung älterer Personen ab 65 Jahren in der Region (Abb. 5.14). Die Daten liegen bislang aus dem Zensus nur sehr grob

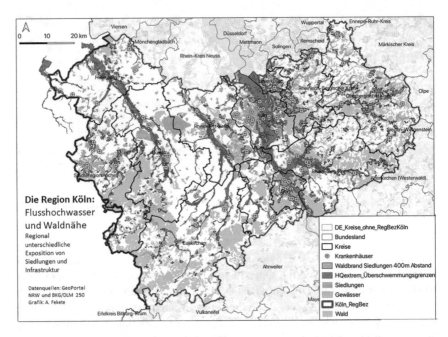

Abb. 5.13 Die Region Köln mit Analyse von Flusshochwasser und Waldbrandrisikozonen

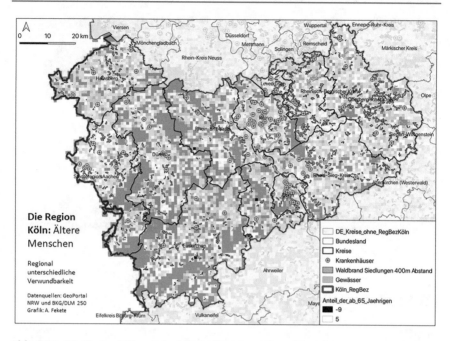

Abb. 5.14 Die Region Köln mit Analyse der Verteilung älterer Menschen

aufgelöst vor, eignen sich aber damit insbesondere für solche großräumige Übersichtsanalysen. Bei kleinräumigeren Analysen kann man solche Daten durch Befragungen, aus Statistikportalen des Landes oder von einzelnen Kommunen teilweise erhalten.

Schließlich kann man ganze Landschaftsräume typisieren und hinsichtlich ihrer Risiken unterscheiden. Das Risiko kann man entlang der Komponenten der unterschiedlichen Gefahren, unterschiedlicher Expositionen, Anfälligkeiten und Fähigkeiten unterteilen. So sind ländliche Regionen weniger dicht besiedelt als Städte. Doch auch im ländlichen Raum unterscheiden sich die Betroffenheiten, zum Beispiel bei Hochwasser, zwischen Siedlungen im Flachland von solchen mit Gelände (Abb. 5.15). In einem gebirgigen Tal ist der Flussquerschnitt V-förmiger und der Flusspegel kann damit schneller vertikal ansteigen. Ein Tal ist in der Geographie definiert als eine lang gestreckte Hohlform, an der sich an den Seiten qualitativ und quantitativ andere Prozesse als in der Talmitte abbilden. Auf das Risiko übertragen, bedeutet das, dass man alle Hangbereiche als eigene Risikozone ausgliedern könnte. Dort finden zusätzlich zum Hochwasser auch noch Zuflüsse von den Talseiten bei einem Regenereignis statt und können neben Unterspülungen von der Rückseite und Hangseite her auch zu Erdrutschen und damit Sekundärgefahren führen, die im Flachland so nicht ausgeprägt sind.

Die Expositionszonen bestehen aus dem Talboden, den Talflanken, aber auch im Flachland zwischen verschiedenen Flussterrassen, . Die Höhe und Bebauungsdichte sind ebenfalls einzuplanen, da dadurch die Ausdehnungsfläche des Wassers

A. Ländlich, Flachland   B. Ländlich, gebirgig

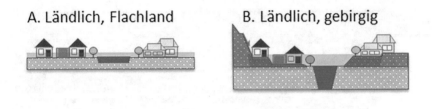

C. Stadt, Flachland

D. Stadt, Kessellage

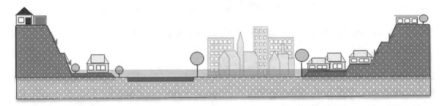

Abb. 5.15 Typisierung von ländlichen und urbanen Orten mit Hochwasserrisikozonen

und durch Asphaltierung die Einsickerungsmöglichkeiten begrenzt sein können. Schutzmauern und Deiche wiederum stellen weitere Trennungen von Expositionszonen dar, die in der Planung berücksichtigt werden müssen. Insgesamt kann man bei der Exposition untersuchen, welche Objekte sich alle in der gleichen Ebene mit der Gefahr, also dem Hochwasser oder dem Hangwasser, befinden. Eine Höhenlage und auch die Ausrichtungsseite eines Hauses kann unterschiedliche Expositionen aufweisen , bei einem Haus am Hang zur Sonne bei einer Hitzewelle oder zum Hangwasser bei Starkregen. Schließlich ist auch die zeitliche Exposition durch die Tageszeit zu berücksichtigen.

In der Stadt lässt sich wie im ländlichen Bereich die Exposition zwischen Flachland und Stadtflächen mit Hang- oder Kessellage unterscheiden. Die Dimension einer Stadt ist jedoch größer, sodass größere Bereiche in unterschiedliche Zonen wie Industrie, Wohn- oder Grünzonen aufgeteilt werden können. Gerade in Städten kann es zu unterschiedlichen Konzentrationen verwundbarer Gruppen kommen, wenn zum Beispiel in einzelnen Stadtvierteln oder Objekten wie Alten- und Pflegeheimen oder Hochhäusern höhere Bevölkerungsdichten und damit Expositionen bestehen. Andererseits verteilen sich Anfälligkeitsmerkmale, wie körperliche Fitness, soziale Bindungen oder Einkommen, auch unterschiedlich z. B. entlang von Grundstückspreisen sowohl im ländlichen wie auch im urbanen Raum. Alle diese Landschaftstypen bedingen neben den Konzentrationen besonders anfälliger Objekte oder Personengruppen möglicherweise auch heterogene Konzentrationen von Sonderobjekten der Gefahrenabwehr wie etwa Standorten für Krankenhäuser, Feuerwehren usw. Deren Versorgungsgebiete können sich je nach Erreichbarkeit und auch Gefahrenszenario bei überfluteten Straßen stark unterscheiden. Gebirgstäler haben häufig weniger Redundanzen bei Verkehrswegen als Orte im Flachland. Es gibt noch eine Vielzahl weiterer Merkmale und Landschaftstypen, dies soll nur als erste Anregung dienen, größere Regionen miteinander räumlich vergleichen zu können:

- Gefahrenzonen: Hang, Fläche; an den Talflanken spielen sich qualitativ und quantitativ andere Gefahrenprozesse ab als am Talboden

- Expositionszonen: Talboden, Talflanken, Flussterrasse, Höhe der Häuser, mit oder ohne Schutzmauern auf der Ebene mit der Gefahr, Höhenlage, Ausrichtungsseite, Tageszeit

- Verwundbarkeitszonen: Konzentrationspunkte vulnerabler Gruppen

- Fähigkeitszonen: Konzentrationspunkte Gefahrenabwehr, Gesundheit usw.

Eine Gesamtübersicht über alle untersuchten Risikokomponenten kann man tabellarisch darstellen (Tab. 5.1). Einerseits kann man damit alle Bereiche, deren man sich bewusst ist, darstellen. Also kann man zum Beispiel verschiedene Gefahrenarten, deren Faktoren und damit Bestandteile auflisten. Ebenso kann man Expositionen, Anfälligkeiten und Fähigkeiten aufführen. Das Gesamtrisiko setzt sich aus den Einzelfunktionen für die Kombination der jeweiligen Faktoren und der Kombination der Risikoanalysekomponenten zusammen. Entweder berechnet man das Risiko aus allen dargestellten Faktoren, oder für eine Hausarbeit wählt man daraus die tiefergehend zu untersuchenden Faktoren aus, die man speziell unter die Lupe nimmt. Das kann in solch einer Tabelle durch fette Hervorhebung der speziell untersuchten Komponenten, Arten und Faktoren geschehen.

Bei einer Risikobewertung ist zudem zu beachten, dass man bereits getroffene Maßnahmen und vorhandene Fähigkeiten mit einkalkuliert, um das Gesamtrisiko wieder zu senken. Das ist im Bereich der räumlichen Risikoanalysen zwar oft bei sogenannten multikriteriellen Indikatoren enthalten, aber zum Beispiel im Bereich der Fehleranalyse und der FMEA noch gebräuchlicher. In einer FMEA kann man direkt zu einer speziellen Gefährdungsart oder einer bestimmten Schwachstelle die jeweiligen Gegenmaßnahmen aufführen und somit den Gesamtrisikowert wieder senken. Dies ist sowohl für geplante als auch bereits durchgeführte Maßnahmen möglich. Diese Bestandteile aus einer FMEA sind sicherlich eine gute Anregung für andere Risikoanalysen, sobald sie in den Bereich der Risikobewertung übergehen.

Tab. 5.1 Übersichtsdarstellung aller Aspekte einer Risikoanalyse in einer Tabelle

Risikoanalyse-komponenten	Art	Faktoren	Gesamtrisiko
Gefahr(en)	Hochwasser Erdrutsch …	Magnitude Frequenz Wirkungsart	Funktion aus(Gefahren-arten, Faktoren)
Expositionen	Fläche Höhe Tageszeit	Distanz, Topographie, Stockwerke Schlaf, Lebensstil	F(Exp-Arten, Faktoren)
Anfälligkeiten/ Verwundbar-keiten	Physische Soziale Wirtschaftliche …	Fitness, Techniken Abhängigkeiten	F(V-Arten, Faktoren)
Fähigkeiten	Handlung Information Ressourcen	Verhalten Wissen Wirtschaft, Planung, Netz-werke	F(F-Arten, Faktoren)
			F(gesamt)

5.2 Risikoanalyse

Auch in der eigentlichen Ausarbeitung der Analyse gibt es eine Vorphase, in der die Ziele und Aufgabenstellungen klar dargestellt werden müssen. Die Meinungen darüber, was dazu alles gehört, gehen auseinander, empfehlenswert sind aber auch hier wieder als Eselsbrücke die **W-Fragen**. Was ist das Ziel, wer ist die Zielgruppe, in welchem Untersuchungsraum, in welchem Zeitraum soll sie mit welcher Methode für welche Nutzer/innen durchgeführt werden?

Das Ziel der Analyse ist meist ein Erkenntnisgewinn. Diese ergibt sich häufig in der Verbesserung zum Status quo, also muss in einer Darstellung für die **Begründung** der Durchführung einer Analyse auch eine Problemstellung enthalten sein. Im wissenschaftlichen Kontext sollte diese Problemstellung einerseits durch eine gesellschaftliche Fragestellung und andererseits durch einen bisherigen Mangel in der wissenschaftlichen Ausarbeitung dargestellt und auch belegt werden. Der gesellschaftliche Bedarf kann häufig im Kontext von Risiko- und Katastrophenforschung relativ einfach erklärt werden. Jedoch reichen reine Behauptungen wie zum Beispiel, dass durch Erkenntnis in der Analyse Menschenleben gerettet werden könnten, nicht aus. Sie sollten belegt werden, beispielsweise dass eine internationale Organisation diesen Bedarf dokumentiert, oder es an anderer Stelle schon zu solch einem ähnlichen Bedarf kam. Zusätzlich besteht die Aufgabe, aus der wissenschaftlichen Forschung heraus die Problemstellung zu begründen, indem etwa dargestellt wird, was dazu bereits an ähnlichen Analysen durchgeführt wurde, und wo und wann. Daraus lässt sich meist schon begründen, dass es im angedachten Untersuchungsgebiet einen Mangel gibt, dass schon seit Längerem keine Untersuchungen mehr durchgeführt wurden oder dass die bisherigen Untersuchungen entweder inhaltlich oder methodisch nicht genau das erfasst haben, was man sucht. Insgesamt schärft sich mit dieser Bearbeitung auch der Blickwinkel auf das eigentliche Ziel der Analyse.

Beispiel für eine Formulierung eines Einstiegs in einen Aufsatz: „Weltweit nehmen Anzahl und Schäden von Naturgefahren zu (MunichRe, 20XX, SwissRe 20XX, UN 20XX). Dies ist kein neuer Trend; schon 1945 beobachtete man z. B. in den USA, dass seit den 1920er-Jahren zwar die Hochwasserschutzmaßnahmen zunahmen, gleichzeitig die Schäden unvermindert weiter anstiegen (Gilbert Fowler White, 1945), was sich fortsetzt (White et al., 2001). In Deutschland führen Hochwasser neben Winterstürmen und Hagelschäden zu den höchsten wirtschaftlichen Schäden, Hitzewellen zu den meisten Todesopfern (EM DAT 20XX)."

Auch die Begründungen zu den anderen W-Fragen gehören zu einer Einleitung einer Analyse. Man hat zuerst das Problem dargestellt, und das kann bereits mit der Frage der Nutzer der Ergebnisse verbunden werden. Man sollte auch begründen, warum das Untersuchungsgebiet ausgewählt wird und welchen Zeitraum man für die Untersuchung veranschlagt. Aus all diesen Gründen heraus sollte dann zunächst kurz dargestellt werden, ob und welche Daten dafür erhoben werden müssten, welche Daten möglicherweise bereits vorliegen und welche neu erhoben werden müssen. Dann erst sollte man sich die Frage stellen, welche Methode dafür geeignet ist.

In vielen wissenschaftlichen Arbeiten, insbesondere naturwissenschaftlichen Arbeiten, wird jedoch genau umgekehrt vorgegangen. Es wird de facto kaum eine Begründung für Ziel oder Nutzung angegeben, sondern direkt mit der Darstellung der Auswahl der Methodik begonnen. Es wird in der Wissenschaft schon lange kritisiert, dass man einen Themengegenstand zur Bearbeitung nur anhand vorhandener Daten oder Methoden auswählt. Abraham Maslow hat es angeblich einmal so formuliert: Wer einen Hammer in der Hand hat, für den sehen alle Probleme wie Nägel aus. Man soll in einer wissenschaftlichen Darstellung vermeiden, eine Bearbeitung darüber zu begründen, dass bequemerweise die und die Daten vorlagen und man diese oder jene Methode kennt und daher einfach anwendet. In Hausarbeiten sollte auch vermieden werden, als Begründung für die Bearbeitung die Notwendigkeit der Leistungserbringung für einen Kurs oder den Dozenten/die Dozentin anzugeben. In einer Auftragsarbeit für einen Arbeitgeber/eine Arbeitgeberin ist es zwar wichtig, öffentlich zu dokumentieren, dass zum Beispiel der eigentliche Anstoß für diese Studie aus dem Interesse einer Firma für Vermarktungszwecke heraus entsteht. In beiden Fällen, für die Hausarbeit an der Hochschule wie auch für die Auftragsarbeit für die Wirtschaft, ist es wichtig, zusätzlich den öffentlichen oder gesellschaftlichen und zu begründen, denn sonst wird offenkundig, dass diese Analyse nur einem Selbstzweck dient.

Zusammengefasst werden die oben genannten Schritte am Ende einer Einleitung am besten in Form einer zusammenfassenden Problem- oder Fragestellung. Wie man das nennt und wählt, wird unterschiedlich gehandhabt. Es kann eine Formulierung des Ziels in einem Satz sein, oder als Problemstellung. Wissenschaftlich gebräuchlich ist auch die Form der Formulierung verschiedener Arbeitshypothesen. Eine gute Form ist die Formulierung einer **Hauptforschungsfrage** mit nachgeordneten, detaillierten Unterfragen. Die Hauptforschungsfrage leitet durch die gesamte weitere Arbeit und sollte den Kern der Untersuchung und die breitere Perspektive der Einordnung in die gesamte gesellschaftliche und wissenschaftliche Fragestellung darstellen. Die Unterfragen zeigen dagegen detailliertere Arbeitsschritte auf, wie diese recht breite Hauptfrage konkretisiert werden soll. Diese Forschungsfragen sollten in den weiteren Bearbeitungsschritten und Kapiteln immer wieder beachtet und wiederholt werden, um die einzelnen Arbeitsschritte klar zuzuordnen. Dadurch entsteht ein roter Faden, bei dem man am Schluss auch bei der Diskussion und Zusammenfassung zeigen kann, welche der Fragen nun beantwortet werden konnten und welche nicht.

Zusätzlich empfiehlt es sich, den **Titel der gesamten Arbeit** möglichst detailliert unter den Aspekten der W-Fragen bereits auszuformulieren. Wo wird mit welcher Methode für welche Zielgruppe oder welchen Zweck welcher Gegenstand genau untersucht? Wie kurz oder breit man den Titel einer ganzen Arbeit wählt, ist zwar Geschmackssache, doch bei einer zu generellen und kurzen Darstellung des Titels besteht die Gefahr, dass eine Erwartung beim Leser geweckt wird, zum Beispiel dass ein Thema für ganz Deutschland oder die ganze Welt behandelt wird. Es wird dann außerdem nicht deutlich, mit welcher Methode und wo genau etwas untersucht wird. Es ist beim Auffinden und der Suche nach wissenschaftlichen Quellen aber sehr hilfreich, wenn man direkt weiß, worum es sich genau handelt und sowohl die Methode auch der Untersuchungsraum möglichst klar mit Fachbegriffen benannt sind.

Zusammengefasste Punkte und Anregungen
Dimensionen einer Risikoanalyse
    Lernziele:

- Welche Risiken gibt es, welche Bedeutung haben sie?
- Wie kann man diese belegen und bearbeiten (vgl. Einleitung und Problemstellung einer Hausarbeit)?

Arten von Risiken:

- Alltagsrisiken: Haushaltsunfälle, Rettungsdienst und Feuerwehralltag
- Langzeitrisiken: Krebs, Klimawandel
- Seltene Ereignisse: Krisen, Katastrophen

Informationsquellen:

1. Mediensberichte
2. Professionelle Organisationen
3. Wissenschaftliche Analysen als Sekundärquellen
4. Sekundärdaten (z. B. amtliche Statistik)
5. Primärdaten (selbst erhoben)

6. Wissenschaftliche Analysen als eigene Arbeit
7. Validierte Studie

(Zunahme der Vertrauenswürdigkeit aus wissenschaftlicher Sicht von 1 nach 7)
   Aber: Wer traut welcher Quelle aus Sicht

* der Bevölkerung?
* bestimmter Berufsgruppen?

5.3   Stand der Wissenschaft (State of the Art)

Auch hier gibt es unterschiedliche Philosophien, was hineingehört und wie es aufgebaut wird. Im Ingenieurwesen wird dieser Bereich zum Beispiel häufig als Stand
der Technik oder Stand von Wissenschaft und Technik bezeichnet. Das weist darauf hin, dass hier ein Bezug zur reinen Technik und oft auch zum Anwendungsbezug vorhanden ist. Im Ingenieurwesen ist es zum Beispiel verbreitet, dass in
einem solchen Kapitel zuerst Normen und Standards und dann behördliche oder
gesetzliche Grundlagen aufgearbeitet werden. Das hat zum einen den Grund, dass
hier ein Großteil der Begründung einer Aufgabenstellung aus einer gesetzlichen
oder technischen Notwendigkeit resultiert. Im Sinne einer transdisziplinären
Arbeitsweise ist es in Gebieten mit hohem Anwendungsbezug sicherlich sinnvoll, auch gesellschaftliche, politische oder juristische Grundlagen darzustellen.
Es sollte aber in einer wissenschaftlichen Arbeit immer vorwiegend und zuerst der
bisherige Erkenntnisgewinn aus der Wissenschaft bearbeitet werden, denn Normen
und Standards haben den Nachteil, dass sie oft erst viele Jahre nach dem Vorliegen
wissenschaftlicher Vorarbeiten ausgearbeitet werden und einen Stand zusammenfassen, der mitunter nicht den aktuellen Erkenntnisstand darstellt. Zudem haben
Normenausschüsse und ihre Prozesse weitere Eigenheiten. So sind zum Beispiel
nicht immer Wissenschaftler/innen in disziplinärer Breite an der Entstehung von
Normen beteiligt, es können teilweise auch stark von wirtschaftlichen Interessen
gesteuerte und eher technische Bestandteile enthalten sein. Zur Gesetzeslage ist
es wichtig, eine Einordnung des Wissensstands zu treffen, sofern es in dem entsprechenden Feld notwendig ist. Dies dient dazu, die Ergebnisse nicht an der
Planungspraxis vorbeizuentwickeln. Auch ist es sicherlich hilfreich, auf Vorgaben
durch Gesetze für den Zweck der Analyse oder für die Aufgabenstellung hinzuweisen.

Jedoch sollte die **wissenschaftliche Aufarbeitung** im Vordergrund stehen, da
sie im Idealfall neutral und unabhängig ist und durch die Ausrichtung auf den Erkenntnisgewinn die neuesten Innovationen und Entwicklungen beinhaltet. Es kann
also zum Beispiel sein, dass in Gesetzen zu Hochwasser oder Stromausfällen bestimmte Regelungen festgesetzt sind. Wie auch Normen und Standards bedarf es
aber vieler Jahre der Vorbereitung und Aushandlungen und stellt dadurch nicht
die neuesten Erkenntnisse dar. Zudem sind recht viele Aspekte aus den eher ge-

sellschaftlich ungewöhnlichen Themen der Risiko- und Katastrophenforschung nicht in Gesetzen oder Normen und Standards enthalten.

Jedoch ist der Anwendungsbezug durchaus begrüßenswert, und man sollte vor allem noch einmal zurückblicken auf die Begründung der Zielformulierung zum gesellschaftlichen Anwendungsfeld. Daher können es notwendig sein, auch andere Gebiete aufzuarbeiten. Wenn die gesellschaftliche Begründung sich zum Beispiel aus der Arbeit von Hilfsorganisationen oder anderen Kontexten ergibt, dann sollten diese im Idealfall in einem solchen Kapitel aufgearbeitet werden und der Stand des Wissens dazu dargestellt werden.

Je nach Analyse können diese gesellschaftlichen Aspekte des Wissensstands auch entfallen oder nachgeordnet werden zu den wissenschaftlichen Quellen, denn in einer wissenschaftlichen Arbeit ist es vor allem notwendig, den Wissensstand überhaupt aufzuarbeiten. Das dient einerseits dazu zu dokumentieren, dass man sich über das Feld informiert hat und weiß, welche **Doppelarbeiten** man vermeiden muss, oder auch, an welche anderen Arbeiten man direkt anknüpfen kann. Andererseits dient ein solches Kapitel immer auch denen, die sich vertieft auskennen, oder stellt eine Einführung für jene dar, die sich noch nicht vertieft auskennen. Insbesondere dient dieses Kapitel aber auch dazu, die vorherige Einleitung noch einmal zu vertiefen und genauer zu begründen sowie darzustellen, in welchen Kontext sich diese Analyse einreiht und welche konkreten Fachbegriffe und Fachaspekte von wem in anderen Studien bereits abgearbeitet wurden. Dadurch lassen sich die bisherigen Lücken belegen, und eine Arbeit lässt sich begründen.

Andererseits kann man das Thema, die Bearbeitung und den **Aufwand** hier bereits eingrenzen, denn indem man auf entsprechend ähnliche Arbeiten verweist, zeigt man zum einen den Lesern, wo sie noch mehr solche Fragen finden können, die in der eigenen Analyse nicht untersucht werden. Zum anderen vermeidet man die Kritik, sich in der Breite des Themas zu verheddern oder sich anderer Vorarbeiten nicht bewusst zu sein. Für die Analyse hilft diese Vorarbeit enorm, da der genaue Bearbeitungsweg und die Auswahl der Untersuchungsfragen dadurch immer konkreter werden. Der Stand des Wissens sollte unterschiedliche Zielgruppen bedienen: diejenigen, die sich mit dem Thema noch nicht auskennen, bis hin zu denen, die bereits Experten/Expertinnen sind. Nach einer kurzen, grundsätzlichen Einführung sollte man aber recht rasch ins Spezielle kommen und genauere Hinweise geben, zu welchen methodischen oder inhaltlich besonderen Aspekten bereits geforscht wurde und zu welchen möglicherweise nicht. Manchmal kann man die Formulierung von **Forschungslücken** bereits aus diesen Studien entnehmen und zitieren. Manchmal ergeben sich die Forschungslücken aber auch genau dadurch, dass sie nicht in den gelesenen Studien gefunden werden können.

Noch ein Hinweis aus der Erfahrung mit studentischen Arbeiten, aber auch wissenschaftlichen Fachartikeln. Häufig fehlen entweder Aufarbeitungen dieser Art vollkommen, oder aber es werden nur einzelne Bereiche dargestellt. Bei studentischen Arbeiten findet man häufig Formulierungen wie „Trotz/selbst nach ausführlicher Suche konnte zu diesem Thema keine Literatur gefunden werden". Ich empfehle daher immer, den Suchweg zu dokumentieren. Indem man die genutzten **Suchbegriffe** und auch Suchplattformen dokumentiert, nimmt man vielen Lesern/Leserinnen, die hier etwas vermissen, die Kritik, denn tatsächlich tun sich viele Einsteige/innen sehr schwer, wissenschaftliche Quellen zum Thema zu finden. Entweder denkt mana zu breit oder zu detailliert. Zu breit ist es, wenn man die Such- und Fachbegriffe noch nicht kennt und somit nicht auf das Thema stößt. Zu detailliert ist häufig der Anspruch, genau zum Untersuchungsgebiet und zur genauen Fragestellung Literatur zu finden, wozu es empirische Forschung, gerade in Deutschland, häufig nicht gibt. Indem man das mit Suchworten dokumentiert, wird nachvollziehbar, warum was gefunden wurde und was nicht. Man kann diese Suchwörter in einer **Suchwortliste** auch in einem Anhang in einer Tabelle angeben. Das ist oft sehr hilfreich für diejenigen, die die Studie lesen und nachvollziehen möchten oder ähnlich vorgehen wollen. Auch in vielen wissenschaftlichen Fachartikeln wird häufig nicht genau dargestellt, wonach gesucht wurde. Eine Suche entwickelt sich in der Realität häufig nicht strukturiert und geplant, dennoch kann man am Ende eine Struktur in die Auflistung der Quellenarbeit bringen, indem man noch einmal überlegt, in welche Stichwortkategorien es einzuordnen ist. So kann man in einer Literatursuche zuerst prüfen, ob und was es bereits zum Thema gibt, statt voreilig zu konstatieren, dass es zu diesem Gebiet nichts gäbe.

Problematisch sind auch Formulierungen wie „Einig ist sich die wissenschaftliche Literatur auch darin ...", denn in diesem Fall muss man nicht nur mehrere Quellen angeben, um das zu belegen, sondern auch sozusagen den Gegenbeweis führen, dass es diese Einigkeit wirklich gibt und keine Gegenmeinungen vorliegen, was sehr unwahrscheinlich ist.

Zum Einstieg in die Forschungsarbeit ist es häufig schwierig zu verstehen, welche Quellen in welcher Tiefe oder Breite gefunden werden können und welche gültig sind oder nicht. Man findet zur genauen Fragestellung am genauen Untersuchungsort meistens keine Quellen. Es ist auch nicht notwendig zu begründen, dass es diese Art von Forschung noch nicht gab. Wichtiger ist es, etwas herauszuzoomen und Bezüge zu ähnlichen Verfahren oder Studien in anderen Regionen oder ähnlichen Methoden darzustellen. Gibt es also beispielsweise noch keine Umfrage zu dem Risiko von Ernährungsausfall in der Region XY, so kann man viele wissenschaftliche Studien finden, die überhaupt die Problematik von Ernährungssicherung erst einmal aufarbeiten. Daraus kann man wiederum den Stand der Forschung und der Methoden ähnlicher Studien erkennen.

5.3.1 Theorie und Konzept

Innerhalb des klassischen Aufbaus eines wissenschaftlichen Artikels, aber auch empfehlenswert für jede andere Form der Dokumentation einer Analyse, folgt nun als nächstes Kapitel die Darstellung der Methodik. Der Begriff „Methodik" wird unterschiedlich belegt, bedeutet übersetzt aber ungefähr so etwas wie „Weg" oder „Herangehensweise". Je nach Reifegrad sowohl der Entwicklung der Methodik innerhalb der Wissenschaft an sich als auch nach Erfahrung des Analysten folgt hier ein Theoriekapitel. Eine klassische Gliederung kann nun zum Beispiel zuerst in einem Theoriekapitel, das das gesamte Konzept und die Einbettung des Themas darstellt, dann in einem Methodikkapitel, das die methodischen Schritte beschreibt, und schließlich in einem Datenkapitel münden, das aufzeigt, welche Daten verwendet werden sollen. Insgesamt sollen in diesem Kapitel die gesamte generelle Forschungsidee und Herangehensweise, das Forschungs-Design, dargestellt werden (Blaikie, 2009).

Bevor man anfängt, sollte man sich noch einmal vergegenwärtigen, dass es um die inhaltliche Fragestellung geht, nach der geeignete Bearbeitungskonzepte oder Werkzeuge und Daten ausgewählt werden sollten, und nicht umgekehrt. Man kann zum Beispiel eine **Hauptforschungsfrage** oder Unterfrage aufgreifen und zunächst darstellen, in welcher Theorie diese aufgefunden wird. Bei der Untersuchung der Wahrnehmung der Bevölkerung gegenüber einer Hochwassergefahr kann es zum Beispiel hilfreich sein, theoretische Konzepte zu nutzen, die den Menschen als System und seine Handlungen einordnen und weiter untergliedern. Allein dazu gibt es eine Vielzahl möglicher Theorien, beispielsweise Handlungstheorien und Nachhaltigkeitsdimensionen. An dieser Stelle soll nur kurz skizziert werden, was der Mehrwert einer Arbeit mit Theoriebezug im Vergleich zu einer Arbeit ohne Theoriebezug ist. Nutzt man aus der Möglichkeit verschiedener Definitionen von Risiko jene, in der menschliches Tun besonders hervorgehoben wird, so kann das ein Vorteil für die Tiefe der Arbeit sein. . Hier bietet es sich an, keine Risikodefinition zu nutzen, die auf der Eintrittswahrscheinlichkeit der Gefahr fußt, sondern eine, die menschliches Handeln explizit auch theoretisch konzeptionell ausdrückt. Von den vielen Beispielen sei hier die Theorie von Bourdieu genannt (Human and Social Capitals). Eine andere Möglichkeit ist die Verwendung der Risikodefinition der Vereinten Nationen, die international breite Anwendung und Anerkennung findet. International wird das Risiko zum Beispiel unterteilt in die konzeptionellen Bestandteile Gefahr, Verwundbarkeit und Fähigkeiten. Menschliches Verhalten bei Hochwasser hat unter anderem viel mit Faktoren des menschlichen Wissens, der Ausbildung, der persönlichen Stärken und Schwächen und der sozialen Netzwerke und des kulturellen Kontexts zu tun. Es lohnt sich, Theorien zu suchen, die eine möglichst große Bandbreite an Faktoren anbieten.

. Die Unterteilung des Risikos in die Komponenten der Verwundbarkeit und Fähigkeiten stammt aus verschiedenen wissenschaftlichen und praxisnahen Feldern , z. B. aus der Erdbebenforschung oder der Einsatzpraxis in der Entwicklungszusammenarbeit , . Weiterhin werden diese Konzepte auf internationaler Ebene durch internationale Rahmenwerke (z. B. Sendai-Rahmenwerk) dokumentiert und mit einem methodischen Monitoringprozess verbunden. Zudem wurden diese Risikokomponenten bereits in noch übergreifendere fachliche Themen integriert, wie zum Beispiel die **menschliche Sicherheit**. Das Konzept der menschlichen Sicherheit beinhaltet verschiedene Arten von Sicherheiten und Risikodimensionen, die Menschen betreffen können, beispielsweise Ernährungssicherheit, politische Stabilität und Schutz vor Naturgefahren.

Eine Theorie zu nutzen und ein entsprechendes konzeptionelles Kapitel zu schreiben, kann viele Vorzüge haben, da einerseits eine Einordnung in größere Zusammenhänge möglich wird und zweitens viele weitere Quellen gefunden werden können, die eine Anleitung durch ihre theoretische Struktur geben können. Man muss jedoch festhalten, dass gerade im Bereich der Risiko- und Katastrophenforschung ein Mangel an Theorien besteht. Theorien werden daher aus den Sozialwissenschaften und teilweise den Naturwissenschaften übernommen, zum Beispiel Akteurs- und Handlungstheorien oder Systemtheorien. Eigenständige Theorien zur Erklärung, was eine Katastrophe oder ein Risiko ist, fehlen bislang. Zwar gibt es bereits Konzepte zu **Verwundbarkeit**, zu **Resilienz** und zu anderen Bereichen, sie sind jedoch eher noch im Range von sich entwickelnden Konzepten und keiner etablierten Theorie, die einen Überbau und Erklärung eines gesamten Feldes bietet. Zudem gibt es in der Mathematik oder Geologie bereits Katastrophentheorien, aber sie sind für den gesellschaftlichen Kontext des Themas in diesem Buch nicht hilfreich.

Wichtig ist zu bedenken, ob und welche Vorzüge eine Theorie überhaupt bietet. Eine Theorie bietet dann große Vorteile, wenn man dadurch auf weitere Aspekte stößt, an die man vorher nicht gedacht hat, oder wenn man Zusammenhänge zu anderen Sektoren oder Systemen darstellen kann, die man ohne diese Theorie nicht hätte. So stößt man beispielsweise bei der Verwendung der Risikodefinition, die die Gefahr von Aspekten der Exposition, Anfälligkeit und Fähigkeiten trennt, unweigerlich darauf, dass man diese anderen Komponenten eben auch bedenken muss. Man muss sie in der eigenen Analyse nicht vertiefen, aber im Theoriekapitel mindestens darin einordnen. Häufig wird durch diese Beschäftigung bereits viel klarer, in welche Richtung die Analyse geht und welche Erkenntnisse sie liefert und welche nicht. Eine Analyse zur Wahrnehmung von Hochwasserrisiko wird vermutlich zur Erklärung der Gefahrenkomponenten selbst weniger beitragen als eine meteorologische Messung. Jedoch hängen Menschenleben am Ende davon ab, wie viel Hochwasser schließlich vor Ort sein wird. Daher kann man auf keinen Fall per se argumentieren, dass die eine oder andere Komponente wichtiger sei als die andere. Damit muss man auch bestimmte wissenschaftstheoretische Entwicklungen kritisch betrachten. Zum Beispiel werden im Zuge eines sogenannten Paradigmenwechsels Forderungen innerhalb der Wissenschaft seit Jahrzehnten laut, sich weniger um die Gefahrenseite als vielmehr um die Verwundbarkeitsseite zu kümmern. Daher sollten zwar einerseits verstärkt Verwundbarkeitsanalysen durchgeführt werden, und nicht nur Gefahrenanalysen oder Gefährdungsbeurteilungen., Jedoch sollte man andererseits auch nicht das Kind mit dem Bade sozusagen ausschütten und gar keine Gefahrenanalyse mehr durchführen .

5.3.2 Methoden

Im folgenden Unterkapitel sollten nun die methodischen Schritte dargestellt werden. Häufig wird dieses Kapitel mit dem Oberbegriff „Methodik" bezeichnet. Hier ist es wichtig, nicht nur darzustellen, welche Schritte mit welchen konkreten Fachbegriffen durchgeführt werden und zu welchen Aspekten des Gesamtziels sie beitragen. In einer Abbildung (als Flussdiagramm) oder einer Tabelle kann man die direkten Bezüge der einzelnen Untersuchungsschritte zu den einzelnen Unterfragen aus der Einleitung darstellen.

Wie schon angedeutet, ist es in der Praxis sehr unterschiedlich, wie der Begriff „Methode" verwendet wird. In den meisten Fachzeitschriften gibt es daher ein Kapitel, das „Methoden" oder „Methodik" heißt. Ein Theoriekapitel ist dort nicht vorgeschrieben, wird aber in sozialwissenschaftlichen Zeitschriften erwartet. Es empfiehlt sich auf jeden Fall, eine Gesamtübersicht der einzelnen durchzuführenden Schritte zu erstellen, am besten auch in einer Abbildung oder Tabelle. Dabei ist es sehr hilfreich, die einzelnen Schritte den Unterforschungsfragen oder den theoretischen Komponenten zuzuordnen (zwei Beispiele finden sich hier nachfolgend im Kapitel in Abb. 5.16, 5.17). Das löst aber noch nicht das Problem, wie man das alles in der Arbeit bezeichnet. Eine Möglichkeit ist es, auf der abstrakten Ebene im Überblick die Gesamtheit aller Arbeitsschritte als **Rahmenkonzept** , Verfahren oder Gesamtmethode zu bezeichnen. Innerhalb des Rahmenkonzepts zum Ablauf einer Risikoanalyse gibt es dann einzelne weitere Analysemethoden. Diese einzelnen Analysemethoden beschreiben, wie konkret einzelne Schritte ausgeführt werden, und können aus vollkommen unterschiedlichen wissenschaftlichen Methoden bestehen. Zum Beispiel beinhaltet die Methode der Risikoanalyse des BBK verschiedene grundsätzliche Schritte, von der Risikoidentifikation über die Risikoanalyse bis zur Risikobewertung und schließlich Risikobehandlung. Wie in der Abb. 5.16 dargestellt, kann man in einem Flussdiagramm zu einem dieser übergeordneten Schritte, zum Beispiel zur Risikoidentifikation, die einzelnen konkreten Bearbeitungsschritte weiter darstellen. Diese konkreten Arbeitsschritte, zum Beispiel die Auswahl der Gefahren, kann über die Methode der Literaturauswertung erfolgen.

Weitere bekannte Methoden aus der Wissenschaft werden möglicherweise in den anderen Schritten der Analyse eingesetzt, zum Beispiel statistische Auswertungen oder numerische Modelle, je nach Eignung für das jeweilige Thema. Um eine Literaturanalyse als wissenschaftliche Methode durchzuführen, ist es notwendig, diese Methode möglichst genau zu beschreiben, denn es gibt verschiedene Arten

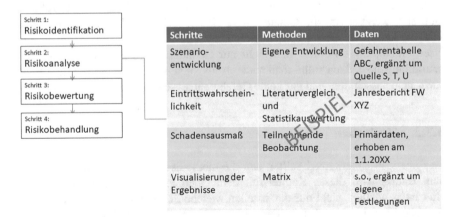

Abb. 5.16 Darstellung der Methode und Herausstellung der gewählten Schwerpunkte in einer Arbeit (Beispiel)

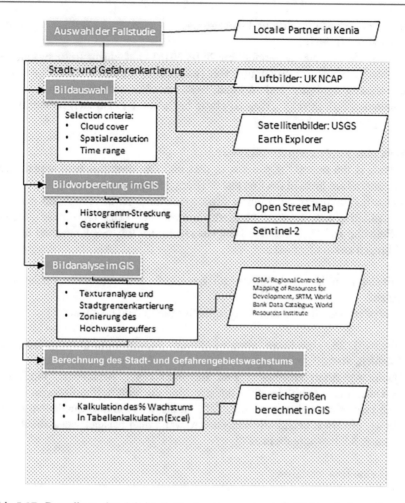

Abb. 5.17 Darstellung der Arbeitsschritte in einem wissenschaftlichen Aufsatz über eine Risikoanalyse unter Nutzung räumlicher Daten (Fekete, 2022)

von Methoden. Es gibt zum Beispiel eine systematische Literaturanalyse. Zu diesem Oberbegriff der Methode der Literaturanalyse gibt es noch weitere Hilfswerkzeuge, die innerhalb dieser Methode verwendet werden können. Solche Werkzeuge oder Tools sind zum Beispiel Internetsuchmaschinen oder Software zur Inhaltsanalyse der ausgewählten Texte oder Textverarbeitungsprogramme. Im Grunde ergibt sich somit eine Art Hierarchie der einzelnen Methoden, und man wie folgt benennen kann: **Rahmenkonzept** für die gesamte Methodik, **Analysemethoden** für die konkreten wissenschaftlich bekannten Methoden wie Befragungen und Modellierung sowie **Werkzeuge**, **Tools**, Software, detailliertere Hilfsmethoden im Labor oder bei der Modellierung, um die übergeordnete Methodik durchführen zu können.

Zusammengefasste Punkte und Anregungen
Was ist eine Methode?
Laut Duden online (abgerufen am 24.03.2014) „auf einem Regelsystem auf-
bauendes Verfahren zur Erlangung von [wissenschaftlichen] Erkenntnissen oder
praktischen Ergebnissen" und „Art und Weise eines Vorgehens".

Méthodos (griechisch): „Weg zu etwas hin"; von μετά (metá) „hinter, nach"
und ὁδός (hodós) „Weg"

Was ist eine Analyse/ein Assessment?
„Analysis is the search for patterns in data and for ideas that help explain why
those patterns are there in the first place" (Bernard, 2006, S. 451).

Bernard (2006) gibt auch eine einfache Anleitung zu der Frage, ob man nun
eine qualitative oder quantitative Methode anwendet. Dazu teilt er die Frage in
vier Bereiche auf (Tab. 5.2)Die Hauptaussagen aus Tab. 5.2 kann man auch in
zwei Fragen zusammenfassen:

- Arbeitet man in der Methode mit quantitativ oder qualitativ vorliegenden
  Daten?
- Analysiert man diese Daten auf quantitative oder qualitative Weise?

Qualitative Daten sind Sätze, einzelne Wörter, Schriftwerke. Quantitative Daten
sind Zahlen, Statistiken.

Qualitative Analysemethoden sind Beschreibungen, Argumente, Inhaltsana-
lysen. Quantitative Methoden sind Statistik, Modellierungen, Simulationen.

Man kann aber auch wie im Beispiel c in der Tab. 5.2 eine qualitative Datenquelle wie ein Buch quantitativ analysieren, wenn man beispielsweise die Anzahl
bestimmter Schlagworte darin zählt.

Was ist eine Risikoanalyse?

- Aus Sicht eines Bundesamtes:

  – Risikoanalyse: Systematisches Verfahren zur Bestimmung des Risikos
  – Risiko: Kombination aus der Eintetenswahrscheinlichkeit eines Ereig-
    nisses und dessen negativen Folgen (BBK, Glossar, online; abgerufen am
    05.08.2022).

- Aus Sicht der Vereinten Nationen: Disaster risk assessment: „A qualitative or
  quantitative approach to determine the nature and extent of disaster risk by ana-

Tab. 5.2 Anleitung zur Unterscheidung qualitativer und quantitativer Methodik

	Qualitative Daten	Quantitative Daten
Qualitative Analyse	a	b
Quantitative Analyse	c	d

lysing potential hazards and evaluating existing conditions of exposure and vulnerability that together could harm people, property, services, livelihoods and the environment on which they depend".
Annotation: Disaster risk assessments include: the identification of hazards; a review of the technical characteristics of hazards such as their location, intensity, frequency and probability; the analysis of exposure and vulnerability, including the physical, social, health, environmental and economic dimensions; and the evaluation of the effectiveness of prevailing and alternative coping capacities with respect to likely risk scenarios." (UNDRR, Terminology, online; abgerufen am 05.08.2022).
- Aus Sicht einer Beratungsfirma: „Risk assessment is intended to provide management with a view of events that could impact the achievement of objectives" (PWC, 2008).
- Aus Sicht der klinischen Medizin: „Risikoabschätzung, toxikologische: Abschätzung der zu erwartenden Häufigkeit einer gesundheitl. Schädigung im Verhältnis zur Exposition, d. h. einwirkende Dosis eines Agens ..." (Pschyrembel & Hildebrandt, 1994).

Methode – wovon?

- Datengewinnung (z. B. Beobachtung)
- Datenverarbeitung
- Strukturierung

  - der Prozesse
  - der Gefahr,
  - des betroffenen Systems,
  - der Zeitabläufe,
  - der Zuständigkeiten,
  - der Theorie.

Arten von Risikoanalysen

- Quantitative Risikoanalysen
- Semiquantitative Risikoanalysen
- Qualitative Risikoanalysen

Verwandte Analysen:

- Fehleranalysen
- Gefährdungsbeurteilungen

Zwecke einer Risikoanalysemethode

- Erkennen

- Strukturieren
- Vergleichen
- Priorisieren

Gliederung der Überbegriffe von „Methode" am Beispiel der Risikoanalyse im BevS

- Gesamtmethode (alle Schritte: Identifikation, Analyse etc.) Alternativbegriff: Konzept
- Analysemethode (eigene Schritte: Szenario, Eintretenswahrscheinlichkeit usw.)
- Innerhalb dieser Schritte: Methoden, um Daten dafür zu gewinnen, aufzubereiten, auszuwerten usw. Bsp.: Statistik, Befragung etc. Alternativbegriffe: Hilfsmethode, Techniken, Werkzeuge

Beispiel: Die Risikomatrix ist eine Visualisierungsmethode im Schritt „Visualisierung" innerhalb der Analysemethode (Abb. 5.16 und 5.17).

Das Methodikkapitel sollte darstellen, wie und warum welche Methoden schließlich **ausgewählt** werden. Meist steht die Präferenz einer bestimmten Methodik schon fest. Dennoch ist es wichtig zu dokumentieren, welcher **Alternativen** an Methoden man sich bewusst ist und was die **Vor- und Nachteile** der ausgewählten Methodik sind, damit die für diese inhaltlichen Fragestellung auch entsprechende Ergebnisse liefern kann. Hilfreich ist auf jeden Fall eine klare Darstellung der Vor- und Nachteile, die zur Methode bereits bekannt sind, aus Literaturquellen. Damit zeigt man auch, durch die Zitierung von Literaturquellen, wie auch durch die Nutzung bestimmter Fachbegriffe, dass man sich mit der Methodik bereits auskennt und andere können besser nachvollziehen, welchen genauen methodischen Schritt man wie gewählt hat. Daraus wird dann auch ersichtlich, welche Vor- und Nachteile diese und jene Entscheidung haben kann. Es ist auch nicht schädlich, wenn bestimmte Nachteile in Kauf genommen werden; wichtig ist vor allem, dass diese offen dokumentiert werden.

Zusammengefasste Punkte und Anregungen
Beschreibung der Methodenart „Risikoanalyse im Bevölkerungsschutz":

- Um eine Methode beschreiben und einordnen zu können, muss man ähnliche Methoden **recherchieren**, aus den Dokumentationen **Kriterien erkennen** und **Abweichungen** zur gewählten Methode beschreiben (Tab. 5.3, 5.4 und 5.5).
- Wie und wo findet man vergleichbare Methoden?
- Was heißt **vergleichbar**? Festlegen!
  - Ziel, Zuständigkeit, Gefahrenarten, Werkzeuge (Formel, Matrix etc.)
- Funde z. B. in anderen Ländern
- Methoden der Risikoanalyse im Bereich Bevölkerungsschutz o. Ä.
  - Schweiz:

Tab. 5.3 Vorzüge einzelner Methoden

Methode	Vorzüge
Exploratives Interview	Dient der ersten Orientierung im Forschungs-feld und der Entwicklung einer Problem-stellung (Bogner et al., 2014, 23 f.)
Gruppendiskussion	Filtert die subjektiven Bedeutungsstrukturen der Gesprächspartner/innen heraus (Mayring, 2023)
Narratives Interview	Animiert zum freien Erzählen (Wilcox, 1994)
Problemzentriertes Interview (grounded theory)	Initialer Kurzfragebogen, vorausgehende Gruppendiskussion, Nachfragen – sehr offene Form
Systematisiertes Interview	Leitfadenstruktur, aber auch offene Fragen und ggf. Nachfragen möglich
Vollstandardisiertes Interview	Nicht veränderbare Fragen: Vergleichbarkeit

Tab. 5.4 Begründung der Auswahl einer Methode

	Möglichkeiten	Grenzen
Experiment	Einflussfaktoren können gleich-gehalten/kontrolliert werden (z. B. Temperatur oder Licht in einem Raum)	Künstliche Situation. Wie würden sich Menschen in freier Umwelt verhalten?
Befragung	Normale Gesprächssituation, erzeugt Vertrauen bei der befragten Person und so ggf. Angabe vertraulicher Informa-tionen	Die spezifische Interviewsituation kann das Antwortverhalten extrem be-einflussen (Geschlecht, Alter, Sympa-thie, Erwartungshaltungen etc.)

Tab. 5.5 Online-Befragung. (Ergänzt nach Diekmann, 2010)

Vorteile	Nachteile
• Schnelligkeit (Durchführung und Speiche-rung) • • Präsentation (Multimedia etc.) • Programmierung, Aufzeichnungsmöglich-keiten, • Variationsmöglichkeit der Fragen • Viele kostenlose Anbieter	• Undercoverage: Nicht alle Personen haben Online-Zugang • Verzerrung durch Nonresponse (gilt aber auch bei anderen Methoden) • Schluss auf die allg. Bevölkerung schwierig (nur z. B. durch gezielte Vorauswahl offline) • Kostenlose Befragungstools oft ein-geschränkt (Dauer, Datenformat)

- Risikoanalyse bei gravitativen Naturgefahren. Methode (BUWAL, 1999)
- Leitfaden KATAPLAN – Gefährdungsanalyse und Vorbeugung Teil: Grundlagen zur Erarbeitung einer kantonalen Gefährdungsanalyse (BABS, 2008)
- KATARISK – Katastrophen und Notlagen in der Schweiz: eine Risiko-beurteilung aus der Sicht des Bevölkerungsschutzes

- UK: Civil Contingencies Act (Office, 2004). Community Risk Register. Diverse Leitfäden, u. a. London Fire Brigade – Emergency Planning Department 2011 (London Fire Brigade, 2008)
- ISO 31000 in Deutschland, aber auch als ÖNORM. Risikomanagement Grundsätze und Richtlinien (ISO, 2018; ISO.IEC, 2019)
- The tolerability of risk from nuclear power stations, Health and Safety Executive, HMSO, London (das ALARP-Schema) (HSE, 1988)

In der Methodik und auch in den Kapiteln bis hierher werden alle Absichten dokumentiert, wie es geplant war, die Untersuchung durchzuführen. Das heißt, es werden die methodischen Schritte und Datensätze dargestellt, die man vorhatte zu nutzen. Es gibt nun wiederum verschiedene Arten und Weisen, wie dies gehandhabt wird. Eigentlich ist es wissenschaftlich korrekt, hier nur den **geplanten Untersuchungsablauf** darzustellen, also auf jeden Fall noch keine Ergebnisse miteinfließen zu lassen. Dies stellt für Studierende anfangs eine der größten Verständnisschwierigkeiten dar, denn schließlich werden eine Arbeit und Analyse häufig erst im Nachhinein dokumentiert; inzwischen haben sich viele Änderungen im Untersuchungsablauf ergeben, die sich als besser oder praktikabler herausgestellt haben. Es gibt zwei Varianten: Man kann einerseits den am Schluss real gewählten Ablauf im Methodenkapitel so darstellen, als sei es auch von vornherein die Absicht gewesen, es so durchzuführen. Das ist schlüssig und konsequent. Je nach Aufgabenstellung, kann es aber andererseits auch möglich oder sogar besser sein, beim ursprünglich geplanten Untersuchungsablauf zu bleiben und die Abweichung davon genauer später in Ergebnis- und Diskussionskapitel darzustellen. In jedem Fall ist es sehr hilfreich für alle Leser/innen, wenn im **Diskussionskapitel** noch einmal auf erkannte Probleme bei der Verwendung der Methodik unter dem Datenkapitel separat hingewiesen wird. Das hilft anderen, ähnliche Fehler zu vermeiden. Überwiegend kann man in den meisten Fällen jedoch im Methodenkapitel einen Untersuchungsablauf so darstellen, wie er am Ende auch verwendet wurde. Bei bestimmten Experimenten ist es jedoch besser, sich wirklich an eine klare Darstellung des ursprünglich geplanten Ablaufs zu halten und diesen auch in zwei Schritten darzustellen: geplanter und korrigierter Ablauf. Das hilft insbesondere, wenn die Korrektur den Aufbau des Experiments wesentlich verändert. Diese Variante kann aber auch bei anderen Methoden, wie etwa Befragungen, relevant sein, wenn man zeigt, dass man ursprünglich anders vorgehen wollte, andere Datenquellen im Sinn hatte und man sich dann beispielsweise aus Verfügbarkeitsgründen für eine andere Methodik entschieden hat. In den meisten Analysen ist es jedoch in Ordnung, wenn am Schluss der Ablauf dokumentiert wird, der auch gewählt wurde, und im Diskussionskapitel hauptsächlich auf erkannte hilfreiche Problemstellungen noch einmal hingewiesen wird.

5.3.3 Daten

Auch wenn nicht in allen wissenschaftlichen Arbeiten ein separates **Datenkapitel** vorliegt, wird jedoch sehr empfohlen, ein solches anzulegen. Darin sollte beschrieben sein, welche Informationsquellen in welcher Art untersucht werden sollen; es handelt sich überwiegend wieder um einen Absichtsplan. Ergänzt werden können in diesem Kapitel bereits die am Schluss der Arbeit insgesamt herausgefundenen zusätzlichen Datenquellen. Eine tabellarische Auflistung hilft bei quantitativen Modellen in der weiteren Arbeit zu verstehen, welche Datenquellen genutzt wurden. Bei qualitativen Arbeiten ist es sehr hilfreich zu wissen, welche Literaturgattungen in welchen Suchplattformen mit welchen Stichworten gesucht werden sollen, und eine Liste geplanter Experten bei Befragungen vorzufinden. Sowohl bei qualitativen als auch quantitativen Arbeiten hilft es zudem, die aus der Literatur für wissenschaftliche Datenquellen bekannten **Datenqualitätskriterien** anzuwenden und zu beschreiben, wie sie sich zu den auszufüllenden und ausgewählten Daten verhalten. Sind die Daten vollständig, aus vertrauenswürdigen Quellen oder weisen typische Fehlermuster auf? Daten können aus verschiedensten Quellen stammen, z.B. aus Beobachtungen von Sicherheitsmaßnahmen oder Gefahrenquellen, auch das sollte man aufschlüsseln. Es gibt auch noch andere Dateneinteilungen (Tab. 5.6) oder Datenqualitätskriteren, die sich für eine weitere Beschreibung und Einteilung der Daten eignen.

Zusammengefasste Punkte und Anregungen
Beobachtungsdaten – Typen

- Existierende Sicherheitsmaßnahmen (Rückschlüsse)
- Bekannte und vermutete Gefahrenquellen (-> Gefahren) und Schwachstellen (-> sog. Verwundbarkeiten)

Um diese Beobachtungen (wissenschaftlich) aufzunehmen, zu dokumentieren und auszuwerten, benötigt man Methoden (z. B. der empirischen Sozialforschung).

Qualitätsmerkmale von Daten

- Aktualität
- Eindeutigkeit: Eindeutig interpretierbar
- Einheitlichkeit: Struktur
- Genauigkeit
- Korrektheit: Realitätsprüfung
- Konsistenz: Widersprüche
- Redundanz/Doppelungen

Tab. 5.6 Skalen von (statistischen) Daten

Skalierung	Beispiel	Eigenschaft
Nominal	Ja/nein	Nur Häufung
Ordinal	Schulnoten wie „sehr gut", „gut" etc.	Reihenfolge
Intervall	Wochentage	Abstände
Verhältnis	Alter (0–99)	Nullpunkt

- Relevanz: Passgenauigkeit zum Thema
- Verständlichkeit: Begrifflichkeit
- Vollständigkeit
- Zuverlässigkeit: Entstehung der Daten nachvollziehbar

Aufgabe: Lehrbücher zur ausgewählten Methodik und zu Datenqualitätskriterien finden und vergleichen (auch im Text). Für Datenarten wie Geodaten gibt es inzwischen eigene Qualitätsstandards und -richtlinien (INSPIRE-Richtlinie).

Weitere Qualitätskriterien von Daten bzw. Einschränkungen

- Anerkanntheit
- Verfügbarkeit
- Vollständigkeit
- Beeinflussbarkeit (z. B., Sie befragen Ihnen bekannte Personen)
- Vertraulichkeit

Gütekriterien der Ergebnisse

- Objektivität (neutraler Standpunkt)
- Reliabilität (frei von Zufallsfehlern und Gleichartigkeit der Messergebnisse: Stabilität, Konsistenz und Äquivalenz von Messergebnissen)
- Validität (Gültigkeit im Messverfahren)

Dies alles hilft den Lesern/Leserinnen, mögliche Fehlerquellen zu erkennen. Gleichzeitig können Möglichkeiten für weitere Forschung aufgezeigt werden. Man erhält damit auch die Möglichkeit, qualitativ fehlerhafte Daten so weiter zu verwenden oder gegebenenfalls zu verbessern, dass zumindest eine begrenzte Aussagekraft der Analyse möglich wird. Ein häufiges Problem bei tabellarischen Daten oder Statistiken sind Fehlstellen. Es gibt etablierte Verfahren, wie fehlende Stellen behandelt werden können, und wenn man diese sauber dokumentiert, wissen Experten auch, welche Fehlerfolgen dann in der Berechnung entstehen können. Es gibt eine Vielzahl von Informationsquellen, die in Daten umgewandelt werden können beispielsweise Beobachtungen, Messinstrumente und schriftliche Aufzeichnungen.

Zusammengefasste Punkte und Anregungen
Datenquellen

- Statistisches Bundesamt: destatis: https://www.destatis.de/DE/Startseite.html
- Regionalstatistik.de
- Statista (Hochschulnetz)
- Offene Daten (z. B. Offene Daten Köln)

Datenerhebungsarten

Empirische Forschung: Daten und Informationen werden primär erhoben. Daten werden

- erhoben,
- verarbeitet/ausgewertet und
- interpretiert.

Jeder dieser Schritte kann qualitative oder quantitative Daten beinhalten.

Beispiel: Empirische Forschung
Daten und Informationen über Hochwasserrisiko in Köln werden primär erhoben. Daten werden

- erhoben (Anwohnerbefragung; Antworten zur Erfahrung mit Hochwasser in freien Sätzen),
- ausgewertet (Wie viele hatten Erfahrung und sind über 70 Jahre alt?) und
- interpretiert.

Die Methode der Datenerhebung ist qualitativ, die Methode der Datenauswertung ist quantitativ.
Qualitative Methoden
Beispiele:
Datenerhebung

- Feldforschung
- Beobachtung
- Interview
- Gruppendiskussion

Dateninterpretation
Quantitative Methoden
Beispiele:
Datenerhebung

- Messung
- Experiment
- Modellierung / Simulation

Datenauswertung

- Statistik

  - Deskriptiv (beschreibend)
  - Explorativ (Zusammenhänge erkennen)
  - Mathematisch/induktiv (Wahrscheinlichkeiten, Schätzungen)

Zu jeder inhaltlichen Frage und jeder theoretischen Komponente eignen sich möglicherweise bestimmte Informationsquellen und damit auch Datenarten besser als andere. Wenn man die oben genannte Definition von Risiko anwendet, kann man die Exposition auf verschiedene Arten und Weisen herausfinden. Man kann Menschen zum Beispiel direkt befragen, ob sie im Hochwasser waren oder nicht. Diese Informationsquelle und Datenart sind besonders geeignet, wenn man direkt in Beziehung dazu herausfinden möchte, wie die Person mit dieser Situation umgegangen ist. Möchte man dagegen eher eine Aussage über die tatsächliche Betroffenheit eines Stadtviertels oder über viele der befragten Personen treffen, eignen sich möglicherweise Kartierungen der tatsächlichen Hochwasserlage besser. Die Informationsquelle für Hochwasserkarten kann aus Luftbildern bestehen, aus denen dann Daten in der Form von Hochwassergefahrenkarten erzeugt werden. Es wird also zwischen Informationen als den ursprünglichen beobachtbaren oder messbaren Sachverhalten und den daraus erzeugten Daten unterschieden. Im Datenkapitel sollten beide Datenquellen zu beiden Methoden aufgelistet und bezüglich der Datenqualitätskriterien untersucht werden, in diesem Beispiel also zum einen die Luftbilder als Informationsquelle und zum anderen die Hochwassergefahrenkarten als Zwischenergebnis für eine weitere Risikoanalyse.

Die Art der Datenquelle ist bedacht auszuwählen, um das zu untersuchende Phänomen möglichst gut abbilden zu können. Es gilt auch, die Unterschiede zwischen Primär- und Sekundärdaten zu bedenken. Diese beiden Begriffe werden unterschiedlich verwendet, aber man kann sich immer vorstellen, dass die **primären Daten** jene sind, die original erhoben werden in der eigenen Studie, während **Sekundärdaten** von anderen stammen und meistens bereits weiterverarbeitete Daten sind. Wenn also zum Beispiel eine Befragung durchgeführt wird, dann sind die von der Person erhobenen Daten ihre Primärdaten. Falls diese als Ergebnis veröffentlicht werden und jemand daraus extrahiert, so werden daraus Sekundärdaten. Es ist wichtig, diese im Datenkapitel klar zu benennen, da damit auch ein gewisser Qualitätsunterschied entsteht. Bei der Verwendung von Sekundärdaten hat man nicht mehr die völlige Kontrolle und Übersicht, wie diese Daten genau entstanden sind.

Im Folgenden sollen einige unterschiedliche Methoden der Risikoanalyse beispielhaft dargestellt werden. Bei der Entscheidung der Auswahl ist darauf zu achten, dass diese Methoden in der Realität entweder mit Primär- oder Sekundärdaten bearbeitet werden. Das ergibt wiederum unterschiedliche Zuverlässigkeiten dieser Methoden.

Ein Beispiel sind die in den Ingenieurwissenschaften weit verbreiteten **Kennzahlenwerte**. In der **FMEA** (Failure Mode and Effects Analysis) werden vorgegebene Tabellen über beobachtbare Sicherheitsmaßnahmen von einer Person aufgrund ihrer Beobachtungen selbst eingetragen. In jeder diese Eintragung ergibt sich ein Wert, der zu einem Gesamtwert aufaddiert oder multipliziert wird. Diese Art der Bearbeitung hat den Vorzug, dass die Datenaufnahme primär und durch dieselbe Person erfolgt und somit relativ vergleichbare Ergebnisse produziert. Das zeigt aber auch gleichzeitig den Nachteil auf, dass am Ende alle Tabelleneinträge aufgrund der Beobachtung und subjektiven Einschätzung einer Person erfolgt sind. Das erschwert eine Vergleichbarkeit, weil meistens nicht dokumentiert wird, aufgrund welcher Entscheidung oder Beobachtung die Person einen Eintrag für ein Risiko als hoch, mittel oder gering wählt. Eine Alternative wäre es, wenn mehrere Personen die gleiche Beobachtungsreihe machen, die Werte zu vergleichen oder verschiedene Beobachtungsinstrumente, die einige Aspekte quantitativ messen können, zusätzlich einzusetzen.

Um diese Methode zu verbessern oder wissenschaftlich genauer abzusichern, kann es sinnvoll sein, die jeweiligen Entscheidungen der Person zur Einstufung in hohes, mittleres oder geringes Risiko von ihr dokumentieren zu lassen. Eine weitere Möglichkeit ist es, die getroffenen Einteilungen mittels ähnlicher Erfahrungen und Dokumentationen zum Beispiel aus wissenschaftlichen Quellen und damit Sekundärdaten zu vergleichen. Die Methode und auch die Art der Daten, ob primär oder sekundär, sind also nicht per se schlecht oder gut, es muss immer überlegt werden, was bei jener Messmethode möglicherweise Nachteile oder Fehlerquellen sind und wie man diese verbessern kann.

Ein weiterer Nachteil oder zu beachtender Aspekt diese Art von Analysen ist es, dass das Risiko innerhalb dieser Methode wieder heruntergerechnet werden kann, wenn man die selbst eingesetzten Maßnahmen so bewertet, dass sie das Risiko wieder senken. Es ist hilfreich, dass hier bereits eine konzeptionelle Unterteilung in Gefahren, Auslöser, Wirkmechanismen, Auswirkungsarten und auch Gegenmaßnahmen besteht. Manchmal werden die Gegenmaßnahmen noch weiter differenziert, zum Beispiel in der sogenannten Bow-Tie Analyse, die es ermöglicht, verschiedenste strukturelle und nichtstrukturelle Gegenmaßnahmen aufzurechnen. Es ist zwar sehr lobenswert, dass mit der Aufrechnung von Gefahren und Schwachstellen auf der einen Seite und bereits getroffenen oder zu treffenden Gegenmaßnahmen auf der anderen Seite das Risiko realistischer eingeschätzt wird, doch es besteht das Problem, dass am Schluss von all diesen einzelnen Schritten nicht viel sichtbar ist und meist nur eine Gesamtrisikokennzahl kommuniziert wird. Dieses Problem teilt sich diese Methode mit den meisten hier vorgestellten, da es verschiedene Möglichkeiten gibt, das Risiko am Schluss detaillierter oder aggregiert zu visualisieren und zu kommunizieren.

Bei jeder Messung oder jeder Art der Erhebung von empirischen Daten gibt es eine große Bandbreite an Möglichkeiten, **Messfehler** gewollt oder ungewollt zu produzieren. Ein Beispiel ist das Interview. Bei einem Interview wäre es eigentlich fairer und besser für die Befragten, wenn sie möglichst viele Details über die Befragung schon vorher wüssten, damit sie zielgerichteter antworten könnten. Es gibt vielleicht ein paar Zeilen Erklärung, wofür diese Fragen sein sollen – oder auch nicht. Zu diesem Zeitpunkt wünscht man sich oft weitere Details, etwa zum Sinn und Zweck der Befragung und zur weiteren Verwendung. Es ist sinnvoll, diese Angaben in Kürze darzustellen und bereitzustellen. Jedoch gibt es auch methodisch gesehen Grenzen der Bandbreite an Informationen, die möglicherweise sinnvoll sind, denn in vielen Lehrbüchern zur Interviewführung und empirischen Sozialforschung sind Beispiele beschrieben, wie zu viele Informationen oft ungewollt die Antworten lenken können. Damit erzeugt man das Problem der sogenannten erwünschten Antworten.

Auf der anderen Seite können zu wenige Vorabinformationen ebenfalls Messfehler produzieren. Bei einer Interviewsituation oder einer ärztlichen Anamnese kann es sehr wichtig sein, Zusatzinformationen zum gesamten Kontext zu erhalten. Ein Parodontoseverdachtsfall wird beim Zahnarzt/bei der Zahnärztin beispielsweise über das Symptom des geschwollenen Zahnfleischs erkannt. Ob es nun entzündlich ist oder der Patient/die Patientin einfach nur am Morgen vor dem Zahnarztbesuch nach langer Zeit wieder ein einziges Mal Zahnseide benutzt hat, kann der Zahnarzt/die Zahnärztin nur mit Kontextfragen herausfinden. Das Beispiel soll aufzeigen, dass in einer üblichen Überprüfung die Ärztin nach verschiedenen Anzeichen für mögliche Erkrankungen sucht. In diesem Falle geschwollenes Gewebe. Wenn der Arzt/die Ärztin nun nicht nachfragt, welches Verhalten die Person genau angelegt hat, muss er/sie annehmen, dass diese Anschwellung schon länger vorhanden ist oder sie von einer Erkrankung möglicherweise herrührt. Mit einer Zusatzfrage nach dem Verhalten des Patienten/ der Patientin kann sie auf weitere Ursachen kommen. Das hängt aber auch davon ab, ob der/die Patient:in bereit ist, die Wahrheit zu sagen oder sich gerade geniert oder andere Gründe vorliegen.

Zusammenfassend geht es in einem Methodenkapitel darum, den genauen Ablauf zu beschreiben, was wie genau durchgeführt werden soll, und im Datenkapitel darum, mit welchen Informationen. Zusätzliche Beobachtungen, die gemacht wurden und die möglicherweise zur Erkennung von Fehlern geführt haben, sollten im Nachgang unbedingt ergänzt werden. Dies kann im zweiten Teil des Methodenkapitels oder in der Diskussion erfolgen. Innerhalb der methodischen Schritte ist es ebenfalls wichtig, sich zu überlegen, ob weitere Kontextfragen sinnvoll wären und in der bisherigen Anwendung der Methodik möglicherweise übersehen wurden. Und falls solche Aspekte bereits bekannt sind, man die Methode aber dennoch aus verschiedenen Gründen verkürzt durchführt, sollte man das Wissen um mögliche Fehlstellen ebenfalls offenlegen. Das ist kein Nachteil an der Methodik. Vielmehr hilft es anderen, einschätzen zu können, in welchem Rahmen was genau gemacht wurde, und gibt möglicherweise sogar Hinweise, wie andere eine noch genauere Messung durchführen könnten.

Was sind Beispiele aus dem Risikobereich, bei denen ähnliche Messfälle auftreten können? Wer bei einer Befragung nur nach Hochwasserschäden fragt, bekommt möglicherweise nicht mit, dass ähnliche Schäden im Zeitraum durch Erdrutsche eintraten.

5.3.4   Ergebnisse

In einer wissenschaftlichen Arbeit ist dies ein weiteres klassisches Folgekapitel. Es behandelt zum einen die Aufstellung und Dokumentation aller Ergebnisse in möglichst sachlich neutraler Form. Zum anderen ist auch interessant, wie die Ergebnisse visualisiert und unterschiedlich dargestellt werden. Auch hier gibt es wissenschaftlich methodisch viel zu beachten, was Risikoanalysen aber nicht von grundsätzlichen anderen Methoden unterscheidet, weshalb auch hier wieder auf entsprechende Lehrbücher zu den Darstellungseffekten von Tabellen, Zahlen, Diagrammen oder Karten verwiesen wird.

Die Ergebnisse aus den gewählten Methoden und Datensätzen müssen unbedingt von eigenen **Interpretationen** getrennt werden. Diesbezüglich gibt es unterschiedliche Ansichten: Einige trennen die Interpretation vollständig von den Ergebnissen und listen diese erst in einem Folgekapitel auf. Andere wiederum, insbesondere in sozialwissenschaftliche Arbeiten, lassen in die Beschreibung bereits eigene Interpretationen einfließen. Auch dies kann man sauber trennen, indem man zum Beispiel in den ersten Sätzen zunächst die Ergebnisse aus der Befragung oder dem Untersuchungsmodell beschreibt und im Folgenden eindeutig mit einer Formulierung wie „Daraus kann interpretiert werden, dass ..." einleitet.

Die Form, in der die Interpretation direkt zu den Ergebnissen beschrieben wird, ist für den Lesefluss häufig angenehmer, da man nicht zwischen Ergebnis- und Diskussionskapitel hin und her blättern muss. Rein wissenschaftlich ist es aber häufig sauberer und einfacher, alle Ergebnisse erst einmal neutral aufzuschreiben und die Interpretation davon komplett zu trennen. Das erzeugt auch eine andere Form von Übersichtlichkeit. Beide Varianten haben ihre eigenen Vorzüge. und je nach Themenwahl und Methodikausarbeitung sollte entschieden werden, welche geeignet ist.

Es gibt viele Arten und Weisen, die Ergebnisse neben dem Text auch grafisch zu **visualisieren**. Eine davon ist die Risikomatrix. Die Verwendung von Darstellungen des Risikos, aufgeschlüsselt nach X- und Y-Achse in einer **Risikomatrix**, ist eine Methode, die schon lange verwendet wird, beispielsweise vom US-Militär seit den 1940er-Jahren. Diese Form der Einteilung in Eintretenswahrscheinlichkeit und Schadensausmaß liegt auch den meisten anderen modernen Risikoanalysen zugrunde. Auch die FMEA und ähnliche Methoden gründen auf dieser Methode und ähnlichen Militärstandards.

Zu dieser Methode gehören weitere Beschreibungen und Bestandteile, jedoch eignet sie sich besonders gut für das Ergebniskapitel, um ein Beispiel für die Darstellungsmöglichkeit des Risikos aufzuzeigen. Neben der Darstellungsform als Matrix sind auch andere Formen der Visualisierung möglich, zum Beispiel in Form von Zahlen, Tabellen, Diagrammen, Indikatoren und Kartierungen. Wie oben schon dargestellt, hat auch diese Form der Visualisierung ihre Tücken. So beeinflussen nicht nur die Anzahl der Klassen und Einstufungen, die Farbdarstellung oder die Wahl, welche Richtung zu einem höheren Risiko führt, sondern auch die Reduktion auf zwei Hauptkomponenten, die miteinander in Beziehung gesetzt werden (Tab. 5.7). Einige Weiterentwicklungen haben versucht, diese Begrenzung zu umgehen, indem sie zum Beispiel Ergebnisse in Form eines dreidimensionalen Würfelnetzes darstellen.

Zusammengefasste Punkte und Anregungen zur Risikomatrix
Ähnliche Matrizen:

- Bereich Fehleranalyse (US Department of Defense: FMECA, 1949; vermutet, Originaldokument nicht zugänglich; bestätigt in MIL-STD 1629 von 1980)
- Bereich Arbeitsschutz (Nohl, 1988)
- Bereich Naturgefahren (z. B. BUWAL, 1999)

Tab. 5.7 Vor- und Nachteile von Risikomatrizen

Vorteile	Nachteile
Einfachheit der Darstellung	Herleitung und Gründe fehlen
Vergleichbarkeit von Risiken	Unterschiede der Risiken werden nicht deutlich
Ampelfarben sehr eingängig	Zu scharfe / schwache Trennung
Einfache Logik: höhere Wahrscheinlich-keit = höheres R	Logik ggf. falsch: höhere Wahrscheinlichkeit = geringeres R?
Hohe Verbreitung	

Alternative Darstellungen:

* Akzeptanzschwellen (z. B. ALARP)

5.3.5 Diskussion

In eine wissenschaftliche Diskussion gehören drei Aspekte:

1. Interpretation der Daten, sofern sie nicht bereits im Ergebniskapitel abgehandelt wurde
2. Darstellung der erkannten Probleme und Grenzen in der gesamten Bearbeitung, insbesondere auch in der Methodik und in der Verwendung der Daten
3. Einordnung und Vergleich der Ergebnisse mit ähnlichen Ergebnissen und Verfahrensweisen aus der wissenschaftlichen Literatur und anderen Studien und Projekten

Hier ist es insbesondere wichtig zu erfahren, welchen Mehrwert die eigene Studie geliefert hat und ob andere Studien zu gleichen Ergebnissen gekommen sind. Sollte es schwer sein, komplementäre Studien zu finden, ist es trotzdem wichtig und interessant, ob andere Studien zu einem anderen Thema ähnlich methodisch vorgegangen sind und möglicherweise ähnliche Probleme erfahren haben. Das Diskussionskapitel ist neben den Ergebnissen meist das Herzstück der gesamten Arbeit, zumindest was die wissenschaftliche Bedeutung angeht, und sollte daher weder in der Länge noch Tiefe (Literaturstellen, Für und Wider, Strukturleistungen wie Tabellen etc.) zu kurz geraten.

5.3.6 Fazit

Der letzte Teil einer wissenschaftlichen Arbeit besteht häufig ausn einer Zusammenfassung, Fazit oder Conclusio. Ein Fazit enthält sowohl eine **Zusammenfassung** als auch einen **Ausblick**. Es geht um eine Zusammenfassung der wichtigsten Ergebnisse und ein Wiederaufgreifen der Forschungsfrage(n) und was davon beantwortet werden konnte und was nicht. Die Ergebnisse sollten aber noch einmal in einem größeren Zusammenhang eingereiht und mit einem Ausblick mit Fragestellungen für zukünftige Forschung verbunden werden.

5.4   Bearbeitungsbeispiel einer Risikoanalyse – Starkregen in einer Kommune

Kap. 1 Einleitung

- Warum ist das Thema interessant?
- Belege dafür aus der Literatur
- Forschungsfragen als Leitlinien

Erste Rechercheergebnisse:

1. Thema: Starkregen.
   Erste Eingrenzung: Rhein-Sieg-Kreis
   Motivation: Zeitungsartikel
2. Die Literaturfunde kann man als Belege in Sätze einfügen und gleich den Bezug zu den Forschungsfragen, abgekürzt hier mit Q1, Q2 usw., herstellen, die sich daraus ergeben. Die Literatursuche (Tab. 5.8) ergab, dass es auf Bundeslandebene schon **Konzepte für Starkregen** gibt (MBWSV NRW, 2016) (Q2) und extreme Ereignisse wie Starkniederschläge und Sturzfluten auch im Rhein-Sieg-Kreis vermehrt auftreten (Wasserverband RSK, 2020) (Q3). Erhöhte **Gefahr** für Starkregen (heavy rainfall) und Sturzfluten (Flash floods) werden für benachbarte Gebiete in NRW wie Wuppertal oder Solingen festgestellt, und **Gegenmaßnahmen** werden dort bereits entwickelt (Q4).

TIPP: Wenn es keine Treffer gibt, z. B. hier zu „Rhein-Sieg Starkregen", dann andere Raumbegriffe suchen, z. B. Treffer zu „NRW Starkregen"

3. Aus der Literatursuche ergeben sich als konkrete Forschungsfragen:

   a) Wie können **Konzepte** und **Analysemethoden** für Starkregen auch für den RSK angepasst werden?
   b) Welche **Schäden** könnten aus der erkannten **Gefahr** entstehen?
   c) Bis zu welcher Überflutungstiefe helfen die **Gegenmaßnahmen**?

Tab. 5.8 Beispiel für eine Suchwortliste und -dokumentation

Suchort	Suchwort
Google Scholar	Rhein-Sieg Hochwasser (Q1) Rhein-Sieg Starkregen (-) NRW Starkregen (Q2) Northrhine westphalia flash flood (Q4)
Ämter, Verbände	Rhein-sieg kreis starkregen verband (Q3)

Tab. 5.9 Eingrenzung der Suche	Suchort	Suchwort
	Google	hochwasser karte rhein-sieg (Q1)
	Ämter, Verbände	hochwasser karte rhein-sieg

Räumliche Eingrenzung und Auswahl (Tab. 5.9)

Q1: Hochwassergefahrenkarten NRW (https://www.flussgebiete.nrw.de/hochwassergefahrenkarten-und-hochwasserrisikokarten-8406).

Zwischenfazit – möglicher Analyseweg.

Vorhanden: Die Gefahreninformationen sind für Starkregen als Niederschlagsmengen oder für Flusshochwasser auch als Gefahren- und Risikokarten bereits vorhanden.

Lücken: Diese können genutzt werden, es fehlen jedoch z. B. bei den Risikokarten genauere Angaben z. B. zu Objekten wie Kindergärten, oder Krankenhäusern, Feuerwachen usw.

Eigenleistung/Analyse: Daher werden solche Objekte in den Karten (als PDF verfügbar) ergänzt (z. B. in Power Point).

Zusatzinformationen wie z. B. Anzahl an evtl. zu evakuierenden Personen, oder überflutete Zugangsstraßen werden durch Recherchen als Eigenleistung ergänzt.

Analyseziel: Besonders betroffene Objekte durch Kriterien identifizieren: Überflutungshöhe, Anzahl Personen, etc.

Untersuchungsraum: Rhein-Sieg Kreis (RSK)

Untersuchungseinheit: Gemeinden (Sonderobjekte und Bevölkerung pro Gemeinde) (Abb. 5.18)

Kap. 2 und 3: Methodik

Wie wird systematisch vorgegangen?

1.   Welche Forschungsfrage wird mit welchen Methoden und Daten bearbeitet?

Zu Forschungsfrage 2: Welche Schäden könnten aus der erkannten Gefahr entstehen?

Die möglichen Schäden werden untersucht als Anzahl von Betroffenen anhand einer Kartierung betroffener Objekte und ergänzt um eine Online-Recherche von Anzahlen von Personen darin. Weiterhin werden die Anzahlen der Objekte pro Gemeinde im RSK und auch anhand demographischer Merkmale aus Kommunalstatistiken verglichen.

Zu Forschungsfrage 3: Bis zu welcher Überflutungstiefe helfen die Gegenmaßnahmen?

Untersuchungsbeispiele: Untersuchung marktüblicher mobiler Schutzwände, Pumpsysteme o. Ä. auf Leistungsmerkmale, z. B. Pumpleistung pro Stunde oder Stromverbrauch und damit Abhängigkeit vom Netz, Aufbauzeit, Kosten etc.

Methoden dazu: Berechnungen anhand von Datenblättern, Experimenten, Expertenbefragungen

Kap. 2 und 3: Welche Methoden/Schritte werden wie ausgewählt?

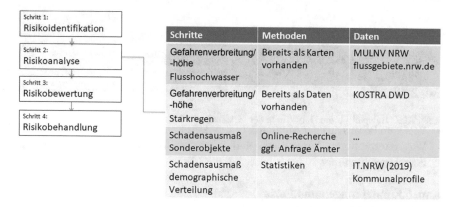

Abb. 5.18   Beispiel für Darstellung der Auswahl der Komponenten für die Risikoanalyse

Beispiele für Ideen der Auswahl oder Vergleiche von:

- Methoden: Befragung versus Kartierung/Statistik
- Zielgruppen: Befragungen Bevölkerung versus Wissen der Feuerwehr um Einsatzschwerpunkte
- Raumeinheit: Beispielhafte genauere Untersuchung eines Gebäudes oder einer Gemeinde
- Risikokomponenten: Schadenspotenzial versus Möglichkeiten der Gegenmaßnahmen
- Risikokomponenten: Gefahr (verschiedene Stufen) versus Schadenspotenzial
- Risikokomponenten: Schadenspotenziale Bevölkerung versus Sonderbauten

Tipp: Hier nicht verwirren lassen, sondern je nach Thema das aufspüren, was

- von einer Forschungsfrage der relevante Kern ist und
- dazu auch an Daten gefunden oder generiert werden kann.

Möglichkeit der Beschreibung
Risikoanalyse:

- **Gesamtmethodik:** Risikoanalyse im BevS (BBK, 2010) (Abb. 5.19)
- **Schwerpunktmethode(n):** Schadenspotenzialanalyse auf Gemeindeebene
- *Gegebenenfalls Empirische Methoden:* Befragung der Gefahrenabwehr zu Einsatzschwerpunkten
- **Analysemethode(n):** Statistik,
- **Darstellungsmethode(n):** Karte

Kap. 4 und 5: Ergebnis und Diskussion
   Worum geht es im Kern?

Abb. 5.19 Beispiel für die Darstellung der Gesamtmethodik

- Was kam heraus aus der Methodik?
- Was interpretieren Sie daraus, und wie passt das zu anderen Studien/der Forschungsliteratur?

Kap. 6 Empfehlungen und Fazit
Worum geht es im Kern?

- Was hat man gelernt?
- Was kann man gegebenenfalls aus dem Vergleich der Methoden (bei einer Untersuchung mittels zweier Methoden) erkennen?
- Was kann eine bestimmte Anwendergruppe damit konkret anfangen?

5.5   Beispiel einer Risikoanalyse: Verwundbarkeitsanalyse bei einem Hochwasser

Risiko Hochwasser: (einfache, alte Formel)
Eintretenswahrscheinlichkeit für

- Hochwasserszenario: z. B. 10-jähriges, 100-jähriges usw.

Schadensausmaß

- Anzahl der Menschen, Gebäude in der Überflutungszone

Risiko Hochwasser: (erweiterte Formel)
Gefahr = Fluss

- (Gefährdung = Hochwasser)
- Magnituden, Frequenzen

Verwundbarkeit

- **Exposition** = Anzahl der Menschen, Gebäude in der Überflutungszone
- **Anfälligkeit** = Menschen, Gebäude und ihre Eigenschaften
- **Fähigkeiten** = Maßnahmen, um mit Hochwasser umgehen zu können

Beispielsindikator für die **Gefahr**:

- Magnituden: z. B. Pegelstände der letzten 100 Jahre. Daraus ableitbare relative Frequenz: Im Durchschnitt alle 10 Jahre: Höhe × Meter.

Daraus kann man in einem GIS alle Uferzonen kartieren bis zu dieser Höhe x. Oft gibt es solche Karten aber bereits, z. B. auf GeoPortalNRW.
Beispielsindikatoren für die **Verwundbarkeit**:

- Exposition: Anzahl der Krankenhäuser in der Überflutungszone (aus OpenStreetMap visuell abzählen oder im GIS).
- Anfälligkeit: Alte Menschen in zwei Städten im Vgl. aus www.it.nrw
- Fähigkeiten: Krankenhausjahresberichte, daraus die Anzahl der Intensivbetten o. Ä.

Beispiel für eine Anwendung mit Daten – Hochwasserrisiko (Tab. 5.10, 5.11 und 5.12)

Anmerkung: Die Ergebnisse sind zu diskutieren: Zwar hat Stadt B höhere Überflutungsbereiche, und es sind mehr Krankenhäuser betroffen als in Stadt A. Jedoch ist die Altersstruktur besser, und es stehen mehr Intensivbetten zur Verfügung. Nun muss weiter untersucht werden, wie viele Intensivbetten auch gefährdet wären.

Anmerkung: Weitere Kriterien können entweder einen einzelnen Indikator genauer erfassen helfen, zum Beispiel Fähigkeiten des Gesundheitssystems. Oder es können zusätzliche Indikatoren ergänzt werden, die dann die Gesamtsituation für die Stadt A oder B genauer erfassen.

Die Verwundbarkeit kann man unterschiedlich berechnen: entweder recht einfach durch Addition wie auch Kennzahlen in einer Gefährdungsbeurteilung (GBU), zum Beispiel $V = E + A - F$.

Je nach Logik wird auch multipliziert, wenn man z. B. ausdrücken möchte, dass es bei null Expositionsfläche auch keine Verwundbarkeit gibt.

Normalisierung/Harmonisierung: Um die Wertebereiche anzugleichen, empfiehlt sich eine Spreizung der Werte auf gleiche Bandbreiten, zum Beispiel mit $= (X-MIN)/(Max-Min)$.

Literaturempfehlungen
Forschungsdesign, Forschungsfrage und Fragebogen: Blaikie (2009)

Indikatoren: Nardo et al. (2005)

Tab. 5.10 Ergebnisbeispiel für einen deskriptiven Vergleich des Hochwasserrisikos für zwei Beispielsstädte

	Gefahr	Exposition	Anfälligkeit	Fähigkeiten
Stadt A am Rhein	5 km² überflutet	2 Krankenhäuser	26 % über 65 Jahre	50 Intensivbetten
Stadt B am Rhein	10 km² überflutet	3 Krankenhäuser	21 % über 65 Jahre	300 Intensivbetten

Tab. 5.11 Weitere Vergleichsmöglichkeiten mit dem Durchschnitt und weiteren Kriterien

	Gefahr	Exposition	Anfälligkeit	Fähigkeiten
Stadt A am Rhein	5 km^2 (HQ10)	2 Krankenhäuser	26 % über 65 Jahre	50 Intensivbetten
Stadt A am Rhein	30 km^2 (**HQ100**)	4 Krankenhäuser		
Durchschnitt in DE			21 %	Ersatzproxy: Krankenhausbetten/1000 Einwohner
Weitere Kriterien	Fließgeschwindigkeit	Feuerwachen Altenheime	Gemeindeschulden	Anzahl Ärzte THW-Pumpen

Tab. 5.12 Numerischer Vergleich (vergleichbar mit Kennzahlen)

	Exposition (E)	Skala	Anfälligkeit (A)	Skala	Fähigkeiten (F)	Skala	Verwundbarkeit (V) = E + A–F
Stadt A	10 % der Siedlungsfläche	10	26 % über 65 Jahre	26	100 Betten/1000 Einwohner	10	26
Stadt B	25 % der Siedlungsfläche	25	21 % über 65 Jahre	21	300 Betten/1000 Einwohner	30	16
Alle Städte in NRW am Rhein im Schnitt	8 % der Siedlungsfläche	8	20 % über 65 Jahre	20	150 Betten/1000 Einwohner	15	13
Maximal beobachteter Wert in NRW	70 % der Siedlungsfläche	0–70	30 % über 65 Jahre	0–30	500 Betten/1000 Einwohner	0–50	0–100

Literatur

BBK (Bundesamt für Bevölkerungsschutz und Katastrophenhilfe). (2010). Methode für die Risikoanalyse im Bevölkerungsschutz. In Wissenschaftsforum. Bonn: Bundesamt für Bevölkerungsschutz und Katastrophenhilfe.

BBK (Bundesamt für Bevölkerungsschutz und Katastrophenhilfe). (2015). *Risikoanalyse im Bevölkerungsschutz. Ein Stresstest für die Allgemeine Gefahrenabwehr und den Katastrophenschutz. Bundesamt für Bevölkerungsschutz und Katastrophenhilfe*

Bernard, H. R. (2006). *Research methods in anthropology. Qualitative and quantitative approaches* (4. Aufl.). Altamira Press.

Blaikie, N. (2009). *Designing social research* (2. Aufl.). Wiley-Blackwell.

Bogner, A., Littig, B., & Menz, W. (2014). *nterviews mit Experten. Eine praxisorientierte Einführung*. Springer VS (Qualitative Sozialforschung).

BUWAL (Bundesamt für Umwelt Wald und Landschaft). (1999). *Risikoanalyse bei gravitativen Naturgefahren. Methode. Bundesamt für Umwelt Wald und Landschaft*

Diekmann, A. 2010. *Empirische Sozialforschung: Grundlagen, Methoden, Anwendungen, 4te Auflage.* Rowohlt Taschenbuch.

Fekete, A. (2022). Peri-urban growth into natural hazard-prone areas: Mapping exposure transformation of the built environment in Nairobi and Nyeri, Kenya, from 1948 to today. *Natural Hazards*, 1–24.

HSE (Health and Safety Executive). (1988). *The tolerability of risk from nuclear power stations.* HMSO

IRGC (International Risk Governance Council). (2017). *An introduction to the IRGC risk governance framework. Revised version 2017. International Risk Governance Council*

ISO (International Organization for Standardization). (2018). *ISO/IEC 31000:2018. Risk management – Principles and guidelines. International Organization for Standardization*

ISO.IEC. (2019). *ISO/IEC 31010:2019. Risk management – risk assessment techniques. International Organization for Standardization*

London Fire Brigade. (2008). *London safety plan 2008/2011. London Fire and Emergency Planning Authority*

Mayring, P. (2023). *Einführung in die qualitative Sozialforschung. Beltz*

Nardo, M., Saisana, M., Saltelli, A., Tarantola, S., Hoffman, A., & Giovannini, E. (2005). *Handbook on constructing composite indicators: Methodology and user guide. OECD Statistics Working Paper.*

UK Cabinet Office (2004). *Civil Contingencies Act. An Act to make provision about civil contingencies. UK Cabinet Office*

Pschyrembel, & Hildebrandt, H. (1994). *Klinisches Wörterbuch* (257. Aufl.). Nikol/ de Gruyter.

PWC (Price Waterhouse Coopers). (2008). *A practical guide to risk assessment. How principles-based risk assessment enables organizations to take the right risks.* Price Waterhouse Coopers

Thiemecke, H. and J.Nohl. (1987). Systematik zur Durchführung von Gefährdungsanalysen, Forschungsbericht 536, Bundesanstalt für Arbeitsschutz. Dortmund.

White, G. F. (1945). Human adjustment to floods. A geographical approach to the flood problem in the United States [Doctoral thesis, The University of Chicago].

White, G. F., Kates, R. W., & Burton, I. (2001). Knowing better and losing even more: The use of knowledge in hazards management. *Environmental Hazards, 3*, 81–92.

Wilcox, D. (1994). *The guide to effective participation.* Partnership Brighton.

Weitere Methoden und Schritte einer Risikoanalyse

6

Zusammenfassung

Wie kann man ein Risiko mit anderen Methoden und für andere Fragestellungen noch weitergehend analysieren? Es gibt eine unübersichtliche Fülle
an Spezialrichtungen und Fragestellungen, die innerhalb von Risikoanalysen
in verschiedenen Fachbereichen verwendet werden. In diesem Kapitel werden
einige besonders herausgearbeitet – angefangen mit Bedarfsanalysen, die überhaupt die Notwendigkeit und Ausrichtung weiterer Untersuchungen grundlegend vorbereiten. Diese werden zwar international im humanitären Kontext
beispielsweise standardisiert bearbeitet, im deutschen Kontext jedoch kaum.
Die soziale Verwundbarkeitsanalyse ist ein Spezialgebiet eines ebenfalls bisher unterforschten Bereichs der Risikoanalysen in Deutschland. Es wird hier
eingeführt, wie man Menschen, Gruppen und einzelne Fähigkeiten und Anfälligkeiten differenziert betrachten kann. Dies wird auch an einem konkreten Anwendungsbeispiel in Bezug zu Hochwasser dargestellt. Am Ende einer
Risikoanalyse stehen eine Einschätzung und Bewertung, was diese Ergebnisse
bedeuten, und schließlich der folgende Schritt, daraus Maßnahmen abzuleiten
und zu planen. Risikoanalysen werden eingebunden in noch ungelöste Fragestellungen und in die Frage, wie man mit den Ergebnissen weiterverfahren
kann.

6.1 Bedarfsanalysen

In vielen Bereichen entstand die Erkenntnis, dass Bedarfe und Bedürfnisse der betroffenen Menschen unmittelbar nach einer Katastrophe und am besten auch schon
im Vorfeld systematisch aufgenommen werden müssen. Hierzu gibt es eine Reihe
von sogenannten Bedarfsanalysen (needs assessments) oder Schadens- und Ver-
lustanalysen (damage and loss assessments) (Jovel & Mudahar, 2010; Kaufman &

English, 1979; Scawthorn et al., 2006; Taylor, 1978; Warner & Zakieldeen, 2012). Im Zuge der auch politischen Verhandlungen um den Klimawandel werden einige Ansätze inzwischen kritisch hinterfragt (Wrathall et al., 2015). Schadens- und Verlustrechnungen sind wie auch Bedarfsanalysen für die Ergänzung von Risikoanalysen sehr wichtig, zum Beispiel um diese nachträglich validieren zu können.

Bedarfsanalysen haben auch andere Bezeichnungen wie „Lücken-Assessments" (gap assessments) oder sind im deutschen Sprachgebrauch ähnlich zu **Ist- und Soll-Analysen**. Auch die Risikoanalyse Bevölkerungsschutz des BBK weist auf die sog. Fähigkeitslücke hin (BBK, 2015).

Aus den Erfahrungen gut gemeinter, aber fehlgeschlagener Hilfs- und Wiederaufbauprogramme heraus gibt es inzwischen einige Studien, die entweder gute Erfahrungen, sogenannte **Best Practices,** oder Lehren daraus veröffentlicht. Diese werden auch **Lessons-Learned -Studien** genannt und finden sich inzwischen auch im Bereich der Katastrophenforschung nach bestimmten Katastrophenereignissen wie etwa einem Hochwasser oder anderen bedeutenden Ereignissen (DKKV, 2003, 2022, 2015; Goltz & Tierney, 1997; Hasegawa, 2012). Kennzeichnend sind in diesen Studien häufig Erfahrungsberichte aus verschiedenen Perspektiven, die qualitativ aufgenommen werden. Es gibt auch in einzelnen Bereichen erste Monitoringansätze, zum Beispiel bei der Vergabe von Spendengeldern. Daneben gibt es den Begriff **Lessons-to-Learn-Studie,** um eine Haltung auszudrücken, dass die Lehren erst noch gezogen werden müssen.

Ähnliche Studien entstehen auch in vielen Bereichen von Risiken und Unglücken, zum Beispiel als Gutachten oder Schadensberichte, die teilweise in Ländern wie Großbritannien öffentlich zugänglich sind und zu vielen Sicherheitsmaßnahmen geführt haben. Ebenfalls gibt es Kosten-Nutzen-Analysen, die teilweise beim Klimawandel notwendig waren, um wirtschaftlich zu belegen, dass es sich lohnt, in Katastrophenvorsorge zu investieren (Kull et al., 2013; Stern, 2006).

Eine bekannte Form der Einteilung von Stärken und Schwächen in vielen anderen Bereichen der Wirtschaft und im Projektmanagement ist die sogenannte **SWOT-Analyse.** Hier werden systematisch Stärken und Schwächen aufgelistet, und es wird nach internen und externen Beeinflussungsmöglichkeiten unterschieden (Abb. 6.1).

Ein Vorteil dieser Analyse ist es, dass das oft diffuse und komplexe Bild in Handlungsmöglichkeiten und Zuständigkeitsbereich aufgeteilt werden kann. Ein Nachteil kann es sein, die Verantwortung dadurch auf andere abzuschieben. Im deutschen Bevölkerungsschutz gibt eine Erweiterung dieser Matrix, die noch eine weitere Zeile ergänzt, in der Zuständigkeit und Handlungsmöglichkeit direkt abgefragt werden und dort dann ebenfalls ausgeschlossen werden können.

Der typische Ablauf eines **Post-Disaster Needs Assessment** (PDNA), einer Bedarfsanalyse nach einem Ereignis, beginnt mit einer Schadens- und Verlustrechnung, die einerseits Schäden wirtschaftlicher Art und Verluste an Menschenleben und Ressourcen systematisch aufnimmt (World Bank, UN Development Programme, European Union, & GFDRR, 2018). Es folgt dann ein **Disaster Impact Assessment** (DIA), das sowohl die ökonomischen als auch die Auswirkungen auf soziale und persönliche Lebensbedingungen untersucht. Daraus resultieren

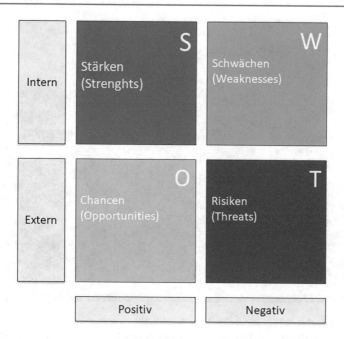

Abb. 6.1 SWOT-Analyseschema (Stärken, Schwächen, Gelegenheiten und Bedrohungen)

die Bedarfe für Erholung und Wiederaufbau (recovery, rehabilitation). Ebenfalls wird versucht, übergreifende Themen dabei nicht aus dem Auge zu verlieren. Im Wiederaufbau gilt inzwischen das Prinzip BBB (Build Back Better), in dem versucht wird, Fehler aus vergangenen Hilfseinsätzen zu vermeiden (MacAskill & Guthrie, 2016; UN, 2015). Es soll vermieden werden, Häuser in Gefahrenzonen auf gleiche Weise wie zuvor zu errichten. Damit würde man die Menschen der gleichen Bedrohung wieder aussetzen (Abb. 6.2). Dieser Aspekt ist häufig der schwierigste, da fast bei allen Katastrophen unmittelbar danach seitens der Bevölkerung die dringende Notwendigkeit besteht, alles an Ort und Stelle genauso wieder aufzubauen. Hier spielen emotionale Aspekte eine große Rolle, wie die Ortsverbundenheit und die Verarbeitung des Verlusts, aber auch ökonomische und politische Zwänge.

Schadens- und Verlustrechnungen haben häufig nur zählbare Aspekte im Blick, wie zum Beispiel bestimmte Mengen an Nahrungsmitteln oder anderen Verbrauchsgütern (Tab. 6.1). Es wird kritisiert, dass beispielsweise Lebensmittel und Zelte geliefert werden, obwohl diese teilweise vor Ort gar nicht benötigt werden (Cuny, 1983; Taylor, 1978). Daher werden diese reinen Schadensaufstellungen methodisch zunehmend um qualitative Befragungen und weitere humane Bedürfnisse ergänzt. In der Realität werden jedoch mitunter Einsatzkräfte und Berater unter einer PDNA nur zur systematischen Aufnahme ganz bestimmter quantifizierbarer Maßnahmen ausgesandt oder aber, im Gegenteil, nur zur Beschreibung auf qualitative Weise, die dann mehr narrative Berichte liefert.

Abb. 6.2 Erdbebensichere Bauweise durch Stahlskelette mit diagonaler Verstärkung. Nicht nur beim Wiederaufbau oder Neubau, auch in der Gebäudenachrüstung sind solche Konstruktionen oft bekannt (Karaj, Iran 2002)

Tab. 6.1 Die Arten des Kapitals (DFID, 1999)

Physisches Kapital	Die grundlegende Infrastruktur (Wasserversorgung, Straßen, Eisenbahn, Telekommunikation), die die Menschen nutzen, um produktiver zu arbeiten
Humankapital	Die Summe der Fähigkeiten, des Wissens, der Arbeitskraft und der Gesundheit, die es den Menschen ermöglichen, verschiedene Strategien zur Sicherung des Lebensunterhalts zu verfolgen und ihre Lebensziele zu erreichen
Finanzkapital	Das Bargeld, das es den Menschen ermöglicht, verschiedene Strategien für ihren Lebensunterhalt zu verfolgen. Dies kann in Form von Ersparnissen oder einer regelmäßigen Einkommensquelle wie einer Rente oder Überweisung geschehen. Die Vorleistungen, die den Lebensunterhalt unterstützen, sowie die Produktionsgüter (Werkzeuge, Ausrüstung, Dienstleistungen), die dazu beitragen, das Finanzkapital zu erhöhen
Naturkapital	Die natürlichen Ressourcen (Land, Wälder, Wasser) und die damit verbundenen Dienstleistungen (z. B. Erosionsschutz, Sturmschutz), von denen ressourcenbasierte Tätigkeiten (z. B. Landwirtschaft, Fischerei usw.) abhängen
Sozialkapital	Zugang zu und Beteiligung an Netzwerken, Gruppen, formellen und informellen Institutionen. Frieden und Sicherheit. Governance und politische Beziehungen

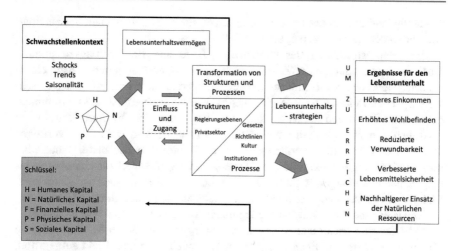

Abb. 6.3 Das Sustainable-Livelihood-Rahmenwerk. (DFID, 1999)

Tab. 6.2 Verwundbarkeits-Fähigkeits-Matrix (Anderson & Woodrow, 1998)

	Verwundbarkeiten	Fähigkeiten
Physisch/Materiell Welche produktiven Ressourcen, Fähigkeiten und Gefahren gibt es?		
Soziales/Organisatorisches Wie sind die Beziehungen zwischen den Menschen? Wie sind ihre Organisationsstrukturen?		
Motivation/Einstellung Wie sieht die Gemeinschaft ihre Fähigkeit, Veränderungen zu bewirken?		

Rein wissenschaftlich kann man auf qualitative Methoden der sogenannten Lebensbedingungs- oder Lebensunterhaltsforschung verweisen (livelihoods approach), die im Entwicklungshilfekontext viel Aufmerksamkeit erfahren hat (DFID, 1999). Hier wird versucht, ein möglichst ganzheitliches Bild der nachhaltigen Lebensbedingungen (sustainable livelihoods) einer Gemeinde und der Menschen in ihren Haushalten zu erfassen. Dazu zählen individuelle persönliche Lebensbedingungen und Bedürfnisse wie auch solche der Gemeinschaft. Im Kern entsteht hier eine Verbindung der soziologischen Theorie zu Humankapital und anderen Formen solcher Potenziale, die auch mit Kontexten der Exposition und Resilienz in Verbindung gebracht werden können (Weichselgartner, 2013) (Abb. 6.3).

Eine weitere Alternative bildet die Methodik der Verwundbarkeits- und Bedarfsanalyse (**Vulnerability and Capacity Assessment,** VCA). In diese Matrix kann man erhobene Informationen, zum Beispiel durch Interviews, als qualitative Informationen von den Haushalten zu ihren Schwächen und Bedarfen, aber auch Fähigkeiten eintragen (Tab. 6.2).

Häufig sind Fragen der Lebensbedingungen stark mit der sozialen Verwundbarkeit verbunden. (Abb. 6.4, 6.5, 6.6 und 6.7).

Eine Herausforderung der humanitären Hilfe und Entwicklungszusammenarbeit ist die Verbindung der Zeitphasen. Typisch ist, dass unmittelbar nach einem Katastrophenereignis die (internationale) Hilfsbereitschaft sehr groß ist und sehr viele Spenden in kürzester Zeit eingehen. Das erste Problem ist, dass zusammengebrochene Strukturen der Verwaltung und Regierung vor Ort diese Mittel nicht verwalten können, wie man am Beispiel des Erdbebens in Haiti 2010 verfolgen konnte. Dann lässt die internationale Aufmerksamkeit typischerweise nach bereits wenigen Tagen nach, und die dringend benötigten Mittel für eine mittel- bis längerfristige Aufbauphase fehlen. Daher wird in Bedarfsanalysen zwischen kurzfristigen, mittelfristigen oder langfristigen Bedürfnissen unterschieden (Abb. 6.8).

So wie es eine Phase mit Vorüberlegungen vor einer Risikoanalyse gibt, so sind auch die Schritte nach einer Risikoanalyse zu bedenken. Die in der Phase für die Vorstudie beschriebene Beantwortung der W-Fragen kann hier direkt aufgegriffen werden. Es gibt aber mitunter noch weitere Schritte, die darin noch nicht explizit deutlich wurden. Einige Rahmenwerke wie zum Beispiel in der ISO 31000 weisen auf die Bedeutung einer separaten Phase der **Bewertung des Risikos** und der Validierung hin. Die Bewertung des Risikos kann durch den Analysten/die Analystin oder besser durch die Einschätzung der Ergebnisse der Analyse durch Externe erfolgen. Diese können zum Beispiel die angedachten Nutzer/innen der Risikoanalyse sein. Auch bei einer Bewertung können wieder bestimmte Methoden sinnvoll sein, um die Bewertungen zu ermöglichen und zu dokumentieren. Insgesamt

Abb. 6.4 Obdachlose gibt es auch in Industrienationen wie Deutschland, Japan (Tokio 2012)

Abb. 6.5 „Being homeless is worse than death" (Glasgow, Schottland 2022)

ist es häufig jedoch ein größerer Prozess, der erfordert, mit verschiedensten Akteuren/Akteurinnen zu sprechen und verschiedene Meinungen einzuholen. Schließlich wird es wieder, je nach Ziel und Interessenslage der Akteure/Akteurinnen, zu unterschiedlichen Bewertungen und damit Einordnungen der Bedeutung für weitere Handlungen kommen. Dies bereiten einige Konzepte methodisch in der Form von **Schutzzielen** vor. Im BBK zum Beispiel wird die ISO 31000 in ihrer Abfolge ergänzt um den Aspekt der Ermittlung strategischer Schutzziele innerhalb einer Vorphase vor einer Risikoanalyse und einer Erstellung der operativen Schutzziele nach einer Analyse. Gerade die Methodik zur Ermittlung unterschiedlicher strategischer Werte und Interessen und den daraus abzuleitenden Schutzzielen ist hilfreich für Risikoanalysen, auch für kritische Infrastruktur und viele andere Bereiche (Fekete, 2012b).

Im Prinzip beinhaltet diese Methode auch eine Abarbeitung der W-Fragen, mit dem Ziel, die oft unausgesprochenen strategischen Ziele und Wertvorstellungen transparent zu machen und zu dokumentieren. So haben beispielsweise Firmen ein anderes Interesse daran, ein Risiko einzuschätzen, als eine Feuerwehr. Für ein Unternehmen ist es ein wichtiges strategisches Ziel, Gewinn zu erwirtschaften. Die Vermeidung des Verlusts von Menschenleben ist sicherlich ebenfalls ein wich-

Abb. 6.6 Transport von Waren mit einem Handkarren (Mombasa, Kenia 2018)

Abb. 6.7 In Ländern wie Kenia nehmen sehr viele Menschen ungünstige Lebensbedingungen in kleinsten Wellblechhütten entlang von Autobahnen in Kauf, um näher an der Stadt und damit möglichen Einkommensquellen zu sein (Nairobi 2018)

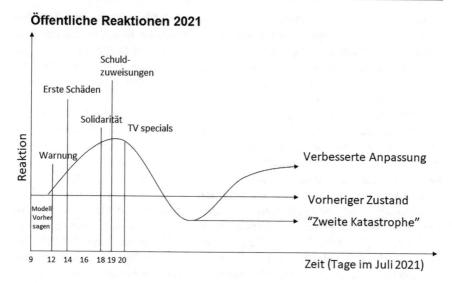

Abb. 6.8 Abnahme der öffentlichen Aufmerksamkeit nach einem Katastrophenereignis. (Fekete & Sandholz, 2021, basierend auf Erikson, 1976; Raphael, 1986)

tiges Ziel, aber möglicherweise nur eines von mehreren Zielen. Aufgrund dieser unterschiedlichen Zielvorstellungen werden möglicherweise auch Risikoanalysen unterschiedlich geprägt und ausgeführt sowie die Analyseergebnisse unterschiedlich genutzt und interpretiert.

6.2 Soziale Verwundbarkeitsanalyse

Soziale Verwundbarkeitsanalysen befassen sich mit der Frage, welche Menschen warum unterschiedlich von Katastrophenrisiken und anderen Risiken betroffen sein können. Seit den 1970er-Jahren wird soziale Verwundbarkeit in der Forschung betont, häufig als Ergänzung und Erweiterung des Risikobegriffs gegenüber einem zuvor dominierenden Fokus rein auf die Gefahrenseite des Risikos (Baird et al., 1975; Blaikie et al., 1994; Hewitt, 1998; Oliver-Smith, 2002).

Eingesetzt wurden soziale Verwundbarkeitsassessments häufig im Entwicklungshilfe- und humanitären Hilfekontext. Dabei werden meist qualitative, also beschreibende Analysearten aus dem Werkzeugkasten der empirischen Sozialforschung und benachbarter Bereiche verwendet. Es werden verschiedene Merkmale menschlicher Eigenschaften der Wahrnehmung von Risiken oder soziale und gesellschaftliche Bedingungen beispielsweise per Fragebogen und Gesprächen vor Ort aufgezeichnet und inhaltlich ausgewertet. In den 1950er-Jahren wurden in den USA bereits Katastropheneinsätze, unter anderem nach Tornados, sowie die Rolle, Eignung und Probleme von Einsatzkräften und Spontanhelfenden untersucht, aber auch alle weiteren Ebenen einer Gemeinschaft (Form & Nosow, 1958).

In den 1960er-Jahren, insbesondere ab den 1990er-Jahren, gab es schließlich in den quantitativen Bereichen Ansätze, die verschiedene Komponenten des Risikos und der Verwundbarkeit untersucht haben (Andrews & Dixon, 1964; Parsons, 1970; Vestermark, 1966). Verwundbarkeit taucht so zum Beispiel in der Erdbebenforschung als Untersuchungskomponente neben Exposition und Gefahreneinschätzung auf (Davidson & Shah, 1997).

Diese Methoden werden häufig als semiquantitative Assessments bezeichnet, da verschiedene Datenarten Eingang finden können, von rein quantitativen statistischen Daten zum Beispiel bis hin zur qualitativen Befragungsergebnissen. Sowohl in der Entwicklungszusammenarbeit als auch in der quantitativen Naturgefahrenforschung haben sich dann Grundlagen der Methodik entwickelt, die bis heute mehr oder weniger unverändert weitergeführt werden. Ein Beispiel ist die Verwundbarkeits- und Fähigkeitsmatrix, die auch für qualitative Methoden eine Art Gerüst vorgibt, um Aspekte der Verwundbarkeit und damit die Fragen danach zu strukturieren (Tab. 6.2). Ähnlich wie bei einer SWOT-Analyse werden dabei Stärken und Schwächen gleichartig aufgelistet, um eine einseitige Sicht zu vermeiden und um auch die positiven Bewältigungsfähigkeiten der Personen oder Gemeinschaften hervorzuheben.

Auf der quantitativen Seite werden als Methode häufig **Verwundbarkeitsindikatoren** oder Verwundbarkeitsindizes genutzt. Diese haben einen räumlichen Ansatz, um beispielsweise aneinander angrenzende Raumeinheiten wie Gemeinden, Stadtteile oder auch ganze Regionen untereinander vergleichbar zu gestalten. Dazu werden überwiegend statistische Daten verwendet, die zum Beispiel aus einem Zensus resultieren, und dann mit Gefahrenzonen verschnitten, häufig unter der Nutzung von Geoinformationssystemen (GIS). Im Folgenden wird diese Methode vorgestellt, wobei auch Varianten erklärt werden, um diese Methodik qualitativ und zum Beispiel durch Befragungen durchführen zu können.

Wie in anderen Vorstudien einer Analyse sollte zunächst das **Ziel** des Einsatzes einer solchen Methode überlegt und dokumentiert werden. Ziel einer sozialen Verwundbarkeitsanalyse ist es im Grunde genommen zunächst, ein Risiko genauer aufzuschlüsseln. Es geht insbesondere darum, die Auswirkungsseite von Gefahreneinwirkungen auf die Gesellschaft oder auf andere sogenannte Dimensionen oder Sektoren menschlichen Interesses zu untersuchen.

Mit einer sozialen Verwundbarkeitsanalyse möchte man erklären, warum und welche Menschen mehr von Gefahren und Risiken betroffen sind als andere. Dazu zählt eine Vielzahl möglicher **Faktoren,** von körperlichen Merkmalen bis zu geistigen, emotionalen und sozialen Fähigkeiten und damit dem ganzen Spektrum dessen, wie Menschen selbst und in Interaktion mit anderen Gefahren und Risiken einschätzen und damit umgehen, sich anpassen oder gar verändern können. Ein Ziel der sozialen Verwundbarkeitsassessments ist es aber auch, solche Aspekte vergleichbar zu machen. Ein dahinterstehender gesellschaftlicher Wert oder ein gesellschaftliches Ziel, ein sogenanntes Schutzziel, ist es, Menschenleben bei künftigen Gefahreneinwirkungen zu schonen oder zu retten. Auch sollen weitere Effekte von Katastrophen auf die Gesellschaft besser verstanden und abgemildert werden, zum Beispiel Einkommens- oder andere wirtschaftliche

Schäden oder Beeinträchtigung und Zerstörung sozialer Netzwerke, von Daseins-funktionen sowie Versorgungs-, Zugangs- und Beteiligungsmöglichkeiten. Durch diese unterschiedlichen Anforderungen ist es notwendig, Informationen einerseits über Sterblichkeitsfaktoren und Gesundheitsbeeinträchtigungen und andererseits über Aspekte des sozialen Miteinanders und des gesellschaftlichen Kontexts in solchen Untersuchungen aufzuarbeiten. Die Begriffe **Assessment** oder **Analyse** werden nicht ganz einheitlich verwendet, jedoch deutet der Begriff „soziale Ver-wundbarkeitsanalyse" mehr auf die semiquantitativen Arten von Analysen hin. Soziale Verwundbarkeitsassessments beschreiben hingegen den umfassenderen Ansatz, dabei sowohl Zielgruppen und Verwendungszwecke als auch den gesam-ten Ablauf inklusive der Integration der Beteiligten zu verstehen. Mitunter wird der Begriff „Assessment" aber auch verwendet, um tendenziell weniger quantita-tiv ausgerichtete Arten von Analysen zu bezeichnen. Wie an anderen Stellen des Buches wird der Begriff „Untersuchung" als Oberbegriff für soziale Verwundbar-keitsassessments und Analysen genutzt. Im deutschsprachigen Kontext wird der Begriff „Vulnerabilität" neben „Verletzlichkeit" und „Verwundbarkeit" genutzt; in diesem Buch wird dafür der Begriff „Verwundbarkeit" verwendet, da er leichter auszusprechen und erklärender ist als Vulnerabilität.

Zielgruppen sozialer Verwundbarkeitsuntersuchungen sind einerseits bereits be-troffene Personen in Risikogebieten und andererseits Personen, von denen ver-mutet wird, dass sie von einem Gefahrenereignis eines Tages betroffen sein könn-ten. Häufig stehen sozial schwache oder benachteiligte Gruppen stark im Vorder-grund dieser Art von Untersuchungen. Jedoch zeigt sich auch, dass vermeintlich wirtschaftlich starke Gruppen oder physisch und körperlich starke Personen teil-weise häufiger sterben oder größere Schwierigkeiten bei der Einbindung in so-ziale Netzwerke aufweisen als vermutet. Wohlhabende Personen leben oft weniger sozial vor Ort inkludiert, und Männer sterben häufiger als Frauen, indem sie sich überschätzen. Daher ist es sehr wichtig, alle Arten von Personengruppen und ge-sellschaftlichen Gruppen in solchen Untersuchungen zu analysieren.

Nutzergruppen solcher Untersuchungen sind entweder Wissenschaftler/innen, die das Phänomen besser verstehen wollen, oder Entwicklungs- und humanitäre Hilfsorganisationen, die Hilfsleistungen gezielter verteilen und steuern wollen. So-zial ausgerichtete Nicht-Regierungsorganisationen und Gesundheitseinrichtungen sind ebenfalls an solchen Untersuchungen interessiert. Auch die Stadt- und Raum-planung kann mit solchen Informationen besser steuern, wo bestehende Problem-viertel oder neue Wohnviertel bezüglich Gefahrenzonen besser gestaltet werden können. Vor allem aber für Katastrophen- und Zivilschutz und Gefahrenabwehr-organisationen wäre diese Art von Informationen besonders hilfreich, um zu wis-sen, wo Menschen vorsorglich vorbereitet und informiert werden oder im Ge-fahrenfall Evakuierungen stattfinden müssen. Dazu gibt es vielfältige Beispiele, bei denen sich soziale Verwundbarkeit gezeigt hat, sei es bei dem großen Tsu-nami 2004, bei dem in einigen asiatischen Ländern mehr Frauen als Männer um-gekommen sind, oder bei dem Hurrikan Katrina 2005 in den USA, bei dem mehr einkommensschwache und bestimmte ethnische Gruppen sich nicht selbstständig aus der Stadt retten konnten. Aber auch bei kleineren Ereignissen wie Hochwassern in Europa zeigt sich ein Muster, dass besonders Männer im Auto oder im Keller ihre Fähigkeiten überschätzen und dabei umkommen können. Dies sind nur Beispiele, die es nicht erlauben, solche Beobachtungen zu verallgemeinern, aber sie zeigen, dass durchaus vollkommen unterschiedliche Personengruppen in verschiedenen kulturellen Kontexten häufiger ums Leben kommen und im Alltagsleben andere Personengruppen wiederum stärker von Katastrophenhilfe profitieren können oder aber langfristiger von Katastrophenauswirkungen betroffen sind. In Indien sind zum Beispiel viele Frauen im landwirtschaftlichen Bereich betroffen, weil die Männer nach größeren Dürren höhere Selbstmordraten haben, unter anderem weil sie Versicherungen und Kredite nicht zurückzahlen können, und die Familie dann auf sich allein gestellt zurückbleibt. An diesem Beispiel wird auch deutlich, dass sich eine ganze Reihe von zuständigen Organisationen in vielen gesellschaftlichen Feldern zusammentun müssen, um soziale Verwundbarkeit erstens zu erkennen und zweitens unterstützend tätig zu werden.

Theoretische Konzepte existieren für soziale Verwundbarkeit und haben mehr Diskussion erfahren als andere Bereiche im Feld der Gefahrenforschung. Ein Merkmal ist auch, dass es eine Vielzahl von Konzepten in Form von Rahmenwerken gibt, die es ermöglichen, die Untersuchungsmerkmale konzeptionell aufzugliedern.

In einer frühen Arbeit aus dem Kontext der Entwicklungszusammenarbeit in verschiedenen Ländern wie Honduras, Nicaragua und der Sahelzone wurde Entwicklungshilfe in Zusammenhang mit verwundbaren wirtschaftlichen Bedingungen gebracht (Baird et al., 1975). Hierbei wurden einerseits Marginalisierung und andererseits der Zusammenhang von verwundbaren Siedlungen mit Katastrophenereignissen durch natürliche Phänomene untersucht (Abb. 6.9). Wichtig ist, dass die Katastrophen durch ein Zusammentreffen nicht nur von Gefahren mit exponierten Objekten entstehen, sondern durch das Zusammenwirken natürlicher Phänomene mit verwundbaren Siedlungen und sozioökonomischen Bedingungen der Menschen. Die Katastrophe resultiert jedoch nicht allein daraus, sondern hauptsächlich durch die Prozesse, die vorgeschaltet die Verwundbarkeit erst erzeugen. Dazu gehören Marginalisierung und möglicherweise in einer Art Kreislauf auch ungewollte oder fehlgelenkte Entwicklungen, die aus der humanitären Hilfe oder Entwicklungshilfe resultieren. Entwicklung beziehungsweise Unterentwicklung sind also maßgebliche Treiber der Verwundbarkeit und damit in diesem Verständnis ebenso katastrophenbestimmend wie Naturgefahren. Diese Arbeit ist auch ein Vorläufer zum PAR-Rahmenwerk (s. unten), das zumindest in qualitativer Sozialforschung zu Verwundbarkeit und Entwicklungshilfekontexten, große Verbreitung gefunden hat. Entwicklung wird als Prozess verstanden, indem eine Gesellschaft ihre Kapazitäten erhöht, um mit der Umwelt und extremen Ereignissen wie Katastrophen umgehen zu können. Diese Kapazitäten im Umgang mit der Umwelt hängen vom Verständnis der Natur ab, über die Umsetzung in die Praxis mit Technologien und von der Art, wie Gesellschaft organisiert ist.

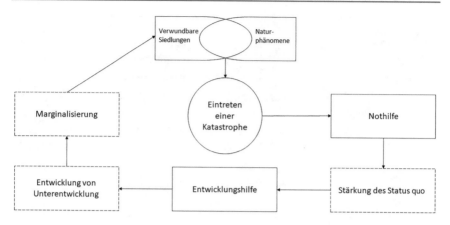

Abb. 6.9 Diagramm zur Tendenz zunehmender Katastrophenneigung. (Baird et al., 1975)

Einige Rahmenwerke entstanden im Rahmen der Erdbeben- und Erdrutsch-
forschung in Lateinamerika oder den USA (Cardona, 1985, 2005; Davidson &
Shah, 1997). Darin wird meist in einer ingenieurartigen Ausrichtung recht pragmatisch zwischen verschiedenen Komponenten unterschieden, die sich in der
inhaltlichen Erklärung überlappen können. Jedoch werden sie in der Analyse so
getrennt, dass sie insbesondere für Berechnungsmethoden geeignet sind. Das Risiko wird zum Beispiel in Gefahr, Verwundbarkeit, Exposition und Kapazitäten
getrennt (Abb. 6.10).

Ein weiteres recht wichtiges Rahmenwerk, das soziale Vereinbarkeits-
indikatoren geprägt hat, ist aufgrund der Inspiration durch ähnliche Ansätze in der
Entwicklungszusammenarbeit entstanden. Dieser räumliche Ansatz unterteilt das
Risiko ebenfalls in die genannten Faktoren und unterscheidet außerdem soziale
und ökologische Verwundbarkeitsarten (Cutter, 1996). In den vergangenen Jahren
wurde dieser Ansatz insbesondere für soziale Aspekte in den USA angewendet
(Abb. 6.11 und 6.12).

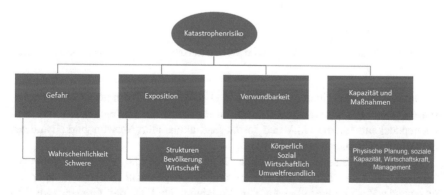

Abb. 6.10 Konzeptionelles Rahmenmodell zur Identifikation des Katastrophenrisikos. (Davidson & Shah, 1997)

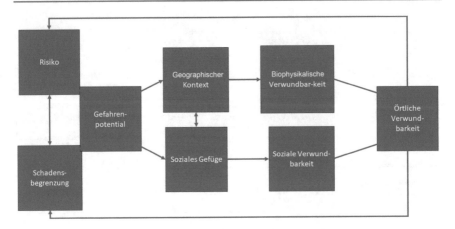

Abb. 6.11 Das Verwundbarkeitsmodell für örtliche Gefahren. (Cutter, 1996)

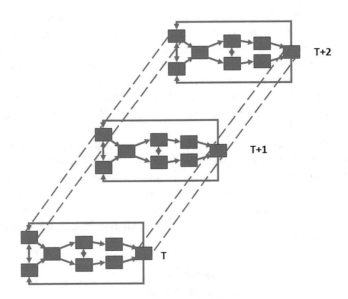

Abb. 6.12 Dynamische Veränderungen im Verwundbarkeitsmodell für örtliche Gefahren. (Cutter, 1996)

Der Ansatz wurde in den USA dann in abgewandelter Form vom Center for Disease Control (CDC) weiterentwickelt, um mit teilweise abweichenden Variablen flächendeckend für die USA und fortlaufend aktualisiert Verwundbarkeitsindizes darzustellen (Flanagan et al., 2018).

Interessanterweise haben Nachbarländer wie Mexiko ebenfalls Verwundbarkeitsindizes in öffentlichen Karten zugänglich gemacht. Sie nutzen aber abweichende Zusammenstellungen von Variablen. Und an der Grenze zwischen Mexiko und den USA zeigt sich dann auch, dass die Verwundbarkeit der angrenzenden Verwaltungsgebiete in Mexiko, verglichen mit dem Durchschnitt in Mexiko, geringer ist. In den USA ist es genau andersherum; an der Grenze befinden sich die verwundbarsten Einwohnergruppen (Abb. 6.13).

Im Bereich der sozialen Verwundbarkeit gibt es aber auch mehr qualitativ ausgerichtete Rahmenwerke, die versucht haben, die interne und externe Seite der Verwundbarkeit und damit eine kausale Struktur der Verwundbarkeit herauszustellen (Bohle, 2001; Chambers, 1989; Watts & Bohle, 1993; Abb. 6.14).

Damit werden einerseits die internen Fähigkeiten von Personen oder einer gesellschaftlichen Gruppe dargestellt, wie auch die Abhängigkeiten dieser Gruppe vom gesellschaftlichen Kontext. Dies geschah im Kontext der Entwicklungszusammenarbeit und führt zu der Erkenntnis, dass Menschen gut ausgebildet und körperlich fit sein können, jedoch überwiegend abhängig von gesellschaftlichen Bedingungen und politischen Führungssystemen sind. Zudem gibt es Rahmenwerke, die die gesellschaftliche Dynamik noch weiter unterteilen. Das PAR-Rahmenwerk **(Pressure and Release Model)** betont vor allem die Entwicklungs- und **Wurzelursachen** (root causes) der Gesellschaft, die dazu führen, dass einige Personengruppen verwundbarer werden als andere (Baird et al., 1975; Blaikie et al., 1994; Wisner et al., 2004). Verwundbarkeit ist also kein statischer Endzustand, sondern entsteht aus sogenannten Wurzelursachen der Ungleichheit, in die Menschen hineingeboren werden oder migrieren. Hinzu kommen dynamische Treiber wie zum Beispiel politische oder andere gesellschaftliche Entwicklungen und Prozesse, die verhindern, dass sich in einer Gesellschaft etwas wesentlich verbessert. Daraus resultieren bestimmte Verwundbarkeitsmerkmale, die in Interaktion mit der Gefährdung das Gesamtrisiko ergeben (Abb. 6.15).

Als parallele Entwicklung zu diesen sozialwissenschaftlichen und aus der Entwicklungszusammenarbeit entstandenen Rahmenwerken haben sich in quan-

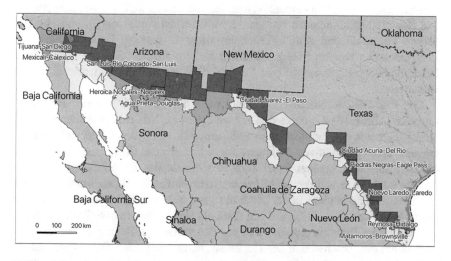

Abb. 6.13 Vergleich der Indizes sozialer Verwundbarkeit für die USA und Mexiko entlang der gemeinsamen Landesgrenze. (Fekete & Priesmeier, 2021)

Abb. 6.14 Konzeptionelles
Rahmenwerk für
Verwundbarkeitsanalyse.
(Bohle, 2001)

titativen Bereichen der Forschung sogenannte **Indikatorenansätze** ergeben.
Entsprechende Rahmenwerke dazu stellen daher eher ein Ingenieur- oder natur-
wissenschaftliches methodisches Verständnis dar. Auch sind sie von den jeweiligen Naturgefahrenkontexten und damit verbundenen Auffassungen von physika-
lischen Prozessen und Anfälligkeiten inspiriert. In neueren Entwicklungen von
Rahmenwerken werden häufig vor allem weitere Dimensionen zu gesellschaftlichen Aspekten ergänzt, wie zum Beispiel ökologische oder wirtschaftliche Verwundbarkeit.

Das sog. BBC-Rahmenwerk benannt nach den Autoren Bogardi, Birkmann,
Cardona (Abb. 6.16) hat diese drei Dimensionen explizit aufgenommen und verbindet Elemente des raumbasierten Rahmenwerks von Susan Cutter mit Elementen aus dem quantitativen Rahmenwerk von Cardona (Birkmann, 2013). Das
BBC-Rahmenwerk ergänzt dabei noch den Aspekt des Risikomanagements. Es
ist, wie auch viele weitere nachfolgende Rahmenwerke, anspruchsvoll zu lesen.
Die Leserichtung beginnt in der Mitte oben mit einem natürlichen Phänomen wie
einem Fluss, das sich als Gefahr erst dann als Gefährdung materialisiert, wenn es
ein bestimmtes Ereignis gibt, das sich von den vorherigen Bedingungen, zum Beispiel durch ein Anschwellen des Hochwassers, unterscheidet. Diese Entwicklung
trifft auf Verwundbarkeitsdimensionen, in denen es exponierte und verwundbare
Elemente gibt. Diese interagieren davon getrennt auch mit den Bewältigungsfähig-

Belastungen

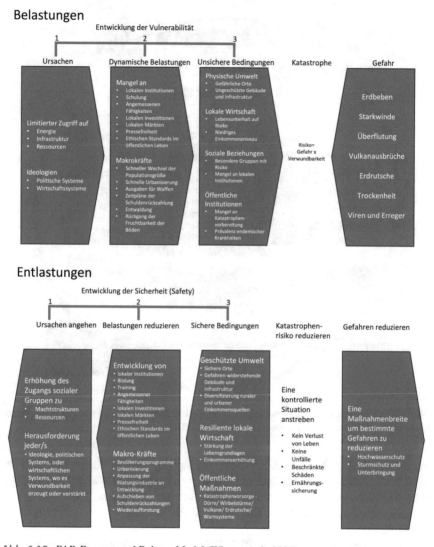

Abb. 6.15 PAR-Pressure and Release Model (Wisner et al., 2004)

keiten. Aus dem Zusammenspiel zwischen Gefahrenereignis und Verwundbarkeit ergeben sich entsprechende Risiken und daraus dann verschiedene Möglichkeiten für ausgelöste Maßnahmenprozesse, um die Verwundbarkeit zu senken. Dies kann entweder durch Reduzierung weiterer Risiken geschehen oder es wird in einem Interventionssystem zum Beispiel über Emissionskontrolle die Umweltsphäre im Sinne des Klimawandels entlastet. Die soziale oder gesellschaftliche Sphäre kann durch Frühwarnsysteme und die wirtschaftliche Sphäre durch Versicherungen entsprechend gemanagt werden. Entwickelt sich ein Risiko jedoch weiter, kann die

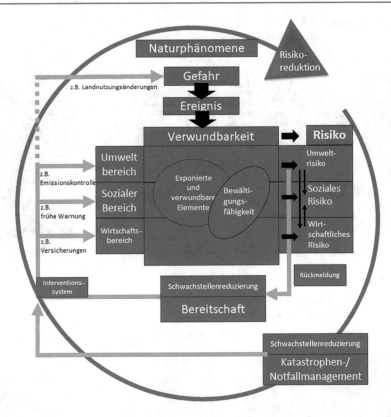

Abb. 6.16 Dimensionen von Verwundbarkeit im BBC-Rahmenwerk. (Birkmann, 2013, basierend auf Bogardi & Birkmann, 2004; Cardona, 1999, 2001)

Verwundbarkeit auch später durch das Katastrophen- oder Notfallmanagement reduziert werden. Die Gefahren an sich können auch durch menschliches Handeln, zum Beispiel durch Landnutzungswandel, verringert werden. Über das ganze Rahmenwerk hinweg läuft ein Kreislauf der Risikoreduktion, der alle Elemente ganzheitlich erfasst.

Die Weiterentwicklung des BBC-Rahmenwerks erfolgte im Bereich der Extremereignisse im Zuge des Klimawandels im Sonderbericht des Weltklimarats (Intergovernmental Panel on Climate Change, IPC; gegründet 1988) zur „Bewältigung der Risiken von Extremereignissen und Katastrophen, um die Anpassung an den Klimawandel voranzutreiben" (IPCC, 2012). Die propellerartige Darstellung im Zentrum von Abb. 6.17 fokussiert auf das Katastrophenrisiko als ein Zusammenwirken von Wetter und Klimaereignissen, die mit Verwundbarkeit und Exposition zusammentreffen. Die Dynamik, die sich daraus ergibt, beeinflusst über Katastrophen menschliche Entwicklungen. Als Reaktion können Katastrophenrisikomanagement und Klimawandelanpassung das Katastrophenrisiko weiter beeinflussen. Als zweite Reaktion ist auch eine Reduktion der Emissionen und damit eine Reduzierung des Treibhauseffekts möglich. Dieser Entwicklungsfall wiederum wirkt auf das Klima ein. Das Klima wiederum wirkt durch seine natürliche Variabilität, aber auch durch den anthropogenen Klimawandel auf die Entstehungsbedingungen von Wetter und Klima und damit auch auf das Katastrophenrisiko im Zentrum ein. Wichtig ist bei diesem Rahmenwerk die konzeptionelle Verknüpfung der Themenbereiche „Katastrophenrisiko" und „Klimawandel", die zuvor in der Forschungstradition häufig separat nebeneinander eigene Definitionen und Konzepte hervorgebracht hatten. Hiermit wird der naturräumliche Prozess der Klimaveränderungen mit menschlichen Entwicklungen verknüpft. Zudem werden sowohl Klimaschutz durch Emissionsverringerung als auch Klimawandelanpassung durch Reaktionen und Verhaltensweisen der Gesellschaft deutlich eingefügt. In einer weiteren Abbildung des Berichts (Abb. 6.17) werden Anpassungs- und Katastrophenrisikomanagement-Maßnahmen aufgeführt. Sie enthalten die Reduktion der Exposition, die Erhöhung der Resilienz, um Risiken zu verändern, Transformation, Reduktion der Verwundbarkeit, Vorsorge, Reaktion und Erholungsphase und den Transfer und das Teilen von Risiken.

Ein wichtiger Vorgänger des BBC-Rahmenwerks ist in Lateinamerika entstanden (Cardona & Barbat, 2000). Es wurde für quantitative Analysen im Ingenieurkontext entwickelt. Wie auch das BBC-Modell enthält es eine Einwirkung von Gefährdungen auf ein exponiertes dynamisches System, das durch

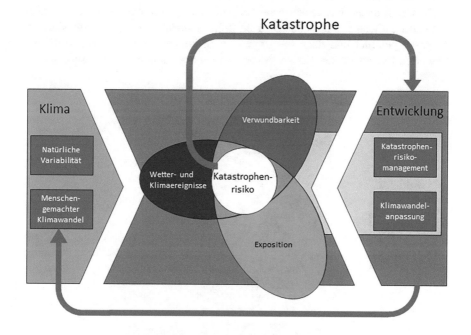

Abb. 6.17 Rahmenwerk des Sonderberichts des Weltklimarats. (IPCC, 2012)

verschiedene Verwundbarkeitsfaktoren gekennzeichnet ist. Dies sind erstens Exposition und physische Anfälligkeit, die sich abhängig von den Gefahren unterschiedlich auswirken, zweitens soziale und wirtschaftliche Fragilität, die nicht gefahrenabhängig sind, und drittens das Fehlen von Resilienz oder der Möglichkeit für Bewältigung und Erholung, die ebenfalls nicht gefahrenabhängig sind (Abb. 6.18).

Diese drei Verwundbarkeitsfaktoren resultieren in entweder einem sogenannten harten Risiko mit potenziellen Schäden in physischer Infrastruktur und Umwelt oder in einem soften Risiko als potenzielle sozioökonomische Auswirkungen auf Gemeinden und Organisationen. Das Risiko besteht dann aus einer Kombination von Gefahren und Verwundbarkeiten und wird durch ein Kontrollsystem, ein Risikomanagementsystem, kontrolliert, das korrektive und vorausschauende Interventionen ausführen kann, um die Verwundbarkeiten und Gefahren zu beeinflussen – durch Risikoidentifikation, Risikoreduzierung, Katastrophenmanagement und Risikotransfer. In diesem Rahmenwerk ist auffällig, dass Exposition und physische Anfälligkeit synonym verwendet werden und als Einzige auch jeweils von den Gefahren abhängig sind, sich also zum Beispiel beim Hochwasser anders verhalten als beim Erdrutsch. Soziale und wirtschaftliche Aspekte wie auch die Resilienzfähigkeiten sind dagegen unabhängig von den Gefahren und sozusagen soziale und organisatorische Bedingungen, die grundsätzlich in der Gesellschaft vorherrschen und messbar sind.

Gerade in quantifizierenden Analysen wird die Unterteilung von Verwundbarkeit und Resilienz weiter genutzt, da diese Komponenten damit voneinander systematisch getrennt und dann integriert werden können, zum Beispiel in die aggregierten Indizes für ein Risiko. Andere haben aber darauf hingewiesen, dass es

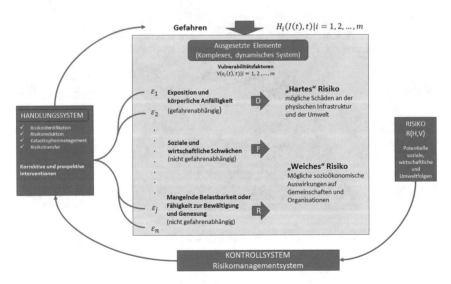

Abb. 6.18 Theoretisches Rahmenwerk für einen ganzheitlichen Ansatz für Katastrophenrisikoanalyse und -management. (Cardona & Barbat, 2000)

inzwischen eine Vielzahl von Anschauungen gibt und Resilienz teilweise als Überbegriff und teilweise als Komponente von Verwundbarkeit gilt (Cutter et al., 2008; Abb. 6.19).

Auch gibt es Vorschläge für vermittelnde Ansätze. Als internationale **Leitdefinition** wird gerne die Terminologie innerhalb der Katastrophenforschung der Vereinten Nationen genutzt, die ein Glossar online darstellt und auch immer wieder aktualisiert (UNDRR, 2022). Interessant ist, dass sich die Definition für Verwundbarkeit im Laufe der letzten Jahre, seit etwa 2017, wieder geändert hat. Einige Jahre galt die Definition, dass Verwundbarkeit auch Exposition und Bewältigungsfähigkeiten (Adger, 2006) und damit im Prinzip auch Resilienz (Turner) enthält. Aktuell aber werden diese Komponenten voneinander getrennt. Verwundbarkeit wird nun mit Anfälligkeit gleichgesetzt, und Bewältigungsfähigkeiten werden wie auch Exposition als separate Aspekte definiert. Die Arbeitspraxis zeigt auch, dass es sehr schwer ist, Gefahrenaspekte, Exposition, Anfälligkeiten und Bewältigungsfähigkeiten voneinander zu trennen. Dies ist eine der größten **Anwendungsschwierigkeiten** bei diesen Arten von Untersuchungen, denn wenn man eine Gefahr in ihrer Stärke und Häufigkeit beschreibt, ergeben sich häufig unmittelbar Bezüge zur räumlichen Exposition oder zur Dosisleistung. Exposition ist auch räumlich und zeitlich zu bestimmen und daher mit der Eintrittswahrscheinlichkeit oder Frequenz eines Ereignisses sehr verwandt. Verwundbarkeit und Exposition sind wiederum sehr stark miteinander verbunden, da viele argumentieren, dass man eine Verwundbarkeit nicht ohne den Kontext einer Gefahr untersuchen sollte. Andere wiederum meinen, dass es eine von Gefahren unabhängige Verwundbarkeitskomponente gibt, die Menschen generell gegenüber vielen Gefahren

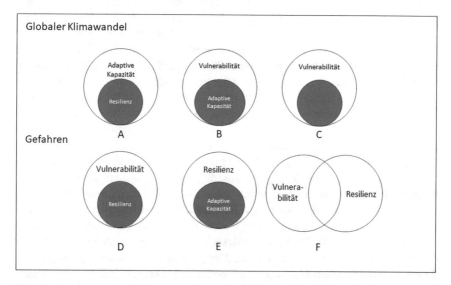

Abb. 6.19 Konzeptionelle Verbindungen zwischen Verwundbarkeit, Resilienz und adaptiver Kapazität. (Cutter et al., 2008)

anfälliger machen. Beispielsweise ist eine Person gegenüber einem Hochwasser sozial verwundbar, wenn sie keine Informationen oder Hilfe von anderen erhält beziehungsweise gesellschaftlich nicht eingebunden ist, um die Gefahren vor Ort zu kennen oder sich darauf vorzubereiten. Die Problematik hat mit einer räumlichen Exposition unmittelbar zu tun und damit auch dem Wissen der Person über diesen räumlichen Zusammenhang und die weiteren Ressourcen. Vor allem ist es sehr praktisch, gerade für quantitative Analysen, die Komponenten konzeptionell zu trennen, selbst wenn das nicht ganz trennscharf funktionieren kann, denn dadurch wird es möglich, einzelne Komponenten genauer zu untersuchen.

In Verwundbarkeitsuntersuchungen wird die reine **Gefahrenuntersuchung** häufig etwas vernachlässigt und zum Beispiel einfach eine Hochwassergefahrenzone verwendet, um festzustellen, ob Menschen exponiert sind oder nicht. Dann kann man Persönlichkeits- und Gesellschaftsmerkmale untersuchen und schließlich mit verschiedenen Szenarien des Hochwassers vergleichen, also ein Hochwasserszenario für ein zehnjähriges Hochwasser mit einem für ein 100-jähriges Hochwasser. Das ist wie bei klinischen Untersuchungen, die eine Personengruppe in ihren Merkmalen untersuchen, die exponiert ist, und mit einer benachbarten Gruppe vergleichen, die nicht exponiert ist. Wenn sich bestimmte Merkmale unterscheiden, zum Beispiel die Wahrnehmung und das Wissen über eine mögliche Betroffenheit, so kann man das konzeptionell gut untersuchen und trennen.

Ein viel schwierigerer Bereich ist in der Praxis jedoch die Trennung zwischen Verwundbarkeit und **Bewältigungsfähigkeiten** oder Resilienz. Bleiben wir hier bei dem Begriff „Bewältigungsfähigkeit", um das zu verdeutlichen. Hat eine Person bei mangelndem Wissen über vergangene Hochwasserereignisse vor Ort nun eine besondere Anfälligkeit aufgrund eines Mangels von Wissen? Man könnte diesen Aspekt genauso gut auch unter der Bewältigungsfähigkeit einsortieren und untersuchen, wie viel Wissen Menschen haben oder wie man es fördern könnte. Manche trennen daher von allen Anfälligkeitsfaktoren, die Personen unmittelbar betreffen, solche, die sie durch Interaktion erhalten würden. Eine Person hat also ein bestimmtes Wissen und bestimmte andere körperliche Merkmale, die man erfragen kann, in jedem Moment, wo man die Person trifft. Bewältigungsfähigkeiten sind dagegen alles Externe, das die Person nur erhält, wenn sie mit anderen zum Beispiel in einer Gefahrensituation kommuniziert oder interagiert. Externe Bewältigungsfähigkeiten können sowohl in Form von Informationen und Wissensvermittlung als auch in der Lieferung von Nahrungsmitteln oder Sandsäcken oder in einer anderer Form der Unterstützung bestehen. Wie auch immer man einen Aspekt entweder in Anfälligkeit oder Bewältigungsfähigkeit einordnet, es ist vor allem wichtig, diese nur einmal jeweils aufzunehmen, sofern man das weiter quantitativ untersuchen möchte. Aber auch bei qualitativen Arbeiten ist darauf zu achten, dass sich keine Doppelungen oder Häufungen in der Argumentation ergeben.

Methodisch ist es in der Verwundbarkeitsforschung bei solchen Ansätzen mit vielen Variablen oft auch sehr wichtig, **Doppelungen** oder **Überlappungen** von ähnlichen oder gleichen Merkmalen zu vermeiden. Das gilt jedoch überwiegend für quantitative Ansätze. Bei qualitativen Ansätzen kann es durchaus gewünscht und sogar hilfreich sein, wenn Merkmale mehrfach gezählt werden und jeweils hinsichtlich ihrer besonderen Anfälligkeiten oder Bewältigungsmöglichkeiten dargestellt werden.

Zum methodischen Konzept von **Indikatoren** wird auf die Lehrbücher verwiesen, die Indikatoren generell erklären (Birkmann, 2013; Saisana & Tarantola, 2002). Nur in Kürze soll hier erwähnt werden, dass Indikatoren abstrahiert Zusammenfassungen bestimmter Daten darstellen. Indikatoren sind im Grunde genommen Platzhalter, die für eine Vielzahl anderer Merkmale stehen können. Indikatoren sind nicht das Merkmal selbst, was oft verwechselt wird. Ein Indikator ist zum Beispiel das englische Wort für einen Blinker beim Auto. Ein Blinker zeigt anderen Fahrern/Fahrerinnen an, wohin das Auto steuern möchte. Ob sich das Auto wirklich in diese Richtung bewegt und nach welcher Zeit des Anschaltens des Blinkers, muss sich in der Realität durch die erfolgende Handlung erst zeigen. So ist es auch bei Verwundbarkeitsindikatoren, die potenzielle Gefährdungsaspekte sozusagen aufzeigen. Jedoch bedeutet es nicht, dass in der Realität diese Menschen auch häufiger gefährdet werden oder größeren Schaden erleiden müssen.

Herausforderungen und **Probleme** bei Indikatoren: Indikatorenansätze nutzen häufig Durchschnittswerte für ganze Personengruppen oder Regionen (King, 2001). Dabei wird noch deutlicher, dass sie nicht genau beschreiben können, dass jede Einzelperson mit einem bestimmten Merkmal, zum Beispiel hohes Alter, körperlich schwächer sein muss oder häufiger beim Hochwasser zum Beispiel sterben wird. Jedoch ist anzunehmen, dass bestimmte alte Menschengruppen häufiger sterben könnten, weil es bisher so bei Hochwasser schon beobachtet wurde oder in anderen Bereichen durch medizinische Notfälle nachgewiesen ist. Da Indikatoren ausgewählte Stellvertreter für eine Vielzahl anderer Variablen darstellen, ist es häufig typisch, dass sie nicht alle Merkmale und alle möglichen Variablen und Daten beinhalten, die ein Phänomen vollumfänglich darstellen würden. Im Grunde genommen geht es hier um die Auswahl möglichst weniger Indikatoren, um möglichst viel eines Phänomens erklären zu können. In der Praxis ist es daher etwas fraglich, wenn in einigen Rahmenwerken und sozialen Verwundbarkeitsmethoden inzwischen über 30 Variablen aufgenommen werden. Die Frage ist, ob diese Vielzahl von Variablen sich nicht gegenseitig durch Messung ähnlicher Merkmale überlagern und ob sie überhaupt der Idee von Indikatoren noch entsprechen. Einerseits ist es in vielen Berechnungsmodellen wichtig, immer mehr Variablen aufzunehmen, um die Komplexität der Realität genau zu beschreiben. Andererseits sind solche Modellvariablen etwas anderes als Indikatoren und laufen Gefahr, das Phänomen am Ende nicht besser erklären zu können. Bei Verwundbarkeitsindikatoren bleibt das große Manko, dass sie rein hypothetische Annahmen darlegen und erst im Realfall bewiesen werden. Doch dieser Beweis ist schwierig zu führen, da bei verstorbenen Personen, aber auch anderen Geschädigten nach einer Katastrophe es sehr schwierig ist zu bestimmen, welches Verwundbarkeitsmerkmal nun sozusagen daran schuld war. Es ist häufig eine Gemengelage aus Faktoren, die zu einer Betroffenheit führen, angefangen bei der Größe der Gefahr und dem Überraschungseffekt, die alle Menschen gleich betreffen können, bis hin zu der Frage, welches weitere Merkmal nun entscheidend war. War es das fehlende Wissen oder die Informationsübergabe oder einfach eine Entscheidung in der Situation, in der trotz besseren Wissens andere Faktoren ausschlaggebend waren? Insgesamt stellen Indikatoren eine Möglichkeit dar, Phänomene zu quantifizieren, was seine eigenen Schwierigkeiten hat. Dann bilden Indikatoren nur Muster ab, helfen also, strukturell zu erklären, aber häufig mangelt es an Wissen über echte kausale Zusammenhänge und funktionale Erklärungen, ähnlich wie bei mancher Klimawandelfolgenforschung (Shepherd, 2021). Daher müssen Indikatoren dialektisch in Verbindung mit weiteren Informationen erklärt werden, um Zusammenhänge aufzudecken. Weitere Kritik und Probleme bestehen im Mangel an Validierungen, Einflussnahme und Deutung von Nutzen und Entscheidungsträgern, Kommunikation, Verständlichkeit und vielen weiteren Merkmalen (Sherbinin, 2014; Fekete, 2012a; Rufat et al., 2019). Daher eignet sich dieser Bereich gut für die Verknüpfung oder Triangulation mit weiteren Methoden. Es besteht also noch viel Forschungsbedarf, und Indikatoren müssen richtig eingeordnet und verstanden werden, um ihre Erklärungskraft nicht zu überschätzen.

Kommunikation der Indikatoren: Indikatoren werden auch in Kartenform visualisiert, was ebenfalls zu Missverständnissen bei Nutzergruppen führen kann. Einerseits muss verstanden werden, was dieses Konzept der Verwundbarkeit überhaupt darstellt, und andererseits die Farbcodierung. Außerdem sind die dahinterstehenden Interessenlagen bei Nutzergruppen, die bestimmen, ob sie es begrüßen, als Hochrisikogebiet oder Niedrigrisikogebiet eingestuft zu werden, unterschiedlich. Ein weiterer wichtiger Aspekt ist die Frage, ob Indikatoren zusammengefasst, aggregiert, werden sollen, um zu einer vereinfachten, aber zusammenfassenden Darstellung in Form eines Index zu kommen. Vorteile für solche Indizes für Nutzergruppen in der Politik oder bei Entscheidungsträgern wurden lange vermutet, denn ähnlich wie eine eindeutige wissenschaftliche Zahl eignen sich auch Indikatoren und Karten sehr gut, um ein Risiko (vermeintlich) einfach und verständlich zu kommunizieren – im Prinzip natürlich, je nachdem welche Fallstricke dabei wiederum beachtet werden. Jedoch haben viele aus der Wissenschaft auch diese Aggregierung kritisiert, weil durch eine Zusammenfassung aller Risikoaspekte in einer Prozentzahl oder nach einzelnen Farben die dahinterliegenden Faktoren für und gegen eine erhöhte Anfälligkeit verschleiert werden. Ähnlich wie bei den Risikokennzahlen kann am Ende ein mittleres Risiko herauskommen, bei dem nicht mehr sichtbar ist, dass zwar eine extrem hohe Gefahr vorliegt, es jedoch wenige Anzeichen für besonders verwundbare Personengruppen gab. Ebenso kann der umgekehrte Fall eintreten, dass in einem anderen benachbarten Gebiet es hochverwundbare Personengruppen gibt, aber ein geringeres Gefahrenpotenzial (Abb. 6.20).

Beide Fälle erscheinen logisch, jedoch sind noch viele weitere Kombinationen möglich, bei denen am Ende dann auch nur ein mittlerer Risikowert herauskommt. Durch diese Aggregation wird möglicherweise der Wert der vorherigen Differenzierung und Detailarbeit gemindert, da dieser nun nicht mehr sichtbar ist. Andererseits kann man festhalten, dass man dann verschiedene Visualisierungsformen und Darstellungsform nutzen muss: einerseits die aggregierte Zahl und Karte und andererseits die Detailkarten und Zahlen (Abb. 6.21).

Abb. 6.20 Kartenbeispiel aus Köln und dem Rhein-Erft-Kreis für die aggregierte Darstellung von Schulen und Umkreisen als Einzugsgebiet zur Evakuierung

In der Politik und Praxis jedoch wird häufig nur die eine zusammen-fassende Darstellung oder wissenschaftliche Abbildung genommen und weiter-kommuniziert, ebenfalls in den Medien. Daher ist es eine besondere Ver-antwortung von Wissenschaftlern/Wissenschaftlerinnen auch darauf zu achten, welche Informationen am Ende weitergegeben werden und wie man es schaffen kann, den sogenannten Beipackzettel, also die Erklärung, beizufügen und in der Informationsquelle beizubehalten.

In sozialen Verwundbarkeitsuntersuchungen werden sehr verschiedene **Unter-suchungsgebiete** und **-einheiten** verwendet. Generell unterscheiden sich diese aber nicht von anderen Risikoanalysen. Typischerweise verwendet werden ad-ministrative Grenzen, da hierfür Zensusdaten oder andere Daten vorliegen. Um es wissenschaftlich zu begründen, sollte aber die Verfügbarkeit von Daten nicht im Vordergrund stehen. Die Sinnhaftigkeit der Wahl von **administrativen Gren-zen** liegt darin, dass Nutzergruppen wie beispielsweise zuständige Verwaltungs-behörden damit sehr gut operieren können und dann sofort sehen, welches der zu verantwortenden Gebiete mehr Hilfe benötigt. Als Alternative werden bei quantita-tiven Verfahren insbesondere auch **Gitterzellen** verwendet, die den Vorteil haben, das Risiko räumlich noch genauer aufzuschlüsseln, als es die Verwaltungsgrenzen erlauben. Es gibt auch einige Datenquellen, die das unterstützen, zum Beispiel aus der Satellitenfernerkundung. Dadurch können weitere Informationen über Land-

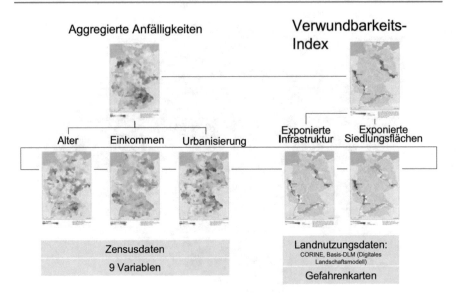

Abb. 6.21 Verwundbarkeitsindex und Detailkarten für einzelne Bereiche der Anfälligkeit und Exposition. (Fekete, 2010)

bedeckungsgruppen, Siedlungsbedeckungen, Umweltfaktoren etc. ergänzt und ebenfalls in einem Risiko untersucht werden .

Datenarten für soziale Verwundbarkeitsanalysen sind sehr vielfältig: Erhebungen der Sozialforschung, räumlichen Daten der Geoinformationen, statistische Quellen, Fernerkundungsdaten und Daten zum Beispiel aus agentenbasierten Modellen.

Datenbereinigung und Normalisierung folgen bei Indikatoren den gleichen Grundregeln wie auch in anderen Variablen und methodischen Ansätzen. Eine Datenbereinigung ist notwendig, wenn man die Datensätze selbst erhebt oder aus sekundären Datenquellen wie zum Beispiel statistischen Zensusdaten erhält. Die Daten sind auf fehlende Werte zu überprüfen, und für fehlende Werte sind Ersatzwerte einzutragen oder die entsprechenden Zeilen zu löschen. Dazu gibt es unterschiedliche Ansätze und Verwendungsweisen. Bei großen **Umfragen** kann es zum Beispiel sinnvoll sein, alle Fehlstellen und damit fehlenden Antworten zu eliminieren. Dadurch wird ein Datensatz erzeugt, der insofern in sich stimmig ist, als alle Antwortenden zu allen Fragen etwas gesagt haben. Es kann aber auch Argumente geben, diese eben bewusst nicht zu löschen, um zum Beispiel zu einzelnen Fragen möglichst viele Antworten zu erhalten. Um diese dann aber im Kontext mit anderen Fragen verrechnen zu können, muss entweder ein eindeutiger Fehlwert oder aber ein eindeutiges Zeichen vergeben werden, das anzeigt, dass hier keine Daten zu werten sind. Je nach Computerprogramm oder Aggregierungsart kann es unterschiedlich sinnvoll sein, zum Beispiel eine Null oder 9999 einzutragen. Nachdem die Daten bereinigt wurden, ist es für Indikatoren oder Indizes auch wichtig, sie zu standardisieren oder zu normalisieren. Dies ist notwendig, sobald man einzelne Variablen miteinander aggregieren möchte. Und die Entscheidung, ob man per Addition oder Multiplikation aggregiert, beeinflusst auch oft, welche Art von Normalisierung gewählt wird. Gängig ist es zum Beispiel, alle ausgegebenen Werte auf den Wertebereich 0 bis 1 oder auf den Wertebereich −1 bis +1 zu spreizen. In anderen Bereichen, wie auch bei den Risikokennzahlen, kann es dagegen häufig genügen, positive Werte zu addieren (Nardo et al., 2005).

Gefahrenkontexte sind vielfältig; überwiegend werden bisher jedoch Naturgefahrenkontexte in sozialen Verwundbarkeitsuntersuchungen genutzt. Für Anlagensicherheit und Unfälle im Umfeld chemischer Industrie oder anderer Störfallbetriebe gibt es weitaus weniger Anwendungen von Verwundbarkeitsuntersuchungen. Wichtig ist noch die Frage, ob sich soziale Verwundbarkeit gegenüber bestimmten Gefahrenkontexten ändert oder nicht. Bestimmte Merkmale wie Alter oder Einkommen beeinflussen bei einer Vielzahl von Gefahrenarten Menschen ähnlich negativ oder positiv. Die genaue Ausgestaltung kann jedoch auch variieren, oder es können sich sogar Merkmale umgekehrt zu anderen Gefahren verhalten. Daher ist es sehr empfehlenswert, sich beim Befassen mit einer Gefahr sehr genau zu überlegen, welches aus der Literatur bekannte Verwundbarkeitsmerkmal sich verstärkend oder abmildernd im lokalen Kontext verhalten kann. Dies wird von den jeweiligen Analysten/Analystinnen oft nur vermutet. Aus diesem Grund ist es umso wichtiger, dass es in einer Analyse explizit gemacht wird. Daher empfiehlt es sich, eine Tabelle anzulegen, in der alle zu verwendenden Merkmale aufgeführt und eindeutig mit einem Plus- oder Minuszeichen gekennzeichnet werden, um kenntlich zu machen, ob sie soziale Verwundbarkeit verstärken oder abmildern (Tab. 6.3).

Es gibt verschiedene **kartographische Möglichkeiten,** die auch für andere Arten von thematischen Kartendarstellungen gelten. Daher wird hier auf gängige Geographie- oder Geoinformationslehrbücher verwiesen.

Tab. 6.3 Beispiele für die Darstellung angenommener höherer (+) oder niedrigerer (−) Verwundbarkeit oder neutral (o), im Vergleich zum Durchschnitt in Deutschland

	Gesundheitliche Anfälligkeit	Abhängigkeit von medizinischer Versorgung oder Medikamenten	Erfahrung und lokales Wissen	Finanzielle Ressourcen
Personen über 80 Jahre	+	+	−	+
Personen zwischen 18 und 25 Jahren	−	−	o	(+)
Personen im Rollstuhl	+	+	o	o
Sozialhilfeempfänger/innen	o	o	o	+

Für Einsteiger/innen ist es jedoch sehr wichtig, an dieser Stelle zu betonen, dass eine unterschiedliche Darstellungsweise die Ergebnisse bei Verwundbarkeits- und Risikoindikatorenkarten enorm beeinflusst. Ist zum Beispiel der Großteil der Ergebnisse pro Verwaltungseinheit in einem niedrigen Risikobereich und wird eine Darstellungsform von numerisch fünf gleichgestuften Klassen gewählt, so kann eine Risikokarte herauskommen, auf der sehr wenige Verwaltungsgebiete mit höherem Risiko sichtbar sind. Spreizt man die Ergebnisse jedoch über die fünf Farbklassen durch andere Verfahren, kann eine vollkommen andere Karte herauskommen, auf der zum Beispiel auf einmal fast das gesamte Untersuchungsgebiet vermeintlich stärker im Risiko aufleuchtet.

Auch die reine Farbwahl kann visuell psychologisch beeinflussen, wenn man etwa kräftige Rottöne benutzt. Es ist zudem sehr wichtig, dass diese Farbtöne jeweils intuitiv erkennbar sind, sodass zum Beispiel die Reihenfolge nicht aus Versehen umgekehrt verstanden wird. Daher ist in jeder Karte eine Legende notwendig, die eindeutig erklärt, was auf der Karte zu sehen ist. Zu beachten sind auch Rot-Grün-Schwächen und die mögliche Verwendung in Schwarzweiß. Wenn möglich sollten also kräftige Töne und weniger kräftige Tönen gestaffelt unterschieden werden. Ebenfalls jeder Karte beizufügen sind der Maßstab, die Aufschlüsselung der einzelnen gezeigten Farben und andere Merkmale auf der Karte in einer Legende. Ein Nordpfeil ist vor allem dann wichtig, wenn die Orientierung durch eine Kontextkarte fehlt oder eine Karte nicht exakt nach Norden ausgerichtet ist.

Überraschend wenige soziale Verwundbarkeitsuntersuchungen führen eine Nachfolgestudie durch oder überprüfen die Ergebnisse mit einem anderen Datensatz. Eine **Validierung** ist jedoch sehr anzuraten, da es sich hierbei ja um meist sehr hypothetische Annahmen von Verwundbarkeit handelt. Es gibt verschiedene Möglichkeiten, die Verwundbarkeit zu überprüfen. Bei qualitativen Ergebnissen kann man durch statistische Sensitivitätsanalysen untersuchen, ob sie im methodischen Verlauf stabil sind. Dies kann man auch für räumliche Untersuchungen durchführen und prüfen, ob die Ergebnisse durch unterschiedliche räumliche Verwaltungsgebiete auftreten oder wirklich durch die unterschiedlichen Verwundbarkeitsmerkmale. Man kann Verwundbarkeit aber auch durch eine Nachfolgeuntersuchung schon ein paar Jahre später mit der ursprünglichen Studie vergleichen. Ebenso ist es möglich, einen anderen Datensatz zu verwenden. So kann man zum Beispiel die Ergebnisse aus einem statistischen Datensatz aus öffentlichen Zensusquellen mit dem Ergebnis einer Befragung nach einem Hochwasserereignis vergleichen. Da die Beschaffung solcher Datensätze jedoch einerseits aufwendig ist und es andererseits zum Glück häufig an eingetretenen Katastrophen mangelt, ist möglicherweise der bisherige Mangel solcher Validierungsstudien erklärbar. Validierungen werden jedoch auch rein generell in Risikoanalysen noch geradezu stiefmütterlich behandelt. Das gilt insbesondere national, aber auch international, wie es schon von einigen Kollegen/Kolleginnen festgestellt wurde (Rufat et al., 2019). Mit der Validierung verbunden ist auch die Frage der wiederholten Durchführung solcher Analysen und damit der Ermöglichung eines sogenannten **Monitorings**. In einem Monitoring oder auch in Langzeitstudien wird die gleiche Analyse immer wieder durchgeführt, zum Beispiel jedes Jahr oder alle paar Jahre. Dadurch wird deutlich, wie sich die Komponenten des Risikos verändert haben. Es ist besonders wichtig, auf die Bedeutung hinzuweisen, da an den meisten Risikoanalysen zu bemängeln ist, dass sie nur einmalig durchgeführt werden und damit statische Abbildungen aus nur einem Zeitraum darstellen. Sobald man jedoch zeitliche Vergleiche durchführt, kann man erkennen, ob ein Risiko und entsprechend erhobene Indikatoren oder Parameter überhaupt variieren. Auch daraus erhält man bereits Erkenntnisse, ob die gewählten Daten und Variablen geeignet sind oder gegebenenfalls andere untersucht werden müssten, die stärker variieren.

6.3   Beispiel einer sozialen Verwundbarkeitsanalyse in Deutschland in Bezug zu Hochwasser

Nach dieser grundsätzlich erläuternden Darstellung über allgemeine Merkmale von Verwundbarkeitsanalysen wird nun nachfolgend an einem Beispiel der Ablauf der einzelnen Schritte dargestellt.

Ziel der Untersuchung ist darzustellen, inwieweit bestimmte Personengruppen innerhalb einer Kommune anfälliger gegenüber Hochwassereinwirkung sein können. Durch den Vergleich von Kommunen untereinander lässt sich feststellen, ob diese über- oder unterdurchschnittliche Bevölkerungsmerkmale und Anteile verfügen, um entsprechende Maßnahmen hinsichtlich Hochwasser planen zu können. Das gesellschaftliche Ziel dahinter ist es, Menschenleben zu retten oder auch langfristige Folgen von Hochwasserschäden bestimmter Personengruppen abzumildern.

Die **untersuchte Zielgruppe** sind Personen innerhalb einer Gemeinde, eines Landkreises oder kreisfreien Stadt, die auf ihre persönlichen und sozialen Merkmale hin untersucht werden sollen.

Nutzergruppen können Katastrophenschutzbehörden einer Kommune sein, die besser planen können, wo besonders verwundbare Personengruppen in einer Stadt oder Gemeinde sind, um sie im Notfall besser versorgen oder evakuieren zu können. Eine weitere Nutzergruppe sind übergeordnete Bezirksregierungen, die für ihre zuständigen Kommunen Unterschiede erkennen können, um langfristigere und größere Maßnahmenpakete aufzustellen und gegebenenfalls zu priorisieren.

Das **theoretische Konzept,** das zugrunde liegt, richtet sich entlang der Definition der Verwundbarkeit der Vereinten Nationen aus (UNDRR/Terminology). Neben Anfälligkeitsmerkmalen werden auch räumliche Expositionsmerkmale untersucht. Bewältigungsfähigkeiten und Resilienz werden nachgeordnet und in einer späteren Analyse ergänzt.

Untersuchungsraum ist Deutschland und **Untersuchungseinheiten** sind die Verwaltungsgrenzen für Landkreise, kreisfreie Städte und Kommunen. Für einen vertieften Ansatz für die Zwecke von Katastrophenschutzbehörden zur Lokalisierung bestimmter Ortsteile werden zusätzlich räumliche Untersuchungseinheiten innerhalb der Verwaltungsgrenzen integriert. Auf der Expositionsseite sind das Siedlungsflächen, die vom Hochwasser innerhalb der Verwaltungsgrenzen betroffen sind. Unterstützende zusätzliche Untersuchungseinheiten können für einzelne Kommunen auch Befragungsdaten pro Haushalt sein, um die Analyse punktuell zu ergänzen.

Datenarten sind Zensusdaten und ähnliche statistische Erhebungen demographischer Merkmale, die öffentlich zur Verfügung gestellt werden. An räumlichen Daten werden öffentlich verfügbare Verwaltungsgrenzen und Hochwasserüberschwemmungskarten genutzt.

Als **Gefahrenkontext** werden **Hochwasser** gewählt, in diesem Fall Flusshochwasser. Starkregenereignisse und Küstenhochwasser werden ebenfalls diskutiert. Flusshochwasser unterscheiden sich grundsätzlich von Starkregenereignissen darin, dass Starkregenereignisse überall auch dort stattfinden können, wo kein Flussbett ist. Damit haben Starkregenereignisse häufiger einen Überraschungscharakter, wenn Keller und andere tief gelegene Bereiche eines Ortes überflutet werden. Aber auch Flusshochwasser unterscheiden sich sehr stark nach Topographie. In flachen Bereichen können viele Kilometer beiderseits des Flusses mit nur wenigen Zentimeter Höhe überschwemmt werden. Gebirgsbäche schwellen sehr stark und sehr schnell an und führen in Schluchten schnell zu mehreren Metern hohen Überschwemmungen. Sturmfluten und Küstenhochwasser wiederum hängen stark von Wind und Wellengang ab und werden bei Flut im Vergleich zur Ebbe noch verstärkt.

Die Unterschiede für Verwundbarkeit bestehen also in der Schnelligkeit des Auftretens des Ereignisses und der lokalen Bekanntheit zum Beispiel durch Nähe zur Küste oder zu einem Fluss oder Bach. Bei einem großen Strom wie dem Rhein hat man wegen der vielen Messpegel entlang des Flusses beispielsweise in Köln drei Tage oder mehr Vorwarnzeit für ein Hochwasser.

An **Daten** sind grundsätzlich Angaben zur Gefahr und zur Verwundbarkeit zu recherchieren. Hochwassergefahren- und Risikokarten liegen dank der Aufforderung der Europäischen Kommission für die großen Flüsse in Deutschland und auch für viele kleinere Flüsse seit 2012 grundsätzlich vor. Jedoch sind nur wenige davon in Datenformaten, die in Geoinformationssystemen weiterverarbeitet werden können, öffentlich kostenlos verfügbar. Die meisten dieser Karten sind nur als PDF verfügbar. Man kann zuerst in Geoportalen der Bundesländer nachsehen, ob man die Hochwasserkarten beziehungsweise deren Flächen oder Umrisse bereits als sogenannte Shape Files erhält. Falls nicht, muss man bei den einzelnen Landesämtern online suchen, ob sie dort irgendwo bereitgestellt werden. Außerdem gibt es die Möglichkeit, die Landesämter anzufragen. Bis solche Anfragen beantwortet werden, kann viel Zeit verstreichen, oder sie werden gar nicht beantwortet. Dann besteht noch die Möglichkeit, die Umrisse von Hochwassergefahrenzonen manuell am Computer zu digitalisieren, um sie ins Geo-Informationssystem (GIS) zu bekommen. Das ist aber vom Aufwand her eigentlich nur für kleinere Regionen möglich, zum Beispiel einzelne Städte.

Starkregenhinweiskarten sind seit 2021 verstärkt veröffentlicht worden und können in wenigen Regionen bislang verwendet werden. Diese Datensätze und auch die Art der Gefahr durch eine sehr heterogene Verteilung in vielen tiefen Bereichen führen dazu, dass sie noch schlechter als ein Flusshochwasser manuell digitalisiert werden können. Für Küstenhochwasser und Sturmfluten muss man sich ebenfalls auf den Geoportalen und bei den Landesämtern umschauen.

Alternativ kann man in Geoinformationssystemen unter Nutzung eines digitalen Höhenmodells auch Wasserstandsfüllhöhen durch Berechnungen simulieren. Solche Modelle lassen sich auch als Hochwassergefahreninformation anstelle von Karten oder anderen Vorlagen verwenden. Sie sind jedoch aufwendiger zu erstellen und bedürfen der Fachkenntnisse und zum Teil kostenpflichtiger Erweiterungspakete. Die Gefahreninformation wird später benötigt, um sie mit der Verwundbarkeitsinformation zu verschneiden und daraus das Risiko zu berechnen.

Daten für die soziale Verwundbarkeit können zum Beispiel für Kommunen und Kreise in Deutschland aus den öffentlich verfügbaren Daten des Statistischen Bundesamtes heruntergeladen werden. Man muss aber auf die Datenbank der Regionalstatistik gehen, um sie aufgelöst für einzelne Kommunen oder Kreise zu bekommen. Es sind mehr demographische Daten und Merkmale auf der größeren Kreisebene als auf der Kommunalebene verfügbar. Man sollte den Aufwand nicht unterschätzen, all diese Daten herunterzuladen und später zu normalisieren. Um einzelne Kommunen miteinander vergleichen zu können, empfiehlt es sich, nur die Datensätze dieser Kommune herunterzuladen. Danach sollten diese Datensätze auf Vollständigkeit geprüft und Leerstellen zum Beispiel mit einer Null in einem Programm aufgefüllt werden. Die Daten sollten auch normalisiert und so aufbereitet werden, dass eine eindeutige Zuweisung einzelner Ortsnamen zu den Verwaltungsgrenzen im GIS ermöglicht werden.

In der Tabelle können die einzelnen **Variablen** bereits **aggregiert** werden, jedoch erst, nachdem festgelegt wurde, ob sie eine positive oder negative Tendenz für eine Verwundbarkeit anzeigen und in welche theoretische Komponente sie gehören: zur Exposition, zur Anfälligkeit oder zu den Bewältigungsfähigkeiten. Es macht zudem Sinn, thematische Variablen zusammenzufassen. Zum Beispiel gibt es mehrere Varianten, wie die Krankenhausbelegung in Deutschland in verschiedenen Datensätzen verfügbar ist (Krankenhausbetten oder Krankenhäuser an sich usw.)n. Im Sinne der Vermeidung von Beziehungseffekten und Überlappungen empfiehlt sich, möglichst nur eine repräsentative Variable für einen Themenbereich auszuwählen.

Für einen einfachen **Verwundbarkeitsindex** genügt es, die einzelnen Variablen zuerst auf ihre Minimal- und Maximalwerte zu strecken, dann auf Werte von 0 bis 1 beziehungsweise von −1 bis +1 zu normalisieren, die einzelnen Variablen zu addieren und durch die Gesamtmenge der Variablen zu teilen. Den Ergebniswert kann man wieder auf Werte zwischen 0 und 1 strecken. Damit erhält man bereits in der Tabelle den Verwundbarkeitsindex. Nun kann man die Tabelle auch ins GIS hineinladen und mit einem Datensatz der Verwaltungsgrenzen in Deutschland verschneiden. Es empfiehlt sich, den Datensatz für die Verwaltungsgrenzen des Bundesamtes für Kartographie und Geodäsie (BKG) herunterzuladen. Als Projektionssystem im GIS empfiehlt sich eine UTM-Projektion, damit später Distanzen im metrischen Maß berechnet werden können.

Welche Variablen sind nun auszuwählen? Das hängt zunächst von der Forschungsfrage und dem Untersuchungsschwerpunkt ab. Man kann sich aber an den bekannten sozialen Verwundbarkeitsindexmodellen aus den USA orientieren, die international recht akzeptiert sind. Indem man sich die zwei Varianten zwischen Susan Cutter und CDC anschaut, erhält man auch einen ersten Eindruck, wie unterschiedlich diese ausgelegt sein können (Cutter et al., 2003; Flanagan et al., 2018). Man kann jedoch auch andere Variablen ergänzen, die darin nicht enthalten sind, wenn diese die Forschungsfrage genauer unterstützen. Ein Beispiel wären Energieversorgungsdaten oder das Gesundheitssystem.

Der bisher gezeigte Ansatz zeigt lediglich die Werte aggregiert für eine Kommune oder einen Kreis. Damit können übergeordnete Planer/innen verschiedene Kreise oder Kommunen hinsichtlich der Risiko- oder Verwundbarkeitswerte miteinander vergleichen. Möchte man jedoch zum Beispiel eine Stadt in ihre Stadtviertel genauer unterteilen, braucht man zusätzliche Daten. Eine Möglichkeit ist es, Siedlungs- und Bebauungsdaten zu ergänzen. Man kann über Geoportale Landnutzungsklassifikationen herunterladen, wie etwa den Datensatz CORINE, der auf 5 ha genau sowohl Ackerland als auch Industrie- und Siedlungsflächen unterscheidet. Noch genauer werden Datensätze von der Europäischen Kommission bereitgestellt, die aber bislang nur besiedelte oder bebaute Flächen beinhalten. Weitere Verwundbarkeitsmerkmale findet man in der Auflösung von 1-km- oder 100-m-Gitterzellen vom Zensus . Mit diesen Daten lassen sich bereits einige begrenzte Merkmale für die Gitterzellen innerhalb einer Ortschaft unterscheiden.

Eine weitere Möglichkeit sind Kommunalstatistiken, die von den Bundeslandbehörden bereitgestellt werden. Häufig sind diese momentan aber lediglich in der Form von PDFs oder anderen Varianten der Jahresberichterstattung erhältlich (Tab. 6.4).

Damit kann man bereits einzelne Stadtviertel innerhalb einer Kommune mit unterschiedlichen Werten beispielsweise hinsichtlich Arbeitslosen und Schulabgängern finden. Diese Werte muss man bislang allerdings noch manuell den einzelnen Verwaltungsgrenzen zuordnen, was sich vom Aufwand her oft nur für einzelne Städte oder Kommunen realisieren lässt. Man kann nur hoffen, dass zukünftig einerseits mehr Variablen und Daten auch in 100-m-Auflösung öffentlich bereitgestellt und andererseits die Daten in Deutschland endlich nicht mehr nur pro Bundesland zu Verfügung gestellt werden, da es sehr große Unterschiede zwischen den Bundesländern gibt, welche Daten öffentlich bereitgestellt werden. So haben nur sehr wenige Bundesländer die oben angesprochenen Daten in ihren Geoportalen. Und auch das Statistische Bundesamt stellt viele Daten nur aggregiert zu Verfügung. Die Gründe hierfür sind zum einen der Datenschutz und zum anderen das föderale System, die zu einer massiven Beeinträchtigung der Risikoforschung in Deutschland führen.

Als Ergebnis stehen Informationen über die soziale Verwundbarkeit gegenüber Hochwasser in Form von Tabellen mit einzelnen Variablenwerten und einem aggregierten Index zur Verfügung. Die einzelnen Variablen wie auch der aggregierte Index können als Karten einzeln im GIS visualisiert werden. Im nächsten

Tab. 6.4   Beispiel für ein Datenblatt für ein Kommunalprofil aus der Suchseite des IT.NRW

Kommunalprofil Siegburg, Stadt

Bevölkerungs- sowie Siedlungs- und Verkehrsdichte am 31.12.2017

Einwohner je km²	Be-trachtungs-gebiet	Alle Gemeinden des			
		Kreises	Reg.-Bez.	Landes	gleichen Typs
Be-völkerungs-dichte ins-gesamt	1746,8	519,5	604,9	525,1	366,2
Siedlungs- und Ver-kehrsdichte	3706,2	2191,9	2500,1	2288,2	1829,6

Bevölkerungsstand
31.12.1987–31.12.2017

Be-völkerungs-gruppe	1987	1992	1997	2002	2007	2012	2017
Be-völkerung insgesamt	33.742	36.287	36.823	38.186	39.563	39.103	41.326
Weiblich	17.435	18.934	19.133	19.668	20.322	20.176	21.040
Nicht-deutsche	2831	3950	4442	4836	4843	4309	6007

Schritt kann man diese räumliche Information im GIS mit den Hochwasserzonen verschneiden und erhält damit nur die Bereiche einer Kommune oder eines Kreises, die vom Hochwasser betroffen sind (Abb. 6.22). Das gleiche Verfahren lässt sich auch hinsichtlich anderer Gefahren, beispielsweise Starkregen oder Küstenhochwasser, anwenden, sofern die notwendigen Informationen vorliegen. Für jede Gefahr muss man jedoch beachten, dass sich möglicherweise die Bedeutung und damit die Richtung der Variable und ihre Bedeutung ändern können.

Erweiterungsmöglichkeiten
Es wird recht schnell deutlich, dass diese Methode und die darin verwendeten Daten ihre Grenzen haben. Es werden nur jene Verwundbarkeiten ausgedrückt und aufgenommen, zu denen Daten vorliegen. Die demographischen Statistikdaten sind beschränkt auf jene öffentlichen Messungen der Sozialstruktur (z. B. Sozialstrukturatlanten), die seit vielen Jahrzehnten standardmäßig durchgeführt werden. Diese wurden nicht vor dem Hintergrund entwickelt, Naturgefahren oder anderes zu erklären. Auch daher sind diese Daten sehr begrenzt und dienen nur als Annäherungswerte. So finden sich zum Beispiel keine klaren Einkommenswerte in den Daten, stattdessen müssen Daten zu Arbeitslosigkeit oder Sozialgesetzbuch-

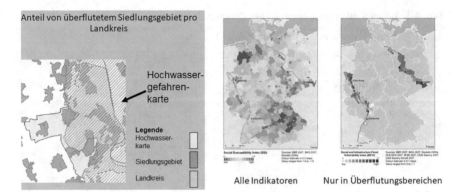

Abb. 6.22 Beispiel für die Verschneidung von hochwasserexponierten Siedlungsflächen in einem GIS. (Fekete, 2010; Daten: CORINE, 2000; IKSR, 2001)

Hilfsempfänger/innen herangezogen werden. Es fehlen auch viele Daten und Informationen, die direkt mit dem Hochwasser zu tun haben, wie zum Beispiel die lokale Wahrnehmung von Hochwasserrisiken oder Hochwasserschutzmaßnahmen. Diese sind nur bedingt ergänzbar. Hochwasserwahrnehmung wäre am besten über eine lokale Bevölkerungsbefragung zu ergänzen. Hochwasserschutzmaßnahmen können teilweise aus dem Bebauungsplan oder der Beschreibung einer Stadt entnommen und lokalisiert werden.

Verletztenzahlen und Schadensarten können erst nach einem Hochwasser erhoben werden. Diese liegen häufig nicht vor, oder es ist aus datenschutzrechtlichen oder anderen Gründen sehr schwer, an sie heranzukommen. Eine Alternative besteht darin, Erreichbarkeits- und Routing-Analysen durchzuführen. Diese können anzeigen, welche hochwassersicheren Bereiche, welchen Standort der Feuerwehr oder welche Krankenhäuser die Menschen in welcher Zeit erreichen können. Weiterhin lohnt es sich, kreativ zu werden und andere Datenquellen zu durchdenken und zu durchforsten. So können zum Beispiel auch Wohnungsmarktpreise oder Kriminalitätsstatistiken Hinweise über soziale Problemviertel oder Ähnliches liefern.

Validierung
Für einzelne Kommunen kann eine Validierung zum Beispiel über die Durchführung einer Anwohnerbefragung erfolgen. Darin sollten einige Variablen der statistischen Daten aufgenommen werden, um sie direkt zu vergleichen. Dadurch erhält man die Chance, kontextspezifischere Fragen zu Hochwasserwissen oder bereits geschehenen Ereignissen und Schäden zu ergänzen.

6.4 Risikobewertung und Maßnahmenplanung

Es gibt verschiedene Möglichkeiten, die einzelnen Risikokomponenten zu bewerten oder Maßnahmen zu entwickeln. Bei der Bewertung sind zunächst einmal eine Vergleichsgröße und eine Einordnung mit vergleichbaren anderen Ereignissen hilfreich. Gerade bei Katastrophenereignissen fehlen jedoch solche Vergleichsgrößen. Daher ist es umso wichtiger, das Problem in verschiedene **Risikokomponenten** zu teilen. So können einzelne Aspekte, wie der Unterschied zwischen Gefahren und Wahrscheinlichkeiten, Expositionen, Anfälligkeit und Fähigkeiten, möglicherweise helfen, zu einer Bewertung zu kommen. Die Wahrscheinlichkeit für eine Gefahr in einer Gemeinde kann zwar als gering eingeschätzt werden, weil sie noch nicht vorgekommen ist, wenn aber die generelle Exposition und Anfälligkeit sehr groß sind, dann muss das Risiko dahingehend neu bewertet werden, ob die Gefahr nicht doch übertragbar sein und vor Ort vorkommen könnte. Insgesamt sollten bei Bedarfsplanungen und Gefährdungsbeurteilungen Aspekte außerhalb der Gefahrenwahrscheinlichkeit künftig stärker berücksichtigt werden.

Maßnahmen lassen sich ebenfalls in verschiedenen Weisen planen und sind so vielfältig, dass eine Struktur entweder nach Akteur oder Art der Maßnahme untergliedert werden muss. Arten von Maßnahmen lassen sich in **strukturelle** und **nichtstrukturelle Maßnahmen** gliedern. Strukturelle Maßnahmen sind planerischer Art, die entweder baulich oder technisch die physische Realität gestalten. Nichtstrukturelle Maßnahmen sind zum Beispiel Kommunikation oder andere Maßnahmen, die sich nicht durch physische Strukturen ausdrücken lassen. Andererseits sind aber auch Netzwerke und soziale Strukturen wichtig und als Maßnahmen geeignet. Im Folgenden werden einige ausgewählte Beispiele dargestellt.

Bauliche Maßnahmen bei Hochwasser reichen von fest installierten Bauwerken wie Hochwasserschutzwänden, Deichen oder Dämmen bis hin zu sogenannten mobilen baulichen Elementen wie abbaubaren Hochwasserschutzwänden oder ähnlichen Barrieren. Auch Sandsackverbauungen können temporär eine bauliche Schutzmaßnahme sein. Zu diesen Maßnahmen gibt es eine große Vielzahl von Varianten und sowohl Vor- als auch Nachteile, die in der entsprechenden Literatur nachgeschlagen werden müssen (Patt & Jüpner, 2001).

Um der Hochwassergefahr, also dem Flusshochstand an sich zu begegnen, kommen auch noch andere Maßnahmen in Betracht. Insbesondere sogenannte **naturbasierte Lösungen** (nature-based solutions, NbS) werden momentan als Alternative zu baulichen Maßnahmen diskutiert, denn in hochverdichteten Siedlungsräumen wie Städten sind bauliche Maßnahmen nur begrenzt umsetzbar. Eine der wichtigsten Maßnahmen ist es sicherlich, dem Fluss Raum zu schaffen, zum Beispiel durch Rückhalteflächen oder Versickerungsmöglichkeiten. Retentions- oder Rückhaltebecken können Talsperren oder andere bauliche Elemente außerhalb der Stadt sein. Vielen Städten ist es gar nicht möglich, im Stadtgebiet diese großen Flächen freizuhalten oder freizumachen. Daher werden sie im Mittel- oder Oberlauf eines Einzugsgebiets geplant. Dabei kann es dennoch zu Überschwemmungen kommen, wie 2021 zum Beispiel in Stolberg beim Erreichen des Höchststandes, als es bei Ablass des Wassers zu einer erhöhten Hochwasserscheitelwelle und damit zu Schäden kam. Das Management der Talsperren ist angesichts des zunehmendem Klimawandels und der damit verbundenen Dürrezeiten eine schwierige Angelegenheit.

Eine andere naturbasierte Lösung besteht darin, die Rückhalteräume unterirdisch anzulegen. Dies ist allerdings nur in wenigen Städten der Fall, zum Beispiel in Tokio, wo ein großer, unterirdischer Bereich angelegt wurde, in dem Starkregen aufgefangen werden kann. Diese Maßnahmen sind sehr teuer und aufwendig und werden in dieser Größenordnung daher nur selten umgesetzt. Im kleineren Maßstab jedoch werden sie auch in Städten wie in Köln umgesetzt, wo es kleinere Versickerungs- und Sammelbecken innerhalb des Stadtgebiets gibt. Diese Maßnahmen werden häufig um Versickerungsflächen zum Beispiel in Parkanlagen oder anderen Grünflächen ergänzt. Dieses als Schwammstadt bezeichnete Konzept (Kuhlicke et al., 2021) hilft einerseits bei Hochwasser, und andererseits kann das gespeicherte Wasser bei Dürrelagen zur Stadtbewässerung genutzt werden und zu einem besseren Luftklima beitragen.

Kleinere naturbasierte Lösungen werden aber auch durch Ufergestaltung möglich, wie am Beispiel des Hochwassers am Wiembach und an der Wupper in Leverkusen gezeigt werden kann (Abb. 6.23, 6.24). An der Mündung des Wiembach in die Wupper befindet sich ein Ufer, an dem sich die Vegetation den Hochwasserbedingungen angepasst hat. Einige Baumarten wie die Schwarzpappel tolerieren gewisse Überflutungen, und ihr Wurzelwerk kann das Erdreich teilweise stabilisieren (Abb. 6.25, 6.26). Es muss aber berücksichtigt werden, dass Bäume am Ufer auch zu Wasserwirbeln und dadurch zu ausgelösten Abtragungen führen können (Abb. 6.26). In einem häufig überschwemmten Straßenabschnitt wie der Wimbachallee dagegen könnte man die Überflutungsfläche durch eine Renaturierung des Flusslaufs verbessern . Dazu müsste man allerdings die bereits gepflanzten Bäume entfernen, was oft ein sehr sensibles Thema ist, vor dem die Politik zurückscheut. Auch ist die teilweise Entfernung des Straßenbelags durch Entsiegelung für die Anwohner möglicherweise nicht wünschenswert, und schließlich wird auch auf dieser begrenzten Fläche kaum zusätzliche Versickerungsfläche geschaffen. Daher ist diese Maßnahme, wenn überhaupt, nur ein Puzzlestein in einem größeren Konzept. Im Oberlauf des Wiembach gibt es dagegen viele Grünflächen, auf denen im Prinzip neue Rückhaltemöglichkeiten geschaffen werden könnten. Jedoch sind die Bereiche dort bereits sehr naturnah, sodass wenige zusätzliche Rückhalte- oder Versickerungsfläche gewonnen werden können. Andererseits müssen ehemalige Industrieflächen mit Altlasten in diesem Gebiet möglicherweise besonders beachtet und bewertet werden.

Am Beispiel der Situation am Wiembach in Leverkusen zeigen sich verschiedene Hochwasserexpositionen, sowohl der natürlichen Vegetation als auch der menschlichen Bebauung (Abb. 6.27, 6.28, 6.29. Als Planungsmöglichkeiten für zusätzliche naturbasierte Maßnahmen könnten in der Entsiegelung der Straße, und durch die Pflanzung wassertoleranter Vegetation Retentionsflächen am Unter-, Mittel- oder Oberlauf gewonnen werden (Abb. 6.30, 6.31). Exponierte und beim

Abb. 6.23 Planungsmöglichkeiten: Entsiegelung der Straße, Pflanzung wasserresistenter Pflanzen und Retentionsflächen (Leverkusen 2023)

Abb. 6.24 Begradigtes Flussbett des Wiembachs mit aufgeschüttetem Damm (Leverkusen 2023)

Abb. 6.25 Hochwassergefahrenschilder (Leverkusen 2023)

Hochwasser 2021 betroffene Schulen und Altenheime müssen besonders geschützt werden, aber auch Kommunikationsmaßnahmen wie Warnschilder oder Hochwassermarken sind wichtig (Abb. 6.32).

Weitere Maßnahmen im Umgang mit einem Hochwasserrisiko sind sicherlich auch im Bereich der nichtstrukturellen Maßnahmen zu suchen, zum Beispiel Versicherungen, Informations- und Beteiligungskampagnen oder klimasensible Planungen. So sind Frühwarnung und bessere Koordinierung des Katastrophenschutzsystems Themen, die in ganz Deutschland nach dem Hochwasser 2021 intensiv diskutiert wurden. Die große Bandbreite der möglichen Maßnahmen, der Vorsorge und Vorbereitung verschiedener Akteure, wird in den vielen Berichten und Lessons-Learned-Studien nach dem Hochwasser, sowohl vonseiten der betroffenen Bundesländer als auch von einberufenen Expertengutachten oder anderen Gremien, deutlich. Die darin enthaltenen Punktepläne sprechen administrative und nichtstrukturelle Maßnahmen wie klarere Zuständigkeiten ebenso an wie die Einbindung von Spontanhelfenden oder den Wiederaufbau von Sirenen, textbasierte Smartphonewarnung, digitale Lagekarten und damit Risikoanalysen als Bewertungsgrundlage.

Abb. 6.26   Natürlicher Flusslauf des Wiembachs mit Auen (Leverkusen 2023)

Abb. 6.27   Hochwasserschäden an einer Schule (Leverkusen 2023)

Abb. 6.28 Hochwasserschäden an einem Altenheim (Leverkusen 2023)

Das hier erwähnte Beispiel bezieht sich auf Hochwasser; daher müssen bei anderen Risikoarten entsprechend andere Maßnahmen mitbedacht werden.

Literaturempfehlungen
Praxishandbuch für Katastrophenreduzierung und Maßnahmen: Twigg, 2004
Verwundbarkeits- und Resilienzassessment: Birkmann, 2013; Cutter et al., 2010
Leitfaden für Verwundbarkeitsassessments: Fritzsche et al., 2014
Assessment und Rahmenwerke im urbanen Kontext: Khazai et al., 2015
Empfehlenswerte Webseiten
Katastrophenvorsorge und Hilfseinsätze: preventionweb.net und reliefweb.int

Abb. 6.29 Begradigtes und befestigtes Flussbett des Wiembachs (Leverkusen 2023)

Abb. 6.30 Überflutungsgebiet des Wiembachs (Leverkusen 2023)

Abb. 6.31 Hochwassermarke vom 14.07.2021 (Leverkusen 2023)

Literatur

Adger, W. N. (2006). Vulnerability. *Global Environmental Change, 16*, 268–281.

Anderson, M. B., & Woodrow, P. J. (1998). *Rising from the ashes: Development strategies in times of disaster*. Rienner.

Andrews, B.V. and H.L. Dixon. 1964. Vulnerability to Nuclear Attack of the Water Transportation Systems of the Contiguous United States: Stanford Research Inst Menlo Park Calif.

Baird, A., O'Keefe, P., Westgate, K. N., & Wisner, B. (1975). *Towards an explanation and reduction of disaster proneness*. Occasional paper no.11, University of Bradford, Disaster Research Unit.

BBK (Bundesamt für Bevölkerungsschutz und Katastrophenhilfe). (2015). Risikoanalyse im Bevölkerungsschutz. Ein Stresstest für die Allgemeine Gefahrenabwehr und den Katastrophenschutz. In Praxis im Bevölkerungsschutz, 154. Bonn. Bundesamt für Bevölkerungsschutz und Katastrophenhilfe

Birkmann, J. (2013). *Measuring vulnerability to natural hazards: Towards disaster resilient societies. Second edition.* (2. Aufl.). United Nations University Press.

Blaikie, P., Cannon, T., Davis, I., & Wisner, B. (1994). *At Risk – Natural hazards, people's vulnerability and disasters* (2. Aufl.). Routledge.

Bogardi, J. J., & Birkmann, J. (2004). *Vulnerability assessment: The first step towards sustainable risk reduction.* Paper presented at the Disasters and Society – From Hazard Assessment to Risk Reduction, Universität Karlsruhe.

Bohle, H.-G. (2001). Vulnerability and criticality. *Newsletter of the International Human Dimensions Programme on Global Environmental Change, Nr. 2/2001, Vulnerability Article 1.*

Cardona, O. D., & Barbat, A. (2000). The Seismic risk and its prevention. *Calidad Siderurgica, Madrid, Spain.*

Cardona, O. D. (1985). Hazard, vulnerability and risk assessment. *Institute of Earthquake Engineering and Engineering Seismology (Mimeo),(Skopje: IZIIS).*

Cardona, O. D. (1999). Environmental management and disaster prevention: Two related topics: A holistic risk assessment and management approach. *Natural Disaster Management, 151–153.*

Cardona, O. D. (2001). Estimación holística del riesgo sísmico utilizando sistemas dinámicos complejos. *Technical University of Catalonia, Barcelona.*

Cardona O .D. (2005) Indicators of Disaster Risk and Risk Management: Program for Latin America and the Caribbean: Summary Report. Inter-American Development Bank

Chambers, R. (1989). Editorial introduction: Vulnerability, coping, and policy. *IDS Bulletin, 20,* 1–7.

Cuny, F. C. (1983). *Disasters and development.* Oxford University Press.

Cutter, S. L., Burton, C., G., & Emrich, C., T. (2010). Disaster resilience indicators for benchmarking baseline conditions. *Journal of Homeland Security and Emergency Management, 7.*

Cutter, S. L. (1996). Vulnerability to environmental hazards. *Progress in Human Geography, 20*(4), 529–539.

Cutter, S. L., Barnes, L., Berry, M., Burton, C., Evans, E., Tate, E., & Webb, J. (2008). A place-based model for understanding community resilience. *Global Environmental Change, 18,* 598–606.

Cutter, S. L., Boruff, B. J., & Shirley, W. L. (2003). Social vulnerability to environmental hazards. *Social Science Quarterly, 84*(2), 242–261.

Davidson, R.A. and H.C. Shah. 1997. An Urban Earthquake Disaster Risk Index. In Stanford Digital Repository. John A. Blume Earthquake Engineering Center Technical Report 121.

DFID (Department for International Development).(1999) Sustainable livelihoods guidance sheets. London. Department for International Development

DKKV (Deutsches Komitee Katastrophenvorsorge). (2003). *Lessons Learned. Hochwasservorsorge in Deutschland. Lernen aus der Katastrophe 2002 im Elbegebiet. Bonn. Deutsches Komitee Katastrophenvorsorge*

DKKV (Deutsches Komitee Katastrophenvorsorge). (2022). *Die Flutkatastrophe im Juli 2021 in Deutschland. Ein Jahr danach: Aufarbeitung und erste Lehren für die Zukunft.* Bonn. Deutsches Komitee Katastrophenvorsorge

DKKV (Deutsches Komitee Katastrophenvorsorge) (Ed.) (2015). *Das Hochwasser im Juni 2013. Bewährungsprobe für das Hochwasserrisikomanagement in Deutschland.* Bonn. Deutsches Komitee Katastrophenvorsorge

Erikson, K. T. (1976). Loss of communality at Buffalo Creek. *The American Journal of Psychiatry, 133,* 302–304.

Fekete, A. (2010). *Assessment of social vulnerability to river floods in Germany.* Universität Bonn.

Fekete, A. (2012a). Spatial disaster vulnerability and risk assessments: Challenges in their quality and acceptance. *Natural Hazards, 61*(3), 1161–1178.

Fekete, A. (2012b). Ziele im Umgang mit "kritischen" Infrastrukturen im staatlichen Bevölkerungsschutz. In R. Stober et al. (Hrsg.), *Managementhandbuch Sicherheitswirtschaft und Unternehmenssicherheit* (S. 1103–1124). Boorberg Verlag.

Fekete, A., & Priesmeier, P. (2021). Cross-border urban change detection and growth assessment for Mexican-USA twin cities. *Remote Sensing, 13*(21), 4422. https://www.mdpi.com/2072-4292/13/21/4422.

Fekete, A., & Sandholz, S. (2021). Here comes the flood, but not failure? Lessons to learn after the heavy rain and Pluvial floods in Germany 2021. *Water, 13*(21), 3016. https://www.mdpi.com/2073-4441/13/21/3016.

Flanagan, B. E., Hallisey, E. J., Adams, E., & Lavery, A. (2018). Measuring community vulnerability to natural and anthropogenic hazards: The Centers for Disease Control and Prevention's Social Vulnerability Index. *Journal of Environmental Health, 80*(10), 34.

Form, W. H., & Nosow, S. (1958). *Community in disaster.* Harper & Brothers.

Fritzsche, K., Schneiderbauer, S., Bubeck, P., Kienberger, S., Buth, M., Zebisch, M., & Kahlenborn, W. (2014). *Vulnerability Sourcebook – Guidelines for Assessments. Bonn and Eschborn: Deutsche Gesellschaft für Internationale Zusammenarbeit (GIZ) GmbH.*

Goltz, J. D., & Tierney, K. J. (1997). Emergency response: Lessons learned from the Kobe earthquake. University of Delaware, Disaster Research Center

Hasegawa, K. (2012). Facing nuclear risks: Lessons from the Fukushima nuclear disaster. *International Journal of Japanese Sociology, 21*(1), 84–91.

Hewitt, K. (1998). Excluded perspectives in the social construction of disaster. In E. L. Quarantelli (Hrsg.), *What is a disaster? Perspectives on the question* (S. 75–91). Routledge.

IKSR (Internationale Kommission zum Schutz des Rheins). (2001). *Rheinatlas.* Internationale Kommission zum Schutz des Rheins

IPCC (Intergovernmental Panel on Climate Change). (2012). *Managing the risks of extreme events and disasters to advance climate change adaptation. A special report of working groups I and II of the intergovernmental panel on climate change – IPCC [Field, C.B., V. Barros, T.F. Stocker, D. Qin, D.J. Dokken, K.L. Ebi, M.D. Mastrandrea, K.J. Mach, G.-K. Plattner, S.K. Allen, M. Tignor, and P.M. Midgley (Hrsg.)], Cambridge, UK, and New York, NY, USA: Cambridge University Press.*

Jovel, R. J., & Mudahar, M. (2010). Damage, loss, and needs assessment guidance notes: Volume 2. Conducting damage and loss assessments after disasters. World Bank, the Global Facility for Disaster Reduction and Recovery, the (GFDRR)

Kaufman, R. A., & English, F. W. (1979). *Needs assessment: Concept and application.* Educational Technology Publications.

Khazai, B., Bendimerad, F., Cardona, O. D., Carreño, M.-L., Barbat, A. H., & Buton, C. (2015). A guide to measuring urban risk resilience: Principles, tools and practice of urban indicators. *Earthquakes and Megacities Initiative (EMI), The Philippines.*

King, D. (2001). Uses and limitations of socioeconomic indicators of community vulnerability to natural hazards: Data and disasters in Northern Australia. *Natural Hazards, 24,* 147–156.

Kuhlicke, C., Albert, C., Bachmann, D., Birkmann, J., Borchardt, D., Fekete, A., … Voss, M. (2021). *Fünf Prinzipien für klimasichere Kommunen und Städte. Five principles for climate-proof municipalities and cities.* UFZ. Im Fokus – Juli 2021, 10. Leipzig, Germany.

Kull, D., Mechler, R., & Hochrainer-Stigler, S. (2013). Probabilistic cost-benefit analysis of disaster risk management in a development context. *Disasters, 37*(3), 374–400.

MacAskill, K., & Guthrie, P. (2016). Post-disaster reconstruction – What does it mean to rebuild with resilience? *Applications of systems thinking and soft operations research in managing complexity* (S. 107–129). Springer.

Nardo, M., Saisana, M., Saltelli, A., Tarantola, S., Hoffman, A., & Giovannini, E. (2005). *Handbook on constructing composite indicators: Methodology and user guide.*

Oliver-Smith, A. (2002). Theorizing disasters – Nature, power and culture. In S. M. Hoffman & A. Oliver-Smith (Hrsg.), *Catastrophe and culture – The anthropology of disaster* (S. 23–47). School of American Research Press.

Parsons, E. A. (1970). *Movement and shelter options to reduce population vulnerability.* 123: System Sciences Inc

Patt, H., & Jüpner, R. (2001). *Hochwasser-Handbuch.* Springer.

Raphael, B. (1986). *When disaster strikes. A handbook for the caring professions.* Century Hutchinson.

Rufat, S., Tate, E., Emrich, C. T., & Antolini, F. (2019). How valid are social vulnerability models? *Annals of the American Association of Geographers, 109*(4), 1131–1153.

Saisana, M., & Tarantola, S. (2002). *State-of-the-art report on current methodologies and practices for composite indicator development.* Ispra: JRC - Joint Research Centre. European Commission.

Scawthorn, C., Flores, P., Blais, N., Seligson, H., Tate, E., Chang, S., … Jones, C. (2006). HAZUS-MH flood loss estimation methodology. II. Damage and loss assessment. *Natural Hazards Review, 7*(2), 72–81.

Shepherd, T. G. (2021). Bringing physical reasoning into statistical practice in climate-change science. *Climatic Change, 169*(1–2), 2.

Sherbinin, A. de (2014). *Mapping the unmeasurable? Spatial analysis of vulnerability to climate change and climate variability.* (PhD). University of Twente, Enschede.

Stern, N. (2006). *The economics of climate change.* https://webarchive.nationalarchives.gov.uk/ukgwa/+/http:/www.hm-treasury.gov.uk/independent_reviews/stern_review_economics_climate_change/stern_review_report.cfm. Zugegriffen: 6. April 2024

Taylor, A. J. (1978). *Assessment of victim needs.* Intertect.

Twigg, J. (2004). *Disaster risk reduction: Mitigation and preparedness in aid programming.* In Good Practice Review 9, ed. Humanitarian Practice Network: Overseas Development Institute.

UNDRR (United Nations Office for Disaster Risk Reduction). (2022). Terminology. https://www.undrr.org/drr-glossary/terminology. Zugegriffen: 6. April 2024

UN (United Nations). (2015). *Sendai framework for disaster risk reduction 2015 – 2030.* United Nations Office for Disaster Risk Reduction: Geneva, Switzerland.

Vestermark, S. jr. (Hrsg.) (1966). *Vulnerabilities of social structure: Studies of the social dimensions of nuclear attack.* Human Sciences Research Inc.

Warner, K., & Zakieldeen, S. A. (2012). *Loss and damage due to climate change. An overview of the UNFCCC negotiations.* European Capacity Building Initiative.

Watts, M. J., & Bohle, H. G. (1993). The space of vulnerability: The causal structure of hunger and famine. *Progress in Human Geography, 17*(1), 43–67.

Weichselgartner, J. (2013). *Risiko – Wissen – Wandel. Strukturen und Diskurse problemorientierter Umweltforschung.* Oekom.

Wisner, B., Blaikie, P., Cannon, T., & Davis, I. (2004). *At risk – Natural hazards, people's vulnerability and disasters* (2. Aufl.). Routledge.

World Bank, UN Development Programme, European Union, & GFDRR. (2018). *Post-disaster needs assessment PDNA – Lessons from a decade of experience 2018.* https://reliefweb.int/report/world/post-disaster-needs-assessment-pdna-lessons-decade-experience-2018. Zugegriffen: 6. April 2024

Wrathall, D. J., Oliver-Smith, A., Fekete, A., Gencer, E., Reyes, M. L., & Sakdapolrak, P. (2015). Problematising loss and damage. *International Journal of Global Warming, 8*(2), 274–294. https://doi.org/10.1504/IJGW.2015.071962.

Teil III
Risikothemen

Rahmenthemen

7

Zusammenfassung

In welche übergreifenden Themen sind Risiko- und Katastrophenforschung sowie Resilienz eingebettet, und was sind die aktuell prägenden
Richtungen? In diesem Kapitel werden übergreifende Rahmenthemen ex-
emplarisch aufgearbeitet, insbesondere das Thema „Sicherheit" mit den verschiedenen Facetten menschlicher Sicherheit. Nachhaltigkeit ist ein ebenso
umfassender Begriff, zu dem die Risiko- und Katastrophenforschung starke
Verbindungen hat, die jedoch in Forschung und Praxis noch zu wenig systematisch aufgegriffen werden. Resilienz ist ein umfassendes Rahmenthema,
das dieses Buch auch durch seine Aktualität stark prägt. Die Themen Transformation, Nachhaltigkeit und Sicherheit, werden anhand von verschiedenen
wissenschaftlichen Rahmenwerken erstmalig auf Deutsch übersetzt und
differenziert dargestellt. Der Bereich humanitäre Hilfe und Entwicklungszusammenarbeit ist ein großes Praxisfeld, für das auch bestimmte Forschungsrichtungen typisch sist und das bestimmte Methoden verwendet. Ein weiteres
Themenfeld ist der Bevölkerungsschutz, der auch Katastrophen- und Zivilschutz beinhaltet. Es ist wiederum ein spezielles Thema mit bestimmten Aus-
richtungen, was Gefahren, Bearbeitungsrichtungen und Ziele angeht. Das Ret-
tungs- und Risikoingenieurwesen ist schließlich ein recht junger Bereich, der
einen speziellen Fokus auf Einsatz und Rettung von Menschenleben hat, aber
auch innerhalb der Gefahrenabwehr in planerischen Richtungen neue Impulse
anbietet.

Wie zu Beginn des Buches dargestellt, gibt es eine fast unübersehbare Bandbreite an Risiken und damit verbundenen Handlungsfeldern. **Handlung** wird hier
als Oberbegriff für alle Arten der Erforschung und des Umgangs in Praxis und
Lehre mit Risiko verstanden. Es werden hier nur einige ausgewählte Risikohand-

lungsfelder dargestellt, die sich einerseits nach der Erfahrung des Autors richten und andererseits in der Lehre eingesetzt werden und für die es an ähnlichen Beschreibungen in anderen Lehrbüchern noch fehlt.

7.1 Sicherheit

Nach der **Hierarchietheorie** hat jedes betrachtetes System ein über- und ein untergeordnetes Bezugssystem sowie seitlich angeordnete weitere ähnliche Subsysteme (Allen & Starr, 1982). In diesem Buch steht die Risiko- und Katastrophenforschung als zu betrachtendes System im Zentrum. Es gibt auf der gleichen Ebene viele ähnliche Bereiche wie Nachhaltigkeitsforschung und Arbeitssicherheit etc. Einige untergeordnete und spezielle Methoden und Fachbereiche werden in diesem Buch dargestellt. Um sie einzuordnen, ist aber ein Gesamtüberblick hilfreich. In einer Studie über einen Wohnungsbrand ergibt sich in der Gesamtschau, dass die Bewohner zwar einige Faktoren wie Möbel und damit Brandlast als Komponenten ihrer Wohnung auf einer unteren Ebene beeinflussen können, jedoch gleichzeitig von Feuerwehr als externe Hilfe wie auch dem Wetter abhängig sind. Und der Fachbereich der Risiko- und Katastrophenforschung lässt sich in die übergeordneten Systemebene der **Sicherheit** einordnen (Abb. 7.1 und 7.2).

Risiko- und Katastrophenforschung wird betrieben, um Gefahren und deren Auswirkungen besser einschätzen zu können und um damit Schutzzielen wie der Erhaltung von Menschenleben zu dienen. Insgesamt soll dadurch mehr Gewissheit über mögliche Risiken und ihre Auswirkungsmöglichkeiten erlangt werden,

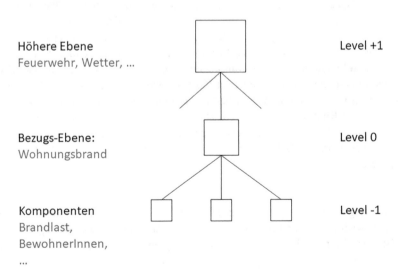

Abb. 7.1 Darstellung der Komponenten in ihren Ebenen und Abhängigkeiten in der Hierarchietheorie. (Allen & Starr, 1982)

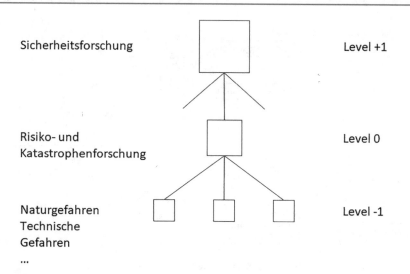

Sicherheitsforschung   Level +1

Risiko- und   Level 0
Katastrophenforschung

Naturgefahren   Level -1
Technische
Gefahren
...

Abb. 7.2 Einordnung der Risiko- und Katastrophenforschung in die Sicherheitsforschung nach dem Hierarchiemodell. (Starr, 1982)

und bestehende Systeme, zu denen auch menschliches Leben und andere gesellschaftliche Systeme zählen, sollen gesichert und erhalten werden.

Sicherheit selbst setzt sich aus verschiedenen grundsätzlichen Elementen zusammen, u. a. aus Gewissheiten und damit dem Umgang mit Unsicherheiten über Informationen. Die Wissenschaft dient vor allem diesem einen Strang, der Informationsverarbeitung und des Wissenserhalts, aber auch der Wissensentwicklung. Diese sogenannte **Epistemologie,** also Wissensforschung, ist jedoch nur ein Teil, um Gewissheit als einen Aspekt der Sicherheit zu erreichen. Sicherheit, verstanden als idealer Zustand des Zusammentreffens verschiedener Elemente, besteht demnach nicht nur aus Wissensunsicherheiten, sondern auch aus Problemen bei der Weitergabe und Organisation von Wissen und menschlichen Handlungen (Abb. 7.3).

Auf einem anderen Strang geht es um **Ressourcenverteilungen,** und dazu zählen sowohl natürliche als auch menschengemachte Ressourcen. Es ist eine Frage der tatsächlichen Verfügbarkeit und Verteilung von solchen Ressourcen, aber es entstehen auch Konflikte unter Menschen, die rein ideologisch und nur indirekt mit den Ressourcen verbunden sind. Dieses Modell aus der politischen Sicherheitsforschung drückt einige Aspekte aus, wie Sicherheit verstanden werden kann. Katastrophen stellen Störungen der Sicherheit dar, die massiv und häufig abrupt vonstattengehen oder eine qualitative Dimension haben, die von Menschen besonders stark wahrgenommen wird. Risiken sind vorerkannte Bedingungen, die zu Katastrophen führen können. Risiken führen möglicherweise auch alternativ zu Erfolgen oder zu lediglich kleineren Misserfolgen oder Schäden und nicht unbedingt gleich zu Katastrophen. In der Bandbreite des Buches wird aber das als extrem betrachtet, was zu einer anderen Ausrichtung in der gesamten Bearbeitung führt, als würde

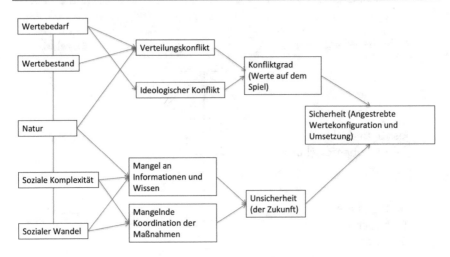

Abb. 7.3   Sicherheit als Konstrukt. (Nach Frei & Gaupp, 1978)

man lediglich Risiko im Kontext von Glücksspiel oder Börsenspekulation verstehen. Sicherheit als Oberbegriff wird konzeptionell weiter unterschieden in verschiedene theoretische Verständnisse wie menschliche Sicherheit oder militärische
Sicherheit usw. Bevor jedoch ausgewählte Beispiele folgen, sei noch der Versuch
gewagt, Sicherheit wiederum in gleiche oder übergeordnete Systeme einzuordnen.
Sicherheit und Unsicherheit stehen immer zumindest implizit miteinander in Beziehung. Sicherheit und Freiheit sind aber auch typische Gegenpole oder gegenseitige Ergänzungen, die gesellschaftlich zumindest gleichbedeutend behandelt
werden. Es heißt oft, dass jede zusätzliche Sicherheit mit einer Einbuße einer Freiheit erkauft wird, und das verdeutlicht dieses Zusammenspiel. Sicherheit als ab-
soluter Endzustand ist möglicherweise unrealistisch und, wenn überhaupt, nur ein
vorübergehender Systemzustand. Auf dieser Ebene sind auch aktuelle theoretische
Diskussionen um Resilienz und Transformation von Bedeutung, da sie Sicherheit
nicht mehr als eigentliches Ziel, sondern vielmehr als eine weitere Entwicklung
jenseits quasi stabiler Zustände anvisieren (mehr dazu in Abschn. 7.3). Übergeordnete Systeme sind möglicherweise menschliche Handlungen und Grunddaseinsfunktionen wie auch natürliche Ressourcen ganz allgemein.

Der Begriff **Sicherheitsforschung** ist ebenfalls umfassender als Risiko- und
Krisenmanagement. Er beinhaltet alle Arten und Formen von Sicherheiten, die
aufgrund gesellschaftlicher, umweltbezogener oder anderer Art entstehen können. In Deutschland wird unter dem Begriff „Sicherheitsforschung", geprägt
durch Programmförderungen des Bundesministeriums für Bildung und Forschung
(BMBF), aktuell jedoch vor allem Forschung in Bezug zu Gefahrenabwehr und
technischen Risiken und auch Kriminalität verstanden. Die Sicherheitsforschung
grenzt sich dabei von der Umwelt- und Nachhaltigkeitsforschung in der Förderung
ab. Für eine Darstellung der Fördermöglichkeiten und der dadurch gelenkten Entstehung von Projekten und Publikationen ist das sicherlich wichtig zu beachten.
Auch entspricht es in vielen anderen Bereichen einer konzeptionellen Trennung

zwischen Sicherheitsaspekten im Kontext zur Umwelt, zur Stadtplanung, zu technischen Anlagen oder zur Informatik. Jedoch sind zunehmend eine Integration und Verschränkung der verschiedenen Fachbereiche zu beobachten.

Menschliche Sicherheit (**Human Security**) ist als Gegenentwurf zu rein staatlich gedachter Sicherheit entstanden. Während beim Staat die Staats- oder die Gemeinschaftsinteressen im Vordergrund stehen, wird unter menschlicher Sicherheit ein individueller Blick auf die Verschiedenartigkeit der einzelnen Menschen und ihrer Bedürfnisse gelegt. Die Idee zu menschlicher Sicherheit ist aber auch aus den Erlebnissen der Armutsbekämpfung und der Bedeutung der Förderung des/der Einzelnen entstanden (Ogata & Sen, 2003; Sen, 2005). Menschliche Sicherheit wird gegenüber militärischer und staatlicher Sicherheit abgegrenzt. Als Kennzeichen für menschliche Sicherheit gilt eine menschzentrierte Perspektive, die multisektoral und umfassend ist und dennoch spezifisch auf unterschiedliche kulturelle Kontexte eingeht. Ebenso ist sie vorsorgeorientiert. Menschliche Sicherheit umfasst mehrere Sicherheitsarten, von wirtschaftlicher über Nahrungssicherheit bis zu Gesundheits-, Umwelt-, persönlicher, gemeindezentrierter und politischer Sicherheit (Tab. 7.1).

Charakteristische Eigenschaften sind die aus einem Bericht des Entwicklungsprogramms der Vereinten Nationen entstandenen Eigenschaften und Forderungen, dass Menschen frei von Not und Furcht und Naturgefahren wie auch anderen Bedrohungen leben sollten. Menschliche Sicherheit soll

- menschzentriert,
- multisektoral,
- umfassend,
- kontextspezifisch und
- vorsorgeorientiert

sein.

Tab. 7.1 Sicherheitsarten im Konzept der menschlichen Sicherheit (Ogata & Sen, 2003; UN, 2009).

Sicherheitsart	Beispiele für Bedrohungen
Wirtschaftliche Sicherheit	Beständige Armut, Arbeitslosigkeit
Ernährungssicherung	Hunger, Hungersnot
Gesundheitssicherung	Tödliche Ansteckungskrankheiten, unsichere Nahrung, Mangelernährung, mangelnder Zugang zu Gesundheitsversorgung
Umweltsicherheit	Degradation der Umwelt, Ressourcenschwund, Naturkatastrophen, Umweltverschmutzung
Persönliche Sicherheit	Physische Gewalt, Kriminalität, Terrorismus, häusliche Gewalt, Kinderarbeit
Sicherheit der Gemeinschaft	Ethnische, religiöse und andere identitätsbasierte Spannungen
Politische Sicherheit	Politische Unterdrückung, Menschenrechtsverletzungen

Viele der Prinzipien sind ähnlich zu humanitären Prinzipien; so werden verschiedene Problemprozesse aus Konflikten und Notfällen und auch Wurzelursachen der Armut und Ungleichheit als die gesehen, auf die menschliche Sicherheit versucht zu reagieren, indem Überlebensfähigkeit, Lebensumstände und
menschliche Würde ins Zentrum der Betrachtung rücken. Es gibt auch Kritik an
dieser einerseits sehr umfassenden Darstellung und andererseits Festlegung auf
humanitäre Bereiche und Nichtintegration in eine vollkommen gesamte Sicher-
heitsarchitektur.

Als Alternative kann man das Konzept der totalen Sicherheit betrachten (Total
Security), das eine Perspektive der militärischen Gesamtanstrengungen inklusive
aller Bevölkerungsanteile versteht, um möglichst viele Maßnahmen der polizeilichen, nichtpolizeilichen und militärischen Sicherheit unter sich zu vereinen.
Auch in der Wirtschaft und IT-Branche gibt es solche Ansätze, die überwiegend
unter dem Gedanken eines umfassenden Schutzes und Abwehrmanagements fir-
mieren.

7.2   Nachhaltigkeit

In gewisser Hinsicht ist Nachhaltigkeitsforschung noch umfassender als Risikoforschung, da allein schon die Nachhaltigkeitsziele der Vereinten Nationen darstellen, dass es sich hier auch um Themenfelder handelt, die nicht nur auf extreme Ereignisse und negative Folgen durch Schäden fokussieren, sondern auch
auf grundsätzliche Versorgungssicherheitsaspekte durch Schutz der Ressourcen
(Tab. 7.2), denn die sogenannte Umwelt liefert für menschlichen Wohlstand ele-
mentare Ökosystemdienstleistungen (MEA, 2003; Abb. 7.4). Durch diese Umbenennung in Dienstleistungen soll die Umwelt als ähnlicher Wert wie auch andere Wirtschafts- und Arbeitsleistungen begreifbar und messbar werden (Serageldin et al., 1994). Inzwischen regt sich aber auch an dieser einseitigen Darstellung
Kritik, die Natur quasi nur mittels ihrer Dienstleistungen wertzuschätzen.

In der Nachhaltigkeitsforschung herrscht ein Fokus auf überwiegend umwelt-
bezogene Aspekte, Ressourcen und Betroffenheit der Umwelt. Risiko- und
Krisenmanagement wie auch Katastrophenmanagement beinhalten dagegen
Umwelt mehr als Teil- oder gar Randbereich, entweder als eine von mehreren
Schadensdimensionen oder unter dem Aspekt der Arbeitssicherheit, als Health,
Safety and Environment (HSE). Aus der Nachhaltigkeitsforschung, insbesondere
der Denkweise aus den 1980er-Jahren mit dem Brundtland Report (Brundtland,
1987), ist jedoch die Übernahme der Denkweise im Sinne einer Verknüpfung von
Mensch-Umwelt-Beziehungen sehr wichtig und prägend für eine **systemische**
Sicht der Risiko- und Katastrophenforschung (Renn & Keil, 2008). Diese hat im
Bereich der Katastrophenforschung international auch zur theoretischen Weiterentwicklung der Mensch-Umwelt-Interaktionen in Bereichen der **komplexen adaptiven Systeme** (Complex Adaptive Systems, CAS) oder der **sozialen Umwelt-
systeme** (Social-Environmental/ Ecological Systems, SES) geführt (Waldrop,
1992; Walker et al., 2004) (Abb. 7.5).

Tab. 7.2 Die Entwicklungs- und Nachhaltigkeitsziele der Vereinten Nationen und der Bundes-regierung

Millenniumsentwicklungsziele	Nachhaltigkeitsziele
1. Den Anteil der Weltbevölkerung, der unter extremer Armut (Lexikoneintrag zum Begriff aufrufen) und Hunger (Lexikoneintrag zum Begriff aufrufen) leidet, halbieren 2. Allen Kindern eine Grundschulausbildung (Lexikoneintrag zum Begriff aufrufen) ermöglichen 3. Die Gleichstellung der Geschlechter fördern und die Rechte von Frauen (Lexikoneintrag zum Begriff aufrufen) stärken 4. Die Kindersterblichkeit verringern 5. Die Gesundheit (Lexikoneintrag zum Begriff aufrufen) der Mütter verbessern 6. HIV (Lexikoneintrag zum Begriff aufrufen)/ Aids (Lexikoneintrag zum Begriff aufrufen), Malaria und andere übertragbare Krankheiten bekämpfen 7. Den Schutz der Umwelt verbessern 8. Eine weltweite Entwicklungspartnerschaft aufbauen	Ziel 1: Armut in jeder Form und überall beenden Ziel 2: Ernährung weltweit sichern Ziel 3: Gesundheit und Wohlergehen Ziel 4: Hochwertige Bildung weltweit Ziel 5: Gleichstellung von Frauen und Männern Ziel 6: Ausreichend Wasser in bester Qualität Ziel 7: Bezahlbare und saubere Energie Ziel 8: Nachhaltig wirtschaften als Chance für alle Ziel 9: Industrie, Innovation und Infrastruktur Ziel 10: Weniger Ungleichheiten Ziel 11: Nachhaltige Städte und Gemeinden Ziel 12: Nachhaltig produzieren und konsumieren Ziel 13: Weltweit Klimaschutz umsetzen Ziel 14: Leben unter Wasser schützen Ziel 15: Leben an Land Ziel 16: Starke und transparente Institutionen fördern Ziel 17: Globale Partnerschaft

Kriterien von komplexen adaptiven Systemen (J. R. Turner & Baker, 2020):

- Pfadabhängig: Systeme neigen dazu, auf ihre Ausgangsbedingungen zu reagieren. Dieselbe Kraft kann auf Systeme unterschiedlich wirken.
- Systeme haben eine Geschichte: Das künftige Verhalten eines Systems hängt von seiner anfänglichen Ausgangssituation und der nachfolgenden Geschichte ab.
- Nichtlinearität: Systeme reagieren überproportional auf Störungen der Umwelt. Die Ergebnisse unterscheiden sich von denen einfacher Systeme.
- Emergenz: Die interne Dynamik eines jeden Systems beeinflusst seine Fähigkeit, sich auf eine Weise zu verändern, die sich von der anderer Systeme unterscheiden kann.
- Unreduzierbar: Irreversible Prozessveränderungen können nicht auf den ursprünglichen Zustand zurückgeführt werden.
- Adaptiv/Anpassungsfähigkeit: Systeme, die gleichzeitig geordnet und ungeordnet sind, sind anpassungsfähiger und widerstandsfähiger.
- Sie bewegen sich zwischen Ordnung und Chaos: Die adaptive Spannung ergibt sich aus dem Energiegefälle zwischen dem System und seiner Umgebung.
- Selbstorganisierend: Systeme bestehen aus gegenseitigen Abhängigkeiten, Wechselwirkungen zwischen ihren Teilen und der Vielfalt im System.

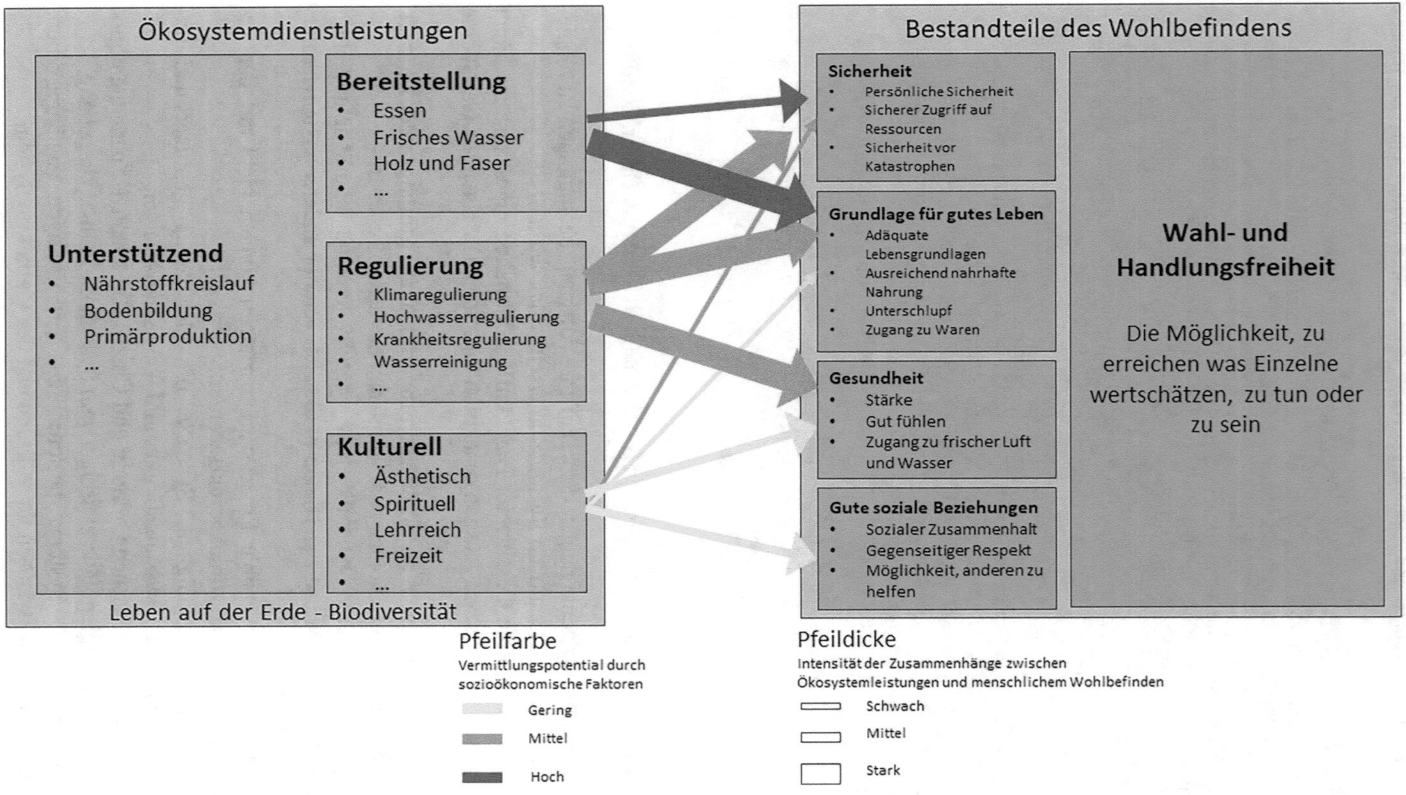

Abb. 7.4 Die Verknüpfung von Ökosystemleistungen und menschlichem Wohlstand im Millennium Ecosystem Assessment. (MEA, 2003)

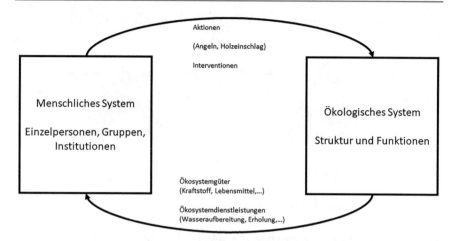

Abb. 7.5 Sozialökologische Systeme (Social-Ecological Systems, SES). (Berkes & Folke, 1998)

Mit diesen Mensch-Umwelt-Beziehungen wurde die Grundlage gelegt, Ursachen und Schäden nicht separat in einzelnen Sektoren, zum Beispiel nur innerhalb der Umwelt, sondern die Interaktion der Umwelt mit anderen Systemen zu betrachten. Konkret gesagt ist ein Waldbrand nicht nur ein Problem im Wald, denn der Wald ist auch eine Ressource für die Menschen, und es entstehen Interaktionen zwischen Anwohnern/Anwohnerinnen oder Reisenden mit einem Wald, die zu einer Schädigung oder eben auch zu seinem Erhalt führen können. Bei einem Löschwassereinsatz in ländlicher Umgebung muss zum Beispiel auch beachtet werden, welche Umweltschäden dadurch entstehen können.

Weiterhin gibt es globale Zusammenhänge durch den Klimawandel, wodurch stärkere Austrocknung und Temperaturschwankungen bestimmte Waldarten in Gefahr bringen. Eine wichtige Bedeutung erhält der Bereich Nachhaltigkeit aktuell auch durch die Anpassung an den Klimawandel und die Umstellung der Nutzung bestehender Technologien oder Ressourcen. Ganz konkret müssen zum Beispiel Feuerwehren überdenken, künftig auf Elektromobilität umzusteigen und andere Formen der Energieerzeugung zu nutzen.

Es gibt vielfältige Anpassungsmöglichkeiten an das Klima und den Klimawandel; für Stadtbäume etwa das Wurzelwerk zu schützen (Abb. 7.7) oder durch helle Farbe die Aufheizung zu verringern (Abb. 7.8). Klimaanlagen gibt es schon seit Jahrtausenden, unter anderem in der Form von Kühltürmen im arabischen Raum (Abb.7.9). Schneekanonen sind jedoch umstritten, da sie mit erhöhtem Energieaufwand einhergehen (Abb. 7.10).

Eine konkrete Verbindung innerhalb der Forschung ist jedoch vor allem auch durch die Nachhaltigkeitsziele und entsprechenden Forschungsaktivitäten im internationalen Bereich zu sehen. In der Gefahrenabwehr, im Bevölkerungsschutz wie auch im Rettungsingenieurwesen werden Verknüpfungen zu den Nachhaltigkeitszielen noch kaum beachtet und es lassen sich starke Innovationen und wissenschaftlich methodische Erweiterung erwarten Abb. 7.6.

Abb. 7.6 Das Dreieck der Nachhaltigkeit. (Serageldin et al., 1994)

Abb. 7.7 Schutz des
Wurzelwerks eines
Stadtbaums (Würzburg,
2022)

Abb. 7.8 Farbanstrich eines Baums als Hitzeschutz durch erhöhte Reflektion (Bonn, 2022)

Abb. 7.9 Kühlturm (Iran, 2002)

Abb. 7.10 Schneekanone
(Österreich, 2022)

7.3   Resilienz

„Resilienz" ist ein Begriff, der momentan derart in Mode ist, dass er in diesem Buch auch statt „Risiko" im Titel hätte stehen können. Jedoch steht er schon so lange hoch im Kurs, dass man andere Konzepte wie Transformation untersuchen muss, ob sie Resilienz nicht bereits ablösen.

Resilienz hat verschiedene Bedeutungszuweisungen und Hintergründe. Resilienz wurde schon vor Jahrhunderten genutzt, unter anderem in der **Medizin** (Alexander, 2013). Resilienz wird seit Beginn des 20. Jahrhunderts im **Ingenieurwesen** für Elastizität zum Beispiel von Metallfedern verwendet (Trautwine, 1907). Diese Art von Flexibilität oder Widerstandsfähigkeit, auch Rückspringfähigkeit, wird gegenwärtig häufig als zu verkürzt beim aktuellen Resilienzverständnis kritisiert. Jedoch erfährt es gerade im Ingenieurkontext weiterhin eine gewisse Beliebtheit und hat viele Anwendungsbeispiele, bei vielen Materialien und Bauweisen. Ein anderer Bereich, dem oft nachgesagt wird, Resilienz käme aus diesem , ist die **Psychologie.** Bestimmte Verhaltensweisen von Menschen, die verschiedenste Arten von Krisen meistern (Ripley, 2009), werden inzwischen auch unter dem Begriff „Resilienz" eingeordnet. Einige frühe Arbeiten in den 1950er- und 1960er-

Abb. 7.11 Stück Grün
imStraßenbelag

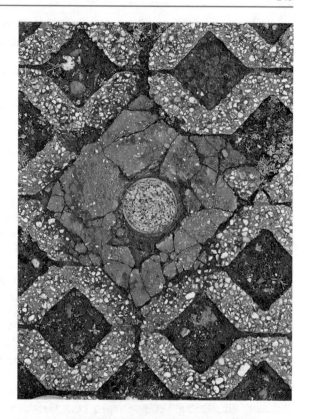

Abb. 7.12 Baum überwächst Geländer

Jahren haben zum Beispiel Merkmale von Waisenkindern aus sehr schwierigen Familienverhältnissen untersucht, und über Langzeitstudien konnte beobachtet werden, dass viele dennoch ein normales Leben entwickeln und Krisen gut meistern können (Werner, 1997; Werner & Smith, 2001). Der Begriff „Resilienz" taucht jedoch auch in diesen Studien erst in jüngerer Zeit auf. In vielen anderen Felder wie z.b. dem Management, taucht der Begriff soziale Resilienz aber auch schon seit den 1950ern auf (Urwick, 1956). Resilienz vereint also sehr viele Merkmale, die Menschen in anderen Fachbereichen schon immer untersucht haben, und nun wurde dafür quasi ein neuer Oberbegriff gefunden. Im Kontext dieses Buches und im Kontext der Nachhaltigkeits- und Katastrophenrisikoforschung erhielt Resilienz vor allem eine konzeptionelle Zuordnung seit den 1970er-Jahren im Bereich der **Ökosystemforschung** (Gunderson & Holling, 2002; Holling, 1973, 1996; Walker et al., 2004). Diesem Begriffsverständnis folgend wird in diesem Buch und Kapitel ein Verständnis von Resilienz kurz skizziert. Inzwischen gibt es so viele Abhandlungen zu Resilienz, auch auf Deutsch, dass dieses Thema hier nicht grundlegend eingeführt, sondern nur kurz dargestellt wird. Es gibt inzwischen auch eine nationale Resilienzstrategie im Risiko- und Katastrophenkontext, die im Prinzip hauptsächlich die Inhalte aus dem Sendai-Rahmenwerk übernommen hat (Die Bundesregierung, 2022). Von der EU gibt es ebenfalls Resilienzrichtlinien (EU, 2022). Zudem liegt seit 2023 eine Nationale Sicherheitsstrategie vor, die den Begriff „Resilienz" neben „Nachhaltigkeit", „Wehrhaftigkeit" etc. ohne Definition und recht heterogen, je nach Kapitel und jeweiligem Kontext, programmatisch benutzt.

Resilienz kann völlig unterschiedlich verstanden werden. Generell geht es um Systeme, die ständig Veränderungen oder Gefahreneinwirkungen erfahren und dennoch einen Kern bewahren. Das kann versinnbildlicht werden durch ein Stück Grün im Straßenbelag (Abb. 7.11), einen Baum, der ein Geländer überwächst (Abb. 7.12), oder einen Stahlträger, der bei einem Brand sich zwar verformt hat, aber durch das eigene Nachgeben das Gesamtsystem des Gebäudes vor einem Einsturz bewahrt hat (Abb. 7.13). Resilienz ist aber auch immer ein Gegenentwurf zu starrer Stabilität oder Sicherheit (Abb. 7.14), und oft wird die Selbstfähigkeit von Menschen oder Systemen betont, zum Beispiel für Vorsorge, Flexibilität oder Eigenleistungen.

Resilienz in einem Systemverständnis wird als Erklärungsmodell für Gleichgewichts- Stabilitätszustände und Entwicklungsprozesse verwendet, die nicht rein statisch und linear sind, nicht dem klassischen Stabilitätsbegriff entsprechen und auch keine rein lineare Evolution darstellen. Es sind starke Anleihen zur Systemtheorie und nachfolgend auch der Entwicklung komplexer adaptiver Systeme im Zuge der Kybernetik, später der Chaosforschung und Komplexitätsforschung, zu erkennen.

Resilienz wird genutzt, um Systeme und ihre Dynamik zu beschreiben, die nicht linear und gleichmäßig, sondern oft sprunghaft verläuft und wo externe und interne Störungen zu Schwankungen des Systems führen, wobei das System **Veränderungen** durchläuft und dabei aber seine grundsätzliche Funktionsfähig-

Abb. 7.13 Stahlträger, derdurch seine Verformung beieinem Brand ein Gebäude vordem Einsturz bewahrt hat

keit und Gestalt zumindest überwiegend beibehält. Ein System kann sich also verschiedenartig verändern, solange die Kernmerkmale, oft werden hier nur die Funktionen genannt, erhalten bleiben. Ein Beispiel aus der Ökosystemforschung ist ein Teich voller Fische. Der Wasserkörper des Teichs kann sich bei Trockenheit stark verringern, oder es gibt einen Eintrag von Schadstoffen in den Teich, und die Fische sterben aus. Es ist nun eine Definitionsfrage, ob der Teich als Wasserkörper mit Wasserpflanzen und Schadstoffen immer noch das System mit seinen Kernmerkmalen ist, das der Fischteich vorher war. Sofern das Interesse darauf liegt, einen Wasserkörper zu erhalten, so war das System resilient. Geht es jedoch darum, die Funktionsfähigkeit und das Überleben für die Fische zu gewährleisten, so war das System nicht resilient. Wenn das Wasser wieder gereinigt und Fische darin ausgesetzt werden, kann es seine Systemfunktionalität wieder zurückerhalten. Interessant ist aber auch, dass andere Nutzergruppen, zum Beispiel eine Feuerwehr, den Teich weiterhin als Löschteich nutzen könnte, und sie damit eine andere Sicht haben als jene, die die Fische erhalten möchten. Bei der Resilienz ist demnach wie auch bei den Begriffen „Sicherheit" und „Schutz" vorab eine Zielklärung notwendig – mit den W-Fragen, welche Art von Resilienz für welche Ziel-

Abb. 7.14 Parkverbotsschild zur eigenen Sicherheit

gruppe mit welchen Maßnahmen für welchen Zeitraum, Untersuchungsraum und
Veränderung erzielt werden soll.

Es gibt mehrere **Komponenten,** die Resilienz beschreiben können:

- Widerstandsfähigkeit oder Zurückspringen zum ursprünglichen Systemzustand
  sind die Merkmale, die am längsten mit der wörtlichen Übersetzung von Resilienz zusammenhängen.
- Absorption, Puffer, Verzögerungs- und Flexibilitätsfähigkeiten sind weitere
  mögliche Merkmale, die Resilienz zugeordnet werden können. Damit werden
  Systemeigenschaften bezeichnet, die die negative Auswirkung einer Stressoren-
  einwirkung hinauszögern oder aushalten können. Diese Begriffe haben ebenfalls mit der Widerstandsfähigkeit zu tun.
- Anpassungs- und Transformationsfähigkeit sind Begriffe, die der Resilienz im
  Grunde aus theoretischen Überlegungen und Wünschen zugeordnet werden.
  Sie entstammen aber auch dem theoretischen Verständnis des Resilienzbegriffs,
  der in der Ökosystemforschung als Alternative zum Evolutions- und Stabilitätsbegriff entwickelt wurde. Es handelt sich in der Risiko- und Katastrophenforschung wie auch in vielen Ökosystemen um sich ständig verändernde und

nichtstabile statische Systeme. Hier sind ständig ein Schrumpfen und Wachsen, eine Anpassung und Veränderung notwendig und unvermeidbar. Dahingehend macht es Sinn, Veränderungsfähigkeiten wie Anpassung, Erholungsfähigkeit und Transformationsfähigkeit der Resilienz zuzuordnen.

Da Resilienz ein schwierig zu erfassendes Konzept ist, haben sich vielfältige und unterschiedliche Definitionen, Deutungen und damit auch theoretische Rahmenkonzepte entwickelt. Im Folgenden werden einige ausgewählte besprochen, die eine häufige Verbreitung in der Forschung im Bereich des Katastrophenrisikomanagements und der Klimawandelanpassung erfahren haben.

Eine der bekanntesten und gleichzeitig umstrittensten Darstellungen ist diejenige in Form eines **Zeitpfeils** auf einer X-Achse mit einer Einbruchskurve nach unten auf einer Y-Achse (Abb. 7.15). Damit wird manchmal auch die Performance eines Systems oder einer Organisation bezeichnet. Die Darstellungsform wird manchmal umgangssprachlich als **Resilienz-Badewanne** bezeichnet.

Die Darstellungen zeigen den Einbruch eines Systems und damit einhergehende Verluste oder Schäden. Ab einem gewissen Zeitpunkt wird ein Plateau erreicht, von dem es sich nach einer gewissen Weile wieder erholt und zum Ursprungszustand zurückkehrt. Dieses Modell ist im Ingenieur- und Naturgefahrenbereich sehr beliebt, da es mathematisch durch die Neigung und Ausrichtung in einem Koordinatensystem auch quantitativ leicht übertragen werden kann (Chang & Shinozuka, 2004; HS SAI, 2010; Linkov et al., 2014; Manyena, 2006). Umstritten ist diese Darstellung vor allem im sozialwissenschaftlichen Bereich und in Kritik bei all jenen, die Resilienz als mehr als das wörtlich übersetzte „Zurückspringen" verstehen wollen. Tatsächlich werden in dieser Darstellungsform meist nur ein Einbruch und Erholungseffekt dargestellt; ein weiterer Kritikpunkt ist, dass

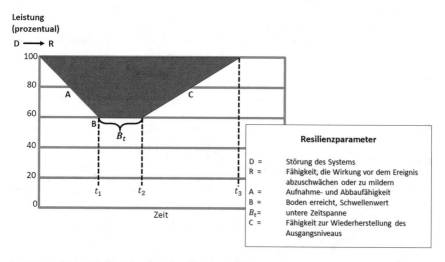

Abb. 7.15 Die „Resilienz-Badewanne" als Darstellung vom Einbruch und von der Erholung eines Systems über einen Zeitstrahl. (HS SAI, 2010)

meist das System genau gleich wiederhergestellt wird wie vorher. Dies entspricht
aber weder der Realität, noch ist es wünschenswert, daher wird inzwischen sowohl
ein besseres Zurückbauen (BBB) als auch eine Darstellung von Katastrophen-
zyklen in Spiralform entsprechend in anderen Modellen gewählt. Diese Darstellungsform der Einbruchskurve eignet sich aber sehr gut, um verschiedene
Schadensarten und Erholungsgeschwindigkeiten miteinander zu vergleichen
(Abb. 7.16).

Bei einem niedrigen Risiko oder Schaden geht ein Einbruch eines Systems
nicht so stark in die Tiefe wie bei einem höheren Schaden. Auch die Erholungskurve kann in der Steigung flacher sein und damit eine relativ gesehen niedrigere
Resilienz anzeigen, wo das System länger braucht, um sich zu erholen. Oder die
Kurve steigt steiler an und zeigt damit ein System mit höherer Resilienz an.

Als Alternative zu diesen vereinfachenden Zeitpfeil-Rahmenwerken für Resilienz hat sich im Zuge der Nachhaltigkeits- und Ökosystemforschung aber auch
eine Reihe an Rahmenwerken ergeben, die mehr den Fokus auf die **Interaktion**
verschiedenster Subsysteme eines ganzheitlichen Systemverständnisses richten. Diese Rahmenwerke werden auch im Kontext der Nachhaltigkeitsforschung
und der Klimawandelanpassung durch entsprechende Komponenten ergänzt. Insbesondere zwischen Klimawandelanpassung und Naturgefahrenforschung hatten
sich unterschiedliche Anschauungen entwickelt, die man nun versucht zu integrieren. Interessant ist es hier zu beobachten, dass die Definitionen und darin enthaltenen Komponenten von Verwundbarkeit anfangs den inzwischen geltenden
Definitionen von Resilienz sehr ähnelten. Die Resilienz ist inzwischen das popu-
läre Konzept geworden, das ebenso wie Verwundbarkeit ursprünglich den An-

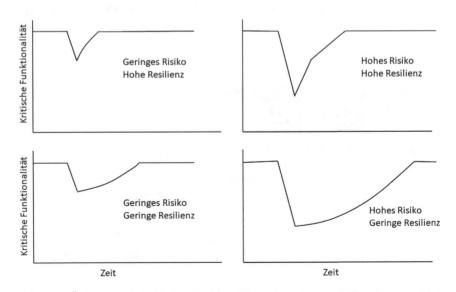

Abb. 7.16 Änderungen der kritischen Funktionalität in einem System als Beispiel unterschied-
licherResilienz. (Linkov et al., 2014)

spruch erhob, das Risiko ganzheitlicher zu erklären. **Resilienz** war in einigen Rahmenwerken der Nachhaltigkeit zum Beispiel eine Unterkomponente von Verwundbarkeit, die analog zu den Begriffen „Bewältigungsfähigkeiten" oder „Anpassungsfähigkeiten" steht (Turner et al., 2003; Abb. 7.17).

Das in der Naturgefahrenforschung sehr bekannte und häufig zitierte Rahmenwerk für räumliche oder ortsbezogene Gefahrenanalyse wurde von der Autorin Susan Cutter mit Kollegen zusammen weiterentwickelt und auf den Begriff „Resilienz" übertragen (Cutter et al., 2008). Das Rahmenwerk für ein **ortsbezogenes Katastrophenresilienzmodell** (Disaster Resilience of Place [DROP] Model; Abb. 7.18) zeigt eine Entwicklungsachse von links nach rechts auf.

Ausgangspunkt sind herrschende Bedingungen der realen Welt, dargestellt als Dreieck aus physischer Infrastruktur, natürlichem und gesellschaftlichem System. Diesem wohnt eine inhärente Verwundbarkeit, aber auch inhärente Resilienz inne. Auf dem Zeitpfeil kann sich nun ein Katastrophenereignis mit bestimmten Charakteristiken und unmittelbaren Auswirkungen oder Schäden vollziehen. Darauf folgen Bewältigungsreaktionen, zum Beispiel durch Einsatzkräfte. Damit wird im kurzfristigen Prozess der Entwicklung eines Katastrophenereignisses insgesamt der gesamte Ausführungsbereich der Gefahr oder Katastrophe bestimmt durch das Zusammenwirken der zuvor genannten Elemente. Daran schließt sich in diesem Modell im Gegensatz zu den Vorgängermodellen der reinen Gefahrenbetrachtung nun auch noch eine langfristige Entwicklungsdimension an. Es geht hauptsächlich um die Frage, ob die Absorptionsfähigkeiten des menschlichen Reaktionssystems bereits durch dieses Katastrophenereignis überstiegen wurden. Falls ja, so streut sich langfristig die Reaktion vor allem über die Frage der an-

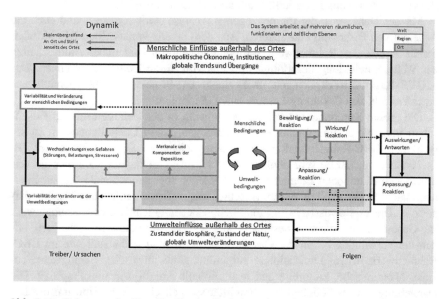

Abb. 7.17 Rahmenwerk für die Verwundbarkeitsanalyse in der Nachhaltigkeitswissenschaft(The SUST Framework). (Turner et al., 2003)

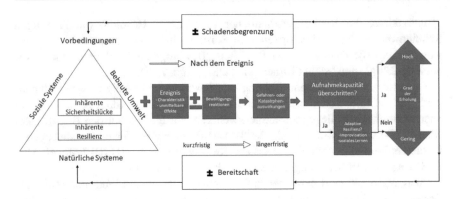

Abb. 7.18 Ortsbezogenes Katastrophenresilienzmodell. (Disaster Resilience of Place[DROP] Model; Cutter et al., 2008)

passungsfähigen Resilienz. Hier spielen Improvisation und soziales Lernen eine große Rolle, um den Grad der Wiederherstellung und Erholung zwischen niedrig und hoch zu steuern. Über das gesamte System und den Zeitverlauf hinweg verlaufen auch die großen Schritte der Vorsorge und Vorbereitung in einer Rückkopplungsschleife zu den bestehenden Bedingungen und können daher die inhärente Verwundbarkeit wie auch Resilienz positiv oder negativ beeinflussen. In dieser recht komplizierten Darstellung ist das Hauptmerkmal der Resilienz einerseits, dass es als inhärenter Bestandteil bedrohter Systeme verstanden wird, und andererseits die Anpassungs- und Lernfähigkeit, die sich langfristig erst durch eine Reaktion in Form einer Wiederherstellung und Erholung zeigt.

Mit der Denkweise der raumbezogenen Analyse stark verwandt sind auch die Arbeiten von Birkmann und anderen. Aus dem bereits vorgestellten BBC-Modell heraus wurde das Rahmenwerk weiterentwickelt. Es sind dabei Ähnlichkeiten zur Weiterentwicklung des Rahmenmodells von Susan Cutter zu erkennen. Das **MOVE-Rahmenwerk,** benannt nach einem EU-Projekt, besteht ebenfalls aus einer Vielzahl von Erklärungskomponenten (Birkmann et al., 2013; Abb. 7.19).

Die größte Komponente umfasst die Umwelt, in der Gefahren mit der Gesellschaft interagieren und daraus Risiken erzeugen. Diese Darstellungsform ist sowohl dem BBC-Rahmenwerk als auch dem bekannten SUST-Rahmenwerk (B. L. Turner et al., 2003) sehr ähnlich. Wie bei Turner et al. sind auch hier die verschiedenen räumlichen Ebenen zwischen lokaler über subnationale hin zur internationalen Skale explizit durch verschiedene, aufeinanderliegende Ebenen dargestellt. Dieses Bewusstsein um räumliche Ebenen zeichnet dieses Rahmenwerk im Gegensatz zu anderen besonders aus. Den Schwerpunkt in Abb. 7.19 bilden die Verwundbarkeiten der Gesellschaft, die hier in sechs statt wie im BBC-Rahmenwerk in drei Dimensionen aufgeführt sind: physische, ökologische, soziale, ökonomische, kulturelle und institutionelle Anfälligkeit und Fragilität. Die Darstellung von Anfälligkeit und Fragilität spiegelt eine Diskussion um die Benennung der Anfälligkeit wider, die auch Aspekte wie Sensitivität oder Abhängig-

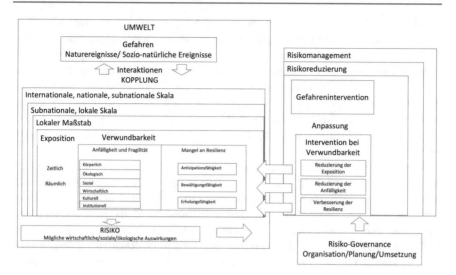

Abb. 7.19 MOVE-Rahmenwerk. (Birkmann et al., 2013)

keiten in anderen Studien beinhaltet. Die Fragilität oder Brüchigkeit ist hier als ergänzende Erklärungskomponente zur Anfälligkeit rein generell zu verstehen und grenzt diese von einer Anfälligkeit im Kontext von Naturgefahren wie Erdrutschen ab, die dort meistens mit Exposition gleichgesetzt wird. Interessant ist, dass die Verwundbarkeit durch ein Zusammenspiel zwischen der Anfälligkeit auf der einen Seite und einem Fehlen von Resilienz auf der anderen Seite dargestellt wird. Diese liegt noch einmal auf einer anderen Ebene als die Exposition, die hier aber noch als Teil der Verwundbarkeit verstanden wird, ebenso wie im BBC-Rahmenwerk. Interessant ist, dass die Exposition sowohl räumlich wie auch zeitlich ausgedrückt wird. Das Fehlen der Resilienz ist den gesellschaftlichen Systemen inhärent, ähnlich wie beim DROP-Modell von Susan Cutter. Ein Fehlen von Resilienz wird in den Bereichen der Fähigkeit vorherzusehen, zu bewältigen und sich zu erholen dargestellt. Aus der Interaktion der gesellschaftlichen Verfügbarkeiten mit den Gefahren, die sowohl natürliche Ereignisse als auch gesellschaftliche Ereignisse sein können, resultiert ein Risiko, dass potenziell wirtschaftliche, soziale oder Umweltauswirkungen haben kann. Dieses Risiko wirkt dann auf eine Risk Governance (Risikosteuerung) ein. Risk Governance kann durch Organisation, Planung und Implementierung wirken (Renn, 2008). Diese Risk Governance wiederum wird in diesem Rahmenwerk über die Frage der Anpassung hauptsächlich als externe Einflussgröße auf das verwundbare System der Umwelt und Gesellschaft explizit ausgedrückt. Das bedeutet auch, dass Anpassung der Handlungsbegriff und aktive Teil ist, der vielfältige Bereiche umfasst: zum einen die Bereiche der Intervention und Behandlung der Gefahren und zum anderen vor allem die Intervention und Behandlung der Verwundbarkeiten durch Reduktion der Exposition und Anfälligkeit und Verbesserung der Resilienz im System. Dies wird durch externe Anpassungsmaßnahmen gesteuert, die auf verschiedenen Ebenen sowohl Risikomanagement und Risikoreduzierung als auch verschiedenste Aspekte von Vorsorge, Vorbereitung, Transfer und Katastrophenmanagement beinhalten. Insgesamt ist dieses Rahmenwerk recht unübersichtlich und hilft vor allem, eine Vielzahl von Handlungsmaßnahmen und Fachbegriffen zu integrieren. Von anderen Rahmenwerken ist interessant, dass Anpassung als aktiver Teil zur Behandlung des Problems der Verwundbarkeit hervorgehoben wird, gesteuert durch Risk Governance. Resilienz verbleibt hier interessanterweise als passiver Bereich, an dem es einem verwundbaren System prinzipiell mangelt, was durch Anpassungsmaßnahmen verbessert werden kann.

Ein weiteres bekanntes Rahmenwerk für Resilienz im Katastrophenbereich stammt von Bernard Manyena et al. (2019). Diese haben bereits in Literaturanalysen zuvor Definitionen von Resilienz untersucht und Darstellungsformen der Resilienz sowohl als **Zurückspringen** (bounce back) als auch als vorwärtsgerichtete und **transformative Ausrichtung** (bounce forward) wahrgenommen. Dies drückt sich auch im **Integrierten Katastrophen-Resilienz-Rahmenwerk für Transformation** (Disaster Resilience Integrated Framework for Transformation, DRIFT) aus, in dem zwar das Wort „Resilienz" nicht explizit zu finden ist, jedoch im Bereich des Wandels stark verdeutlicht, durch die beiden Alternativen nach vorn oder zurück zu springen (Abb. 7.20).

Ansonsten stehen im Rahmenwerk vor allem Fähigkeiten im Zentrum, und es werden Interaktionen von Vorsorge und Antizipation aufgelistet, die mit Risikotreibern in Verbindung stehen, zu denen Gefahren, Exposition und Verwundbarkeit zählen. Die Exposition wird bereits explizit von der Verwundbarkeit ausgegliedert. Auf der rechten Seite (Abb. 7.20) wiederum ergibt sich eine Interaktion zwischen den Kapazitäten der Absorption und Anpassung, die dann in eine Transformation münden können, die wiederum in der Form des Wandels sich entweder vorwärts- oder rückwärtsgewandt ausdrückt. Beim Zurückspringen wird ein Rückkopplungsweg zu einer Erhaltung des Status quo und einer eher statischen oder reduzierten Bewältigungsfähigkeit dargestellt. Auf der linken Seite unten (Abb. 7.20) wird auch ein statisches oder vermindertes Verständnis der Risikotreiber postuliert. Wählt das System jedoch in der Transformation das Entwickeln oder Vorwärtsspringen, so wird in einem Feedbackpfeil bei den Kapazitäten eine Transformation des Status quo statt nur eine Erhaltung festgestellt, was zu einer erhöhten Kapazität des gesamten Systems führt. Auch die Risikotreiber werden hier mit einem verbesserten Verständnis gesehen.

Es gibt eine große Anzahl vieler weitere Rahmenwerke für Risiko und Resilienz, von denen viele auf den dargestellten aufbauen und diese erweitern oder noch weitere Bestandteile integrieren. Es gibt eine Reihe von Literature-Review-Aufsätzen, die einen Überblick über verschiedenste solche Raumwerke geben (Asadzadeh et al., 2017). Einzelne Rahmenwerke eignen sich in bestimmten Bereichen besonders. Zum Beispiel im Bereich der Dürre und Ernährungssicherung gibt es ein Rahmenwerk des UNDP (vom Entwicklungsprogramm der Vereinten Nationen): Das **TANGO-Rahmenwerk** verknüpft Risikoaspekte mit Lebensbedingungen und greift Aspekte aus dem DROP-Rahmenwerk auf (UNDP, 2013).

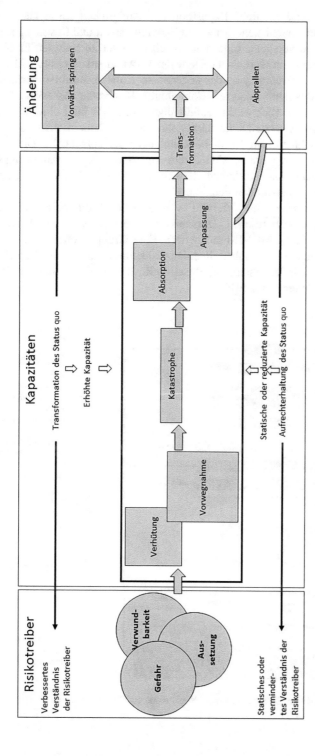

Abb. 7.20 Integriertes Katastrophen-Resilienz-Rahmenwerk für Transformation (Disaster Resilience Integrated Framework for Transformation, DRIFT). (Manyena et al., 2019)

Darin enthalten sind ebenfalls Exposition und Anfälligkeit sowie auch Lebensbedingungen und verschiedene Arten von Verwundbarkeit und Resilienz. Resilienz
wird hier als Pfad verstanden, der tendenziell positiver zu besseren Ernährungs-
sicherheitsbedingungen führt als die Pfade der Verwundbarkeit (Abb. 7.21).

Eine weitere Fortführung ist das sogenannte **CoBRA-Rahmenwerk,** das die
Gemeinschafts-Resilienz-Analyse (Community Resilience Assessment) unterstützt (UNDP, 2013). Hier wird ebenfalls über einen Zeitstrahl hinweg eine Analyse verschiedenster Bestandteile dargestellt, um die Gemeinschaft zu entweder
besseren oder schlechteren Resilienzbedingungen zu entwickeln. Die Aspekte,
die hierin untersucht werden, sind Stress und Schocks, die Anpassungs- und
Wandlungsfähigkeit von Haushalten, der externe politische Kontext, direkte Interventionen und Resilienzindikatoren.

Es gibt inzwischen eine Vielzahl von **Resilienzindikatoren** in den verschiedensten gesellschaftlichen Dimensionen, ähnlich wie bei Verwundbarkeitsindikatoren (z. B. MOVE-Framework). Eine Gruppe von Wissenschaftlern/
Wissenschaftlerinnen hat daher Resilienzindikatoren und eine Berechnungs-
methode für einen Index erstellt, die **Baseline Resilience Indicators for Communities** (BRIC) (Cutter et al., 2010):

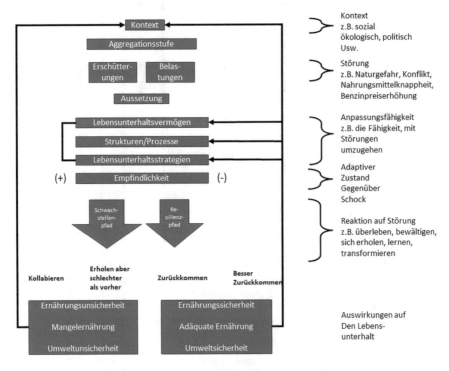

Abb. 7.21   TANGO Resilience Assessment Framework. (UNDP, 2013)

- Soziale Resilienz
- Wirtschaftliche Resilienz
- Institutionelle Resilienz
- Infrastrukturresilienz
- Gemeinschaftskapital
- Resilienz von Umweltsystemen

Da es so viel teilweise sich widersprechende Anschauungen von Resilienz gibt, haben wir einen Vermittlungsversuch vorgeschlagen, in dem die verschiedenen Sichtweisen integriert werden können.

Einerseits wird der Resilienz ein umfassender ganzheitlicher Anspruch zugeordnet, die Gesamtheit der Verhaltensweise eines Systems zu beschreiben. Das spiegelt Abb. 7.22 wider. Eine generelle **Resilienzfähigkeit** kann sowohl vor, während als auch nach einer Katastropheneinwirkung vorhanden sein, wirksam sein oder aufgebaut werden kann. So könnte man als ein resilientes System zum Beispiel eine Gemeinde oder Personengruppe verstehen, die Fähigkeiten zur Vorsorge und Vorbereitung auf Katastrophen ebenso wie Reaktionsfähigkeiten in einer Krise, Erholungs- und Anpassungsfähigkeit für die Zukunft besitzt. Möchte man Resilienz konzeptionell von   Risiko, Gefahr oder Verwundbarkeit trennen, kann man Resilienz in ihrem Kernwirken auf die Beobachtungsphase nach der Einwirkung einer Störung und in der Erholungsphase zuordnen. So könnte man argumentieren, dass sich Resilienz am besten dann beobachten lässt, wenn ein System so weit verändert ist, dass diese Veränderung erkannt werden kann, weil es zu einer Veränderung von Funktion oder Form des Systems kam. Natürlich ist die Darstellungsform als Zeitpfeil in einer linearen Darstellung nicht adäquat, um das

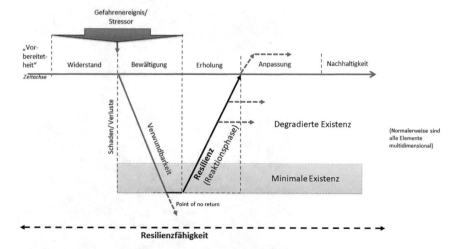

Abb. 7.22 Vermittlungsversuch zwischen den Anschauungen von Resilienz als Reaktionsphaseund allgemeinen Resilienzfähigkeiten in allen Phasen einer Krise. (Bogardi & Fekete, 2018)

tatsächliche dauernde Schwankungs- und Veränderungsverhalten eines resilienten Systems abzubilden, kann aber Schwankungen eines Systems über die Zeit darzustellen.

Der Vorsorgegedanke wird unter Resilienz stark in den Vordergrundgestellt, allerdings war Vorsorge auch bereits bei Katastrophenrisikomanagement oder Gefahrenabwehr schon immer ein wichtiger Bestandteil. Vorsorge kann sowohl privat erfolgen durch Einbau von Metallrahmen an Haustüren für die Aufnahme von Brettern bei einem Hochwasser wie in Beuel im Jahr 2020 (Abb. 7.23) als auch kommunal durch die Einsatzkräfte wie in Dresden im Jahr 2006 (Abb. 7.24).

Es gibt viele weitere wissenschaftliche Gremien und Arbeiten, die versucht haben, Resilienz konzeptionell zu beschreiben, und auch Vermittlungsvorschläge zwischen Natur- und Sozialwissenschaften vorgeschlagen haben. Das 4R-Modell aus der Erdbebenforschung wird gerne als Einführungsbeispiel für die praktische Anwendung von Resilienz herangezogen. Es versammelt folgende Kernmerkmale (Bruneau et al., 2003):

- Redundancy (Redundanz)
- Robustness (Robustheit)
- Rapidity (Schnelligkeit)
- Resources (Ressourcen)

Abb. 7.23 Einbau vonMetallrahmen an Haustürenfür die Aufnahme vonBrettern bei einemHochwasser in Beuel (2020)

Abb. 7.24 Vorsorge durchEinsatzkräfte mit Sandsäckenin Dresden (2006)

Robustheit hat viel mit Widerstandsfähigkeit zu tun, indem ein System möglichst lange versucht, einer Störungseinwirkung zu widerstehen. Redundanzen sind Alternativen, Rückhaltepolster oder Puffer, die eine Veränderung ausgleichen. Ressourcen stellen mögliche alternative organisatorische oder strukturelle Maßnahmen dar, die außerhalb der geplanten Maßnahmen noch wirken können. Und die Schnelligkeit bezieht sich auf die Zeitfaktoren, die in der Dynamik und Veränderung der Charakteristik der Resilienz stark entsprechen.

Es gibt weitere ähnliche Zusammenstellungen in den Sozialwissenschaften, um einen Schwerpunkt auf die menschliche Komponente darzustellen, beispielsweise die 4E-Liste (Edwards, 2009):

- Engagement
- Education
- Empowerment
- Encouragement

Man hat zum Beispiel festgestellt, dass ein häufiges Problem gar nicht ein Mangel an Ressourcen oder Maßnahmen ist, sondern dass sehr viele Menschen entweder keinen Zugang zu Informationen haben, in Entscheidungsprozesse nicht eingebunden werden, um Risiken zu vermeiden oder Sicherheitsmaßnahmen zu erstellen, oder es an Bildung und Informationen fehlt .

Ein Rahmenwerk für die seismische Resilienz gegenüber Erdbeben, insbesondere im Zusammenhang mit Aspekten der damals stark aufkommenden Untersuchung der **Community-Resilienz** und **kritischen Infrastruktur,** wurde interdisziplinär von Experten aus technischen wie sozialen Fachbereichen erstellt (Bruneau et al., 2003). Es ist eine der umfassendsten Darstellungen, was die Integration von vier verschiedenen Dimensionen einer Resilienz mit sozialem und technischem Bezug angeht. Im Gegensatz zu anderen hier dargestellten Rahmenwerken hat dieses keine umfassende grafische Darstellung, sondern arbeitet stattdessen mit verschiedenen Komponenten, die in der Studie auch in Tabellen weiter detailliert ausgeführt werden. In Tab. 7.3 werden die Hauptmerkmale dieses Rahmenwerks dargestellt. Es beginnt mit verschiedenen Messgrößen, um Resilienz festzustellen. Dazu zählen beispielsweise verringerte Versagens- oder Fehlerwahrscheinlichkeiten und Schäden sowie eine schnellere Wiederherstellungszeit. Dies verdeutlicht auch den gesamten Ansatz und die Denkweise, die zum damaligen Zeitpunkt noch stark von dem Verständnis von Resilienz im Sinne eines Einbruchs eines Systems bezüglich einer Gefahreneinwirkung und einer Erholungskurve geprägt waren. Dies ist auch typisch für eher technisch und physisch ausgerichtete Studien im Bereich der Erdbebenforschung. Diese Messgrößen werden durch die Ziele von Robustheit und Schnelligkeit erreicht, die wiederum durch die Mittel Einfallsreichtum und Redundanzen erzielt werden. Die Robustheit wird einerseits als Widerstandsfähigkeit und andererseits als Beibehaltung der Funktionsfähigkeit verstanden. Die Schnelligkeit wird als Rückkehr zur Normalität verstanden. Die Mittel des Einfallsreichtums bestehen aus allen Arten, Ressourcen zu mobilisieren. Und Redundanzen sind Alternativen und Rückfallebenen. Dies findet statt für vier Dimensionen der Resilienz: technische, organisationale, soziale und wirtschaftliche. Auch hier stehen technische Aspekte deutlich im Vordergrund, auch wenn sie durch drei soziale Aspekte ergänzt werden.

Eine Erweiterung dieses Ansatzes stellt das PEOPLES-Rahmenwerk dar, das hauptsächlich den Anspruch hat, multiple Faktoren und Ebenen der Resilienz nach dem oben dargestellten Muster zusammenzuführen und zu operationalisieren. Diese Ebenen entsprechen auch den Dimensionen der Verwundbarkeit und anderen Resilienzansätzen und umfassen bei PEOPLES (Renschler et al., 2010):

- Bevölkerung (population)
- Umwelt (environmental)
- Organisationen (organizational)
- Physisch (physical)
- Lebensstil (lifestyle)
- Wirtschaft (economic)
- Sozial und kulturell (social/cultural)

Resilienz und wissenschaftlicher Ansatz
Resilienz ist wissenschaftlich gesehen vor allem deswegen interessant, weil es den Blickwinkel stark auf dynamische Veränderungen umlenkt. Trotz aller Be-

Tab. 7.3 Zusammenfassung von „Ein Rahmenwerk zur quantitativen Bewertung und Verbesserung der Erdbebensicherheit von Gemeinden" der Widerstandsfähigkeit sowohl für physische als auch für soziale Systeme. (Nach Bruneau et al., 2003)

Maße der Resilienz	Quantitative Maße der Ziele	Mittel	Dimensionen der gemeinschaftlichen Resilienz
Geringere Fehlerwahrscheinlichkeit, geringere Folgen von Fehlern Reduzierte Zeit bis zur Wiederherstellung	Robustheit Schnelligkeit	Einfallsreichtum und Redundanz	Technisch, organisatorisch Sozial Wirtschaftlich

Erläuterungen	
Maße der Resilienz	Reduzierte Ausfallwahrscheinlichkeit Verringerung der Folgen von Ausfällen in Form von verlorenen Menschenleben, Schäden und negativen wirtschaftlichen und sozialen Folgen Verkürzte Zeit bis zur Wiederherstellung (Wiederherstellung eines bestimmten Systems oder einer Reihe von Systemen auf ihrem „normalen" Leistungsniveau)
Quantitative Maße der Ziele	Robustheit: Stärke bzw. die Fähigkeit von Elementen, Systemen etc. Analyseeinheiten, einer bestimmten Belastung oder Beanspruchung standzuhalten, ohne dass es zu Beeinträchtigung oder Verlust der Funktionsfähigkeit kommt Schnelligkeit: Die Fähigkeit, Prioritäten zu erfüllen und Ziele rechtzeitig zu erreichen, um Verluste zu begrenzen und künftige Störungen zu vermeiden
Mittel	Redundanz: Das Ausmaß, in dem Elemente, Systeme oder andere Analyseeinheiten vorhanden sind, die austauschbar sind, d. h. die funktionalen Anforderungen erfüllen können bei Unterbrechung, Beeinträchtigung oder Verlust der Funktionsfähigkeit Einfallsreichtum: Die Fähigkeit, Probleme zu erkennen, Prioritäten zu setzen und Ressourcen zu mobilisieren und zu identifizieren, wenn Bedingungen bestehen, die ein Element, ein System oder eine andere Analyseeinheit zu stören drohen; Ressourcenreichtum kann weiter gefasst werden als die Fähigkeit, materielle (d. h. monetäre, physische, technologische und informationelle) und menschliche Ressourcen einzusetzen, um festgelegte Prioritäten zu erfüllen und Ziele zu erreichen
Dimensionen der gemeinschaftlichen Resilienz	Technisch: Fähigkeit physischer Systeme (einschließlich Komponenten, ihrer Verbindungen und Interaktionen sowie ganze Systeme) Organisatorisch: Die Fähigkeit von Organisationen, die kritische Einrichtungen verwalten und für die Ausführung kritischer katastrophenbezogener Funktionen zuständig sind, Entscheidungen zu treffen und Maßnahmen zu ergreifen Sozial: Verringerung des Ausmaßes der negativen Folgen aufgrund des Verlusts kritischer Dienste Wirtschaftlich: Verringerung direkter und indirekter wirtschaftlichen Verluste

mühungen zuvor hat man unter Risiko, Gefahr und Schutz doch hauptsächlich statische Anordnungen und räumliche Einzelausschnitte untersucht. Resilienz ist auch interessant, weil es um sich ständig verändernde Systeme und Zusammenhänge geht, die gerade für Krisen und Katastrophenereignisse typisch sind (Abb. 7.25).

Für den Bereich kritische Infrastruktur in Verbindung mit sozialen Aspekten ist das Rahmenwerk von Bruneau et al. (2003) noch immer eines der integrativsten. Jedoch haben sich innerhalb der Resilienzdebatte viele inzwischen dafür ausgesprochen, Resilienz nicht nur als reines Zurückspringen oder als Widerstandsfähigkeit, sondern stärker als vorwärtsgerichtete und dynamische Veränderungskomponente zu verstehen. Ein Rahmenwerk für Resilienz muss zudem noch weitere Dimensionen aufnehmen. Im Folgenden wird ein Vorschlag gemacht, der mit den Dimensionen der Resilienz eine Vielfalt darstellt, die zu anderen Rahmenwerken zur Resilienz und auch Verwundbarkeit passt. Dies umfasst auch ökologische Aspekte oder den Blick auf individuelle menschliche Eigenschaften und Bedürfnisse, die im Rahmenwerk von Bruneau und Kollegen noch fehlen. Es gibt eine solche Vielzahl weiterer Dimensionen, zum Beispiel die wissenschaftliche oder Bildung, dass sie hier nur unter „weitere" angedeutet werden und frei ergänzt werden können bei der Anwendung des Rahmenwerks (Tab. 7.4). Die Ziele beinhalten alle Phasen und damit verbundenen konzeptionellen Begriffe der Resilienz, wie sie vom Anfang einer Beeinträchtigung durch eine Gefahr oder einen Stressor bis hin zur Veränderung auch in gängigen Resilienzdefinitionen, zum Beispiel der Vereinten Nationen (UNDRR Terminology), enthalten sind. Das beinhaltet die Widerstandsfähigkeit und nach einem weiteren Zeitverlauf eine Pufferung und Verzögerungsfähigkeit der Einwirkung einer Gefahr, das Durchhalten auf einem verminderten Niveau, dann die Erholungsphase, in der sich das System mittel- und langfristig zwar verändert, aber seine haupt-

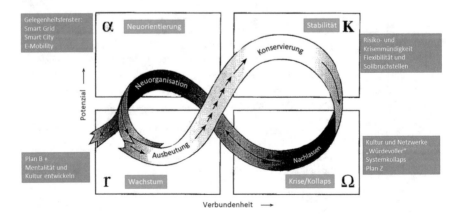

Abb. 7.25 Verschiedene Wachstums- und Schrumpfungsphasen eines Systems. (Erweitert nach Holling, 2001)

Tab. 7.4 Vorschlag für Bestandteile eines integrativen Rahmenwerks der Resilienz

Dimensionen der Resilienz (Beispiele)	Phasen und konzeptionelle Ziele	Mittel, Fähigkeiten/ Kapazitäten (Ressourcen und Fähigkeiten)	Maßnahmen
Gesellschaftlich Menschliches Individuum Ökologisch Organisatorisch/Institutionell Physisch/technisch Wirtschaftlich	Sensibilität/ Reagieren Widerstehen Puffern, verzögern Aushalten, halten Wiederherstellen Anpassen Transformieren Entwicklungsphasen: • Wachstum • Stabilität • Zusammenbruch • Umgestaltung	Bewusstheit Sensibilität für Auswirkungen Soziale Befähigung Governance und gesellschaftlicher Rahmen Mentalität und Kultur Einfallsreichtum, Kreativität Ermutigung, Engagement, Befähigung Bildung, Informationen Austausch, Kommunikation Wissen Technische Fähigkeiten Sensibilität für Anfälligkeiten und Verwundbarkeit und Reaktion auf Schwachstellen Härtung, Robustheit (Erhaltung der Hauptfunktionalität) Dynamik/Flexibilität/ Schnelligkeit Redundanz/Backups, Alternativen Lernen, Entwicklung/ Coevolution Grundlegende Veränderung	Geringere Folgen der Auswirkungen Verkürzte Anpassungs- oder Erholungszeit (bounce back) Qualität des Wandels (Anpassung oder Umwandlung, Aufschwung) Art des Entwicklungspfads (direkt, auf Umwegen)

sächliche Funktionsfähigkeit beibehält. Schließlich kann das System in einem schlechteren, gleichen oder besseren Zustand als zuvor aus der Veränderung hervorkommen. Dazu gehören die Begriffe „Anpassung" oder „Transformation". Diese Ziele werden durch verschiedene Mittel analog zum Rahmenwerk von Bruneau und Kollegen erzielt. Jedoch sind sie umfassender und werden unter den Begriffen „Fähigkeiten" und „Kapazitäten" zusammengefasst. Dies beinhaltet Ressourcen und Können in vielen Bereichen, wo hier für soziale Fähigkeiten die Aspekte von Edwards beispielhaft übernommen werden. Ergänzt werden weitere Ressourcen und Fähigkeiten wie etwa Informationen, Bildung und Wissen. Zum anderen müssen auch die Rahmenbedingungen gegeben werden, um dies gesellschaftlich zu ermöglichen und Menschen zu ermutigen. Damit sind auch Fragen der Governance und Rahmenbedingungen enthalten. Neben den Kommunikationsaspekten sind auch technische Fähigkeiten zu nennen. Im Sinne einer **Community-Resilienz** wären hier sicherlich alle Variablen für Indikatorenansätze zu bedenken, die aus der Verwundbarkeitsforschung bereits in Resilienz überführt wurden (Cutter et al., 2008). Schließlich wurden weitere Mittel neu eingeordnet. Die Robustheit, um das System und seine Hauptfunktionalität zu gewährleisten, ist zum Beispiel ein Mittel, um diese Widerstandsfähigkeit herzustellen oder zu gewährleisten. Weitere wichtige Mittel sind Dynamiken und Flexibilität, um Schnelligkeit etc. zu ermöglichen. Schnelligkeit bezieht sich nicht nur über Infrastruktur auf eine Wiederherstellungszeit, sondern auch auf eine Veränderungs- und Anpassungszeit. Redundanzen und Backups wie auch andere Formen von Alternativen sind sicherlich eine wichtige, aber auch nur eine Möglichkeit für die Veränderungsfähigkeit von Menschen und Systemen. Dazu zählen dann auch die Lernfähigkeit, die Entwicklungsfähigkeit oder Coevolution, die auch fundamentale Veränderungen beinhalten können.

Die Messgrößen, um eine Resilienz feststellen zu können, beinhalten wie bei Bruneau und Kollegen reduzierte Auswirkungen von Stressoreneinwirkungen und schnellere Anpassungs- oder Erholungsfähigkeiten. Jedoch muss auch die Qualität der Veränderung als Ziel ergänzt werden, die oft nicht nur rein quantitativ ausgedrückt werden kann. In welcher Weise eine Anpassung oder Transformation und damit ein „Vorwärtsspringen" geschieht, kann direkt, auf Umwegen oder auch azyklisch geschehen. Und die Qualität einer Veränderung wird sicherlich von verschiedenen Personengruppen oder auch Perspektiven auf technische Systeme von verschiedenen Akteuren unterschiedlich bewertet. Damit verbindet sich eine Definition der Resilienz auch mit einer Definition der Transformation, die einerseits Transformation neutral als Veränderung oder andererseits als aktivierende Form der Gesellschaft verstehen kann (Abschn. 7.4).

Resilienz im Interesse von Politik und Risikomanagement
Resilienz ist aber auch bei Entscheidungsträgern/-trägerinnen und in der Praxis aktuell gefragt, da es neue Möglichkeiten eröffnet. Im Risikomanagement der Wirtschaft und Industrie ist Resilienz im Grunde genommen der Denkweise des **Business Continuity Management (BCM)** (BSI, 2022) und des agilen Managements nahe oder wird zumindest dort einsortiert. Gegenüber der Risikoanalyse, die im wirtschaftlichen Kontext meist eine rein finanzielle Einschätzung von Gewinn und Verlust darstellt, lenkt Resilienz den Blick auf die Bedeutung der Investitionen von Ressourcen in Fortbestand der Funktionsfähigkeit eines Unternehmens. Damit ist es dem BCM in der Denkweise sehr ähnlich und lässt sich leicht integrieren. Bezüglich der Organisationsform von Unternehmen und insbesondere auch ihrer

Sicherheitsabteilungen ist Resilienz dahingehend interessant, dass es mit **agilem Management** gleichgesetzt wird. Das agile Management ist ein Gegenentwurf zu starren Stabsmodellen oder starren Vorsorgedenkweisen. Statt vorsorglich Strukturen oder Ressourcen vorzuhalten, die viel Geld kosten und meist doch nie genutzt werden, legt man das Prinzip Hoffnung in die Hände von Projektmitarbeitern/-mitarbeiterinnen, die es ohnehin gewohnt sind, ein Produkt ad hoc neu zu entwickeln. So soll auch dementsprechend eine Krise oder Katastrophe spontan und agil angegangen werden. Einerseits hilft das, gegen den Aufbau starrer Strukturen und für flexible Mechanismen und Maßnahmen wie zum Beispiel generelle Finanzfonds, die für alle möglichen Zwecke im Bedarfsfall genutzt werden können, zu argumentieren. Andererseits wird damit auch eine andere Denkweise transportiert, und zwar dass man hundertprozentige Sicherheit, Stabilität und Schutz sowieso nicht gewährleisten kann und sich auf den Umgang mit Unsicherheiten einstellen muss. Dieser Umgang mit **Unsicherheiten** ist auch in vielen anderen Bereichen ein wichtiges Kennzeichen von Resilienz – im Gegensatz zu Risiko, das im Bereich der Anlagensicherheit und Finanzwirtschaft vor allem als berechenbare Größe wahrgenommen wurde, wovon noch Restrisiken abgegrenzt wurden und der Bereich der Unsicherheit ganz außen vorgelassen wurde. Unter Resilienz wird Unsicherheit also nicht nur konkret benannt, sondern scheint sogar in einen Maßnahmen- und Managementplan integrierbar zu sein.

Auch Regierungen und Behörden interessieren sich inzwischen sehr für Resilienz, weil es andere Arten von Flexibilität ermöglicht. Ein wichtiger Aspekt ist dabei das Überwinden einzelner Zuständigkeitsbereiche und damit das Einführen einer neuen Denkweise, **sektorübergreifend** denken und arbeiten zu können. Resilienz ist damit ein reizvoller Alternativbegriff etwa für Politiker/innen, die festgefahrene Denkweisen und Ressourcen mobilisieren möchten. Das passt zum ganzheitlichen Denken, das von den Vereinten Nationen und internationalen Organisationen gefordert wird. Viele Krisen und Katastrophen sind gerade dadurch definiert, dass sie alle Vorbereitungen übertreffen und dass einzelne Personen, Abteilungen oder auch Kommunen sie nicht mehr bewältigen können. Also ist es schlüssig, Denkweisen und Konzepte aufzubauen, die alle Ressourcen und möglichst alle Akteure/Akteurinnen integrieren und erreichen, denn gerade bei Einzelmaßnahmen und sektoralen Zuständigkeiten zeigen sich immer wieder die Grenzen, wenn Krisen und Katastrophen genau diese passgenauen Maßnahmen überwinden. Das können Landesgrenzen oder auch fachliche Zuständigkeitsbereiche sein.

Resilienz in dieser Verwendung hat aber auch gewisse **Nachteile,** die bislang noch weit weniger kommuniziert werden. Ein Nachteil ist das Dilemma, ob man nun gießkannenartig in der Breite weiter das finanziert, was man schon immer finanziert hat, oder ob man nicht mehr spezielle einzelne Fachbereiche finanziert und damit erhält. Auch in der Klimawandelanpassung kennt man die Diskussion, dass man aufgrund der Vielzahl möglicher Veränderungen und angesichts einer

Unübersichtlichkeit, was sich tatsächlich wie und wo konkret verändert, darauf zurückfällt, altbekannte Muster weiterzufinanzieren. Das Gießkannenprinzip hat dabei auch viele Vorteile, wenn zum Beispiel mit Feuerwehr und Rettungsdienst all jene weiter unterstützt werden, die in egal welcher Art von Notfall oder Krise handeln und befähigt werden sollen. Im Prinzip stimmt dies auch, nur sind gerade diese Einsatzkräfte häufig nur auf alltägliche Gefahrenlagen vorbereitet und eben nicht auf Krisen und Katastrophen, die seltener vorkommen. Man könnte dafür genügend Einsatz- und Vorfallbeispiele aufzählen, wichtiger ist es aber, bei Resilienz die konzeptionelle Alternative zu überlegen. Statt nach dem Gießkannenprinzip könnte man auch Spezialisten/Spezialistinnen ausbilden, aber auch diesbezüglich haben sich bereits Probleme gezeigt. Ein Problem des **Spezialistentums** im Vergleich zu **Generalisten** sind die sehr begrenzte Überblickssicht und das Bearbeiten fachübergreifender Zusammenhänge. Wenn man reine Fachexperten/-expertinnen und Zuständigkeiten nur für Hochwasser ausbildet, muss man darauf achten, dass diese ebenfalls für jene Gefahrenarten und Risiken ausgebildet werden, die aktuell nicht passiert sind. Und es wichtig, dass sich diese Spezialisten/Spezialistinnen miteinander austauschen und vernetzen. Man kann daher nicht eindeutig sagen, welche Denkweise die richtige oder falsche ist; das ist auch nicht wissenschaftlich. Wichtig ist aber, bei jeder Argumentation für Resilienz auch mögliche Nachteile darzustellen, egal in welche Richtung sie sich entwickeln könnten, entweder in Richtung Gießkannenprinzip oder in Richtung zu starker Spezialisierung.

Ein weiterer Nachteil von Resilienz ist die **ungewollte Resilienz** bestimmter Akteure/Akteurinnen oder Gruppen, die sich möglicherweise viel schneller resilient verhalten können als gedacht oder gewünscht. Kriminelle Gruppen beispielsweise, die unauffällig im Untergrund leben müssen, sind möglicherweise viel besser darin geschult, mit Widrigkeiten und ständigen Veränderungen umzugehen. Sie weisen also möglicherweise eine viel höhere Resilienz auf als andere Teile der Gesellschaft, und man muss untersuchen, ob bei bestimmten Vorfällen wie Krisen und Katastrophen, aber auch bei bestimmten Sicherheitsmaßnahmen, nicht viel mehr von dieser Art von Resilienz, auch unbeabsichtigt, gestärkt wird.

Ein weiterer Punkt ist, dass mit der Einführung eines neuen Konzepts immer überlegt werden muss, ob ein altes Konzept durch ein neues ersetzt oder das neue Konzept vernünftig **integriert** wird. Bei Resilienz ist hauptsächlich zu beobachten, dass der neue Begriff als neuer Name dem Risikobegriff einfach übergestülpt wird. Es gibt aber auch gute Ansätze, beide Konzepte, Risiko und Resilienz, zu integrieren.

Bei einer Einführung eines neuen Konzepts ist außerdem zu beachten, dass andere Konzepte nun aber möglicherweise weniger Aufmerksamkeit und Förderung erhalten. Resilienz ist hierbei in einem Bereich, in dem überwiegend Unwissen herrscht und es viele Forschungslücken gibt. Daher muss man durchaus kritisch beobachten, dass viele nun gezwungen sind, ihre **Begrifflichkeiten um-zubenennen,** um weiterhin Förderung zu erhalten. Dadurch wird der wesentliche Erkenntnisgewinn nicht gesteigert, sondern es führt nur zu einer sprachlichen Vermischung und zu Unsauberkeiten in der konzeptionellen Bearbeitung. Es gibt zum Beispiel weiterhin keinerlei Einigkeit, ob und wie man Resilienz von Verwundbarkeit oder anderen Arten von Bewältigung und Anpassungsfähigkeiten konzeptionell unterscheidet. Für Berechnungsmodelle ist dies jedoch unerlässlich.

Trotz aller Bedenken und Möglichkeiten für Problemstellen soll wieder darauf hingewiesen werden, dass dies jetzt als Fazit nicht dazu führen soll, Resilienz abzulehnen. Im Gegenteil, Resilienz hat viele wichtige Impulse gebracht, und es ist sehr erfreulich, dass sich auch in Deutschland nach ungefähr 15 Jahren Verzögerung Resilienz als Konzept verbreitet hat. Es wäre nun aber wünschenswert, dass die deutsche Forschung nicht wieder 15 Jahre hinterherhängt und rechtzeitig auch die aktuellen Konzepte und Ideen aufgreift und mitentwickelt, unter anderem Transformationsforschung, Compounding Effects und kaskadierende Ereignisse.

Urbane Resilienz ist insbesondere für Stadtplaner und -entwickler und in der Raumordnung interessant, um neue Ideen zur Gesamteinschätzung von Sicherheits-, Umwelt- und anderen gesellschaftlichen Fragen zu integrieren. Siedlungsgebiete sind auch für alle anderen Akteure innerhalb der Gefahrenabwehr und im Katastrophenmanagement besonders relevant, da dort viele Menschen und auch Einsatzressourcen exponiert sind. Katastrophen und Naturgefahren wirken sich aber auch auf die Landnutzung zum Beispiel in der Landwirtschaft aus; zudem leben viele Menschen im ländlichen Raum. Deswegen ist eine Verbindung von Stadt und Umland notwendig. Urbane Resilienz greift aber auch weitere Gedanken der Stadtforschung auf, wie zum Beispiel Konzepte der Nachhaltigkeit, des globalen Wandels, der Mobilität oder Modularität.

Innerhalb der Stadt- und **Raumplanung,** aber auch der Stadtentwicklungsforschung befasst man sich ebenfalls mit vielen Aspekten der Risiko- und Katastrophenforschung. Die Raumplanung ist in Deutschland eines der langfristigsten und wirksamsten Instrumente, um durch Bebauungsgebote zum Beispiel bei Überflutungszonen Risiken zu vermeiden. Es gibt international einen starken Schwerpunkt auf Megastädte und urbanisierte Zentren, da dort bei Naturgefahren wie Erdbeben oder Hochwasser die weltweit höchsten Todeszahlen entstehen.

Großstädte sind häufig hochverdichtete Räume, in denen sich Verwundbarkeiten durch die hohe Anzahl an Menschen und Infrastruktur kumulieren. Einheitliche Stadtviertel mit schachbrettartigen Anlagen (Abb. 7.26) haben ihre eigenen Anforderungen an Erreichbarkeit, wenn sie weitläufig und vom Autoverkehr abhängig sind. Neue Stadtviertel werden an den bislang freigehaltenen Gebirgsrand in Erdbebenzonen gebaut und bergen durch ihre Verdichtung bei Hochhäusern

Abb. 7.26 Erkennbares Schachbrettmuster einer Großstadt (Teheran 2018)

eigene Risiken durch die Exposition (Abb. 7.27). Andere Großstädte haben am
Siedlungsrand mitunter niedrigere Geschosszahlen, dadurch andere soziale Verhältnisse und damit auch Verwundbarkeiten als im Stadtzentrum mit Hochhaus-
bebauung, auch bei Hanglagen (Abb. 7.28, 7.29, 7.30). Innerorts tragen Verkehr
und Erreichbarkeit zur Differenzierung von Verwundbarkeit wie auch Gefahren-
exposition bei (Abb. 7.31)

So wichtig die Forschung für die **großen Städte** auch ist, zeigt sich inzwischen ein Trend dahingehend, kleinere Städte oder periphere Umgebungen
von Urbanisierungszentren stärker in den wissenschaftlichen Fokus zu rücken. Es
gibt ebenfalls eine stark ausgeprägte Form der wissenschaftlichen Untersuchung
von **ländlichen Räumen** und ihrer Interaktion mit Risiken, zum Beispiel landwirtschaftlichen Risiken durch Dürre oder Überschwemmungen. Rein thematisch
ergibt sich hier bereits ein etwas anderer Fokus auf Landwirtschaft und Umwelt-
ressourcen als bei der Betrachtung von Städten und urbanen Zentren. Auffällig ist,
dass es vergleichsweise wenig Forschung gibt, die die Interaktion zwischen urbanen und ländlichen Räumen bezüglich der Risiken explizit betrachtet. Dabei sind
nicht nur Pendlerbewegungen und alle Arten von gegenseitigen Abhängigkeiten
von Ressourcen und Produkten ein wesentliches Merkmal der **Stadt-Umland-
Forschung** (urban/rural). Das bedingt auch einen verstärkten Forschungsblick
auf kritische Infrastrukturen und Kaskadeneffekte nicht nur zwischen einzelnen
technischen Elementen, sondern ganzen Räumen, zum Beispiel zwischen Einzugsgebieten (oft im ruralen Raum), Übertragungsgebieten, in denen weitere Kaska-

Abb. 7.27 Neue Hochhaussiedlung in Teheran (Iran 2018)

Abb. 7.28 Unterschiedliche Geschosszahlen und dadurch andere soziale Verhältnisse und Verwundbarkeiten am Stadtrand von Wanadsor (Armenien 2009)

Abb. 7.29 Siedlung in Hanglage in Brasilien (Rio de Janeiro 2011)

Abb. 7.30 Unterschiedliche Bebauung und Geschosshöhen in Hongkong (2007)

Abb. 7.31 Verstopfte Straße in Jakarta (2016)

den zum Beispiel durch hochwasserüberschwemmtes Ackerland ausgelöst werden können, bis hin zur betroffenen Kommune, die entweder städtisch oder ländlich sein kann (Abb. 7.32).

Relevant ist dieser Übergangsbereich vor allem auch dort, wo er von sich ausbreitender Urbanisierung erfasst wird. Dieser sogenannte periurbane Siedlungsbereich ist am Rand vieler Großstädte durch einen hohen Siedlungsdruck gekennzeichnet und wächst zum Teil in Naturgefahrenbereiche hinein, die bei der Anlage der ursprünglichen Stadt gemieden wurden. Oder es sind Naherholungszonen mit besseren klimatischen Bedingungen in vielen ariden Gebieten und damit von den wohlhabenderen Schichten bevorzugt, was aber ebenfalls in einer sozialen Stratifizierung und damit unterschiedlichen Verteilung der Verwundbarkeit resultiert. Am Rande von Santiago de Chile haben sich zum Beispiel sowohl wohlhabendere als auch ärmere Viertel ergeben. Erstere haben Wasseranschluss an das Leitungssystem, während letztere von Lieferungen durch Tankwagen abhängig sind. Nach längeren Dürreperioden treten Überschwemmungen auf den eingetrockneten Böden dann umso stärker auf und zerstören auch die Wasserleitungen und Zufahrtswege. Tankwagenlieferungen werden in der Folge teurer. Dieses Beispiel ist eine Anleitung für Risikoanalysen auch in anderen Räumen, in denen Infrastruktur und soziale Verwundbarkeit eng zusammenhängen und untersucht werden müssen. Neben der Betroffenheit vor Ort sind periurbane Räume oft durch die Pendler/ Pendlerinnen, aber auch durch die Leitungssysteme miteinander verbunden. Daher

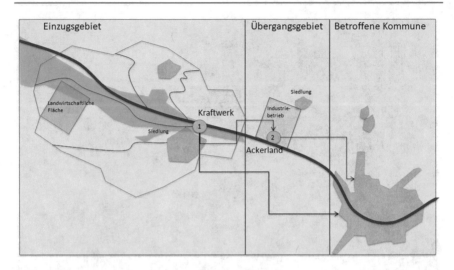

Abb. 7.32 Schematische Darstellung räumlicher Kaskaden und gegenseitiger Abhängigkeitenvon Einzugsgebieten der Gefahren- oder Kaskadenentstehung, Übertragungsgebieten und Auswirkungsgebieten.Kaskaden können beispielsweise aufgrund des Ausfall eines Kraftwerks imEinzugsgebiet der Überschwemmung oder dadurch ausgefallener Stromversorgung für einenIndustriebetrieb entstehen

müssen solche räumlichen Interdependenzen neben dem reinen Fokus auf Großstädte künftig stärker untersucht werden, ob im In- oder Ausland (Abb. 7.33).

Innerhalb der Geographie und Raumforschung sind Urbanität und Naturgefahren zwar schon lange ein Thema, jedoch wird dort der Bezug zum Thema Risiko- oder Katastrophenforschung eher am Rande gesetzt. Ein weiteres Merkmal gegenüber anderen hier genannten Themenbereichen ist der Fokus auf abgrenzbare administrative Landnutzungsklassen wie auf **Bausubstanz** und **Baustruktur,** die hier stärker im Fokus stehen als in anderen genannten Bereichen. Hier gilt es, noch stärkere Verknüpfungen zum Beispiel zum Thema der kritischen Infrastruktur, der Integration von Behörden, Organisation der Sicherheit und Gefahrenabwehr in Masterpläne für die Stadtplanung zu integrieren. Dabei sind verstärkt Unterschiede, aber auch Zusammenhänge zwischen städtischen und ländlichen Räumen zu beachten.

Der ländliche (rurale) Raum ist durch teilweise anders gelagerte Gefahren und Risiken betroffen als der urbane Raum. Die Abhängigkeit von einzelnen Verbindungstraßen ist größer. Viehwirtschaft (Abb. 7.34) trägt durch Abweidung zu Erosion und damit Verlust an Vegetation als Rückhalt für Bodenfeuchte bei und kann damit unter anderem Erdrutsche begünstigen (Abb. 7.35). Die Lebensbedingungen in Wellblechhütten im ariden Raum (Abb. 7.36) oder bäuerliche Siedlungen im tropischen Raum (Abb. 7.37) sind Unwetter teilweise stärker ausgesetzt, und die Vorsorge muss stärker noch als im Urbanen angepasst werden.

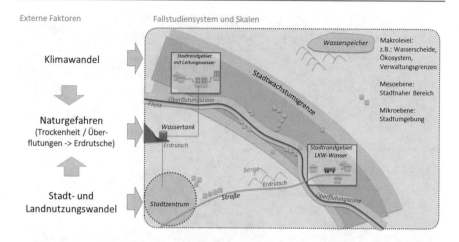

Abb. 7.33 Periurbane Wachstumszone, die durch Infrastruktur und Pendler/Pendlerinnen mit der Großstadt im Austausch bleibt. Unterschiedliche Siedlungen sind dabei wohlhabender und mit Wasserleitungen in Santiago de Chile versorgt oder werden mit Tankwagen beliefert. Die Lieferwege werden durch Hochwasser, die auf Dürren folgen, bedroht. Diese Exposition und die Naturgefahren werden dabei sowohl durch den Klimawandel als auch durch Verstädterung und Siedlungsdruck verstärkt

Abb. 7.34 Schafherde auf einer ländlichen Straße im Iran (2002)

Abb. 7.35   Erdrutsch als Folge abweidungsbedingter Erosion im Iran (2002)

Abb. 7.36   Wellblechhütte in Namibia (2003)

Abb. 7.37 Siedlung im tropischen Raum (Myanmar 2016)

Auch im Bereich der urbanen Resilienz gibt es einige Rahmenwerke. Ein relativ bekanntes ist das Rahmenwerk für Resilienz von Städten (City Resilience Framework), das im Zuge einer Initiative für resiliente Städte privatwirtschaftlich in den USA entwickelt wurde (Arup & Rockefeller Foundation, 2015; Abb. 7.38).

Die Vereinten Nationen hatten auch in den 2010er-Jahren eine große Kampagne zur Stärkung resilienter Städte (UNISDR, 2012), und viele Organisationen haben sich in diesem Zuge gegründet und Resilienzstrategien oder Förderprogramme insbesondere für Städte entworfen. Das Rahmenwerk für Resilienz von Städten zeigt vier Sektoren auf, in denen die Dimensionen Gesundheit und Wohlbefinden, Wirtschaft und Gesellschaft, städtisches System und Dienstleistungen sowie Führung und Strategie ausgewiesen sind. Wie bei einer Wählscheibe und analog zum Notfallmanagementzyklus von 1979 (Whittaker, 1979) beinhalten die inneren Scheiben verschiedene Schlagwörter, die Komponenten der Resilienz darstellen. Resilienz ist im urbanen Verständnis durch die Komponenten abgebildet, ob Resilienz integriert, inklusiv, Ressourcen ausnutzend, flexibel, redundant, robust oder reflexiv ist. Hinter diesen Begriffen stecken jeweils theoretische Konzepte, die ihrerseits viel wissenschaftliche Diskussion, aber auch politische Aufmerksamkeit erfahren haben. Ein Beispiel ist der Ansatz der Inklusivität, der beschreibt, wie eine Diversität in der Gesellschaft besser integriert werden sollte, was verwundbare Gruppen, aber auch alle anderen Gesellschaftsgruppen angeht. Zu diesen vier Dimensionen werden jeweils drei Unterkomponenten als Zielvorstellungen für diese Dimensionen ergänzt, unter anderem die Reduktion von Exposition oder menschlicher Verwundbarkeit.

Abb. 7.38 City Resilience Framework. (Arup & Rockefeller Foundation, 2015)

7.4   Transformation

Transformationen finden durch sich immerfort verändernde Umweltbedingungen
und den Klimawandel, aber auch den globalen Wandel statt, bei dem Be-
völkerungswachstum, wirtschaftliches Wachstum und globale Verflechtungen,
neue Technologien etc. dazu führen, dass die Welt sich im beständigen Wandel
befindet. Der Umgang mit Wandel und Veränderung ist eigentlich auch ein Kernmerkmal der Resilienz. Im Zuge der Klimawandelanpassung und dem Problem,
dass sich die Weltgemeinschaft zu hinreichenden Maßnahmen nicht rasch genug
entschließen konnte, kam auch die Transformationsforschung noch einmal neu
auf. Veränderungen werden vermutlich schon seit Beginn der wissenschaftlichen
Arbeit untersucht. Unter der Transformationsforschung wird aktuell aber verstanden, wie sich Systeme und ihre Veränderungen so erfassen lassen, dass man
feststellen kann, ob eine wirklich fundamentale Systemänderung stattfindet (Gibson et al., 2016; IPCC, 2019). Beim Problem des Klimawandels wird sehr deutlich, dass die bisherigen Erklärungsansätze nicht ausreichen. Es muss sich etwas
massiv in der Gesellschaft verändern, da ansonsten die Klimaziele nicht zu er-

reichen sind. Es gibt in der Transformationsforschung einerseits jene Richtung, die rein wissenschaftlich neutral nur feststellt, ob und welche Art von Wandel es gibt, und andererseits eine eher politisch motivierende transformative Haltung und Foorschung, die zu einem Handeln auffordert, damit sich tatsächlich etwas ändert.

Als **Komponenten** einer Transformation werden Entwicklungspfade genutzt, um nicht nur statische Zustände wie beim Katastrophenzyklus abzubilden, sondern verschiedene alternative Entwicklungsszenarien darzustellen, wie sich die Menschheit zum Beispiel bei unterschiedlichem Emissionsverhalten von Kohlenstoff etc. entwickelt. Eine weitere Komponente ist die Frage, wie fundamentale Veränderungen erkannt werden können. Hierzu gibt es noch wenig Einigkeit, jedoch wird ein Regimewechsel als Komponente benannt. Wenn die politische Führung oder das Management in einem Betrieb wechselt oder sich die Verhaltensweise einer Gesellschaft ändert, dann ist das ein Regimewechsel und damit eine größere Veränderung im System als zuvor denkbar (Abb. 7.39).

Beispiele für die Messung von Transformationen:

- Neue Organisation
- Politische Führung
- Einwohnerzahlen
- Investitionen
- Technologien

Die Transformationsforschung spielt im Klimawandelanpassungsbereich eine zunehmende Rolle, da einerseits wissenschaftlich die dynamischen Veränderungsaspekte unseres Lebens bereits untersucht werden, die verschiedenen Alternativen und Szenarien jedoch noch zu wenig. Andererseits ermöglicht die Transformationsforschung eine noch stärkere Anknüpfung von Klimawandelanpassung, Katastrophenrisikomanagement und Nachhaltigkeitsforschung (Abb. 7.40).

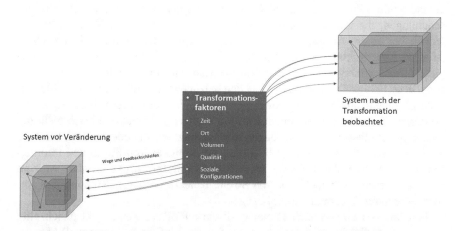

Abb. 7.39 Vorschlag für ein Rahmenkonzept zur Messung von Transformation

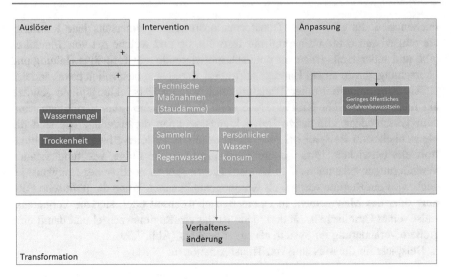

Abb. 7.40 Untersuchungskonzept für die Trennung von Anpassungen und Transformationen in ihrer Interaktion mit Auslösern und Interventionen. (Fekete et al., 2022)

Der **digitale Wandel** beeinflusst durch Aufkommen neuer Technologien seit vielen Jahrzehnten die Kommunikations- und Analysemöglichkeiten im positiven Sinne durch die Bereitstellung von Kommunikationsmitteln wie Internet, Mobiltelefon, Software zur Berechnung von Analysen etc. Gleichzeitig entstehen mit jeder Form von Arbeitsteilung und Verlagerung wie auch beim Verlass auf neue Technologien neue **Abhängigkeiten** und Achillesfersen. Insgesamt überwiegt der positive Nutzen, jedoch sollte im Sinne einer Technikfolgenabschätzung (Grunwald, 2010) immer auch mitbedacht werden, welche neuen Abhängigkeiten geschaffen werden und wie man diese möglichst mitplanen kann. Ein Beispiel ist die verbreitete und zunehmende Abhängigkeit der Infrastruktursysteme untereinander durch ihre Abhängigkeit von Strom und dem Internet. Software-Updateschaltungen, die teilweise automatisiert vorgehen, haben viele Vorteile, können jedoch bei einem Absturz oder einem Cyberangriff dazu führen, dass flächendeckend Infrastruktursysteme überhaupt nicht mehr funktionieren. Früher waren viele Infrastruktursysteme noch im Inselbetrieb oder im Notfall manuell bedienbar. Diese Fähigkeit muss man versuchen beizubehalten. Aber auch die Kundenseite ist zunehmend abhängig davon geworden. Wie bei der Arbeitsteilung in der Gesellschaft, wo Menschen einem Bürojob nachgehen können und sich nicht um Nahrungsmittelbeschaffung Gedanken machen müssen, so bedeutet auch die Nutzung elektronischer Geräte im Alltag eine Abhängigkeit von Strom und Informationen. Ebenfalls bedacht werden muss das gesamte Infrastruktursystem, wo zum Beispiel Servercluster nicht nur von Strom, sondern auch von Kühlung und Anfahrtswegen für Reparaturteams abhängen.

Innovationen bergen auch immer bestimmte Risiken, wenn nicht gleichzeitig auch an **Ausfallsicherheit** gedacht wird. Bei der Einführung sogenannter Smartmeter für die bessere und effizientere Überprüfung und Verteilung von Strom in Haushalten und über Verteilnetze für den Stromtransport wurde deutlich, dass man sich neue Angriffsmöglichkeiten oder Problematiken bei einem flächendeckenden Internetausfall einhandelt. Die Grundidee ist aber nicht, nun diese Möglichkeit der digitalen Automatisierung und Überprüfung grundsätzlich wegzulassen. Digitale Technologien und Innovationen sind häufig gesellschaftlich und wirtschaftlich so wichtig, dass sie eine Eigendynamik entwickeln und kaum aufgehalten werden können. Jedoch weisen Denkweisen wie die der Resilienz darauf hin, bei jedem System, sei es natürlich oder menschengemacht, verschiedene Schwankungen der Funktionsfähigkeit direkt miteinzuplanen.

Auf das Thema **Redundanzen** wird später im Buch noch näher eingegangen, an einem Beispiel kann es aber schon hier verdeutlicht werden. So werden bislang Notstromeinspeiseanlagen für wichtige Servercluster durch Dieselaggregate eingebaut. Häufig fehlt jedoch das Bewusstsein für eine Standortrisikoplanung, sodass diese Server zum Beispiel entweder nicht gedoppelt an anderer Stelle vorgehalten oder die Netzersatzanlagen auf der gleichen Geschossebene eingebaut werden. Bei einem Wasserschaden oder Hochwasser hilft es dann nicht, wenn es eine Netzersatzanlage im Keller nebenan gibt, der ebenfalls vollläuft. Die Reaktorkatastrophe 2011 in Fukushima hat gezeigt, dass auch bei der besten Planung eine Ersatzanlage nicht hilft, wenn sie auf der gleichen Einwirkungsebene wie das betroffene Kraftwerk steht.

Es ist anzunehmen, dass die digitale Entwicklung weiter fortschreitet und dass sich somit die Abhängigkeiten der Menschen von diesen Infrastrukturdienstleistungen noch steigert. In Abb. 7.41 wird dargestellt, dass es künftig zu erwarten ist, dass Menschen nicht nur physisch betroffen sind, zum Beispiel durch den Ausfall von Einzelhandel und Transportwegen, sondern dass auch sogenannte digitale Gesellschaften, wie zum Beispiel Gruppen, die sich über soziale Netzwerke kennen, eigene Verwundbarkeiten und Abhängigkeiten aufweisen.

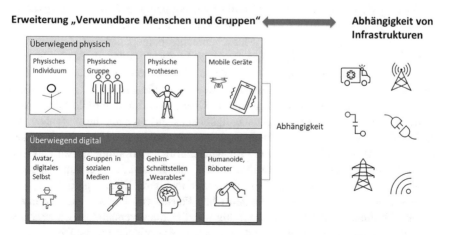

Abb. 7.41 Digitale Abhängigkeiten (digitaler) vulnerabler Gruppen von kritischer Infrastruktur. (Fekete & Rhyner, 2020)

7.5   Humanitäre Hilfe und Entwicklungszusammenarbeit

Humanitäre Hilfe und internationale Entwicklungszusammenarbeit sind zwei sehr große Felder. Sie sind ebenso umfassend und möglicherweise sogar übergreifender als das Thema der Risiko- und Katastrophenforschung und Praxis. Es ist wichtig, die Verknüpfungen herzustellen, da humanitäre Hilfe und Entwicklungszusammenarbeit teilweise verbreiteter und weiterentwickelter sind und mit einigen, wenn auch nicht allen, Aspekten der Risiko -und Katastrophenvorsorge und -behandlung in Verbindung stehen.

Humanitäre Hilfe nahm ihren Anfang in verschiedenen Bereichen und wird heutzutage oft über den Einfluss des Gründers der Rotkreuzbewegung, Henri Dunant, dargestellt. Als Handelsreisender beobachtete er in der Schlacht von Solferino 1859 im Französisch-Österreichischen Krieg, dass Zehntausende verwundete oder gestorbene Soldaten auf beiden Seiten der kriegerischen Handlungen auf dem Feld zurückgelassen wurden. Vom Leid der verwundeten Soldaten und vom Mangel an medizinischer Versorgung schockiert organisierte er in den umliegenden Gemeinden Hilfe. Berühmt wurde die Einstellung, allen die gleiche Hilfe zukommen zu lassen, egal auf welcher Feindes Seite sie waren. Das Motto „Wir sind alle Brüder" wurde ebenso bekannt wie die generelle Idee der ambulanten Krankenversorgung nach kriegerischen Handlungen. Aus dieser Idee entstanden einerseits die Rotkreuz- und Rothalbmondbewegung und andererseits die Grundlagen der Genfer Konvention zur Behandlung von Kriegsgefangenen. An dieser Stelle gibt es aber bereits eine direkte Verknüpfung zur Rettung und medizinischen Versorgung und damit auch zu den Ursprüngen von Rettungswesen und damit Rettungsingenieurwesen. Dabei muss ergänzt werden, dass die sogenannten fliegenden Ambulanzen schon viel früher unter anderem von Napoleon und seinen Ärzten entwickelt wurden. Die gesundheitliche Versorgung und humanitäre Pflicht der Betreuung verwundeter Soldaten wurde von Florence Nightingale ebenfalls entwickelt.

Wichtig ist an dieser Stelle, dass die Idee humanitärer Hilfe, die menschenzentriert ist und bestimmte Aspekte wie Würde und Hilfe in den Vordergrund stellt, auch zur Entwicklung der Menschenrechte beigetragen hat. Jedoch fehlt eine allgemeingültige Definition des Begriffs (Lieser & Dijkzeul, 2013). Interessant ist die Aufsplitterung des Begriffs, der in Deutschland zum Beispiel im Rahmen der Benennung durch das Auswärtige Amt in die Maßnahmen der Soforthilfe, der Nothilfe und der humanitären Übergangshilfe unterteilt wird (Auswärtiges Amt, 2012). Diese „Zuständigkeitsphasen" grenzen die Aufgaben des Auswärtigen Amtes von den Zuständigkeiten längerfristiger Hilfe durch andere Akteure ab. Das Bundesministerium für wirtschaftliche Zusammenarbeit und Entwicklung fördert zum Beispiel in Deutschland die Entwicklungszusammenarbeit, die sich in Länge und Aufgabenspektrum von humanitärer Hilfe abgrenzt.

Innerhalb der Aufgliederung der zeitlichen Phasen von Nothilfe werden in der Soforthilfe zunächst akute und kurzfristige Maßnahmen verstanden, während die Nothilfe bei länger anhaltenden und komplexen Krisenlagen unterstützt. Erkannt wurde wegen vieler Probleme und Versäumnisse bei einer reinen kurzfristigen und oft externen und gut gemeinten Hilfe inzwischen auch international, dass damit die Strukturen vor Ort zeitweise zwar ersetzt werden können, wenn sie nach Katastrophen zusammengebrochen sind, dabei jedoch viele weitere Probleme entstehen. So werden die Behörden und Menschen vor Ort möglicherweise von externer Hilfe finanziell wie personell abhängig und die lokalen und kulturellen Bedürfnisse vor Ort möglicherweise durch Unkenntnis ignoriert. Diese Erfahrungen werden auch in der Entwicklungszusammenarbeit gemacht, und es gibt sehr viele auch populärwissenschaftliche Veröffentlichungen zu den Mängeln und Problemen dieser Art von Hilfe.

Diese Kritik und Beobachtung haben aber dazu geführt, dass Konzepte wie die Verwundbarkeitsanalyse und Bedarfsermittlungsanalysen (z. B. PDNA) ebenso entwickelt wurden wie das Konzept der menschlichen Sicherheit und die humanitären Grundsätze. Trotz aller Kritik ist dieser Bereich also weiterhin relevant und wichtig. Häufig wird humanitäre Hilfe vor allem durch den politischen Sprachgebrauch als reine Hilfsleistung für das Ausland verstanden. Jedoch kann humanitäre Hilfe auch im Inland notwendig sein, wenn entweder lokale Ressorts nicht ausreichen oder die Katastrophendimension zu groß ist. Der Begriff „humanitäre Hilfe" wird teilweise als Überbegriff verwendet, aber häufig auch in den Kontext von Kriegen und Konflikten gestellt, deren Katastrophenhilfe sich mitunter eher auf Naturkatastrophen beziehen.

Interessant ist auch der Wandel der Begrifflichkeiten im Kontext neu aufkommender Krisen und Vorkommnisse. So hat sich in der Namensgebung in Deutschland nach der sogenannten Flüchtlingskrise 2015 der Begriff der entwicklungsorientierten Flüchtlingsarbeit entwickelt. Dahinter steht die Idee, dass nach Flucht langfristige Integration erfolgen muss; es wurde also eine weitere Übergangsphase erkannt. Es geht bei solchen Begriffen auch darum, Ressourcen aus verschiedenen Zuständigkeiten verknüpfen zu können. Speziell bei der Flüchtlingskrise, die zu einer Migrationswelle im politischen Sprachgebrauch und zu einer Einwanderungsbewegung wurde, stehen auch sehr politische Ideen bei der Finanzierung im Hintergrund. So soll einerseits die Situation in den Geber- und Aufnahmeländern verbessert und andererseits insgesamt die Flüchtlingsbewegung vermindert oder zumindest besser kontrolliert werden.

Der eng verwandte Bereich der **Entwicklungshilfe** wird inzwischen als **Entwicklungszusammenarbeit** bezeichnet, um eine weniger passive Haltung und einseitige Abhängigkeit auszudrücken. Was vergessen wird, ist, dass eines der ersten Beispiele für Entwicklungshilfe der Marshallplan des Zweiten Weltkriegs für Deutschland und Europa war. Kennzeichen war eine massive internationale Finanzierung für langfristige Wiederaufbauhilfen in ganz Europa. Diese überwiegend wirtschaftliche Ausrichtung wurde später in anderen Fällen durch eine Reihe weiterer Maßnahmen der Beratung und inzwischen der Analysen ergänzt. Es gibt eine Vielzahl von Verbindungen politischer, wirtschaftlicher und weiterer strategischer Interessen, die die Kritik an solcher Art von Zusammenarbeit weiter entfachen. Beispiel Armenien: 1988 wurde Armenien von einem schweren Erdbeben heimgesucht. Das Land verabschiedete sich gerade aus dem Verbund mit der Sowjetunion, und recht rasch strömten internationale Entwicklungs- und

Hilfsorganisationen aus vielen Ländern, insbesondere auch aus dem Westen, dorthin, um den Menschen zu helfen. Politische Interessen spielten ebenfalls eine
Rolle. Viel gut gemeinte Hilfe wie die Lieferung von Containern für Behelfsunter-
künfte führte zu einem Dauerzustand. Noch Jahrzehnte später leben einige der
Menschen in diesen Behelfsunterkünften. Da das Thema Entwicklungshilfe und
-zusammenarbeit sehr breit und kontrovers ist und eine lange Forschungstradition
hat, wird auf entsprechende Lehrbücher verwiesen (Rauch, 2009).

Humanitäre Hilfe wie auch Entwicklungszusammenarbeit bleiben als politische
Themen aber sehr beständig oder nehmen an Bedeutung noch zu, da einerseits die
Anzahl von Hilfseinsätzen nicht abnimmt und andererseits die ökonomische Be-
deutung dieser Katastrophen steigt.

Es werden auch die Lieferketten, die Logistik, die Organisationsformen und
Standortbedingungen vor Ort wissenschaftlich untersucht. Ein hervorzuhebender
Bereich ist WASH (Water, Sanitation and Hygeine), in dem humanitäre Stan-
dards für praktische Einsatzzwecke zur Versorgung bestimmter Funktionen bei der
Flüchtlingsunterbringung aufgearbeitet werden. Es handelt sich überwiegend um
Wasser, Abwasser, Sanitär- und Gesundheitsversorgung und Hygiene sowie auch
Nahrungsmittelversorgung und Aspekte menschlicher Würde (Sphere Association,
2018; Abb. 7.42).

Der **Clusteransatz** in der humanitären Hilfe wurde eingeführt, um die Hilfe in
Hauptsektoren einzuteilen. Für jeden Hauptsektor ist eine Gruppe von Organisa-
tionen zuständig. Zu den elf Sektoren zählen: Gesundheit, Ernährung, Sicherheit,
Logistik, Ernährung, Schutz, Unterbringung, Bildung, Notfalltelekommunikation,
frühe Wiederherstellung, Camp Management sowie Wasser, Sanitär und Hygiene.
Durch diese klare Einteilung und Zuteilung von Organisationen bei den Vereinten
Nationen wurden seit 2005 Lücken besser erkannt, und die Zusammenarbeit unter
den internationalen Organisationen wurde verbessert.

Abb. 7.42 Humanitäre Prinzipien und Standards. (Sphere Association, 2018)

Diese Aufstellung der verschiedenen Sektoren zeigt auch auf, dass humanitäre Hilfe und Entwicklungshilfe eine Vielzahl weiterer Themen umfassen, denen hier eigentlich mindestens ein eigenes Kapitel gewidmet werden müsste. Nur als Beispiel sei hier die Unterbringung (shelter) erwähnt, da die Auswahl von mobilen (Zelten) oder festen Unterbringungsmöglichkeiten (Häusern) sicherlich stark mit Fragen einer Risikoanalyse hinsichtlich der Standortplanung, Zugangswege und weiterer Ausstattungs- und Infrastrukturmerkmale verbunden ist. Auch geht es hier um die Beachtung der unterschiedlichen Bedürfnisse von Menschen und Effekte sozialer Gruppen (Maskrey, 1989; Oliver-Smith, 1986; Taylor, 1978), sodass auch eine Kombination von Gefahrenaspekten, Funktionsaspekten, Anfälligkeiten und Besonderheiten in sozialen wie technischen und weiteren Fähigkeiten für eine Risikoanalyse bedacht werden müsste (Davis, 2011).

Im Bereich der Katastrophenrisikominderung (disaster risk reduction) sind Methoden der Aus- und Fortbildung aus benachbarten Bereichen der Entwicklungszusammenarbeit übernommen worden. Ein Konzept der Fähigkeitsausbildung ist inzwischen, Multiplikatoren zu unterrichten. Dieses **Train-the-Trainers-Konzept** versucht, verschiedene Inhalte und Methoden zu vermitteln, damit die Menschen vor Ort befähigt werden, selbst Maßnahmen lokal zu entwickeln und umzusetzen. Damit soll vermieden werden, dass sich nicht nur auf externe Hilfe, zum Beispiel Berater/innen und ihre Besuche und mitgebrachten Ressourcen verlassen wird, sondern dass eigenständige Entwicklungen gefördert werden. Bei diesen Ansätzen besteht jedoch weiterhin das Problem, dass es vor Ort in Armutskontexten ohne externe Hilfe oft gar nicht möglich ist, selbstständige Entwicklung neben den Arbeiten zum täglichen Lebenseinkommen zu gestalten. Beim Train-the-Trainers-Modell geht es um Effizinz, indem man eine kleine Anzahl von Ausbildern/Ausbilderinnen unterrichtet, die das Wissen weitervermitteln. Im Idealfall sind diese Ausbilder/innen aus den lokalen Gemeinschaften und übernehmen später eine Führungsrolle innerhalb ihrer Gemeinschaften.

7.6   Bevölkerungs-, Katastrophen- und Zivilschutz

Bevölkerungsschutz wird in Deutschland national als Oberbegriff für den Katastrophen- und Zivilschutz verwendet. Bevölkerungsschutz beinhaltet auf der einen Seite die zivile Verteidigung im Kriegsfall, für den er auf nationaler Ebene laut Gesetz hauptsächlich vorgesehen ist. Auf der anderen Seite befasst sich der Bevölkerungsschutz im Alltagsbezug häufiger sowohl mit Aspekten des Katastrophenschutzes, wie er vor allem kommunal und auf Bundeslandebene ausgeprägt ist, als auch mit dem Zivilschutz, also der Vorbereitung auf mögliche militärische Konflikte oder andere den gesamten Nationalstaat bedrohende Vorgänge. In Bezug zu wissenschaftlicher Forschung gibt es keine eigenständige Disziplin oder einen Fachbereich für Bevölkerungsschutz oder Katastrophenschutz. Jedoch werden Aspekte des Bevölkerungsschutzes in vielen benachbarten Fachbereichen aufgegriffen. Das liegt an der Bandbreite der Themen, die von größeren Unfällen über Pandemien und Naturgefahren bis zu kriegerischen Konflikten all jenes betrachten, was den Staat und seine Funktionsweise beeinträchtigen könnte. Zwar drückt sich mit dem Begriff „Bevölkerungsschutz" auch eine Ausrichtung zur Bevölkerung aus, jedoch sind viele Maßnahmen unmittelbar mit der Logik und der Organisationsform des nationalen Interesses verknüpft. Durch die Zuständigkeitslogik in Deutschland hat der Bevölkerungsschutz selbst wenige Befugnisse, da die Zuständigkeit für Katastrophenfälle auf kommunaler und Bundeslandebene liegt. Es ist eine Besonderheit dieses Systembereichs, dass er so stark administrativ und von hierarchischer Führungslogik geprägt ist.

Aufgabenbereiche und historische Entwicklung des Bevölkerungs- und Katastrophenschutzes kann man hinreichend in Lehrbüchern und Veröffentlichungen zum Beispiel der Behörden nachlesen (BBK, 2010; Karutz et al., 2016). Daher wird an dieser Stelle nur auf einige ausgewählte Aspekte eingegangen.

Interessant an der Entwicklung des Bevölkerungsschutzes ist, dass der Begriff „Bevölkerungsschutz" im Kontext des nuklearen Zivilschutzes seit den 1950er-Jahren geprägt wurde. Er stellt damit eine Ergänzung zum militärischen und staatlichen Schutz dar und nimmt bewusst die Bevölkerung in den Fokus. Dennoch sind alle Maßnahmen seitdem überwiegend in der Hand kleiner nachgeordneter Behörden auf Bundesebene oder werden zu anderen Verwaltungsaufgaben im Bereich Sport und Kultur in den Ländern zugeordnet.

In Deutschland ist für die Struktur des Zivilschutzes auch das **föderale System** sehr wichtig. Es gibt 16 Bundesländer und damit verschiedene Auffassungen, wie die Ressourcen vorgehalten werden. Auch Bundesressourcen wie die medizinische Taskforce oder Rettungshubschrauber werden zwar an Bundesländer verteilt, die Einsatzbereiche und Vorsorge gerade im Detailgrad der Vorplanung und Ausbildung sind jedoch zum Teil vollkommen unterschiedlich.

Ein weiteres wichtiges Kennzeichen in Deutschland ist der hohe Anteil ehrenamtlicher und damit organisierter **Freiwilliger** in entsprechend anerkannten Organisationen. Sogar ein Großteil des Pflegedienstes und Krankentransportsystems ist, je nach Bundesland, auf solche Hilfsorganisationen verteilt. Zudem unterscheiden sich Stadt und Land und bestimmte Regionen sehr stark danach, ob es zum Beispiel eine Berufsfeuerwehr oder eine reine Freiwillige Feuerwehr gibt. In manchen Städte werden sogar nur Freiwillige Feuerwehren unterhalten. Nach außen hin wird Deutschland im Bereich Katastrophenschutz und -vorsorge vor allem über dieses System der Freiwilligen wahrgenommen. Es besteht sehr großes Interesse daran, wie das in Deutschland aufgebaut ist und funktioniert. Obwohl es häufig so dargestellt wird, ist Deutschland keineswegs das einzige Land, das ein derart organisiertes Freiwilligensystem hat. Es gibt viele Länder, in denen paramilitärische oder zivilschutznahe Behörden und Einrichtungen Trainings und Schulungen der Bevölkerung durchführen, und Länder, in denen vor allem Soldatenfamilien oder ärmere Schichten der Bevölkerung eine Aufgabe, eine Ausbildung und Funktion im Bevölkerungsschutz erhalten. Es muss keine monetäre Entlohnung sein, es kann sich auch um kostenlose Nahrungs-, Bildungs- und Beschäftigungsangebote für Familien etc. handeln. In Deutschland ist das Freiwilligensystem in den Hilfsorganisationen sehr wichtig und trägt stark zur Identität und Gemeinschaftsbildung bei. Gerade in dörflichen Strukturen haben Tätigkeiten der Freiwilligen Feuerwehr oder Hilfsorganisationen eine lange Tradition und bieten häufig neben dem Reiz, technische Geräte ausprobieren zu können, eine soziale Möglichkeit, ähnlich wie Sport oder Schützenvereine. Einerseits ist Deutschland damit hervorragend im Sinne einer **Community-Resilienz** vorbereitet, andererseits sind es ausgewählte Bevölkerungsgruppen, die in solche Vereine oder Organisationen gehen. Dies entspricht nicht vollständig dem Gedanken der Community-Resilienz, möglichst alle Akteure einer Gemeinde zu integrieren. Innerhalb der Hilfsorganisationen, Feuerwehren und des Technischen Hilfswerks (THW) gibt es zum Beispiel eine große Überrepräsentation von Männern, und es mangelt häufig an der Einbindung sowohl von Frauen, älteren Menschen, Menschen mit Migrationshintergrund oder auch körperlich beeinträchtigten Personen (Fekete et al., 2020). Hierfür gibt es gute Gründe, etwa physischen Herausforderung in Einsätzen, aber auch traditionelle Haltungen und andere menschliche Komponenten.

Dass das Freiwilligensystem in Deutschland kein echtes Freiwilligensystem ist, zeigt sich auch an besonderen Katastrophenlagen wie einem Hochwasser, wo das Phänomen der sogenannten ungebundenen Freiwilligen, spontan Helfenden oder anders bezeichneten Menschen auftritt. Hier sind immer wieder große Konflikte in der Integration und Akzeptanz vonseiten der etablierten Organisationen und Führungsstrukturen in der Stabsarbeit erkennbar, denn es bedeutet mehr Aufwand und zusätzliche Risiken, gelernte und unerfahrene Personen in einem Einsatz so zu integrieren, dass sie sich nicht selbst gefährden und nicht die Ressourcen der ausgebildeten Einsatzkräfte binden. Dennoch muss in einem ganzheitlichen Ansatz die gesamte Bevölkerung integriert und bedacht werden, sowohl die Betroffenen vor Ort als auch jene von weiter weg, die aus persönlicher Überzeugung gerne helfen möchten.

7.7 Rettungs- und Risikoingenieurwesen

Rettungsingenieurwesen ist ein relativ neuer Fachbereich, der in Deutschland in Köln und Hamburg in Form von Hochschulstudiengängen aufgekommen ist, seit etwa 2002. In Köln wird Rettungsingenieurwesen verstanden als Bereich, der sich mit den vorbeugenden und der operativen Gefahrenabwehr befasst. Der Begriff **Gefahrenabwehr** ist im behördlichen Jargon im Grunde genommen der etablierte Oberbegriff für das Risiko- und Krisenmanagement, wie es weiter oben ausgeführt wurde. Gefahrenabwehr behandelt jedoch ausschließlich die behördlichen Einsatzspektren innerhalb der etablierten, dafür zuständigen Organisationen, unter anderem Rettungsdienste, Feuerwehren und Hilfsorganisationen. Häufig wird bewusst der Begriff „nichtpolizeiliche Gefahrenabwehr" für diesen zivilen Bereich außerhalb polizeilicher Arbeit benutzt. Ein verwandter Begriff sind **Behörden und Organisationen mit Sicherheitsaufgaben** (BOS). Diese umfassen ebenfalls, ohne klare Definition, die genannten Organisationen der Gefahrenabwehr, z. B. Polizei und Feuerwehr, Rettungsdienste (Abb. 7.43) , können aber zudem weitere Organi-

Abb. 7.43 Notrufsäule
ander ehem. Feuerwache 10
inKöln Deutz (2019)

sationen aus Behörden und Wirtschaft umfassen, unter anderem Sicherheitsdienst-
leister und Industrie. Ob beruflich oder ehrenamtlich, viele Menschen sind im Einsatz oder zur Vorbereitung darauf in Hilfsorganisationen eingebunden (Abb. 7.44
und 7.45). Auch im Ausland gibt es organisierte Freiwilligengruppen (Abb. 7.46).

Rettungsingenieurwesen (RIW) ist ein junger Fachbereich innerhalb der
Risiko- und Sicherheitsforschung, der eine ganze Bandbreite traditionaler Disziplinen, von Natur- über Ingenieur- bis zu Sozialwissenschaften umfasst (Fekete, 2018). Rettungsingenieurwesen an der TH Köln wurde ab 2002 entwickelt
und gegründet, um einerseits auf neue Gefahrenlagen und Entwicklungen wie
MANV (Massenanfall von Verletzten oder Erkrankten) im Zusammenhang mit
Terroranschlägen wie am 11. September 2001 in den USA reagieren zu können und um andererseits eine höhere Ausbildung und Kohärenz der Wissens-
grundlagen für jene in den Organisationen der Gefahrenabwehr zu ermöglichen,
die in höhere Position aufsteigen wollen. Damit ist die inhaltliche Ausrichtung
auch nicht in Form einer Ausbildung zum Beispiel im Umgang mit Rettungsein-
sätzen, medizinischen Ausbildungsinhalten etc. (in Köln) befasst, denn dies gibt
es bereits in der Praxis, wovon sich das Hochschulstudium unterscheiden soll.
Daher befasst sich Rettungsingenieurwesen tendenziell mehr mit jenen planerischen wie wissenschaftlichen Aspekten, die über die Alltagspraxis und reine Aus-

Abb. 7.44 Einsatzkräfte der DLRG beim Hochwasser 2006 in Meißen

Abb. 7.45 Einsatzkräfte des THW beim Hochwasser 2006 in Meißen

Abb. 7.46 Freiwilligengruppe in Teheran bei einer Löschübung 2018

bildung hinausgehen. Ein Grundgedanke der Initiatoren dieses Studiengangs war es auch, bewusst eine Verknüpfung zum Ingenieurwesen herzustellen, da es andere Verknüpfungen der Themen „Risiko" und „Humanitäre Hilfe" zum Beispiel zu sozialwissenschaftlichen Disziplinen bereits gab. Zudem steht hier tendenziell ein grundlegendes ingenieurwissenschaftliches und damit technisches Verständnis im Vordergrund, das ein Verständnis technischer Grundlagen der Studierenden ermöglicht. Zudem besteht damit eine Prägung der Denkweise durch logische und mathematische Methoden. Jedoch ist der Studiengang bewusst interdisziplinär aufgestellt, in Köln wie auch in Hamburg.

In diesem Buch wird der Schwerpunkt nicht auf die ingenieurlastigen Grundlagen der Mathematik, Thermodynamik, Chemie usw. gelegt, sofern sie für die Befassung mit den wissenschaftlich zu untersuchenden Themen nicht relevant sind. Die Anwendungsnähe und Komplexität des Untersuchungsgegenstands führen dazu, dass man diese mathematischen und logischen Methoden aus anderen Disziplinen adaptieren kann und häufig auch mit anderen Methoden kombinieren muss, zum Beispiel mit Methoden aus der empirischen Sozialforschung oder der räumlichen Analyse der Geographie. Rettungsingenieurwesen befasst sich im Grunde mit vielen Arten von Gefahren und tendenziell mit dem Spektrum von Alltagsnotfalleinsätzen bis hin zu größeren Industrieunfällen. Erweitert wurde dies in den letzten Jahren durch die Betrachtung von Naturgefahren und Katastrophenarten, wie sie im Bevölkerungs- und Zivilschutz wichtig sind. Dieser letztere Bereich ist auch der Schwerpunkt dieses Buches. In der thematischen Ausrichtung ist im Rettungsingenieurwesen zudem ein Fokus auf Rettung und Einsatzgeschehen deutlich. Im Gegensatz zum Studium der geographischen Risikoforschung an Universitäten ist ein Großteil der Studierenden nebenberuflich oder beruflich im Rettungsdienst, in Hilfsorganisationen oder in der Feuerwehr tätig. Einige Studierende arbeiten nebenbei auch in der Industrie oder in Ingenieurbüros (Abb. 7.47).

Das **Risikoingenieurwesen** gibt es als Begriff noch nicht, er soll mit diesem Buch aber eingeführt werden. Darin geht es neben Rettung und Einsatzorganisationen um alle Arten der wissenschaftlichen Behandlung von Risiken im Kontext von Ingenieurwissenschaften. Im Kontext dieses Buches wäre dies eventuell noch zu präzisieren durch den Begriff „Katastrophen-Risiko- Ingenieurwesen".

Im Gegensatz zum Rettungsingenieurwesen drückt der Begriff „Risikoingenieurwesen" einen noch breiteren Ansatz durch die Bandbreite an Eingriffs- oder Behandlungsmöglichkeiten von Risiken (und damit nicht nur Rettung, sondern auch Vorsorge usw.) aus. Man kann Risiken vermeiden, verhüten, umwälzen, begrenzen oder nutzen. Risikoingenieurwesen weist zudem auf den Fokus der Behandlung des Themas im Vorfeld eines Ereignisses hin. Das schließt die Planung von Einsätzen oder Wiederaufbau nicht aus, im Gegenteil. Einsatz- und Krisenkonzepte befassen sich auch im Voraus mit möglichen Szenarien, sonst würden im Einsatzfall die entsprechenden Rettungsorganisationen, Konzepte oder Geräte nicht bereitstehen können. Risikoingenieurwesen umfasst eine große Bandbreite von Risiken, von menschlich-technischen Risiken über Naturrisiken bis hin zur Mensch-Umwelt-Forschung oder Klimawandelforschung.

Die Beschäftigung mit nichtalltäglichen Notfällen, Gefahren und Risiken ist ein Feld, auf dem Methoden meist noch in einem Entstehungsprozess stecken, auch wenn dieser schon Jahrzehnte angedauert hat (Abb. 7.48), da sich Risiken ständig ändern und wegen mangelnder Regelmäßigkeit einfache lineare Zusammenhänge und damit auch Datenreihen fehlen. Zur Bearbeitung nichtlinearer komplexer Zusammenhänge wurden jedoch vielerlei Methoden und theoretische Konzepte geschaffen, unter anderem in der Komplexitätstheorie und Chaosforschung, die in Bezug zu Naturgefahren insbesondere unter den Begriffen „complex adaptive systems" und „social-environmental systems" und im technischen Bereich unter dem Stichwort „system of systems" bekannt sind. Das Wort „ingenieur" deutet aber auch an, dass ein gewisser Einfallsreichtum gefragt ist, um sich Methoden aus fremden Bereichen anzueignen, sie zu verknüpfen und gegebenenfalls Neuerungen selbst zu erstellen.

Rettungsingenieurwesen – Entwicklungen Abb. 7.48

Der folgende Teil dieses Kapitels ist eine aktualisierte Version einer Veröffentlichung des Autors aus dem Sammelband *Forschung und Lehre am Institut für Rettungsingenieurwesen und Gefahrenabwehr,* Integrative Risk and Security Research, Volume 1/2018 (Fekete, 2018).

Herkunft des Rettungsingenieurwesens

Rettungsingenieurwesen an der Fachhochschule Köln (seit 2015 TH Köln) gibt es in der Lehre seit 2002, ursprünglich unter der Bezeichnung „Rescue Engineering",

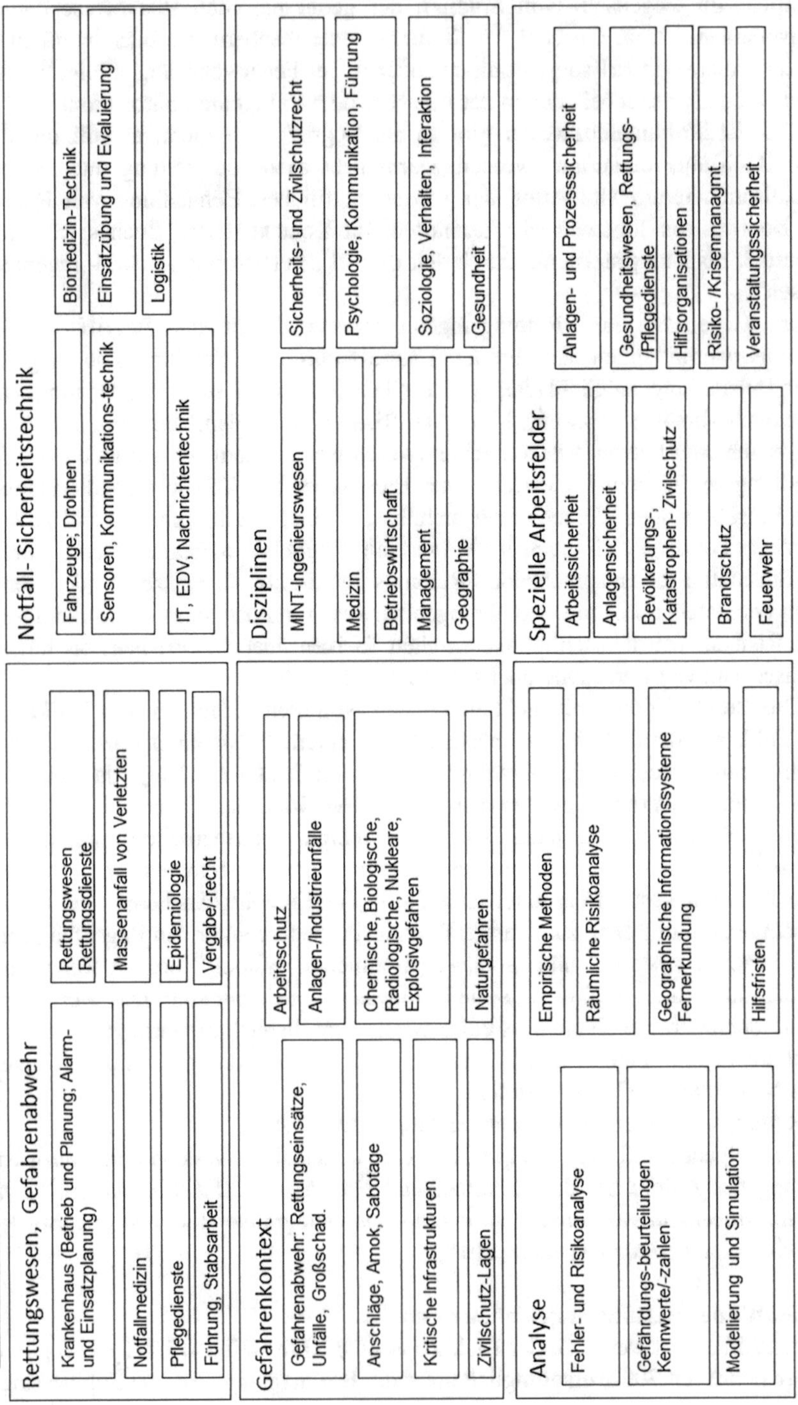

Abb. 7.47 Versuch einer ersten Einordnung der Themen und fachlichen Merkmale des Rettungsingenieurwesens

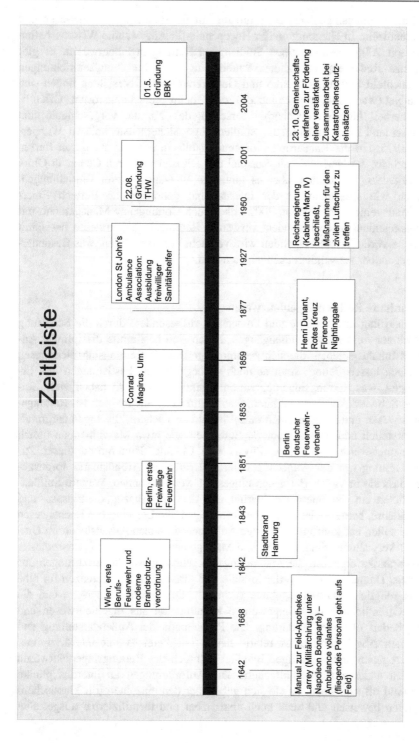

Abb. 7.48 Zeitleiste wichtiger historischer Entwicklungen mit Einfluss auf das Rettungsingenieurwesen und den Bevölkerungsschutz

aktuell als Rettungsingenieurwesen, am Institut für Rettungsingenieurwesen und Gefahrenabwehr. In Hamburg an der Hochschule für Angewandte Wissenschaften besteht seit 2006 ebenfalls einen Studiengang Rettungsingenieurwesen. Es gibt eine ganze Reihe eng verwandter Studiengänge und Forschungseinrichtungen im Themenfeld Sicherheit, Risiko und Gefahrenabwehr. Übersichten finden sich auf KatNet (www.Katastrophennetz.de) oder beim Forschungsforum Öffentliche Sicherheit (http://www.sicherheit-forschung.de). Für die Vorgeschichte sind in Deutschland unter anderem die Studiengänge Sicherheitstechnik in Wuppertal seit 1975 und die Katastrophenforschungsstelle in ehemals Kiel, nun Berlin, bedeutend. Im Ausland wäre als Beispiel das Disaster Research Center in Ohio, USA, seit 1963 zu nennen, aber es gibt eine Vielzahl weiterer Einrichtungen. Inhaltlich wie sprachlich ist der international gebräuchliche Bereich Emergency Management (Alexander, 2002), aber auch Contingency Management, mit Rettungsingenieurwesen besonders verwandt. Rettungsingenieurwesen hat somit inhaltliche Vorläufer; im Folgenden wird versucht herauszustellen, was Besonderheiten gegenüber verwandten Fachgebieten sind.

Studieninhalte Rettungsingenieurwesen

Über den Alltag in der Lehre und Forschung, insbesondere durch die Schaffung von Bachelor- und Masterstudiengängen, haben sich bestimmte disziplinäre Anteile und Inhalte ergeben, die sich zusammengefasst als Rettungsingenieurwesen beschreiben lassen. Jedoch fehlt es noch an begrifflichen Festlegungen und Erläuterungen, was Rettungsingenieurwesen eigentlich ist. Auch haben viele Studierende Schwierigkeiten zu erklären, was Rettungsingenieurwesen ist. Rettungsingenieurwesen enthält zum einen eine Vielzahl an Fächern, die Ingenieurgrundlagen darstellen und auch in anderen Bereichen wie etwa Maschinenbau üblich sind, beispielsweise Mathematik, Physik und Chemie. Hintergrund dieser Zusammenstellung war der Wunsch, Studierende für einen Arbeitsmarkt so auszubilden, dass sie in vielen Bereichen eingesetzt werden können. Weitere Studienfächer zielen auf die Interdisziplinarität und den Praxisbezug, die Einsatz- und Führungslehre, betriebswirtschaftliche Grundlagen, die Logistik, das Rechtswesen usw. und sollen auf künftige vielfältige Aufgaben im realen Arbeitsleben im Umgang mit Verwaltung, Finanzierung und Management vorbereiten. Praxissemester und Vorpraktika ergänzen die Ausbildung um sehr angewandte Erfahrungen aus der Praxis. Damit werden interdisziplinäre und praxisnahe Kompetenzen für eine Vielzahl möglicher Ausgabengebiete vermittelt. Diese Breite einerseits und die für die Öffentlichkeit noch ungewohnte Kombination aus Ingenieurwesen und Rettung bedarf oft einer Erklärung. Die Problematik der Außendarstellung und inhaltlichen Abgrenzung eines relativ neuen Fachbereichs mit interdisziplinären, heterogenen und vielfältigen Inhalten teilt sich das Rettungsingenieurwesen mit vielen anderen Hochschulfächern. Die Anforderungen an interdisziplinäre Fächer sind oft sehr hoch, da sie sich gegenüber den einzelnen (oft klassischen) Disziplinen beweisen und auch noch abgrenzbar und identifizierbar ausgestaltet sein müssen. Auch ernten angewandte Fachbereiche häufig Kritik von etablierten Disziplinen. Wichtiger als die akademische Einordnung ist beim Rettungsingenieurwesen jedoch insbesondere der Bezug zum Bedarf in der Berufswelt, und dahingehend werden sowohl Inhalte als auch Kompetenzen ausgewählt, die den Studiengang und damit einen großen Teil von Rettungsingenieurwesen ausmachen. Die Studierenden bekommen in einem Einführungsmodul zudem als erste Aufgabe, eigenständig ein Szenario auszuwählen und zu beschreiben, bei dessen Bearbeitung Rettungsingenieurwesen benötigt wird. Sie sollen weiterhin anhand dieses Beispiels die Vielfalt der benötigten Akteure und Kompetenzen, aber auch die Möglichkeiten und Grenzen der Ausbildung an der Hochschule darstellen.

Forschung zu Rettungsingenieurwesen am Institut für Rettungsingenieurwesen und Gefahrenabwehr (IRG)
Die Inhalte des Studiengangs Rettungsingenieurwesen lassen also aus der gelebten oder, besser gesagt, gelehrten Realität die Inhalte des Begriffs „Rettungsingenieurwesen" erkennen. Bereits anhand der Betrachtung der Module des Studiengangs, aber auch anhand der am Institut durchgeführten, drittmittelfinanzierten Forschungsprojekte wird deutlich, dass Rettungsingenieurwesen rein begrifflich viele weitere Inhalte und Kompetenzen umfasst als gemeinhin mit dem Begriff „Rettung" oder „Ingenieur" verbunden sind. Nicht nur Brandschutz und Risiko- und Krisenmanagement deuten hier weitere Themenbereiche an, sondern zum Beispiel auch die Inhalte von Forschungsprojekten. Arbeits- oder Veranstaltungssicherheit, Bevölkerungsschutz, kritischen Infrastrukturen oder Naturgefahren sind weniger mit dem Begriff „Rettung" allein assoziiert als vielmehr auch mit Sicherheitsmanagement und -technik, Katastrophenvorsorge oder anderen gebräuchlicheren Fachgebieten. Es gibt auch eine ganze Reihe Projekte, die eng mit dem Begriff „Rettung" zusammenhängen, etwa Rettung, Verschütteter, Luftrettung, Evakuierungen, Biomedizin usw.

Das Institut selbst stellt relevante Fachgebiete in einem Schaubild dar, welches unter „Gefahrenabwehr und Sicherheit" drei Hauptgebiete ausweist:

1. Operative Gefahrenabwehr
2. (Feuerwehr, Rettungsdienst, technische Hilfeleistung und Katastrophenschutz)
3. Vorbeugende Gefahrenabwehr
4. (Brandschutz, Umwelt- und Bevölkerungsschutz, Managementsysteme)
5. Sicherheitstechnik
6. (Anlagen- und Prozesssicherheit, Maschinensicherheit, Arbeitsschutz)

„Das IRG fokussiert sich bei seiner Arbeit besonders auf die Bereiche der operativen & vorbeugenden Gefahrenabwehr" heißt es auf der Institutswebseite. Diese Fachbereiche spannen also ein Fachgebietsspektrum auf, in dem auch einzelne

Teile des Rettungsingenieurwesens enthalten sind. Jedoch ist Rettungsingenieurwesen selbst nicht explizit ausgewiesen. Auch dies ist ein Hinweis auf die Notwendigkeit, Rettungsingenieurwesen weiter zu erläutern und begrifflich wie konzeptionell einzuordnen.

Begriffsbestimmung des Rettungsingenieurwesens
Dieser Abschnitt nähert sich dem Begriff „Rettungsingenieurwesen" mittels Hypo-
thesenbildung, was von verschiedenen Betrachter/Betrachterinnen unterschiedlich
eingeordnet mag. Rettungsingenieurwesen hängt einerseits eng mit Rettungswesen
zusammen und betrachtet somit Situationen und Fähigkeiten, die bei Einsätzen
des Rettungsdienstes vorkommen. Das sind Notfälle, die überwiegend in ähnlicher
Weise regulär vorkommen und für die es viele etablierte Verfahren, Vorschriften
und Handlungsabläufe gibt. Andererseits gibt es auch die nicht alltäglichen Notfälle oder Lagen, die durch ihre Seltenheit, Komplexität und Dimension spezielle
Anforderungen stellen.

Man könnte also die Hypothese aufstellen, dass der Begriff „Rettungsingenieurwesen" mit Rettungswesen und damit mit eher alltäglichen Notfällen assoziiert wird. Nicht alltägliche Situationen werden (auch) mit anderen Begriffen
belegt, zum Beispiel Krisen oder Katastrophen, und sie erfordern häufig andere,
zusätzliche Kompetenzen und Ressourcen. Ist beispielsweise der Rettungsdienst
einer Kommune angesichts der vielen Verletzten überfordert, werden andere zu
Hilfe gerufen. Je nach Gefahrenart und Situation kann dies Aufgabe des Katastrophenschutzes, der polizeilichen Gefahrenabwehr oder anderer Organisationen
sein. Zusätzlich zum Rettungsdienst werden also weitere Akteure beteiligt, da gerade Krisenereignisse größerer Dimension neben den im Alltagsfall üblicherweise
agierenden Einsatzkräften wie Feuerwehr und Polizei Unterstützung weiterer Stellen und Organisationen und vor allem Kompetenzen erfordern. Die nächste Hypothese wäre, dass Rettungsingenieurwesen nicht nur Rettungsdienste, sondern auch
Feuerwehren und viele weitere Akteure und Fachgebiete beinhaltet, wie es oben
unter dem Gesamtbegriff „Gefahren und Sicherheit" bereits angedeutet ist. Was
beinhaltet Rettungsingenieurwesen aber nun, und wie lässt es sich abgrenzen?

Grundhaltung – interdisziplinär, integrierend, intersektoral
Kennzeichnend für das Risikoingenierwesen (RIW) ist ein starker Anwendungsbezug, da Notfälle, Verletzte, Brände, Unglücke aller Art und Krisen zumindest
global annähernd jeden Tag stattfinden und medial wahrgenommen werden können. Viele Studierende des RIW selbst haben berufliche wie ehrenamtliche Bezüge
und Kontakte, die man nutzen kann. Dazu ist es aber notwendig zu wissen, wie
man solche eigenen Erfahrungen und persönlichen Beziehungen sauber wissenschaftlich nutzen darf oder kann. Die anwendungsbezogene, pragmatische Anpassung bestehender Methoden ist dabei ein Leitgedanke, wie auch die Verbindung mehrerer Fachbereiche, also ein *interdisziplinärer* Ansatz, der sich auch

in die Zusammenarbeit über die Wissenschaft und Lehre hinaus auch als Zusammenarbeit mit der Praxis, also *transdisziplinär,* erweitert. Das Verständnis der Zusammenarbeit mit anderen Disziplinen und Berufsbereichen ist dabei *integrierend,* das heißt, das RIW verleibt sich nicht nur andere Methoden ein, sondern wirkt auch als Vermittler. Da Rettungsingenieure/-ingenieurinnen sich auf immer neue Gefahren und Risiken einstellen müssen, ist großes Breitenwissen gefragt, das einerseits auf einem Grundbaukasten aus Ingenieursgrundlagenfächern aufbauen soll, andererseits um Grundlagen aus diversen Natur-, Ingenieur-, Sozial- und anderen Wissenschaften wie Medizin und Jura erweitert wird. Den Vorwurf der interdisziplinären Breite und damit mangelnden Tiefenwissens sowie der Unklarheit des Themenfelds teilt sich das RIW mit Disziplinen wie der Geographie. Damit entgehen solche Fächer aber auch der zunehmend kritisierten engstirnigen Denkweise einiger etablierter Disziplinen oder auch dem sogenannten versäulten Denken in der Praxis (Brockman, 1995; Weichhart, 2005), wo Zuständigkeiten in Säulen (die ein Dach tragen, oft bildhaft dargestellt) oder Infrastrukturen nur in einzelnen Sektoren oder Branchen gedacht werden. In den Säulen oder Sektoren mögen getrost weiterhin die Spezialisten/Spezialistinnen (z. B. Bauingenieure, Elektriker, Hydrologen) ihre Berechtigung wahren, denn RIWler/innen kommen dort zum Einsatz, wo aufgrund einer neuen Entwicklung oder einer unvorhergesehene Not- oder gar eines Krisenfalls häufig alte Denkstrukturen rasch überwunden werden müssen. Breitenwissen ist beispielsweise dann erforderlich, wenn man Lieferkettenabhängigkeiten verstehen möchte und Notfall- oder Grundversorgung für unterschiedlichste Personengruppen, Bedürfnisse und eben Sektoren und Säulen gedacht werden müssen. In einer Krise ist daher oft *intersektorales* Denken gefordert; am Beispiel KRITIS wird erläutert, wie Stromversorgung und andere Sektoren stark zusammenhängen.

Der Begriff „Rettung"

Es stellt sich vor allem die Frage, wie weit der Begriff „Rettung" hier zu fassen bzw. wie er einzugrenzen ist. „Rettung" beschreibt als Begriff einen Zustand, der erreicht wird, in dem etwas „abgeschüttelt" (etymologischer Wortstamm vom lateinischen excutere; vgl. etymonline.com) oder, anders ausgedrückt, überwunden wurde. Ob dieser Zustand durch eigene Kraft oder Fremdeinwirkung erreicht wird, lässt sich zwar nicht direkt an dem Wortstamm erkennen, jedoch wird er im Alltagsgebrauch weitaus häufiger mit „Rettung" als mit Begriffen wie „Selbstrettung" oder „Eigenrettung" assoziiert. Wenn man die Vorgehensweise zur Bestimmung von strategischen Schutzzielen heranzieht, muss man mit den W-Fragen unterteilen, was wovor und wo, wann, durch wen, warum und wie gerettet werden soll. In Anlehnung an Methoden zur Bestimmung von Schutzzielen im Bevölkerungsschutz könnte man festlegen, dass Rettung, und damit Rettungsingenieurwesen, eng mit dem Schutzziel „Leben und Gesundheit" zusammenhängt und weniger mit der Rettung der Umwelt, Wirtschaft oder anderer gesellschaftlicher Werte (Fekete, 2012a, b; Fekete et al., 2012). Es sollen also Menschen vor den negativen Auswirkungen von Gefahrenereignissen „gerettet" werden. Im Prinzip ähnelt das sehr

den Zielen, die auch Katastrophen- und Bevölkerungsschutz, Disaster Risk Reduction oder Disaster Risk Management anführen. Unterschiede zu diesen lassen sich
gegebenenfalls über eine genauere Untersuchung des Begriffs „Rettung" weiter
annähern.

Man kann anhand der üblichen Einteilung von Systemabläufen im Risiko- und
Krisenmanagement, zum Beispiel anhand eines Katastrophenkreislaufs, oder auf
einem Zeitpfeil den typisierten Ablauf einer Rettung darstellen. Zu untersuchen
ist nun, in welchen Zeitphasen Aktivitäten für eine Rettung durchgeführt werden.
Rettung ist zunächst einmal ein Vorgang, der unmittelbar bei bzw. kurz nach dem
Beginn eines Notfallereignisses stattfindet (Abb. 7.49). Um eine Rettung erfolgreich durchführen, also mit entsprechenden Ressourcen rechtzeitig vor Ort sein zu
können, bedarf es auch der Vorplanung weit vor dem Notfallereignis. Es bleiben
aber Fragen offen: Bezieht sich eine Rettung nur auf die Aktivität, sobald etwas
Negatives bereits passiert ist? Oder kann man etwas im Vorfeld verhindern, damit
es gar nicht zum Notfallereignis kommt? Rettet man zum Beispiel jemanden auch
dadurch, dass man die Person gar nicht in die Gefahrensituation gelangen lässt?
Oder ist das bereits durch einen anderen Begriff belegt, beispielsweise „Gefahrenabwehr" oder „Schutz"? Innerhalb der Risikoterminologie würde man in diesem
Beispiel im Vorfeld verhindern, dass eine Exposition mit einer Gefahrenquelle
stattfindet.

Die Gefahrenabwehr hat die Verhinderung des Eintretens eines Schadens zum
Ziel (Abb. 7.50) und beschreibt, insbesondere polizeilich verstanden, die Abwehr
einer Gefahrenquelle für ein Schutzobjekt. Bei Rettung hingegen geht es tendenziell eher um die Phase der Rettung, sobald etwas eingetreten ist.

In der Praxis sind solche Wortklaubereien weniger bedeutsam; sowohl
Rettungsingenieurwesen als auch nichtpolizeiliche Gefahrenabwehr erfassen de
facto viele Bereiche vor, während und nach einem möglichen Notfallereignis. Für
eine Festlegung von Zuständigkeiten innerhalb der Gesetzgebung und von Verwaltungsaufgaben sind solche Unterscheidungen aber gegebenenfalls durchaus relevant.

Rettungsingenieurwesen weist viele Bezüge insbesondere zum Notfallmanagement auf (Alexander, 2002), das wiederum viele Bezüge zu Disaster Risk
Management (Coppola, 2021) und Disaster Risk Reduction (Twigg, 2004; UN,

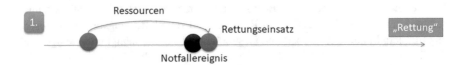

Abb. 7.49 Phasen der Rettung

Abb. 7.50 Phasen der Gefahrenabwehr

2015) hat. Ein integriertes Risiko- und Krisenmanagement umfasst Ressourcen und Handlungen vor, während und nach einem Ereignis (Abb. 7.51). Diese Phasen werden auch mit den Begriffen „Vorsorge", „Vorbereitung", „Reaktion" und „Wiederherstellung" bezeichnet.

Rettung ist wie Gefahrenabwehr und Schutz nur jeweils eine von mehreren möglichen Handlungsformen. Daneben gibt es Erholungsfähigkeit, Anpassung, Verwundbarkeit, Resilienz, Risikoakzeptanz, -reduktion, -transfer weitere Formen, das Risiko insgesamt oder durch Betrachtung der Gefahren oder der Auswirkungen zu behandeln. Aber auch der Risikobegriff ist wiederum nur ein Teil der Vielzahl der Sicherheitsaspekte. Die Darstellung auf einem Zeitpfeil wird zudem als simplifizierend und insofern falsch kritisiert, als der Zeitpfeil suggeriert, dass es sich um ein lineares Vorgehen handelt. An dieser Stelle geht es jedoch nur um eine schematische Darstellung zum Nachdenken darüber, was Rettung beinhaltet (Abb. 7.52).

Eine andere Möglichkeit ist die Strukturierung der Bestandteile eines Risikos, wie es in Risikoanalysen gehandhabt wird. Darin ist Rettung eine von vielen Bewältigungsfähigkeiten (oder -kapazitäten), die hilft, die Anfälligkeiten und Expositionen innerhalb der Verwundbarkeit betroffener Werte (hier vor allem Menschen) zu reduzieren (Twigg, 2004). Diese Fähigkeiten bedürfen vielerlei Kapazitäten (Ressourcen), um umgesetzt werden zu können; dazu zählen organisatorische wie technische Ressourcen und Maßnahmen.

Die Fähigkeiten zur Rettung liegen bei verschiedenen Akteuren; Rettungsdienste gibt es in großen, mittleren und kleinen Städten, in ländlichen Gemeinden, auf hoher See, im Gebirge usw. Sie unterscheiden sich in vielerlei Hinsicht, zum Beispiel hinsichtlich Ressourcen, Finanzierung, Hilfsfristen und Arten der Hilfsleistungen. Zur Einordnung kann man drei generelle Kriterien nutzen, um Relevanz von Risiken, bezeichnet mit dem Begriff „Kritikalität", zu bestimmen und abzugrenzen (Fekete, 2011).

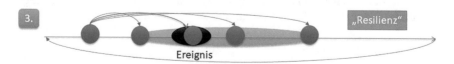

Abb. 7.51 Phasen im integrierten Risiko- und Krisenmanagement

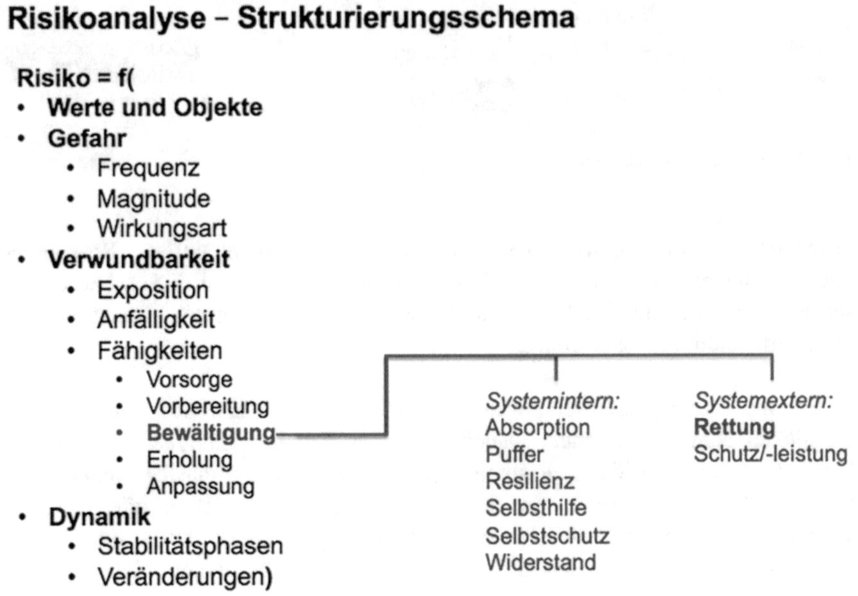

Risikoanalyse – Strukturierungsschema

Risiko = f(
- **Werte und Objekte**
- **Gefahr**
  - Frequenz
  - Magnitude
  - Wirkungsart
- **Verwundbarkeit**
  - Exposition
  - Anfälligkeit
  - Fähigkeiten
    - Vorsorge
    - Vorbereitung
    - Bewältigung
    - Erholung
    - Anpassung
- **Dynamik**
  - Stabilitätsphasen
  - Veränderungen**)**

Systemintern:
Absorption
Puffer
Resilienz
Selbsthilfe
Selbstschutz
Widerstand

Systemextern:
Rettung
Schutz/-leistung

Abb. 7.52 Strukturierungsschema der Positionierung von Rettung als einer der Bewältigungs-fähigkeiten innerhalb der Bestandteile eines Risikos

Rettungskapazitäten lassen sich nach folgenden Kriterien einteilen:

- Größe: Anzahl der Wachen und Gerätehäuser, Einsatzfahrzeuge, Mannschafts-größen und Marschbesetzungen etc.
- Zeit: Hilfsfristen und Schichtdienstbesetzungen, aber auch der Zeitraum, inner-halb des Zeitpfeils, in dem Rettung vorbereitet und durchgeführt wird, usw.
- Qualität: Art und Zusammensetzung der angebotenen Dienstleistungen, be-zahlte oder ehrenamtliche, für einzelne Spezialbereiche oder umfassend usw.

Zusammenfassend lässt sich an dieser Stelle feststellen, dass es die eine Ret-tung nicht gibt. Notwendig ist eine Differenzierung der Rettung nach den Kriterien von Rettungskapazitäten (Größenordnung, Zeitfaktoren und Qualitätsart), nach Rettungszielen (von was, wovor, von wem, wie), analog zu den Definitionen eines strategischen Ziels (vgl. Schutzziele), und welche Phasen auf dem Handlungszeit-pfeil als zugehörig zu einer Rettung betrachtet werden. Damit nähert man sich der Rettungsart und dem Verständnis der Bandbreite an Dimensionen und Handlungs-feldern des Rettungsingenieurwesen an.

Subjektive Beobachtungen aus Sicht des Risiko- und Krisenmanagements
Die dargelegten Überlegungen sind, wie erwähnt, begrenzt und aus einer bestimmten Perspektive angestellt. Innerhalb dieser Perspektive, aus einem integrierten Verständnis eines umfassenden Risiko- und Krisenmanagements heraus, lassen sich folgende Aspekte und Beiträge für das Rettungsingenieurwesen erkennen.

Innerhalb der Lehre gilt es, das Rettungsingenieurwesen um eines seiner Kernmerkmale zu schärfen: die Inter- und Transdisziplinarität. Während Rettungsingenieurwesen bereits multidisziplinär aufgestellt ist und einen hohen Praxisbezug hat, ist hier noch viel zu tun, um ein wirklich interdisziplinäres Verständnis aufseiten der Studierenden, aber auch in der Öffentlichkeit zu erzeugen. Damit sind vor allem ein Verständnis und eine Akzeptanz anderer Disziplinen und Geisteshaltungen gemeint; im späteren Berufsleben wird man als Führungskraft wie auch als Mitarbeiter/in in komplexen Krisensituationen auf eine Vielzahl unterschiedlich ausgebildeter Menschen treffen. Dann und in der Vorplanung auf solche Situationen sind ein disziplinenübergreifendes Verständnis (Interdisziplinarität) und ein Verständnis der Transfermöglichkeiten und ihren Grenzen von Wissen aus der Theorie in die Praxis (Transdisziplinarität) notwendig. Kompetenzen wie Akzeptanz, Zuhören und Reflektieren sind nötig – keine einseitig ausgebildeten Ingenieure/Ingenieurinnen, die nur den einen Lösungsweg kennen oder nur die eine Berechnungsweise akzeptieren.

Zum einen prägt die stark ingenieurlastige Grundausbildung auch das Grundverständnis der Ausgebildeten. Einige Module wurden in der Anfangszeit gelehrt und danach nicht mehr angeboten, unter anderem Fächer wie Psychologie und Soziologie. Diese vertragen sich nicht leicht mit der klassischen Ingenieursausbildung und einem gewissen Selbstverständnis eines typischen Ingenieurs/einer typischen Ingenieurin. Doch genau solche (und weitere) sozialwissenschaftlichen Module sind im Berufsbild sehr bedeutsam. Rettungsingenieure/-ingenieurinnen sind ohnehin keine klassischen Ingenieur/Ingenieurinnen, daher wäre eine noch breitere und stärkere Ausrichtung nach den Anforderungen im späteren Beruf wichtig und auch bezüglich solcher vermeintlich weicher sozialwissenschaftlicher Fächer noch einmal überdenkenswert. Es geht aber nicht nur um Sozialwissenschaften, auch könnten Programmierfähigkeiten und andere Nebenfächer aus dem technischen sowie dem nichttechnischen Bereich für die spätere Arbeit hilfreich sein. Rettungsingenieurwesen besteht wie Risiko- und Krisenmanagement und Bevölkerungsschutz aus geisteswissenschaftlichen, ingenieurwissenschaftlichen, naturwissenschaftlichen (Fekete, 2016) und vielen weiteren Disziplinen wie Medizin und Jura, und je nach Änderungen der Anforderungen aus der Praxis und Berufswelt muss auch Rettungsingenieurwesen anpassungsfähig bleiben.

Insgesamt ist Rettungsingenieurwesen ein recht junger Bereich und ein Feld, in dem es an empirischer Forschung noch grundsätzlich fehlt. Daher ist der Bedarf an Kompetenzen zum Erheben primärer Daten (insbesondere Befragungen, aber auch Messungen) groß, wie auch der professionelle Einsatz von Methoden der Datenerhebung und -verarbeitung.

Ein großes Manko ist die fehlende Wahlmöglichkeit und Wahlfreiheit von Nebenfächern, die aber nicht Rettungsingenieurwesen-spezifisch ist, sondern der Angleichung an anglophone Bachelor- und Masterprogramme geschuldet ist. Aufgrund der Tatsache, dass Studierende einen vollen Stundenplan haben und keine eigene Nebenfächerwahl treffen können, bestehen weitaus weniger Möglichkeiten für eigene Entscheidungen und damit zur Herausbildung eines Verantwortungsgefühls bei der Fächerwahl. Auch wurde durch die Einführung der Credit Points zwar die Sicherheit der Studierenden erhöht, nicht erst bei der Diplomprüfung zu erfahren, ob sie durchgefallen sind oder nicht. Jedoch hat sich der Planungshorizont dadurch stärker auf das Bestehen der einzelnen Module verschoben, und es wird indirekt und ungewollt insgesamt weniger Wert auf das Abrufen des gesamten Wissens und den Zusammenhang zwischen den Modulen gelegt.

Dabei sollen am Schluss nicht alle Studierenden über einen Kamm geschoren und nur auf eine Art von Aufgabe, zum Beispiel Führung und Management, festgelegt werden. Je nach Neigung kann und soll auch ein Datenanalyst eine Betätigung gemäß seinen Kompetenzen suchen. Die Diversität der Kompetenzen wird und sollte jedoch auch weiterhin derart gefördert werden, dass eine große Bandbreite an Kompetenzen sowohl erlernt als auch erweitert wird – nach Benjamin Bloom also vom reinen Wissenserwerb bis hin zur selbstständigen Umsetzung und Übertragung. Damit soll vermieden werden, dass gerade Ingenieure/Ingenieurinnen nur auf eine Arbeitsanweisung warten, eine vorgefertigte Aufgabe in die Hand bekommen und dann die Lösung ausrechnen, denn in der modernen komplexen Arbeitswelt ist neben Softskills auch Fachwissen gefragt. Außerdem wird immer mehr vorausgesetzt, dass man selbstständig nicht nur Lösungswege sucht, sondern auch die Probleme selbstständig erkennt und bearbeitet.

Innerhalb der Zusammenarbeit zwischen Forschung und Praxis ist Rettungsingenieurwesen hervorragend geeignet, Transfer von Konzepten und Produkten, aber auch Dialoge zwischen Forschung und Praxis herzustellen. Das liegt zum einen an der Praxisnähe und zum anderen am Thema, das sich mit realen Lebensbedingungen der Menschen, neuen Technologien und Konzepten befasst, die auch in vielen anderen Bereichen zu finden sind, zum Beispiel Projektmanagement, Qualitätsmanagement, Risikomanagement oder Technikfolgenabschätzung. Zudem sind viele Berufstätige in diesem Feld, wie auch viele Studierende, die bereits ehrenamtlich oder gar beruflich in Hilfsorganisationen oder der Industrie gearbeitet haben, oft ausgesprochene „Kümmerpersönlichkeiten", packen also gerne an und versuchen, strukturiert Lösungen zu vermitteln und Probleme zu erkennen. Nicht nur für die Forschungsarbeit sind dies gute Hintergrundbedingungen, um mit Praxispartner/-partnerinnen zusammenzukommen.

Der Transfer von Forschung findet auch in die Lehre statt und umgekehrt. Forschendes Lernen ist zwar nicht leicht in der Umsetzung, zum einen wegen der Parallelbearbeitung von Lehre, Forschung und Projektmanagement Ressourcenprobleme hat und zum anderen wegen der hohen Erwartungshaltung von Studierenden, gerade auch im Bachelor nicht nur (für die) Wissenschaft, sondern auch für die Praxis Lerninhalte und Aufgaben vermittelt zu bekommen. Jedoch zeigt sich hier deutlich, dass viele Studierende ihr Fachwissen bereits direkt einsetzen können. Die zahlreichen Rückfragen aus der Praxis nach Verwendung der Forschungsergebnisse, sogar teilweise aus Projektarbeiten der Studierenden, zeigen auch den Erfolg auf, Forschung in die Lehre zu integrieren. Einschränkend muss hervorgehoben werden, dass nicht die Erwartungshaltung entstehen darf, dass jedes studentische Projekt so gut sein wird und kann, dass es in der Praxis nachgefragt wird.

Innerhalb der Forschung zeigt sich, dass sich Risiko- und Krisenmanagement hervorragend mit Rettungsingenieurwesen verbinden lässt. In der TH Köln haben sich viele Zusammenarbeiten ergeben, im Institut, in der Fakultät und sogar fakultätsübergreifend. Weiterhin ist eine Zusammenarbeit mit einer Vielzahl von Partnern/Partnerinnen an anderen Hochschulen, Behörden und Wirtschaft entstanden. Die Praxisnähe von Rettungsingenieurwesen hilft sehr, angewandte Themen und lokale Praxispartner zu identifizieren. Es wird auch im Sinne der internationalen Rahmenempfehlung des Sendai-Rahmenwerks zur Reduktion von Katastrophen (UN, 2015) gehandelt, indem Aktivitäten zur Stärkung des Wissens um Risiken (Priority 1), Einbindung von Verwaltungen und Management (Priority 2), Investitionen (Priority 3) und Vorsorge vor Katastrophenauswirkungen (Priority 4) gefordert werden. Umsetzungen auf nationaler Ebene, aber insbesondere vor Ort, in den Kommunen, werden ebenfalls gefordert, und hier werden viele Projekte im Bereich Rettungsingenieurwesen durchgeführt. Thematisch haben sich im Bereich Risiko- und Krisenmanagement Forschungsaktivitäten insbesondere in folgenden Themenfeldern ergeben:

- Bevölkerungsschutz
- Kritische Infrastrukturen
- Risikoanalysen, inkl. Verwundbarkeit und Resilienz

Hierzu finden sich andere Beiträge aus dem Institut (Stephan et al., 2018), die einzelne Forschungsvorhaben im Bereich KRITIS (KIRMin) und Bevölkerungsschutz (BigWa) darstellen.

Folgende Forschungsgebiete sind noch zu ergänzen:

- Räumliche Risikoanalysen: Aktuell werden der Einsatz von geographischen Informationssystemen (GIS) und die Erhebung empirischer Daten sowohl qualitativer als auch quantitativer Art verfolgt, um (räumliche) Analysen von Risiken für die Bevölkerung durchführen zu können. Aktuell werden solche Analysen unter anderem in NRW, aber auch international durchgeführt. Darin werden beispielsweise Standortfaktoren von Gefahren und Verwundbarkeiten sowie Resilienz untersucht und zusammengefügt.

- Evaluierungen von Maßnahmen: Ein anderes Gebiet ist die Evaluierung von Hilfseinsätzen im internationalen Bereich; unter anderem wurden in Surveys Daten zu Erfolg und Nachhaltigkeit von Hilfseinsätzen und Wiederaufbauprogrammen nach Tsunami und anderen Extremereignissen erhoben. Auch nach dem Hochwassereinsatz 2012 wurden solche Daten erhoben. Eine studentische Umfrage zur Zufriedenheit der Helfer nach dem Einsatz hat sogar so großes Interesse hervorgerufen, dass über 3000 Fragebögen online komplett beantwortet wurden (Baumgarten & Bentler, 2015)
- Kommunikation und Wissensmanagement: Im Rahmen des Forschungsschwerpunkts BigWa (Bevölkerungsschutz im gesellschaftlichen Wandel) oder in Zusammenarbeit mit Organisationen im Bereich Social Media, aber auch in der Zusammenarbeit mit dem BMUB im Bereich Strahlenschutz wird der Bedarf nach Transfer zwischen Wissen aus der Forschung oder Berufspraxis und der Bevölkerung immer wieder deutlich. Kommunikation ist hier nicht nur ein technisches oder organisatorisches Problem, sondern oft auch eine Frage, wie Dialog und Akzeptanz hergestellt werden können. Aber auch die Aufbereitung und Zurverfügungstellung von Wissen ist in einem breiten interdisziplinären Feld nicht einfach. Im Projekt *Atlas der Verwundbarkeit und Resilienz* (Fekete & Hufschmidt, 2016) haben wir einen Dialog und schließlich ein Übersichtswerk über verschiedene Zugänge und Studien erstellt, die unterschiedlichste natürliche Risiken wie Hochwasser oder Hitzewelle bzw. menschlichtechnische Gefahren wie Amoklauf oder Ausfall kritischer Infrastrukturen beleuchten.

Es wären hier noch einige weitere Schwerpunkte zu nennen, etwa Strukturwandel im Bevölkerungsschutz (demographischer und technischer Wandel usw.; Fekete & Norf, C., 2020). Aber auch im Bereich Veranstaltungssicherheit gibt es den seit Jahren etablierten sehr aktiven Arbeitskreis Naturgefahren und Naturrisiken mit über 20 Teilnehmern/Teilnehmerinnen aus der Praxis und anderen Hochschulen, Aktivitäten im Bereich humanitärer Hilfe und Entwicklungszusammenarbeit usw.

Literaturempfehlungen
Sicherheit:
Zivile Sicherheit: Zoche et al., 2011
Menschliche Sicherheit: Brauch, 2005; Ogata & Sen, 2003
Risiko Governance: Renn, 2008
Nachhaltigkeit: Brundtland, 1987; Serageldin et al., 1994
Resilienz: Gunderson & Holling, 2002
Resilienzanalyse: (Bruneau et al., 2003
Deutsche Resilienzstrategie: Die Bundesregierung, 2022

Resilienzrichtlinie der EU: EU, 2022
Rahmenwerke: Asadzadeh et al., 2017; Khazai et al., 2015
Transformation: Gibson et al., 2016; Pelling, 2010
Humanitäre Hilfe: Lieser & Dijkzeul, 2013; Twigg, 2004
Entwicklungszusammenarbeit: Baird et al., 1975; Cuny, 1983
Entwicklungspolitik: Rauch, 2009
Bevölkerungsschutz:
Governance des Katastrophenmanagements in Deutschland: Pfohl, 2014
Verhalten bei Katastrophen und Psychologie: Ripley, 2009
Rettung und Notfallwesen: Ellebrecht, 2020
Selbsthilfefähigkeit der Bevölkerung: Goersch & Werner, 2011
Psychosoziale Notfallversorgung: Karutz & Blanck-Gorki, 2020
Webseite für Rahmendokumente im Katastrophenrisikomanagement: katrima.
de

Literatur

Alexander, D. (2002). *Principles of emergency planning and management.* Dunedin Academic Press.

Alexander, D. (2013). Resilience and disaster risk reduction: an etymological journey. *Natural Hazards and Earth Systems Sciences, 13,* 2707–2716.

Allen, T. F. H., & Starr, T. B. (1982). *Hierarchy: Perspectives for ecological complexity.* University of Chicago Press.

Arup & Rockefeller Foundation. (2015). *City resilience framework.* Arup & Rockefeller Foundation

Asadzadeh, A., Kötter, T., Salehi, P., & Birkmann, J. (2017). Operationalizing a concept: The systematic review of composite indicator building for measuring community disaster resilience. *International Journal of Disaster Risk Reduction, 25,* 147–162. https://doi.org/10.1016/j.ijdrr.2017.09.015

Auswärtiges Amt. (2012). *Strategie des Auswärtigen Amtes zur humanitären Hilfe im Ausland 2019–2023.* Auswärtiges Amt.

Baird, A., O'Keefe, P., Westgate, K. N., & Wisner, B. (1975). *Towards an explanation and reduction of disaster proneness.* Retrieved from Occasional paper no.11, University of Bradford, Disaster Research Unit.

Baumgarten, C., & Bentler, C. (2015). *Analyse der persönlichen Zufriedenheit von Einsatzkräften während der Hochwasserkatastrophe 2013 in Deutschland. Eine Umfrage zur Steigerung der Motivation von Helfern im Bevölkerungsschutz.* TH Köln

BBK (Bundesamt für Bevölkerungsschutz und Katastrophenhilfe). (2010). *Neue Strategie zum Schutz der Bevölkerung in Deutschland.* Bonn. Bundesamt für Bevölkerungsschutz und Katastrophenhilfe

Berkes, F., & Folke, C. (1998). Linking social and ecological systems for resilience and sustainability. *Management practices and social mechanisms for building resilience.* Cambridge University Press

Birkmann J., Cardona, O. D., Carreño, M. L., Barbat, A. H., Pelling, M., Schneiderbauer, S., … Welle, T. (2013). Framing vulnerability, risk and societal responses: The MOVE framework. *Natural Hazards, 67*(2), 193-211. https://doi.org/10.1007/s11069-013-0558-5.

Bogardi, J. J., & Fekete, A. (2018). Disaster-related resilience as ability and process: A concept guiding the analysis of response behavior before, during and after extreme events. *American Journal of Climate Change, 7,* 54–78.

Brauch, H. G. (2005). *Threats, challenges, vulnerabilities and risks in environmental and human security.* In SOURCE Studies Of the University: Research, Counsel, Education- Publication Series of UNU-EHS, No.1/2005, ed. United Nations University - Institute for Environment and Human Security (UNU-EHS). Bonn.

Brockman, J. (1995). *Die dritte Kultur (English title: The Third Culture).* Edition 1996, Wilhelm Goldmann Verlag.

Brundtland, G. H. (1987). *Our common future.* World Commission on Environment and Development (WCED).

Bruneau, M., Chang, S. E., Eguchi, R. T., Lee, G. C., O'Rourke, T. D., Reinhorn, A. M., … von Winterfeld, D. (2003). A framework to quantitatively assess and enhance the seismic resilience of communities. *Earthquake Spectra, 19*(4), 733–752.

BSI (Bundesamt für Sicherheit in der Informationstechnik). (2022). *BSI-Standard 200-4 Business Continuity Management – CD 2.0.* Bundesamt für Sicherheit in der Informationstechnik

Chang, S. E., & Shinozuka, M. (2004). Measuring improvements in the disaster resilience of communities. *Earthquake Spectra, 20*(3), 739–755. https://doi.org/10.1193/1.1775796

Coppola, D., P. (2021). *Introduction to International Disaster Management* (4. Aufl.). Butterworth-Heinemann.

Cuny, F. C. (1983). *Disasters and development.* Oxford University Press.

Cutter, S., L., Burton, C., G., & Emrich, C., T. (2010). Disaster resilience indicators for benchmarking baseline conditions. *Journal of Homeland Security and Emergency Management, 7.*

Cutter, S. L., Barnes, L., Berry, M., Burton, C., Evans, E., Tate, E., & Webb, J. (2008). A place-based model for understanding community resilience. *Global Environmental Change, 18,* 598–606.

Davis, I. (2011). What have we learned from 40 years' experience of disaster Shelter? *Environmental Hazards, 10*(3–4), 193–212.

Die Bundesregierung. (2022). *Deutsche Strategie zur Stärkung der Resilienz gegenüber Katastrophen. Umsetzung des Sendai Rahmenwerks für Katastrophenvorsorge (2015–2030) – Der Beitrag Deutschlands 2022–2030.* Die Bundesregierung

Edwards, C. (2009). *Resilient nation.* Demos.

Ellebrecht, N. (2020). *Organisierte Rettung. Studien zur Soziologie des Notfalls.* Springer.

EU. (2022). *Richtlinie (EU) 2022/2557 des Europäischen Parlaments und des Rates vom 14. Dezember 2022 über die Resilienz kritischer Einrichtungen.* Amtsblatt der Europäischen Union L3333/164 vom 27.12.2022.

Fekete, A. (2011). Common criteria for the assessment of critical infrastructures. *International Journal of Disaster Risk Science, 2*(1), 15–24.

Fekete, A. (2012a). Safety and security target levels: Opportunities and challenges for risk management and risk communication. *International Journal of Disaster Risk Reduction, 67–76.* https://doi.org/10.1016/j.ijdrr.2012.09.001.

Fekete, A. (2012b). Ziele im Umgang mit „kritischen" Infrastrukturen im staatlichen Bevölkerungsschutz. In R. Stober et al. (Hrsg.), *Managementhandbuch Sicherheitswirtschaft und Unternehmenssicherheit* (S. 1103–1124). Boorberg Verlag.

Fekete, A. (2016). Naturwissenschaftliche Theorie und Methodik. In H. Karutz, W. Geier, & T. Mitschke (Hrsg.), *Bevölkerungsschutz: Notfallvorsorge und Krisenmanagement in Theorie und Praxis.* Springer.

Fekete, A. (2018). Rettungsingenieurwesen aus Sicht des Risiko- und Krisenmanagements mit Bezug zu Sicherheits- und Nachhaltigkeitsforschung. In C. Stephan, J. Bäumer, C. Norf, & A. Fekete (Eds.), *Forschung und Lehre am Institut für Rettungsingenieurwesen und Gefahrenabwehr. Beiträge aus Forschungsprojekten sowie Perspektiven von Lehrenden und Studierenden. Integrative Risk and Security Research 1/2018* (S. 7–17).

Fekete, A., Fuchs, S., Garschagen, M., Hutter, G., Klepp, S., Lüder, C., … Wannewitz, M. (2022). Adjustment or transformation? Disaster risk intervention examples from Austria, Indonesia, Kiribati and South Africa. *Land Use Policy, 120,* 106230. https://doi.org/10.1016/j.landusepol.2022.106230.

Fekete, A., Hetkämper, C., & Norf, C. (2020). Bevölkerungsschutz im gesellschaftlichen Wandel (BigWa). *Integrative Risk and Security Research*(1), 45.

Fekete, A., & Hufschmidt, G. (Eds.). (2016). *Atlas der Verwundbarkeit und Resilienz – Pilotausgabe zu Deutschland, Österreich, Liechtenstein und Schweiz; Köln & Bonn | Atlas of Vulnerability and Resilience – Pilot version for Germany, Austria, Liechtenstein and Switzerland.* Cologne & Bonn. TH Köln & Universität Bonn

Fekete, A., Lauwe, P., & Geier, W. (2012). Risk management goals and identification of critical infrastructures. *International Journal of Critical Infrastructures, 8*(4), 336–353.

Fekete, A., & Rhyner, J. (2020). Sustainable digital transformation of disaster risk – Integrating new types of digital social vulnerability and interdependencies with critical infrastructure. *Sustainability, 12*(22), 9324.

Frei, D., & Gaupp, P. (1978). Das Konzept Sicherheit. In K.-D. Schwarz (Hrsg.), *Sicherheitspolitik. Analysen zur politischen und militärischen Sicherheit* (3. Aufl., S. 3–16). Osang.

Gibson, T., Pelling, M., Ghosh, A., Matyas, D., Siddiqi, A., Solecki, W., … Du Plessis, R. (2016). Pathways for transformation: Disaster risk management to enhance resilience to extreme events. *Journal of Extreme Events, 3*(01), 1671002.

Goersch, H. G., & Werner, U. (2011). *Empirische Untersuchung der Realisierbarkeit von Maßnahmen zur Erhöhung der Selbstschutzfähigkeit der Bevölkerung.* Bundesamt für Bevölkerungsschutz und Katastrophenhilfe (BBK).

Grunwald, A. (2010). *Technikfolgenabschätzung – eine Einführung* (2. Aufl.). Edition sigma.

Gunderson, L. H., & Holling, C. S. (2002). *Panarchy. Understanding transformations in human and natural systems.* Island Press.

Holling, C. S. (1973). Resilience and Stability of Ecological Systems. *Annual Review of Ecology and Systematics, 4,* 1–23. www.jstor.org.

Holling, C. S. (1996). Engineering resilience versus ecological resilience. In P. Schulze (Hrsg.), *Engineering within ecological constraints* (S. 31–44). National Academy Press.

Holling, C. S. (2001). Understanding the complexity of economic, ecological, and social systems. *Ecosystems, 4,* 390–405.

HS SAI (Homeland Security Studies and Analysis Institute). (2010). *Risk and resilience. Exploring the relationship.* Homeland Security Studies and Analysis Institute

IPCC (Intergovernmental Panel on Climate Change). (2019). Annex I: Glossary. In N. M. Weyer (Hrsg.), *IPCC special report on the ocean and cryosphere in a changing climate.* In: H.-O. Pörtner, D.C. Roberts, V. Masson-Delmotte, P. Zhai, M. Tignor, E. Poloczanska, K. Mintenbeck, A. Alegría, M. Nicolai, A. Okem, J. Petzold, B. Rama, N.M. Weyer (Hrsg.).

Karutz, H., & Blanck-Gorki, V. (2020). *Wege zur Psychosozialen Notfallversorgung.* Stumpf & Kossendey.

Karutz, H., Geier, W., & Mitschke, T. (2016). *Bevölkerungsschutz. Notfallvorsorge und Krisenmanagement in Theorie und Praxis.* Springer.

Khazai, B., Bendimerad, F., Cardona, O. D., Carreño, M.-L., Barbat, A. H., & Buton, C. (2015). A guide to measuring urban risk resilience: Principles, tools and practice of urban indicators. *Earthquakes and Megacities Initiative (EMI), The Philippines.*

Lieser, J., & Dijkzeul, D. (2013). *Handbuch Humanitäre Hilfe.* Springer.

Linkov, I., Bridges, T., Creutzig, F., Decker, J., Fox-Lent, C., Kröger, W., & Thiel-Clemen, T. (2014). Changing the resilience paradigm. *Nature Climate Change, 4,* 407. https://doi.org/10.1038/nclimate2227.

Manyena, B., Machingura, F., & O'Keefe, P. (2019). Disaster Resilience Integrated Framework for Transformation (DRIFT): A new approach to theorising and operationalising resilience. *World Development, 123,* 104587. https://doi.org/10.1016/j.worlddev.2019.06.011.

Manyena, S. B. (2006). The concept of resilience revisited. *Disasters, 30*(4), 434–450.

Maskrey, A. (1989). *Disaster mitigation: A community based approach.* Oxfam International.

MEA (Millennium Ecosystem Assessment). (2003). *Ecosystems and human well-being. A framework for assessment.* Island Press

Ogata, S., & Sen, A. (2003). *Human security NOW. Commission on Human Security.*

Oliver-Smith, A. (1986). *The martyred city: Death and rebirth in the Andes.* University of New Mexico Press.

Pelling, M. (2010). *Adaptation to climate change: From resilience to transformation.* Routledge.

Pfohl, T. N. (2014). *Katastrophenmanagement in Deutschland. Eine Governance-Analyse.* LIT.

Rauch, T. (2009). *Entwicklungspolitik.* Westermann.

Renn, O. (2008). *Risk governance. Coping with uncertainty in a complex world.* Earthscan.

Renn, O., & Keil, F. (2008). Systemische Risiken: Versuch einer Charakterisierung. *GAIA-Ecological Perspectives for Science and Society, 17*(4), 349–354.

Renschler, C. S., Frazier, A. E., Arendt, L. A., Cimellaro, G. P., Reinhorn, A. M., & Bruneau, M. (2010). *A framework for defining and measuring resilience at the community scale: The PEOPLES resilience framework.* MCEER Buffalo.

Ripley, A. (2009). *The Unthinkable: Who survives when disaster strikes – and why.* Arrow.

Sen, A. (2005). Human rights and capabilities. *Journal of Human Development, 6*(2), 151–166.

Serageldin, I., Steer, A. D., & Cernea, M. M. (1994). *Making development sustainable: From concepts to action* (Bd. 2). World Bank Publications.

Sphere Association (2018). *The Sphere Handbook: Humanitarian charter and minimum standards in humanitarian response* (4. Aufl.). Geneva. Sphere Association

Stephan, C., Bäumer, J., Norf, C., & Fekete, A. (Hrsg.). (2018). *Forschung und Lehre am Institut für Rettungsingenieurwesen und Gefahrenabwehr. Beiträge aus Forschungsprojekten sowie Perspektiven von Lehrenden und Studierenden. Integrative Risk and Security Research 1/2018.*

Taylor, A. J. (1978). *Assessment of victim needs.* Intertect.

Trautwine, J. C. (1907). *The civil engineer's pocket-book.* Wiley.

Turner, B. L., Kasperson, R. E., Matson, P. A., McCarthy, J. J., Corell, R. W., Christensen, L., & Schiller, A. (2003). A framework for vulnerability analysis in sustainability science. *Proceedings of the National Academy of Sciences of the United States of America, 100*(14), 8074–8079.

Turner, J. R., & Baker, R. (2020). Just doing the do: A case study testing creativity and innovative processes as complex adaptive systems. *New Horizons in Adult Education and Human Resource Development, 32*(2), 40–61.

Twigg, J. (2004). *Disaster risk reduction: Mitigation and preparedness in aid programming.* In Good Practice Review 9, ed. Humanitarian Practice Network: Overseas Development Institute.

UNDP (United Nations Development Programme). (2013). *Community Based Resilience Assessment (CoBRA) Conceptual Framework and Methodology.* United Nations Development Programme

UNISDR. (2012). *Making Cities Resilient Report 2012. My city is getting ready! A global snapshot of how local governments reduce disaster risk.* Geneva

UN (United Nations). (2009). *Human security in theory and practice. Application of the human security concept and the United Nations trust fund for human security.* United Nations

UN (United Nations). (2015). *Sendai framework for disaster risk reduction 2015 – 2030.* United Nations Office for Disaster Risk Reduction. Geneva, Switzerland.

Urwick, L.F. (1956) The Pattern of Management. Pitman

Waldrop, M. M. (1992). *Complexity. The emerging science at the edge of order and chaos.* Edition of 1994, Penguin Books.

Walker, B., Holling, C. S., Carpenter, S., & Kinzig, A. (2004). Resilience, adaptability and transformability in social-ecological systems. *Ecology and Society, 9*(2).

Weichhart, P. (2005). Auf der Suche nach der „dritten Säule". Gibt es Wege von der Rhetorik zur Pragmatik? In D. Müller-Mahn & U. Wardenga (Hrsg.), *Möglichkeiten und Grenzen integrativer Forschungsansätze in Physischer Geographie und Humangeographie (= Forum IfL). Band 2.* (S. 109–136). Selbstverlag, Leibniz-Institut für Länderkunde.

Werner, E. (1997). Vulnerable but invincible: High-risk children from birth to adulthood. *Acta Paediatrica, 86*(422), 103–105.

Werner, E., & Smith, R. (2001). *Journeys from childhood to midlife. Risk, resilience, and recovery.* Cornell University Press.

Whittaker, H. (1979). *Comprehensive emergency management. A governor's guide.* A Governor's Guide, 56. National Governors' Association, Washington, D.C.

Zoche, P., Kaufmann, S., & Haverkamp, R. (Hrsg.). (2011). *Zivile Sicherheit. Gesellschaftliche Dimensionen gegenwärtiger Sicherheitspolitiken: Reihe Sozialtheorie.* transcript.

Gefahrenarten

8

Zusammenfassung

Welches Gefahrenspektrum wird in Risikoanalysen im Kontext zur Katastrophenforschung untersucht? Und wie kann man es unterteilen? Das Kapitel beginnt mit dem großen Thema von Naturgefahren und Naturrisiken, die auch durch den Klimawandel eine immer größere Aufmerksamkeit erfahren. Extremereignisse wie Hochwasser oder Waldbrände sind hier nur zwei aktuelle Beispiele. In einer systematischen Unterscheidung von Abfolgeschritten werden Untersuchungsphasen und Möglichkeiten sowie Besonderheiten von Naturgefahren herausgearbeitet. Ergänzt werden sie mit der wissenschaftlich spannenden Frage, wie man sich bei Erdbeben richtig verhält. Scheinbar durch international festgelegt, gibt es hier überraschende Kritik und Einschränkungen. Als weiterer Bereich werden Menschlich- und technische Gefahren und Risiken dargestellt, die eine Vielfalt von Unfällen, Erkrankungen und Pandemien, vorsätzliche Handlungen und Angriffe und vieles weitere mehr beinhalten. In diesem Buch soll jedoch auch der ganzheitliche Gedanke vermittelt werden, dass es grundsätzlich sinnvoll ist, alle Arten von Gefahren in der Planung zu bedenken. Dabei jedoch die einzelnen Charakteristika und Unterschiede zwischen den Gefahren und Risiken zu kennen, hilft auch für die Gestaltung unterschiedlicher Planungsszenarien für die Zukunft.

In einem ganzheitlichen Verständnis gibt es eine Vielzahl verschiedenster Gefahrenarten, die auch auf verschiedenste Ebenen der Gesellschaft und Umwelt einwirken. Es fällt schwer, schon allein die Gefahren untereinander in verschiedene Bereiche aufzuteilen. Die sogenannten Naturgefahren wie zum Beispiel Erdbeben oder Hochwasser sind in Wirklichkeit häufig schon in ihrer Entstehung durch menschliche Interaktion zumindest mitbestimmt. Sogenannte technische Gefahren wie etwa das Versagen technischer Systeme, Transport- oder Anlagenunfälle sind

EINWIRKUNGEN /
Gefahren   AUSWIRKUNGS-EBENEN

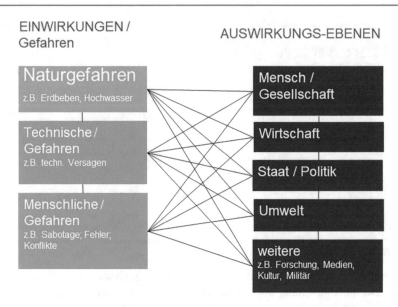

Abb 8.1 Ein- und Auswirkungsebenen verschiedenster Gefahrenarten (Fekete 2012)

ein weiterer Bereich, der ebenfalls sehr stark mit dem dritten hier gezeigten Bereich, den sogenannten menschlichen Gefahren zusammenhängt. Menschliche Gefahren, die weniger mit technischen Anlagen oder Geräten zu tun haben, können zum Beispiel Sabotageakte, Fehler oder Konflikte sein. An Auswirkungsebenen gibt es ebenfalls eine große Vielfalt, sodass nur beispielhaft einige dargestellt werden (Abb. 8.1).

8.1   Naturgefahren und Naturrisiken

Eine **Naturgefahr** enthält eine Komponente aus der natürlichen Umwelt, die ein wesentlicher Auslöser für ein Schadensereignis sein kann. **Natur** bezieht sich hier auf die **Umwelt,** wie sie der Mensch vorfindet oder überprägt hat, daher wird oft statt „Naturgefahr" auch „Umweltgefahr" oder „Umweltrisiko" benutzt. Ein Hintergrund für den Begriff Umwelt statt Natur ist, dass es kaum noch naturbelassene Flächen in Deutschland gibt, die der Mensch nicht schon beeinflusst hat.

Rein pragmatisch empfiehlt sich dennoch die Nutzung des Begriffs „Naturgefahr", da er in vielen Anwenderkreisen des Katastrophenschutzes geläufiger ist als z. B. „Umweltgefahren", die stark mit Naturschutz in Verbindung gebracht werden, oder „Naturrisiken", ein Begriff, der weniger im allgemeineren Sprachgebrauch üblich ist. Der Begriff „Naturkatastrophe" ist im Deutschen recht geläufig, im anglophonen Raum sind **natural disasters** in einigen Kreisen sehr umstritten bzw. verpönt, da man dadurch das menschliche Zutun vernachlässigen würde

Abb. 8.2 Sandsturm in Bahrain (2023)

(O'Keefe et al., 1976). Jedoch ist gerade in der Gefahrenabwehr und Einsatzpraxis wie auch in der Öffentlichkeit und in vielen Disziplinen der Begriff üblich. Nach zunehmendem Prozessablauf werden unterschieden: Gefahr, Gefährdung, (Gefahren-)Ereignis. Beispiel: Gefahr (Fluss/Regen), Gefährdung (Hochwasser), Ereignis (Überschwemmung) Naturgefahren sind vielfältig und umfassen unter anderem Sand- oder Staubstürme (Abb. 8.2), Tsunami (Abb. 8.3), Waldbrände (Abb. 8.4) oder Starkregen (Abb. 8.5).

In der Naturgefahrenforschung wird hinsichtlich der Gefahren unterschieden, wie rasch oder wie langsam diese Prozesse stattfinden. So sind langsam einsetzende Gefahren (creeping hazards, slow hazards) oder sich schnell vollziehende Gefahren (rapid hazards) unterschiedlich wahrnehmbar. Sehr langsam stattfindende Prozesse wie zum Beispiel die Erosion, also die Abtragung des Bodens, werden möglicherweise eher als genereller Prozess und weniger als Naturgefahr verstanden. Viele erwarten unter einem Begriff wie „Naturgefahr" ein plötzlich auftretendes Ereignis, das zeitlich klar abgrenzbar ist. Jedoch zeigt sich beim Beispiel einer Dürre und Hitzewelle die Problematik, diese in kurze ereignisartige Zeitabschnitte einteilen zu wollen. Dürren dauern Wochen oder Monate, und die Übergänge sind oft fließend.

Dürren führen zu einer großen Bandbreite an messbaren Phänomenen und Auswirkungen, zum Beispiel zur Austrocknung der Böden (Abb. 8.6 und 8.7), zur Vertrocknung der Ernte (Abb. 8.8) und zum Sterben von Baumarten oder ganzer Wälder. Lieferketten sind durch Austrocknung der großen Wasserverkehrsstraßen wie dem Rhein betroffen (Abb. 8.9). Auch hitzeangepasste Tiere wie Kamele kön-

Abb. 8.3 Ein Boot liegt nach dem Tsunami 2016 in Banda Aceh (Indonesien) auf einem Haus

Abb. 8.4 Waldbrand in Südafrika (2004)

Abb. 8.5 Starkregenereignis in Yangon (Myanmar) 2016

Abb. 8.6 Trockenrisse im
Boden (Iran 2002)

nen verdursten, wenn natürliche Grundwasserquellen durch Wassergewinnung
versiegen (Abb. 8.10). Stromausfälle sind bislang nur im Ausland ein Folge-
phänomen, wo die Stromleitungen durch Ausdehnung in der Hitze Bäume be-
rühren (Abb. 8.11).

Weiterhin muss unterschieden werden, ob und welche der Prozesse intern in
einem System und welche extern stattfinden. Schon bei den Beispielen Boden-
erosion oder auch Erdrutschen wird deutlich, siehe Abbildung, dass es eine Mischung aus Prozessen ist, die innerhalb des Bodens oder Gesteins des Körpers
stattfinden und die sowohl schnell als auch langsam stattfinden können, genauso

Abb. 8.7 Dürreangepasste Bodenplatte (Australien, 2004)

Abb. 8.8 Vertrockneter Stoppelacker (Unterfranken, 2007)

Abb. 8.9 Niedrigwasser des Rheins (Köln, 2022)

Abb. 8.10 Verdurstetes Tier (Saudi Arabien, 2023)

Abb. 8.11 Ausgetrockneter Wald (Eifel, 2020)

wie externe Beeinflussungen durch Sonnenbestrahlung, Temperatur ebenso wie
Erschütterungen durch Erdbeben oder Straßenbau (Abb. 8.12).

Arten von Naturgefahren
Kategorisierungen:

- Hydrologisch
- Klimabedingt
- Meteorologisch
- Tektonisch/seismisch
- Kryogen (Eis)

Exposition
  Exposition bezeichnet Zeit und Raum, dem etwas ausgesetzt ist. Eine **räumliche** Exposition liegt vor, wenn zum Beispiel ein Haus oder ein Mensch einer
Gefahr durch die räumliche Lage oder Nähe ausgesetzt ist. Eine Exposition ist
aber auch eine Ausrichtung zur Sonne, und kann z. B. die Sonnenausrichtung
eines Hanges zu einer Himmelsrichtung beschreiben. Sonnenbeschienene Hänge
sind anderen Austrocknungsprozessen ausgesetzt als Schattenhänge. Im Schatten
halten sich Niederschlag und Schneemassen länger und durchfeuchten den Hang
länger, was die Erdrutschgefahr erhöht. Neben der räumlichen Exposition gibt
es auch **zeitliche** Expositionsaspekte. Ob an einem Standort ein Tag oder zwei
Wochen lang Regen fällt, beeinflusst die Wassersättigung des Bodens. Eine zeit-

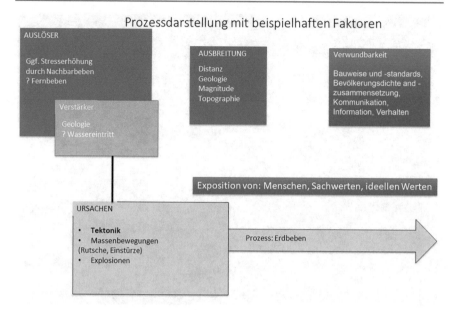

Abb 8.12 Prozessdarstellung eines Erdbebens

liche Exposition ist auch bei anderen Gefahren sehr wichtig, zum Beispiel die Zeit, die Menschen gegenüber Krankheitserregern oder Gefahrstoffen ausgesetzt sind. Räumliche Expositionen sind bei einem Fluss dort gegeben, wo das Flussufer flach in den Bebauungsbereich übergeht (Abb. 8.13), aber auch dort, wo man den Fluss mit Mauern künstlich begrenzt (Abb. 8.14). Entlang von steilen Hängen können Geröllmassen, Schnee- und Schlammlawinen Siedlungen erreichen, insbesondere wenn die Entwässerungskanäle zugewachsen sind und nicht freigehalten werden (Abb. 8.15). In Gebirgen sind Straßenpässe ein Nadelöhr, und diese Straßen sind gegenüber Steinschlag und Erdrutschen exponiert (Abb. 8.16).

Schließlich gilt es immer zu überlegen, ob es noch eine weitere Arten der Exposition gibt. Diese Denkweise ist generell bei allen Themen empfehlenswert, ob es noch eine generelle weitere Erklärungskomponente gibt, die man bisher nicht beachtet hat. Am Beispiel der Exposition kann man noch eine Expositionsqualität ergänzen. Die Qualität der Exposition kann zum Beispiel über die Dosis oder die Wirkmechanismen noch ergänzende Beschreibungen enthalten. Am Beispiel Hochwasser kann man erkennen, dass ein Hochwasser durch die Wirkmechanismen des Ertrinkens des Wegspülens oder der Kontamination wirken kann. Jede dieser drei Wirkprozesse bedingt auch unterschiedliche Arten von Exposition. Ebenso ist es beim Waldbrand, bei dem die Wirkmechanismen durch Rauchgas oder Hitzeentwicklung unterschiedlich Atem, Sicht oder anderes beeinflussen.

Ende der 1990er-Jahre, nach der Dekade der Naturkatastrophen der Vereinten Nationen (UN General Assembly, 1987; UN 1999), wurde Kritik an der reinen Be-

Abb. 8.13   Bebauung bis in Flussbett (Armenien 2009)

Abb. 8.14   Entlang von steilen Hängen können Geröllmassen, Schnee- und Schlammlawinen Siedlungen erreichen, insbesondere wenn die Entwässerungskanäle (rechts im Bild) zugewachsen sind und nicht freigehalten werden (Armenien 2009)

Abb. 8.15 Durch Mauern begrenzter Fluss (Armenien 2009)

Abb. 8.16 Straßenpässe als ein Nadelöhr, das zusätzlich gegenüber Steinschlag und Erd-rutschen exponiert ist (Iran 2002)

trachtung oder Überbetonung der Gefahrenseite auch international bekannt. Die überwiegende Untersuchung und Messung von Eintrittswahrscheinlichkeiten einer Gefahr lenke den Fokus zu stark auf die natürlichen Prozesse und berücksichtige zu wenig die Rolle des Menschen, der durch Handlungen wie etwa den Bau von Häusern in Flussauen zum Gesamtrisiko und zu den Schadensereignissen durch die Gefahr Hochwasser erheblich beitrage. Das hat bereits 1945 Gilbert White in den USA beschrieben; er gilt als einer der Pioniere der Naturgefahren- und -risikoforschung. In seiner Doktorarbeit legte er unter anderem dar, wie stark Schutzmaßnahmen gegen Hochwasser seit den 1930er-Jahren trotz einer Hochwasserrahmenrichtlinie zugenommen hätten, die Schäden und Verluste aber trotz dieser erheblichen Investitionen ebenso stiegen (White, 1945). Er führte auch den Begriff „levee effect" (Deicheffekt) ein: Der Deichbau bewirkt unter anderem eine verstärkte Ansiedlung von Menschen hinter dem vermeintlich sicheren Deich, und die Risikowahrnehmung (risk awareness) sinkt. Jedoch beinhaltet der Paradigmenwechsel mehrere Faktoren und Wandlungsprozesse als nur auf die Verwundbarkeit zu achten (Weichselgartner, 2013).

Was ist an **Naturgefahren** natürlich? Es scheint zunächst einmal sehr einfach zu sein, Naturgefahren zu beschreiben und von anderen Gefahren abzugrenzen. Tatsächlich streiten sich die Experten/Expertinnen um die genaue Einordnung. Daher ist es notwendig, einen Ansatz aufzuzeigen, woran man eine Naturgefahr erkennt und wie man sie möglicherweise von anderen Gefahren trennen kann.

Für Alltagszwecke reicht es, intuitiv Gefahren, die aus der Natur oder in der Natur entstehen, als Naturgefahren zu bezeichnen. In der Einsatzpraxis bei Feuerwehr und Katastrophenschutz gelingt dies nahezu mühelos. Häufig wird auch von **Naturkatastrophen** gesprochen, wenn die Gefahr Schäden verursacht hat.

Für alle, die sich wissenschaftlich beschäftigen, es ist notwendig, sich damit zu befassen, dass es **Kritik** an dem Begriff „Naturkatastrophe" gibt (O'Keefe et al., 1976; Peters & Kelman, 2020). Wie bereits angedeutet, resultiert diese Kritik vor allem daraus, dass jahrzehntelang der Blick nur auf die Gefahrenentstehung gerichtet war und Schäden als etwas quasi Hinzunehmendes angesehen wurden. Ein Erdbeben oder eine Sturmbildung könne man schließlich nicht beeinflussen. Was man jedoch beeinflussen kann, sind die Auswirkungen und damit die Anfälligkeit in der Gesellschaft. Schließlich führen einige noch ins Feld, dass man eine Katastrophe nur mit menschlicher Wahrnehmung für Menschen wahrnehmen kann und die Natur selbst keine Katastrophen kennt. Dies ist ein Punkt, der zumindest weiter zu diskutieren wäre. An dieser Stelle genügt es für Einsteiger/innen, sich der Tatsache bewusst zu sein, dass international der Begriff „Naturkatastrophe" zumindest erläutert werden muss, wenn man ihn benutzt. Es genügt meiner Meinung nach, den Begriff weiterzuverwenden (ggf. meiner Begründung) und in einem Satz auf die internationale Literatur und die Kritik am Begriff hinzuweisen.

Um in den Kursen an der Hochschule zwischen Naturgefahren und menschlichen undtechnischen Gefahren zu unterscheiden, wird ein Einteilungsschema verwendet. Im ersten Schritt wird untersucht, ob in den verschiedene Phasen des Entstehungsprozesses eines Risikos der Anteil der natürlichen, der menschlichen oder der technischen Prozesse überwiegt (Abb. 8.17). Man kann ein Erdbeben als

Ist es eine Naturgefahr oder eine menschlich-technische Gefahr?

Gefahr (Stressoren, Treiber)	Ursprung	Verbreitung	Einwirkung
Beispiel (Erdbeben)	N: Hoch H: Gering T: Gering	N: Hoch H: Gering T: Mittel	N: Gering H: Mittel T: Hoch
Resultierende Benennung	Naturgefahr (Ursprung)	Naturgefahr (Verbreitung)	Technologische/Strukturelle Gefahr (Einwirkung)
Beispiel (Nuklearer Unfall)	...	...	...

Verwundbarkeit (Schwachstellen im System)			
Beispiel (Erdbeben)	N: Subduktionszone H: ? T: ?	N: Fester Fels H: Frühwarnung T: Material	N: Brüchiger Fels, steile Topographie H: Physik, Wissen T: Stabilität von Gebäuden

N: Natur H: Menschen T: Technologie/Menschengemachte Strukturen	Risiko = f(Gefahr, Verwundbarkeit)

Abb 8.17 Schema, um eine Gefahr als Natur- oder menschlich-technische Gefahr einzuordnen

einen Prozess verstehen, der im ersten Schritt einen Ursprung oder Herd hat. Auch Erdbeben können vom Menschen ausgelöst werden, zum Beispiel durch Nuklearversuche.

Man kann den nächsten Schritt der Erdbebenverbreitung betrachten, ob dieser auf natürlichem Wege im Boden oder zum Beispiel über technische Infrastrukturen verläuft. Die Verbreitung findet typischerweise über Gesteinsschichten im Untergrund statt und ist damit meistens natürlich. Im dritten Schritt findet die Einwirkung statt, in dem die Erdbebenwellen, die sich über die Erdkruste und die Erdschichten verbreiten, auf die nächste Form von Strukturen, beispielsweise auf ein Gebäude oder eine Pipeline, einwirken. Hier entstehen dann die ersten Merkmale, die Menschen als Schäden einordnen. Beispielsweise über die Bauweise der Gebäude hat der Mensch die Möglichkeit, die Erdbebengefahr stark mit zu beeinflussen. Die Wirkmechanismen der Gefahr an sich, also das Schütteln und das Rütteln am Gebäude, können abgemildert, gepuffert oder in gewissen Toleranzen erlaubt werden. Man kann die meisten Erdbeben wahrscheinlich eindeutig als Naturgefahr kennzeichnen, da in mindestens einem der drei Schritte ein Naturprozessanteil überwiegt. Bei Ursprung und Verbreitung sind hier sogar zwei Hinweise typischerweise vorhanden. Dennoch ist es möglich, auch ein Erdbeben als menschengemachte Gefahr einzuordnen, wenn man sich hauptsächlich auf die Einwirkungsebene bezieht, also betrachtet, inwiefern Menschen an der Bauweise beteiligt waren und möglicherweise durch Korruption oder Nachlässigkeit bestehende Baunormen missachtet haben. Einstürze von Schulgebäuden zum Beispiel führen zu vielen Hunderten von Toten, insbesondere Kindern, und ist häufig auf eine falsche Bauweise oder aber eine Missachtung der Bauvorschriften zurückzuführen. Es wäre also legitim, sogar ein Erdbeben als eine menschlich mitverursachte Gefahr zu bezeichnen.

Bisher haben wir nur versucht, die Gefahrenseite zu bezeichnen; man kann nun die Prozessabfolge der jeweiligen Anfälligkeit in jedem Schritt dahingehend genau untersuchen, ob sich bestimmte **Verwundbarkeiten** zeigen. Der Ursprungsherd von Erdbeben liegt meistens in der Subduktionszone oder tiefer im Erdmantel. Hier sind es überwiegend strukturelle und materielle Anfälligkeiten, bei denen menschliches Zutun kaum eine Rolle spielt. In der Erdbebenverbreitung etwa über Gesteinsschichten oder Erdoberflächen kann bereits das Baumaterial von Infrastrukturen die Prozessweitergabe beeinflussen. Auch gibt es hier die Möglichkeit der Frühwarnung, die als Prozess ebenfalls parallel zur Erdbebenverbreitung im Untergrund läuft. In dieser Phase befinden sich bereits mehrere menschliche Anfälligkeitsfaktoren. Bei der Einwirkung entstehen vielerlei Anfälligkeitsmerkmale, die oben unter der Gefahr bereits vermischt wurden. Es fällt sehr schwer, Verwundbarkeit von Gefahrenaspekten eindeutig zu trennen; unter einer expliziten Verwundbarkeitsanalyse würde man aber auf Anfälligkeitsmerkmale besonders achten. Diese Anfälligkeiten können sowohl im strukturellen Bereich in der Gebäudestabilität liegen als auch im nichtstrukturellen Bereich im Wissen über Bauphysik und rechtliche Bauvorschriften etc.

Wollte man wissenschaftlich genau klären, ob es sich um eine Naturgefahr oder menschliche Gefahr handelt, müsste man also bei den drei generellen Prozessfolgeschritten von Ursprung über Verbreitung zu Einwirkung jeweils untersuchen, ob und was davon natürliche Prozesse, technische oder strukturelle bzw. nichtstrukturelle menschliche Prozesse sind. Je nachdem, was in der Summe überwiegt, kann man darüber entscheiden, ob es als Naturgefahr, menschliche oder technische Gefahr einzuordnen ist. Im Alltagsgebrauch wird man ein Erdbeben weiterhin als Naturgefahr bezeichnen, weil der Ursprung in natürlichen Prozessen überwiegt – abgesehen von Nuklear- und Sprengversuchen oder Einsturz von Minenschächten etc. (Abb. 8.17).

Wir haben bereits die unterschiedlichen Schritte der Verbreitung einer Gefahr über verschiedene Ablaufprozesse am Beispiel Erdbeben betrachtet. Abb. 8.18 zeigt noch einmal anhand von Beispielen, welche der drei Schritte bei Erdbeben mit welchen Bedingungen jeweils versehen sind. So können die Entstehungsbedingungen bei Erdbeben zu unterschiedlichen Magnituden und Frequenzen des Erdbebens führen. Die Tiefe des Erdbebenherdes und die Frage, in welcher Form von Erdkruste und Erdplattenart es stattfindet und welche Materialien dort in welcher Flüssigkeit und Viskosität vorliegen, bedingen, wie das Erdbeben vom Herd an die Oberfläche wandert. Man kann in jedem der drei Verbreitungsschritte jeweils die Gefahrenparameter Magnitude und Frequenz verwenden, um die einzelnen Bedingungen in ihrer Stärke zu unterscheiden. Ebenso kann man bei allen drei Schritten Verwundbarkeitsparameter verwenden, die insbesondere strukturelle Anfälligkeit untersuchen. Hierbei sollte man jedoch auch die Exposition und Bewältigungsfähigkeiten beachten. Je nach theoretischer Definition und Verwendung einer Risikoformel können die Exposition und die Bewältigungsfähigkeiten oder Resilienz bereits ergänzt oder als eigener Bereich ausgegliedert werden, der separat untersucht wird.

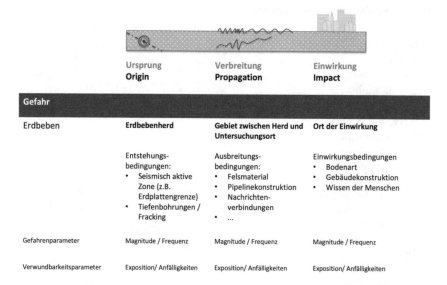

Abb 8.18 Untersuchung eines Erdbebens durch die Einteilung in Ursprung, Verbreitung und Einwirkungsphasen und in Gefahren- und Verwundbarkeitsparameter

Die bisherige Darstellung der Schritte ist auch für Experten teilweise unübersichtlich. Es lohnt sich daher, verschiedene Darstellungsformen oder Visualisierungen in wissenschaftlichen Texten zu benutzen. Eine weitere Möglichkeit der Darstellungsform des Ablaufs eines Erdbebens wird anhand der einzelnen Schritte einer Risikoanalyse im Folgenden erläutert. Sofern das Risiko als Funktion definiert von Gefahr und Verwundbarkeit wird, könnte man in einer ganzheitlichen Analyse alle Parameter untersuchen. Empfehlenswert wäre die Ergänzung einer dritten übergeordneten Komponente, der **Dynamik,** denn eine Kritik an gängigen räumlichen Risikoanalysen ist der statische Blick auf einen bestimmten Zeitabschnitt und den gegenwärtigen Zustand. Dies kann durch eine zusätzliche Untersuchung der Dynamik ergänzt werden, in der der zeitliche Verlauf, und die Veränderungen innerhalb der einzelnen Elemente und Systeme untersucht werden. Es kann helfen, bestimmte Zeitperioden mit bestimmten Stabilitäts- oder Veränderungsphasen besonders in den Blick zu nehmen.

Für viele studentische Arbeiten sowie in der Praxis sind solche umfassenden Risikoanalysen, die alle Elemente betrachten, jedoch zu aufwendig. Häufig liegt der Fokus auf einer bestimmten Kombination der Untersuchungselemente. Das soll anhand von Abb. 8.19 verdeutlicht werden. In einer methodische Darstellung werden am besten alle theoretisch wichtigen Abfolgeschritte (Risiko, Gefahr, Verwundbarkeit und Dynamik mit allen Unterphasen) aufgelistet. Es ist aber legitim, dann den Schwerpunkt auf Einzelelemente zu legen, um diese durch genauere Mess- oder Qualifizierungsmethoden bzw. qualitative Befragungsmethoden zur ermitteln.

Risiko = f(Gefahr; Verwundbarkeit)

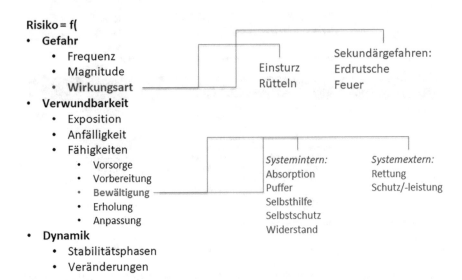

Risiko = f(
- **Gefahr**
  - Frequenz
  - Magnitude
  - **Wirkungsart**
- **Verwundbarkeit**
  - Exposition
  - Anfälligkeit
  - Fähigkeiten
    - Vorsorge
    - Vorbereitung
    - Bewältigung
    - Erholung
    - Anpassung
- **Dynamik**
  - Stabilitätsphasen
  - Veränderungen

Einsturz
Rütteln

Sekundärgefahren:
Erdrutsche
Feuer

Systemintern:
Absorption
Puffer
Selbsthilfe
Selbstschutz
Widerstand

Systemextern:
Rettung
Schutz/-leistung

Abb 8.19 Strukturierungsschema für Risikoanalysen – Anwendungsbeispiel für ausgewählte Erdbebenfaktoren

Als Beispiel wird in Abb. 8.19 von den Gefahrenparametern die Wirkungsart bei einem Erdbeben untersucht, wo durch verschiedene Einwirkungsarten verschiedene Prozessmöglichkeiten entstehen. Die Gefahr kann direkt durch den Einsturz eines Gebäudes zum Beispiel durch Rütteln oder über Sekundärgefahren auf menschliche Strukturen wirken, indem Erdrutsche, Brände oder Feuer ausgelöst werden. Beispielhaft wird auch dargestellt, dass ein Untersuchungsinteresse in der Analyse der Bewältigungsfähigkeiten liegen könnte. Diese sind in der Abbildung analog zu den darüber dargestellten Gefahrenwirkungsarten aufgelistet. Auch hier ist die Auflistung nicht abschließend, sondern lediglich beispielhaft. Man kann Einsturz und Rütteln zum Beispiel durch Absorption, Puffer und viele weitere Prozesse und Maßnahmen bewältigen. Ebenfalls kann man Sekundärgefahren durch systemexterne Maßnahmen wie Rettung und Schutzleistungen oder auch Analysen etc. zu bewältigen suchen.

8.1.1 Einordnung in Naturgefahren oder andere Gefahren

In der Geographie werden natürliche Prozesse anhand ihres Entstehungsraums oder Ursprungs eingeordnet. So bezeichnen fluviale Prozesse alles, was mit Flüssen zu tun hat, glaziale Prozesse alles, was mit Eis und Schnee zu tun hat, und äolische Prozesse alles, was mit Wind zu tun hat. Analog kann man Naturgefahren auch einordnen in **meteorologische** Gefahren, also alle, die mit Niederschlag und Wolkenbildung und Windverhältnissen zu tun haben (Dikau & Weichselgartner, 2005). **Geologische** Gefahren sind Erdbeben und Vulkanismus, die aus der Geotektonik und Plattenverschiebung resultieren. Mitunter werden diese auch als Geohazards bezeichnet.

Exogene Gefahren sind Meteoriten und andere Gesteinsbrocken, aber auch Sonnenstürme aus dem All.

Ob man nun **biologische** Gefahren wie etwa Krankheitsüberträger zu den Naturgefahren oder anderen Gefahrenarten zählt, ist im Grunde eine Festlegungssache. Im Bereich der ABC-Gefahren (atomar, biologisch, chemisch) oder CBRNE-Gefahren (chemisch, biologisch, radiologisch, nuklear und explosiv) sind biologische Gifte, Kampfstoffe und epidemische Krankheitsüberträger teilweise enthalten und werden darin aber den menschlich-technischen Gefahren zugeordnet.

Naturgefahren sind für viele Praktiker/innen (hiermit sind vor allem Einsatzkräfte im nationalen Bereich im Katastrophen- und Zivilschutz oder bei Rettungsdiensten und Feuerwehren gemeint) ein recht unbekanntes, aber interessantes Thema. Im typischen Jahresverlauf von Einsatzarten kommen Naturgefahren sehr selten vor. Herunterfallende Äste bei einem Sturm oder überflutete Keller sind zwar prinzipiell nichts Seltenes, stärkere Naturereignisse finden jedoch nur punktuell und nicht immer wieder am selben Ort häufig statt. Sie sind vor allem dann als Naturgefahr interessant, wenn man noch kaum mit ihnen konfrontiert wurde. Für solche Zielgruppen ist es einerseits notwendig, mehr über Naturgefahren zu erfahren, etwa wie sie entstehen und sich verbreiten. Andererseits befassen sich Einsatzkräfte typischerweise vor allem mit dem Einsatzort und fahren dorthin, ohne irgendwelche Vorkenntnisse. Sogar die Anzahl und Art der betroffenen Menschen sind häufig erst einmal sekundär, denn zunächst muss der Ort gefunden werden, die mitgeführten Mittel müssen koordiniert werden, und die Lage vor Ort muss geprüft werden. Häufig wird dann erst vor Ort erkundet und sich ein Bild davon gemacht, was überhaupt passiert ist. Es wäre hilfreich, wenn die Einsatzkräfte bereits Grundkenntnisse hätten, um eine Eigengefährdung zu vermeiden. So kann es zum Beispiel bei Starkregen gefährlich sein, sich an Hängen aufzuhalten, oder bei Hochwasser hinter einem Sandsackverbau. Daher wird empfohlen, dass sich Einsatzkräfte zumindest mit Grundsätzen der Gefahrenentstehung von Naturgefahren befassen und auch gewisse Wirkungsarten kennen. Außerdem ist es wichtig, bestimmte Verletzungs- und Einwirkungsarten auf Strukturen zu kennen. Hierzu gibt es aber weitaus weniger Wissen und Lehrbücher als zum Beispiel zu Naturgefahrenentstehungen. In diesem Buch werden die Entstehung und weltweite Verbreitung von Naturgefahren nicht behandelt, obwohl sie in meinen Vorlesungen den Großteil ausmachen. Es wird hier auf die vielen Lehrbücher der Geographie und Geowissenschaften, Meteorologie und andere Disziplinen verwiesen. Für Verletzungsarten sei auf ein Buch in der Notfallmedizin verwiesen (Ciottone, 2016), eventuell gibt es noch weitere.

Für Planer/innen und jene, die in der Entwicklungshilfe oder humanitären Hilfe tätig sind, ist der Bereich der Risikoanalyse von Naturgefahren ebenfalls relevant. Es müssen Berichte aus betroffenen Gebieten, die in Form von Schadensanalysen oder Risikoanalysen vorliegen, eingeschätzt werden können, und solche Analysen müssen selbstständig beraten oder erstellt werden. Daher liegt der Schwerpunkt in diesem Buch auch auf diesen planerischen Aspekten, da diese in Lehrbüchern in Deutschland noch seltener vertreten sind als zum Beispiel Erklärungen von Naturgefahrenprozessen.

Naturgefahren scheinen klar festgelegt, zumindest in dem Bereich der Katastrophenvorsorge und des Katastrophenrisikomanagements, der Entwicklungshilfe oder in der Geographie. Erdrutsche (Oberbegriff eigentlich: gravitative Massenbewegungen) gibt es jedoch in vielen verschiedenen Bezeichnungen, wie auch in vielen Größenordnungen und Dimensionen – von Erosion im Millimeterbereich bis hin zu Bergstürzen, wo ganze Bergflanken kollabieren.

Gravitative Massenbewegungen führen zu tiefen Erosionsrinnen (Abb. 8.20), bedrohen Straßen (Abb. 8.21), lösen aber durch den Anschnitt des Hangfußes, verursacht durch den Straßenbau, wiederum Erdrutsche aus (Abb. 8.21). Flussläufe am Hangfuß oder Belastungen durch Viehtritt lösen ebenfalls Erdrutsche aus und führen zu einer Rutschungsmasse, mit erkennbarem Anriss im oberen und Aufstauchung im unteren Bereich (Abb. 8.22). Steinlawinen sind ein weiteres Beispiel, die ähnlich wie Schneelawinen funktionieren (Abb. 8.23). Wasserleitungen können ebenfalls sowohl von Erdrutschen betroffen sein, oder bei Undichtigkeiten

Abb. 8.20 Tiefe Erosionsrinnen in Brasilien (2011)

Abb. 8.21 Hangrutschung in einer Kurve einer Gebirgsstraße (Iran, 2002)

Abb. 8.22 Durch Viehgangeln und Fluss bedingte Hangrutschung (Iran, 2002)

Abb. 8.23 Schuttlawinen (Iran, 2002)

Abb. 8.24 Wasserleitungsschaden (Iran, 2002)

Abb. 8.25 Betroffene
Landwirtschaft auf einem
alten Rutschungskörper (Iran
2002)

Rutschungen selbst auszulösen (Abb. 8.24). Landwirtschaft wie Verkehrswege sind in entlegenen Bergregionen besonders betroffen (Abb. 8.25)

Für den Kontext dieses Buches sind die stärkeren Ereignisse besonders von Bedeutung, also weniger die kleinräumigen Prozesse, die nicht direkt Menschenleben bedrohen. Dennoch können auch solche vermeintlich kleinen Prozesse in ihrer Gesamtmenge eine große Bedeutung erlangen, mit der sich die Katastrophenvorsorge befassen muss. Wenn zum Beispiel nach einer lang anhaltenden Dürre und nachfolgenden Regenereignissen die Erosion auf landwirtschaftlichen Feldern zur Verringerung von Ernten stark beiträgt, so kann dies als Naturgefahr relevant werden. Die Einwanderung neuer Tierarten kann sozusagen zu einer **biologischen** Naturgefahr werden, etwa wenn Heuschrecken oder Mücken als die Landwirtschaft oder als Überträger von Krankheiten Gesundheit und Leben bedrohen. Aber auch einzelne neu eingewandert Säugetiere wie Bären oder Wölfe können eine Gefahr für den Menschen darstellen. Es ist eine Definitionsfrage, ob man in einer Region ein einzelnes solches Tier als Naturgefahr betrachtet, weil es Menschen angreifen könnte. Prinzipiell ist dies möglich und sinnvoll, wenn es eine neue Gefahrendimension darstellt und für manche Menschen die Gesundheit in einem bestimmten Raum erheblich bedroht ist.

Zur Einschätzung der Ankündigung eines Unwetters helfen verschiedene Informationsgrundlagen. Notwendig ist ein Grundwissen über die Bedeutung der verschiedenen Stärken von Naturgefahren, die in **Skalen** ausgedrückt werden (Gibson et al., 2000). Häufig gibt es nur eine einzelne Skala, in der zum Beispiel Windstärken in numerische Klassen aufgeteilt werden, die mit einer Beschreibung versehen auch Laien/Laiinnen verdeutlichen, welche Zerstörungswirkung sie haben können. Bei der Durchgabe von Warnmeldungen auf den modernen Apps oder beim Lesen von Lageberichten mit entsprechenden technischen Details kann es sehr hilfreich sein zu wissen, wo man diese Skalen nachschlagen kann und wie man grundsätzlich damit umgeht.

Bei Erdbeben hingegen ist es nicht so einfach, da es verschiedene Skalen gibt. Die bekannteste ist die Richterskala, die in den USA entwickelt wurde. Sie gibt die Stärke eines Erdbebens numerisch ansteigend an. Dieser Anstieg ist logarithmisch, was bereits das erste Problem bei der Kommunikation ist; die Zunahme ist nicht linear, sondern steigt sprunghaft an. Die Stärke steigt also zum Beispiel von Stufe 5 auf Stufe 6 nicht einfach, sondern um das 10-Fache an .

Zwar wird in den Nachrichten und anderen öffentlichen Medien immer wieder ein Erdbeben mit einer Magnitude angegeben. Häufig ist jedoch nicht klar, welche Skala gemeint ist, wenn etwa eine Erdbebenstärke der Stärke 6 angegeben wird. Hier ist es wichtig zu recherchieren, welche Art von Skala verwendet wird. Zum einen gibt es numerische und logarithmische Skalen, die nach dem Beispiel von Richter weiterentwickelt worden, denn die **Richterskala** bezieht sich überwiegend auf den Gesteinsuntergrund und bestimmte Bedingungen in den USA und wurde nachträglich bereits mehrfach in ihrem Messbereich angepasst, um auch bei uns anerkannte Aussagen treffen zu können. Schaut man sich beispielsweise die täglichen Erdbebenmessungen der Erdbebenstation Bensberg an, so findet man durchaus auch negative Werte. Diese lassen sich dadurch erklären, dass die Skala nachträglich erweitert wurde, um in Europa die entsprechenden Feinheiten viel geringerer Erdbeben und anderer Gesteinszusammensetzungen wiedergeben zu können.

Ein andere Art Skala ist die der semiqualitativen Beschreibung in Klassen. Im Erdbebenbereich nennt man sie **makroseismische Skala**; sie wurde von Mercalli und anderen entwickelt und gibt ebenfalls in numerischen Klassen von 1 bis 12 die verschiedenen Zerstörungsgerade an, z. B. die Europäische Markoseismische Skala (EMS). Jedoch sind sie nicht mit Sensoren und Messinstrumenten verbunden, sondern werden aus der Beobachtung von Zerstörungen an Bäumen oder Häusern abgeleitet. Diese ist weitaus ungenauer als die Richterskala, hilft aber den Einsatzkräften und der Öffentlichkeit, zur Beschreibung von Erdbebenschäden beizutragen und sie selbst einschätzen zu können.

An dieser Stelle soll auch auf die Unsicherheiten eingegangen werden. Erdbebenmessdaten gibt es erst seit einigen Hundert Jahren, Berichte von Erdbeben aus Klosterquellen und ähnlichen schriftlichen Aufzeichnungen jedoch bereits Hunderte Jahre zuvor. Diese älteren Beschreibungen sind problematisch, da man häufig nicht weiß, ob diese mit einem tatsächlich seismischen Beben oder einer anderen Art von Erschütterung oder Brand zusammenhingen.

Zeitdimension von Naturgefahren

Ein weiterer wichtiger Hinweis zu Informationsgrundlagen ist es, dass Menschen im Alltag in anderen Zeiträumen denken, als es in der Natur sonst vorkommt. So haben Menschen oft einen Überblick über Jahre oder Jahrzehnte. Beim Erdbeben ist wie bei einem Vulkanausbruch jedoch eine Wiederholungsrate von mehreren Hundert oder gar Tausend Jahren durchaus normal. Das bedeutet auch, dass die Einschätzung, ob eine Erdbebengefahr hierzulande als wahrscheinlich oder unwahrscheinlich angesehen wird, davon abhängig ist, wen man fragt. Geologen und Seismologen teilen Erdbeben durchaus in Klassen von 1000 bis 1 Mrd. Jahren ein. Auch bei Vulkanausbrüchen sind Zeiträume, in denen möglicherweise in 1000 oder 10.000 Jahren nichts passiert ist, normal. Ein Vulkanausbruch oder ein Erdbeben sind demnach nächste Woche genauso wahrscheinlich wie in 1000 Jahren.

Erdbeben kündigen sich mancherorts vorab an. So kann etwa Gas aus Erdspalten austreten, woran sich zum Beispiel Ameisen und andere Tiere bereits orientieren, und was auch Menschen beobachten können. Auch sind Ziegen und andere Tiere an Vulkanhängen gute Indikatoren, wenn sie sich auf einmal unruhig bewegen oder den Berghang verlassen.

Aktuell gibt es in Deutschland sehr wenige bis keine zusammenfassenden Datenbanken oder Erklärungsplattformen für alle Arten von Naturgefahren. In anderen von Naturgefahren häufig betroffenen Ländern gibt es inzwischen sogar Ministerien oder nationale Zentren für Naturgefahren, zum Beispiel in Mexiko. In Deutschland herrscht hier noch ein Mangel vor, der einerseits möglicherweise in dem geringeren Vorkommen von Naturgefahren und andererseits durch das zergliederte System an Zuständigkeiten begründet ist.

Es lohnt sich, Informationsquellen zu Naturgefahren grundsätzlich zu kennen. Bei Erdbeben würde man zum Beispiel bei geologischen Fachdiensten oder Behörden nachschauen. Die renommierteste Einrichtung, die auch weltweit Gefahrenvorhersagen trifft, ist der United States Geological Survey (USGS), der geologische Dienst der USA. In Deutschland ist die Bundesanstalt für Geowissenschaften und Rohstoffe (BGR) relevant, ansonsten vor allem die Landesbehörden. Teilweise gibt es auf einigen Geoportalen einzelner Bundesländer bereits Informationen zu Erdbeben.

Es gibt eine nationale Gefahrenliste, die einen Überblick über alle Arten von Naturgefahren und menschlich-technischen Gefahren gibt (BBK, 2005). International gibt es eine Liste von allen Arten von Gefahren der Vereinten Nationen (Murray et al., 2021).

Im Grunde genommen sind auch sogenannte **extraterrestrische Gefahren** ein Bereich der Naturgefahrenforschung. Es geht um Meteoriten und andere Gesteinskörper, aber auch Sonnenstürme und Strahlungsquellen aus dem All, die das menschliche Leben auf dem Planeten beeinträchtigen können. Hier sind die Prozesse und Methoden sehr analog zu geologischen und ballistischen Modellen von Flugkörpern in der Physik und Biologie. Andererseits gibt es Bezüge durch Sonnenstürme auf die Stromversorgung und kritische Infrastruktur. Ein Merkmal dieses Bereichs ist, dass es im Vergleich zu anderen Gefahrenarten noch wenig in der Breite untersucht wird. Es handelt sich dabei potenziell um eine der größten menschlichen Katastrophenbedrohungen, die den gesamten Planeten auslöschen könnte, beispielsweise bei einem Asteroideneinschlag. Andererseits können Sonnenstürme auch die gesamte Energieversorgung einer Hemisphäre beeinträchtigen oder ausschalten. Die Verwundbarkeit als Einwirkungsseite und die Differenzierung der Schäden an Menschen und Gesellschaft werden jedoch noch kaum untersucht.

8.1.2 Verhaltensanweisungen bei einem Erdbeben

Verhaltensanweisungen nach einem Erdbeben erscheinen standardisiert und klar, durch eine Verbreitung bestimmter Maßnahmen, die weltweit so in Trainings geübt und auch in der Öffentlichkeit kommuniziert werden. Es zeigt sich jedoch, dass es sehr auf den Kontext und das Land ankommt, ob und wann auch bei einem Erdbeben diese Maßnahmen sinnvoll sind.

In den USA, in Japan und vielen anderen Ländern ist das Prinzip des **Duck and Cover** sehr bekannt. Es kommt aus den Zeiten des zivilen Notfallschutzes in Vorbereitung auf Atomkriege. In Schulklassen und Fernsehprogrammen, aber auch in der Ausbildung von Feuerwehrleuten wird dieses Prinzip immer wieder eingeübt. Menschen sollten bei einem Erdbeben unter Tischen kauern und abwarten. Je nach Bauweise des Tischs kann dies leichtere Verletzungen helfen zu vermeiden. Aber interessanterweise gibt es große Unterschiede, wo und wann diese Verhaltensweise Sinn macht und wo nicht. Beispielsweise gibt es einen Forschungsbereich, der untersucht, wie viele freie Räume bei Einstürzen von Gebäuden übrig bleiben, sodass Überlebenschancen dort überhaupt gegeben sind. Dieses oft auch durch die Einsturzart von Gebäuden bedingte Überlebensdreieck (**Triangle of Life**) ist jedoch von vielen Faktoren abhängig, etwa der Bauweise eines Gebäudes. Bei dem Erdbeben in Italien 2009 wurde festgestellt, dass viele der alten Häuser in alter Steinbauweise zusammengestürzt sind und dass man darin kaum eine Überlebenschance hatte (Alexander, 2010; Lopes, 2004). Ein Verbleiben im Raum wäre also fatal gewesen.

Auf einem Übungsgelände in Texas (Disaster City) trainieren Einsatzkräfte, Studierende und Freiwillige Rettungseinsätze bei einem Erdbeben an einem umgestürzten Zugwaggon (Abb. 8.26, 8.27) In eingestürzten Gebäuden (Abb. 8.28 und 8.29) sind Hohlräume für Überlebende unterschiedlich ausgeprägt, um Überlebens- oder Bergungschancen zu haben.

In den USA und Japan, wo die Holzständerbauweise typisch ist, braucht man bestimmte Gegenstände, die den Einsturz des Daches abfedern und so Hohlräume erzeugen können. Dazu zählen zum Beispiel sehr stabile Büroschreibtische oder Regale, im Idealfall Buchregale, da sich Papier schlecht kompaktieren lässt. In den

Abb. 8.26 Umgestürzter Zugwaggon in Disaster City (Texas, 2020)

Abb. 8.27 Übungsgelände in Disaster City (Texas, 2020)

Abb. 8.28 Simuliertes eingestürztes Gebäude (Texas, 2020)

Abb. 8.29 Eingeklemmtes Fahrzeug durch simulierten Erdbebenschaden (Texas, 2020)

USA wird empfohlen, sich bei einem Erdbeben vom Hotelbett herunterzurollen, da die hoch gebauten amerikanischen Kastenbetten einen gewissen Schutz bieten. Dann gibt es noch Hohlräume in Garagen, neben Autos, denen zwar die Dächer eingequetscht werden, wo es nebenan auf dem Boden jedoch solche Hohlräume geben kann. Die Frage ist aber auch, in welchem Moment man vor Ort bleibt und unter welche Art Tisch man kriecht. So sind einige moderne Tische nicht besonders stabil gebaut und können wenig Schutz bieten. Jedoch entstehen viele Verletzungen bei Erdbeben an herabhängenden Gegenständen von Decken, und daher kann diese Maßnahme unter dem Schreibtisch möglicherweise etwas bewirken. Je nach Stärke des Erdbebens, wenn zum Beispiel es noch leicht anfängt, kann es sinnvoll sein, den Weg nach draußen auf die freie Straße zu suchen. Dabei muss man wiederum aufpassen, nicht von Dachziegeln oder anderen Gegenständen erschlagen zu werden. Auch sind Treppenhäuser zu meiden, da diese häufig unabhängig vom Rest des Gebäudes eingehängt sind und separat einstürzen können. Es kommt dann auch darauf an, ob ein Gebäude in einer Beton-Stahl-Konstruktion erdbebensicher gebaut wurde, ob in dem Land Korruption herrscht, sodass Bauvorschriften nicht eingehalten wurden, oder ob glatte oder geriffelte Stahlgitter eingebaut sind, was sich beim Erdbeben in Syrien und der Türkei 2023 zeigte. Zusammengefasst kommt es auf eine ganze Reihe von Faktoren an, ob ein Aufenthalt im Gebäude unter einem Tisch oder besser sogar noch in einem Türrahmen oder vielleicht sogar draußen sicherer ist. Hier entsteht ein Dilemma der Kommunikation in vereinfachter Weise für jedermann. Viele sind gezwungen, Verhaltensweisen möglichst einfach zu übersetzen. Diese vereinfachenden Kommunikationen helfen generell in vielen Situationen, können aber auch, wie beim Beispiel Erdbeben, nicht immer ganz zutreffend sein.

Welches Verhalten bei einem Erdbeben ist nun richtig oder falsch? Genau das ist das Thema des Buches, nämlich aufzuzeigen, was eine wissenschaftliche Fragestellung sein kann. Wissenschaftliche Fragestellungen können sich entweder an dem entwickeln, wozu es noch gar kein Wissen gibt, oder aber an Beispielen, die scheinbar schon lange klar gelöst sind. Die Wissenschaft kann keine generelle Antwort bezüglich richtig oder falsch geben. Aber sie muss Hinweise darauf geben, welche Verhaltensweise, die in vielen Ländern zum Standard gehört, möglicherweise überholt ist oder erweitert werden muss. Für die Praxis und die Einsatzorganisationen braucht man klare Handlungen und klare Kommunikation. Gerade bei Katastrophen handelt es sich um ungeplante Ereignisse, die man jedes Mal neu bewerten muss. Beim Erdbeben sind grundsätzliche Verhaltensweisen schon nützlich, aber noch besser ist es herauszufinden, in welcher Situation und zu welchem Zeitpunkt eines Erdbebens man sich wie verhalten müsste. Man könnte zum Beispiel eine weitere praktische Merkregel aus der Einsatzorganisation verwenden: **LACES** (Lookouts, Anchor Point, Communication, Escape Route, Safety Zone). Damit soll man sich merken und angewöhnen, sich sogar bei einer Katastrophe erst einmal im Raum zu orientieren und kurz überlegen, wo der nächste Fluchtweg, Kommunikationswege und sichere Zonen wären, und sich bereits Alternativen zurechtlegt. Sicherlich kann man von Laien/Laiinnen kaum erwarten, dass sie spontan eine Risikoanalyse zum Zeitpunkt einer Katastrophe durchführen. Aber die Forschung kann aufzeigen, in welchem Land, in welchem Gebäudeart und auf welcher Stockwerkshöhe man wann welche Überlebenschancen hätte und welche Maßnahme sinnvoller wäre, als unter dem Schreibtisch zu verbleiben. Für die Praxis kann man gut mitnehmen, auch im Seminarraum auf diese situative Wahrnehmung (Stichwort **situational awareness**) hinzuweisen, sodass sich alle im Raum einmal umsehen und überprüfen, welche Bauweise das Gebäude möglicherweise hat, wo alternative Fluchtausgänge sind und was gerade über der Decke hängt, das auf einen herabstürzen könnte. Dann musst man betrachten, wo der nächste Türrahmen ist und wie stabil diese Wände dazu aufgebaut sind. Befindet man sich im Erdgeschoss, kann man überlegen, wo auf der Straße man überhaupt sicher sein könnte, und in höheren Stockwerken muss man sich überlegen, wo das Gebäude möglicherweise am stabilsten ist und Überlebensdreiecke bereitstellt.

Die Kontroverse zu diesen Verhaltensmaßnahmen ist noch wenig bekannt, und eine Diskussion wird bislang nur begrenzt geführt. Aber sie ist sehr wichtig, da es gerade im Bereich der Risiko- und Katastrophenforschung an genügend Handlungserfahrung fehlt und häufig Erfahrung aus einer Region der Erde oder einem Land zu schnell auf andere übertragen wird.

8.2   Menschliche und technische Gefahren und Risiken

Die lange Bezeichnung drückt bereits die Schwierigkeit aus, dieses Feld vernünftig abzugrenzen. Im Prinzip geht es um eine Erweiterung der Gefahrenklassen über die Naturgefahren hinaus. Es sind Gefahren gemeint, die überwiegend menschlichen oder technischen Ursprungs sind oder in ihrer Prozessverbreitung und den Einwirkungen überwiegend menschlich oder technisch passieren.

Die Anlagen- oder Maschinensicherheit war neben der Industrie und Luftfahrt ein Vorreiter der Sicherheitsforschung. Ein Großteil der modernen Sicherheitsforschung hat sich in der Flugzeug- und Raumfahrtindustrie oder auch in Hochrisikotechnologien wie der Atomkraft entwickelt. Die Erfindung des Rades oder Röntgenapparats birgt neben ihrem vielfältigen Nutzen auch Risiken. Der Arbeitsschutz und benachbarte Bereiche sind seit vielen Jahren Vorreiter, auch in Deutschland, bei der Entwicklung von Risikoanalysemethoden und Gegenmaßnahmen. Aus diesen Bereichen kann man viel für die Risikoanalysen insgesamt und auch für Naturgefahren viel lernen und sich abschauen. Es ist ein großer, etablierter Bereich, der hier nur verkürzt dargestellt wird; ansonsten sei auf gängige Lehrbücher verwiesen (Perrow, 1999).

Kennzeichnend für Bereiche wie Arbeitssicherheit, Anlagensicherheit oder Unfallforschung sind tendenziell geringere Schadensdimensionen als bei großen Katastrophenereignissen. Es sind häufige und dadurch gut beobachtbare Unfälle oder Störungsereignisse in industriell relevanten Bereichen, sodass sie bereits teilweise vor 100 Jahren systematisch untersucht wurden. Interessant ist der hohe Praxisanteil in den Normen und auch gängigen Regelwerken, die sich oft auf empirische Daten, noch häufiger aber auf Beobachtungen aus einzelnen Vorfällen oder Unfällen beziehen, zum Beispiel die Heinrich-Regel aus der Beobachtung von Unfällen (Heinrich, 1931).

Auch im Bereich der menschlich-technischen Gefahren und Risiken gibt es Einteilungen, die nach dem **Wirkmechanismus** erfolgen. Die Einteilung der ABC-Gefahren zum Beispiel erfolgt nach der Art der Herkunft eines Gefahrstoffs. Es gibt jedoch auch Gefahren, die nach anderen Kriterien zusammengefasst werden. Kritische Infrastrukturen sind ein Thema, bei dem alles durch die Blickwinkel einer technischen Verteilerstruktur wahrgenommen wird. Kritische Infrastrukturen sind anders als etwa atomare Gefahren, da sie sich nicht (überwiegend) über die Luft ausbreiten, sondern insbesondere entlang von leitungsgebundenen Infrastrukturen wie Pipelines oder über Gütertransporte oder Informationspakete, die über das Internet zum Beispiel verteilt werden.

Zu technologischen Gefahren und Risiken gibt es etablierte **Methoden zur Einschätzung der Risiken**, die häufig auf Kennwertzahlen beruhen. Zudem werden Gegenmaßnahmen bereits in sowohl technischer als auch organisatorischer Weise in den Risikoanalysen ergänzt. Damit sind diese Arten von Risiken in ihrer theoretischen Erfassung besser aufgestellt als im Naturgefahrenbereich, in dem zwar strukturelle und nichtstrukturelle Maßnahmen den organisatorischen und technischen Maßnahmen nahestehen, jedoch noch nicht in solch standardisierten Verfahren wie einer FMEA abgebildet sind. Im Bereich Arbeitssicherheit und technologische Risiken gibt es eine Vielzahl von Handbüchern und Ordnungstabellen mit Messwerten, um im alltäglichen Umgang Gefahrstoffe und ihre Risiken für den Berufsalltag einteilen zu können. Es mangelt aber beim Großteil der im Arbeitsschutz eingesetzten Maßnahmen an einer Verbindung zu größeren Dimensionen von Unfällen und damit zum Beispiel zum Weiterbetrieb des Unternehmens. Prinzipiell ist es zwar als **Business Continuity Management** (BCM) durchaus sehr bekannt und verbreitet, aber oft sind es separate Abteilungen, die viel kleiner sind als die der Arbeitsschutzkräfte und in den Bereich Krisenmanagement eines Unternehmens ausgelagert. BCM ist ein großer Bereich, und es wird auch hier auf bestehende Werke verwiesen. Im Bereich kritischer Infrastrukturen ist der Einfluss des BCM zum Beispiel in den Notfallleitfäden des Bundesamts für Sicherheit in der Informationstechnik (BSI) erkennbar (BSI, 2022).

Zum Bereich der technischen und technologischen Gefahren zählt international auch der Bereich der sogenannten **Hochverlässlichkeitstechnologien** (high reliability organizations). Einerseits ist ein Höchstmaß an Sicherheitsmaßnahmen erarbeitet worden, andererseits sind Unfälle sozusagen normal und vorhersehbar (Perrow, 1999). Im Rahmen der Forschung wird die Verknüpfung zwischen technischen und strukturellen Sicherheitsmaßnahmen und ihrer Grenzen untersucht, und wie sie mit menschlichem Verhalten und Aspekten der Psychologie zusammenhängen. Normale Unfälle sind nicht zu vermeiden, argumentieren einige, weil es eine Grenze dessen gibt, was Menschen planen und vorhersehen können, und menschliche Fehler immer wieder vorkommen können. Auch im Rahmen dieser Hochverlässlichkeitsforschung hat sich eine Anknüpfung an die aktuelle Resilieenzdebatte ergeben. Diese Bereiche laufen fast fließend ineinander über, und Resilienz wird zum Beispiel im Krankenhauskontext nun verstanden als eine ganzheitliche Sichtweise, bei der einerseits Fehler unvermeidlich und zu erwarten sind, insbesondere durch menschliches Verhalten. Andererseits wird menschlichem Verhalten und Beobachtung mehr Raum zugewiesen, indem bei der Chefarztvisite andere Personen, sogar Angehörige, wichtige Beobachtungen über den Zustand des Patienten/der Patientin machen und kommunizieren dürfen und sollen (Cady, 2008).

CBRNE-Gefahren umfassen chemische, biologische, radiologische, nukleare und explosive Stoffe und damit verbundene Gefahren. In deutschsprachigen Ländern ist auch der Begriff „ABC-Gefahren" (atomare, biologische und chemische Gefahren) gebräuchlich. Dieser Bereich wird oft zusammengefasst, da es sich um die Ausbreitung von Gefahrstoffen handelt, die menschlichen Ursprungs sind oder zumindest im Zusammenhang mit Laboren und ähnlichen Tätigkeiten im naturwissenschaftlichen Bereich stehen. Der Bereich ist nicht scharf von anderen wie etwa der Industrie- und Anlagensicherheit oder chemischen Gefahrstoffen abzugrenzen, jedoch herrschen häufig bestimmte Methoden und Sichtweisen vor, so zum Beispiel die Verwendung von Risikokennzahlenwerten und Methoden der Anlagensicherheit. Damit liegt ein Fokus auf die Gefahrenentstehungs- und -verbreitungsseite. Die Verwundbarkeit als Anfälligkeitsbegriff für Menschen und Infrastruktur wird noch kaum betrachtet. Es gibt Gefahrenstoffausbreitungsmodelle, die zum Beispiel mit Gebäuden oder Orten überlagert werden. Auch gibt es vertiefte Spezialkenntnisse im Bereich der Aufnahme von Strahlungsquellen über die Haut oder durch Ingestion (Nahrungsmittelaufnahme) und ein damit verbundenes sehr spezielles und umfassendes Fachwissen über die biologische Beeinflussung der Gesundheit von Menschen. Es besteht eine direkte Verbindung zum medizinischen Bereich, jedoch weniger im Bereich der Anfälligkeit und differenzierten sozioökonomischen Analyse ganzer Personengruppen. Es gibt in Deutschland jedoch Expertengruppen, die sich zum Thema Notfallschutz damit auch befassen und die Zusammenarbeit mit Katastrophenschutzbehörden vorbereiten.

Durch natürliche Gefahren ausgelöste technische Unfälle, sogenannte Natech-Unfälle, sind ein weiterer Bereich der technischen Gefahren, der aber eine explizite Verknüpfung zu natürlichen Auslösern und damit Naturgefahren herstellt (Cruz et al., 2006; Nascimento & Alencar, 2016; Suarez-Paba et al., 2019; UNDRR-APSTAAG, 2020). Der Begriff hat viele Bezüge zu CBRNE-Gefahren.

Cyber-Gefahren sind ein Bereich, der mit Technologie verknüpft ist und bei dem eine starke Verknüpfung zu bekannten Themen sogenannter physischer Infrastruktur und Sicherheit hinsichtlich der Maßnahmen und Konzepte zu erkennen ist (European Commission, 2013; Kesler, 2011; Radanliev et al., 2019). Auch hier werden Notfallschutz, und Business Continuity Management und Business-Impactanalysen angewandt. Wichtig ist zu betonen, dass unter Verwundbarkeitsanalyse eine andere konzeptionelle Sichtweise und Begrifflichkeit als im Bereich des Naturgefahrenmanagements zu erkennen sind. Verwundbarkeit und Anfälligkeit sind insbesondere Schwachstellen in der Programmierung, die ein Einfallstor für Schadsoftware oder Computerviren darstellen. Es geht bei der Verwundbarkeit häufig um den Faktor Mensch, zum Beispiel bei der Sicherheit von Passwörtern . Insofern ist auch dieses Thema eine Verknüpfung von menschlichen psychologischen wie technologischen Aspekten.

Menschliche Gefahren

Unter den technischen Gefahren und insbesondere unter der Hochverlässlichkeitsforschung werden auch bereits psychologische Verhaltensaspekte von Menschen untersucht. Die Bezeichnung „menschliche Gefahren" könnte also auch hier der Oberbegriff sein, und an dieser Stelle soll nur ermutigt werden, an weitere Arten von Gefahren zu denken, die unter einem Bezug zu Technologien noch nicht erfasst werden. Dazu zählen vor allem die sogenannten **gerichteten** oder **intelligenten Gefahren,** die in der Form von Anschlägen, Amoklauf, Kriminalität, Sabotage oder kriegerischen Handlungen auftreten können, aber auch menschlicher Fehler, Irrtum und Ignoranz. Der **menschliche Faktor** bezeichnet ebenfalls den menschlichen Anteil an Fehlern oder Handlungen, wird jedoch weniger als Überbegriff für einen Themenbereich an bestimmten Gefahren genutzt (Badke-Schaub et al., 2008).

Bei der Ausbreitung bestimmter biologischer Gefahren werden **epidemiologische Risikoanalysen** durchgeführt. Kennzeichnen für diese ist ein Blick auf die Prozessketten der Gesundheit und Betroffenheit von Menschen (Abb. 8.30).

Es gibt noch einen weiteren Bereich, der Gefahrenarten, die in den Bereich **krimineller Handlungen** gehören, zum Beispiel Amoklauf oder Terroranschlag. Man könnte diese Arten von Gefahren unter Wirkmechanismen oder unter Zielgruppen einteilen. Anschläge richten sich auf politische und öffentlichkeitswirksame Ziele. Amokläufe werden im englischsprachigen Bereich unter Schusswaffengebrauchstaten eingeordnet.

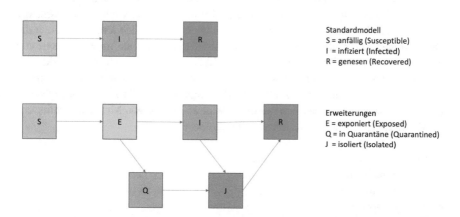

Abb. 8.30 SIR-Modelle zur Berechnung der Übertragung von Krankheiten. (Anderson & May, 1991; Kermack & McKendrick, 1927)

Man erkennt eine Vielfalt an Bezeichnungen und Einordnungen, und spezielle Fachbereiche wie Polizeiwesen oder Psychologie befassen sich fachlich oft mit traditionellen Gefahrenarten. Andere Gefahrenarten oder Krisen werden hingegen erst hinzugefügt, wenn ein größeres öffentliches Interesse eintritt, wie zum Beispiel bei der COVID-19-Pandemie oder auch einem Hochwasser. Aktuell wird unter dem Begriff „Resilienz" untersucht, welche neuen Ansätze es liefert, um neue Blickwinkel auf Gefahren und Krisenarten legen zu können.

CBRNE, Natech, Anlagensicherheit wie auch Hochverlässlichkeitsorganisationen sind Bereiche, in denen bestimmte Branchen besondere Sicherheitsbedürfnisse haben. Da gibt es noch den Bereich der **Veranstaltungssicherheit,** in dem alle Sicherheitsaspekte für bestimmte Zielgruppen zusammengefasst werden, die sich im Freizeitverhalten entweder in Gebäuden oder auf Freiflächen zusammenfinden. Ein weiteres Beispiel für die Einteilung einer Gefahr nach einer bestimmten betroffenen Zielgruppe ist der Massenanfall von Verletzten (MANV). Hier geht es um eine Dimension, bei der übliche Notfalleinsätze übertroffen und die Aufnahmekapazitäten von Krankenhäusern möglicherweise überstiegen werden (Berger et al., 2018). Im Grunde genommen könnte man analog dazu auch Stadt- und Raumplanung als bestimmtes Risikothemenfeld ergänzen, was z.B. Risiken am Wohnsitz oder im Straßenverkehr beinhaltet . Darin werden auch alltägliche Gefahren und Risiken untersucht. Im Alltag kommen sehr viele Autounfälle vor, und obwohl es dort eine sehr hohe Anzahl an Todesopfern pro Jahr gibt, werden sie kaum unter Katastrophenmeldungen auftauchen oder unter Katastrophenforschung aufgeführt. Jedoch sind es häufig die Alltagsrisiken, wie zu hohes Körpergewicht und falsche Ernährung, Rauchen und Alkoholismus, die die Todeszahlen vieler westlicher Länder anführen. Zur Problematik der Fehleinschätzung alltäglicher Risiken versus seltener Risiken finden sich genügend Ausführungen (Gigerenzer, 2013; Renn, 2014).

Zusammenfassend ist ein großer Wildwuchs an verschiedenen Einteilungen entstanden, und ein Vorschlag zur Einordnung könnte analog zu den Naturgefahren über die Wirkmechanismen und Verteilungsprozesse entstehen. Weitere mögliche Sortierungsmöglichkeiten wären die untersuchten Zielgruppen oder die hauptsächlich betroffenen Systeme und Branchen. Schließlich kann man auch die Dimensionen unterteilen, von der Betroffenheit Einzelner bis hin zu Massen von Betroffenen. Dann gibt es noch die Möglichkeit, Gefahren nach ihrer Stärke einzuteilen. Außerdem kann nach der Art der Beeinträchtigung von Menschen unterschieden werden, von der Notfall- und Rettungsmedizin bis zu psychologischen Folgen, die sich unterschiedlich mit der Beeinträchtigung von Menschen befassen.

Mögliche Einteilungskriterien von Gefahren:

- Betroffene Systeme oder Prozesse
- Betroffene Zielgruppen
- Größenordnung und Dimensionen
- Nutzergruppen
- Wirkmechanismen

- Wirkung auf Menschen
- Zeitliche Eintrittsfaktoren

8.3   Erstellungsweg für Gefährdungsszenarien in einem All-Gefahren-Ansatz

Das Szenario ist eine hypothetische Verbindung von Einwirkungs- und Auswirkungsabschätzungen, das sich häufig, aber nicht ausschließlich an historischen Ereignissen orientiert. Ein Szenario dient dazu, den Ausfall oder die Beeinträchtigung plausibel zu machen und den Hintergrundrahmen der möglichen Einwirkung mit einem Hinweis auf die möglichen Auswirkungen zu verknüpfen. Eigentlich ist dieses Szenario z. B. für eine Kritikalitätsanalyse und für viele Risikoanalysen unerheblich, da ohnehin von einem Ausfall ausgegangen wird. Jedoch wird häufig ein Ausfall für nicht realistisch angenommen, bevor nicht ein plausibles Szenario vorgelegt wird. Außerdem sind mit einem Szenario die Auswirkungen und damit auch die Bedeutung und die kritischen Schwellenwerte besser abzuschätzen.

Gefährdungen sind aus der Sicht des betroffenen Infrastruktursystems alle Formen von Einwirkungen, welche die Funktionsfähigkeit beeinträchtigen. Gefährdungen umfassen in einem **All-Gefahren-Ansatz** (Goss, 1996) die folgenden Bereiche:

- Naturgefahren
- Menschlich/technisches Versagen
- Vorsätzliche Handlungen
- Kriegerische Konflikte

Die Gefährdungen können also durchaus auch aus dem Systeminneren stammen, zum Beispiel durch einen Mitarbeiter/eine Mitarbeiter in einem Infrastrukturunternehmen. Eine Gefährdung kann grundsätzlich der gleiche Prozess sein, der alltäglich als ungefährlich wahrgenommen wird, jedoch in irgendeiner Form extreme Ausmaße annimmt. Ein Hochwasser kann bei regelmäßiger erwarteter Wiederkehr eine wertvolle Ressource sein, wie etwa der Nil, der zur Bewässerung und Düngung unerlässlich für die dortige Landnutzung ist. Über- oder unterschreitet der Fluss das gewohnte Verhalten, wird die **Ressource** zu einer Gefährdung (Dikau & Weichselgartner, 2005; Weichselgartner & Deutsch, 2002).

Um Gefährdungen hinsichtlich ihrer möglichen Auswirkungen zu untersuchen, werden **Kriterien** gesucht, die die Gefährdungen hinreichend durch solche Parameter beschreiben, die gleichzeitig auf alle Gefährdungen angewendet werden können. Diese Kriterien sollen die wesentlichen Eigenschaften der Gefährdung enthalten. Für die Identifizierung von Gefährdungen haben sich folgende Hauptkriterien als besonders geeignet herausgestellt:

Schritt 2 – GEFÄHRDUNGEN

- Hauptkritieren für Gefährdungen hinsichtlich KRITIS: Intensität, Fläche, Wahrscheinlichkeit
- Nebenkriterien: Dauer, Vorwarnzeit
- Hauptprodukt: Szenarien
- Nebenprodukt: Gefährdungsanteil des Risikos wird mit Kriterien erfasst, identifiziert und die Gefährdungen werden untereinander vergleichbar gemacht

Die **Intensität** beschreibt die maximale Intensität, die die Gefährdung erreichen kann, um einen Ausfall oder Schaden zu erzeugen. Um dies zu ermessen, muss zuerst der Kontext festgelegt werden, unter dem die Gefährdungen betrachtet werden sollen. Der Kontext sind plausible Szenarien, die **reasonable worst case scenarios,** das heißt Gefährdungen in einer Stärke, die Extremwerte annehmen, die plausibel erscheinen und nicht die tatsächliche größte vorstellbare Intensität annehmen. Bei Erdbeben wird zum Beispiel der Beobachtungszeitraum, in dem in Deutschland Erdbeben gemessen wurden, herangezogen. Erdbeben gelten als „reasonable worst cases", wenn sie im Beobachtungszeitraum in Deutschland bereits einmal aufgetreten sind. In Deutschland sind dies Erdbeben bis zu einer Stärke, die innerhalb von 500 Jahren bereits auftrat; das entspricht der Stärke VI bis VII der MSK-Skala (Tab. 8.1). Erdbeben größerer Intensität sind in Deutschland zwar denkbar, gelten jedoch als „worst cases" ohne direkten Beleg und werden daher, wie etwa auch Kometeneinschläge, oft nicht betrachtet.

Wichtig zur Einschätzung der Intensität bei einer kritischen Infrastruktur ist, dass jegliche Unterbrechung der Funktion berücksichtigt werden sollte, das heißt

Tab. 8.1 Mercalli-Skala (MSK)

STÄRKEGRAD	BEOBACHTUNG
I	Nur von Seismografen registriert
II	Nur vereinzelt von ruhenden Personen gespürt
III	Nur von wenigen Personen gespürt
IV	Von vielen Personen gespürt; Geschirr und Fenster klirren
V	Viele schlafende erwachen; hängende Gegenstände pendeln
VI	Leichte Verputzschäden an Gebäuden
VII	Risse im Verputz, in Wänden und an Schornsteinen
VIII	Große Risse im Mauerwerk, Giebelteile und Dachsimse stürzen ein
IX	An einigen Gebäuden stürzen Wände und Dächer ein; es werden Erdrutsche beobachtet
X	Einsturz vieler Gebäude; Spalten im Boden
XI	Zahlreiche Spalten im Boden; Erdrutsche in den Bergen
XII	Starke Veränderungen an der Erdoberfläche

sowohl die Intensität, um eine **Struktur** (Gebäude, Leitungen etc.), die **Funktion** (z. B. Pipelinetransport, die Qualität, z. B. Stromfrequenz, Wasserqualität) als auch die Intensität, um Menschen, die diese Infrastruktur unterhalten oder steuern, zu beeinträchtigen. Diese Bestandteile eines **Infrastruktursystems** (Struktur, Funktion, Mensch, Umwelt) sind einer Gefährdung ausgesetzt und können jeweils einzeln oder in Kombination zum Ausfall des Systems führen. In Schritt 1 der Gesamtanalyse gilt es nicht, die Plausibilität des Ausfalls zu bestimmen, also beispielsweise ob die Menschen geschützt sind, es Notversorgung gibt, die den Ausfall auffängt, usw. Dies sind Aspekte der Verwundbarkeit, die erst in Schritt 3 untersucht werden. Dieser Punkt ist sehr schwierig zu vermitteln, zum Beispiel wenn man Experten befragt, da sie geneigt sind, sofort das Gesamtsystem mit allen individuellen Schutzmaßnahmen in die Bewertung mit einzubeziehen. Es ist aber notwendig, die Gefährdungskomponente von der Verwundbarkeit und anderen Aspekten zu trennen. Andernfalls entfällt die Chance, das Gesamtsystem in seinen Komponenten zu verstehen, und die Untersuchungsergebnisse behalten einen anekdotenhaften Charakter.

Der Vorteil dieses Vorgangs ist, bei kritischen Infrastrukturen wie auch bei anderen betroffenen Systemen oder Menschen/Gruppen, dass die Gefährdungen miteinander vergleichbar werden. Die einzelnen **Intensitätsskalen** von Gefährdungen sind kaum miteinander vergleichbar. Das liegt unter anderem daran, dass sie entweder qualitativ oder quantitativ kategorisiert werden. Die Erdbebenskala MSK beschreibt zum Beispiel **qualitativ** die Auswirkungen auf Gebäude. Auch wenn die Beaufortskala für Stürme ähnlich wie die Erdbebenskala MSK vorgeht, sind die Skalen nicht einfach miteinander vergleichbar, da die qualitativ beschriebenen Einwirkungen nicht normiert sind. Für andere Gefährdungen, etwa technisches Versagen, gibt es solche Skalen nicht und sind vermutlich auch sehr schwierig zu erstellen. Natürlich könnte man auf **quantitative** Skalen zurückgreifen, jedoch scheint auch dies für menschliches Verhalten wenig praktikabel bzw. fehlen bislang diese Skalen für die betrachteten Gefährdungen und Bestandteile des Infrastruktursystems.

Stattdessen wird die Intensität der potenziellen Einwirkung auf die Bestandteile z. B. des Infrastruktursystems pauschal geschätzt. Es bieten sich qualitative, beschreibende **Intensitätsklassen** an (Tab. 8.2).

Auch hier gilt es, das Kriterium Intensität möglichst von weiteren Kriterien, wie etwa Dauer des Ausfalls, Wahrscheinlichkeit etc. strikt zu trennen. Das hat den Sinn, dass Gefährdungen mit niedriger oder mittlerer Intensität gegebenenfalls bei einer Priorisierung der Risikovorsorge von Gefährdungen hintangestellt werden können. Weiterhin lässt sich dadurch die Intensität etwa mit der Dauer vergleichen. Schleichende Gefährdungen wie eine Dürre lassen sich damit prinzipiell

Tab. 8.2 Intensitätsklassen

Hoch	Völliger Ausfall
Mittel	Teilweiser Ausfall
Niedrig	Kein Ausfall

Abb 8.31 Räumliche
Untersuchungsebenen

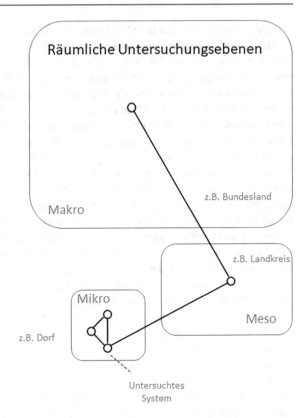

von plötzlich eintretenden Gefährdungen wie Sturzregen unterscheiden. Durch
diese Unterscheidung lassen sich auch Gegenmaßnahmen sowie kurz-, mittel- und
langfristige Planungen voneinander differenziert einsetzen.

Für die Hauptkriterien zu Gefährdungen steht im Vordergrund, ob prinzipiell
überhaupt ein Ausfall erfolgen kann. Daher spielt neben der Intensität die Dauer
zunächst eine untergeordnete Rolle. Die **Fläche,** auf die eine Gefährdung wirken
kann, ist jedoch ebenfalls ein Hauptkriterium. Das rührt daher, dass die meisten
menschlichen Objekte (Siedlungen, Infrastruktur) ein flächenhaftes System aus
einzelnen Elementen darstellen. Eine punkthafte Gefährdung trifft meist nur ein
Element eines ganzen Systems, im Gegensatz zu flächenhaften Gefährdungen wie
etwa einem Sturm oder einer Pandemie (Abb. 8.31).

Flächenklassen können sich an administrativen Grenzen orientieren, für
den nationalen Blickwinkel eignen sich zum Beispiel die in Tab. 8.3 genannten
Schwellenwerte und Flächenklassen.

Tab. 8.3 Flächenklassen

Hoch	Mehr als drei Bundesländer
Mittel	Mehr als ein Bundesland
Niedrig	Innerhalb eines Bundeslands

Das dritte Hauptkriterium, ob eine Gefährdung grundsätzlich relevant wird, ist die **Wahrscheinlichkeit** des Eintretens. Ist eine Gefährdung (z. B. ein Kometen-einschlag) zwar extrem intensiv und sehr flächenhaft, trat jedoch bislang inner-halb der letzten 5000 Jahre in Deutschland nicht auf, dann ist die Wahrscheinlich-keit des Eintretens ein wichtiges Maß, um diese Gefährdung zu charakterisieren und von Gefährdungen, die häufig vorkommen (z. B. Blitzeinschlag), zu trennen. Die wissenschaftliche Bestimmung von Wahrscheinlichkeiten ist kompliziert, vergleichbar mit den Intensitätsklassen. Für einige Naturgefahren wie Hochwasser gibt es recht anerkannte Wahrscheinlichkeitsmaße, zum Beispiel die statistische Wiederkehrdauer von Hochwasser (auch Erdbeben). Für andere Naturgefahren, aber erst recht für menschliche Verhaltensweisen, sind diese Wahrscheinlich-keiten nur schwer zu errechnen bzw. existieren nicht. Daher ist es angebracht, Wahrscheinlichkeit im Sinne einer **Plausibilität** zu verstehen, also ob es Anhalts-punkte gibt, die eine Gefährdung relativ wahrscheinlicher als andere zu machen. Diese Plausibilitäts- oder Wahrscheinlichkeitsklassen können semiquantitative Schwellenwerte benutzen, bei denen zwar Jahreszahlen benutzt werden, deren Einteilung in diese Schwellenwerte aber ebenfalls allein durch die Bearbeiter/innen anhand der erhältlichen Informationen und nicht anhand von wissenschaft-lichen Modellrechnungen ermittelt werden. Beispielsweise können die in Tab. 8.4 genannten **Wahrscheinlichkeitsklassen** beschrieben werden.

Neben den Hauptkriterien spielen auch **zeitliche Dimensionen** der Gefährdung eine große Rolle, beispielsweise Dauer der Einwirkung, Zeitpunkt der Einwirkung (Tag oder Nacht, Winter oder Sommer, während der Fußball-WM etc.) und Vor-warnzeit. Schwellenwerte und Klassen können hier in Form von Tagen oder Stun-den bestimmt werden (Abb. 8.32).

Als Ergebnis werden die Gefährdungen mit Kriterien erfasst unter-einander vergleichbar gemacht. Für die Verknüpfung mit der Verwundbarkeits-komponente ist dies von Bedeutung, auch für die Risikobewertung . Daher kön-nen **Gefährdungsszenarien** erstellt werden, die die möglichen Einwirkungen beschreiben und vorstellbar machen. Solche Szenarien werden für die Planung von Gegenmaßnahmen und Risikostrategien von Behörden und Unternehmen ver-wendet. Szenarien können unterschiedlich aufgebaut und unterschiedlich detail-liert sein, je nach Verwendungszweck. So sind Szenarien für Planspiele und Übun-gen im Katastrophenschutz häufig aus dem Alltag gegriffen und beschreiben eine virtuelle Katastrophe oder einen virtuellen Notfall. Solche Szenarien enthalten mitunter detaillierte Angaben beispielsweise zu Zeitpunkt und Größe des Ereig-nisses sowie zur Anzahl der Verletzen.

Häufig ist es notwendig, zunächst die möglichen **Einwirkungen** zu identi-fizieren, zu vergleichen und **Prioritäten** zu bestimmen. Um die Szenarien

Tab. 8.4 Wahrscheinlich-keitsklassen

Hoch	Jedes Jahr
Mittel	Alle 10 Jahre
Niedrig	Ale 100 Jahre

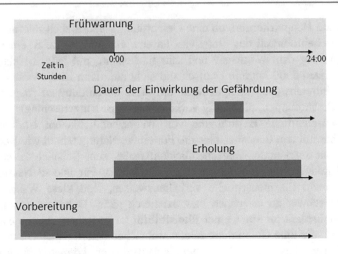

Abb. 8.32 Zeitliche Maßstäbe

vergleichbar zu halten, wurden die Hauptkriterien Intensität, Fläche und Wahrscheinlichkeit in den Wortlaut der Szenarien eingebaut. Zusätzlich sollten die
Auswirkungen angedeutet werden, jedoch ohne Kenntnis der **räumlichen Lage**
und Verteilung der menschlichen Siedlungs- oder Infrastrukturelemente. Dadurch
sind diese Szenarien generisch nutzbar für alle Sektoren und alle Gefährdungen.
Weiterhin sind keine sensiblen räumlich bezogenen Daten nötig. Die Szenarien
eignen sich daher als Untersuchungsschablone oder Maske, um zu überprüfen, ob
die Gefährdungen im Szenario relevant sind oder nicht.

Ohne Wissen um Geodaten, also räumlich verortete Standorte, ist zum Beispiel
bei kritischen Infrastrukturen noch eine weitere Angabe hilfreich, um die Szenarien für eine Risikoanalyse anwenden zu können. Die Anzahl an durch die Gefährdungen beeinträchtigbaren **Knotenpunkte** gibt an, wie viele Standorte gleichzeitig betroffen werden können. Knotenpunkte sind Verknüpfungsstellen innerhalb eines netzartigen Infrastruktursystems oder auch einfach besonders wichtige
Standorte oder Objekte für den Funktionserhalt einer kritischen Infrastruktur.

Literaturempfehlungen
Naturgefahren: Dikau & Weichselgartner, 2005
    Natural Hazards: Fuchs & Thaler, 2018; Keller & DeVecchio, 2015; Montz,
Tobin, & Hagelman, 2017
    Liste an Gefahrenarten: Murray et al., 2021
    Unfälle und Organisationen: Perrow, 1999
    Umweltrisiken und Risikogesellschaft: Beck, 2016

Literatur

Alexander, D. E. (2010). Mortality and morbidity risk in the L'Aquila, Italy earthquake of 6 April 2009 and lessons to be learned. In *Human Casualties in Earthquakes: Progress in Modelling and Mitigation* (S. 185–197). Springer.

Anderson, R. M., & May, R. M. (1991). *Infectious diseases of humans: Dynamics and control.* Oxford university press.

Badke-Schaub, P., Hofinger, G., & Lauche, K. (2008). Human factors. In *Human Factors* (S. 3–18). Springer.

BBK (Bundesamt für Bevölkerungsschutz und Katastrophenhilfe). (2005). *Kennziffernkatalog der bundeseinheitlichen Gefährdungsabschätzungen.* Bundesamt für Bevölkerungsschutz und Katastrophenhilfe

Beck, U. (2016). *Risikogesellschaft: Auf dem Weg in eine andere Moderne.* Suhrkamp Verlag.

Berger, P., Hufschmidt, G., Sefrin, P., Dirksen-Fischer, M., Leledakis, G., Hofinger, G., . . . Dersch, D. (2018). *Risiko-und Krisenmanagement im Krankenhaus: Alarm-und Einsatzplanung.* Kohlhammer Verlag.

BSI (Bundesamt für Sicherheit in der Informationstechnik). (2022). *BSI-Standard 200–4 Business Continuity Management – CD 2.0.* Bundesamt für Sicherheit in der Informationstechnik

Cady, R. F. (2008). Becoming a high reliability organization-operational advice for hospital leaders report. JONA'S Healthcare Law, Ethics and Regulation, 01 Apr 2008, 10(2):33 https://doi.org/10.1097/01.nhl.0000300780.65358.e0

Ciottone, G. R. (2016). *Ciottone's Disaster Medicine* (2. Aufl.). Elsevier.

Cruz, A. M., Steinberg, L. J., & Vetere-Arellano, A. L. (2006). Emerging issues for natech disaster risk management in Europe. *Journal of Risk Research, 9*(5), 483–501.

Dikau, R., & Weichselgartner, J. (2005). *Der unruhige Planet. Der Mensch und die Naturgewalten.* WBG.

European Commission. (2013). *Cybersecurity of Smart Grids. Outcomes of the Expert Group on the Security and Resilience of Communications Networks and Information Systems for Smart Grids (2011–2012). European Commission*

Fuchs, S., & Thaler, T. (Hrsg.). (2018). *Vulnerability and Resilience to Natural Hazards.* Cambridge University Press.

Gibson, C., Clark, C., Ostrom, E., & Ahn, T.-K. (2000). The concept of scale and the human dimensions of global change: A survey. *Ecological Economics, 32,* 217–239.

Gigerenzer, G. (2013). *Risiko: Wie man die richtigen Entscheidungen trifft* C. Bertelsmann Verlag.

Goss, K. C. (1996). *Guide for all-hazard emergency operations planning.* Washington DC, USA: FEMA.

Heinrich, H. W. (1931). *Industrial accident prevention. A Scientific Approach.* McGraw-Hill.

Keller, E., & DeVecchio, D. (2015). *Natural hazards: Earth's processes as hazards, disasters, and catastrophes.* Pearson Higher Education AU.

Kermack, W. O., & McKendrick, A. G. (1927). A contribution to the mathematical theory of epidemics. *Proceedings of the royal society of london. Series A, Containing papers of a mathematical and physical character, 115*(772), 700–721.

Kesler, B. (2011). The vulnerability of nuclear facilities to cyber attack; strategic insights. *Strategic Insights, Spring 2011.*

Lopes, R. (2004). American red cross response to 'triangle of life'by Doug Copp. *Community Disaster Education, American Red Cross National Headquarters.*

Montz, B. E., Tobin, G. A., & Hagelman, R. R. (2017). *Natural hazards: Explanation and integration.* Guilford Publications.

Murray, V., Abrahams, J., Abdallah, C., Ahmed, K., Angeles, L., Benouar, D., . . . Natalie. (2021). *Hazard Information Profiles. Supplement to: UNDRR-ISC Hazard Definition & Classification Review – Technical Report.* Retrieved from Geneva, Switzerland, United Nations Office for Disaster Risk Reduction; Paris, France, International Science Council.

Nascimento, K. R. D. S., & Alencar, M. H. (2016). Management of risks in natural disasters: A systematic review of the literature on NATECH events. *Journal of Loss Prevention in the Process Industries, 44,* 347–359.

O'Keefe, P., Westgate, K., & Wisner, B. (1976). Taking the naturalness out of natural disasters. *Nature, 260*(5552), 566–567. https://doi.org/10.1038/260566a0.

Perrow, C. (1999). *Normal accidents: Living with high risk tchnologies.* Princeton University Press.

Peters, L. E., & Kelman, I. (2020). Critiquing and joining intersections of disaster, conflict, and peace research. *International Journal of Disaster Risk Science, 11,* 555–567.

Radanliev, P., Montalvo, R. M., Cannady, S., Nicolescu, R., De Roure, D., Nurse, J. R., & Huth, M. (2019). Cyber security framework for the internet-of-things in industry 4.0. University of Oxford, Imperial College London, Cisco Research Centre, University of Kent. https://mpra.ub.uni-muenchen.de/92565/1/MPRA_paper_92565.pdf. Zugegriffen: 6. April 2024

Renn, O. (2014). *Das Risikoparadox: Warum wir uns vor dem Falschen fürchten, 3. Aufl.* Fischer Taschenbuch.

Suarez-Paba, M. C., Perreur, M., Munoz, F., & Cruz, A. M. (2019). Systematic literature review and qualitative meta-analysis of Natech research in the past four decades. *Safety Science, 116,* 58–77.

UN General Assembly. (1987). International Decade for Natural Disaster Reduction. A/RES/42/169 C.F.R. United Nations

UN (United Nations). (1999). *International Decade for Natural Disaster Reduction (IDNDR) Proceedings. Programme Forum, 5–9 July 1999, Geneva. United Nations*

UNDRR-APSTAAG. (2020). *Asia-Pacific Regional Framework for NATECH (Natural Hazards Triggering Technological Disasters) Risk Management.* Geneva, Switzerland. UNDRR

Weichselgartner, J. (2013). *Risiko–Wissen–Wandel. Strukturen und Diskurse problemorientierter Umweltforschung.* Oekom.

Weichselgartner, J., & Deutsch, M. (2002). Die Bewertung der Verwundbarkeit als Hochwasserschutzkonzept – Aktuelle und historische Betrachtungen. *Hydrologie und Wasserbewirtschaftung, 46*(3), 102–110.

White, G. F. (1945). *Human adjustment to floods. A geographical approach to the flood problem in the United States.* Doctoral thesis, The University of Chicago, Chicago, IL, USA.

Kritische Infrastrukturen

9

Zusammenfassung

Was passiert, wenn grundlegende Versorgungsinfrastrukturen wie Wasser, Strom oder Informationsversorgung ausfallen? Das Thema „Kritische Infrastruktur" hat aus der Praxis kommend inzwischen eine hohe Aufmerksamkeit in der Forschung erfahren. Lieferkettenausfälle, die Frage nach systemrelevanten Berufsgruppen, globale Verflechtungen und lokale Stromausfälle sind inzwischen durch viele Vorfälle bekannte Gefahren. Aber auch die Tatsache, wie unterbrochene Warnketten und Verkehrsverbindungen in einem Hochwassergebiet eine Katastrophe noch verschlimmern können, haben zur steigenden Relevanz des Themas beigetragen. Es werden Entstehungshintergründe und Konzepte sowie Begriffe kritischer Infrastruktur dargestellt. Die Einzelschritte einer Kritikalitätsanalyse werden Schritt für Schritt beschrieben und kommentiert. Verschiedene weitere Analysemethoden werden ebenso wie spezielle Konzepte von Mehrebenenansätzen, Minimalversorgungskonzepten und Kaskadeneffekten dargestellt. Was man beachten muss, um eine Katastrophe nicht zu einer Folgekatastrophe werden zu lassen, wird hier besonderes beachtet.

Kritische Infrastrukturen (KRITIS) sind ein Schnittstellenthema zwischen Geistes-, Natur- und Ingenieurwissenschaften. Geisteswissenschaftliche Aspekte sind die Bedeutung und Relevanz, aber auch Gefährlichkeit von Infrastrukturen für die Gesellschaft. Ingenieur- und naturwissenschaftliche Herangehensweisen sind tendenziell mehr im Bereich der technischen und systeminternen Relevanz von Infrastrukturelementen zu finden. Kritische Infrastrukturen sind auch ein Schnittstellenthema zwischen den Zuständigkeiten von Organisationen und Einrichtungen, die sich mit Risiken befassen. Einsatzorientierte Kräfte wie etwa die Polizei, Feuerwehr und Technisches Hilfswerk (THW) haben einen anderen Zugang zu diesem Thema als planerische Organisationen der langfristigen Katastrophenvorsorge, die

Betreiber und Kunden von Infrastrukturdienstleistungen. Daher umfasst dieses Thema sowohl Fragen der Gefahrenabwehr, der technischen Härtung von Infrastrukturanalysen als auch von anderen Sicherheitskonzepten, die mehr auf Risikominimierung im Vorfeld und Erhöhung der Resilienz setzen.

9.1   Schutz Kritischer Infrastrukturen

„Die Gesellschaft verlässt sich auf das alltägliche Funktionieren der Versorgung durch Infrastrukturen, hat aber auch implizite Erwartungen, dass sich die Qualität des Lebens dadurch steigern lässt, private Vermögen bewahrt, und gar ökonomisches Wachstum gefördert werde." (Aus Boin & McConnell, 2007, S. 50)

„Das Ziel des **Schutzes Kritischer Infrastrukturen** ist es, die Eintretenswahrscheinlichkeit und das Schadensausmaß einer Störung, eines Ausfalls oder einer Zerstörung der Kritischen Infrastrukturen zu reduzieren beziehungsweise die Ausfallzeit zu minimieren." (VBS & BABS, 2007, S. 7)

Die Erkenntnis, dass ein vollständiger Schutz der Bevölkerung nicht möglich oder finanzierbar ist, macht eine Identifizierung und Priorisierung der Verwundbarkeiten der Infrastrukturen nötig (Apostolakis & Lemon, 2005, S. 361). Einige Quellen besagen, dass es nicht möglich ist, die Auswirkungen von Ausfällen vorherzusagen (Boin & McConnell, 2007, S. 51). Daher sollten öffentliche Stellen den Fokus auf die langfristige Stärkung der gesellschaftlichen Resilienz legen.

Die Grenzen dieses Ansatzes liegen jedoch bei Katastrophen wie etwa dem Tsunami 2004, der unvorhergesehen war. Völlig ohne ein Wissen über die Quelle und Dynamik einer Gefährdung lässt sich Vorsorge nicht betreiben (Boin & McConnell, 2007, S. 52).

Die hier dargestellten Argumente finden sich in ähnlicher Weise auch in anderen Quellen. In der Zusammenschau bedeutet dies, dass alle Bereiche der Beschäftigung mit Risiken gegenüber Infrastrukturen ihre Berechtigung haben: Gefährdungseinschätzung, technische und strukturelle Schutzmaßnahmen, alle Arten der Risiko- und Verwundbarkeitseinschätzung, aber auch moderne Vorsorgekonzepte wie die der Resilienz.

Die **Katastrophenresilienz** von Infrastruktur (Disaster Resilient Infrastructure) war schon Thema in der Internationalen Dekade zur Reduzierung von Naturkatastrophen der Vereinten Nationen 1990–1999 (UN, 1999). Der **Schutz Kritischer Infrastrukturen** ist ein Begriff, der vorwiegend in den USA geprägt wurde. In den 1980er-Jahren wurde das Thema „Infrastruktur" in der Politik der USA noch vorwiegend unter Gesichtspunkten wirtschaftlicher Entwicklungsmöglichkeiten betrachtet (Koski, 2011; Moteff, 2005). In den 1990er-Jahren folgte ein Anschauungswandel durch eine unter Präsident Clinton eingesetzte Kommission zum Schutz Kritischer Infrastrukturen (US Government, 1996). Hintergrund war das neue Bedürfnis nach Fähigkeiten zum Schutz vor gerichteten, vorwiegend externen, Anschlägen. „[The …] United States shall have achieved and shall maintain the ability to protect the nation's critical infrastructures from intentional acts"

(US Government, 1996). Unter diesem neuen Paradigma wurden mehrere politische Bereiche und Zuständigkeiten als zuvor in den Themen „Infrastruktur" und „Sicherheit" zusammengezogen. Zusätzlich wurde der private Sektor in die Verantwortung eingebunden (Koski, 2011, S. 3). In den 1980er-Jahren wurden als wichtige Infrastrukturen von nationalem Interesse vorwiegend Transportwesen, Wasserversorgung und Wasserbehandlung betrachtet. Nebengeordnet wurden auch Schulen, Krankenhäuser, Gefängnisse und die Industrie sowie die Abfallwirtschaft einbezogen. Unter der executive order 13010 kamen unter dem neuen Begriff „critical infrastructure" und unter neuen Sicherheitsanforderungen zum Beispiel zur „cyber security" die Sektoren Telekommunikation, Energie, Banken und Finanzwesen hinzu. Die Bush-Regierung strukturierte auch unter dem Eindruck der Anschläge vom 11. September 2001 die Behörden weiter um und prägte eine neue Anschauung der Sicherheit in einer nationalen Strategie der „homeland security". Auch das Thema „critical infrastructures" wurde in einer neuen nationalen Strategie erfasst, welche den physischen Schutz von Infrastrukturen und Schlüsselelementen (key assets) hervorhob. Diese „key assets" umfassen nukleare Einrichtungen, Landwirtschaft, Verteidigung, chemische Industrie, Postwesen, Schifffahrt, nationale Monumente und andere Schlüsselindustrien (Koski, 2011). Koski (2011, S. 4) gibt in einer Tabelle einen Überblick über diverse „critical infrastructures" oder auch „key resources", wie sie sowohl vom Department of Homeland Security (DHS) als auch von diversen Behörden in den USA eingeordnet werden.

Dieser Hintergrund ist wichtig für die Einordnung und zu Begriffsfassungen des Themas in Deutschland. So firmiert das Thema gegenwärtig unter dem Begriff „Schutz Kritischer Infrastrukturen" in Anlehnung an den insbesondere im nordamerikanischen Sprachgebrauch verwendeten Begriff „Critical Infrastructure Protection" (CIP). Innerhalb wissenschaftlicher Kreise wird die Übernahme des Begriffs „critical" ins Deutsche diskutiert. Es wird darin teilweise ein Übersetzungsfehler gesehen, da im Deutschen der Begriff „kritisch" eine deutlich andere, tendenziell negativ wertende Konnotation innehat, während er im Englischen tendenziell sowohl als „entscheidend" und „wichtig" als auch „gefährdend" benutzt wird. Auch erklärt sich in Bezug auf die Entstehungsgeschichte und Begriffswahl der Regierung der USA der Blickwinkel der Arbeiten des Innenministeriums und seiner nachgeordneten Behörden wie BBK und BSI auf den Schutzaspekt, sowie der Bezug auf (terroristische) Anschläge, Cybersicherheit, sowie der besondere Bezug auf physischen Schutz und physische Elemente, auf die Kooperation mit dem privaten Sektor und die Veränderung des Verständnisses von innerer Sicherheit.

Während dieser Bezug einerseits verständlich ist, stößt er jedoch auf Unterschiede im europäischen und nationalen Kontext Deutschlands sowie in diversen modernen Forschungsrichtungen in der internationalen wie nationalen Katastrophen- und Sicherheitsforschung. Es würde den Rahmen sprengen, dies alles aufzuführen. Stattdessen werden einige moderne Ansätze wie etwa der gegenwärtige Resilienzansatz, nichttechnischer Schutz, alternative Sicherheitsstrategien, Mehrebenenansatz der beteiligten Akteure, Risk Governance und der Bezug auf den hiesigen Kontext in die folgenden Texte eingearbeitet, um an entsprechenden Stellen den bisherigen Ansatz zu ergänzen.

Zusammengefasste Punkte und Anregungen
Problemstellung – Forschung und Regelung

„Die Folge von Störungen oder Ausfällen können sogenannte Domino- und Kaskadeneffekt sein, die das Potenzial besitzen, gesellschaftliche Teilbereiche zum Erliegen zu bringen" (BMI, 2009)

EU-Direktive 2008 und Aktualisierung 2022: Bedeutung der grenzüberschreitenden Auswirkungen bei Ausfall oder Störung bestimmter KRITIS (significant cross-border impacts; 2008/114/EC) (EU, 2022; European Commission, 2008).

National: Gesetzliche Grundlagen für KRITIS sind unter anderem IT SiG, das sogenannte KRITIS-Dachgesetz, aber auch Gesetze und Regelungen wie das ZSKG, BHKG, SevesoIII, Sonderbauten, EnWG, EnSiG, WaSiG, KatsG Länder, für Unternehmen TSM S. 1001, BImSchG (SIL) (für eine Übersicht siehe www.kritis.bund.de beziehungsweise bbk.bund.de).

Cyber Security: BSI-Richtlinien wie 200-1 oder 200-4, USA NIST (Technology, 2018)

State of the art – Grundlegende Veröffentlichungen

Das Thema „Schutz Kritischer Infrastrukturen" entstand in den USA nach den Terroranschlägen 1996 als präsidiale Direktive unter B. Clinton (Brown, 2006; Koski, 2011; US Government, 1996).

Nach Hurrikan Katrina 2005 wandelte sich die Ausrichtung von Schutz (Critical Infrastructure Protection, CIP) und Bedrohungen (threats) allein (Moteff, 2005), auch hin zu Gefahren (hazards) und Resilienz (CIR) (Boin & McConnell, 2007; Bruneau et al., 2003; HS SAI, 2010).

Die EU nahm sich des Themas 2008 an (2008/114/EC), identifizierte Europäische Kritische Infrastruktur (ECI) (Bouchon, 2006). Seit 2023 gibt es die „Richtlinie (EU), 2022/2557" des Europäischen Parlaments und des Rates über die Resilienz kritischer Einrichtungen, die sogenannte CER-Richtlinie, die in nationales Recht umzusetzen ist.

Nationale KRITIS wurde in Deutschland zuerst vom BSI, dann auch vom BBK aufgegriffen: Basisschutzkonzept (BMI, 2006), Nationale Strategie (BMI, 2009), Leitfaden für Unternehmen und Behörden (BMI, 2011), Plattform mit der Wirtschaft: UPKRITIS (www.kritis.bund.de), TAB-Bericht (Petermann et al., 2011).

Interdependenzen als Vernetzungs- und Abhängigkeitseffekte wurden früh als Kennzeichen erkannt und typisiert (Rinaldi et al., 2001).

Abhängigkeitseffekte bei Epidemien als Engpässe bei **systemrelevantem Personal, Schlüsselfunktionen** oder **Lieferkettenabhängigkeiten** wurden bereits in der Risikoanalyse „Pandemie durch Virus Modi-SARS" benannt (Deutscher Bundestag, 2013).

9.2 Begriffe Kritischer Infrastruktur

„Kritische Infrastrukturen sind Organisationen und Einrichtungen mit wichtiger Bedeutung für das staatliche Gemeinwesen, bei deren Ausfall oder Beeinträchtigung nachhaltig wirkende Versorgungsengpässe, erhebliche Störungen der öffentlichen Sicherheit oder andere dramatische Folgen eintreten würden." (BMI, 2009)

Mit Einführung der CER-Richtlinie der EU wird statt von „kritischen Einrichtungen", „kritischen Anlagen" und „kritischen Dienstleistungen" gesprochen.

„Infrastrukturen gelten dann als ‚kritisch', wenn sie für die Funktionsfähigkeit moderner Gesellschaften von wichtiger Bedeutung sind und ihr Ausfall oder ihre Beeinträchtigung nachhaltige Störungen im Gesamtsystem zur Folge hat. Ein wichtiges Kriterium dafür ist die **Kritikalität** als relatives Maß für die Bedeutsamkeit einer Infrastruktur in Bezug auf die Konsequenzen, die eine Störung oder ein Funktionsausfall für die Versorgungssicherheit der Gesellschaft mit wichtigen Gütern und Dienstleistungen hat." (BMI, 2009)

Der Begriff „Kritische Infrastruktur" ist schwierig, da er aus verschiedenen Bedeutungen zusammengesetzt ist. Zum einen hat „kritisch" eine positive Komponente; wichtig, bedeutend, relevant. Zum anderen ist kritisch aber auch negativ besetzt: gefährdet, brisant. Durch die negative Konnotation wird der Begriff auch ungern von Betreibern von Infrastrukturen benutzt. Weiterhin wird der Begriff im Zusammenhang mit „kritischer Masse" benutzt, um die nötige Anzahl für eine Kernreaktion zu beschreiben. Dies ist interessant, da dieser Begriff eng mit der technischen Welt verbunden ist, eine Sicht, die für Infrastrukturen ohnehin dominierend ist.

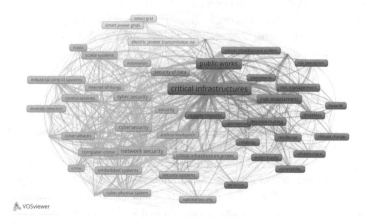

Abb. 9.1 Begriffsinhalt und Verknüpfungen des Wortes ‚critical'(Literatursuche in Scopus und Auswertung mit VOSViewer am 9.4.2024)

Der Begriff „Infrastruktur" beschreibt eine **Struktur**, die geordnet wahrnehmbar ist und anderen Systemen als Unterbau dient. Das weist bereits auf ein wesentliches Merkmal von Infrastrukturen hin; sie werden von der Bevölkerung meist als nahezu selbstverständlich wahrgenommen. Eine Trennung zu anderen Strukturen könnte darin bestehen, dass Infrastrukturen einer Gesellschaft dienen und teilweise große gemeinschaftliche Anstrengungen unternommen werden, um die Versorgung durch eine Infrastruktur zu erstellen und zu gewährleisten. Infrastrukturen sind also auch Ausdruck der Organisationsfähigkeit einer Gemeinschaft und ein gemeinschaftliches Gut, selbst wenn es von einer einzelnen Institution hergestellt oder besessen wird.

In Deutschland wird dies im Rahmen der Definition kritischer Infrastrukturen und der nationalen Strategie analog zum Ursprung in den USA als staatliche Überwachungsaufgabe verstanden. Staatliche Fürsorge hat sich um kritische Infrastrukturen zu kümmern und zunächst einmal um die eigene Infrastruktur der Verwaltungsstruktur, um auch im Krisenfall funktionieren zu können. Diese Fürsorgepflicht betrifft auch die Industrie und Wirtschaft, die 80 % der Infrastruktur in Deutschland betreibt, aber auch kommunale Anwender. Man muss beachten, dass Kritische Infrastruktur häufig in Großbuchstaben geschrieben wird, wenn es die nationale Kritische Infrastruktur meint. Es gibt auch noch die Nationale Kritische Infrastruktur (NKI) als Begriff, um diese Bedeutungsebene noch deutlicher hervorzuheben. Auf Bundeslandebene oder auf kommunaler Ebene und in anderen Bereichen könnte man zur Abgrenzung „kritisch" mit Kleinbuchstaben schreiben.

Was ist nun eine Kritische Infrastruktur? Nach der dargestellten Terminologie bedeutet „kritisch" hier zweierlei: zum einen bedeutsam, zum anderen gefährlich. Bedeutsam, da sie für die Versorgung einer großen Anzahl der Bevölkerung wichtig ist. Gefährlich, wenn eine bestimmte Situation entsteht, in der die Bedeutung der Infrastruktur gefährdet ist, also wenn beispielsweise die Infrastruktur ihr wesentliches Merkmal, die Versorgung mit einem Gut oder einer Dienstleistung, nicht mehr erfüllt. Man kann das noch weiter trennen und sagen, jede Infrastruktur an sich ist schon bedeutsam, aber wenn sie einen kritischen Schwellenwert eines wesentlichen Merkmals erreicht, wird ihre Kritikalität deutlich.

Eine **Infrastruktur** ist die für die Versorgung eines großen Prozentsatzes der betrachteten Bevölkerung genutzte Struktur, die aus physischen und nichtphysischen Bestandteilen besteht. Eine Infrastruktur ist ein System, das aus diversen Bestandteilen in diversen Gruppierungen besteht. Eine Infrastruktur besteht beispielsweise aus Kraftwerken, die aus kleineren Systemen zusammengesetzt sind, die wiederum aus einer Vielzahl von Kleinteilen bestehen.

Die verschiedenen KRITIS-Sektoren und Branchen bestehen aus völlig unterschiedlichen Elementen und Prozessen und reichen von Stromübertragungsnetzen, Rohstoffabhängigkeiten über IT-Software, Steuerungsprozesse bei Behörden, Vertrauensaspekte im Finanzwesen bis hin zu Medien und Forschung. Eine reine Betrachtung von physisch-technischen Infrastrukturelementen und Knotenpunkten ist hierbei nicht ausreichend.

Der Begriff **Kritikalität** enthält in der Definition des Bundesinnenministeriums des Innern (BMI, 2009, S. 3) sowohl (negative) Konsequenzen – den Ausfall oder die Störung – als auch den Begriff Bedeutung, der implizit sowohl in den Begriffen Gefährdung, Verwundbarkeit, Resilienz als auch Risiko bereits enthalten ist. Versorgung und öffentliche Sicherheit sind Werte, die geschützt werden sollen. Die Definitionen des BMI sowohl für „Kritische Infrastrukturen" als auch für „Kritikalität" und „kritisch" betonen die Bedeutsamkeit in Bezug auf die Konsequenzen.

Es ist anhand dieser Definitionen schwierig, die Kritikalität von den Begriffen **Gefährdung, Verwundbarkeit, Resilienz, Konsequenzen** und **Risiko** eindeutig zu trennen. Jedoch ist interessant, dass mit diesem Begriff eine Betonung der Bedeutungseinschätzung vorgenommen wird. Dies ist zwar auch das implizite Ziel jeder Risiko- oder Verwundbarkeitsanalyse, jedoch nicht derart explizit. Die Risikoanalyse befasst sich tendenziell mehr mit der Wahrscheinlichkeit eines Schadens im versicherungstechnischen Bereich und mit der Entscheidung für ein Wagnis im risikosoziologischen Bereich. Die Verwundbarkeitsanalyse befasst sich mit der Erforschung der Stärken und Schwächen eines Infrastruktursystems oder der Gesellschaft oder anderer Bereiche. Es geht bei der Verwundbarkeit um die Erforschung, warum ein Schaden entstehen und welche maximalen Ausmaße er annehmen kann. Natürlich fließen auch hier die Bedeutungsermittlung und die möglichen Konsequenzen mit ein, jedoch weniger explizit als beim Begriff „Kritikalität". Das heißt, an eine klassische Risikoanalyse stellt die Kritikalitätsanalyse die Frage, welche Bedeutung für die Gesellschaft ab welcher Grenze besteht, und nicht, welches Risiko an welcher Stelle wie groß ist.

Im weiten Feld dessen, was man gemeinhin gegenwärtig mit Risikoanalyse, Risikomanagement, Risk Governance und Resilienzforschung umschreibt, gibt es eine Vielzahl von Neologismen und Begriffen, die sich sehr ähneln und schwer zu unterscheiden sind. Insbesondere innerhalb der Verwundbarkeitsforschung als auch bei den Begriffen „Katastrophe" und „Desaster" herrschen langjährige fachliche Diskussionen um die genauen Definitionen dieser Begriffe vor. Es besteht die Gefahr, alten Begriffen lediglich neue Begriffshülsen überzustülpen und dadurch sozusagen Begriffe zu „Entgriffen" zu machen. Eine wissenschaftliche Forderung könnte daher lauten, dass ein Begriff nicht den gleichen Inhalt wie ein anderer bestehender Begriff haben sollte. Kritikalität sollte daher nicht einfach nur eine Paraphrase für „Bedeutsamkeit" oder „Relevanz" sein. Deswegen ist die Kritikalität die spezifische Bedeutsamkeit in Bezug auf die Konsequenzen mit der Verbindung zu gesellschaftlichen Werten wie Versorgungssicherheit und öffentlicher Sicherheit. In anderen Worten ist die Kritikalität eine Form der Relevanz, die ab einem bestimmten Zustand, einer bestimmten Grenze (Schwellenwerte) „kritisch", also besonders bedeutsam oder gar gefährdend, werden kann.

Statt KRITIS als Bezeichnung der Infrastruktur an sich als „kritisch" wäre eventuell eine **Präzisierung** hilfreich, hin zu kritischen Ausfallfolgen und darin zu besonders wichtigen, relevanten, vernetzten, kaskadenauslösenden oder aber anfälligen Elementen. Eine Katastrophenfolgeforschung könnte sich damit insbesondere mit den „impact chains" befassen.

Die Relevanz einer Infrastruktur variiert je nach Zielgruppe: Gesellschaft, Wirtschaftsunternehmen, Branchen, Betreiber von Infrastrukturen. Daher empfiehlt es sich, begrifflich eine Präzision vorzunehmen; spricht man von **gesellschaftskritischen Infrastrukturen,** meint man die Relevanz einer ganzen Infrastruktur, zum Beispiel der Stromversorgung für die Gesellschaft. Der Bevölkerung ist es im Grunde egal, womit der Strom erzeugt wird, der Strom kommt aus der Steckdose. Aus Unternehmenssicht, etwa von Unternehmen der Autoindustrie sind es **unternehmenskritische Infrastrukturen,** von denen ihre Produktionsfähigkeit abhängt: Stromerzeugung, Verkehrs- und Logistikinfrastruktur etc. **Branchenkritische Infrastrukturen** sind beispielsweise bei der Finanzkrise deutlich geworden: sogenannte systemrelevante Banken. Die Relevanz von Infrastrukturen wird paradoxerweise meist erst bei einem Ausfall deutlich, etwa bei einem Stromausfall. Die Bevölkerung ist abhängig von Strom, ohne sich dessen bewusst zu sein. Ohne Strom funktionieren weder Wasserpumpen, Heizungen, Abwasserentsorgung noch Supermarkttüren, Kassen, Bankautomaten etc. Die Relevanz von Infrastrukturen wird in einer tiefergehenden Untersuchung noch klarer, wenn man aufzählt, was bei einem Ausfall an Alternativen, Schutz- oder Reservemechanismen bereits existiert.

Innerhalb einer Infrastruktur gibt es Systembestandteile, die ebenfalls auf ihre Kritikalität untersucht werden können. **Systembestandteile** sind sowohl die physisch wahrnehmbaren Strukturen als auch nichtstrukturelle Merkmale. Darunter fallen Betriebsprozesse, Organisation von Infrastruktur, Regeln und Gesetze, aber auch das Gut und die Qualität, die Infrastrukturen herstellen bzw. weiterleiten. Das Gut kann ein physisch fassbares sein (z. B. Wasser), Geld, das im Finanzsystem elektronisch überwiesen wird, aber auch Information (z. B. in der IT-Branche) oder Ordnung und Sicherheit (Behörden). Weiterhin zählen zu einer Infrastruktur auch die Menschen, die sie steuern, warten und reparieren.

Eine weitere terminologische Präzision empfiehlt sich, um die Art der Kritikalitätsuntersuchung zu beschreiben, und zwar für die Untersuchung der Relevanz von Systembestandteilen den Begriff „systeminterne" oder noch genauer „betriebsinterne" Kritikalitätsuntersuchung zu verwenden. Unter Verwendung der vorgeschlagenen Begrifflichkeiten von Systembestanteilen kann man noch weiter verfeinern, ob man betriebsinterne Prozesse oder betriebsinterne Systemelemente untersucht. Wenn man dagegen die Kritikalität etwa von der Stromerzeugung mit der Stromübertragung vergleichen möchte, diese Prozesse aber mehreren Betreibern zugehörig sind, kann man dies als branchenkritische Prozesse bezeichnen.

Die Gaserzeugung dient einerseits der Produktion eines Guts, des Gases. Wichtiger noch jedoch ist die Versorgung mit Wärme, und der dritte Versorgungsaspekt ist die Verlässlichkeit. Daher wird die Gasversorgung besonders relevant oder gar kritisch, wenn das Gas im Haushalt nicht mehr ankommt, egal aus welchem Grund. Einerseits fällt die Heizung aus, andererseits entsteht eine kritische Situation, bei der es auf die Zeitdauer des Ausfalls und die Verlässlichkeit der Versorgung auf einmal enorm ankommt. Die Kritikalität als Relevanz und Gefährlichkeit besteht also hauptsächlich in der Versorgungssicherheit.

9.3   Erläuterungen zur Kritikalitätsanalyse

Was bedeutet Kritikalität?

Kritikalität kann sich auf die Systemsicht innerhalb einer Infrastruktur beziehen, der Bezug auf die Bevölkerung sollte aber geschärft werden. Man kann entweder Auswirkungen (Schadensausmaße) oder kritische Systemschwellenwerte untersuchen. Schadensausmaße können jedoch nur aufgrund einer umfassenden Risikoanalyse belastbar beurteilt werden, inklusive einer umfassenden Verwundbarkeits- und Fähigkeitsanalyse (Bewältigungs- und Reservekapazitäten etc.). Daher befasst sich die Kritikalitätsabschätzung mit der Suche nach kritischen Systemschwellenwerten.

Was heißt kritisch?

Es ergeben sich folgende generell anwendbare Kriterien, um Kritikalität einzuschätzen. Kritikalität weist zum einen auf eine hohe Bedeutung oder Relevanz hin, hat aber auch einen starken Bezug zu Schwellenwerten oder Kipppunkten, ab denen ein System, eine Auswirkung auf die Bevölkerung und eventuell auch eine Gefahr besonders bedeutsam, wirksam oder im negativen Sinn gefährdend werden kann. Man kann den Begriff „Kritikalität" oder „kritisch" für verschiedene Zwecke einsetzen, zum Beispiel auf der Ebene einzelner KRITIS-Elemente. Ein Element wird dann kritisch, wenn

- eine kritische Anzahl oder Konzentration (z. B. von Knotenpunkten dieses Elements),
- eine kritische Zeiteinheit (z. B. Ausfalldauer oder Eintrittsschnelligkeit) oder
- eine kritische Qualität (z. B. die Wasserqualität)

betroffen sind. Eine kritische Reaktion tritt vermutlich meist in Kombination von zwei oder allen drei dieser **generischen Kriterien** ein. Sie kann sowohl positiv als auch negativ verlaufen. Das Untersuchungsinteresse im Bereich KRITIS bezieht sich meist ausschließlich auf das BCM und die Versorgungssicherheit und interessiert sich dabei für mögliche negative Konsequenzen oder negative kritische Zustände. Interessanterweise wurden jedoch alle per se gefährdenden Branchen aus den offiziellen KRITIS-Sektoren ausgenommen (z. B. Staudämme, Gefahrgüter, Kernkraft).

Für den Bevölkerungsschutz sollte der Fokus weniger auf Empfehlungen und Risikoanalysen von betriebsinternen BCM-Abläufen als vielmehr auf die möglichen Versorgungsengpässe für die Bevölkerung gelegt werden.

Im Zuge der COVID-19/SARS-CoV2-Pandemie 2020 wurde eine Aufweitung der KRITIS-Sektoren um Schulbildung und systemrelevante Berufe diskutiert, und im Zuge des Hochwassers 2021 der Bereich Abfallwirtschaft.

Die oben genannten Kriterien können auch hierfür Verwendung finden. So kann man beispielsweise sagen, dass eine Versorgung durch eine Infrastruktur dann kritisch wird, wenn

- eine kritische Anzahl (z. B. von Kunden, Personen, Prozent einer Region),
- eine kritische Zeiteinheit (z. B. Ausfalldauer oder Eintrittsschnelligkeit) oder
- eine kritische Qualität (z. B. die Wasserqualität)

betroffen sind.

Die Untersuchung dieser Fragestellungen ist jedoch nicht trivial. Im Grunde genommen können diese Fragen nur nach einer eingehenden Risikoanalyse beantwortet werden, zum Beispiel ab welcher Anzahl von Strommasten wie viele Kunden betroffen sein können. Bei einer Kritikalitätsanalyse werden einzelne Infrastrukturen, Prozesse oder Elemente gedanklich ausgeschaltet. Sie sind für die Untersuchungszeit nicht mehr nutzbar, auch nicht teilweise. Das ist von großer Bedeutung für die Untersuchung, da sich die Kritikalitätsanalyse hier grundsätzlich von der Verwundbarkeits- oder Risikoermittlung unterscheidet. Beispielsweise sollte noch keine tiefergehende Untersuchung aller vorhandenen Vorkehrungsmaßnahmen oder der Wahrscheinlichkeit eines solchen Ausfalls erfolgen. In der Praxis stellt sich dies in Gesprächen mit Außenstehenden als größtes Verständnisproblem dar, da sofort ein Risiko gegenüber einer Infrastruktur ganzheitlich betrachtet wird und beispielweise bei einem Ausfall der Gasversorgung sofort auf die vorhandenen Speicherreserven, alternativen Transportwege und Sicherungsmaßnahmen verwiesen wird.

Insbesondere bei der Untersuchung der Kritikalität einzelner Systembestandteile gerät man methodisch leicht in die Falle, bereits eine Risikoanalyse vornehmen zu wollen. In der Tat lässt sich die tatsächliche Kritikalität auch nur durch eine vollständige Risikoanalyse ermitteln und verifizieren. Dabei muss man berücksichtigen, dass auch eine umfassende Risikoanalyse sich oft nur auf grobe Annahmen stützen kann und selbst schon mit großen **Unsicherheiten** behaftet ist. Die Kritikalitätsanalyse, die im Vorfeld einer Risikoermittlung nur die Relevanz einzelner Systembestandteile erfassen möchte, ist noch weitaus größeren Unsicherheiten unterworfen.

Die Ermittlung der Kritikalität geschieht innerhalb einer Risikoanalyse als **Vorstufe,** noch vor einer tiefergehenden Verwundbarkeitsresilienz und Risikoermittlung (Abb.). Die Kritikalitätsanalyse dient zur Ermittlung der Bedeutung von Infrastrukturen bei einem gedachten Ausfall. Damit hilft sie, vorrangige Themen für eine Risikoanalyse zu ermitteln. Das ist wichtig, da Infrastrukturen in vielfältigster Weise, Größe und Vernetzung bestehen und Prioritäten bestimmt werden müssen, in welchen Bereichen eine Risikoanalyse am wichtigsten ist. Gleichzeitig hilft die Kritikalitätsanalyse auch, schon im Vorfeld zu verstehen, wofür eine Risikoermittlung wichtig ist, was sie bedeutet und welche Schutzgüter oder Werte primär geschützt werden sollen.

Vorabschätzung der Kritikalität

- Identifikation der Systembestandteile
- Identifikation des Betrachterinteresses
- Kritikalitätshypothese (Annahme eines Ausfalls)

Kritikalitätsabschätzung

• Einwirkungsszenarien (Gefährdungsabschätzung, Plausibilisierung)
• Auswirkungsszenarien (anhand von historischen Schadensereignissen)
• Verwundbarkeits- und Resilienzabschätzung
• Risikoberechnung
• Kritikalitätsergebnis

Bedeutsam für die Kritikalitätsermittlung ist die Übertretung von **Schwellenwerten**, ab denen ein Ausfall/eine Beeinträchtigung problematisch (kritisch) wird. Rein quantitativ lassen sich die Schwellenwerte, die einen Versorgungsausfall „kritisch" machen, nur schwierig ermitteln, sogar für nur ein messbares Kriterium wie die Ausfalldauer. Die Ausfalldauer etwa der Stromversorgung hängt davon ab, welche Redundanzen oder Reserven zum Beispiel durch Notstromaggregate bereitstehen. Da eine einheitliche Verteilung aller möglichen Vorsorgemaßnahmen von vornherein nicht angenommen werden kann, muss man auf jeden Fall in jedem Betrieb eine Risikoanalyse durchführen. Grundsätzlich sind viele Krankenhäuser mit einer Notstromversorgung bis 48 h ausgerüstet. Ob das System aber immer funktioniert, unter jeder Art der Gefährdungseinwirkung, ist eine Frage der tiefergehenden und meist innerbetrieblichen Risikoanalyse. Auch die Frage, wie viele Redundanzen vorgehalten werden müssen, bis ein System instabil wird oder nicht mehr funktioniert, ist systemspezifisch und kann nicht durch die Kritikalitätsanalyse ermittelt werden.

Um die Frage, welche Infrastrukturelemente in Deutschland besonders relevant und schützenswert sind, im Vorfeld bereits zu beantworten, ohne die einzelnen Schritte der Risikoanalyse durchgegangen zu sein, lässt sich nur ein reduzierter Ansatz verwirklichen. Eine solche Kritikalitätsanalyse wird notorisch das Problem haben, sich von einer Risikoanalyse nicht wirklich zu unterscheiden, nur dass sie eben noch gröber vorgehen muss. Dabei kommt zum Tragen, dass eine Kritikalitätszuweisung zu einer Infrastruktur eigentlich nur ein Spiegelbild ihrer Risikobewertung ist. Eine Infrastruktur hat keine erhöhte Bedeutung (Kritikalität), wenn sie nicht bei einem möglichen Ereignis große Schadensauswirkungen mit sich brächte. Jedoch versuchen Risikoanalysen genau das zu ermitteln: die maximale Schadensauswirkungen.

Der Begriff „Kritische Infrastruktur" ist also terminologisch schon irreführend; man untersucht weniger, welche Gefährdung eine Infrastruktur darstellt, als vielmehr ihre positive Bedeutung für die Versorgungssicherheit und das Risiko, wenn sie ausfällt.

Bedarf, Schwellenwerte nicht einheitlich für alle Sektoren festzulegen, und Schwierigkeit der genauen Bestimmung von Schwellenwerten:

• Ex post: Verlass auf bereits Geschehenes
• Ex ante: Große Unsicherheitsmargen

Daher ist eine Empfehlung, eher Schwellenwertkorridore zu bestimmen und spezifisch für einzelne Prozessgruppen einzelner Infrastrukturen diese weiter auszuarbeiten.

Schutzziele enthalten Schwellenwerte, ab denen eine Bedeutsamkeit als kritisch eingeschätzt wird. Schwellenwerte sind mit Grenz- oder Richtwerten in vielen anderen Risikobereichen verwandt (Weichselgartner, 2013). Schutzziele können sowohl beschreibend (qualitativ) als auch quantitativ sein. Ein Schutzziel kann ein eher abstrakter gesellschaftlicher Wert sein wie etwa der Erhalt von „Leib und Leben" oder der Umwelt. Ein Schutzziel kann aber auch technisch betrachtet lediglich eine quantifizierbare Grenze sein. Bedeutsam sind meist die mit dieser Frage verbundenen Schwellenwerte oder Grenzen der Sicherheit, der zu treffenden Maßnahmen oder Reaktionen. In der Risikoforschung wurde dies über viele Jahre unter Begriffen wie „Risikoakzeptanz", „ALARP" (a slow as reasonably possible), „Restrisiko", „Grenzwert", „Homöostase" usw. untersucht und in vielen Bereichen der Arbeits- und Verkehrssicherheit oder im Finanzcontrolling auch eingesetzt (Fischhoff et al., 1981; Lowrance, 1976; Preiss, 2009; Wilde, 1982). Beispiele für Schutzziele in Verbindung mit Schwellenwerten finden sich unter anderem im Bereich Klimawandel, Straßenverkehrs- oder Raumfahrtunfälle und Infrastruktur (Fekete, 2012, 2013).

Schutzgüter sind dagegen die Werte und Güter, die geschützt werden sollen; sie können auch schon im Vorfeld ermittelt werden, vor einer Risikoanalyse. Jedoch wird erst nach den Erkenntnissen aus historischen Schadensereignissen und auch Risikoanalysen deutlich, was überhaupt bedroht werden kann. Erst dadurch definieren sich sowohl die Schutzgüter als auch die Schutzziele. Dazu muss zuerst eine komplette Risikoanalyse erfolgen. Eine Vorabschätzung von Schutzgütern und Schutzzielen ist nur sehr grob und eingeschränkt möglich und wird im Folgenden als **hypothetische Vorabschätzung der Kritikalität** oder **Kritikalitätshypothese** bezeichnet. Nach einer vollständigen Risikoanalyse kann dann eine Kritikalitätsabschätzung erfolgen, die die Kritikalitätshypothese überprüft und gegebenenfalls verändert.

9.3.1 Identifikation der Infrastrukturbestandteile

Eine Infrastruktur besteht aus physischen und nichtphysischen Bestandteilen. Eine Infrastruktur ist ein System, das aus diversen Bestandteilen in diversen Gruppierungen besteht. Eine Infrastruktur besteht beispielsweise aus Kraftwerken, die aus kleineren Systemen zusammengesetzt sind, die wiederum aus einer Vielzahl von Kleinteilen bestehen.

Infrastrukturbestandteile (generische funktionale Charakteristiken):

- Physisch-technische Strukturen
- Prozesse/oOrganisatorische Strukturen der Steuerung (Regelwerke, Schaltpläne etc.)

- Steuernde Akteure (Herstellungs-, Leitungs-, Überprüfungs-, Trainings-, Reparaturpersonal)
- Personen als Nutzer und Betroffene (Kunden, Betroffene, externe Beteiligte usw.)
- Umwelt- und Standortfaktoren

9.3.2 Identifikation der Betrachterebene

Die Erstellung von Infrastrukturen führt zu einem Bedeutungszuwachs. Aus diesem kann man indirekt auch die Relevanz von Infrastrukturen ablesen. Vorgenommene Sicherungsmaßnahmen oder Härtungen, Befestigungen, aber auch Sicherheitskonzepte lassen Rückschlüsse auf die Relevanz und Gefährdung von Infrastrukturen zu. Die Bedeutung einer KRITIS spiegelt sich in den Sicherungsmaßnahmen wider. Eine mit Mauern gesicherte Einrichtung drückt zum Beispiel symbolisch die Bedeutung einer KRITIS aus.

KRITIS sind Systeme, in welche die Gesellschaft enorme Anteile ihres Organisationsvermögens, menschlicher oder finanzieller Ressourcen investiert hat. (ergänzt nach Brown, 2006, S. 530).

Im Mittelalter stünde die Kirche an oberster Stelle der Frage, welche Infrastrukturen relevant sind. In der Tat scheint dies heutzutage auch nur auf den ersten Blick nicht mehr zu stimmen. In einem deutschlandweiten lang andauernden Katastrophenfall würde nicht nur die Funktion der Religionen für unmittelbare psychosoziale Notfallversorgung (PSNV), sondern auch für generellen moralischen Trost eine höhere Bedeutung gewinnen.

Verschiedene Ansätze einer Kritikalitätsuntersuchung: Im Folgenden wird der Begriff „Untersuchung" als Oberbegriff verwendet, während „Abschätzung" oder gar „Analyse" ein bestimmtes Verfahren bezeichnen. Eine Abschätzung (assessment) bezeichnet qualitative, quantitative und semiquantitative Untersuchungen. Im Gegensatz zu einer Analyse hat die Abschätzung einen geringeren Anspruch, was Umfang, Detailtiefe und Falsifizierbarkeit angeht.

• Risikountersuchung	Oberbegriff für alle Arten von Risikoanalysen, Risk Assessments, Risikoeinschätzungen, -abschätzungen
• Kritikalitätsuntersuchung	Oberbegriff für alle Arten von Kritikalitätsanalysen, -assessments, -einschätzungen, -abschätzungen

9.3.3 Vorabschätzung der Kritikalität – Kritikalitätshypothese

Eine Vorabschätzung, wie kritisch ein Element oder ein Zustand ist, ist nur sehr grob und eingeschränkt möglich und wird im Folgenden daher als **hypothetische Vorabschätzung der Kritikalität** oder **Kritikalitätshypothese** bezeichnet. Nach

einer vollständigen Risikoanalyse kann dann eine Kritikalitätsabschätzung erfolgen, die die Kritikalitätshypothese überprüft und gegebenenfalls verändert.
Hypothesen:

1. KRITIS sind umso kritischer, je größere Strecken sie versorgen. Je lokaler und dezentralisierter sie sind, desto weniger kritisch sind sie für eine große Anzahl der Bevölkerung. Sehr kritisch sind daher Gaspipelines, Internet, Stromübertragung.
2. KRITISsind umso kritischer, je weniger Alternativen es davon gibt.
3. KRITISsind umso kritischer, je höher der Vernetzungsgrad mit anderen Branchen ist.
4. KRITISsind umso kritischer, je geringer der Vernetzungsgrad innerhalb einer Branche ist (Monopol oder Singularität, Unikalität).
5. Es gibt Infrastrukturelemente, die alleine beim Ausfall unkritisch sind, jedoch als Bündel (z. B. Trassen) ab einer gewissen kritischen Masse oder aber Kettenreaktionsydnamik eine hohe Kritikalität haben.

Anleitung zur einheitlichen Erstellung eines generischen Prozessmodels für alle Infrastrukturen
Was ist der Input-Prozess für die Infrastruktur?

- Zulieferungsmedium
- Rohstoffe
- Organisation

Welche Prozesse sorgen für die Herstellung einer Dienstleistung?

- Herstellung eines Gutes

Welche Prozesse sorgen für die Verteilung einer Dienstleistung?

- Vertrieb
- Versorgungswege/-leitungen
- Speicherung

Output-Prozesse/Übergabe an die Kunden

- Übergabepunkte

Welche Prozesse sorgen für die Aufrechterhaltung einer Dienstleistung?

- Im „Werk"
- (Bei den Kunden)

Jeder dieser Oberpunkte kann in weitere Teilprozesse zerlegt werden. **Ziel** ist es, über die Prozesse möglichst bald zu sogenannten **single points of failure** zu gelangen. Das können Systembestandteile wie Leitstellen sein, die so *einzigartig* und *selten* sind, dass, wenn zerstört, die gesamte Dienstleistungsversorgung gefährdet ist.

Als **Vorgehensweise** bieten sich grundsätzlich zwei Wege an: bottom-up topdown. Bottom-up bedeutet, zunächst in die Tiefe zu gehen, alle Prozesse in die wesentlichen Teilprozesse aufzuschlüsseln und zu verstehen und aus dem Wissen um tatsächliche Schwachstellen Aussagen über kritische Prozesse oder Elemente zu treffen. Dieses Vorgehen ist genau, trifft die realen Probleme, ist aber langwierig. Es ist schwierig, diese Details zu verstehen, sich das gesamte Spezialwissen anzueignen und die Daten von den Betreibern zu bekommen. Jedoch erwirbt man sich damit auch eine gewisse Glaubwürdigkeit.

Der andere Weg ist top-down; man startet einem Überblick über grobe Prozesse, ohne sie im Detail zu verstehen. Bereits an diesem Punkt, mit einem Wissen einer groben Literaturrecherche, formuliert man Hypothesen über besonders kritische Bestandteile. Diese zeichnen sich dadurch aus, dass sie besonders selten oder einzigartig, jedoch für die gesamte Dienstleistung besonders wichtig erscheinen. Danach erst geht man einen Schritt tiefer und versucht, Teilprozesse aufzuschlüsseln. Das kann in Gesprächen mit Betreibern geschehen, die einem klar machen können, dass die Hypothesen aus diesen und jenen Gründen nicht zutreffen. Dafür kommen eventuell andere kritische Bestandteile ans Licht, oder die Aussagen verfeinern die Hypothesen. Dieses Vorgehen ist zunächst ungenau und kritisch, da die Betreiber mit unrealistischen Hypothesen vor den Kopf gestoßen werden. Vorteil ist jedoch, dass die Betreiber herausgefordert werden und von sich aus das Wissen um Details preisgeben müssen. Damit muss sich nicht der Untersuchende als Laie das Spezialwissen aneignen und zusätzlich Zugang zu kritischen Daten bekommen, was schwierig ist.

Zusätzliches Prinzip: Es reicht, zunächst ein hypothetisch kritisches Element oder einen Prozess zu identifizieren. Dieser wird dann zunächst so weit überprüft, bis feststeht, ob und wie kritisch er ist. Erst danach werden alle anderen möglichen Prozesse durchforstet.

9.3.4 Einwirkungsabschätzung oder Gefährdungsanalyse (hazard assessment)

Die Einwirkungsanalyse befasst sich mit den möglichen Gefährdungen, die Infrastrukturen und andere Schutzgüter beschädigen können. Gefährdungen sind zum Beispiel Hochwasser oder Erdbeben, aber neben diesen sogenannten Naturgefahren gibt es auch menschlich-technisches Versagen oder bewusste Sabotage. Die Berücksichtigung aller möglichen Gefahren für Infrastrukturen wird als All-Gefahren-Ansatz bezeichnet (Abb.). Der All-Gefahren-Ansatz weist auch darauf hin, dass es für die Kritikalität von Infrastrukturen unerheblich ist, wodurch der

Ausfall zustande kommt. Jedoch unterscheiden sich die Charakteristika der genauen Auswirkungen durch die spezifische Einwirkung. Hochwasser betrifft ein Gebäude anders als ein Erdbeben. Dies ist jedoch weniger für die Kritikalitätsanalyse als für die detaillierte Verwundbarkeitsanalyse relevant, da dort die spezifischen Anfälligkeiten, aber beispielsweise auch die vorhandenen Vorkehrungsmaßnahmen ermittelt werden. Die Wahrscheinlichkeit einer Gefährdung ist jedoch ein wichtiger Teil der Risikoermittlung und auch für die Erstellung von Szenarien relevant. Für die Kritikalität reicht eine Ermittlung der Plausibilität eines Ausfalls.

9.3.5 Auswirkungsabschätzung (impact assessment)

Die Kritikalitätsanalyse bedient sich der Ergebnisse einer Auswirkungsanalyse (impact analysis), da anhand von realen, historischen Ereignissen die Auswirkungen plastisch, messbar werden. Aus den Auswirkungen lassen sich die Schutzziele und Schutzgüter zudem leichter bestimmen. Ohne diese Erfahrungen des Bedürfnisses von Schutz gegen etwas würde es keine Schutzgüter oder Schutzziele geben.

Auswirkungen und Einwirkungen werden sprachlich häufig verwechselt. So werden auch in Fachpublikationen als Szenarien für katastrophale KRITIS-Ausfälle Natureinwirkungen wie etwa Stürme gleichgesetzt mit Szenarien, bei denen die Gefährdung der Stromausfall ist. Im ersten Falle ist der Sturm die Einwirkung auf eine KRITIS, die eine Auswirkung, zum Beispiel Stromausfall, bewirkt.

Allgemeine Auswirkungen:

- Beeinträchtigung
- Beschädigung
- Versagen/Ausfall
- Verlust

Konkrete Auswirkungen:

- Stromausfälle
- Verkehrsstillstand/-infarkt
- Zusammenbruch der Telekommunikation
- Überlastung der Notruf- und Rettungsdienste
- Streiks

Auswirkungen werden in Ihrem Ausmaß unter verschiedenen Begriffen zusammengefasst. Zunächst erscheinen Begriffe wie „Krise" und „Katastrophe" synonym. Für die Praxis im operativen Geschäft macht es vermutlich auch wenig Sinn, akademische Trennungen durchzusetzen. Für die planerische Tätigkeit ist eine Trennung jedoch hilfreich, um Größenordnungen von Auswirkungen auseinanderzuhalten.

9.3.6 Szenariobestimmung

Das Szenario ist eine hypothetische Verbindung von Einwirkungs- und Auswirkungsabschätzungen, die sich häufig, aber nicht ausschließlich an historischen Ereignissen orientiert. Ein Szenario dient dazu, den Ausfall oder die Beeinträchtigung plausibel zu machen und den Hintergrundrahmen der möglichen Einwirkung mit einem Hinweis auf die möglichen Auswirkungen zu verknüpfen. Eigentlich ist dieses Szenario für eine Kritikalitätsanalyse unerheblich, da ohnehin von einem Ausfall ausgegangen wird. Jedoch wird häufig ein Ausfall für nicht realistisch angenommen, bevor nicht ein plausibles Szenario vorgelegt wird. Außerdem sind mit einem Szenario die Auswirkungen und damit auch die Bedeutung und die kritischen Schwellenwerte besser abzuschätzen. Für eine Glaubwürdigkeit von Szenarien müssen Alltagsfälle beachtet werden und sich aber auch eindeutig von Krisen unterscheiden lassen. Szenarien müssen Details haben, und konkrete Beispiele sind das A und O für das Verständnis. Beispiel: Wann ist ein Stromausfall für die Bürger wirklich eine Katastrophe? Beispielsweise nachts, ohne Vorankündigung, ohne vorherige „Hamsterkäufe".

Unterschiede zu Gefährdungs-, Verwundbarkeits- und Risikokonzepten: Bedrohungen oder Gefahren werden absichtlich nicht in diesen Rahmen einbezogen, da argumentiert wird, dass die Analyse ihrer spezifischen Merkmale für die Bestimmung der Kritikalität einer Infrastruktur nicht entscheidend ist. Dies wird auch als All-Hazard-Ansatz (Goss, 1996) bezeichnet, bei dem generell alle Arten von Bedrohungen und Gefahren berücksichtigt werden. Dazu gehören interne Bedrohungen wie technisches oder menschliches Versagen, vorsätzliche Sabotage oder externe Bedrohungen und Gefahren, seien sie menschlicher, umweltbedingter oder anderer Natur. Die Analyse der Merkmale einer Gefahr bestimmt, ob ein Ausfall eines Elements oder Prozesses der Infrastruktur plausibel ist. Die **Gefahrenanalyse** ist jedoch ein eigenes Fachgebiet, in dem Infrastrukturexperten kaum über ausreichende Fachkenntnisse verfügen. Darüber hinaus ist die Kenntnis der Merkmale einer Gefahr wie Häufigkeit und Ausmaß ein wichtiger Input für eine Risikoanalyse, ebenso wie eine detaillierte Schwachstellenbewertung. Hier lässt sich ein deutlicher Unterschied zwischen Gefahren-, Risiko- und Kritikalitätsanalyse feststellen. Die Gefahrenanalyse will wissen, wie groß und wie oft ein Ereignis eintreten kann und welche Gegenmaßnahmen gegen die Gefahr ergriffen werden können. Bei der **Risikoanalyse** geht es um die Wahrscheinlichkeit oder die Chancen eines Schadens oder Verlusts. Die Risikoanalyse integriert auch die Informationen über die Gefährdung und die Anfälligkeit und zielt darauf ab, das genaue Zusammenspiel herauszufinden. Die Anfälligkeit ist zwar eng mit der Kritikalität verbunden, unterscheidet sich aber von ihr, da sie sich darauf konzentriert, die Gründe für das Auftreten von Schäden zu ermitteln, indem sie die internen Voraussetzungen für eine Gefahr und die verschiedenen Schadensausmaße betrachtet.

Bei der **Kritikalität** geht es weniger um die Besonderheiten der Gefahr, die Schadenswahrscheinlichkeit oder die Bandbreite der Gründe und den Grad der internen Veranlagung zum Schaden. Die Kritikalität ist einerseits eine vereinfachte

Version des Risikos und der Verwundbarkeit, die eine erste grobe Annäherung an den maximalen Schaden darstellt, bevor eine detaillierte Risikoanalyse durchgeführt wird. In dieser Hinsicht wird sie zur Identifizierung von vorrangigen Bereichen oder Infrastruktursektoren oder -elementen für eine weitere Risikoanalyse verwendet. Darüber hinaus hat die Kritikalität eine Eigenschaft, die damit zusammenhängt, dass die Relevanz einer Katastrophe indirekt durch die Frage nach der Bedeutung einer Infrastruktur (im Falle eines Ausfalls) für die Gesellschaft ermittelt wird. Und schließlich hat die Kritikalität die Eigenschaft, auf Schwellenwerte hinzuweisen. Anfälligkeitsmaße können auf einer relativen Skala vom Minimum bis zum potenziellen Maximum angegeben werden. Als Ersatz für die Bestimmung exakter Schwellenwerte verwenden einige Gefahren- und Verwundbarkeitsbewertungen potenzielle Maximalwerte und eine relative Kumulierung mehrerer Kriterien als Annäherung an Schwellenwerte für die Schwere. Für die Kritikalität ist es jedoch interessant herauszufinden, bei welchem spezifischen Schwellenwert eine Auswirkung auftritt, die stark genug ist, um eine Unterbrechung des Dienstes zu verursachen.

Die Idee, dass die drei allgemeinen Kriterien auf bestimmte Schwellenwerte hinweisen, könnte auch mit dem Konzept der **Kipppunkte (tipping points)** in Verbindung gebracht werden. Während der Begriff im sozioökologischen Bereich der Resilienz und Anpassung an Bedeutung gewonnen hat, ist er auch durch gesellschaftliche und wirtschaftliche Betrachtungen bekannt (Fuchs & Thaler, 2017; Gladwell, 2000). Eine weitere anregende Idee ist die flache Schwelle zwischen einer Gefahr und einer Ressource (Schmithüsen, Weichselgartner). Ein Fluss ist in erster Linie eine lebenswichtige Ressource für den Menschen, sei es bei Niedrig- oder Hochwasser; auch Hochwasser kann eine lebenswichtige Ressource sein, man denke an den Nil, der die Ufer Ägyptens fruchtbar macht. Allerdings wird dieser Fluss von den Menschen als Gefahr wahrgenommen, wenn er bestimmte Schwellenwerte überschreitet – entweder durch einen zu hohen oder einen zu niedrigen Wasserstand. Flüsse sind auch Infrastrukturen, sie sind Wasserstraßen für Schiffe und Trinkwasserquellen.

Die Idee, die hinter der Entwicklung von drei sehr allgemeinen Kriterien steht, basiert auch auf Konzepten der Widerstandsfähigkeit zur Messung der Kritikalität von Infrastrukturen, zum Beispiel den 4R-Kriterien der Widerstandsfähigkeit: Redundanz, Robustheit, Ressourcennutzung und Schnelligkeit (Bruneau et al., 2003), die besonders geeignet sind, wenn der Schwerpunkt auf den technischen Aspekten einer Infrastruktur sowie auf den Krisenmanagementkapazitäten liegt. Redundanzen sind ein Schlüsselmerkmal der Kritikalitätsforschung. Redundanzen können als vielfältig angesehen werden, da sie nicht nur physische Substitute, sondern auch organisatorische oder strukturelle Alternativen enthalten, um zu puffern, zu umgehen, zu überdauern, sich anzupassen oder zu koevolvieren (MSB, 2009).

Edwards (2009) hingegen konzentriert sich mit den 4E-Kriterien der kommunalen Resilienz speziell auf die betroffene Bevölkerung, ihr Empowerment, Engagement, ihre Erziehung und Ermutigung. Dieses Konzept berührt Aspekte, die typischerweise von lokalen Vulnerabilitäts- und Resilienzansätzen gefördert werden, die sich gegen die bevormundenden Top-down- und Engineering-Ansätze wenden.

Dennoch fehlt eine Verbindung zwischen dem sehr gemeinschaftsbasierten Ansatz und dem eher technischen 4R-Ansatz, wenn es darum geht, die Kritikalität für größere Bevölkerungsgruppen oder Regionen zu bestimmen.

Der Bereich KRITIS ist, wie auch die Risikoforschung selbst, in ständiger Weiterentwicklung. Daher verschieben sich auch die Blickwinkel. Momentan wird im BBK der Titel „**Schutz kritischer Infrastruktur**" geführt. Damit wird das Augenmerk auf den Schutz gelegt, der eine Abwehr von Gefahren suggeriert. Diese Gefahrenabwehr ist jedoch eher die Domäne und Zuständigkeit von einsatzorientierten Kräften wie etwa des BKA. Aktuell wird aber auch das Resilienzverständnis diskutiert. Im Kern geht es um die Funktionsfähigkeit von KRITIS in einer **Systemperspektive**, das heißt um die Funktionen, Struktur und Prozesse eines Infrastruktursystems, um eine Versorgungsleistung für die Bevölkerung aufrechtzuerhalten, auch unter oder nach Einwirkungen durch Extremereignisse.

Prinzipiell kann eine KRITIS selbst eine Gefährdung darstellen, beispielsweise Gefahrstofftransporte oder bestimmte Industrieanlagen, die bei Ausfall oder Zerstörung die Umwelt, aber auch Menschenleben direkt beeinträchtigen können.

9.4 Weitere konkrete Analysemethoden für Kritische Infrastrukturen

Inzwischen gibt es eine Vielzahl von Anleitungen für Analysemethoden kritischer Infrastrukturen. Daher wird hier zunächst nur auf wichtige Leitfäden und Methoden verwiesen. Es werden einzelne Methoden noch etwas weitergehend behandelt, für die es an Anleitungen oder an Darstellungen alternativer Ausführung noch mangelt. In Ab 9.5 werden zudem Ansätze für mögliche methodische Weiterentwicklungen dargestellt.

Kritische Infrastrukturen müssen zunächst als Gesamtsystem erfasst werden. Hierfür gibt es bislang wenige Werkzeuge oder Methoden, die für den öffentlichen Risikoanalysebereich geeignet sind. Es gibt zwar in der Industrie und unter den Betreibern kritischer Infrastruktur sogenannte **Netzpläne** und entsprechende Software dazu. Jedoch sind nicht alle Infrastrukturen leitungs- und netzgebunden. Ein weiteres Problem ist es, dass es in vielen Industriebereichen an Überblicken über Lieferketten und Abhängigkeiten von Gütern und Prozessen fehlt. Für Außenstehende, Laien/Laiinnen und Wissenschaftler/innen ist es dementsprechend schwierig, Infrastrukturen und alle ihre Elemente und Prozesse zu identifizieren. Hierzu gibt es einige Methoden, die sich für einige Aspekte eignen und für andere wieder nicht.

Verknüpfungen und Verflechtungen lassen sich mittels **Flussdiagrammdarstellungen** nur bedingt abbilden. Nutzt man die bekannten Flussdiagrammdarstellungen mit vorgeprägten Symbolen, wie sie zum Beispiel im Bereich der Luftfahrt oder Anlagensicherheit verwendet werden, so kann man einzelne Prozesse

einer Infrastruktur abbilden und deren Abläufe und gegenseitige Beziehungen
darstellen (Abb. 9.1). Es gibt dann weiterhin spezielle Software für einzelne
Infrastrukturarten, wo insbesondere Stoffflüsse von Gütern und ihre Wechsel-
beziehungen dargestellt werden können.

Eine Alternative für einen einfachen Einstieg auch für Fachfremde sind **Mind
Mapping Tools** (Abb. 9.2). Damit lassen sich Elemente, Prozesse und Verknüpfungen einfach darstellen und erweitern.

Systemtheoretische Methoden und daraus abgeleitete **Systemmodelle** wie System Dynamics erlauben es grundsätzlich, Systeme mit ihren Elementen und Verknüpfungen, aber auch Rückkopplungen und Feedbackschleifen darzustellen und
diese für Modellberechnungen zu nutzen (Forrester, 1961). Kausale Schleifendia-
gramme (causal loop diagrams) sind eine weitere Art davon.

Verwandt damit sind auch **agentenbasierte Modelle**, die für Maschinen wie
auch menschliche Akteure verschiedene Konfigurationen oder Verhaltensweisen
darstellen können. Es können dann auch verschiedene Szenarien und unterschiedliche Veränderung von Parametern wie zum Beispiel der Risikowahrnehmung bei
einigen Agenten eingestellt und modellhaft überprüft werden (Abb. 9.3).

Sobald man die Infrastruktur erfasst hat, ist noch ein wichtiges Kennzeichen im
Bereich kritischer Infrastruktur eine eigene Methodik zur **Einschätzung der Relevanz** dieser Infrastrukturen. Kritikalität hat eine starke Beziehung zur Bedeutungs-
zuweisung und damit zur Priorisierung einzelner Infrastrukturelemente oder Prozesse im Vergleich zu anderen. Kritisch bedeutet also nicht negativ anfällig oder
verwundbar, sondern wird tendenziell eher für eine Relevanz der Versorgungs-
funktion im Vergleich zu anderen Infrastrukturen verwendet.

Priorisierungsmethoden im Bereich kritischer Infrastruktur beinhalten einerseits Schutzzielkonzepte, die nach verschiedenen generischen Kriterien versuchen,
Infrastrukturen untereinander in ihrer Relevanz (Wichtigkeit) zu sortieren. Hierzu
gibt es auch Ansätze, die sehr unterschiedliche Infrastrukturbereiche durch generische und allgemein gültige Kriterien vergleichbar machen. Es hat sich zum Beispiel herausgestellt, dass alle Infrastrukturen und vor allem ihre Dienstleistungen
für die Gesellschaft, zumindest teilweise quantifizierbar sind über Größen- und
Volumenangaben der geleisteten Güter und Dienstleistungen. Ebenso spielen
immer **Zeitfaktoren** eine wichtige Rolle, ob ein Ausfall kurz oder länger toleriert werden kann, was im benachbarten Bereich des Business Continuity Management auch als mittlere Reparaturzeit oder Wiederherstellungszeit bekannt
ist. Es gibt noch weitere Zeitfaktoren, wie zum Beispiel besonders zu priorisie-
rende Zeitpunkte, wo etwas kritisch werden kann, oder lang gedehnte Zeiträume
von Ausfallzeiten, die mitbestimmen können, ob eine Infrastruktur priorisier-
bar ist. Schließlich wird vorgeschlagen, eine zusätzliche Kategorie der **Qualität**
zu überprüfen, falls die Faktoren Größe und Zeit nicht bereits hinreichend eine
Priorisierung erlauben. Die Qualität einer Infrastruktur kann zum einen nach dem
gesellschaftlichen Wert und Schutzziel zugeordnet werden. Eine andere Möglichkeit ist der Wirkmechanismus. Und eine dritte lässt sich über jenes erklären, was
nicht messbar oder quantifizierbar ist in Größen- oder Zeitangaben. Nehmen wir
das Beispiel Trinkwasser; selbst wenn zu jeder Zeit genügend Volumen an Trink-

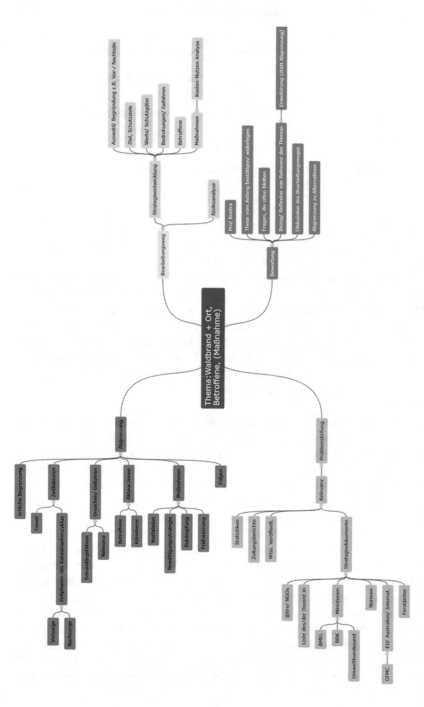

Abb. 9.2 Beispiel für ein Mind Mapping zum Thema „Waldbrand"

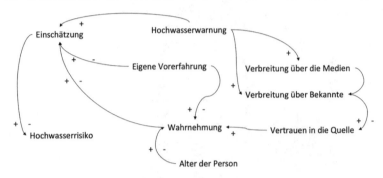

Abb. 9.3 Beispiel für ein kausales Schleifendiagramm zum Hochwasserrisiko

wasser in den Leitungen verfügbar ist, aber eine Vergiftung behauptet wurde, dann bringt die reine Verfügbarkeit des Trinkwassers nicht viel, wenn als Qualität das Vertrauen der Bevölkerung fehlt, es auch zu konsumieren.

Verwandt mit dem Thema der Priorisierung, zumindest sehr kennzeichnend auch für den Bereich der kritischen Infrastrukturanalyse, ist das Merkmal der **Interdependenzen**. Interdependenzen sind gegenseitige Abhängigkeiten, die zum Beispiel zwischen zwei oder mehreren Infrastrukturen oder ihren Elementen entstehen können. Die Stromversorgung kann von der Gasproduktion abhängig sein und umgekehrt. Es gibt aber auch einseitige Abhängigkeiten. Diese Interdependenzen weisen verschiedene Dimensionen und Skalierungsgerade verschiedener Merkmale auf, auch Hinweise für Priorisierung sind hier zu finden (Abb. 9.4).

Interessant sind die darin enthaltenen vier typischen Interdependenzarten. Die erste Art ist die **physische Interdependenz**, die zum Beispiel beim Austausch von materiellen Gütern zwischen zwei Systemen existiert. Das eine System ist zum Beispiel die Stromversorgung, die über die Bahn einen Transformator angeliefert bekommt. Die Stromversorgung ist also von der Infrastruktur Bahn abhängig, und die Bahn ihrerseits benötigt wiederum Stromerzeugung. Die zweite Art, die **geographische Interdependenz**, ist die gegenseitige Abhängigkeit mehrerer Infrastrukturen vom gleichen Ort, zum Beispiel einem Verkehrsknotenpunkt. Die dritte Art, die **Cyber-Interdepenz**, findet bei der Informations- und EDV-Verarbeitung statt, wo es Abhängigkeiten allein über die gegenseitige Vernetzung über das Internet gibt. Eine vierte und letzte Kategorie beschreibt all jene Faktoren, die sozusagen unsichtbar sind und nicht direkt in den vorher genannten Abhängigkeitsklassen enthalten ist. Sie wird als **logische Interdependenz** bezeichnet und handelt zum Beispiel von gegenseitigen Abhängigkeiten, die weder räumlich am gleichen Ort noch über die gleichen Güter oder EDV-Verbindungen allein gegeben sind. So kann das Vertrauen von Kunden in Europa durch einen Atomunfall in Japan so erschüttert werden, dass keine Produkte aus diesem Land gekauft werden.

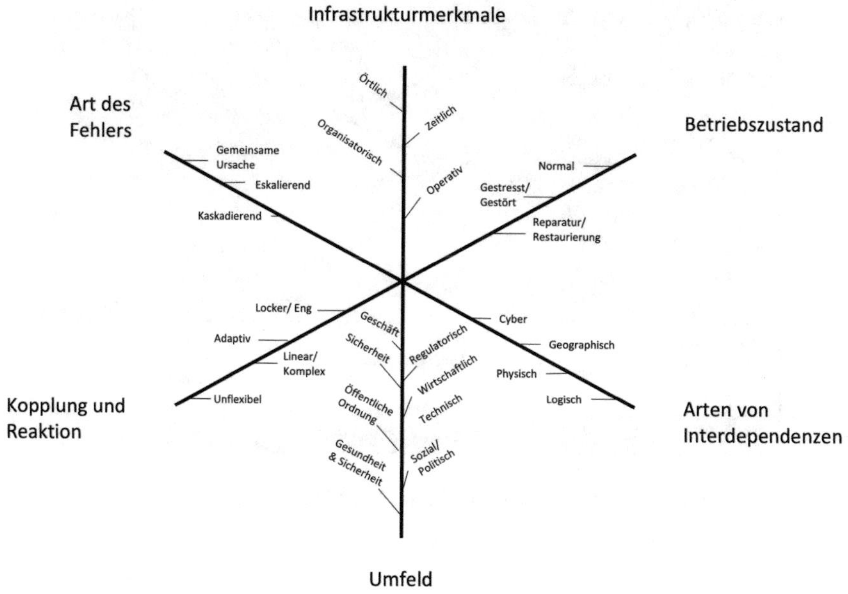

Infrastrukturmerkmale

Art des
Fehlers

Betriebszustand

Kopplung und
Reaktion

Arten von
Interdependenzen

Umfeld

Abb. 9.4 Dimensionen von Interdependenzen für Infrastrukturen (Rinaldi et al., 2001)

Interdependenzen existieren in verschiedenen Stufen in einer Risikoanalyse (Abb. 9.5). Bereits bei der Gefahrenentstehung gibt es gegenseitige Abhängigkeiten und Beeinflussungsmöglichkeiten der Gefahren untereinander, die dann auch unterschiedlich entweder direkt auf eine Infrastruktur und Gesellschaft oder indirekt wirken können. Daraus ergeben sich auch viele der sogenannten Kaskadeneffekte, wenn der Ausfall in einer Infrastruktur den Ausfall weiterer Infrastrukturen bedingt und dadurch die Gesellschaft oder Zielgruppe zusätzlich belastet wird.

Im Bereich der Interdependenzen sind weitere Begriffe und Aspekte der Analyse zu erwägen:

- Gefährdungsinterdependenzen: Addition von Gefährdungen: Inwieweit sind Mehrfachgefährdungen schwerwiegender als die Kombination von Einzelgefährdungen (z. B. Sturm, Hochwasser)?
- Systeminterdependenzen: Wert für Abhängigkeiten von Infrastruktursystemen desselben Typs (z. B. Stromanbieter) von anderen (anderen Stromanbietern)
- Werte für Abhängigkeiten verschiedener Infrastruktursysteme (z. B. Strom, Gas, Öl, Gesundheit, Rettungsdienste) voneinander
- Interdependenzen der Auswirkungen: Wert für kaskadierende Auswirkungen: In welchem Verhältnis stehen die Auswirkungen/Schäden auf das betroffene Infrastruktursystem zu den indirekten Auswirkungen auf andere abhängige Produktionszweige (z. B. Stahlproduktion, Automobilbau)?

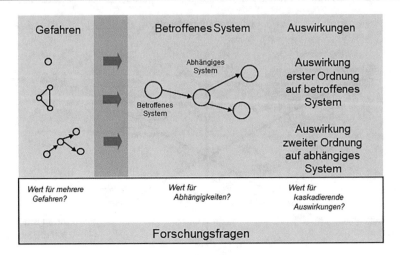

Abb. 9.5 Arten von Interdependenzen und damit verbundene Forschungsfragen

Allgemeine Merkmale von für KI und Katastrophenschutz besonders interessante Interdependenzen, sind:

- Dominoeffekt: Die Auswirkung des Auslösers muss hoch genug sein, um eine Kettenreaktion zu ermöglichen. Schwellenwerte?
- Rechtzeitigkeit: Plötzliche – verzögerte Wirkung, zunehmende Geschwindigkeit der Kettenreaktion
- Räumliche Bedingungen: Räumliche Engpässe können zu größeren Interdependenzen führen
- Physische Abhängigkeiten: Produkte, Güter, die für die Funktionalität anderer Infrastrukturen notwendig sind

Informationsabhängigkeiten: Abhängigkeit und Verflechtung der IT
Weitere Methoden, zu denen es inzwischen Leitfäden oder Lehrbücher gibt, sind für kritische Infrastrukturen die Anleitung zur

- Identifizierung kritischer Infrastruktur und Priorisierung,
- zur vereinfachten Verwundbarkeit Analyse und
- zur Verwendung und Verknüpfung mit der Risikoanalyse im Bevölkerungsschutz.

9.5 Auswirkungsebenen eines Infrastrukturausfalls zur Bewertung der Kritikalität von Infrastrukturen

Während es eine breite Diskussion über Rahmenkonzepte und theoretische Hintergründe zum Beispiel in der Vulnerabilitätsforschung gibt (Birkmann, 2013), besteht bei der Bewertung der Kritikalität noch Bedarf an der Entwicklung solcher

Rahmen (Theoharidou et al., 2009). Ein konzeptioneller Rahmen für die Kritikalitätsbewertung sollte die verschiedenen zu berücksichtigenden oder zu messenden Dimensionen aufzeigen, beispielsweise Kritikalitätskriterien. Kritikalitätskriterien werden in einigen Quellen (Theoharidou et al., 2009) und für spezifische Aspekte wie die Dimensionen der Interdependenz (Porcellinis et al., 2009; Rinaldi et al., 2001) überprüft und zusammengefasst. Es fehlen jedoch ein explizites Forschungsdesign und ein strukturiertes Konzept für spezifische Aspekte der Kritikalitätsbewertung von Infrastrukturen. Ein wichtiger Aspekt der Kritikalität von Infrastrukturen sind die indirekten Auswirkungen einer Bedrohung oder eines gefährlichen Ereignisses auf die Kunden oder die Bevölkerung. Die ersten Opfer oder Verluste aufgrund eines Ereignisses wie eines Erdbebens werden nicht berücksichtigt, außer vielleicht beim Einsturz von Gebäuden. Das eigentliche Interesse gilt den Verlusten, die durch den Ausfall von Infrastrukturen entstehen. Dies sollte in einem Rahmenwerk dargestellt werden, ebenso wie die verschiedenen Ebenen der Auswirkungen. Der konzeptionelle Rahmen mit **drei Auswirkungsebenen**. Abb. 9.6 zeigt, dass die erste betrachtete Auswirkung auf eine bestimmte Infrastruktur und genauer gesagt auf ihre Komponenten gerichtet ist. Auf dieser ersten Auswirkungsebene wird untersucht, ob ein Ausfall einiger Komponenten (einschließlich Verfahren oder Qualitätsaspekte) Auswirkungen auf die Bevölkerung hat oder nicht (3a). Die zweite Auswirkungsebene ist dann gegeben, wenn andere Infrastrukturen von dem Ausfall oder der Beeinträchtigung der ursprünglichen Infrastruktur auf der ersten Ebene betroffen sind (3b). Deren Ausfall kann sich auch auf die Bevölkerung auswirken, was auf der dritten Wirkungsebene (3c) untersucht wird.

Anwendung des Konzepts

In der Regel konzentrieren sich viele Kritikalitätsanalysen auf eine interne Betrachtung einer bestimmten Infrastruktur (Ebene 3a), um festzustellen, ob die Infrastruktur als Ganzes ausfällt. Dieser Ansatz kann auch als interne Systemanalyse oder Kritikalität von Knotenpunkten, von Risikoelementen oder internen Prozessen bezeichnet werden. Einige Kritikalitätsanalysen betrachten Interdependenzen (Ebene 3b) als wichtig und konzentrieren sich auf die Verbindungen zwischen Infrastrukturen (Rinaldi et al., 2001; Robert et al., 2003). Trotz der Verfügbarkeit hochentwickelter Modelle für Interdependenzen werden solche Modelle jedoch in der Regel nicht für Katastrophenschutzzwecke eingesetzt. Letztlich liegt der Schwerpunkt beim Katastrophenschutz und bei der Betrachtung gesellschaftlicher Risiken auf den Auswirkungen auf den **Menschen** (Ebene 3c). Wie viele Menschen sind von der Infrastruktur xyz abhängig? Dieses Interesse sollte in der Katastrophenschutzforschung zu Infrastrukturen expliziter herausgestellt werden – anstelle der Fokussierung auf technische Systemeigenschaften.

Betrachtet man die Situation auf Landesebene für die strategische Planung des Katastrophenschutzes, so könnte die kritische Einwohnerzahl für eine bestimmte Stadt oder ein bestimmtes Gebiet anhand der kritischen Menge an Kapazitäten für die Notstromversorgung abgeschätzt werden. Das Kriterium des **kritischen Zeitpunkts** hilft, einen Schwellenwert zu finden, zum Beispiel wie lange eine Stromunterbrechung von den Einwohnern/Einwohnerinnen toleriert oder wie lange die Notstromversorgung gewährleistet werden kann. Der kritische Zeitpunkt könnte

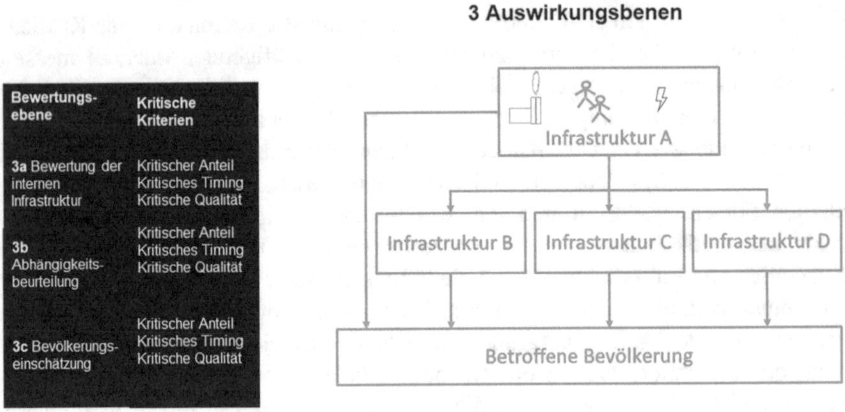

3 Auswirkungsbenen

Bewertungs-ebene	Kritische Kriterien
3a Bewertung der internen Infrastruktur	Kritischer Anteil Kritisches Timing Kritische Qualität
3b Abhängigkeits-beurteilung	Kritischer Anteil Kritisches Timing Kritische Qualität
3c Bevölkerungs-einschätzung	Kritischer Anteil Kritisches Timing Kritische Qualität

Infrastruktur A

Infrastruktur B   Infrastruktur C   Infrastruktur D

Betroffene Bevölkerung

Abb. 9.6 Drei Auswirkungsebenen für kritische Infrastrukturausfälle

auch die Tages-, Monats- oder Jahreszeit beinhalten, zu der ein Stromausfall die meisten Bewohner betreffen würde. Das Kriterium der kritischen Qualität könnte verwendet werden, um eine Krise zu beschreiben, deren Ausmaß sich nicht aus leicht messbaren Faktoren wie der Anzahl der Menschen oder der Dauer ergibt, sondern aus „weichen" und oft „nicht greifbaren" Faktoren wie der Empörung in der Bevölkerung aufgrund einer Reihe früherer ähnlicher Vorfälle oder der Qualität des Ereignisses, das als beispiellos empfunden wird. Das letztgenannte Beispiel ist auch als **Verwundbarkeitsparadoxon"** bekannt: „Je mehr die Störanfälligkeit eines Landes in Bezug auf Versorgungsleistungen abnimmt, desto gravierender sind die Auswirkungen eines tatsächlichen Störfalls" (BMI, 2009; NOTA, 1994).

Praktische Erwägungen wie die Verfügbarkeit von Informationen schränken die Erfassungskriterien oft ein. Wie bei vielen konzeptionellen (Meta-)Rahmen fehlt es an expliziten Hinweisen zur Gewichtung oder Aggregation einzelner Elemente oder Ebenen. Außerdem wird keine Auswahl von Methoden oder Analyseverfahren vorgegeben. Dies ist beabsichtigt, um die Anwendung verschiedener Analysemethoden oder -verfahren zu ermöglichen. Der Schwerpunkt dieses Rahmenkonzepts liegt darin, die indirekten Auswirkungen einer Kritikalitätsbewertung von Infrastrukturen auf die Bevölkerung explizit darzustellen und zu zeigen, dass die drei Metakriterien dazu beitragen, die wichtigsten Aspekte der Kritikalität auf allen drei Ebenen zu identifizieren (Abb. 9.7).

Das Konzept der drei Auswirkungsebenen umreißt ausdrücklich die verschiedenen Auswirkungsebenen durch Infrastrukturausfälle, wie sie sich in der Folge auf die Bevölkerung auswirken. Es enthält wichtige Merkmale, die das Kritikalitätskonzept von anderen Risiko- und Verwundbarkeitskonzepten unterscheiden.

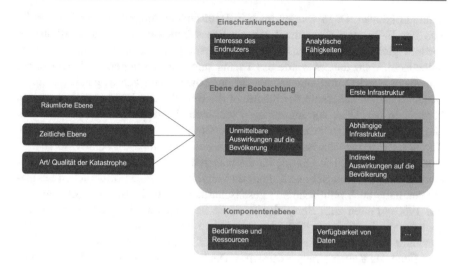

Abb. 9.7 Vorschlag für ein systemtheoretisches Rahmenkonzept für KRITIS, das die drei Auswirkungsebenen berücksichtigt

9.6 Minimalversorgungskonzepte

Anforderungen an ganzheitliche oder integrierte Risikomanagementkonzepte sind so umfassend und vielfältig, dass es oft schwerfällt, einen Ansatzpunkt zu finden, an dem man anfängt. Daher sind Konzepte interessant, die in einem begrenzten Bereich erst einmal versuchen, eine Basisversorgung oder kleinere Maßnahmenpakete zu entwickeln. Ein Bereich davon sind sogenannte Minimalversorgungskonzepte. Sie wurden in Projekten aus dem Bereich der kritischen Infrastruktur am BBK zum Beispiel im Bereich der Notstromversorgung oder auch in **Basisschutzkonzepten** für eine Vielzahl von Infrastrukturen entwickelt. Es gibt aber auch, wie beim Vorbild zu diesem Thema in den USA, inzwischen eine ganze Reihe sogenannter **sektorspezifischer Konzepte** oder Risikomanagementanleitungen für einzelne Sektoren oder Branchen kritischer Infrastruktur, von Krankenhäusern und Gesundheitswesen über Transportwesen und so weiter.

Ein weiterer Bereich ist der klassische Zivilschutz, in dem man **Schutzbauten** und andere Varianten der Versorgung der Bevölkerung in Krisen und Notfällen schon seit vielen Jahrzehnten entwickelt. Schutzräume gegenüber Luftangriffen und Luftschutz an sich waren ein Ursprung des modernen Zivil- und Katastrophenschutzes auch in Deutschland. In der Zeit nach dem Zweiten Weltkrieg wurden im Zeichen des sogenannten Kalten Krieges vielerlei Konzepte entwickelt, um die Bevölkerung sogar bei einem Atomangriff versorgen zu können. Es wurden Schutzbunker errichtet, die aber nur einen kleinen Teil der Bevölkerung hätten aufnehmen können. In Deutschland wie auch in Teilen Europas wurden hierzu öffentliche Bunkeranlagen errichtet, in denen mehrere Menschen bis hin zu Hunderten von Menschen gleichzeitig für eine begrenzte Zeitdauer hätten unterkommen können. Dazu wurden auch in Deutschland zumindest im Westen beim Bau der **U-Bahnen** diese nicht nur als neues Verkehrs- und Transportkonzept, sondern gleichzeitig auch als Unterbringungsmöglichkeiten für den Zivilschutz mitbedacht. Ganz anders wurde das Thema zum Beispiel in den USA oder in der damaligen Sowjetunion angegangen. In der Sowjetunion gab es genügend unbesiedelte Flächen außerhalb der Städte, in die Bevölkerung hätte evakuiert werden können. In den USA wurden dagegen viel mehr Konzepte für den persönlichen und privaten Notfallschutz entwickelt. Die Grundidee war, dass man im eigenen Garten oder im eigenen Haus einen kleinen Schutzraum haben könnte, so ähnlich wie in der Schweiz. Die Gründe für die unterschiedliche Denkweise von entweder kleinen und **privaten Schutzräumen** im Vergleich zu großen öffentlichen Schutzräumen hatte auch politische und gesellschaftliche Gründe. In den USA waren in den 1960er-Jahren zum Beispiel öffentliche Schutzräume für größere Menschenmengen aus Finanzierungsgründen, aber auch aus Gründen der politischen Abgrenzung von kommunistischen Ideen geprägt (Barnett & Mariani, 2011). Nach dem Ende des Kalten Krieges wurden in Deutschland viele dieser Schutzkonzepte aufgegeben und Schutzräume rückgebaut, wie auch Bunker. Die Kosten zur Erhaltung dieser Schutzräume insbesondere für die aufwendigen Luftfilterungsanlagen waren zu hoch. Einige Regierungsbunker hatten sich zudem nicht nur als sehr kostspielig, sondern auch als unbrauchbar für einen realen Atomangriff herausgestellt. Angesichts der aktuellen neuen Bedrohungslage durch Kriege werden solche Konzepte und Maßnahmen inzwischen wieder neu geprüft und geplant. Die Palette an Vorsorge- und Notfallmaßnahmen ist breit und umfasst sowohl mobile Funkmasten (Abb. 9.8), notstromfähige Vorbereitung für schützenswerte Einrichtungen (Abb. 9.9), Notbrunnen, vom Zivilschutz insbesondere in größeren Städten in Zeiten des Kalten Kriegs ausgebaut wurden und in Berlin beispielsweise noch präsent sind (Abb. 9.10), als auch Notfallkrankenhäuser (Abb. 9.11).

Unterbringungsräume waren in der Planung an Schulen, in denen teilweise auch Notfallkrankenhäuser mit eingeplant wurden. Schulen haben den Vorteil, dass sie über mehrere größere Räumlichkeiten und Infrastruktur wie etwa Wasserversorgung und Toiletten sowie Park- und Stellflächen für mehrere Personen und Fahrzeuge verfügen. Das Konzept der Unterbringung in Schulen wurde in Deutschland auch in vielen Städten nach dem Kalten Krieg beibehalten, hingegen wurden Ausrüstungen wie für die Notfallkrankenhäuser ins Ausland gespendet oder anderweitig aufgegeben.

In der Zeit der Neuprägung des Zivil- und Katastrophenschutz kam der Gedanke der Evakuierung und Unterbringung der Bevölkerung unter dem Begriff „Bevölkerungsschutz" ab den 2000er-Jahren unter anderem in Bezug zu radiologischen Risiken und anderen Bereichen, insbesondere aber betrieben durch das Thema „Kritische Infrastruktur" wieder neu auf. Neben den oben genannten Notfallkonzepten für kritische Infrastrukturen entstand auch die Idee der sogenannten **Katastrophenleuchttürme**. Diese Idee wurde durch Projekte in Berlin geprägt und enthält verschiedene Abstufungen der Versorgung betroffener Personen in Stadtvierteln bei einem Stromausfall (Ohder et al., 2015). Es gibt verschiedene

Abb. 9.8 Mobiler Funkmast
in Waldporzheim (2021)

Stufen von lokalen Ansprechpartnern/-partnerinnen und Infopoints bis hin zu Verwaltungseinheiten in den Stadtvierteln und für die gesamte Stadt Berlin.

Die Idee dieser Katastrophenleuchttürme wird gegenwärtig auch in anderen Regionen in Deutschland entwickelt. Grundsätzlich ist aber noch zu prüfen, welche Art von **Notfallunterbringung** oder **Minimalversorgung** für welche Region jeweils nützlich und machbar ist. Das sehr gut aufgebaute und strukturierte Konzept der Katastrophenleuchttürme ist sicherlich für eine Großstadt vorbildhaft. Jedoch ist es auch sehr auf den Bereich Stromversorgung ausgerichtet, und es muss zum Beispiel überprüft werden, ob auch die Nachbetankung bei jedem Szenario einer Katastrophe funktionieren kann. Zudem sind gewisse mögliche Einschränkungen und Nachteile zu nennen, wie Feuerwehren ihre Einsätze bearbeiten wollen können, wenn sie nebenbei auch noch mit der Versorgung von Personen beschäftigt sind. Es gibt in Deutschland kleinere Städte und ländliche Regionen, in denen diese Art von Minimalversorgung eventuell anders gestaltet werden könnte. Hier lohnt sich ein Blick in andere Länder, um weitere Anregungen zu erhalten. So haben zum Beispiel skandinavische Länder teilweise als Konzept das Auto im Sinn, da es eine Batterie und oft auch ein Radio, eine Heizung und Mobilität kombiniert. In Kanada werden neben Schulen auch Kirchen als konzentrierte Unterbringungsmöglichkeiten erwogen. In Japan gibt es in Großstädten eigens an-

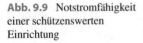

gelegte öffentliche Evakuierungsplätze mit Wegweisern auf Englisch (Abb. 9.12
und 9.13). Im Alltag können solche freien Plätze als Spielplätze oder für Floh-
märkte usw. von der Gemeinschaft genutzt werden (Abb. 9.14) und sind z.T. mit
Materialschränken ausgestattet (Abb. 9.15).

In vielen ländlichen Regionen sind in Japan Minisupermärkte bereits mit
vielerlei Zusatzfunktionen ausgestattet, wie zum Beispiel einem Bankautomaten
und einem Kopiergerät. Man kann also überlegen, wie man verschiedene Staffel-
lungen von Kleinstversorgung oder Werkzeugkisten bis hin zu Ausstattungen von
Unterbringungsräumlichkeiten erstellen könnte. In einer sehr ländlichen Region
gibt es auch in Deutschland keine Schule und keine Kirche, und man müsste zunächst einmal überlegen, welche Basisinfrastruktur und Versorgungsbedürfnisse
Personen dort haben könnten. So kann zum Beispiel in einer sehr entlegenen
Region bereits eine Art Werkzeugkasten – früher wäre das zum Beispiel auch an
einer Telefonzelle möglich gewesen – hilfreich sein. Man könnte diese beispielsweise sowohl mit einer autarken Stromversorgung mit Solarpanels zum Aufladen
des Mobiltelefons als auch mit einer Kommunikationseinrichtung ausstatten. In
Städten hingegen ist noch zu überlegen, ob es überhaupt Verwaltungseinheiten
auf allen Ebenen gibt und wie sie personell ausgestattet sind. So existiert bereits
ein großer Unterschied zwischen Großstädten und ihren Umlandgemeinden, die
im Vergleich zur Großstadt oft keine Berufsfeuerwehr haben, keinen etablierten
Krisenstab und damit auch keinen Krisenstabsraum und entsprechende Backup-
Ausrüstung. Backup-Ausrüstung ist auch ein eigenes Stichwort, das man bei
Risikoanalysen besonders beachten sollte, damit man nicht den Ersatzgenerator in
den Nebenraum zum Server in den Keller stellt.

In einigen Projekten haben wir bereits die generellen Unterschiede zwischen
Stadt und Umlandgemeinden und generelle Aspekte und Ideen für Minimalversorgung untersucht und skizziert (Dierich et al., 2019; Fekete et al., 2019, 2018).
Das beinhaltet auch Fragen der Selbstversorgungsmöglichkeit der Bevölkerung
sowie technische und organisatorische Möglichkeiten.

Abb. 9.10 Notbrunnen
(Berlin)

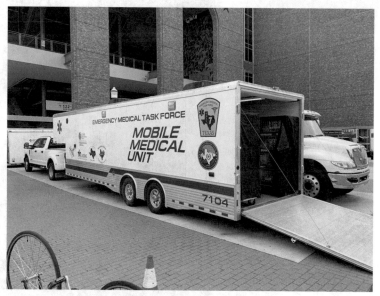

Abb. 9.11 Notfallkrankenhaus in Texas (2020)

Kriterien für Minimalversorgungskonzepte

Noch gibt es keine etablierten Konzepte für die Vielzahl der oben angesprochenen Möglichkeiten, von sehr ländlichen Regionen bis zu Großstädten. Es ist daher notwendig, zuerst Kriterien für Minimalversorgungskonzepte zu entwickeln, damit einzelne Gemeinden sich selbst ein Konzept zusammenstellen können, das nach ihren Ressourcen und Bedürfnissen ausgerichtet entsteht.

An erster Stelle muss eine Gemeinde ein Bewusstsein entwickeln, was alles ausfallen kann und was alles als Ersatzsystem aufrechterhalten oder aufgebaut werden könnte. Dazu lohnt es, sich zunächst einmal die eigenen Infrastrukturen und ihre Abhängigkeiten zu identifizieren. Dies kann bereits mit den vorliegenden Anleitungen zur Identifizierung kritischer Infrastruktur erfolgen. Danach wären die Versorgungsdienstleistungen und ihre Wichtigkeit, zugeschnitten auf die Gemeinde, zu identifizieren. Auch dazu gibt es die Anleitungen für die Erkennung von Schutzzielen; diese müssen dann für den regionalen Raum speziell auch mit einer Risikoanalyse untersucht werden. Es kann zum Beispiel sein, dass eine Gemeinde gar keine Apotheke hat, dann hat die Gesundheitsversorgung hier möglicherweise eine höhere Priorität als in einer Nachbargemeinde.

Fünf Schritte zu einem Minimalversorgungskonzept:

Abb. 9.12 Wegweiser für Evakuierung in Tokio (Japan, 2012)

Abb. 9.13 Hinweistafel für
Evakuierungszone in Tokio
(Japan, 2012)

Abb. 9.14   Alltagsnutzung eines Evakuierungsplatzes (Tokio, 2012)

Abb. 9.15 Materialschrank für Evakuierung (Tokio, 2012)

1. Bewusstsein entwickeln, was ausfallen kann
2. Eigene Infrastrukturen und ihre Abhängigkeiten identifizieren
3. Versorgungsdienstleistungen priorisieren (Schutzziele)
4. Regionale Risikoanalyse (wer wo besonders betroffen ist)
5. Vorhandene Ersatzausstattungen

Für eine Ersatzversorgung. gibt es eine Vielzahl von Möglichkeiten, zum Beispiel:

- Inselkraftwerke
- Batteriebetriebene Backup-Systeme
- Wasserspeicher
- Katastrophenleuchtturm für verschiedene Dienstleistungen

Es fehlt noch an Studien, welche Ersatzsysteme es gibt, wie viel sie kosten, wie viele Möglichkeiten sie bieten und wie und in welchem Krisenszenario sie jeweils wirksam sind, wie lange und für wie viele Menschen. Zum Beispiel gibt es vom Bund finanzierte Rückfallsysteme wie zum Beispiel die nationale Nahrungsmittelreserve oder Öl- und Gasreserve. Weniger bekannt ist die Notbrunnenversorgung, die in Zeiten des Kalten Krieges vor allem für einige Städte in Westdeutschland aufgebaut wurde. Diese Notwasserversorgung ist oft unabhängig vom sonstigen Wasserversorgungsnetz und muss überprüft werden, nicht nur hinsichtlich ihrer Funktionsfähigkeit und Wasserqualität, sondern auch hinsichtlich Erreichbarkeit für die Person in einer Gemeinde. Seit der Errichtung der Notbrunnen in den

1970er-Jahren etwa haben sich viele Städte und Gemeinde vergrößert, und auch damals schon gab es vor allem viele ländliche Gemeinden und Städte, die gar keine Notbrunnen hatten. Das Beispiel Notbrunnen zeigt nur, dass man für alle Arten von Maßnahmen zur Notversorgung nicht nur für einen Standort errichtet, sondern auch das Einzugsgebiet und die Veränderungen im Einzugsgebiet über die Zeit untersuchen müsste.

Abstrakte Kriterien für Minimalversorgungskonzepte können sein:

- Abstufungen der Versorgungsvolumina in einen minimalen, mittleren und Normalbetrieb
- Eine zeitliche Abstufung der Dauer der Verfügbarkeit, zum Beispiel von 24 über 72 h bis zu zwei Wochen und länger.
- Maximale Versorgungsvolumina und Zeitdauern bekannter typischer technischer Notfalllösungen
- Organisatorische zeitliche wie auch personenbedingte Zeitfenster und Grenzen der Versorgung und Verfügbarkeit.

Ein größeres Problem bei Katastrophenlagen ist, dass die Organisationsstrukturen nicht darauf ausgelegt sind. So arbeiten zum Beispiel viele zuständige Behörden in typischen Zeitfenstern zwischen Montag bis Freitag und auch darin eingeschränkter als zum Beispiel bei Ladenöffnungszeiten. Ein tatsächlich funktionierendes Minimalversorgungskonzept muss also auch immer die gegenseitigen **Abhängigkeiten** nicht nur von der eigenen Verwaltungsstruktur, sondern auch von externen Verwaltungen, zum Beispiel von Bezirksregierung und auch Anbietern aus der Wirtschaft, integrieren.

Ein weiteres Problem wurde bei der Dreifachkatastrophe in Japan 2011 deutlich; die Ersatzstromversorgung – Generatoren wie Tanks – lag auf derselben Ebene wie die von Erdbeben und Tsunami betroffenen Nuklearanlagen. Sie war daher ebenfalls überflutet und nicht für den gedachten Einsatzzweck zu gebrauchen. Daher müssen insbesondere bei der Minimalversorgung auch die angedachten **Notfallsysteme** mitberücksichtig werden. Sie dürfen nicht im selben Gebäude, auf derselben Stockwerksebene und nicht abhängig von derselben Strom- oder Wasserversorgung oder den gleichen Zugangswegen eingeplant werden. Auch bei der sogenannten diagonalen Stromeinspeisung von zwei unabhängigen Anbietern ist darauf zu achten, dass diese oft irgendwo an einem Nadelöhr gebündelt verläuft (siehe die vier Interdependenztypen nach Rinaldi et al., 2001). Ist dies entlang einer Bahntrasse oder Brücke, reicht ein Bagger bei Bauarbeiten, um ganze Stromnetze, auch ihre vermeintlichen Backup-Ebenen, lahmzulegen. Beispiele gibt es hierfür leider reichlich. Daher müssen insbesondere auch bei extra dafür eingerichteten Notfallmanagementsystemen, wie etwa bei einem Hochwassermanagement, diese Anfälligkeiten bedacht werden.

Bei einem Hochwassereinsatz werden oft mobile Wasserpumpen benötigt (Abb. 9.16) Vorsorge für ein Hochwasser kann durch eine Erhöhung von Strom-

Abb. 9.16 Hochwasserschutz durch Einsatzkräfte in Pirna (2006)

kästen oder durch spezielle Wasserpumpen und dazugehörige Notstromgeneratoren vorbereitet werden, die aber erhöht (Abb. 9.17, 9.18, 9.19) oder durch
Sandsäcke (Abb. 9.20) gesichert werden müssen. Notstromgeneratoren können
teilweise auch mobil eingesetzt werden und damit keine vollumfängliche, aber zumindest eine Teilversorgung ermöglichen (Abb. 9.21). Jedoch sind Einsatzkräfte
mit ihren Geräten oft nur begrenzt in der Lage, ihre eigene Leistungsfähigkeit und
die von Betroffenen zu erhalten, es stellt somit oft nur eine Teil- oder Minimalversorgung dar.**Abb. 9.18** Zum Schutz vor Hochwasser vorsorglich erhöhter Stromkasten auf
einem Sockel

Kommunikationskonzept
Ein weiterer Punkt ist die Frage, wie man ein Kommunikationskonzept entwickelt,
das alle Akteure überzeugen kann und mitnimmt. Die vermutlich beste Alternative
für eine Minimalversorgung, die bisher hier noch nicht genannt wurde, wäre es,
wenn die Menschen eigene Vorsorgemaßnahmen treffen würden. Die Problematik der sogenannten **Hamsterkäufe** , also das Anlegen von Nahrungsmittel-Not-
vorräten, ist im Bevölkerungsschutz schon seit vielen Jahrzehnten, zum Beispiel
durch die Aktion Eichhörnchen, als kaum realisierbar in Deutschland bekannt.
Umfragen in Deutschland ergeben seit vielen Jahren, dass die meisten Menschen
nicht für einen Stromausfall oder eine Katastrophe oder irgendeine Art Notlage
ausreichend vorbereitet wären. Sicherlich liegt dies auch daran, dass es bei uns relativ sicher ist. Es passiert zu wenig, und es herrscht die Meinung vor, dass es ja
schließlich Organisationen gibt, die dafür eingerichtet sind oder bezahlt werden.
Außerdem wollen sich viele Menschen auch nicht ständig Gedanken um Katas-

Abb. 9.17 Zum Schutz vor Hochwasser vorsorglich erhöhter Notstromgenerator (Bonn-Beuel, 2020)

trophen machen. Wenn man aber irgendeine Art von Katastrophenkonzept oder Risikomanagementkonzept entwickeln möchte, dann muss man sich etwas einfallen lassen, um die Akzeptanz auch in der Breite zu erreichen und nicht nur in einem kleinen eingebundenen Kreis von Informierten oder Willigen.

Für die Minimalversorgungskonzepte bedeutet das, große Überzeugungsarbeit leisten zu müssen. Aufklärung über mögliche Risiken und mögliche Szenarien sind dabei vermutlich nur begrenzt wirksam, denn solange etwas eher theoretisch erscheint, ist die Überzeugungskraft geringer. Daher kann man auf ein gutes reales Beispiel zurückgreifen, den **Day Zero** – den Tag, an dem Kapstadt in Südafrika nur knapp einer Katastrophe entronnen ist, als nach einer langen Dürre die Wasserversorgung der gesamten Stadt zusammenzubrechen drohte. In den Jahren 2017 und 2018 wurden in den Medien große Kampagnen gestartet mit einer Vielzahl von Maßnahmen, die es sowohl armen Familien wie auch den Reichen ermöglichte, etwas zu tun. Es gab auch Verbote und Hinweise, dass man Swimmingpools nicht befüllen sollte, Rasenflächen nicht bewässern und beim Duschen Wasser sparen sollte. Aufgrund der Zunahme an Hitzejahren werden solche Ankündigungen auch in Deutschland zunehmen. Die Menschen werden sich jedoch fragen, wie denn das kleine bisschen Wassersparen in der eigenen Dusche wirklich effektiv sein kann. Wie beim Klimawandel gilt auch hier, dass erst die Breite und Masse an Beteiligung wirklich helfen können. So hat es auch in Kapstadt geklappt, indem zum Beispiel im Radio verkürzte Popsongs gespielt wurden, die genau so lange dauerten, wie man duschen sollte. Diese kreative Maßnahme war populär und wurde akzeptiert. Eine gute Überzeugungsarbeit lieferte hier viel-

Abb. 9.19 Zum Schutz vor Hochwasser vorsorglich erhöht aufgehängter Stromkasten (Bonn, 2022)

Abb. 9.20 Schutz von Stromkästen durch Einsatzkräfte mit Sandsäcken (Dresden, 2006)

Abb. 9.21 Mobile Notstromgeneratoren (Myanmar, 2016)

leicht auch die Kurvenverlaufsdarstellung der errechneten Grenze der Wasserversorgung (Abb. 9.22). Bei jeder Gesellschaft muss man jeweils untersuchen, welche Maßnahmen ankommen und welche nicht.

Man konnte damit man exakt den Tag vorhersagen, an dem der Tag null einsetzen würde, an dem es kein Wasser mehr in der Stadt gäbe. Durch die Bündelung der Maßnahmen wurde dieser Tag null immer weiter verschoben, und schließlich hat es die Stadt geschafft. Solch eine Darstellung von **Kurvenverläufen** hat man auch in der Corona-Pandemie bei uns gesehen, und sie hat vermutlich ebenfalls Überzeugungsarbeit geleistet; doch möglicherweise hat diese Form der Kommunikation inzwischen an Überzeugungskraft verloren. Man muss also immer überlegen, welches Kommunikationsmedium glaubwürdig und welche Visualisierungsform von Zahlen oder Aussagen jeweils hilfreich ist und akzeptiert wird.

Rein wissenschaftlich betrachtet und für Entscheidungsträger/-trägerinnen ist es jedoch vielleicht auch wichtig, sich intern bereits ein Konzept über Minimalversorgungsbereiche und Handlungskorridore zu schaffen. So gibt es den Bereich der **Normalversorgung**, der ebenfalls leicht schwanken kann, aber in dem Bereich ist, den man alltäglich erlebt. Es gibt dann einen Bereich mittlerer Versorgung oder **eingeschränkter Versorgung,** der sehr unterschiedlich ausfallen kann. Es kann entweder bedeuten, dass es zum Beispiel es weniger Wasser gibt, dafür für alle, oder auch, dass Wasser oder Strom nur zu bestimmten Tageszeiten oder sogar nur für bestimmte Straßenzüge oder Branchen verfügbar ist.

Davon abzugrenzen ist ein Bereich der **Minimalversorgung,** in dem wirklich nur noch lebenserhaltende und notwendige Geräte und Prozesse aufrechterhalten werden, um das Überleben einer Gruppe zu sichern oder zu retten, bis die Krise

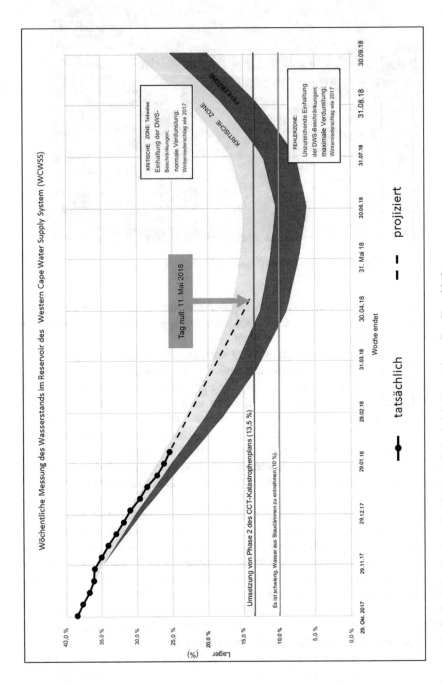

Abb. 9.22 Darstellung der Abnahme der Wasserverfügbarkeit in Kapstadt am Day Zero 2018

vorbei ist. Dieser Bereich der Minimalversorgung ist eindeutig abzugrenzen vom Punkt der Nichtwiederkehr, an dem unumkehrbare Verluste eintreten, zum Beispiel Verluste von Menschenleben oder unwiderrufliche Zerstörungen (Abb. 9.23, Tab. 9.1).

Für eine Gemeinde kann es nun hilfreich sein, angesichts der Fülle an möglichen Maßnahmen und Risiken sich zunächst einmal mit der Frage des absoluten Minimalversorgungsbedarfs zu befassen. Was muss wie lange und wie viele Menschen in der Gemeinde autark funktionieren können, egal welches Szenario eintritt? In der Realität wird es kaum möglich sein, das für die meisten Szenarien und Bereiche zu bestimmen. Aber es regt dann hoffentlich bereits dazu an, wie man mehrere Vorbereitungen und Alternativen auch in Abstimmung mit Nachbargemeinden und anderen Versorgern bereits im Vorfeld organisiert, falls die eine Ersatzebene oder die andere versagt. Wichtig ist dabei auch, nicht nur einen Plan B zu haben, sondern auch einen Plan C und am besten sogar noch einen Plan D, denn jeder Plan kann versagen. Man wird damit kein Sicherheitsversprechen geben können, da sich Katastrophen ja gerade durch das Unvorhersehbare auszeichnen. Aber auf jeden Fall wäre es gegenüber dem aktuellen Stand eine massive Verbesserung, da in den meisten Gemeinden keinerlei Leuchtturmkonzepte oder Rückfallebenen für alle Versorgungsarten bestehen.

9.7 Kaskadeneffekte

Kaskadeneffekte sind ein Oberbegriff für eine Vielzahl von Ausfallfolgen. Streng genommen ist eine Kaskade jedoch bei einem springbrunnenartigen Wasserfall eine reine stufenartige Abfolge von einem Schritt, der genau auf den anderen Schritt folgt. Im allgemeinen Sprachgebrauch werden darunter beispielsweise auch schneeballartige Effekte verstanden; im Bereich kritischer Infrastruktur jedoch ist damit häufig ein Ausfall erster, zweiter oder **n-ter Ordnung** in einer linienhaften, also ursprünglich kaskadenartigen Darstellung, gemeint (Abb. 9.24).

Diese Art von Ausfallkaskaden sind eines der wesentlichen Merkmale im Bereich kritischer Infrastruktur, die es deutlich von vielen Risikoanalysen in anderen Bereichen unterscheiden, denn in der Naturgefahrenforschung oder auch in

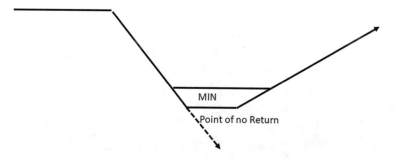

Abb. 9.23 Minimalversorgungskurve mit dem Point of no Return

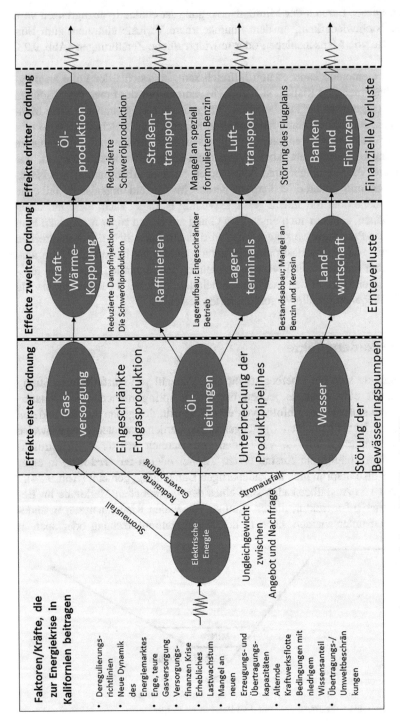

Abb. 9.24   Interdependenzen n-ter Ordnung (Rinaldi et al., 2001)

Tab. 9.1 Einteilung der Versorgung in Normal-, Teil- und Minimalversorgung

	Normalversorgung	Teilversorgung	Minimalversorgung
Zustand	Gelegentliche normale Unfälle und Ausfälle, Rettungseinsätze	Konzentration auf wesentliche Bereiche (z. B. 4 Tage lang oder von allen KRITIS funktionieren nur 20 %/5 % etc.)	Reserven und last resorts
Nebeneffekte			Regulärer Verkehr entfällt
Beispiele		Intensivstation Rolling blackouts Reduzierte Lieferung Controlled system shutdown	Notunterkunft Notstrom Notbrunnen Nottankstelle Evakuierungswege Essensreserven Notmedizin

der Methode der Risikoanalyse im Bevölkerungsschutz des BBK wird meist nur eine einzelne Gefahrenursache oder eine einzelne Schadensseite betrachtet. Bei Kaskadeneffekten von Infrastrukturen gibt es aber schon seit vielen Jahrzehnten etablierte theoretische und methodische Verfahren. Sehr gut zusammengefasst haben mehrere amerikanische Kollegen vier Interdependenzdimensionen (Rinaldi et al., 2001). Darin sind ebenfalls Ausfallswirkungsketten erster, zweiter, dritter und n-ter Ordnung enthalten. Diese sind aber jeweils mit Werten zu unterlegen, was empirisch bisher noch sehr selten in Risikoanalysen auch zu kritischen Infrastrukturen erfolgt ist. Dabei ist es wichtig zu ermessen, welche Folgeschäden zusätzlich zum primär betroffenen Objekt oder System dazukommen. So kommen zum Beispiel bei einem Stromausfall auch die dahinterliegende Energieerzeugung und Lieferketten zum Erliegen (Abb. 9.25).

Abb. 9.26 zeigt beispielhaft, wie bei einem Hochwasser in einer **Kaskade erster Ordnung** zunächst einmal bestimmte Objekte wie Stromversorgung oder Krankenhaus gleichzeitig davon primär betroffen sind. In einer **Kaskade zweiter Ordnung** fallen aufgrund des Ausfalls dieser primären Infrastrukturen weitere Infrastrukturen aus, zum Beispiel die des Notfallmanagements, das wie das Krankenhaus von der Stromversorgung abhängig ist. Das Krankenhaus ist auch von der Erreichbarkeit über Straßen und Brücken abhängig, die durch das Hochwasser ebenfalls ausfallen. In einer **Kaskade dritter Ordnung** kann der Ausfall des Stromnetzes dazu führen, dass auch die Ampelanlagen ausfallen und damit die Befahrbarkeit der Straßen eingeschränkt wird.

Solche Kaskadenkonzepte lassen sich auch verallgemeinern. Am Beispiel eines Hochwasserrisikomanagementsystems kann man verschiedene Kaskaden unterscheiden. Zum einen ist die erste Kaskade bereits eine Auswirkung eines Hochwassers auf das Flusseinzugsgebiet und die Bevölkerung als exponiertem System gegeben. Eine zweite Kaskade geschieht, wenn auch das Hochwasserrisiko-

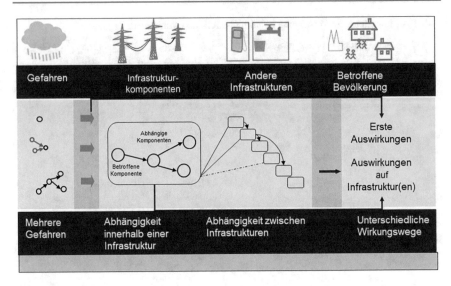

Abb. 9.25 Generelles Schema von allen Arten von Sekundäreffekten, angefangen auf der Gefahrenseite über die Komponenten einer auslösenden Infrastruktur über weitere Infrastrukturen und auf die Bevölkerung (Fekete, 2010/2020)

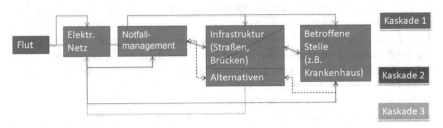

Abb. 9.26 Beispiele für drei Arten von Kaskadeneffekten bei einem Hochwasser (Fekete, 2020)

managementsystem selbst, bestehend aus den Katastrophenschutzeinheiten, aber auch aus allen technischen Überwachungssystemen, ausfällt. Das kann durch das Hochwasser selbst oder durch einen zusätzlichen Stressor, etwa Stromausfall oder Übertragungsfehler, passieren. Eine dritte Kaskade ist, wenn auch die kritischen Infrastrukturen ausfallen und die Bevölkerung und alle anderen Systeme zusätzlich beeinträchtigen. Die vierte Kaskade ist schließlich die Sammlung aller Auswirkungen auf Umgebungssysteme, wie zum Beispiel Bevölkerungen außerhalb des betroffenen Gebiets oder Ökosysteme, die nachfolgend Beeinträchtigungen durch den Ausfall von Ökosystemdienstleistungen oder anderen resultierenden

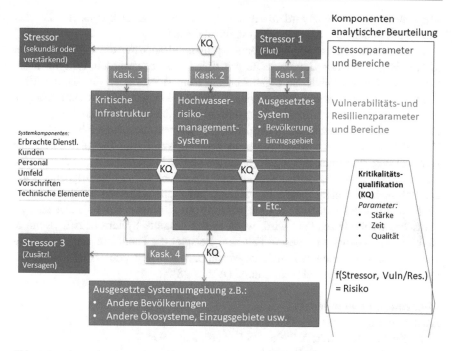

Abb. 9.27 Generalisiertes Untersuchungsmodell für Kaskadeneffekte in Bezug zu Hochwasser-risikomanagement (Fekete, 2019)

Abb. 9.28 Erlebte Veränderungen 2020–2023 und multiple Krisen

Schäden erfahren. Nicht selten wirken hier bereits weitere Stressoren, wie etwa wirtschaftlicher oder politischer Druck. Für dieses Konzept gelten als analytische Untersuchungskomponenten die Risikofaktoren der Gefahren oder Stressoren, Verwundbarkeiten und Residenzen. Um die einzelnen Kaskaden hinsichtlich ihrer Kritikalität zu untersuchen, eignen sich die generischen Kriterien Volumen, Zeit und Qualität auch hier. Die Systemkomponenten der jeweilig betrachteten Systeme der exponierten Bevölkerung, der kritischen Infrastruktur, des Hochwasser-risikomanagementsystems und der anderen Systeme bestehen wiederum aus betroffenen Menschen, Personal, Umwelt, Regulierung/Gesetzen und technischen

Elementen. Das Modell wird in Abb. 9.27 für Hochwasser dargestellt, ist aber ebenso auf andere Gefahrenabwehrsysteme übertragbar.

Kaskadenartige Darstellungen können prinzipiell auch für die Ergänzung oder Multiplikation auf der Gefahrenseite prinzipiell ersonnen werden. Zeitgleich zur Gefahr der Corona-Pandemie ergab sich 2021 ein Hochwasser, das parallel dazu ablief und, relativ gesehen, rasch wieder abklang. Danach kam es zum Krieg in der Ukraine, der zum aktuellen Zeitpunkt noch andauert. Das zeigt bereits, dass Kaskadenstufen unterschiedlich lang andauern können, je nach Gefahrenart. Diese Kaskaden können noch weitergetrieben werden, wenn zum Beispiel durch den Ukrainekrieg eine Energiemangellage ausgelöst wird und dadurch wiederum eine weitere Stufe ausgelöst wird, nämlich eine gesellschaftliche Unzufriedenheit mit der Politik im Umgang damit. Bei alldem darf nicht vergessen werden, dass es häufig dahinterstehende weitere Gefahrenkulissen gibt, was auch teilweise als systemisches Risiko bezeichnet wird, wenn es das gesamte System betrifft (Renn & Keil, 2008). Das wäre in diesem Fall zum Beispiel die Pandemie und der Klimawandel, die ungeachtet der anderen Vorfälle, wie Krieg oder Hochwasser, die ganze Zeit im Hintergrund weiterlaufen (Abb. 9.28).

Literaturempfehlungen

Entstehungsgeschichte des Themas „Kritische Infrastruktur in den USA": Brown, 2006; Koski, 2011; Moteff, 2005; US Government, 1996

Nationale Strategie: BMI, 2009

Leitfaden für die Methodik: BBK, 2017; BMI, 2011

Interdependenzen: Bouchon, 2006; Dierich et al., 2019; Rinaldi et al., 2001; Robert et al., 2003

Aufbau von Branchen und Ausfallarten: Petermann et al., 2011; www.kritis. bund.de

Literatur

Apostolakis, G. E., & Lemon, D. M. (2005). A Screening Methodology for the identification and ranking of infrastructure vulnerabilities due to terrorism. *Risk Analysis, 25*(2), 361–376. https://doi.org/10.1111/j.1539-6924.2005.00595.x.

Barnett, E., & Mariani, P. (Hrsg.). (2011). *Hiroshima Ground Zero 1945*. Steidl.

BBK (Bundesamt für Bevölkerungsschutz und Katastrophenhilfe). (2017). *Schutz Kritischer Infrastrukturen – Identifizierung in sieben Schritten. Arbeitshilfe für die Anwendung im Bevölkerungsschutz.* Bundesamt für Bevölkerungsschutz und Katastrophenhilfe

BMI (Bundesministerium des Innern). (2006). *Schutz Kritischer Infrastrukturen – Basisschutzkonzept.* Bundesministerium des Innern

BMI (Bundesministerium des Innern). (2009). *Nationale Strategie zum Schutz Kritischer Infrastrukturen (KRITIS-Strategie). Bundesministerium des Innern*

BMI (Bundesministerium des Innern). (2011). *Schutz Kritischer Infrastrukturen – Risiko- und Krisenmanagement. Leitfaden für Unternehmen und Behörden. Bundesministerium des Innern*

Boin, A., & McConnell, A. (2007). Preparing for critical infrastructure breakdowns: The limits of crisis management and the need for resilience. *Journal of Contingencies and Crisis Management, 15*(1), 50–59.

Bouchon, S. (2006). *The Vulnerability of Interdependent Critical Infrastructures Systems: Epistemological and Conceptual State-of- the-Art.* Institute for the Protection and Security of the Citizen, Joint Research Centre, European Commission.

Brown, K. A. (2006). *Critical path: A brief history of critical infrastructure protection in the united states.* Spectrum Publishing Group, Inc.

Bruneau, M., Chang, S. E., Eguchi, R. T., Lee, G. C., O'Rourke, T. D., Reinhorn, A. M., . . . von Winterfeld, D. (2003). A framework to quantitatively assess and enhance the seismic resilience of communities. *Earthquake Spectra, 19*(4), 733–752.

COUNCIL DIRECTIVE. (2008). 2008/114/ EC of 8 December 2008 on the Identification and Designation of European Critical Infrastructures and the Assessment of the Need to Improve their Protection. *Official Journal of the European Union* 23.12.2008. L 345/75–82.

Deutscher Bundestag. (2013). *Bericht zur Risikoanalyse im Bevölkerungsschutz 2012.* Drucksache 17/12051. 03.01.2013. Deutscher Bundestag

Dierich, A., Tzavella, K., Setiadi, N., Fekete, A., & Neisser, F. (2019). *Enhanced Crisis-Preparation of Critical Infrastructures through a Participatory Qualitative-Quantitative Interdependency Analysis Approach.* Paper presented at the ISCRAM 2019 Conference Proceedings. ISCRAM Conference May 19.–22.2019. Valencia, Spain.

EU (Europäische Union). (2022). *Richtlinie (EU) 2022/2557 des Europäisches Parlaments und des Rates vom 14. Dezember 2022 über die Resilienz kritischer Einrichtungen. Amtsblatt der Europäischen Union L3333/164 vom 27.12.2022.*

Edwards, C. 2009. *Resilient Nation.* London: Demos.

Fekete, A. (2012). Ziele im Umgang mit „kritischen" Infrastrukturen im staatlichen Bevölkerungsschutz. In R. Stober et al. (Hrsg.), *Managementhandbuch Sicherheitswirtschaft und Unternehmenssicherheit* (S. 1103–1124). Boorberg Verlag.

Fekete, A. (2013). Schlüsselbegriffe im Bevölkerungsschutz zur Untersuchung der Bedeutsamkeit von Infrastrukturen – von Gefährdung und Kritikalität zu Resilienz & persönlichen Infrastrukturen. In C. Unger, T. Mitschke, & D. Freudenberg (Hrsg.), *Krisenmanagement – Notfallplanung – Bevölkerungsschutz. Festschrift anlässlich 60 Jahre Ausbildung im Bevölkerungsschutz, dargebracht von Partnern, Freunden und Mitarbeitern des Bundesamts für Bevölkerungsschutz und Katastrophenhilfe* (S. 327–340): Duncker & Humblot.

Fekete, A. (2019). Critical infrastructure and flood resilience: Cascading effects beyond water. *Wiley Interdisciplinary Reviews: Water.* e1370. https://doi.org/10.1002/wat2.1370.

Fekete, A. (2020). Critical infrastructure cascading effects. Disaster resilience assessment for floods affecting city of Cologne and Rhein-Erft-Kreis. *Journal of Flood Risk Management, 13*(2), e312600.

Fekete, A., Setiadi, N., Tzavella, K., Gabriel, A., & Rommelmann, J. (2018). Kritische Infrastrukturen-Resilienz als Mindestversorgungskonzept: Ziele und Inhalte des Forschungsprojekts KIRMin. In C. Stephan, J. Bäumer, C. Norf, & A. Fekete (Hrsg.), *Forschung und Lehre am Institut für Rettungsingenieurwesen und Gefahrenabwehr. Beiträge aus Forschungsprojekten sowie Perspektiven von Lehrenden und Studierenden* (Vol. 1/2018, S. 38–43). TH Köln

Fekete, A., Neisser, F., Tzavella, K., & Hetkämper, C. (Hrsg.). (2019). *Wege zu einem Mindestversorgungskonzept. Kritische Infrastrukturen und Resilienz.* TH Köln

Fischhoff, B., Lichtenstein, S., Derby, S. L., Slovic, P., & Keeney, R. (1981). *Acceptable risk.* Cambridge University Press.

Forrester, J. W. (1961). *Industrial dynamics.* MIT Press.

Fuchs, S., & Thaler, T. (2017). Tipping points in natural hazard risk management: How societal transformation can provoke policy strategies in mitigation. *Journal of Extreme Events, 4*(1), 1–21.

Gladwell, M. (2000). *The tipping point: How little things can make a big difference.* Edition of 2006, Little, Brown and Company.

Goss, K.C. 1996. *Guide for all-hazard emergency operations planning.* Washington DC, USA: FEMA.

HS SAI (Homeland Security Studies and Analysis Institute). (2010). *Risk and resilience. Exploring the relationship.* Homeland Security Studies and Analysis Institute

Koski, C. (2011). Committed to protection? Partnerships in critical infrastructure protection. *Journal of Homeland Security and Emergency Management, 8*(1), 18

Lowrance, W. W. (1976). *Of acceptable risk. Science and the determination of safety.* Kaufmann.

Moteff, J. (2005). *Risk management and critical infrastructure protection: Assessing, integrating, and managing threats, vulnerabilities and consequences.* Congressional Research Service. The Library of Congress.

MSB (The Swedish Civil Contingencies Agency). (2009). *A summary version of the report If one goes down – do all go down? A final report from SEMA's assignment on Critical Societal Dependencies.* The Swedish Civil Contingencies Agency

NOTA (Rathenau-Institut). (1994). *Stroomloos: Kwetsbaarheid van de samenleving, gevolgen van verstoringen van de elektriciteitsvoorziening (Blackout. Vulnerability of society and impacts of electricity supply failure).* Den Haag. Rathenau-Institut

Ohder, C., Sticher, B., Geißler, S., & Schweer, B. (2015). *Bürgernaher Katastrophenschutz aus sozialwissenschaftlicher und rechtlicher Perspektive. Bericht der Hochschule für Wirtschaft und Recht Berlin zum Forschungsprojekt „Katastrophenschutz-Leuchttürme als Anlaufstellen für die Bevölkerung in Krisensituationen" (Kat-Leuchttürme).* Berlin. Hochschule für Wirtschaft und Recht

Petermann, T., Bradke, H., Lüllmann, A., Paetzsch, M., & Riehm, U. (2011). *Was bei einem Blackout geschieht. Folgen eines langandauernden und großflächigen Stromausfalls* (Bd. 33). Edition sigma.

Porcellinis, S. d., Oliva, G., Panzieri, S., & Setola, R. (2009). A holistic-reductionistic approach for modeling interdependencies. In C. Palmer & S. Shenoi (Hrsg.), *Critical Infrastructure Protection III. Proceedings. Third Annual IFIP (International Federation for Information Processing) WG 11.10 International Conference on Critical Infrastructure Protection. Hanover, New Hampshire, USA, March 23–25, 2009* (S. 215–227). Springer.

Preiss, R. (2009). *Methoden der Risikoanalyse in der Technik: Systematische Analyse komplexer Systeme:* TÜV Austria.

Renn, O., & Keil, F. (2008). Systemische Risiken: Versuch einer Charakterisierung. *GAIA-Ecological Perspectives for Science and Society, 17*(4), 349–354.

Rinaldi, S. M., Peerenboom, J. P., & Kelly, T. K. (2001). Identifying, Understanding, and Analyzing Critical Infrastructure Interdependencies. *IEEE Control Systems Magazine, 21*(6), 11–25.

Robert, B., Sabourin, J.-P., Glaus, M., Petit, F., & Senay, M.-H. (2003). A new structural approach for the study of domino effects between life support networks. *Building Safer Cities,* 245.

National Institute of Standards and Technology, (2018). *Framework for Improving Critical Infrastructure Cybersecurity. Version 1.1.* National Institute of Standards and Technology

Theoharidou, M., Kotzanikolaou, P., & Gritzalis, D. (2009). Risk-based criticality analysis. In C. Palmer & S. Shenoi (Hrsg.), *Critical infrastructure protection III – IFIP advances in information and communication technology* (Bd. 311, S. 35–49). Springer.

UN (United Nations). (1999). *International Decade for Natural Disaster Reduction (IDNDR) Proceedings.* Programme Forum, 5–9 July 1999, Geneva. United Nations

US Government. (1996). *The President's Commission on Critical Infrastructure Protection (PCCIP), executive order 13010.* Washington DC. US Government

VBS & BABS (Eidgenössisches Departement für Verteidigung, Bevölkerungsschutz und Sport & Bundesamt für Bevölkerungsschutz). (2007). *Erster Bericht an den Bundesrat zum Schutz*

Kritischer Infrastrukturen, 20.06.2007. https://www.newsd.admin.ch/newsd/message/attach-ments/9039.pdf. Zugriff: 3. April 2024

Weichselgartner, J. (2013). *Risiko – Wissen – Wandel. Strukturen und Diskurse problem-orientierter Umweltforschung.* Oekom.

Wilde, G. J. (1982). The theory of risk homeostasis: Implications for safety and health. *Risk Analysis, 2*(4), 209–225.

Geographische Risikoforschung

10

Zusammenfassung

Wo passiert etwas, und wie kann man dies wissenschaftlich bei Risiken und Katastrophen erfassen? Bestimmte wissenschaftliche Methoden wie geographische Informationssysteme oder Satellitenfernerkundung sind bisher nur in bestimmten Disziplinen wie der Geographie oder ähnlichen Raumwissenschaften hinreichend bekannt. In vielen Bereichen von Bevölkerungsschutz, Gefahrenabwehr oder auch anderen Risiko- und Sicherheitsbereichen werden die Potenziale dieser Informationssysteme und Datengrundlagen noch gar nicht erkannt und genutzt. Gerade Katastrophen wie das Hochwasser 2021 haben den Mangel an vorhandenem Kartenmaterial wie auch der Kenntnis des Potenzials von Risikoanalysen mit Raumangaben aufgezeigt. Daher werden in diesem Kapitel kurz Grundlagen und Anwendungsmöglichkeiten dieser Systeme und Datenquellen dargestellt. Ganz konkret werden aber auch Tipps sowohl für Untersuchungen als auch Anwendungsprobleme dargestellt. Um diese Informationen zur weiteren Planungsgrundlage besser nutzen zu können, werden Entscheidungsunterstützungssysteme dargestellt, die Informationen gebündelt und für Einsatzorganisationen und andere Anwendergruppen aufgearbeitet und visualisiert. Wo die Risiken am größten sind und man Menschen erreicht, die es zu retten gilt, wird in diesem Kapitel genauer untersucht.

Geographische Risikoforschung befasst sich mit verschiedenen Arten von Risiken, insbesondere aber Naturgefahren und anderen Arten von Unfällen, mit Ökosystemen verbundenen Katastrophen, Klimawandel, globalem Wandel, Migration, Urbanisierung und Megacitys etc. Der Begriff „Risiko" wie auch in Verbindung zu natürlichen Risiken ist dabei vielfältig und schwierig, exakt einzugrenzen, und steht bestimmten Begriffen wie Chance oder Ungewissheit gegenüber (Weichhart, 2007). In der Geographie selbst wie auch in den Geowissenschaften werden Themen der Naturgefahrenforschung schon seit vielen Jahrzehnten verfolgt. Wissenschaftlich methodisch stehen dabei als eigene Unterdisziplinen der Physischen Geographie und Geologie geomorphologische und geologische Prozesse im Vordergrund. In der Human- oder Anthropogeographie sind es unter anderem die Stadtgeographie wie auch die Geographie ländlicher Räume, die geographische Gesundheitsforschung und Wirtschaftsgeographie, mit gesellschaftlichen und umweltbezogenen Prozessen.

Es gibt hier zahlreiche natur- und sozialwissenschaftliche Methoden und Grundlagen, die auch in vielen anderen Wissenschaftsdisziplinen beheimatet sind. Zusätzlich zeichnet die Geographie methodisch noch die Kartographie aus. Geographische Informationssysteme (GIS) und auch die Nutzung von Fernerkundung von Satelliten- oder Luftbilddaten sind ebenfalls sehr stark in der Geographie verankert. Von außen betrachtet, wird Geographie häufig nur mit „Stadt Land Fluss" oder der Darstellung von Karten assoziiert, also dem Auswendigwissen, wo ein Ort mit einem bestimmten Namen liegt Jedoch vermögen geographische Methoden wie etwa digitale Geographische Informationssysteme (GIS) viel mehr, z. B. die Kombination verschiedenster Datenquellen von Hochwasser und betroffenen Siedlungen, Straßen und Landnutzungsklassen, um Risiken und Zusammenhänge zu analysieren. Die Geographie untersucht Risiken auch mit Methoden empirischer Sozialforschung, zum Beispiel durch Befragung der betroffenen Bevölkerung. Diese kann dann teilweise in die GIS integriert werden. In der Nutzung von GIS, aber auch in der theoretischen Befassung mit betroffenen Systemen und Dimensionen von Risiken und Katastrophen ist die Geographie recht weit entwickelt.

Im Bereich der Humangeographie werden gerne **Theorien** aus dem Bereich der Handlungsforschung übernommen, beispielsweise Theorien von Bourdieu, Dewey, Giddens und Werlen oder auch zur Systemtheorie nach dem Verständnis von Luhmann. In der physischen Geographie ist die Theoriebildung zur Risikoforschung eher jüngeren Datums und nutzt vorwiegend die Systemtheorie, nachfolgend aus der generellen Systemtheorie und Kybernetik entstanden. Die geographische Risikoforschung befasst sich traditionell mit einem breiten Themenspektrum des globalen Wandels, das Klimawandel, Desertifikation (Wüstenbildung, Ernährungssicherung) etc. beinhaltet. Damit ist das Spektrum der Geographie möglicherweise auch sehr breit; es umfasst auch Bereiche der menschlichen Sicherheit und anderer ganzheitliche Konzepte . Zunehmend erhalten diese erdumfassenden und konzeptionell sektorenübergreifenden Überlegungen immer mehr Anklang und Einzug in nationale Sicherheitsstrategien, die häufig aus dem Kontext der Vereinten Nationen und anderer leitender Organisationen abgeleitet werden.

Die geographische Risikoforschung hat nicht nur durch den ganzheitlichen Blick eine hohe Bedeutung für den gesamten Bereich der Risiko- und Sicherheitsforschung. Auch durch die methodischen wie empirischen Analysen, den starken Bezug zur Anwendung und realen Welt und ihren komplexen Problemen, aber auch in der Form verschiedener Arten von Visualisierungen beispielsweise durch Karten oder Diagramme. Die Geographie betrachtet überwiegend **räumliche Zusammenhänge,** selbst wenn sie nicht GIS beinhalten, und prägt damit räumliche Risikoanalysen. In anderen Fachbereichen und Disziplinen ist dagegen eine regionale oder räumliche Eingrenzung oder auch Beachtung der räumlichen Unterschiede weniger stark ausgeprägt. Ein weiteres wichtiges Merkmal der geographischen Risikoforschung ist der **integrierte Blick** zwischen verschiedensten Systemelementen und Systemen. Dies ermöglicht nicht nur einen besseren Zugang und Erweiterung der Fragestellung und der erkannten Phänomene bei sozialwissenschaftlichen Untersuchungsmethoden, zum Beispiel Befragungen, sondern auch im Bereich der Modellierung und quantitativen Untersuchung werden häufig Beziehungen und Verknüpfungen zwischen Gebieten und Regionen integriert. Die Denkweise der Integration und Verknüpfung zwischen Räumen und Systemen zeichnet die Geographie aus, und dies bezieht sich auch auf Abhängigkeitsuntersuchungen und Verknüpfungen von Risiken. Insbesondere im Bereich der kritischen Infrastruktur werden zunehmend Interdependenzanalysen und kaskadierende Effekte untersucht. Aber auch in der Klimawandelanpassungsforschung sind im Bereich der sich überlagernden Risiken, sogenannten Compounding Risks, Abhängigkeiten und Verknüpfungen zu untersuchen.

Kernmerkmal einer geowissenschaftlichen Sichtweise ist das Bewusstsein über den Raum und über raumabhängige Faktoren. Ein Beispiel aus einer Publikation ist das Auftreten von Starkregen in einer Stadt mit Kessellage. In einer Analyse nach einem Starkregenschaden kommt heraus, dass der Regen nicht im Stadtzentrum stattfand, sondern etwas außerhalb, und man in einer Einsatzorganisation überrascht feststellt, dass es Überflutungen im Stadtzentrum gibt. Das erinnert an ein Beispiel aus dem Geographiestudium, in dem vor dem Campen in einem Zelt in einem Trockenflusstal (sog. Wadi) gewarnt wird. Auch wenn lokal und vor Ort weit und breit keine Regenwolke zu sehen ist, so kann doch ein Niederschlagsereignis noch 100 km weiter dazu führen, dass nachts überraschend das Zelt von der Flutwelle fortgerissen wird.

Ein anderes Beispiel für das räumliche Bewusstsein ist die Kenntnis von Wasserverfügbarkeit in einem bewaldeten, etwas gebirgigen Gebiet. Man kann den gesamten Raum hinsichtlich des Wassereinzugsgebiets und der Wasserscheiden betrachten. An den Wasserscheiden ist die Wasserverfügbarkeit für Löschzwecke oder für die anstehende Vegetation geringer, es ist also trockener, und die Brandgefahr steigt (Abb. 10.1).

10.1 Geographische Informationssysteme und Fernerkundung

Geographische Informationssysteme (GIS) sind Software, die räumliche Daten verarbeiten können. Räumliche Daten liegen zum Beispiel entweder als Vektoroder Rasterdaten vor. **Vektordaten** beinhalten Informationen über einen Punkt und daraus resultierende Vektoren zu anderen Punkten. Räumliche Vektordaten können Punktdaten sein, zum Beispiel Standorte von Krankenhäusern. Linienhafte Daten sind zum Beispiel Flussverläufe oder Straßen. Polygondaten sind Flächeninhalte wie zum Beispiel Landnutzungsklassen (Landwirtschaft, Industrieflächen, Siedlungsflächen etc.). Vektordaten haben eigene Formate, etwa das Shape File

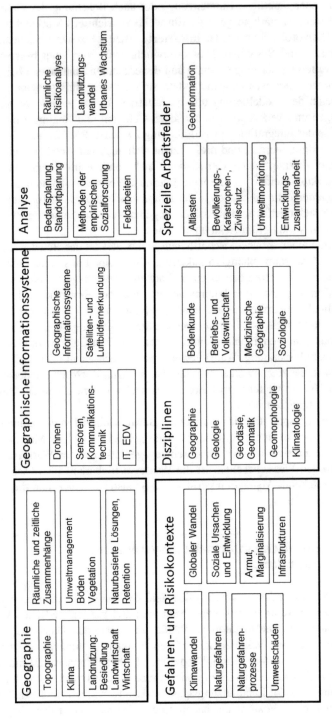

Abb. 10.1 Versuch einer ersten Einordnung von Themen und fachlichen Merkmalen der geographischen Risikoforschung

(.shp). Im Gegensatz zu den Rasterdaten sind sie kleiner im Speicherverbrauch und können in ihrer räumlichen Auflösung beliebig skaliert werden.
Geodatentypen:

- Punkt
- Linie
- Polygon

Rasterdaten ist der Begriff für Bilddaten, wie man sie zum Beispiel von Fotos kennt. Rasterdaten wie ein JPEG-Bild sind entlang einer X- und Y-Koordinate zeilenartig aufgebaute Daten, die einen Wert pro Rasterzelle haben, auch Pixel genannt. Ein typisches Rasterdatenformat ist das TIFF, das noch ein Zusatzfile hat, mit den Lagekoordinaten (.tiffw) (Abb. 10.2, Tab. 10.1).

Geocodierung und Projektion
GIS-Daten beinhalten bereits Projektionsdaten, also Lageinformationen im Raum. Dadurch können sie in einem GIS automatisch an der richtigen Stelle auftauchen und auch beim Hinein- oder Herauszoomen bleiben sie lagetreu an der gleichen Stelle. Wichtig ist aber auch die Zuweisung der richtigen Projektion. Gängige

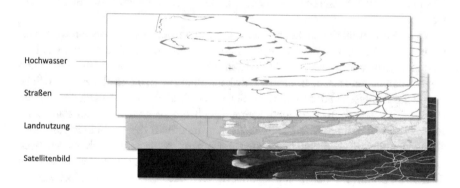

Hochwasser

Straßen

Landnutzung

Satellitenbild

Abb. 10.2 Geographische Informationssysteme (GIS) ermöglichen die Kombination mehrerer räumlicher Datenebenen

Tab. 10.1 Vor- und Nachteile von GIS

Vorteile	Nachteile
Räumlicher Überblick	Abhängigkeit von Daten
Vergleichbare Datengrundlage	Auflösung, Genauigkeit und Aktualität bei offenen Daten
Kombination vieler Datenebenen	ggf. eingeschränkt
Berechnungsfunktionen	Kosten für Software, Daten, Hardware
Aus der Ferne bearbeitbar	Fachkenntnisse nötig
	Zeitaufwand

Lehrbücher über GIS stellen die wichtigsten Datenformate und Projektionen dar. An dieser Stelle genügt es zu sagen, dass für viele Zwecke der räumlichen Risikoanalyse in Deutschland und weltweit das **UTM-System** sehr gut geeignet ist, da es erlaubt, Flächen und Distanzen im metrischen Maß zu berechnen. Damit kann man zum Beispiel die Fläche in Quadratkilometern einer Überflutung in einer Stadt im GIS automatisch berechnen lassen. Andere Projektionen benutzen hingegen Gradangaben, die man zum Beispiel für die Positionsbestimmung oder auch bei GPS-Daten benötigt.

Georeferenzierung
Es gibt auch Daten, die erst in ein GIS eingepflegt werden müssen und noch keine räumlichen Informationen oder Lagekoordinaten besitzen. Man kann Luftbilder oder Bildschirmdrucke von Karten aus dem Internet oder andere Arten von flächenhaften Abbildungen so in ein GIS bringen, dass sie lagegenau über anderen Daten liegen. Dazu ist der Prozess der Georeferenzierung notwendig, bei dem man auf diesen Bildern Kartenobjekte identifiziert, die es erlauben, eindeutige Koordinaten zuzuweisen (z. B. Straßenkreuzungen). Man kann auch statistischen Daten räumliche Koordinaten zuweisen, zum Beispiel demographischen Daten, die pro Gemeinde vorliegen, über Altersstruktur und Einkommen. Dazu muss man diese Tabellendaten einem Ortsnamen zuordnen und diesen Ortsnamen dann im GIS einer Verwaltungsgrenze, also den Umrissen der Gemeinde zum Beispiel, zuweisen.

Viele Kartenfunktionen kennt man bereits von den verschiedenen Kartenanbietern und Navigationssystemen im Internet oder Apps. Man kann in solche Karten hinein- und hinauszoomen, Distanzen mit einem Maßstab abnehmen und Routen berechnen lassen. In einem GIS kann man für Risikoanalysen zusätzliche räumliche Analysen durchführen. In diesem Buch sind an verschiedenen Stellen Beispiele eingefügt, nachfolgend werden auch einige genannt. Man kann zum Beispiel die Verteilung von Siedlungsflächen innerhalb der Gemeinde mit aktuellen oder historischen Satellitendaten verfeinern. Man kann auch automatisch die überfluteten Flächen bei einem aktuellen Hochwasser mit den bekannten Siedlungsflächen aus den Satellitenbildern verschneiden oder eine Hochwasserkarte allein aus einem digitalen Höhenmodell erstellen, indem man auf einem dreidimensionalen Gebirgsmodell Wasserabflüsse simuliert, wo das Wasser abfließt und wie stark es sich bei welcher Menge stauen kann.

Einige der folgenden Anwendungsbeispiele finden sich ebenso in anderen Anwendungsbereichen, wie zum Beispiel der Marktforschung, der Landnutzungsplanung, der Stadtplanung, bis hin zum Freizeitbereich. Bei der Erstellung von Risikoanalysen muss man auch auf diese Daten oft zurückgreifen, da Freizeit und wirtschaftliche Tätigkeiten viel häufiger vorkommen und dafür überhaupt erst Daten erhoben wurden. Hingegen mangelt es in Deutschland, aber auch weltweit häufig an speziellen Risikodaten. Eine große Hilfe sind gerade in Deutschland weltweit sogenannte öffentliche oder offene Daten. Teilweise werden offene Daten in den einzelnen Städten als Tabellenformate oder sogar als GIS-Dateien bereitgestellt. Dies ist ebenso lobenswert wie die Bereitstellung von Geodaten über

Geoportale, die es für fast alle Bundesländer gibt, jedoch unterschiedlich gut ausgestattet sind.

Besonders hilfreich sind die **Open Street Maps** (OSMs), die von Freiwilligen erstellte Gebäude, Straßen und Objektinformationen enthalten. Zwar ist bekannt, dass diese Daten oft unvollständig sind und teilweise Fehler haben, weil sie freiwillig erstellt werden. Ebenso wie Wikipedia hat sich OSM aber als tatsächlich ernstzunehmende Alternative zu den Daten traditioneller oder moderner, proprietärer Anbieter entwickelt. Der große Vorteil ist, dass diese Daten ohne Verletzung von Nutzungsrechten von allen verwendet werden können. Tatsächlich kam es bereits vor, dass kommerzielle Anbieter sogar bei wissenschaftlichen Veröffentlichungen Klagen wegen Urheberrechtsverletzung angestrengt hatten. Bei der Nutzung kommerzieller, sogenannter **proprietärer Software,** ist auf dieses Problem zu achten; so können auch Vektordaten bestimmter Firmen, die in deren GIS angeboten werden, zu Urheberrechtsverletzung führen, wenn man diese ungefragt für Publikationen verwendet. So werden beispielsweise in bestimmte Verwaltungsgrenzen absichtlich Marker eingebaut. Proprietäre GIS-Anbieter haben den Vorteil, dass sie oft lange auf dem Markt sind und Dienstleistungen wie etwa Beratungsmöglichkeiten anbieten und ständig erneuern. Manche Behörden und Firmen bevorzugen solche Produkte, die zwar Geld kosten, dafür aber Service anbieten und auch greifbar sind, wenn es rechtliche Fragen oder Probleme gibt. Offene GIS-Systeme, die kostenlos verfügbar sind und von einer engagierten Online-Gemeinde ständig weiterentwickelt werden, sind eine sehr gute Alternative für all jene, die sich die Software nicht leisten können, bewusst unabhängig davon agieren möchten oder Urheberrechtsverletzungen vermeiden wollen.

Es gibt auch einige spezielle Anbieter von **Geodaten** für Themen der Risikoforschung sowie einzelne Anwendungen im Internet, für die man keine spezielle Software braucht.

Anfahrtswege zum Einsatzort oder Katastrophengebiet sind eine wichtige Anwendung von **Routinganalyse**n im GIS. Man kann das Routing benutzen, um die **Hilfsfristen** beim Rettungsdienst in der Feuerwehr von jedem beliebigen Standort aus, zum Beispiel von Feuerwachen und Gerätehäusern, oder Anfahrtswege für Krankenhäuser zu berechnen (Abb. 10.3). Man kann damit die Entfernungen oder Anfahrtszeiten für Automobile, LKWs, Fußgänger, Radfahrer oder auch Menschen mit Gehbehinderungen eingeben. Ebenso ist es möglich, gewisse Barrierepolygone einzuzeichnen, wo zum Beispiel ein Unfall, ein Waldbrand oder ein Flusshochwasser passiert sein könnte, sodass diese Strecken entweder gar nicht oder mit verlangsamter Geschwindigkeit befahren werden können. Dabei muss man bei den Fahrzeugen die sogenannte Wattiefe beachten, damit der Motor beim Durchqueren von Wasser keinen Schaden nimmt; man kann damit dann auch Fahrzeugtypen hinsichtlich ihrer Eignung unterscheiden.

Ebenso wichtig sind in Friedenszeiten Planung und Auswahl **geeigneter Standorte**, die frei von Gefahren und Risikozonen sind. Im GIS gibt es sogenannte Location-Allocation-Analysen, die optimale Standorte anhand der Entfernung zu den Kunden oder bereits existierender Standorte ermöglichen. Ebenso kann man das

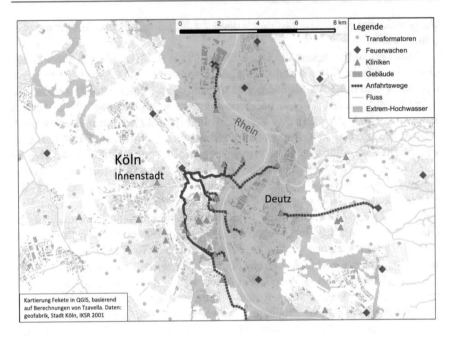

Abb. 10.3 Beispiel für Anfahrtswege (Routing) von Feuerwachen zu Kliniken und Kranken-häusern (Fekete et al., 2017)

Straßennetz benutzen, um geeignete Anfahrtswege zu identifizieren. Hierbei kann man im GIS Straßenbreiten und Straßenarten, Alternativrouten und Wendekreise sowie Parkplätze oder Abstellflächen exakt berechnen (Abb. 10.4).

Es ist recht erstaunlich, dass GIS bei Einsatzorganisationen bislang kaum benutzt werden. Auch in der Ausbildung werden Standortplanungen oder Hilfs-fristenberechnungen bislang meist händisch berechnet. Hier hat sich ein neues Betätigungsfeld für jene entwickelt, die entweder eine geowissenschaftliche Aus-bildung haben oder sich in anderen Bereichen mit GIS befassen.

Nach einigen Hochwassern und Waldbränden sowie anderen Ereignissen hat sich auch in der breiten Öffentlichkeit und bei Einsatzkräften das Bewusstsein ent-wickelt, dass es im Einsatzfall häufig an Kartenmaterial fehlt. Beim Hochwasser 2021 war zum Beispiel in wissenschaftlichen Umfragen und vielerlei Berichten von Einsatzorganisationen dokumentiert, dass es insbesondere an **digitalen Lage-karten** fehlte. Eine Schwierigkeit bei Einsatzorganisationen und Behörden ist es, dass eine Grundausbildung zu thematischen Karten oder GIS fehlt. Dadurch war die Akzeptanz von GIS lange sehr gering. Der Mehrwert gegenüber Karten-material im Internet und gedruckten Karten wurde nicht erkannt. Auch bevorzugen gerade Einsatzbehörden bekannte und einfache Werkzeuge, mit denen jeder jeder-zeit umgehen kann, was auch wirklich ein wichtiger Aspekt ist. Jedoch wurde

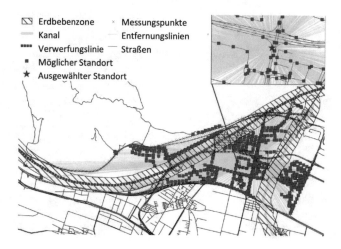

Abb. 10.4 Analyse geeigneter Standorte für ein Krankenhaus in einer Erdbebenzone mittels Location-Allocation-Analyse in einem GIS (Hetkämper in Fekete et al., 2020)

häufig aus Unkenntnis der Mehrwert eines GIS gegenüber eines Bildschirmdrucks für den Lagebericht in der Stabsarbeit auf PowerPoint nicht erkannt. Aus Einsatzberichten und Gesprächen nach dem Hochwasser 2021 wurde aber deutlich, dass nach wie vor Einsatzkräfte mit der Art der Karten und ihrer Darstellung häufig überfordert waren. Auch Luftbilder und Satellitenbilder werden inzwischen koordiniert und international bei solchen größeren Katastrophenereignissen über die Internationale Charta für Weltraum und Naturkatastrophen kostenlos bereitgestellt (disastercharter.org). Jedoch konnte auch beim Hochwasser 2021 diese Information mangels Kenntnis im Umgang häufig nicht vor Ort verwendet werden. Daraus hat sich die Erkenntnis ergeben, dass es mehr Ausbildung sowohl im Bereich der Nutzung von GIS als auch bei der Erstellung besserer Darstellungen bedarf, die auf die Bedürfnisse und Lesegewohnheiten von Einsatzkräften zugeschnitten sind. Die digitale Lagekarte ist ein solches Stichwort, unter dem für Einsatzzwecke unterschiedliche relevante Informationen dargestellt werden sollen. Hierzu stellt sich die Frage, ob sogenannte taktische Zeichen geeignet sind, wenn in einer Stabsarbeit und auch in der Zusammenarbeit mit Verwaltungen Personen eingebunden sind, die taktische Zeichen nicht sofort verstehen oder lesen können. Grundsätzlich sollten taktische Zeichen in einer Kartenlegende erläutert werden, um die Karte im Einsatzfall auch für Fachfremde lesbar zu halten. Der räumliche Ausschnitt ist ebenfalls sehr wichtig; räumlich möglichst hochaufgelöste Daten sind hilfreich, um genaue Schäden und Problembereiche zu erkennen (Abb. 10.5).

Andererseits benötigt man auch Überblicksdaten zu ganzen Regionen, um das Ausmaß eines Waldbrandes oder eines Hochwassers abschätzen zu können. Bei

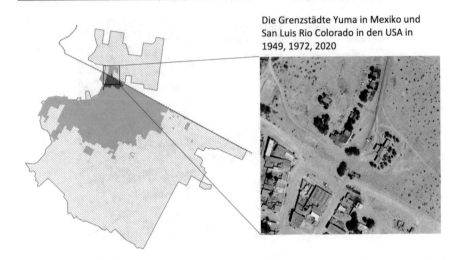

Die Grenzstädte Yuma in Mexiko und
San Luis Rio Colorado in den USA in
1949, 1972, 2020

Abb. 10.5 Hohe räumliche Auflösung versus Überblickskarten (Fekete & Priesmeier 2021)

Waldbränden sind auch thermale Informationen hilfreich, um zum Beispiel Glut-
nester am Boden auch dann erkennen zu können, wenn man sie vor der Rauch-
entwicklung nicht sehen kann. Radardaten sind hilfreich bei Wolkenbedeckung,
um Überflutungsausdehnung inmitten einer Unwetterlage oder bei nachfolgendem
Landregen erkennen zu können. Thermal- und Infrarotinformation wie auch andere Informationen aus der **Satellitenfernerkundung** zeigen, dass es spezielle
Datenarten gibt, die in öffentlichen im Internet erhältlichen Kartenviewern nicht
enthalten sind und wofür man Spezialkenntnisse braucht, um diese Daten überhaupt verarbeiten und bereitstellen zu können.

Im Gespräch mit Einsatzkräften hat sich außerdem herausgestellt, dass erst einmal die Bedarfe erkannt werden müssen. Feuerwehren und Einsatzkräfte brauchen
zum Beispiel am Anfang eine stark reduzierte Kartendarstellung, um den genauen
Ort zu finden. Nicht nur Einsatzkräfte sind immer mehr von digitaler Routing- und
Navigationssoftware abhängig; in den öffentlichen Apps fehlen häufig genauere
Angaben zur Begehbarkeit eines Grundstücks und zu Abstellflächen. Erst wenn
der Einsatzort erreicht wurde, macht die Einblendung von Zusatzinformationen,
etwa die mögliche Anzahl und Aufenthaltsorte von Personen, Altersgruppen,
Löschteiche und Hydranten, Sinn. Es gibt immer mehr Einsatzkräfte und Freiwillige, die sehr gern und begeistert Geoinformationen nutzen und zum Beispiel
eigene OSM-Karten mit Hydranten online stellen. Diese weisen noch viele Lücken auf, jedoch ist es sehr begrüßenswert, dass die Informationen und das Wissen
hier in der Breite wachsen.

Auch gibt es digitale Unterstützungsgruppen, wie die VOST (Virtual Operations Support Team), beispielsweise beim THW, die nicht nur Daten aus sozialen
Medien auswerten, sondern auch GIS nutzen und für Einsatzzwecke aufbereiten.

Nachbetankung und Planung der Verknüpfung verschiedener Standorte für ein dauerhaftes Minimalversorgungskonzept mit Treibstoff von Einsatzorganisationen und ihren Standorten sind eine Erweiterung der Planung von Einsatzorganisationen, die bisher oft noch fehlt. Wenn überhaupt, wird eine Risikoanalyse und Standortplanung nur für einzelne Standorte einzelner Objekte gemacht. Im Katastrophenbereich muss man jedoch auch mit dem Ausfall und der Beeinträchtigung der Infrastruktur über mehrere Tage rechnen und dennoch autark funktionsfähig bleiben. Dies kann ebenfalls durch GIS errechnet und unterstützt werden.

Die Darstellung und räumliche Kartierung von Flächen unterschiedlicher Betroffenheitsgerade verschiedener Naturgefahren und anderer Gefahren als **Risikozonierung** sind eine klassische Domäne beispielsweise der Geowissenschaften, die mit räumlichen Daten seit vielen Jahren bereits gewohnt sind umzugehen. Dennoch ist es sehr überraschend, dass es für die meisten Naturgefahren und menschlich-technischen Gefahren in Deutschland an den meisten Orten an solchen Karten mangelt. Der Begriff **Gefahrenkarte** (oder Gefahrenhinweiskarte) bezeichnet zum Beispiel bei einem Hochwasser nur die mögliche räumliche Ausdehnung, Tiefe oder Durchflussgeschwindigkeit pro Standort entlang eines Flusses oder eines Sees, an der Küste oder bei Starkregen. Eine **Risikokarte** dagegen beinhaltet auch Informationen über potenziell betroffener Flächen, Bauten und Personenanzahl und ihrer Schadenshöhen oder Verwundbarkeitsklassen.

Stichwort **Hochwasserkarten:** In den frühen 2000er-Jahren, aber zum Teil auch noch heute, ist es sehr mühselig, von einzelnen Bundesländern Hochwassergefahrenkarten und -daten zu erfragen. Manchmal wurde dies sogar abgelehnt, mit dem Hinweis auf die Autonomie der Zuständigkeit einzelner Bundesländer. So ähnlich ist die Denkweise mancher Behörden und Bundesländer noch heutzutage, bedauerlicherweise. So verlangen einzelne Bundesländer für ihre Geoportale und Daten immer noch Geld, obwohl die Daten längst durch Steuergelder finanziert wurden. Der Umgang und die Denkweise mit der Bereitstellung öffentlicher Daten sind in Deutschland gelinde gesagt ein Armutszeugnis. Sogenannte Entwicklungsländer sind teilweise sogar weiter, weil die internationale Entwicklungshilfe mitunter dort bessere Kartendaten bereitstellt als in Deutschland. Erfreulicherweise gibt es einzelne Firmen, Behörden und Bundesländer, die flächendeckende kostenlose Geodaten für ganz Deutschland bereitstellen. Für Flusshochwasser liegen für Deutschland seit 2012 Hochwassergefahren- und -risikokarten flächendeckend vor. Dies ist vor allem ein Verdienst der Europäischen Union, die die Mitgliedsländer dazu verpflichtet hat.

Stichwort **Starkregenkarten:** Schon vor den Ereignissen in 2021 waren viele Kommunen dabei, Starkregengefahrenkarten für ihre Städte und Kommunen erstellen zu lassen und öffentlich bereitzustellen. Starkregengefahrenkarten sind aufwendig herzustellen, da man sehr genaue Laserdaten, sogenannte LiDAR-Daten benötigt. Nach den Ereignissen 2021 haben Nordrhein-Westfalen und andere Bundesländer angefangen, flächendeckend solche Gefahrenkarten öffentlich bereitzustellen.

Dies ist aber wieder ein Beispiel dafür, dass Gefahrenkarten vor allem für diese Arten von Naturgefahren bereitstehen, bei denen wiederholt über mehrere Jahrzehnte hinweg entweder Flusshochwasser oder Starkregenereignisse stattgefunden haben. Für das Gros der meisten anderen Naturgefahren, die punktueller oder selten auftreten, mangelt es dagegen an solchen Gefahren- oder Risikokarten. Sehr lobenswert sind daher internationale Kooperationen, wie zum Beispiel der Rhein-Atlas der Internationalen Kommission zum Schutz des Rheins, der seit 2001 als PDF und als Web-GIS öffentlich bereitgestellt wird; darin sind auch Risikoklassen enthalten (iksr.org).

Weitere Gefahren- und Risikokarten zu Erdrutschen oder Erdbeben, Waldbrand und vielen anderen Gefahrenarten sind häufig schwieriger aufzufinden oder liegen nur bei einzelnen Forschungseinrichtungen. Ein positives Beispiel ist der Dürremonitor des Helmholtz-Zentrums für Umweltforschung (UFZ), der Dürre- und Hitzedaten in Bezug zu landwirtschaftlichen Risiken darstellt.

Für menschlich-technische Gefahren gibt es insgesamt kaum oder gar keine Geoinformationsdaten, jedenfalls nicht so aufbereitet, dass sie einfach nutzbar wären. Dabei muss man diese Aussage eingrenzen auf den Katastrophenbereich, denn für alltägliche Belastungen wie etwa Fluglärm oder Nitratbelastung gibt es verfügbare Daten, zumindest bei den Planungsbehörden, unter anderem für Flächennutzungspläne. Es ist jedoch schwierig, wie auch bei Naturgefahren einen Überblick zu erhalten, und es fehlt eine zentrale Stelle in Deutschland, die diese Daten öffentlich sammelt und bereitstellt. Es ist daher kein Wunder, dass Einsatzorganisationen sie im Bedarfsfall nicht finden oder auf Spezialisten mit Fachkenntnissen angewiesen sind und es im Bedarfsfall zu lange dauert, diese Daten zusammen- und bereitzustellen, als dass Einsatzkräfte sie nutzen könnten. Auch die Ausstattung national untergeordneter Behörden oder Landesbehörden ist personell so schwach, dass eine verlässliche Bereitstellung und Pflege dieser Daten für konkrete Einsatzzwecke kaum möglich sind. Lobenswert ist, dass einige Bundesbehörden wie das Bundesamt für Kartographie und Geodäsie (BKG) und der DWD sich bemühen, immer mehr Daten für ganz Deutschland bereitzustellen. Sehr erfreulich ist, dass in Nordrhein-Westfalen sehr viele Daten bereitgestellt werden, teilweise sogar für ganz Deutschland. Man muss bei der Ausbildung jedoch sehr aufpassen, dass man nicht aus der Erfahrung des Bundeslandes, in dem man sich gerade aufhält, Arbeiten in anderen Regionen betreut, in denen man fälschlicherweise davon ausgeht, dass sie selbstverständlich diese Daten verfügbar machen. Daher existiert zumindest aktuell zwischen den Bundesländern noch eine starke digitale Schere in der Vorsorgefähigkeit gegenüber Katastrophen. Das erscheint vollkommen unnötig, da sowohl die Datengrundlagen als auch die Kenntnisse und Möglichkeiten der Verarbeitung und GIS seit Jahrzehnten bereitstehen. In Abschn. 10.4 wird dargestellt, dass diese Geodaten und die Software in den USA bereits seit den 1970er-Jahren für viele Gefahren genutzt werden.

GIS und ähnliche räumliche Informationssysteme werden für bestimmte menschlich-technische Gefahren bereits genutzt. Ausbreitungskeulen oder Radien von Gefahrstoffunfällen werden zum Beispiel mit der von der amerikanischen Umweltbehörde bereitgestellten kostenlosen Software ALOHA ermöglicht

Abb. 10.6 Berechnung einer Ausbreitungskeule eines toxischen Materials nach einer Explosion in Windrichtung mit der Software ALOHA. (EPA, 2016)

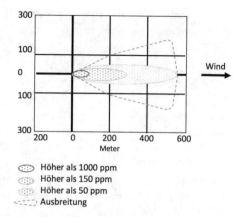

(Abb. 10.6). Hier können gelagerte Stoffmengen und -arten zusammen mit Angaben zur Windrichtung berechnet werden. In Deutschland stehen für diese Gefahrstoffe auch Datenbanken des Umweltbundesamts zur Verfügung.

10.2 Fernerkundung

„Fernerkundung" ist der Oberbegriff für Daten und Methoden, die auf Sensorplattformen auf Flugzeugen oder Satelliten beruhen. Aktuell sind auch Drohnenbilder und Messungen von Laserscandaten Aspekte, die zur Fernerkundung oder gegebenenfalls Naherkundung gezählt werden können.

Luftbilder erfassen (früher meist als Schwarz-Weiß-Abbildungen) über einen großen Zeitraum in der Luft und Ballonfahrt Überblicke über historische Landnutzung und Siedlungsausdehnungen. Auch kann man auf alten Luftbildern noch die Situationen eines Flussbettes vor einem Hochwasser oder einer späteren Überbauung durch Siedlungen erkennen. Daraus kann man bereits Rückschlüsse ziehen, wo ein Fluss bei Hochwasser sein altes Bett wieder sucht, wie es zum Beispiel 2002 in Dresden am Bahnhof geschehen ist (Abb. 10.7).

Seit einigen Jahrzehnten gibt es Luftbilder auch in **Farbdarstellungen,** wie man sie von der Fotografie allgemein kennt. Sie liefern häufig Überblicke aus der Vogelperspektive oder in Schrägaufnahme und damit wichtige Informationen über aktuelle Ausdehnungen großflächiger Katastrophen wie etwa Hochwasser oder Waldbrände. Auch erlauben sie es, Siedlungsveränderungen und andere Fragen für Risikobewertungen von Standorten zu erkennen. Bei Luftbildern ist es wichtig, dass sogenannte **Orthofotos** eine Aufsicht in planer Ebene darstellen; sie eignen sich daher auf für metrische Entfernungs- oder Flächenberechnungen, wie auch eine Straßenkarte. Es gibt aber auch Luftbilder bei Befliegungen mit Aufnahmen mit schrägem Winkel, was Entfernungen und Objekte verzerrt. Auch bei Orthofotos sind durch die Optik der benutzten Kameralinse Verzerrungen zum Bildrand hin möglich. Es gibt zwar vereinzelte Luftbilder, zum Beispiel von Weltraum-

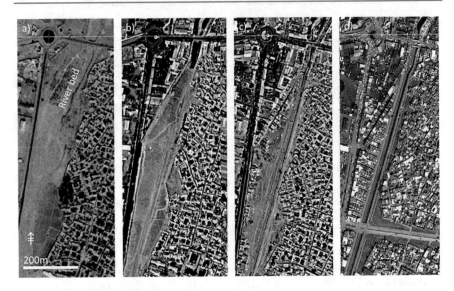

Abb. 10.7 Nutzung von Luftbildern und frühen Satellitenbildern (CORONA-Programm) von 1955, 1974, 1978 und 2005 zur Auswertung des Siedlungswachstums in ein Flussbett in Quazvin (Iran) (Fekete, 2020)

missionen oder bei der Erkundung bei Katastrophenfällen aus Hubschraubern, viele Luftbilder entstanden jedoch als **Befliegungsserien** im Zuge von Landvermessungen oder Kriegsaufklärung. Diese sind entlang vordefinierter Flugbahnen entstanden und zeichnen Landstriche linienhaft mit einer Aufnahme nach der anderen auf. Bei Luftbildern muss man aufgrund der hohen räumlichen Auflösung häufig sehr viele davon als **Mosaik** zusammensetzen, um einen Überblick über eine größere Raumeinheit zu bekommen. Luftbilder gibt es mit räumlichen Auflösungen von unter 1 m bis hin zu einigen Zehnermetern; sie decken damit Bereiche zwischen wenigen Kilometern bis zu Hunderten von Kilometern auf der X- und Y-Achse ab.

Satellitenbilder aus dem All existieren ebenfalls als Einzelaufnahmen, häufiger aber als Serien, entweder vom gleichen Punkt aus oder entlang von Flugbahnen. Sehr hochauflösende Satellitendaten sind ähnlich wie Luftbilder in Auflösung besser als 1 m erhältlich. Diese sind jedoch recht teuer und können zum Beispiel für kommerzielle Zwecke genutzt werden. Hier kann es möglich sein, dass nur einzelne Aufnahmen geordert werden können. Es gibt jedoch auch viele Satellitenmissionen, die inzwischen kostenlos zur Verfügung gestellt werden. Dazu gibt es bestimmte **Satellitendatenportale** wie etwa das Eoweb des Deutschen Zentrums für Luft- und Raumfahrt (DLR), den EarthExplorer des United States Geological Survey (USGS), FIRMS der NASA für Waldbrände und Copernicus der EU.

Der große Vorteil von Fernerkundungsdaten insgesamt ist, dass sie objektive Aufnahmen machen und man unabhängig etwa von Landvermessungen ist. Sie erfassen zudem große räumliche Überblicke und das wiederholt. Viele frei verfügbaren Satellitendaten wurden ursprünglich für die Aufnahme von Landnutzung,

Vegetationsmessung, Temperaturmessungen etc. entwickelt. Einige davon sind auch für Katastrophenzwecke wie zum Beispiel Kartierung von Hochwasser oder Waldbränden, Dürren, Hurrikans oder Erdbebenschäden nutzbar.

Die Eignung von Fernerkundungsdaten richtet sich einerseits nach der **räumlichen Auflösung.** Bei Satellitendaten können es schnell mehrere Hundert Meter oder sogar Kilometer pro Pixel sein. Man kann aber mit 1 km oder mehr pro Pixel bereits sehr gut thermale Informationen über die ganze Erdoberfläche beobachten; so werden zum Beispiel Waldbrände mit diesem System kontinuierlich gemessen.

Satellitendaten sind zudem gegenüber Luftbildern häufig von einer höheren Bandbreite aufgenommener **Lichtwellenlängen** gekennzeichnet. Neben Infrarot und Radar gibt es viele andere Bandbreiten, die auch jenseits des sichtbaren Lichts gehen. Je nach Satelliten trägt eine solche Plattform mehrere Sensoren, die verschiedene Strahlenspektren aufnehmen. Als Rohdaten wird jedes Wellenlängenspektrum als Graukarte wiedergegeben. Durch die Kombination verschiedener dieser Grauwerte kann aber ein Falschfarbenbild erzeugt werden, das zum Beispiel Vegetation, Siedlungs- oder Wasserflächen stärker hervorhebt, als dies mit dem bloßen Auge oder auf Luftbildern möglich wäre (Abb. 10.8 und 10.9).

Damit bieten diese Daten mehr Potenzial, als man in öffentlich verfügbaren Satellitenbildern auf bekannten Kartenplattformen wie Bing, GoogleMaps oder GoogleEarth findet.

Je nach Satellitenmission und Satellitenart sind diese unterschiedlich **im Weltall stationiert.** Es gibt sogenannte geostationäre Satelliten, die immer auf derselben Stelle und einer fixen Flugbahn verharren und teilweise mehrfach am Tag Aufnahmen machen können. Bekannte Beispiele sind Wettersatelliten, die einen Überblick über Wettersysteme einer gesamten Hemisphäre darstellen. Es gibt auch Satelliten, die auf Umlaufbahnen ständig kreisen und dabei teilweise die Erdoberfläche nach und nach an verschiedenen Stellen erfassen können. Hier muss man auf die **Wiederkehrraten** (zeitliche Auflösung) achten, wie oft ein Satellit wieder zum gleichen Zeitpunkt am selben Ort sein kann. Es kann auch sein, dass bestimmte Landstriche niemals von diesen Satelliten erreicht werden.

Zur Auswertung von Satellitendaten benötigt man **spezielle Software,** die ähnlich wie GIS-Software besonderer Einarbeitungskenntnisse bedarf. Wenige davon sind kostenfrei erhältlich, und sie eignen sich für unterschiedliche Satellitendatenarten unterschiedlich.

Aus Fernerkundungsdaten können zum Beispiel **Ausbreitungen von Siedlungsflächen** sehr gut kartiert werden. Man kann zudem auf älteren Luftbildern oder Satellitenmissionen aus den 1960er-Jahren die ursprüngliche Erdoberfläche noch erkennen. Damit lässt sich unter anderem untersuchen, wo Städte in Flussbetten oder Erosionsrinnen, Rutschungs- oder Erdbebengebiete hineingewachsen sind (Abb. 10.10). Somit kann man auch heutige Risiken erkennen und Planungsmaßnahmen einleiten. 2002 hat das Hochwasser beispielsweise den Bahnhof in Dresden überschwemmt, der in einen Altarm hineingebaut worden war. Aber auch im Ausland und in Regionen, die man schwierig bereisen kann, kann man mit Fernerkundung solche Kartierungen gut vornehmen, sofern die Wolkenbedeckung dies bei sichtbaren Sensoren in regnerischen Gebieten nicht verhindert.

Abb. 10.8 Falschfarbendarstellung einer Landsat-Satellitenszene zur besseren optischen Trennung von Gesteinsarten im Gebirge (lila) und Vegetation im Vorland (grün) bei Karaj (Iran) (Fekete, 2004)

Abb. 10.9 Dreidimensionale Höhenmodelle helfen, Topographie zu analysieren, zum Beispiel für Erdrutschgefahren (Fekete, 2004)

Drohnendaten und andere Befliegungsdaten sind mit Luftbildern eng verwandt. Jedoch sind sie unabhängig von Helikoptern und Flugzeugen und ermöglichen damit noch kleinräumigere und spontanere Aufnahmen. Da die Daten digital aufgenommen werden, werden sehr schnell große Datenmenge erzeugt, die gewisse Rechenleistung und auch Bearbeitungssoftware benötigen. Probleme bestehen noch in den leichten Gewichten der Fluggeräte, die bei schlechtem Wetter und schlechten Windverhältnissen teilweise nicht fliegen können. Dennoch sind

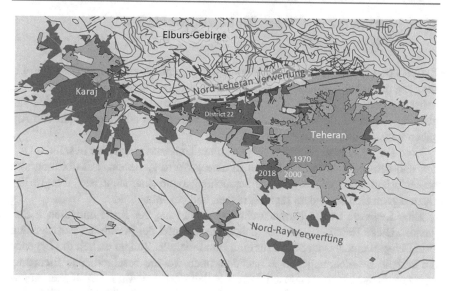

Abb. 10.10 Siedlungswachstum von Teheran und Karaj seit den 1970er-Jahren bis 2018, mittels CORONA- und Landsat-Satellitendaten kartiert (Fekete et al., 2020)

Drohnen ein wichtiger Bereich auch in der Katastrophen- und Gefahrenabwehreinsatztaktik, um rasch Übersichtsdaten vor Ort zu bekommen, zum Beispiel zu einem Unfall und oder zu Waldbränden.

Laserscan-Daten als dreidimensionale Wolken können sowohl Innenaufnahmen in Gebäuden erzeugen als auch in Außenaufnahmen ganze Hänge oder Stadtteile erfassen. Sehr schnell werden hier jedoch sehr große Datenmengen erzeugt, die spezielle Software und Speicherplatz benötigen. Man kann mit solchen Scandaten bei einem Gebäudebrand sich einerseits einen Eindruck vom Innenraum verschaffen und andererseits möglicherweise bei Erdbeben und anderen Vorfällen im Innenraum verschüttete Personen erkennen, die über Roboteraufnahmen erzeugt werden. So wird kein Menschenleben gefährdet, um die gefährdeten Gebäude zu erkunden. Bei Außenaufnahmen sind dreidimensionale Laserscan-Wolken hilfreich, um Veränderungen an Hängen zum Beispiel als Anzeige für Erdrutschgefahren zu erkennen. Für Starkregenkarten werden solche LiDAR-Daten auch von ganzen Flussläufen benötigt.

Virtuelle geographische Informationen (VGI) gibt es in verschiedenen Stufen hinsichtlich der Beteiligungsformen der Akteure. Es werden im einfachen Fall Personen als Datenquelle genutzt, bis hin zu einer echten Beteiligung schon bei der Planung. Ein bekanntes Beispiel ist OSM, das ähnlich wie Wikipedia von interessierten Freiwilligen selbst erzeugt wird. OSM-Daten werden unter anderem für Routing- und Erreichbarkeitsanalysen genutzt (Rohr et al., 2020; Tzavella et al., 2017), für Analysen von Twitter- oder anderen Social-Media-Daten, für Analysen nach einer Katastrophe wie dem Hochwasser 2021, in der Stadtplanung für Katastrophenvorsorge (Moghadas et al., 2023, 2022) oder für virtuelle Unterstützung von Einsatzkräften (Fathi et al., 2020) (Abb. 10.11).

10.3   Probleme und Tipps für kartographische Darstellungen

Karten können mit GIS und PowerPoint relativ einfach erzeugt werden. Die Erzeugung des Inhalts ist aber nur ein Teil der Kartographie. Man muss Karten möglichst gut erklären und beschreiben. Hierzu gibt es in der Kartographie einige Regeln. An dieser Stelle werden lediglich einige grundlegende kartographische Angaben kurz erläutert.

Eine **Kontextkarte** zeigt den ausgewählten Untersuchungsraum in seinem Umriss und seiner Lage und bindet ihn in eine größere Karte ein, mit der man sich besser orientieren kann, wo der Untersuchungsraum überhaupt ist (Abb. 10.12). Dazu eignen sich besonders Landesgrenzen und bekannte Städte.

Eine **Legende** ist die Kurzbeschreibung aller auf der Karte enthaltenen Elemente . Diese Beschreibungen enthalten ein Beispiel der gewählten Farbsignatur, zum Beispiel einen roten Strich für eine Bundesstraße. Zudem enthält die Legende die verbale Bezeichnung und je nachdem auch weitere beschreibende Elemente, wie zum Beispiel die genutzten Datenquellen und den Autor der Karte. Autorschaften und Datenquellen kann man aber auch teilweise in die **Abbildungsbeschriftung** oder in eine **separate Tabelle** verlagern, wenn die Beschreibung zu ausführlich wird .

Wichtige und typische Kartenelemente sind zudem ein **Maßstab** und ein Nordpfeil. Der **Nordpfeil** zeigt immer die Himmelsrichtung nach Norden an und ist vor allem dann in Karten zu verwenden, wenn die Karte nicht regulär nach den Himmelsrichtungen ausgerichtet ist.

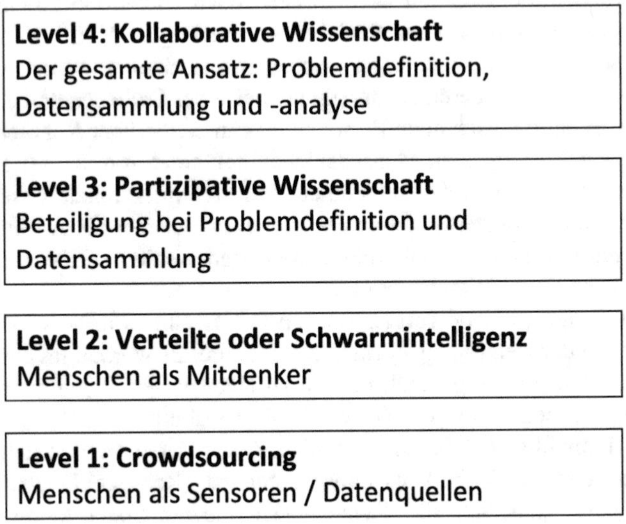

Level 4: Kollaborative Wissenschaft
Der gesamte Ansatz: Problemdefinition,
Datensammlung und -analyse

Level 3: Partizipative Wissenschaft
Beteiligung bei Problemdefinition und
Datensammlung

Level 2: Verteilte oder Schwarmintelligenz
Menschen als Mitdenker

Level 1: Crowdsourcing
Menschen als Sensoren / Datenquellen

Abb. 10.11 Schema, das nach oben hin aufzeigt, wie eine Beteiligung gradweise verbessert werden kann (Bearman, 2020)

Neben der Kartendarstellung an sich empfiehlt es sich oft, alle genutzten Daten in einen Zusatztext oder noch besser einer Tabelle zu beschreiben. Da die Erstellung einer thematischen Karte oft sehr aufwendig ist und mehrere methodische Schritte beinhaltet, empfiehlt sich auch hier die Darstellung der einzelnen Schritte mit Fachbegriffen in einem Flussdiagramm (Abb. 10.13).

Sogenannte **thematische Karten** zeigen ein bestimmtes Themengebiet in verschiedenen Farbsignaturen. Es werden also bestimmte Bereiche künstlich eingefärbt oder hervorgehoben. Hier ist auf die Wahl der geeigneten Darstellungsform zu achten. Neben Rot-Grün-Schwächen kann man auch auf gute Kontrasttrennungen achten; hierzu gibt es auch hilfreiche Webseiten.

Choroplethen sind Farbflächen unterschiedlicher Farbverteilung, die genutzt werden, um verschiedene Landnutzungsklassen oder Linienelemente farblich zu unterscheiden und darzustellen. **Isochronen** sind Flächen gleicher Zeiteinheit, die **Hilfsfristen** nutzen, um zu zeigen, innerhalb welcher Zeit man welches Stadtgebiet mit einem Auto oder zu Fuß erkunden könnte (Abb. 10.14).

Zusammengefasste Punkte und Anregungen

Bei Erzeugung einer Karte in einem GIS kann man entweder die folgenden Angaben im GIS oder in der Nachbearbeitung in einem anderen Programm (z. B. PowerPoint) ergänzen.

Wichtige Elemente beim Layout:

- Datenquellen (in der Karte oder in der Abbildungsbeschriftung)
- Kartenrahmen (Linie)
- Legende
- Rahmen um Legende (Linie)
- Maßstabsleiste
- Nordpfeil

Optionale Elemente beim Layout:

- Kartenrahmen mit Gradangaben oder Kilometergitter
- Maßstab schriftlich
- Inlay-Karte, wo die Region liegt

Eine besondere Schwierigkeit stellt für viele Einsteiger in ein GIS die Problematik der Projektionen dar, denn bestimmte öffentlich verfügbare Daten sind in unterschiedlichen **Kartenprojektionen** verfügbar. Wichtig ist vor allem der Unterschied zwischen Projektion mit Koordinaten und Gradangaben gegenüber denen in metrischen Angaben (z. B. UTM), was man häufig erst dann bemerkt, wenn man einen Datensatz in ein GIS lädt und nichts passiert oder es an einer vollkommen falschen Stelle liegt. Hierzu ist es notwendig, den Datensatz in der Projektion umzustellen; es muss die exakt richtige Projektion gewählt werden, damit die Daten übereinanderliegen können. Man findet im Internet zu den gängigen GIS

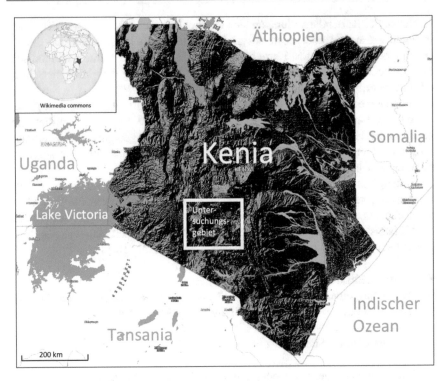

Abb. 10.12 Beispiele für eine Kontextkarte eines Untersuchungsgebiets in Kenia (Fekete, 2022

genügend Anleitungen und Tutorials, die erläutern, wie man umprojiziert oder reprojiziert.

Es ist außerdem wichtig, die grundsätzlich unterschiedlichen Effekte von Projektionen zu kennen. Einige Projektionen erlauben es zwar, metrische Angaben auszurechnen, zum Beispiel Distanzen oder Flächeninhalte. Jedoch gilt das nicht für die gesamte Erdkugel, sondern nur für ausgewählte Regionen oder Zellen, innerhalb derer die Angaben einigermaßen gültig sind. Das liegt daran, dass die Erdoberfläche gekrümmt ist, in einer kugelartigen (eher kartoffelartigen) Form. Jede Repräsentation dieser 3-D-Oberfläche muss bei einer 2-D-Wiedergabe also entzerrt werden. Man stelle sich vor, man schält eine Orange und legt die Orangenschale auf einen Tisch. Um die dabei sichtbaren Risse auszugleichen, wurden verschiedene Projektionen geschaffen. Da war es zum Beispiel wichtig, dass einige eher für die Schifffahrt und Navigation und andere mehr für die Landvermessung und Flächenberechnung geeignet waren. Projektionen verzerren auch Landesgrenzen und lassen dadurch einige Länder größer oder kleiner bzw. schlanker oder breiter als andere erscheinen. Vor allem in politischen Kontexten sind Projektionen zu wählen, die jeweils den richtigen Zweck erfüllen. Da bestimmte Länder international nicht anerkannt sind, muss bei der Bearbeitung sehr darauf achten, hier keine diplomatischen Fehler zu machen. Es empfiehlt sich, die Liste der Ländern des Statistikbüros der Vereinten Nationen zu nutzen.

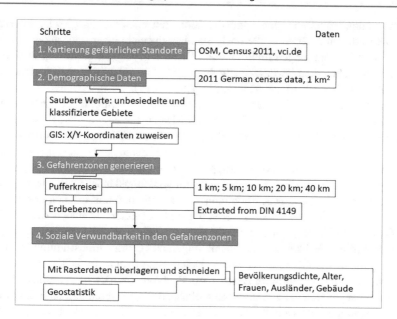

Abb. 10.13 Flussdiagramm für die Darstellung der Bearbeitungsschritte in einem GIS (Fekete, 2022)

Fußgänger 5 Min.   LKW 5 Min.

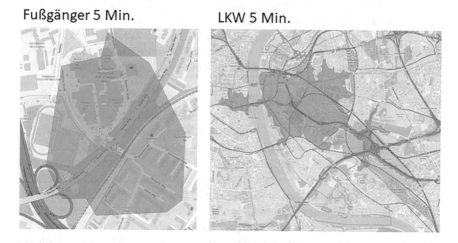

Abb. 10.14 Beispiele für die Darstellung von Hilfsfristen

Neben Projektionen gibt es weitere Effekte, die die Kartendarstellung stark beeinflussen. So sind die Anordnung und Verteilung der Daten abhängig vom gewählten Verteilungsalgorithmus der Daten. Hat man zum Beispiel einen Verwundbarkeitsindex erzeugt, der niedrige bis hohe Grade der Verwundbarkeit einer Bevölkerung darstellen soll, so hat man die Wahl zwischen verschiedenen Darstellungsmöglichkeiten. Man kann die Einheiten entweder in gleiche Intervalle einteilen oder in Intervalle, die nach Standardabweichungen oder anderen Algorithmen und Einstellungen funktionieren. Dabei ergeben sich jeweils große Unterschiede zwischen dem jeweiligen Ergebnis. Daher ist unbedingt immer anzugeben, welche Darstellungsform gewählt wurde (Abb. 10.15).

Ein weiteres Thema ist die sogenannte **Data divide.** Darunter ist grundsätzlich alles zu verstehen, was den Zugang zu GIS-Daten für einige ermöglicht und für andere erschwert. So ist zum Beispiel bekannt, dass GIS-Daten und -software eine gute Computerausstattung benötigen, was unter Umständen kostspielig sein kann. Damit werden bestimmte Nutzergruppen von vornherein behindert oder gar ausgeschlossen. Insbesondere für sogenannte Entwicklungsländer sind solche Kosten oft nicht tragbar. Seit dem Aufkommen von öffentlichen und offenen kostenlosen Daten hat sich dies jedoch stark verändert und verbessert. Dennoch sind die Zugriffs- und Beteiligungsmöglichkeiten unterschiedlich verteilt und setzen immer noch bestimmte Fachkenntnisse, Ausbildungen und Computerausstattung voraus.

Es gibt mehrere**Probleme,** wenn Daten räumlichen Einheiten zugeordnet werden, etwa das **Modifiable Areal Unit Problem (MAUP)** (Openshaw, 1984). Verwaltungsgebiete sind z.b. unterschiedlich groß, und verändern sich durch Zusammenlegungen bei Gebietsreformen. In Deutschland ist es ein bekanntes Problem, dass bestimmte Verwaltungseinheiten zusammengelegt oder aufgelöst werden. So sind zum Beispiel die Stadt Aachen und ihr Umland in verschiedene Verwaltungseinheiten eingeteilt, die sich über die Zeit hinweg verändert haben. Das allein kann es bereits erschweren, GIS-Daten passgenau übereinander zu bringen. Gerade für das Verwenden älterer Datensätze ist das ein Problem. Bei anderen Einsatzzwecken wie zum Beispiel Wahlen hat sich herausgestellt, dass Zuordnungen und Veränderungen von Verwaltungsgrenzen ebenfalls Probleme verursachen. In den USA und anderen Ländern werden solche Wahlbezirke teilweise sogar politisch beeinflusst.

Das MAUP entsteht auch, sobald räumliche Daten auf einer höheren Ebene zusammengelegt werden (Abb. 10.16). Dies passiert, sobald räumlich gemessene Phänomene in einer größeren Auflösung zusammengefasst werden. Dann werden die ursprünglichen Daten neuen Raumeinheiten zugeordnet, und möglicherweise treten dabei Repräsentationsfehler auf. Das ist grundsätzlich auch mit der Darstellung von Kartensymbolen verwandt, bei der eine Straße in einem Straßenatlas aufgrund besserer Sichtbarkeit und Lesbarkeit viel breiter dargestellt wird, als sie in der Realität ist. Dieses Problem besteht auch bei der Aggregierung von Indikatoren, ist aber besonders dort häufig, wo es sich nicht um Gitterzellen oder andere regelmäßige Raumeinheiten handelt, sondern um Polygone unterschiedlicher und verschiedener Größenordnungen.

Ein Beispiel des MAUP im Rettungsingenieurwesens ist die Darstellung der Verfügbarkeit von Krankenhäusern auf Kreisebene. Größere Kreise sind auf einer Deutschlandkarte besser sichtbar und scheinen dadurch eventuell überrepräsentiert. Auch haben einige Bundesländer wie etwa Rheinland-Pfalz viel kleinräumigere und zahlreichere Verwaltungsgebiete als zum Beispiel Nordrhein-Westfalen; damit sind auch andere Bedingungen der Verwaltung und Koordination gegeben, die bei räumlichen Vergleichen berücksichtigt werden müssen.

Ein weiteres bekanntes Problem der Raumdarstellung und Verzerrung ist der sogenannte **ökologische Fehler**. Ökologischer Fehler (ecological fallacy) bedeutet, dass für eine gesamte Raumeinheit (Oekos) ein Datensatz genommen wird und damit die ganze Region so wirkt, als sei sie von diesem Phänomen betroffen (Cao & Lam, 1997). Es kann jedoch sein, dass in dem Datensatz nur jene Daten wiedergegeben werden, die in dieser Raumeinheit gemessen wurden. Es ist zum Beispiel nicht so, dass bei einer Raumeinheit, die mit überdurchschnittlich hohem Alter der Personen gekennzeichnet ist, auch alle Personen darin dieses Alter haben. Es gibt auch das Gegenbeispiel, die „individual fallacy"; hier wird von der Messung oder dem Verhalten einer Person auf einen ganzen Raum verallgemeinert geschlossen.

Diese räumlichen Zuordnungsprobleme sind grundsätzlich im GIS schon lange bekannt, und es gibt auch Lösungen dafür, beispielsweise statistische **Tests für räumliche Autokorrelationen**, die einen Hinweis darauf geben können, ob die Verteilung der genutzten Raumeinheiten und Grenzen bereits starke Tendenzen zu Verzerrungen aufweisen können oder nicht (Longley et al., 2005).

Ein ganz wichtiger Hinweis in der Nutzung von GIS ist aber immer die **Plausibilitätsüberprüfung**. Alle Ergebnisse sollten noch einmal in Ruhe und am besten auch von anderen dahingehend geprüft werden, ob sie plausibel erscheinen, denn zu leicht lässt man sich auf die Berechnungen ein und vertraut den Ergebnissen. Schnell kann es sein, dass man Fehler vollkommen übersieht und die Karten eine eigene Art von Verlässlichkeit vortäuschen, da sie so konkret räumlich sind. Daher ist immer zu überprüfen, ob man aus der Realität zum Beispiel Fahrzeiten kennt, die den Routingergebnissen nahekommen können, oder ob die Verteilung von Standorten im Raum oder von Risiken plausibel erscheint.

Kennzeichen **räumlicher Multirisikoanalysen** sind zunächst die Wahrnehmung und Analyse verschiedenster Gefahren und Risiken, die innerhalb einer bestimmten Raumeinheit sind. Häufig wird mit GIS gearbeitet, um verschiedene Risikokriterien mittels einzelner thematische Karten zu erfassen und diese dann auch analytisch miteinander zu verrechnen oder zu verbinden.

Eine Multirisikoanalyse untersucht ähnlich wie die Untersuchung von Interdependenzen bei kritischen Infrastrukturen die gegenseitigen Beeinflussungen und Verstärkungen einerseits von Gefahren und andererseits den Kombinationen von Auswirkungen, wenn mehrere davon aufeinandertreffen oder sich aus der Interaktion zum Beispiel als kaskadierende Effekte ergeben.

Analog zu den Interdependenzen bei kritischen Infrastrukturen kann man auch hier die einzelnen Möglichkeiten multiplen Auftretens und gegenseitiger Aufstockung, Verstärkung oder Abfederung entlang des Prozesses eines Risikoverlaufs und der einzelnen konzeptionellen Elemente differenzieren (Abb. 10.17). Bereits auf der Gefahrenentstehungsseite gibt es mehrere Möglichkeiten, dass entweder verschiedene Gefahren auf einen Raum einwirken oder ein System oder aber eine Gefahr weitere sogenannte Sekundärgefahren auslöst. Ein Erdbeben kann zum Beispiel Erdrutsche oder Brände auslösen, die ihrerseits wiederum menschliche Besiedlung oder andere Systeme betreffen. Aber auch die betroffenen Systeme können bei einem Ausfall oder durch Schädigung wiederum andere benachbarte

Natürliche Brüche (nach Jenks)

Quantile

Gleiche Intervalle

Abb. 10.15 Darstellung des gleichen sozialen Anfälligkeitsindex in verschiedenen Intervallen (gleiche Intervallabstände, Quantilen und natürliche Brüche nach Jenks (Fekete 2010))

oder gar entfernte Systeme negativ beeinträchtigen. Ein Beispiel sind die Versorgungsinfrastrukturen, aber auch die Schadstoffausbreitung aus einem Gefahrstoff verarbeitenden Störfallbetrieb.

Bei räumlichen Risikoanalysen liegt ein Schwerpunkt auf der Erfassung und damit Abgrenzung des Untersuchungsraums und seiner räumlichen Untersuchungseinheiten. Die möglichen Arten dieser Untersuchungseinheiten wurden bereits in Kap. 4 dargestellt, auch die Bedeutung der Erfassung und Abgrenzung. Infolgedessen geht es nun um die Darstellung bestimmter Methoden der GIS und der Fernerkundung, die speziell räumliche Datenverarbeitung und Analysen ermöglichen.

10.4 Entscheidungsunterstützungssysteme

Eine Anwendung der Wissenschaft ist es, andere damit zu informieren und zu beraten. Hier ist immer auch die Frage, wie neutral Wissenschaft bleibt, inwieweit man die anderen Akteure beteiligt und wie man Informationen verteilt. Ein auch in der Risiko- und Katastrophenforschung wichtiges Anwendungsfeld sind Entscheidungsunterstützungssysteme. Im Grunde genommen sind es mit dem Computerwesen entstandene Verknüpfungen von Informationssammlungen mit Datenanalysen hin zur Darstellung für externe Nutzer. Es gibt unterschiedliche Grade, wie stark die Informationen dann so aufbereitet und einfach dargestellt werden, dass sie auf bestimmte Nutzergruppen zugeschnitten sind und diese sie auch verstehen können.

Es gibt verschiedene **Entscheidungstheorien,** und hier soll nur grundsätzlich erläutert werden, wie unterschiedlich Entscheidungen wissenschaftlich angegangen werden können, da dies starke Rückwirkung darauf hat, welche Art von Unterstützung so ein System anvisiert. Vereinfacht gesagt gibt es Modelle, die einfach und klar aufgebaut sind und wenig Spielraum lassen. Häufig sind diese von vielen Vereinfachungen und Annahmen geprägt und hinterlassen dafür eindeutige Ergebnisse. Auf der anderen extremen Seite können **multikriterielle Entscheidungsunterstützungssysteme** eine Vielzahl von Entscheidungsvariablen, aber auch Szenarien für mögliche Ergebnisse bereits darstellen und sogar **Unsicherheiten** dabei mit abbilden. Kurz zusammengefasst gibt es folgende entscheidungstheoretische Aspekte zu berücksichtigen:

- Im deterministischen Modell ist die Situation bekannt, und die Prozesse sind berechenbar.
- Bei epistemischen Modellen gibt es Unsicherheiten, die aus unvollständigem Wissen resultieren.
- Aleatorische oder stochastische Unsicherheiten sind solche, die aus zufälligen Prozessen entstehen.
- In manchen Modellen wird Risiko verstanden als bekannte Eintrittswahrscheinlichkeit, wohingegen Ungewissheit abgegrenzt wird.

1. Datengrundlage   2. Aggregierte Visualisierung

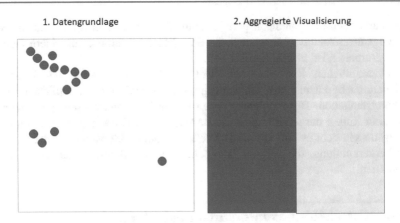

Abb. 10.16 Beispiel für ein Problem der modifizierbaren Fläche (MAUP)

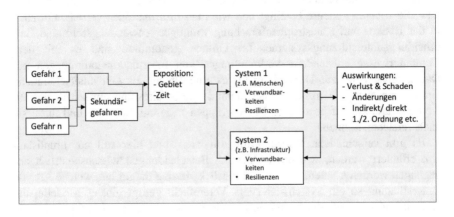

Abb. 10.17 Multirisikokonzept

Die Modelle gehen unterschiedlich damit um, je nachdem, welche Messmethoden vorliegen und welche Bekanntheitsgrade sie untersuchen. Ein Beispiel aus der Strahlenforschung ist, dass es deterministische Modelle mit einem klaren Zusammenhang zwischen Expositionsdosis und Schädigung gibt, zum Beispiel bei Hitzeeinwirkung. Bei Krebserkrankungen hingegen gibt es eine eher stochastische Einschätzung, mit vielen Unsicherheiten behaftet, da nicht genau klar ist, wann sich bei welcher Person wie schnell und stark eine Folgekrankheit entwickelt oder auch nicht. „Unsicherheiten" oder „Kontingenzen" sind mitunter Alternativbegriffe für (berechenbare) Risiken (Weichhart, 2007; Weichselgartner, 2013). In der Planung gibt es jedoch immer wieder auch sogenannte tückische Probleme (wicked problems), die mehrere Unsicherheiten von der Problemfindung bis zur -lösung beinhalten (Rittel & Webber, 1973).

Es gibt bekannte Methoden oder auch Werkzeuge, um Entscheidungsunterstützung vorzubereiten. Diese teilen sich in viele Varianten auf (nachfolgend nur einige Beispiele):

- Analytic Hierarchy Process (AHP)
- Cost-Benefit Analysis (CBA)
- Decision Support Systems (DSS)
- Multi-Criteria Decision Analysis (MCDA)
- Multivariate Statistikmethoden
- Nutzwertanalyse (NWA)

Wesentliche Komponenten eines Entscheidungsunterstützungssystems

Die wesentlichen Komponenten von Entscheidungsunterstützungssystemen (decision suport systems, DSS) bestehen aus einer Datenbank, die zum Beispiel die Ortslage sowie Wetter und Topographie beinhalten (Wallace & De Balogh, 1985). Außerdem enthält es eine Datenanalysefähigkeit, in der bestimmte Methoden oder mathematische Modelle der Statistik angewendet werden. Es liegen auch oft normative Modelle zugrunde, die Variablen und Daten zum Beispiel nach Schutzzielen und Interessen aufnehmen, aber auch Lösungen, Lösungsvarianten und Kompromisse entweder zugeschnitten auf einzelne Wertebereiche oder breiter darstellen. So weisen einige Unterstützungssysteme Ausgaben für wirtschaftliche Schäden auf, während andere das zum Beispiel aus ethischen Gründen möglicherweise nicht tun. Es bedarf weiterhin einer Technologie zur Darstellung und interaktiven Nutzung von den Daten und Modellen, also auch eine Interaktion mit den Nutzern/Nutzerinnen. Diese Interaktionen bestehen zum Beispiel aus unterschiedlichen Gruppen wie Katastrophenmanagern/-managerinnen mit anderen Nutzergruppen. Die Darstellungstechnologie besteht häufig aus Computerbildschirmen oder mobilen Ausgabegeräten, Ausdrucken, Karten etc. (Wallace & De Balogh, 1985):

- Datenbank
- (Lage, Wetter, Topographie etc.)
- Datenanalysefähigkeit
- (Statistik etc.)
- Normative Modelle
- (Lösungen, Kompromisse etc.)
- Technologie zur Darstellung und interaktiven Nutzung von Daten und Modellen

Interaktion mit zwei externen Elementen:

- Katastrophenmanager
- Umwelt der Katastrophenhilfe

Unterstützende Methoden der Modellierung stehen zum Beispiel auch im Bereich der **agentenbasierten Modellierung (ABM)** bereit, um modellhafte Zusammenhänge zwischen Entscheidungen und Ablaufprozessen analysieren und darstellen zu können. Für bessere Visualisierungen eignen sich GIS etc. ebenfalls, und es werden typischerweise auch viele Arten wissenschaftlicher Diagramme und Tabellen und Ähnliches genutzt. Immer wieder kommen Arten von Darstellungen auf, in den vergangenen Jahren zum Beispiel Dashboards, also den Instrumentenanzeigen nachempfundene Angaben von Höchstausschlägen oder -ständen, die einen schnellen Überblick beispielsweise darüber erlauben sollen, wie stark das Risiko in verschiedenen Komponenten ist, wie stark der Handlungsbedarf ist oder wie stark oder schwach die eigenen Fähigkeiten sind.

Literaturempfehlungen
Geographie: Gebhardt et al., 2019
　Geographische Risikoforschung: Felgentreff & Glade, 2008; Geipel, 1977; Geipel, 1992; Weichselgartner, 2013
　Geographische Informationssysteme: Kappas, 2012; Longley et al., 2015
　Fernerkundung: Albertz, 2016
　Entscheidungsunterstützungssysteme: Wallace & De Balogh, 1985

Literatur

Albertz, J. (2016). *Einführung in die Fernerkundung. Grundlagen der Interpretation von Luft- und Satellitenbildern.* 5.Aufl. Wbg academic.
Bearman, N. (2020). *GIS: Research Methods.* Bloomsbury Publishing.
Cao, C., & Lam, N.S.-N. (1997). Understanding the scale and resolution effects in remote sensing and GIS. In D. A. Quattrochi & M. F. Goodchild (Hrsg.), *Scale in remote sensing and GIS* (S. 57–72). Lewis Publishers.
EPA (US Environmental Protection Agency). (2016, 14 Dec 2022). ALOHA software. https://www.epa.gov/cameo/aloha-software.
Fathi, R., Thom, D., Koch, S., Ertl, T., & Fiedrich, F. (2020). VOST: A case study in voluntary digital participation for collaborative emergency management. *Information Processing & Management, 57*(4), 102174.
Fekete, A. (2004). *Massenbewegungen im Elbursgebirge, Iran – im Spannungsfeld zwischen natürlicher Stabilität und anthropogener Beeinflussung. (Landslides in Alborz-mountains, Iran – an area of conflict between natural stability and human impact).* (Diplomarbeit). Universität Würzburg. urn:nbn:de:bvb:20-opus-13576. Zugegriffen: 6. April 2024
Fekete, A. (2020). CORONA High-resolution satellite and aerial imagery for change detection assessment of natural hazard risk and urban growth in El Alto/La Paz in Bolivia, Santiago de Chile, Yungay in Peru, Qazvin in Iran, and Mount St. Helens in the USA. *Remote Sensing, 12*(19), 3246.
Fekete, A. (2022). Peri-urban growth into natural hazard-prone areas: Mapping exposure transformation of the built environment in Nairobi and Nyeri, Kenya, from 1948 to today. *Natural Hazards, 1–24.*
Fekete, A., Asadzadeh, A., Ghafory-Ashtiany, M., Amini-Hosseini, K., Hetkämper, C., Moghadas, M., ..., & Kötter, T. (2020). Pathways for advancing integrative disaster risk and resilience management in Iran: Needs, challenges and opportunities. *International Journal of Disaster Risk Reduction, 49,* 101635. https://doi.org/10.1016/j.ijdrr.2020.101635.

Fekete, A., Tzavella, K., & Baumhauer, R. (2017). Spatial exposure aspects contributing to vulnerability and resilience assessments of urban critical infrastructure in a flood and blackout context. *Natural Hazards, 86*(1), 151–176. https://doi.org/10.1007/s11069-016-2720-3.

Felgentreff, C., & Glade, T. (Hrsg.). (2008). *Naturrisiken und Sozialkatastrophen.* Spektrum Akademischer Verlag.

Gebhardt, H., Glaser, R., Radtke, U., Reuber, P., & Vött, A. (Eds.). (2019). *Geographie – Physische Geographie und Humangeographie.* 3. Aufl. Heidelberg Spektrum Akademischer Verlag.

Geipel, R. (1977). Friaul: Sozialgeographische Aspekte einer Erdbebenkatastrophe. *Münchener Geographische Hefte, 40,* 212.

Geipel, R. (1992). *Naturrisiken. Katastrophenbewältigung im sozialen Umfeld.* Wissenschaftliche Buchgesellschaft.

Kappas, M. (2012). *Geographische Informationssysteme.* Westermann.

Longley, P., Goodchild, M. F., Maguire, D. J., & Rhind, D. W. (2005). *Geographic Information Systems and Science,* 2. Aufl. Wiley.

Longley, P., Goodchild, M. F., Maguire, D. J., & Rhind, D. W. (2015). *Geographic Information Science and Systems.* 4. Aufl. Wiley.

Moghadas, M., Rajabifard, A., Fekete, A., & Kötter, T. (2022). A framework for scaling urban transformative resilience through utilizing volunteered geographic information. *ISPRS International Journal of Geo-Information, 11*(2), 114.

Moghadas, M., Fekete, A., Rajabifard, A., & Kötter, T. (2023). The wisdom of crowds for improved disaster resilience: A near-real-time analysis of crowdsourced social media data on the 2021 flood in Germany. *GeoJournal,* 1–27.

Openshaw, S. (1984). *The Modifiable Areal Unit Problem.* Geo Books.

Rittel, H. W., & Webber, M. M. (1973). Dilemmas in a general theory of planning. *Policy sciences, 4*(2), 155–169.

Rohr, A., Priesmeier, P., Tzavella, K., & Fekete, A. (2020). System criticality of road network areas for emergency management services – spatial assessment using a tessellation approach. *Infrastructures, 5*(11), 99.

Tzavella, K., Fekete, A., & Fiedrich, F. (2017). *Opportunities provided by geographic information systems and volunteered geographic information for a timely emergency response during flood events in Cologne.* Natural Hazards. https://doi.org/10.1007/s11069-017-3102-1.

Wallace, W. A., & De Balogh, F. (1985). Decision support systems for disaster management. *Public administration review,* 134–146.

Weichhart, P. (2007). Risiko – Vorschläge zum Umgang mit einem schillernden Begriff. *Berichte zur deutschen Landeskunde, 81*(3), 201.

Weichselgartner, J. (2013). *Risiko – Wissen – Wandel. Strukturen und Diskurse problemorientierter Umweltforschung.* Oekom.

Teil IV
Ausblick

Weiterentwicklungen des Themas

11

Zusammenfassung

Wohin wird sich das Thema der Risiko-, Katastrophenforschung und Resilienz weiterentwickeln? In diesem Kapitel werden einige ausgewählte Gedanken über konzeptionelle und fachliche Erweiterungsmöglichkeiten reflektiert t. Schutzziele als strategische Planungskonzeption werden in Bezug zu kritischen Infrastrukturen und Grunddaseinsfunktionen dargestellt. Außerdem wird ein Konzept beschrieben, welche Arten von Redundanzen, also Ersatz- und Ausweichmöglichkeiten, man grundsätzlich bei Gefährdungen schrittweise klassifizieren und einordnen kann. Schließlich werden allgemeine Überlegungen zur Katastrophen-, Risikoforschung und Wissensvermittlung im Kontext angestellt. Es geht um die Frage, wie das Wissen über Risiken in die Gesellschaft gebracht werden kann, wenn das Thema an sich viele abschreckt und bereits eine Überforderung angesichts der medialen Vielfalt von Vorfällen grassiert. Insbesondere über die Rolle von Hochschulen in der Gesellschaft und für die Ausbildung von Themen in noch neuen und unbekannten Forschungsrichtungen wird reflektiert. Risiken und Katastrophen sind per se komplexe und nicht vollständig vorhersehbare Bereiche. Auch die Resilienz kommt an ihre Grenzen, und dies fordert sowohl all jene, die Risiken ausgesetzt sind, als auch jene, die diese Themen bearbeiten und an andere vermitteln möchten.

In diesem Teil des Buches werden weitere Überlegungen dargelegt, die noch in der Entwicklung sind und als Diskussionsgrundlage dienen sollen.

A. Fekete, *Risiko, Katastrophen und Resilienz,*
https://doi.org/10.1007/978-3-662-68381-1_11

11.1   Schutzziele und Grunddaseinsfunktionen in Bezug zu KRITIS

Ein mögliches Vorbild für eine Gliederung von Schutzzielen nach den Werten einer Gesellschaft ist das Modell der Grundbedürfnispyramide, auch Grunddaseinsfunktionen, von Abraham Maslow (1943).
Beispiele für die Benennung der Bedürfnisse:

1. Körperliche Existenzbedürfnisse: Atmung, Schlaf, Nahrung, Wärme, Gesundheit, Wohnraum, Sexualität
2. Sicherheit: Recht und Ordnung, Schutz vor Gefahren, fester Arbeitsplatz, Absicherung
3. Soziale Bedürfnisse (Anschlussmotiv): Familie, Freundeskreis, Partnerschaft, Liebe, Intimität, Kommunikation
4. Individualbedürfnisse: Höhere Wertschätzung durch Status, Respekt, Anerkennung (Auszeichnungen, Lob), Wohlstand, Geld, Einfluss, private und berufliche Erfolge, mentale und körperliche Stärke
5. Selbstverwirklichung: Individualität, Talententfaltung, Perfektion, Erleuchtung

Als Kritik wurde an dieser Hierarchie geäußert, dass die Wertstellung der individuellen Bedürfnisse nur eher westlichen Vorstellungen entspräche und dass nicht alle Menschen die gleiche Priorisierung verwenden würden. Auch politische Bedingungen können die Bedürfnispyramide verändern; Sicherheit kann zum Beispiel mehr Bedeutung erlangen. Für die Verwendung in Deutschland erscheint die Gliederung jedoch grundsätzlich anwendbar. Für die Risiko- und Katastrophenforschung hilft diese Hierarchie nur eingeschränkt, gibt jedoch erste Anhaltspunkte. Zunächst muss man überlegen, ob man an den Alltagsfall oder den Katastrophenfall denkt. Im Katastrophenfall gewinnen viele Bedürfnisse und damit verbundene Ressourcen und Dienstleistungen eine höhere Bedeutung als im Alltag, beispielsweise Notfall- und Rettungswesen. Im Folgenden soll eine mögliche Anwendung im Bereich der kritischen Infrastrukturen erfolgen.

In der Hierarchie stehen als Erstes jene Versorgungsinfrastrukturen, die das direkte Überleben gewährleisten, zum Beispiel **Luft, Wasser**(Wasserversorgung und Wasserqualität) oder **Lebensmittel.** Im Prinzip gehört hierzu auch die Luftversorgung, etwa Klimaanlagen als KRITIS oder auch Luftversorgung unter der Bedrohung von Bränden, Rauch, CBRNE-Gefahren; dies wird nach dem BMI jedoch nicht innerhalb der KRITIS so behandelt.

Danach folgen jene KRITIS, die direkte Gesundheitsversorgung betreffen, zum Beispiel **Gesundheitsversorgung** (Arzneimittel), **Krankenhäuser** und **Notfall- und Rettungsdienste/Katastrophenschutz.** Die Sicherheit des Wohnraums, oder allgemein der **Gebäude,**, ist ebenfalls wesentlich für das Überleben im Falle einer Katastrophe, etwa bei Erdbeben. Danach folgen jene Infrastrukturen, die indirekt das Überleben beispielsweise im Winter länger als einen Tag gewährleisten, also Wärme in Form von **Energieversorgung.**. Nach dieser Stufe wird es schwieriger, Maslows Pyramide hilft nur bedingt. Wenn man sich in das Szenario Katastrophenfall versetzt, ist es eine enge Abwägung, jedoch scheint die **Informationsver-**

sorgung über Einsatzorte und zur Aufrechterhaltung von Energie- und Gesundheitsversorgung Priorität gegenüber **Transport** und **Verkehr** zu haben. Ohne Information und Telekommunikation machen Transporte im Katastrophenfall weniger Sinn. Gefahrstoffe sind in ihrer hauptsächlichen Betrachtung als Gefahrguttransporte unter Transport und Verkehr einzusortieren, könnten aber auch unter Katastrophenschutz eingeordnet werden.

Danach kommen KRITIS, die Sicherheit und dann jene, die Absicherung (z. B. Einkommen) gewährleisten. Die Sicherheit wird von Polizei und Militär gewährleistet, beide sind nach dem BMI jedoch keine KRITIS-Sektoren. **Behörden** und **Verwaltung** sind nicht die unmittelbaren Einsatzkräfte; diese sind durch Notfall- und Rettungsdienste bereits vor Ort und koordinieren zunächst die Katastrophenbewältigung. Behörden und Verwaltung übernehmen eher die grundsätzlichen Planungs- und Koordinierungsaufgaben im Vorfeld und in der längerfristigen Koordinierung und Bewältigung von Katastrophen dar. **Finanzwesen, Geld** und **Versicherung** folgen erst nach der Grundsicherung der Freiheit, auch wenn in Deutschland wirtschaftliche Schäden in der Wahrnehmung häufig im Vordergrund stehen. Für die weitere Stufe kann man für KRITIS die letzten drei Stufen von Maslow zusammenfassen; sie gehen über die Grundsicherung hinaus und behandeln weitere Bedürfnisse nach Versorgung, die für die Zivilgesellschaft relevant sind. Bedürfnisse der Selbstverwirklichung sind weniger im Fokus des nationalen Bevölkerungsschutzes, allein deswegen, da vorrangig Versorgungsinfrastruktur für eine möglichst große Anzahl der Bevölkerung bearbeitet wird. Bedürfnisse der Gesellschaft decken sich jedoch wenigstens teilweise mit Selbstverwirklichungsbedürfnissen in den Bereichen **Kulturgut** und **Forschung**. Die Medien sind schwierig einzusortieren, da sie sowohl Informationsversorgung betreiben als auch ein soziales Bedürfnis darstellen. Im Katastrophenfall können sie sowohl hinderlich als auch äußerst wertvoll sein. Im Sinne von KRITIS ist die Infrastruktur der Medien durch Elemente der Informationsversorgung, also Senderstandorte, etc. bereits im Bereich der Informations- und Kommunikationstechnologien (IKT) abgedeckt. Die Medien im bisherigen Bereich der Großforschungseinrichtungen und Kulturgut sind eher als Standorte der Publizistik und Informationsgenerierung zu verstehen. Infrastruktur ist also beides, Erzeugungs- und Verbreitungsinfrastruktur – im Bereich Stromerzeugung zum Vergleich die Kraftwerke und die Stromnetze. Es macht daher Sinn, die Medien auch aus diesem Grund zu IKT zu sortieren. Das **Postwesen** ist bislang unter Transport und Verkehr eingeordnet, erfüllt jedoch eher eine Informationsversorgungsfunktion. Die offiziellen KRITIS-Sektoren des Bundes ändern sich, seit 2004 mit 7 Sektoren zu aktuell 11 Sektoren, jedoch geht es hier mehr um das Prinzip einer Einordnungs- und Priorisierungsmöglichkeit.

Eine **Hierarchie der Sektoren,** könnte aussehen wie in Tab. 11.1 dargestellt.

Man könnte die Hierarchie auch beliebig anders anordnen, z. B. nach dem Grad der Abhängigkeit einer KRITIS von anderen KRITIS. Die Informations- und Telekommunikationsinfrastruktur (IKT KRITIS) wird als immer entscheidender angesehen, da unsere Gesellschaft zunehmend von ihr abhängt und ohne IKT andere KRITIS wie Energieversorgung nicht oder nur eingeschränkt funktioniert. Wichtiger scheint jedoch die Funktionsfähigkeit des Menschen, denn ohne Menschen

Tab. 11.1 Hierarchie der KRITIS-Sektoren

1	**Direkte körperliche Grundbedürfnisse**
	A Wasser- und Lebensmittel (auch Notfallversorgung, Wasserqualität, Abwasser) **B Gesundheit und Katastrophenschutz** (Notfall- und Rettungsdienste, Arzneimittel, Krankenhäuser, aber auch Notfallkoordinierung) **C Gebäude**
2	**Indirekte und mittelfristige körperliche Grundbedürfnisse**
	D Energie (Wärme; Elektrizität, Gas und Mineralöl, Fernwärme)
3	**Katastropheneinsatzfunktionalität**
	E Information (auch Telekommunikation, Medien und Postwesen) **F Verkehrswesen** (auch Gütertransport, Gefahrstoffe, jedoch ohne Energie oder Informationstransport, Datenverkehr etc.)
4	**Sicherheit**
	G Behörden und Verwaltung
5	Absicherung
	H Finanzwesen (auch Geld- und Versicherungswesen)
6	**Zivilgesellschaft**
	I Forschung und Kulturgut

brauchen wir keine Infrastruktur. Daher erscheint die vorgeschlagene Hierarchie aktuell noch schlüssiger.

Eine Infrastruktur ist kritisch für eine betrachtete Gesellschaft, wenn die Verletzung eines gesellschaftlichen Werts denkbar ist. Diese Form der gesellschaftlichen Kritikalität nimmt zu, je mehr Menschen oder ihre Lebensbedingungen davon betroffen sein können und je dringlicher die Zeiteinheit der Einwirkung erachtet wird.

Ein Stolperstein weiterer Überlegungen ist sicherlich, welches Katastrophenszenario man betrachtet. Im Grunde muss man bei jedem Sektor und Oberbegriff vom Worst Case ausgehen. Zudem ist die Verbindung aus Zeitdauer und Intensität gravierend; ohne Trinkwasser kommt man ein paar Tage aus, der Gebäudeeinsturz durch ein Erdbeben tötet aber sofort. Sicherlich spielt auch immer die Wahrscheinlichkeit eine Rolle, welche Sektoren man priorisieren will. Ein großes Problem einer solchen Hierarchisierung der Sektoren ist aber die Beliebigkeit, welche Szenarien man sich ausmalen will und was alles als „reasonable worst case", also als in Deutschland vernünftig anzunehmendes schlimmstes Ereignis, betrachtet werden soll.

11.2   Gefährdungsredundanz einer KRITIS

Die Redundanzuntersuchung von Elementen einer KRITIS, die einer Gefahr ausgesetzt sind, bezieht sich auf eine gegenseitige Abhängigkeits- oder Interdependenzuntersuchung. Sie ist ebenfalls abhängig von der Vorstellungskraft über diverse Gefahren, Bedrohungen und, generell, Einwirkungsszenarien. Eine ausreichende Gefährdungsredundanz, die einen vollwertigen Ersatz bezüglich einer Gefährdungseinwirkung bietet, ist nur dann gegeben, wenn sich die Redundanzen nicht auf der gleichen Betroffenheitsebene befinden. Das heißt, wenn alle Elemente und Redundanzen von der gleichen Gefahreneinwirkung gleichzeitig getroffen werden (räumlich wie zeitlich und die gleiche Qualität betreffend), dann wirkt die Redundanz nicht, ist also keine „echte" Redundanz. Dieses Prinzip gilt auch dann, wenn eine Gefahr vermeintlich durch eine Schutzvorkehrung gebannt scheint. Beispiel Fukushima; dort wurden vier redundante Dieselgeneratoren zur Notstromversorgung gleichzeitig von der Tsunami-Flutwelle überspült, nachdem diese die Tsunami-Schutzmauer überwunden hatte.

Gefährdungsredundanz: Ist jeweils für jede KRITIS festzulegen -> gleichartiger Prozess

Gleichartiger Prozess: Interne oder externe Maßnahme, die in ausreichender Qualität, ->Zeit und Menge den Service liefert wie das ausgefallene Element.

Beispiel Zeit: Jeweils für jede KRITIS festzulegen: innerhalb von Sekunden, Minuten, Stunden, Tagen usw.

Gefährdungsredundanz	Stufe 1a: Das redundante Element befindet sich nicht auf derselben Gefährdungseinwirkungsebene wie das Element der Infrastruktur, das ursprünglich die Funktion erfüllt.

Gefährdungsredundanz	Stufe 1a: Das redundante Element befindet sich nicht auf derselben Gefährdungseinwirkungsebene wie das Element der Infrastruktur, das ursprünglich die Funktion erfüllt.
Gefährdungsredundanz	Stufe 1b: Das redundante Element befindet sich auf derselben Gefährdungseinwirkungsebene wie das Element der Infrastruktur, das ursprünglich die Funktion erfüllt. Jedoch sind Zeit, räumlicher Abstand und Qualität so gewählt, dass eine gleichzeitige Beeinträchtigung durch die gleiche(n) Gefahreneinwirkung(en) gegenwärtig nicht angenommen wird.
Gefährdungsredundanz	Stufe 2a: Das zweite redundante Element befindet sich nicht auf derselben Gefährdungseinwirkungsebene wie das erste redundante Element oder das Element der Infrastruktur, das ursprünglich die Funktion erfüllt.
Gefährdungsredundanz	Stufe 2b: Das zweite redundante Element befindet sich auf derselben Gefährdungseinwirkungsebene wie das erste redundante Element oder das Element der Infrastruktur, das ursprünglich die Funktion erfüllt. Jedoch sind Zeit, räumlicher Abstand und Qualität so gewählt, dass eine gleichzeitige Beeinträchtigung durch die gleiche(n) Gefahreneinwirkung(en) gegenwärtig nicht angenommen wird.

Stufe 1b: Das redundante Element befindet sich auf derselben Gefährdungseinwirkungsebene wie das Element der Infrastruktur, das ursprünglich die Funk-

Tab. 11.2 Anwendungsschema: Kritikalitätsstufen und Redundanzen für einzelne Elemente

Auswahl und Bezeichnung des Elements	Wasserspeicher
Beschreibung möglicher Redundanzen	Wasserspeicher in gleichartiger Qualität, Zeit und Menge, Nähe, Verfügbarkeit Alternative Wasserversorgung durch Tanklaster
Klassifizierung der konkreten Redundanzen	Wasserspeicher XY: Qualität, Zeit und Menge, Nähe, Verfügbarkeit gegeben, aber befindet sich auf derselben Gefährdungsebene = Redundanzstufe 1b Alternative Wasserversorgung durch Tanklaster: Volumen und Verfügbarkeit begrenzt = Redundanzstufe 3
Stufe 1: Ausfall eines Elements führt zur Verletzung des Schutzziels aus A	Nein, es gibt mindestens einen redundanten Wasserspeicher vom Typ 1b im Untersuchungsraum
Stufe 2: Ausfall eines weiteren, redundanten, Elements führt zur Verletzung des Schutzziels aus A	Nein, es gibt noch einen weiteren redundanten Wasserspeicher vom Typ 1b im Untersuchungsraum

tion erfüllt. Jedoch sind Zeit, räumlicher Abstand und Qualität so gewählt, dass eine gleichzeitige Beeinträchtigung durch die gleiche(n) Gefahreneinwirkung(en) gegenwärtig nicht angenommen wird.

Stufe 2a: Das zweite redundante Element befindet sich nicht auf derselben Gefährdungseinwirkungsebene wie das erste redundante Element oder das Element der Infrastruktur, das ursprünglich die Funktion erfüllt.

Stufe 2b: Das zweite redundante Element befindet sich auf derselben Gefährdungseinwirkungsebene wie das erste redundante Element oder das Element der Infrastruktur, das ursprünglich die Funktion erfüllt. Jedoch sind Zeit, räumlicher Abstand und Qualität so gewählt, dass eine gleichzeitige Beeinträchtigung durch die gleiche(n) Gefahreneinwirkung(en) gegenwärtig nicht angenommen wird.

Nur zur Erläuterung: Eine nur begrenzt zufriedenstellende Gefährdungsredundanz (ggf. Stufe 1c und 2c) wäre bezüglich der räumlichen Anordnung beispielsweise

- bei punktuellen Elementen ein Ersatzelement, das am gleichen Standort, im selben Gebäude, auf einem anderen Stockwerk besteht;
- bei linearen Elementen ein Ersatzelement, das über denselben Tunnel, dieselbe Trasse geführt wird;
- bei vernetzten Elementen ein Ersatzelement, das räumlich gleichzeitig betroffen ist.

Eine weitere Form einer nur begrenzt zufriedenstellenden Gefährdungsredundanz wäre etwa ein Element, das zwar räumlich getrennt ist, jedoch zeitlich oder qualitativ durch dasselbe Ereignis betroffen wäre (Tab. 11.2).

- Beispiel Internet: Beim Internet als einer netzartigen Struktur können sowohl punktuelle Server als auch dezentrale Elemente durch die Schnelligkeit der Informationsverbreitung betroffen sein. Eine netzartige Struktur oder Dezentralisierung allein bietet also noch keinen ausreichenden Schutz. Hierbei müssen noch zeitliche Faktoren sowie inhaltliche Fragen nach der Qualität und Beschaffenheit der Infrastruktur oder deren Serviceleistung untersucht werden.
- Beispiel Finanzmärkte: Der Verlust von Vertrauen an einem Börsenstandort kann sich durch Kommunikationswege auf alle anderen, räumlich getrennten Börsenstandorte empfindlich auswirken
- Beispiel Epidemie (hier: EHEC): Der reine Verdacht, dass Gurken Überträger einer Krankheit sein könnte, reicht aus, der Landwirtschaft empfindliche Verluste einzubringen.
- Beispiel Epidemie: Das Ersatzpersonal für eine Leitwarte befindet sich zwar in einer anderen Stadt, ist aber durch die Epidemie gleichermaßen betroffen, oder aber das Ersatzpersonal besitzt nicht die gleiche Ausbildung oder Einarbeitung wie die Originalbesetzung

11.3 Überlegungen zur Katastrophenrisikoforschung und Wissensvermittlung

Risiko und Katastrophen, wer möchte sich damit schon befassen? Dieses Buch richtet sich klar an Personen, die sich für das Thema interessieren. Jedoch muss auch allen, die damit bereits selbstverständlich arbeiten, bewusst sein, dass sie ihre Tätigkeit gegenüber der normalen Bevölkerung immer wieder rechtfertigen müssen. Aktuell finden sich Unfälle und Katastrophenereignisse zum Beispiel durch Unwetter, Erdbeben oder Hitzewellen immer häufiger in Medienberichten wieder. Das Thema ist also allgemein bekannt, möchte man meinen, und trotzdem wird es den meisten Personen nahezu absurd vorkommen, sich mit einem Thema wie Katastrophen beruflich zu befassen. Das ist auch vollkommen verständlich und leicht erklärbar, denn Menschen sind biologisch so vorgeprägt, dass sie aus der Fülle an Informationen und Eindrücken ständig aussortieren und entweder Unwichtiges oder aktuell nicht Relevantes beiseiteschieben müssen, um sich auf die wichtigen Dinge des Lebens zu konzentrieren. Jeden Tag gehen wir jedoch ständig kleine Risiken ein, beim Überqueren der Straße etwa. Und größere Ereignisse, die den Namen einer Katastrophe verdienen, kommen ja zum Glück so selten vor, dass man hoffen kann, sie gar nicht zu erleben. Warum also sich mit Katastrophen oder entsprechenden Risiken befassen, die über das Alltagsgeschehen und das zu Erwartende hinausgehen? Es gibt mehrere Begründungsmöglichkeiten, eine mit dem Verweis auf die ethische Verantwortung, Menschenleben und Schäden zu vermeiden. Eine andere ist eine gesellschaftliche Erwartung, wenn dann doch etwas passiert, sich die Frage zu stellen, ob man nicht vorher etwas hätte planen oder tun können. Es haben sich also seit vielen Jahren, wenn nicht gar Jahrhunderten, bestimmte Organisationsformen herausgebildet, die sich mit Risiken und Katastrophen auch beruflich befassen. Von der Wettervorhersage über das gesamte Gesundheitssystem bis hin zum Zivil- und Katastrophenschutz, aber auch im Bereich Versicherungswesen und vielen anderen Bereichen befasst man sich mit Risiken und Katastrophen. Die Begriffe werden dabei unterschiedlich gehandhabt, was die Kommunikation mit der Öffentlichkeit nicht unbedingt erleichtert. Kommunikation ist aber ein zentraler Begriff, um Risiken und Katastrophen zu verstehen, Ein Beispiel dafür sind Hinweis- und Warnschilder, die der Öffentlichkeit Informationen vermitteln sollen. Warnschilder vor Gefahren gibt es weltweit, sei es vor empfindlichen Leitungen im Boden (Abb. 11.1 und 11.2), Tsunami (Abb. 11.3 und 11.4), Waldbrand (Kenia) oder Sturzfluten (Abb. 11.5 und 11.6). Es ist hilfreich, wenn sie mehrsprachig sind, und man muss auch beachten, dass Notrufnummern weltweit variieren (Abb. 11.1).

Warum war es notwendig, ein weiteres Buch zu schreiben, obwohl schon so viel über Risiken und Katastrophen publiziert und kommuniziert wird? Das vorliegende Buch ist aus dem Eindruck der Lehre an Hochschulen entstanden, an denen in einem bestimmten Fachbereich, dem Rettungsingenieurwesen, verschiedene Kurse vom Autor entwickelt und durchgeführt wurden. Ebenso wurden Kurse in Geographie und benachbarten Disziplinen im Bereich Ingenieurwesen, Ökosystemforschung oder Sicherheitsforschung durchgeführt. Eine Vorlesung ist ein anderes Medium als ein Buch, insbesondere als ein gedrucktes Buch. In einer Vorlesung versucht man sich in einem Spagat zwischen umfassender Darstellung und konkreten Beispielen, die etwas tiefergehend aufzeigen, wie man das Thema bearbeiten kann, und auch, welche Herausforderungen und Probleme es bei der Bearbeitung und Behandlung des Themas gibt. Dieses Buch ist auch entstanden, weil ein zu Recht von Studierenden angemerktes Manko meiner Vor-

Abb. 11.1 Hinweisschild mit Notrufnummer (Saudi-Arabien, 2023)

Abb. 11.2 Warnschild vor empfindlichen Leitungen im Boden (Japan, 2008)

lesungen immer war, dass der **rote Faden** fehlen würde. Man baut eine Vorlesung im Grunde genommen wie einen Vortrag auf und überlegt hin und her, wie man einerseits Personen mit wenig Vorwissen als auch Fortgeschrittene erreicht und zufriedenstellt. Dieses Buch versucht daher, einerseits in der Breite darzustellen, worum es sich bei diesem Thema handelt, und andererseits (in Teil 2) konkrete Anleitungen für methodische Arbeiten bereitzustellen. Da es sich gleichzeitig um einen sich noch entwickelnden und zu definierenden Fachbereich handelt, wird in diesem Buch insgesamt, aber insbesondere in Teil 3, der Versuch unternommen darzustellen, welche Bezüge er zu wissenschaftlichen Fragestellungen hat, denn im Moment des Schreibens ist der Autor noch davon überzeugt, dass es sich hier um keine wissenschaftliche Disziplin handelt, sondern um einen Fachbereich, der zunehmend gefragt ist und in verschiedener Benennung und Ausgestaltung an verschiedenen Hochschulen immer mehr Auftrieb erhält. Naturgefahren werden im Bereich der geographischen Disziplinen schon seit Jahren untersucht, Bezüge zu Schäden und Auswirkungen ebenfalls, jedoch im geringeren Umfang. In den Ingenieurdisziplinen ist der Bereich des Rettungsingenieurwesens und benachbarter Sicherheitsforschungsbereiche im Vergleich dazu relativ neu und in Deutschland an Fachhochschulen etwa seit 20 Jahren und an der Universität in Wuppertal schon seit mehr als vier Jahrzehnten vorhanden. Das Buch berührt aber noch viele weitere Fachbereiche und Nachbardisziplinen, die hier nicht einzeln

Abb. 11.3 Tsunami-
Warnschild mit
englischsprachigem Text
(Japan, 2008)

Abb. 11.4 Tsunami-Warnschild in anderer Darstellungsform (Japan, 2008)

aufgeführt werden. Es handelt sich um einen Fachbereich und noch keine Disziplin, da er sehr stark aus dem angewandten Bereich heraus entsteht und in vielen
Bereichen noch wenig wissenschaftlich aufgebaut und untersucht ist.

Abb. 11.5 Warnschild zur Waldbrandgefahr (Kenia, 2018)

Abb. 11.6 Warnschild vor Sturzfluten (Iran, 2018)

Es ist für viele Außenstehende, aber auch innerhalb der etablierten wissenschaftlichen Disziplinen an Universitäten häufig überraschend, dass man sich in diesem Bereich mit **wissenschaftlichen Fragestellungen** befasst, wenn es sich um so alltagsnahe Einrichtungen wie Feuerwehren oder Rettungsdienste handelt. Tatsächlich ist es aber rein wissenschaftlich betrachtet und methodisch austauschbar, ob man wissenschaftlich über die Verteilung von Imbissbuden oder die Verteilung von Feuerwachen arbeitet. Es ist daher sehr begrüßenswert, dass sich dieser Fachbereich wissenschaftlich entwickelt, einerseits aus einem großen Interesse aus der Praxis heraus an Fortbildungsangeboten innerhalb der Bereiche des Rettungswesens wie auch der Feuerwehren und des Katastrophen- und Zivilschutzes. Aandererseits wächst das Forschungsinteresse schon seit mehreren Jahren im Bereich der Nachhaltigkeitsforschung in Zusammenhang mit Mensch-Umwelt-Beziehungen und im Bereich des globalen Wandels, durch den Klimawandel oft im Zusammenhang mit Naturgefahren, aber auch durch andere Veränderungen und Gefahren. Für die Vielzahl an weiteren Themen, die im Rettungswesen oder in der Geographie für die Ausbildung unerlässlich sind, wird empfohlen, entsprechende Werke zu diesem Thema zu Rate zu ziehen. Es handelt sich in diesem Buch daher nicht um Stabsarbeit, Brandschutz oder Ingenieursgrundlagen, genauso wenig wie um Grundlagen der Geomorphologie oder des Städtebaus. Dennoch wird versucht, viele Bezüge zu verschiedenen Themen aufzuzeigen, da geographische Risikoforschung wie auch Risiko- und Rettungsingenieurwesen eine Vielzahl an Bereichen der Gesellschaft und Umwelt betreffen. Und da sie häufig noch gar nicht untersucht wurden, zeigt dieses Buch Beispiele auf, wie Ansätze aussehen können, um so ein Thema zu untersuchen. Ein Beispiel aus der Erfahrung ist der Einsatz von geographischen Informationssystemen, die im Bereich der Planung für Standorte von Feuerwachen und deren Lage in Risikozonen wie auch für die Krankenhausplanung bislang scheinbar kaum verwendet werden. Ein anderes Beispiel ist die empirische Grundlagenforschung, etwa die erstmalige Erhebung von Befragungsdaten in vielen dieser Bereiche, die es zuvor nur sporadisch gab.

Das Gesamtziel des Buches ist es zu erklären, was der Themengegenstand der Risiko- und Katastrophenforschung aktuell ist und wie man das Thema bearbeiten kann. Ein weiteres Ziel ist es aber auch, diesen Fachbereich wissenschaftlich aufzubauen und weiterzuentwickeln. Dazu bedarf es wissenschaftlicher Grundlagen wie etwa der wissenschaftlichen Haltung an sich, der Erfassung von Problemen und Fragestellungen, der Methodik- und Theorieentwicklung und der kritischen Auseinandersetzung in Form einer Diskussion und Reflexion.

Zu diesen Aspekten wird in den vorherigen Kapiteln weiter ausgeführt. An dieser Stelle soll aufgegriffen werden, dass eine alte Regel von William Occam lautet, dass man ein Buch nicht wegen seiner Meinung ablehnen sollte. Ein gedrucktes Buch ist damit kein feststehendes, unveränderliches Werk, sondern lebt auch von der Auseinandersetzung und Rückmeldung. Diese kann man am besten in Vorlesungen oder bei Vorträgen direkt einholen. Es ist aber wichtig zu betonen, dass die Form der Suche nach einem roten Faden dazu führt, dass am Ende ein vermeintlich stringenter Weg vorgezeichnet wird, wie etwa Begriffe zu verstehen sind oder wie methodische Schritte abzulaufen haben. Wie bei jedem willkürlich ausgewählten Beispiel entsteht dabei das Problem, dass nicht immer ausführlich dargestellt werden kann, welche alternative Betrachtungsweise eines Begriffes oder Ausführungswege einer Methodik es geben kann. Auch daher entspricht dieses Buch nicht immer der Meinung des Autos, sondern ist eine Variante, ein Weg, es zu erklären.

Vor der Erstellung des Buches hat der Autor versucht, Überblicke über den Stand des Wissens und Anleitungen für methodische Schritte für Studierende durch Veröffentlichung in wissenschaftlichen Fachzeitschriften darzulegen. Aus der Beobachtung der letzten zehn Jahre ist es aber in Teilen misslungen, dass Studierende das bereits als Anleitung nutzen konnten. Auch wenn immer mehr Studierende dahin geführt wurden, tatsächlich englischsprachige wissenschaftliche und fachbegutachtete Aufsätze in den Hausarbeiten zu benutzen, so scheinen diese Fachartikel doch zu sperrig und als Leseform noch zu ungeeignet, um ein Lehrbuch zu ersetzen.

Anwendungsbezogenheit und Denkweisen von Ingenieuren/Ingenieurinnen
Ob man es nun mit einem anwendungsbezogenen Fachbereich oder einer wissenschaftlichen Art von Disziplin zu tun hat, a liegt auch daran, inwiefern man bereits bestehende Denkweisen bei Experten/Expertinnen in diesem Feld akzeptiert oder ändert. Aus der Erfahrung der vergangenen zehn Jahre im Ingenieurwesen an einer Hochschule wurde erkannt, dass Ingenieure/Ingenieurinnen andere **Denkmuster** und Kommunikationsmuster als zum Beispiel Geographen/Geographinnen haben. Nicht in allen Bereichen, jedoch ist auffällig, dass einerseits eine Kürze der schriftlichen wie verbalen Darstellung geschätzt wird – eine Fokussierung auf nur die relevanten Punkte – und andererseits ein methodisches Vorgehen, das sehr bewusst und gerne auf scheinbar etabliertem Wissen und Standards aufbaut. Das gesetzte Wissen und der Stand der Technik werden ebenso wie Gesetzesvorgaben als gegeben wahrgenommen. Viele ingenieurwissenschaftliche Ausarbeitungen beinhalten daher eine sehr kurze Problemdarstellung und befassen sich weniger mit dem Für und Wider, das bereits in anderen Studien erkannt wurde. Der Ansatz dieses Buches ist, dass für eine mögliche wissenschaftliche Bearbeitung, auch in ingenieurwissenschaftlichen Arbeiten, in Bezug zum Thema „Risiko- und Katastrophenforschung" verstärkt Literatur und Sortierarbeit vonnöten ist und dass wissenschaftliche Quellen, also fachbegutachtete Zeitschriftenartikel, auch aus dem internationalen Bereich, stärker eingebunden werden, denn aufgrund mangelnder Funde von Publikationen werden viele Studierende verleitet zu glauben, dass es noch keine Studien zu einem Thema gibt.

Weiterhin fehlt es im Ingenieurwesen häufig an klaren Methoden oder gar theoretischen Konzepten. Dies ist auch im Bereich der geographischen Risikoforschung der Fall, die sich jedoch aus vielen Nachbardisziplinen in der Geographie bereits seit Jahrzehnten erfolgreich bedient und damit über einen methodischen Baukasten und theoretische Konzepte verfügt. In diesem Buch wird daher versucht, einerseits diese Kenntnisse aus der Geographie im Bereich des Risikound Rettungsingenieurwesens einzuführen und andererseits die Eigenheit und die in der Geographie nicht bekannten methodischen Ansätze und Denkweisen zu ergänzen. Es muss aber auch eine Lanze gebrochen werden für das, was Ingenieure wie auch viele Praxisanwender können. Das häufig sehr stark internalisierte und als gesetzt geltende Vorwissen wie auch die sehr strukturierte Arbeit entlang von Normen und Standards haben genauso wie die hohe praktische Erfahrung ein hohen Bedeutungswert. Es sollte also beachtet werden, dass nicht alles nur zwanghaft verwissenschaftlicht werden muss, sondern man stattdessen auch diese praxisnahe Arbeit wissenschaftlich einzuordnen muss. Im Grunde arbeiten viele Ingenieure/Ingenieurinnen und Praktiker/innen abduktiv, sie setzen also gewisses Wissen voraus, sind experimentierfreudig und suchen Heuristiken, also Abkürzungen, in denen häufig im Nachhinein klar wird, dass der gegangene Weg erfolgreich war und sich wieder einmal bestätigt hat. Was bei diesem Vorgang häufig fehlt, ist eine Dokumentation. Und diese Art der Dokumentationsführung soll durch das vorliegende Buch, durch Beschreibung der Problemstellung, des methodischen Weges und der Diskussion und Reflexionen ergänzt werden. Damit richtet sich dieses Buch nicht nur an Studierende, sondern auch an Fortgeschrittene, die aus anderen Disziplinen oder aus dem Bereich Ingenieurwesen oder dem Praxisbereich Bevölkerungsschutz stammen und gerne wissenschaftlich arbeiten oder sich dahingehend erweitern möchten.

Der gesamte Ansatz und die Haltung des Buches sind **integrierend.** Als ein Beispiel kann die Frage gelten, ob man sich in der Risikoforschung vorwiegend mit der Gefahren- oder mit der Auswirkungsseite (Schäden, Verwundbarkeiten, Resilienz) befassen sollte. Das ist eine Frage, die im Zuge der geographischen Risikoforschung und der internationalen Katastrophenforschung aufgeworfen wurde, als in den 1990er-Jahren in einer Dekade der Vereinten Nationen festgestellt wurde, dass die meisten Studien sich immer noch mit den Entstehungsursachen von Gefahren und kaum mit der Auswirkungsseite, auf Menschen und Gesellschaft, befassen. Dies hat zu einem Paradigmenwechsel geführt, in dem die Auswirkungsseite, bezeichnet als Verwundbarkeit oder Resilienz, immer stärker betont wurde. Dies ist vorher in der Forschung zwar zu kurz gekommen, jedoch sollte man das Kind nicht mit dem Bade ausschütten. Es ist wichtig, bestehende Gefahrenursachenforschung weiterzubetreiben und ebenso auszubauen wie die Auswirkungsseite. Im gleichen Maße integriert ist auch die Haltung dieses Buches gegenüber der Verknüpfung verschiedener Disziplinen – interdisziplinär im Sinne der verschiedenen fachlich anerkannten Disziplinen, aber eben auch der wissenschaftlich noch nicht als Disziplin eingeordneten Fach- und Themenbereiche. Das transdisziplinäre Verständnis dieses Buches im Sinne einer Integration von Akteuren/Akteurinnen auch aus nichtwissenschaftlichen Bereichen ist hier im Verständnis klar gegeben, und es wird auch versucht, Grenzen dieser Integrationsarbeit aufzuzeigen. Schließlich ist dieses Buch an ein Fachpublikum gerichtet, in einem transdisziplinären Verständnis von der Wissenschaft in die Praxis und umgekehrt.

Gerade für Studierende ist die Frage wichtig, warum man sich mit Risiko und Katastrophen befassen soll. Das Ganze führt auch zu der Frage, warum man heutzutage überhaupt noch studieren sollte. Schließlich gibt es viele Informationen und Ausbildungsmöglichkeiten online und gerade in sehr praxisnahen Bereichen wie diesen ist es eigentlich naheliegend, sich vor allem und zuerst einmal Praxiserfahrung anzueignen. Ein Studium kann zukünftig vor allem dann noch Sinn machen, wenn es sich von reinen Anleitungskursen oder Auseinandersetzungsplattformen in den sozialen Medien derart unterscheidet, dass man einen Mehrwert hat. Rein methodisch geht es also nicht darum, an einer Universität nur zu lernen, wie man eine Methode nach Schema F ausführt, sondern dass man sich eine Zusatzqualifikation erarbeitet, welche Für und Wider es bei der Anwendung der Methode und welche Alternativen und Begründungen es gibt. Dadurch schafft man sich ein Wissen, das einem später hilft, anderen bei der Entscheidung zu helfen, welche Methoden man verwenden soll. Auch soll man an einer Hochschule die kritische Auseinandersetzung lernen. Das bedeutet, auch alle Nachteile wissenschaftlicher Arbeit zu kennen, ohne dass man sich dann entscheidet, komplett alles abzulehnen.

Beim Umgang mit Studierenden merkt man, wie schwierig es ist, zunächst einen Überblick zu bekommen, was das ganze Thema und Studium beinhalten soll, erst einmal das Schema F zu begreifen und sich letztendlich selbst Themen auszusuchen und darüber zu reflektieren. Das spiegelt aber durchaus die Realität im Arbeitsleben wider, in dem man häufig vollkommen auf sich allein gestellt ist. Daher verlangen Hochschulstudium und eine fachlich wissenschaftliche Befassung mit einem Gegenstand wie in diesem Buch mehr ab und beinhalten auch mehr, als einfach nur eine Anleitung zu lernen oder seine Meinung ohne weiteres Vorwissen auf einer Plattform auszutauschen. Das methodisch wissenschaftliche Vorgehen ist sehr hilfreich, um zu lernen, wie und wo man erst einmal nachschaut, bevor man einer Meinung folgt oder sich selbst eine Meinung bildet.

Warum sollte man sich also mit Risiko und Katastrophen befassen, wo es doch so viele andere interessante und relevante wissenschaftliche Fragestellungen und Hochschulstudiengänge gibt? Es ist sicherlich reizvoll, sich direkt gesellschaftlich relevanten Themen zuzuwenden, die man auch im Alltag und in der Realität tatsächlich beobachten kann. Die inzwischen weltweite Wahrnehmung und Aufmerksamkeit auf das Thema tragen dazu bei. Rein wissenschaftlich gesehen ist es jedoch auch sehr reizvoll, sich mit Fragen zu befassen, die an Extrembereiche heranreichen. Wie kommt es zu solchen Störungen eines Gleichgewichts, und wie gehen Menschen oder natürliche und technische Systeme mit solchen Störungen um? Wie kann man scheinbar Unvorhersehbares erkennen? Und wie kann man anderen erklären, was scheinbar vollkommen unerwartet erscheint?

Obwohl sich das Buch mit tendenziell desaströsen und negativen Aspekten befasst, ist es am Schluss auch noch wichtig zu betonen, dass hier insgesamt eine Haltung des positiven Umgangs erzeugt wird. Aus der eigenen Erfahrung unter Beobachtung vieler Kolleginnen und Kollegen in diesen vielfältigen Fachbereichen führt die Beschäftigung nicht zu Depressionen oder Resignation, sondern verleiht durch die Vielfältigkeit und sich ständige Veränderung des Themas, der gesellschaftlichen Relevanz, viel Auftrieb, und sie liefert damit viele Anreize für lebenslanges Lernen. Und gerade, weil vieles davon momentan noch unvorhersehbar oder zu komplex erscheint, ermöglicht es uns, die Grenzen dessen, was möglich ist, zu erweitern.

Der Bereich der Risiko- und Katastrophenforschung birgt außerdem den Reiz, dass man gerade aufgrund mangelnder wissenschaftlicher Vorarbeit oder überhaupt von Erklärungsansätzen eine gewisse Kreativität und Einfallsreichtum benötigt. Das Wort „Ingenieur" bedeutet zwar einerseits bereits Erfindungsreichtum, weshalb Ingenieure/Ingenieurinnen für diese Arbeit besonders geeignet sein sollten, aber andererseits behindert das vorhandene Denkmuster der Ingenieure/Ingenieurinnen häufig genau diese Art von Kreativität. Die Ingenieure/Ingenieurinnen nehmen sich viel heraus, indem sie Wissen voraussetzen und einfach drauflos legen. Typisch ist zum Beispiel der Fokus auf Lösungsansätze und weniger auf das Verstehen des Problems. Das hat viele Vorteile, zum Beispiel, dass ingenieurwissenschaftliche Arbeiten sich sehr um Lösungsansätze kümmern und nicht in der Reflexion der Problematik steckenbleiben. Auf der anderen Seite ist jedoch eine starke Verhaftung an scheinbar heiligen Standards und Normen ein Hindernis, um zu erkennen, dass auch diese nur das Ergebnis jahrelanger Verallgemeinerungen und Vereinbarungen sind. Die starke Verwendung mathematischer und logischer Vorgehensweisen stößt bei vielen komplexen Fragestellungen ebenfalls an ihre Grenzen. Sie sind zwar sehr hilfreich, aber da es sich um alltagsnahe komplexe Probleme handelt, stoßen Modellannahmen einerseits durch ihre Beschränktheit im Fokus als auch in der Abhängigkeit von Annahmen bei vielen Unbekannten in der Gleichung an ihre Grenzen. Aber der Begriff „Ingenieur" im Sinne von Einfallsreichtum mag durchaus Anreize bieten, sich eben mit diesen komplexen und oft noch neuartigen Themenfeldern zu befassen. Ähnliches kann jedoch genauso in anderen Disziplinen entstehen, und eine der großen Stärken der Geographie ist zum Beispiel ihre von vornherein aufgesetzte Wahrnehmung eines Zusammenhangs zwischen verschiedensten Elementen und Systemen. Dieser Fokus und die Erkennung von Interdependenzen sind rein methodisch zum Beispiel bei kaskadierenden Effekten von Gefahrenauswirkungen sehr hilfreich. Sie helfen auch bei der Zusammenarbeit zwischen Akteuren/Akteurinnen in der Praxis und bei empirischen Untersuchung durch Umfragen, oder Feldbegehungen, Dialoge wie auch bei der Nutzung quantitativer Methoden der Geoinformationssysteme, der Sensorenmessung und vor allem der Integration all dieser Aspekte in einem gemeinsamen Modell. Allein, indem Zusammenhänge zwischen Einzelmodellen oder Konzepten hergestellt werden, die andere aus ihrer disziplinären Prägung heraus von vornherein eher versuchen auszuschließen, entsteht auch bei Geographinnen und Geographen ein Einfallsreichtum.

11.3.1 Warum Forschung in diesem Bereich?

Einerseits wird in diesem Buch ein Plädoyer für mehr Forschung in diesem Fachbereich dargelegt, insbesondere weil es nach Beobachtung des Autors an empirischer Forschung, an Kenntnissen wissenschaftlicher Methodik und an wissenschaftlicher Denkweise insgesamt mangelt. Andererseits ist es auch ein Plädoyer, nicht überall zwanghaft zu verwissenschaftlichen, sondern die Praxis in ihrer Bedeutung, Sprache und Herangehensweise ebenso wertzuschätzen und beizubehalten. In diesem Buch wird jedoch nicht die Praxis dargelegt, sondern die rein wissenschaftliche Sicht. Was ist eine wissenschaftliche Denkweise in diesem Kontext? Das Wissenschaftliche ist eine Neugier der Erkenntnisgewinnung, um Bestehendes in seinen Abläufen zu erkennen und zu verbessern oder um noch vollkommen Unbekanntes zu erkennen und zu systematisieren. Wissenschaft hat nach Richard Feynman drei Aufgaben: mit einer speziellen Methode Fragen zu stellen, um den bestehenden Schatz des Wissens zu erweitern, etwas Neues zu finden sowie zu technischen und weiteren Anwendungen der Erkenntnisse zu gelangen. Um es nach Niklas Luhmann stark zu vereinfachen auf die Frage hin, was aus einem System Wissenschaft die hauptsächlichen Ein- und Ausganggrößen sind, so ist es Informationsgewinn. Wissenschaft kann keine Wahrheiten erklären und keine Erklärungen abgeben, die besser von Juristen/Juristinnen oder Theologen/Theologinnen oder anderen geklärt werden könnten. Wissenschaftliche Ergebnisse – damit muss man erst mal lernen umzugehen. Das bedeutet auch, dass man neben den reinen Informationen den Beipackzettel immer mitgibt („einerseits und andererseits"). Das ist für Außenstehende oft schwer zu verdauen. Es scheint keine wirklichen Gewissheiten zu geben, und immer wieder zweifelt man an den eigenen Ergebnissen. Und genau diese Geisteshaltung ist wichtig, um in realen und komplexen Gefahrensituationen, für die es noch keine Beispiele gibt, ehrlich miteinander umzugehen und nicht „einfach mal zu machen", sondern zu überlegen und sich erst einmal umzuschauen, ob jemand etwas dazu weiß oder dazu geschrieben hat, bevor man handelt. Sobald man losgelegt hat, ist zu dokumentieren, was funktioniert hat und was nicht, damit andere das besser machen können. Zu wissenschaftlichem Denken gehört auch eine Ausbildung, Dinge zu dokumentieren und in eine Struktur zu bringen. Logische Denkweise wird hier häufig verwendet, und das wissenschaftliche Schreiben, so unbequem es auch ist, zwingt einen dazu, etwas in eine logische Struktur zu bringen. Dieses Buch hat keine Anleitungen, wie viele englischsprachige Lehrbücher, mit einzelnen Übungsaufgaben und Feedbackmöglichkeit, ob man die Aufgaben richtig gelöst hat. Es ist vielmehr eine Anleitung, wie man eine Risikoanalyse durchführen kann, alsls eine eigenständige Arbeit, in der man sowohl ein Problem selbstständig erkennt und strukturiert wie auch den Lösungsweg und diesen kritisch reflektiert und darstellt. Insgesamt ist es auch eine Haltung dieses Buches, Wissenschaft nicht zu sehr zu verschulen; zu viele Anleitungen und Hilfestellungen wie etwa ein "Schema F" können auch verhindern, dass Eigenständigkeit und selbständiges Auffinden von neuen Lösungswegen gefördert werden.

In der Geschichte der Aufzeichnung von Wissen gab es verschiedene Formen, sobald Bücher und später auch Buchdruck erfunden wurden. Es gab eine Zeit, schon vor Erfindung des Buchdrucks, in der das Wissen in einigen Themenbereichen so groß wurde, dass man versucht hat, es zusammenzufassen. Dies erfolgte entweder in der Form von Enzyklopädien, also kompakten Wissensübersichten, oder in Bibliotheken, in denen verschiedene Werke aus verschiedenen Perspektiven gesammelt wurden. In einer Enzyklopädie gab es anfangs thematische Anordnungen, später gab es so viel Wissen, dass man es von A bis Z sortiert hat (Bolter, 2001). Wir sind im Bereich Risiko- und Katastrophenforschung nun einerseits in einem Themenbereich, in dem es eine schier unüberschaubare Fülle von Aspekten und Themenbereichen gibt, die man von A bis Z sortieren kann. Es handelt sich allein bei den Gefahren um so vollkommen unterschiedliche Gefahren wie A wie Amoklauf bis Z wie Zyklone und Wirbelstürme. Um ein Buch mit diesem Anspruch schreiben zu können, bräuchte man viele Autoren/Autorinnen, und es würde ein sehr dickes Werk werden. Es würde zudem weiterhin ständig etwas fehlen, da man im Lexikon dann doch dies oder jenes übersehen hätte. Daher geht dieses Buch in eine andere Richtung und stellt ausgewählte Themenbereiche etwas vertieft dar, die in dieser Zusammenstellung oder auch, was diese Themenbereiche angeht, noch nicht in gängigen Aufsätzen oder Lehrbüchern zu finden sind.

Es sind jedoch nicht nur die Gefahren und damit Themenbereiche, sondern auch die Art und Weise, wie man es bearbeiten kann, wo es eine so große Fülle gibt, dass auch dieses Buch es nicht abbilden kann. Das sind naturwissenschaftliche Methoden, aber auch Ingenieurmethoden, sozialwissenschaftliche Methoden etc. Auch hiervon wird nur ein kleiner Auszug behandelt.

11.3.2 Veränderung von Wissen in der Gesellschaft und an Hochschulen

Informationen und Wissen scheinen sich ständig zu verändern, was dazu führt, dass etabliertes Wissen nicht mehr nur wiedergegeben werden muss. Daher gibt es zunehmend Forderungen nach einem Paradigmenwechsel und auch eine spürbare Anpassung des Unterrichtsstils an Hochschulen. Es werden immer mehr problem- und forschungsorientierte Lernformen entwickelt und durchgeführt. Diese haben das Ziel, dass Studierende sich selbstständig Probleme und Lösungswege zusammenstellen und sich das Wissen sukzessive dazu aneignen, statt abzuwarten, bis es ihnen in verschiedenen Semestern nacheinander erklärt wird. Das macht in vielen Bereichen Sinn, da in manchen Studiengängen Studierende jahrelang Grundlagen studieren müssen, ohne erklärt zu bekommen, wofür sie diese überhaupt brauchen. Aus diesem Grund trafen zu viele Hochschulabsolventen/-absolventinnen auf den Arbeitsmarkt, wo sie vollkommen andere Aufgaben zu bewältigen hatten und mit dem an Universitäten gelernten Wissen nichts anfangen konnten. Und in der heutigen Zeit scheint es naheliegend, dass man sich flexibel immer neuen Problemen stellt, diese selbstständig erkennen und Bearbeitungswege selbstständig finden kann. Dies scheint auch grundsätzlich richtig und ist eine sinnvolle Ergänzung zum tradierten Weg der **Wissensvermittlung** über die Verstehensvermittlung an Hochschulen. Jedoch ist wie in vielen Bereichen zu beachten, dass mit einem solchen Paradigmenwechsel nicht die alten Strukturen komplett verlassen werden sollten, denn erstens gibt es genügend Fachbereiche und Wissenschaften, bei denen tatsächlich zunächst einmal Grundlagen verstanden werden müssen, bevor man damit arbeiten kann, insbesondere in der Mathematik und in vielen Natur- und Ingenieurwissenschaften. Zweitens fordern tatsächlich auch viele Studierende, in den aktuell angebotenen projekt- und forschungsbasierten Kursen doch erst einmal Informationen und Fachwissen sowie Grundlagen und Anleitungen über bestimmte thematische Abläufe zu erhalten, bevor sie sich ein Bild machen können, wie sie ein Problem erkennen und angehen. Beide Wege der Wissensvermittlung scheinen also sinnvoll, und es ist leider auch ein Merkmal der Didaktik, dass diese häufig mit einem gewissen Übereifer versucht, alte Strukturen komplett umzukehren.

Bei einem Paradigmenwechsel ist es auch verständlich, dass radikale Neuerungen zunächst in der Breite eingeführt und akzeptiert werden müssen, damit sich das System überhaupt ändert. Man spürt diese Problematik aber auch bei der Umstellung nach den Hochschulreformen der vergangenen Jahre, die viele gut gemeinte Ideen hatten, in vielen Bereichen aber auch Probleme bereiten. Die großen Vorteile sind sicherlich eine größere Vergleichbarkeit im internationalen Bereich der Studiengänge und einzelner Abschlüsse. Auch ist es sicherlich sinnvoll, in vielen Bereichen den Studierenden mehr Hilfe und Struktur an die Hand zu geben. Interessanterweise sind aber Studienabschlüsse immer noch nicht so leicht miteinander vergleichbar, oft noch nicht mal innerhalb der eigenen Fakultät. Noch viel wichtiger erscheint die Problematik, dass Studierende mit immer mehr strukturierten Vorgaben und genauen Stundenplänen kaum noch Wahlmöglichkeiten haben. Dadurch wird die Wahl und damit die eigene Entscheidung abgenommen, welche Nebenfächer und welche Spezialisierung man auswählen möchte. Studierende sind in ihren Wahlmöglichkeiten durch den vollen Stundenplan meist stärker eingeschränkt, und durch die schulische Ausrichtung der gesamten Denkweise der Wissensvermittlung wird die freie Denkweise und Freiheit zur Selbstentscheidung mitunter eher behindert. Auch wollte man durch die Hochschulreformen (im Zuge des Bologna-Prozesses, aber nicht aufgrund des Bologna-Prozesses) den Studierenden mehr Sicherheit geben, indem jeder einzelne Abschluss einer jeden Lehrveranstaltung mehr ins Gewicht fällt als nur eine Abschlussprüfung am Ende des Studiums. Einerseits ist das verständlich und gut, da Studierende so sukzessive einen besseren Überblick über ihren Notenstand bekommen. Andererseits gab es früher bereits die Scheine zu den Lehrveranstaltungen mit Noten, und Studierende konnten sich auch früher schon orientieren, wo sie stehen. Ein großer Nachteil ist heute jedoch, dass Studierende das Wissen oft nur für einen Kurs brauchen, sie aber sehr viele Kurse belegen und diese oft nicht selbst auswählen können. Sie lernen also nur das, was sie zum Bestehen der Prüfung eines Kurses brauchen, und weniger das grundsätzliche Verständnis über einen Kurs hinaus. Vor allem aber vergessen sie dieses Wissen bis zum Ende des Studiums, wenn sie keine gemeinsame mündliche Abschlussprüfung oder Ähnliches über alle Fächer hinweg mehr haben. Dadurch entfällt auch, dass man sich im Laufe der Zeit einen **Überblick** darüber erarbeitet, was man überhaupt studiert. An diesem Beispiel wird deutlich, dass es einerseits gut gedachte Strukturen und andererseits Paradigmenwechsel gibt, den Studenten/Studentinnen mehr von alltäglich gebrauchten Fähigkeiten im Berufsalltag mitzugeben. Dies ist einerseits sehr sinnvoll und war bislang auch ein Mangel der wissenschaftlichen Ausbildung, doch andererseits muss man aufpassen, dass man die bisher etablierten Verfahrenswege der Wissensvermittlung damit nicht negiert oder verhindert. Auch ist immer zu bedenken, dass man sich gerade an Hochschulen in der Ausbildung nicht vollkommen vom Markt und dem Wunsch der Arbeitgeber/innen leiten lassen sollte, denn wer, wenn nicht Hochschulen, hat noch die Freiheit, über das hinauszudenken und Planungsdenken beizubringen, das längerfristig ist als das, was gerade eben auf dem Markt gefragt ist?

Ein wichtiger weiterer Punkt ist die Diversität der Studierenden und damit der verschiedenen Lerntypen. Es kann von der Persönlichkeit oder aber vom Lernstand abhängen, ob man zu einem bestimmten Fach mehr Informationen und Verstehenswissen braucht, um selbstständig eine Aufgabe und einen Lösungsweg zu suchen. Zudem müssen nicht alle Studierenden an einer Hochschule zu Wissenschaftlern/Wissenschaftlerinnen oder zu reinen Experten/Expertinnen mit nur bestimmten Methodenkenntnissen oder Softskills ausgebildet werden. Es ist wünschenswert und richtig, dass es sowohl Personen gibt, die später in ihrem stillen Kämmerlein sozusagen etwas in Ruhe ausrechnen wollen, als auch jene, die überwiegend auf Vorträgen in der Breite Wissen oder Produkte vermitteln wollen.

Man muss auch festhalten, dass es unterschiedliche **Didaktik**anschauungen wie auch unterschiedliche Formen von Wissenschaft gibt. Hinsichtlich der Ausbildung an Hochschulen und Universitäten muss man sich fragen, warum Studierende heutzutage überhaupt noch an eine Universität oder Hochschule gehen sollen. So kann man ableiten, dass sie eben nicht das auswendig lernen müssen, was es online jederzeit nachzulesen gibt. Es macht vermutlich auch wenig Sinn, ihnen Methoden und Verfahrensweise beizubringen, die sie sich jederzeit über ein Online-Video genauso gut beibringen können. Eine Hochschule muss weiterhin ein Ort sein, an den es sich lohnt zu gehen, ob online oder real, weil man durch den Austausch und die Reflexionen mit anderen ein komplexes und unvollständig gelöstes Problem oder Gebiet besser einordnen kann. Es sind höherwertige Qualifikationen anzustreben, also die höheren Taxonomiestufen. Und es macht Sinn, die Didaktik zu verändern und Lehre zu modernisieren.

Es ist dabei auch hilfreich, Studierende, quasi zu zwingen, sich selbst Probleme und Problemstellung zu erarbeiten, statt nur zu warten, bis sie vorgesetzt werden, denn in der Berufspraxis wird das so nicht stattfinden. Auch in der Wissenschaftspraxis muss man wissenschaftliche Neugier entwickeln und sich selbst seine Aufgabenfelder suchen. Damit ist auch zu überprüfen, welche Arten von Wissenschaften und welche Arten von Forschung es künftig geben wird. Die reine idealtypische Akademie, wie es im alten Griechenland aussah, hat möglicherweise weiterhin ihre Berechtigung und ihren Reiz. Aber es gibt sie kaum noch. Die meisten Universitäten und Hochschulen sind Anstalten, in denen Studierende für die breite berufliche Praxis ausgebildet werden. Universitäten und Hochschulen müssen auch finanziell überleben und wirtschaften, zum Beispiel, indem sie viele Studierende aufnehmen. Diese Ausbildung auf einem hohen Niveau hat weiterhin ihre Bedeutung, gerade in der aktuellen Entwicklung von immer vielfältigeren Berufsbildern und Lebensläufen, die nicht mehr in derselben Firma anfangen und aufhören. Die Absolventen/Absolventinnen brauchen Fähigkeiten, die es ihnen ermöglichen, selbstständig Aufgabenfelder und Problemfelder zu erkennen, zu definieren und zu gestalten und, im Fall einer Kündigung, sich am neuen Arbeitsplatz durch das Verstehen grundsätzlicher Verfahrenswege und Methoden einarbeiten zu können, und nicht wieder bei null anfangen zu müssen, weil sie von Grundlagenwissen abhängig sind.

Aber auch innerhalb der Forschung ist die Frage, was alles anerkannte Forschung ist und wie sie unterschiedlich gestaltet werden kann. Es gibt eine **Grundlagenforschung**, die unabhängig von irgendeinem Anwendungsnutzen sinnvoll ist und weitergetrieben und gefördert werden muss durch die Gesellschaft. Das ist aktuell der schwierigste Teil, Anerkennung für etwas zu finden, bei dem man noch nicht einmal weiß, ob etwas herauskommt, und bei dem kein direkter wirtschaftlicher Nutzen erkennbar ist. Zu viel der heutigen Forschungsförderung wird rein in die Anwendungsschiene gedrückt, und es müssen gesellschaftlich relevante Fragestellungen bearbeitet werden. Das ist sicherlich für viele Bereiche sinnvoll, jedoch dürfen die grundlegende Währung und der eigentliche Wert der Wissenschaft hier nicht vergessen werden, nämlich unabhängig zu sein von gesellschaftlichen Anforderungen und jene Fragen kritisch zu untersuchen, die woanders so nicht untersucht werden oder untersucht werden können.

Neben der Grundlagenforschung gibt es die **anwendungsorientierte Forschung**, die hinreichend Notwendigkeit und Relevanz hat und vor allem ja auch in diesem Buch dargestellt wird. Es gibt auch die sogenannte **Auftragsforschung**, das heißt, Industrie, Behörden etc. treten an die Forscher/innen heran und bitten, eine Studie durchzuführen. Dies dient meist dazu, die in der Industrie oder in Behörden entwickelten Verfahren und Denkweisen wissenschaftlich zu legitimieren; dabei werden sie aber auch überprüft, und in vielen Bereichen macht diese Art der Forschung Sinn. Statt Wissenschaft nur dann als gültig zu bezeichnen, wenn sie Mathematik enthält, rein logisch ist und nur im Elfenbeinturm stattfindet, sollte eine größere Breite von Forschungsarten und Wissenschaften erlauben werden. Auch Forschung in und über die Lehre und den Transfer gehören dazu. Studierende und andere Einsteiger/innen müssen sich aber erst mal orientieren, was überhaupt Forschung ist, welche Möglichkeiten es gibt und welche Anerkennung sie in welchem Bereich erfährt.

11.3.3 Ausbildung im Unbekannten

Heutzutage findet man Anleitungen über bekannte Aspekte bequem im Internet. Eine Hochschule und auch eine wissenschaftliche Arbeit müssen sich vermehrt damit auseinandersetzen, Menschen zu befähigen, Dinge bearbeiten zu können, die noch unbekannt sind. Sonst bräuchte man in der Zukunft eventuell auch keine Hochschulen mehr. Das Kernwesen von Risiko- und Katastrophenforschung aber ist es, sich eben mit dem Unbekannten auseinanderzusetzen und sogar dafür Anleitungen und Bearbeitungswege zu finden, wo es scheinbar nicht möglich ist, weil es eben besonders selten oder besonders unbekannt ist. Dieses Paradox kann man aber lösen, indem man bekannte Muster aus ähnlichen Gefahren und Erfahrungen nutzt und den Einfallsreichtum ergänzt.

Auch im Alltag stößt man auf eine Mischung aus bekannten Mustern und Unbekannten, die dann in der Gesamtmenge mehr oder weniger gut funktionieren. Ein Anschauungsbeispiel soll die Corona-Pandemie sein. In vielen Bereichen handelte es sich um ein unbekanntes, in anderen Bereichen aber um ein sehr gut bekanntes Thema, das in seiner Mischung zu etwas führte, was einige als eher gelungen und andere als eher ungelungen ansehen. Sehr gut funktioniert haben Bearbeitungswege und Erfahrungsmuster in einigen kleinen **Spezialistenbereichen,** in denen zum Beispiel Forschung zu ähnlichen Corona-Viren bereits vorher stattgefunden hatte, sodass sogar Impfstoffe in Rekordgeschwindigkeit hergestellt werden konnten. Auch gab es bestimmte Behörden und Vorgehensweisen in Gesundheitsbereichen, die recht schnell ihre Standardmuster nutzen und erfolgreich einsetzen konnten. Genauso gab es aber viele unbekannte Bereiche, zum Beispiel die Öffentlichkeit und den gesellschaftlichen Umgang, die Kommunikation und die Strategien auf einer breiteren politischen Ebene, die dazu führten, dass diese Maßnahmen aus einem Spezialistenbereich entsprechend konsequent umgesetzt wurden oder auch nicht. Außerdem gelten diese Spezialistenanweisungen in vielen Bereichen zunächst einmal als alternativlos, da anderes Wissen fehlt. Auch das führte dazu, dass es in einigen Bereichen funktionierte, in anderen nicht. Hier entsteht also bei der Pandemie insgesamt die Frage, in welchen Bereichen es genügend Spezialistenwissen und auch genügend **Generalistenwissen** gibt.

Dieses Buch behandelt daher einzelne Risiken nicht tiefergehend, wie etwa die Corona Pandemie, dafür aber generell nichtalltägliche Gefahren und Risiken, die sich von bereits bekanntem Wissen und Vorgängen unterscheiden. Damit wird hier insbesondere gemeint, dass auch die im Rettungsingenieurwesen behandelten Aspekte der medizinischen Rettung nicht behandelt werden, sofern sie bereits im Alltag so oft vorkommen, dass es dafür geschaffene Institutionen, Methoden und Verfahrensweise bereits gibt, mit genügend Personaleinsatz. Das Buch behandelt wie auch das Katastrophenrisikomanagement insgesamt Aspekte, die seltener vorkommen und dadurch einer Beschreibung sogar für erfahrene Experten/Expertinnen bedürfen. Ein Beispiel sind Erdbeben, die bisher in Deutschland so gut wie gar nicht in größerer Stärke auftreten. Es ist trotzdem wichtig zu wissen, wie Erdbeben grundsätzlich funktionieren und welche Schadensmuster entstehen, damit Personen aus Deutschland bei einem Auslandsaufenthalt oder Auslandseinsatz – oder auch für den Fall, dass in Deutschland tatsächlich ein Erdbeben zum Einsturz eines Gebäudes führt – wissen, was auf sie zukommen könnte.

Auch bei den Bearbeitungswegen sollen die Leser/innen befähigt werden, Anleitungen selbst schreiben zu können. Hierfür muss man zumindest Grundsätzliches verstanden haben, und oft brauchen Menschen dazu ein Anleitungsschema und damit ein sogenanntes Schema F. Hier im Buch werden also keine Schemata von A bis Z formuliert, sondern oft Schemata von A bis F, wo man dort stecken bleibt, wo es eben noch keine fertige Lösung gibt, man aber immer ein Grundmuster erkennt, um sich einen Weg zu denken, wie man es bearbeiten kann.

Man kann häufig ein Missverständnis beobachten, auch in anderen Fachbereichen, wo Studierende erwarten, dass sie alles erklärt bekommen. Das ist aber nicht unbedingt sinnvoll, und es geht auch gar nicht darum, die perfekte **Anleitung** darzustellen. Das ist so wie im Mathematikunterricht, wo jemand auch behaupten könnte, dass man den Mathematikunterricht gar nicht mehr bräuchte, weil es inzwischen Taschenrechner gibt, die das alles bereits viel besser beherrschen. In einer Mathematikausbildung soll man vielmehr lernen, wie man überhaupt rechnet und wie man von einem Problem auf eine Lösung kommt. Dieses Buch möchte daher im Grunde genommen auch keine taschenrechnerartigen Lösungen aufzeigen, sondern einerseits auf Taschenrechner hinweisen und andererseits eher dazu befähigen, Probleme zu erkennen und dafür Lösungswege zu finden. Daher werden Studierende in den Vorlesungen vor viele Herausforderungen gestellt (die hier beispielhaft anhand der Risikoanalyse im entsprechenden Kapitel Schritt für Schritt dargestellt werden). Eine besteht darin, ein Problem erst einmal selbst zu erkennen und dann abzugrenzen, dafür einen Bearbeitungsweg selbstständig zu finden und aus einem vorgegebenen Beispielbaukasten Methoden auszuwählen neu zu kombinieren, um schließlich die Ergebnisse zu formulieren oder auszurechnen, aber auch kritisch hinterfragen zu können, welche Alternativwege es geben könnte und wie das Ergebnis unterschiedlich interpretiert werden kann. Das sind große Herausforderungen; es handelt sich um unbekannte Themen und Risiken, bei denen nicht klar ist, wie sie bearbeitet werden können. Weiterhin gibt es im Werkzeugkasten mitunter keine fertigen Methoden für genau diese Probleme. Und drittens muss man sich immer wieder neuen Problemen stellen und sie sogar selbst erkennen, zum Beispiel dort, wo scheinbar ein bekanntes Muster abläuft, aber nicht funktioniert, weil entweder die Dimension des Ereignisses zu groß ist oder die Fachkenntnisse bei den Experten/Expertinnen oder bei der Bevölkerung zu gering sind.

11.4 Fazit

Was sind Risiken und Katastrophen abstrakt betrachtet? Risiken sind eine Art Indikator für mögliche Katastrophen oder auch positive Veränderungen. Katastrophen sind die extremen Formen von Veränderungen, mit negativem Ausgang. Katastrophen haben also im Gegensatz zu Risiken bereits eine normativ geprägte Haltung zu einer negativen Einordnung.

Am Schluss ist es wichtig zu sagen, dass Katastrophen zwar Hauptbestandteil dieses Buches sind, jedoch sogar im Alltag des Notfalleinsatzes nur Randerscheinungen darstellen. Auch Notfalleinsätze sind nur Randerscheinungen neben allen anderen Alltagsereignissen und Prioritäten, die Menschen haben. Daher sollte bei aller Betonung und dem Wunsch nach mehr Katastrophenvorsorge, Wissen und Verständnis in der Bevölkerung nicht vergessen werden, dass diese Themen von Risiken und Katastrophen und auch Notfalleinsätzen möglicherweise nur

Randnotizen sind, um den Alltag zu bewältigen und nicht aus Sorge vor irgendwelchen Risiken aller Art nicht mehr zu leben und zu agieren. Zusätzlich muss zum Ende hin noch betont werden, dass „Sicherheit" als Oberbegriff zwar einerseits interessant und wichtig ist, dass aber andere Bereiche wie persönliche und gesellschaftliche Freiheit mindestens ebenso wichtig oder sogar eigentlich noch viel wichtiger sind. Persönliche Freiheit sollte möglichst wenig durch gesellschaftliche Zwänge eingeengt werden. Freiheit ist möglicherweise eines der wichtigsten Ziele, das gesellschaftliches Leben überhaupt ermöglichen kann, denn schließlich sind gesellschaftlichen Strukturen und Arbeitsteilung auf der einen Seite wichtig, auf der anderen Seite werden durch zu viele Bemühungen die eigentlich notwendigen Freiheitsgrade, Flexibilität und Kreativität unterdrückt. Bevor man also irgendeinen Schulungskurs, gut gemeinte Leitfäden, gesellschaftliche Dienste oder Gesetze verpflichtend macht, sollte man sich das lieber zweimal überlegen. Im Zweifelsfall führt jede Verpflichtung zu automatischen Abwehrreaktionen.

Die Ausführungen in diesem Buch deuten bereits an, dass Risiko- und Katastrophenforschung kein ganz einfach zu bearbeitendes Gebiet ist, aber genau diese vielen Herausforderungen können auch reizvoll sein.

Literatur

Bolter, J. D. (2001). *Writing space: Computers, hypertext, and the remediation of print.* Routledge.

Maslow, A. H. (1943). A theory of human motivation. *Psychological Review, 50,* 370–396.

Stichwortverzeichnis

Printed in the United States
by Baker & Taylor Publisher Services